TEUBNER-TEXTE zur Physik Band 31

H. Günther

Grenzgeschwindigkeiten und ihre Paradoxa

Gitter · Äther · Relativität

TEUBNER-TEXTE zur Physik

Herausgegeben von
Prof. Dr. Werner Ebeling, Berlin
Prof. Dr. Manfred Pilkuhn, Stuttgart
Prof. Dr. Bernd Wilhelmi, Jena

This regular series includes the presentation of recent research developments of strong interest as well as comprehensive treatments of important selected topics of physics. One of the aims is to make new results of research available to graduate students and younger scientists, and moreover to all people who like to widen their scope and inform themselves about new developments and trends.

A larger part of physics and applications of physics and also its application in neighbouring sciences such as chemistry, biology and technology is covered. Examples for typical topics are: Statistical physics, physics of condensed matter, interaction of light with matter, mesoscopic physics, physics of surfaces and interfaces, laser physics, nonlinear processes and selforganization, ultrafast dynamics, chemical and biological physics, quantum measuring devices with ultimately high resolution and sensitivity, and finally applications of physics in interdisciplinary fields.

Grenzgeschwindigkeiten und ihre Paradoxa

Gitter · Äther · Relativität

Von Prof. Dr. Helmut Günther

Fachhochschule Bielefeld

Springer Fachmedien Wiesbaden GmbH 1996

Prof. Dr. sc. nat. Helmut Günther

Geboren 1940 in Bochum. Nach dem Abitur 1958 in Berlin(Ost) Aufnahme des Physikstudiums an der Humboldt-Universität zu Berlin mit dem Schwerpunkt Theoretische Physik und Relativitätstheorie. Diplomabschluß 1963. Promotion zum Dr. rer. nat. 1966. Die Dissertation „Zur nichtlinearen Kontinuumstheorie bewegter Versetzungen" erscheint 1967 in Berlin als Monographie. Promotion zum Dr. sc. nat. 1972. Die Habilitationsschrift „Zur Dynamik schneller Versetzungen" erscheint 1973 in Berlin als Monographie. Von 1972 bis 1982 Vorlesungen über Theoretische Physik an der Humboldt-Universität zu Berlin. 1986 Flucht aus der DDR in die Bundesrepublik Deutschland.

Wissenschaftliche Stationen: 1963–1969 Institut für Reine Mathematik der Deutschen Akademie der Wissenschaften zu Berlin, 1969–1982 Zentralinstitut für Astrophysik in Potsdam-Babelsberg, 1982–1986 Einstein-Laboratorium für Theoretische Physik in Potsdam-Babelsberg, 1987–1989 Max-Planck-Institut für Metallforschung in Stuttgart, 1989–1990 Institut für Theoretische und Angewandte Physik der Universität Stuttgart, 1990 Annahme eines Rufes als Professor für Mathematik und Physik an die Fachhochschule Bielefeld, Fachbereich Elektrotechnik.

Gedruckt auf chlorfrei gebleichtem Papier.

Die Deutsche Bibliothek – CIP-Einheitsaufnahme

Günther, Helmut: Grenzgeschwindigkeiten und ihre Paradoxa :
Gitter, Äther, Relativität / von Helmut Günther. -
Stuttgart ; Leipzig : Teubner, 1996
(Teubner-Texte zur Physik ; Bd. 31)
ISBN 978-3-8154-3029-3 ISBN 978-3-663-10197-0 (eBook)
DOI 10.1007/978-3-663-10197-0
NE: GT

Umschlaggestaltung: E. Kretschmer, Leipzig

Das Licht etwas, wie der Schall.
Der Schall etwas, wie das Licht.
ERNST MACH

Vorwort

Kann man die Spezielle Relativitätstheorie wirklich begreifen, so, wie wir das Funktionieren eines Autos oder Fahrrades verstehen? Der Physiker beruft sich zu ihrer Erklärung auf das Prinzip von der universellen Konstanz der Lichtgeschwindigkeit, welches seinerseits unbestreitbar aus dem allmächtigen Einsteinschen Relativitätsprinzip folgt. Jeder Einwand gegen die Theorie, und sei er noch so raffiniert und ausgeklügelt, bricht damit erbärmlich zusammen. Schließlich zieht sich der Fragende resignierend zurück, unzufrieden darüber, daß er das elementare Verständnis seiner Existenz in Raum und Zeit der Zuständigkeit von Spezialisten überlassen soll. Müssen wir uns wirklich an die erbarmungslosen Konsequenzen unantastbarer Prinzipien nur gewöhnen? Dabei beschleicht uns manchmal ein ungutes Gefühl, hier könne einem auch ein *X* für ein *U* vorgemacht werden. Sollen wir uns damit trösten, daß das sog. Verstehen im Grunde ohnehin bloß ein Gewohnheitsprozeß ist? Kann es uns da nicht egal sein, ob wir uns an Alltagserfahrungen oder an die logischen Konsequenzen eherner Prinzipien gewöhnen? Sind die logischen Konsequenzen dann nicht sogar verläßlicher? Was aber, wenn die Prinzipien einmal doch nicht halten?
In diesem Buch soll eine alternative Darstellung der Speziellen Relativitätstheorie Einsteins vorgestellt werden, von der wir glauben, daß sie deren Verständnis weitgehend erleichtert. Insbesondere werden wir darauf verzichten, die Gültigkeit irgendeines abstrakten physikalischen Prinzips von der Art des Einsteinschen Speziellen Relativitätsprinzips a priori zu fordern. Entgegengesetzt zur traditionellen Darstellung der Speziellen Relativitätstheorie (SRT) werden wir zuerst die Frage stellen, wie kann es geschehen, daß Maßstäbe ihre Längen ändern und Uhren ihren Gang. Welche uns vertrauten und von uns wohl verstandenen Vorgänge können derartige Phänomene überhaupt hervorrufen?
Von der Elektrodynamik wird hier nicht oder doch nur ganz am Rande die Rede sein. Stattdessen werden wir uns mit den Gesetzen der Newtonschen Mechanik die Gitterstruktur von Kristallen etwas genauer ansehen und uns dabei mit der Frage beschäftigen: Wie können wir räumliche Abstände und Zeitdifferenzen auf einem

Gitter messen, wenn wir dafür ausschließlich geometrische Gebilde verwenden, welche in diesem Gitter auch physikalisch existieren? Physikalische Objekte, die dafür in Frage kommen, sind Versetzungen, welche in jedem Kristall in einer ungeheuer großen Zahl vorhanden sind. Wir suchen dann einmal nach solchen, physikalisch stabilen Formen dieser Versetzungen, die geeignet sind, uns ein Maß für eine Länge zu liefern, sowie ferner nach physikalisch stabilen, schwingenden Versetzungen, die uns eine Schwingungsdauer für eine Uhr hergeben. Dies gelingt mit einer sehr genau untersuchten Gleichung für Versetzungen in Kristallen, mit der sog. sine - Gordon - Gleichung, für die wir eine denkbar einfache physikalische Begründung angeben können. Darauf aufbauend werden wir dann einen relativistischen Effekt nach dem andern entdecken, am Ende auch das Prinzip von der universellen Konstanz einer ausgezeichneten Signalgeschwindigkeit, welche hier auf dem Gitter definiert ist: Die Kontinuumsnäherung eines Kristallgitters wird als Modell einer relativistischen Raum - Zeit erkennbar.

Die Grundidee, die zu dieser Reduktion der relativistischen Phänomene auf begrifflich leichter faßbare Aussagen führt, läßt sich kurz so formulieren: Für die physikalischen Konstituenten eines idealen Raumgitters postulieren wir die Axiomatik der Newtonschen Mechanik. Aber erst die auf diesem Gitter existierenden, lokalen Abweichungen von der idealen Struktur (Konfigurationen von Versetzungen im Kristall) besitzen in bezug auf dieses Gitter diejenigen trägen Massen, deren Bewegung wir beobachten und für deren Bewegung wir dann - innerhalb relativ leicht überschaubarer Gültigkeitsgrenzen - die Gesetze der Speziellen Relativitätstheorie finden. Die Frage nach dem Äther findet bei dieser Darstellung ihre physikalische Erklärung in dem Verhältnis von idealem Raumgitter zu seinen lokalisierten Strukturstörungen. Dies ist die Betrachtungsweise, in der sich die immer wiederkehrenden Paradoxien, die Irritationen unseres Geistes, auflösen, in die wir bei dem Umgang mit grenzwertigen Geschwindigkeiten allzuoft geraten.

Ganz ohne ein Relativitätsprinzip kommen wir allerdings auch nicht aus. Wir brauchen eine Vorschrift, nach der wir Uhren in einem "bewegten" Bezugssystem synchronisieren können, wenn dies in einem vermeintlich "ruhenden" System geschehen ist. Es ist aber ein denkbar einfaches und ganz und gar nicht zu Kontroversen herausforderndes Prinzip, ein *elementares Relativitätsprinzip,* welches wir dazu bemühen müssen und welches sich vorwegnehmend so formulieren läßt:

"Beobachtest Du, daß ich die Geschwindigkeit v besitze, dann beobachte ich, daß Du die Geschwindigkeit $-v$ hast."

Mehr verlangen wir von der Relativität nicht. Die Originalarbeit zur Herleitung von Einsteins Spezieller Relativitätstheorie auf diesem Wege ist in [1] erschienen. Die von uns benutzte Axiomatik ist der Einsteinschen ohne jede Einschränkung äquivalent. In Kap. 14 geben wir eine vergleichende Darstellung der verschiedenen axiomatischen Zugänge zur SRT. Wir werden dort auch feststellen, daß unsere Methode im Grunde nur die Fortführung einer sehr alten Idee von H. A. Lorentz ist.

In der Speziellen Relativitätstheorie machen wir hier also zweierlei:

1. Wir stellen eine neue Axiomatik zur Speziellen Relativitätstheorie vor, welche der Einsteinschen vollkommen äquivalent ist und dabei doch nur aus begrifflich leicht faßbaren Aussagen besteht.

2. Wir entwickeln diese Axiomatik am Kristallgitter, was einen großen Teil unserer Ausführungen beansprucht. Tatsächlich finden wir auf diesem Weg ein mechanisch "anschaubares" Modell für die SRT. Hierfür begrenzen wir unsere Überlegungen zur Speziellen Relativitätstheorie auf die Betrachtung von Bewegungen in einer Raumdimension. Dabei entdecken wir auch den rationalen Kern für die eingangs zitierte, philosophische Bemerkung von E. Mach [2].

Relativistische Effekte, die von der Orientierung der Bewegungsrichtung abhängen, wie z. B. die Thomas-Präzession, können wir in diesem eindimensionalen Modell also nicht behandeln. Dagegen kann der transversale Dopplereffekt, der sich auf die reine Zeitdilatation reduzieren läßt, damit durchaus analysiert werden. Die modellmäßige Einschränkung der Dimensionalität in den Bewegungsrichtungen hat mit der prinzipiellen Anwendbarkeit der inversen Methode zur Herleitung der SRT nichts zu tun. Wie ein Modell zur SRT für beliebige, dreidimensionale Bewegungen aussehen könnte - darüber machen wir hier keine Aussagen.

Der erste Teil unserer Ausführungen, das sind die Kap.1-8, dient zur Vorbereitung unserer Untersuchungen über die Spezielle Relativitätstheorie im Kristall. Kap.3 gibt eine knappe Übersicht über die physikalischen Aussagen der SRT. Deren Kenntnis wird für die weitere Lektüre jedoch nicht vorausgesetzt. Wir werden uns ausführlich mit der Newtonschen Bewegung von Massen beschäftigen und in den Kap. 4-6 mechanische Schwingungen und Wellen etwas genauer unter die Lupe nehmen. Der eingeweihte Leser möge diese Kapitel nur überfliegen.

Der zentrale, zweite Teil unserer Ausführungen, das sind die Kap. 9-20, stellt die Kinematik der Speziellen Relativitätstheorie mit den ihr eigentümlichen Effekten in den Mittelpunkt unseres Interesses (Kap. 9-18). In den Kap. 19-20 befassen wir uns ferner mit den dynamischen Fragen der SRT, mit Masse und Energie. Das Kernstück der Speziellen Relativitätstheorie, die universelle Konstanz der Signalgeschwindigkeit, gewinnen wir aus unserer Axiomatik nach einer eingehenden Untersuchung in Kap. 12.

Die aus der Existenz von Grenzgeschwindigkeiten resultierenden Paradoxa und Merkwürdigkeiten, die wir vor dem Hintergrund eines Gitters begreifen, ziehen sich wie ein roter Faden durch den gesamten Text. In Kap. 11 lernen wir ein bisher noch unbekanntes Uhrenparadoxon kennen, und in Kap. 15 wird dann sehr detailliert und von verschiedenen Seiten her das berühmte Zwillingsparadoxon erklärt. Auch bei der Analyse des altehrwürdigen Dopplereffektes in Kap. 16 finden wir für den Physiker höchst überraschende Aussagen.

Exakte Darstellungen physikalischer Zusammenhänge haben ihren Preis: die Mathematik. Ich habe mich bemüht, den Text so zu schreiben, daß er auch dann noch lesbar bleibt, wenn die mathematischen Formeln einfach geglaubt und überschlagen werden. Andererseits wollen wir hier nichts behandeln, was der interessierte Leser nicht auch im Detail nachrechnen kann, wobei der Rahmen von Taschenbüchern der Mathematik, wie z. B. Bronstein; Semendjajew [3], nur selten überschritten wird. Einige ergänzende Ausführungen finden sich im Anhang (Kap. 21-26). Auch hier sind es wieder die paradoxen Situationen, die unser besonderes Interesse finden, wenn wir uns nämlich vor dem Hintergrund des Kristallgitters abschließend mit dem Tachyonenproblem auseinandersetzen.

Dieses Buch ist als Lektüre für den Physiker, Mathematiker oder Informatiker gedacht und wendet sich insbesondere an die Studierenden dieser Fächer. Es ist darüber hinaus in der Hoffnung geschrieben, einen breiten naturwissenschaftlich und vielleicht auch naturphilosophisch interessierten Leserkreis zu erreichen. Dabei bleibt es mir ein besonderes Anliegen, immer auch den Ingenieur anzusprechen.

Die Anregung zu dieser Thematik verdanke ich Herrn Professor H.-J. Treder. Für ausgiebige Diskussionen bin ich den Herren Professoren H. Goenner, E. Kröner und E. Liebscher verpflichtet. Bei der Fertigstellung des Manuskriptes haben mir die Herren S. Günther (Kontrollrechnungen), K. Henning (CAD - Bearbeitung der Abbildungen) und F. Hübner (Überarbeitung der Verzeichnisse) wertvolle Hilfe geleistet. Meine Frau hat mir mit unermüdlichen Korrekturen sehr geholfen.

Dem Teubner - Verlag, insbesondere Herrn Dr. P. Spuhler und Herrn J. Weiß, danke ich für die verständnisvolle Zusammenarbeit bei der zügigen Veröffentlichung des Textes.

Bielefeld, im Februar 1996 Helmut Günther

Inhalt

Mechanische Grundlagen 11

1. Die Entdeckung des Äthers. 11
2. Äther und Wellengleichung. 15
3. Die physikalischen Elemente der Speziellen Relativitätstheorie. 24
4. Wo kommt die Wellengleichung her? 31
5. Die Wellengleichung und das Dritte Axiom. 56
6. Gitter und Kontinuum. 67
7. Der kristalline Festkörper - Versetzungen. 78
8. Die sine - Gordon - Gleichung einer Versetzung. 90

In der Welt der Kristalle 107

Raum und Zeit 107

9. Natürliche Maßstäbe und Uhren. 107
10. Bewegte Maßstäbe und Uhren. 117
11. Ein Uhrenparadoxon. 136
12. Die Messung der Signalgeschwindigkeit. 140
13. Die Voigt - Lorentz - Transformation. 165
14. Das Relativitätsprinzip - der verlorene Kristall. 168
15. Das Zwillingsparadoxon. 189
16. Der Dopplereffekt. 233
17. Tachyonen und Kausalität. 257
18. Verletzung der Relativität - der wiederentdeckte Kristall. 274

Die Trägheit der Energie 281

19. Teilchen und Feld. 281
20. Eine Teilchenlösung - die Trägheit der Energie. 294

Anhang 304

Gitter und Kontinuum (Ergänzungen) 304
21. Elastische Verschiebungen und Wellen. 304
22. Eigenspannungen und Versetzungen. 323
23. Die Separation der Eigenspannungen. 346

Tachyonen und Kausalität (Ergänzungen) 352
24. Teilchen und Tachyonen. 352
25. Tachyonen der plastischen Deformation. 367
26. Zum Kausalitätsproblem: Teilchen - Tachyon - Stöße. 381

Literatur. 400
Verzeichnis der häufigsten Symbole. 403
Maßeinheiten. 406
Notiz zur Schreibweise 407
Namenverzeichnis. 410
Sachwortverzeichnis 412

Mechanische Grundlagen

1. Die Entdeckung des Äthers

Lange genug hatte sich die Entdeckung des Äthers hingezogen. Als es dann endlich getan war, konnte man ihn nicht einmal vorzeigen, nicht sehen, nicht hören, anfassen nicht. Da war nichts. So etwas zählt nicht.
Es kamen aber unglaubliche Phänomene zum Vorschein, kuriose Eigenschaften von Maßstäben und Uhren. Immer besser vermochte man diese Effekte zu demonstrieren - nicht zuletzt das wütende Spektakel mit der Masse, die zur rasenden Energie zerplatzt bei der Kernspaltung.
Äther oder Spezielle Relativitätstheorie? Keine Frage. - Mußte also der alte Äther in die Mottenkiste, wo er hingehört?
Wir wollen ihn da herausholen, seinen Schöpfern zuliebe, von denen wir schon so viel über ihn wissen. Dieses Mal wird er aber zum Vorzeigen und Anfassen sein. Den alten Äther selber bekommen wir freilich nicht zu Gesicht. Das geht nicht. Wir werden daher einen Trick anwenden wie beim Film und uns ein Double beschaffen - ein Double, das ihm so täuschend ähnlich und wesensgleich ist, ein eineiiger Zwilling im Grunde, der es ihm in allen Einzelheiten gleichtut, so daß wir mit Fug und Recht behaupten können: *Das ist der Äther*. Und wir werden sehen, auf welche Weise gerade *wegen* dieses Äthers die Spezielle Relativitätstheorie gilt, und auch, was mit dem Äther passiert, wenn sie nicht gilt.
Ernst Mach hatte die Spezielle Relativitätstheorie vorhergesehen.
Hendrik Antoon Lorentz war ihr beharrlich immer näher gekommen.
Hénri Poincaré hat sie beinahe gehabt und konnte sie doch nicht fassen.
Albert Einstein hat sie entdeckt.
Seither gab es eifrige Kritiker, die sich heute wohl endgültig unter jenen befinden, die auch ein perpetuum mobile konstruieren. Und doch werden Physiker nicht selten uneins, wenn sie die Entstehung des Zwillingsparadoxons im Detail diskutieren.

Unbestritten bleibt nach Karl Popper [4], daß eine physikalische Theorie niemals verifiziert, sondern immer nur falsifiziert werden kann. Wir können nie beweisen, daß eine physikalische Theorie richtig ist. Wir können höchstens zeigen, wo sie falsch wird, nicht mehr zutrifft.

Oder haben vielleicht doch diejenigen recht, die versuchen, einen Fehler in der Speziellen Relativitätstheorie (SRT) zu finden? - Die SRT ist in sich widerspruchsfrei, ebenso widerspruchsfrei wie die Gesetze der Geometrie. Davon kann sich heute jeder einfach mit Zirkel und Lineal selbst überzeugen. In dem Taschenbuch von D.-E. Liebscher zur Relativitätstheorie [5] wird dies in allen Details und für jeden nachvollziehbar erstmals explizit vorgeführt. Falsifiziert im physikalischen Sinne von einschränkenden Gültigkeitsgrenzen der ihr zugrunde liegenden Voraussetzungen wird die SRT beispielsweise durch die Berücksichtigung der Schwere. Wir können immer nur mit gravitierenden Massen experimentieren. Und das Schwerefeld läßt sich bekanntlich nicht speziell relativistisch beschreiben.

Mit dem Hinweis auf die Gravitation ist für das physikalische Verständnis der SRT aber nichts geholfen. Bei den (Gedanken-) Experimenten zur SRT können wir alle beteiligten Massen stets so klein halten, daß die gravitativen Effekte gegenüber den speziell relativistischen beliebig klein bleiben. Gerade für die Erklärung des Zwillingsparadoxons der Speziellen Relativitätstheorie hat die Einbeziehung der Gravitation viel Verwirrung gestiftet. Außerdem ist es unfair, eine nach unseren Denkgewohnheiten begrifflich schon genügend schwere Theorie durch ein Schwerefeld noch schwerer zu machen. (Es ginge höchstens umgekehrt. Ist erst einmal die Spezielle Relativitätstheorie mit ihrem Ätherbegriff verstanden, so läßt sich darauf die allgemeine Relativitätstheorie aufbauen, welche den speziell relativistischen Ätherbegriff verallgemeinert. Darauf werden wir hier aber nicht eingehen.)

Der fehlerlose Umgang mit der SRT ist für den Physiker zur Routine geworden, und die Unterweisung in der Handhabung der Theorie ist heute so weit fortgeschritten, daß sie bereits Eingang in einige Gymnasien gefunden hat.

Alle physikalisch zutreffenden Aussagen zur Speziellen Relativitätstheorie sind schon bei Einstein selbst zu finden. Einstein hat sich ausdrücklich auch mit der Frage auseinandergesetzt: *Was ist der Äther* ? und zwar mit der ihm eigenen Sorgfalt. War doch das Ätherproblem der Ursprung der ganzen Aufregung. Aus den meisten Darstellungen zur Speziellen Relativitätstheorie ist dieser Äther heute verbannt, wohl aus Sorge, man könnte in den Ruf eines heimlichen Kritikers der SRT geraten.

In dem theoretischen Gebäude der Physik bedeutet die Spezielle Relativitätstheorie eine sog. Lorentzsymmetrie des physikalischen Systems [(1)] *und* eine Lorentzsymmetrie der Maßstäbe und Uhren, die uns zur Beobachtung dieses physikalischen Systems zur Verfügung stehen. Was wir unter dieser Symmetrie zu verstehen haben, das werden wir in den Kap. 13 und 14 ausführlich besprechen und dabei ein sehr anschauliches Bild von dieser Symmetrie erhalten. Hinsichtlich der Bedeutung der Lorentzsymmetrie mag hier zunächst folgende Bemerkung genügen: Solange diese Symmetrie uneingeschränkt gilt, solange brauchen wir uns um den Äther tatsächlich nicht zu kümmern. Physikalisch wesentlich wird der Äther dann, wenn es zu einer Brechung der Lorentzsymmetrie kommt. Für die Grundgleichungen der Physik, z.B. die Maxwellschen Gleichungen, wird man heute damit wohl kaum rechnen. Es gibt aber im Festkörper Phänomene, für die gerade eine Lorentzsymmetrie und ihre Symmetriebrechung charakteristisch ist. Diese Phänomene liefern daher beides, ein mechanisches Modell zur Speziellen Relativitätstheorie, mit dem wir die relativistischen Effekte nachvollziehen können, und ein Modell für den Äther, der diese Effekte realisiert (zur Nomenklatur s. S.77 und S.166).
Die auch heute noch in manchen Lehrbüchern formulierte These "der Äther existiert nicht", vor der Einstein bereits 1920 ausdrücklich gewarnt hat, läßt sich im Festkörper explizit falsifizieren. In seiner Rede "Äther und Relativitätstheorie" vor der Reichsuniversität Leiden am 5. Mai 1920 [6] stellte Einstein u.a. fest: "Indessen lehrt ein genaueres Nachdenken, daß diese Leugnung des Äthers nicht notwendig durch das spezielle Relativitätsprinzip gefordert wird. ... Den Äther leugnen bedeutet letzten Endes, daß dem leeren Raum keinerlei physikalische Eigenschaften zukommen. Mit dieser Auffassung stehen die fundamentalen Tatsachen der Mechanik nicht im Einklang." Wir werden zeigen, inwiefern diese, von Einstein rein deduktiv gewonnenen Aussagen, tatsächlich im einzelnen haargenau treffen. Dabei werden wir sehen, die These von der Nichtexistenz des Äthers ist von derselben physikalischen Qualität, mit der wir für eine bestimmte Klasse von mechanischen Phänomenen im materiellen Atomgitter behaupten könnten, "der Festkörper existiert nicht". Formulierungen dieser Art wollen wir daher schnell vergessen.

---

(1) Für das System der elektromagnetischen Felder mit elektrischen Ladungen und Strömen im Raum heißt dies z.B., daß für zwei in gleichförmiger Bewegung zueinander befindliche Beobachter die Maxwellschen Gleichungen vollkommen identisch aussehen. Die Frage nach der mathematischen Form der Maxwellschen Gleichungen für einen "bewegten Beobachter" war eines der grundsätzlichen Probleme der Physiker vor der Entdeckung der Speziellen Relativitätstheorie durch Einstein.

Für die Beschreibung von Bewegungen in unserer physikalischen Raum - Zeit auf der einen Seite und im kristallinen Festkörper auf der anderen Seite werden wir eine bemerkenswerte Kongruenz in den Begriffsbildungen herstellen können. Dies ist wohl nur von E. Mach so vorhergesehen worden, und nur in diesem Sinne wollen wir das aus heutiger Sicht eher fragwürdig erscheinende Machsche Zitat, das wir unserem Vorwort vorangestellt haben, verstanden wissen. Rein wörtlich genommen, läßt sich dessen Aussage nicht aufrechterhalten. Eine SRT mit dem Schall kann es prinzpiell nicht geben, vgl. Kap. 6. Wohl aber werden wir bei unseren, sich auf Bewegungen in einer Raumdimension beziehenden Überlegungen am Kristallgitter sehen, in welchem Sinne diese Machsche Vision doch zutreffend ist. Abschließend werden wir darauf in Kap. 16 zurückkommen. Insbesondere auf Grund seiner tiefgründigen Abhandlungen zur Mechanik, die auch auf A. Einstein von großem Einfluß gewesen sind, wird E. Mach die Rolle eines Wegbereiters der SRT eingeräumt, eine Position, die er selbst aber gar nicht mehr akzeptieren wollte - so stark war seine, in den späten Lebensjahren zum Ausdruck gebrachte Opposition zu Einsteins Spezieller Relativitätstheorie. Vielleicht können unsere Ausführungen dazu beitragen, diese von E. Mach bezogene Stellung in einem freundlicheren Licht zu sehen.

Mit der Quantentheorie ist der Begriff des physikalischen Vakuums aufgekommen. Gemeint sind damit die Korrekturen des klassischen Vakuums, die sich zwangsläufig aus der Quantenstruktur der Bewegung der Materie ergeben. Und das klassische Vakuum? - ist nichts anderes als ein Synonym für den suspekt erscheinenden Begriff des Äthers. Mit dem physikalischen Vakuum sind wir also die Frage nach dem Äther nicht los. Äther ist nur das ältere Wort für "klassisches Vakuum". Die quantentheoretischen Korrekturen lassen wir hier ebenso außer acht wie die der allgemeinen Relativitätstheorie. Gleichwohl werden wir bei der Analyse unseres, aus dem Festkörper hervorgebrachten Äthermodells ganz unvermittelt und zwangsläufig sogar auf einige jener Merkwürdigkeiten einer Bewegung durch eben diesen Äther geführt, wie sie seinerzeit von der Quantenmechanik für die Bewegung physikalischer Teilchen durch unseren dreidimensionalen Raum eingeführt werden mußten. Unsere Überlegungen lassen sich auch als eine zusätzliche Argumentation zugunsten einer Gitterstruktur des physikalischen Vakuums interpretieren.

2. Äther und Wellengleichung

Der Äther ist bei den Griechen die "feinere Luft". Chemisch ist es eine Gruppe besonders leichtflüchtiger Verbindungen. Als Gas hat es einen charakteristischen Geruch. In der Physik hat der Ätherbegriff lange Zeit einen narkotischen Zustand ausgelöst - vergleichbar mit der Äthernarkose in der Medizin.

Physikalisch geht es beim Äther um die Ausbreitung von Wellen. Die einfachste Vorstellung von Wellen verbinden wir mit dem Wasser. Mathematisch sind aber gerade Wasserwellen gar nicht so elementar, weil sie in besonderer Weise mit der Wasseroberfläche zusammenhängen. Wir wollen uns hier nur für Wellen interessieren, die ganz im Innern eines Mediums (des "Raumes für die Wellen") existieren. Solche Wellen sind uns aus der Akustik als Schallwellen bekannt und aus der Elektrodynamik als Radiowellen, Licht oder Röntgenwellen. Trotz ihrer extrem unterschiedlichen physikalischen Eigenschaften ist die mathematische Beschreibung für alle diese Wellen immer dieselbe. Die Ausbreitung von Wellen in einem Medium oder im Raum, die Übertragung von Wellen, ihre Ablenkung an Hindernissen, die Übertragung von Signalen durch den Raum mit Hilfe von Wellen - die Grundlage für alle diese Phänomene ist stets ein und dieselbe Gleichung, nämlich die auf J. Le R. d'Alembert zurückgehende *Wellengleichung*.

Die Wellengleichung ist unumstritten die gemeinsame Klammer für alle Wellenphänomene, unabhängig davon, ob sie nun akustischer oder elektromagnetischer Natur sind.

Hinsichtlich ihrer Bedeutung für unser physikalisches Verständnis von der Natur ergibt sich hingegen ein ganz anderes Bild. Bis zur Jahrhundertwende, genauer, bis zum Jahr 1905, war es ausschließlich die Mechanik, die man als Grundlage für die theoretische Erklärung physikalischer Prozesse gelten ließ. Die mechanischen Wellenphänomene galten als fundamental. Die Ausbreitung des Schalles durch die Luft oder irgendein anderes Gas, ein flüssiges oder festes Medium, war sehr gut verstanden. Man war fest davon überzeugt, daß auch die elektromagnetischen Vorgänge auf ganz ähnliche Weise ablaufen. Wie der Schall in der Luft, so sollte sich das Licht in einem bis dahin noch unbemerkt gebliebenen mechanischen Medium ausbreiten, das man den *Äther* nannte. Dazu galt es "nur noch", diesen Äther, das mechanische Trägermedium für die elektromagnetischen Wellen, experimentell nachzuweisen. Aber gerade das wollte nicht gelingen. Die Experimente wurden immer raffinierter, die Erklärungen für ihren negativen Ausgang immer komplizierter.

Den spektakulären Höhepunkt erreichten diese Bemühungen mit den berühmten, jahrzehntelang wiederholten Versuchen von Michelson. In einer ideenreichen Versuchsanordnung, die bereits auf Maxwell zurückgeht, sollte hier die Interferenz des Lichtes selbst zum Nachweis für den Bewegungszustand des Äthers ausgenutzt werden. Von der Existenz eines mechanischen Äthers als Träger der elektromagnetischen Wellen war kein geringerer als Maxwell selbst, der Schöpfer der Theorie der elektromagnetischen Phänomene, Zeit seines Lebens fest überzeugt, eine Überzeugung die der junge Einstein nachweislich bis zum Jahre 1901 teilte, vgl. hierzu A. Pais [11]. Aber vergebens. Die Fahndung nach dem Äther drehte sich im Kreise - wie ein Detektiv, der auf der Suche nach dem Ursprung von Spuren endlos seinen eigenen Fußstapfen folgt. Der Äther wurde zum Alptraum der Physiker, von dem sie 1905 durch Einsteins *Spezielle Relativitätstheorie* erlöst wurden. Mit diesem Datum war die Maxwellsche Elektrodynamik endgültig von ihrer mechanischen Bevormundung befreit. Sie wurde eine vollkommen eigenständige Theorie. Mehr noch, die Gesetze der Ausbreitung von elektromagnetischen Wellen wurden der Schlüssel für ein neues Verständnis von Raum und Zeit. Die Prinzipien der Elektrodynamik wurden zum Fundament der theoretischen Physik. Gemessen daran war nun die Akustik mit einemmal nur noch Schall und Rauch. Die elektromagnetischen Wellen hatten eindeutig die Priorität über die Akustik erlangt. Dem Sündenbock für die jahrelangen Irrwege, dem Äther, wurden nun nicht nur seine mechanischen Ehrenrechte, einen Bewegungszustand zu besitzen, aberkannt - der Äther wurde von vielen Physikern lange Zeit schlicht und einfach aus dem Vokabular gestrichen und kurzerhand für nicht existent erklärt. Da half es auch nicht, wenn Einstein bereits 1920 vor einer solchen Radikalkur ausdrücklich warnte, s.o.

Wir wollen jetzt unser Augenmerk auf die physikalischen Eigenschaften richten, die alle Wellen gemeinsam besitzen, unabhängig davon, ob es sich um akustische oder elektromagnetische Wellen handelt.

Eine zentrale Bedeutung für die gesamte Physik und Technik besitzt der Transport von Energie. Wir können chemische Energie z.B. in einer bestimmten Materieform, in Kohle, Benzin, einer Batterie usw. speichern und diese Materie an den Ort transportieren, wo wir ihr die Energie entnehmen wollen. Solche Transportsysteme, wie Erdölleitungen, Öltanker, Transporte auf der Schiene oder der Landstraße, bedürfen einer ständigen technischen Überwachung und Erneuerung.

Auf ganz andere Weise wird Energie mit Hilfe von Wellen transportiert. Jede Welle ist mit einer bestimmten Energie "beladen", die bei der für die Welle typischen

Bewegungen mit einer charakteristischen Geschwindigkeit durch das Medium (oder durch den Raum) läuft. Dabei findet *kein* Materietransport statt. Nachdem die Energie in der Welle "vorbeigeströmt" ist, liegt das Medium (oder der Raum) wieder vollkommen unverändert vor. Der Energietransport mit Hilfe von Wellen kann ohne irgendwelche Nebenwirkungen beliebig oft wiederholt werden. Dieser Energietransport ist vollkommen wartungsfrei. Das Medium (oder der Raum) zeigt durch diesen Transport keinerlei Abnutzungserscheinungen. Radiowellen können wir z.B. so oft durch den "Äther" schicken, wie wir wollen. Der Raum zwischen Sender und Empfänger kommt dadurch nicht zu Schaden. Das gleiche gilt für Laserstrahlen. Auch die Übertragung von elektrischer Energie mit Hilfe von Hochspannungsleitungen beruht auf der Ausbreitung von elektromagnetischen Wellen, die durch die Drahtleitungen nur in ihrer Richtung geführt werden. Bei der Ausbreitung dieser Wellen entlang der Drähte werden diese in keiner Weise abgenutzt. Nehmen wir noch ein anderes Beispiel. Ich kann mich so lange mit meinem Nachbarn unterhalten, wie ich will. Nach der Übertragung der mechanischen Energie der Sprache mit Hilfe von Schallwellen ist die Luft dieselbe geblieben, die sie vorher war [(2)].

Sehen wir uns die Wellengleichung an einem besonders einfachen System, einem geraden, elastischen Stab, etwas näher an. Die Vereinfachung besteht darin, daß es hier nur eine räumliche Ausdehnung gibt, nämlich die Stabrichtung. Die Ausbreitung von Wellen in einem solchen Stab ist Gegenstand der Akustik. Geben wir auf das eine Ende des Stabes einen Impuls (z.B. mit einem Hammerschlag), so erzeugen wir eine elastische Deformation, die sich mit der Geschwindigkeit $c = \sqrt{\frac{E}{\rho}}$, der Schallgeschwindigkeit, durch den Stab fortpflanzt und dabei die Energie der Deformation zum anderen Ende des Stabes transportiert. Hierbei ist ρ die Massendichte des Stabes und die Materialkonstante E der sog. Elastizitätsmodul. Die Konstante c ist die Ausbreitungsgeschwindigkeit für ein akustisches Signal. Morsezeichen, die auf das linke Ende eines Stabes der Länge L geklopft werden, kommen nach der Zeit $t = L/c$ an seinem rechten Ende an. Der Stab selbst erfährt dabei keine bleibende Änderung (solange wir ihn nicht durch zu heftige Schläge deformieren oder gar zerstören).

---

(2) Streng genommen verschluckt die Luft immer etwas von der Schallenergie und wird dabei etwas wärmer. Zu den von uns verfolgten Fragestellungen tragen thermodynamische Vorgänge nichts bei. Wir werden daher Reibungsphänomene oder Streuvorgänge, die die geordnete Energie der Schwingungen nach und nach in ungeordnete Wärmeenergie umwandeln, überall vernachlässigen.

Die elastische Auslenkung s aus der Gleichgewichtslage der Massenpartikel eines Stabes am Ort x zur Zeit t ist für jeden Schwingungszustand des Stabes eine Funktion $s = s(x, t)$. In der Akustik zeigt man, daß diese Funktion der Wellengleichung von d'Alembert genügt,

$$\frac{\partial^2}{\partial x^2} s(x, t) - \frac{1}{c^2} \frac{\partial^2}{\partial t^2} s(x, t) = 0 \qquad \textit{d'Alembertsche Wellengleichung} \quad (1)$$

mit

$$c = \sqrt{\frac{E}{\rho}} . \qquad \textit{Signalgeschwindigkeit} \quad (2)$$

Für den Ursprung dieser Wellengleichung werden wir uns im nächsten Kapitel ausführlich interessieren.
Die allgemeine Form der Lösungen von (1) lautet

$$\left.\begin{array}{l} s(x, t) = f(x - c \cdot t) \\ \text{oder} \\ s(x, t) = f(x + c \cdot t). \end{array}\right\} \qquad \textit{Allgemeine Lösungen der Wellengleichung} \quad (3)$$

Hierbei ist $f = f(\xi)$ eine beliebige, zweimal differenzierbare Funktion. Mit $\xi = x - c \cdot t$ ist nämlich $\frac{\partial f}{\partial x} = \frac{df}{d\xi} \cdot \frac{\partial \xi}{\partial x} = f'(\xi)$ und $\frac{\partial f}{\partial t} = \frac{df}{d\xi} \cdot \frac{\partial \xi}{\partial t} = f'(\xi) \cdot (-c)$, also $\frac{\partial^2 f}{\partial x^2} = f''(\xi)$ und $\frac{\partial^2 f}{\partial t^2} = f''(\xi) \cdot c^2$, dasselbe gilt für $\xi = x + c \cdot t$.

Im ersten Fall erhalten wir nach rechts laufende Wellen; im zweiten Fall laufen die Wellen nach links. Die Verschiebung eines nach rechts oder links laufenden Funktionsbildes durch eine additive Konstante im Argument einer Funktion $y = f(x)$ verdeutlichen wir in Bild 1.

Wir betrachten hier zunächst ein unbegrenztes Medium. Zusatzbedingungen, die die Lösungen eines endlichen Stabes erfüllen müssen, sind hier noch nicht berücksichtigt. Z.B. bleibt der fest eingespannte Stab an seinen Enden stets unbewegt, während der an seinen Enden nicht festgehaltene Stab dort besonders heftig schwingt, s. dazu Kap. 4.

Von besonderer Bedeutung sind die harmonischen Wellen. Dies sind spezielle Lösungen der Wellengleichung, nämlich

$$\left.\begin{array}{l} s(x, t) = A \cdot \sin(k \cdot x - \omega \cdot t) \\ \text{und} \\ s(x, t) = A \cdot \sin(k \cdot x + \omega \cdot t). \end{array}\right\} \qquad \textit{Harmonische Wellen} \quad (4)$$

Für eine festgehaltene Zeit t beschreibt die elastische Auslenkung der Massen eine sin - Funktion im Raum mit der Wellenlänge $\lambda = \frac{2\pi}{k}$. Die Größe k heißt Wellenzahl (bzw. Wellenvektor bei räumlicher Ausbreitung). An einem festen Ort x schwingen die Massen gemäß einer zeitlichen sin - Funktion mit der Schwingungsdauer $T = \frac{1}{\nu} = \frac{2\pi}{\omega}$. Das 2π -fache der Frequenz ν heißt Kreisfrequenz $\omega = 2\pi\nu$ der Schwingung. In der Akustik kann man dies als reine Töne hören (die nicht besonders schön klingen). Eine Lösung der Wellengleichung ist eine solche Funktion aber erst dann, wenn die obige Bedingung $s(x, t) = f(x - c \cdot t)$ dafür erfüllt ist, also

$$s(x, t) = f(x - c \cdot t) = A \cdot \sin\left[k \cdot \left(x - \frac{\omega}{k} \cdot t\right)\right] = A \cdot \sin[k \cdot (x - c \cdot t)].$$

Die Wellenlänge λ, die Frequenz ν und die Ausbreitungsgeschwindigkeit c einer Welle hängen also über die Beziehung $c = \lambda \cdot \nu = \frac{\omega}{k}$, bzw. $\omega = c \cdot k$ zusammen. Es ist durchaus nicht immer so wie in dem hier betrachteten Fall des Stabes, daß nämlich die Ausbreitungsgeschwindigkeit c der Wellen für alle Frequenzen ein und denselben Wert hat. Die allgemeine Abhängigkeit der Wellenlänge von der Frequenz heißt *Dispersionsbeziehung*. Wir kommen in Kap. 4 bei der Diskussion der linearen Kette darauf zurück. Ist die Kreisfrequenz ω einfach der Wellenzahl k proportional mit der unveränderlichen Ausbreitungsgeschwindigkeit c der Wellen als Proportionalitätskonstante, so sagt man, das Medium (oder der Raum) sei dispersionsfrei,

$$c = \lambda \cdot \nu = \frac{\omega}{k}, \quad \textit{bzw.} \quad \omega = c \cdot k. \qquad \textit{Dispersionsfreie Medien} \quad (5)$$

Das Produkt aus Wellenlänge und Frequenz ist konstant. Die Ausbreitungsgeschwindigkeit c der Wellen hängt nicht von ihrer Frequenz ab. Dies ist für die

Akustik in guter Näherung erfüllt und gilt insbesondere für elektromagnetische Wellen im Vakuum. Beim Durchgang von Licht durch ein Medium, z.B. durch Glas oder Wasser, kommt es zur Dispersion, die wir z.B. im farbigen Spektrum eines Glasprismas oder dem von Wassertropfen, dem Regenbogen, sehen können. Die Frontgeschwindigkeit der elektromagnetischen Wellen hängt dabei von ihrer Frequenz (der Farbe) ab. Es gelten dann kompliziertere Gleichungen, die wir hier nicht betrachten wollen.

Die allgemeine Lösung der Wellengleichung können wir unter Beachtung der Dispersionsbeziehung $\omega = c \cdot k$ als eine Überlagerung von harmonischen Wellen mit beliebigen Wellenzahlen k schreiben ,

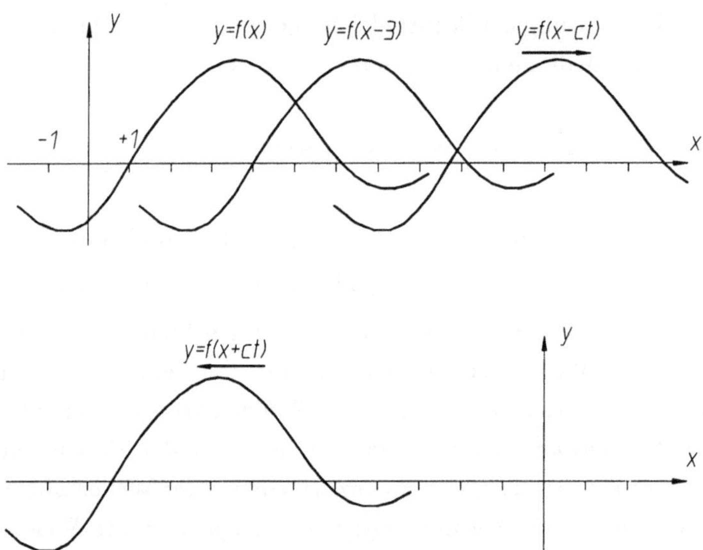

Bild 1. Zur Verschiebung des Bildes einer Funktion $y = f(x)$ durch eine additive Konstante. Mit $a > 0$ ist das Bild der Funktion $f(x - a)$ gegenüber dem Bild der Funktion $y = f(x)$ um den Betrag a nach rechts verschoben. Bei einer konstanten Geschwindigkeit $c > 0$ ist daher nach der Zeit t das Bild der Funktion $f(x - ct)$ gegenüber dem Bild der Funktion $y = f(x)$ um den Betrag $a = c\,t$ nach rechts verschoben. Für die Funktion $f(x - ct)$ erhalten wir also ein mit der Geschwindigkeit c nach rechts laufendes Funktionsbild. Das Bild der Funktion $f(x + ct)$ läuft nach links, wie es durch die Pfeile angedeutet ist.

$$s(x, t) = \sum_k [A(k) \cdot \sin(k \cdot (x - c \cdot t)) + B(k) \cdot \cos(k \cdot (x - c \cdot t))].$$

Allgemeine Lösung (6)

M.a.W., die allgemeine Lösung ist eine Überlagerung von Wellen mit beliebigen Wellenlängen $\lambda = \frac{2\pi}{k}$ bzw. von Wellen beliebiger Frequenz $\nu = \frac{c}{\lambda}$. Durch eine geeignete Überlagerung derartiger Wellen lassen sich dann auch die Randbedingungen für endliche Medien erfüllen, wovon wir in Kap. 4 Gebrauch machen werden. Grundlage für alle diese Eigenschaften ist allein die eingangs aufgeschriebene Wellengleichung, und diese Wellengleichung gilt gleichermaßen für akustische *und* elektromagnetische Vorgänge. Für letztere müssen wir nur die Schallgeschwindigkeit c durch die Lichtgeschwindigkeit im Vakuum c_L ersetzen. Für diese Lichtgeschwindigkeit müssen wir nun aber eine bemerkenswerte Beobachtung zur Kenntnis nehmen: Ein Beobachter möge von einer Lichtquelle, die relativ zu ihm ruht, ein Signal empfangen. Die Entfernung zwischen Sender und Empfänger überbrückt dieses Signal mit der Vakuumlichtgeschwindigkeit c_L. Wir nehmen jetzt an, daß sich der Beobachter mit der Geschwindigkeit v der Lichtquelle nähert. Fragen wir ihn dann nach der Geschwindigkeit, die er für das Signal mißt, das auf ihn zueilt, so antwortet er: "Das Signal nähert sich mir mit der Vakuumlichtgeschwindigkeit $c_L = 299\,792\,456$ m/s ",[3]. Dieselbe Antwort erhalten wir, wenn sich der Beobachter mit der Geschwindigkeit v von der Quelle entfernt. Der Michelson-Versuch hat die letzten Zweifel an der Richtigkeit dieser Aussage beseitigt, eine Aussage, die unsere so sicher scheinende, gegenteilige Erwartung gänzlich zunichte macht.

Für Schallwellen haben wir nämlich eine vollkommen andere Erfahrung: Eine Schallquelle S möge Morsezeichen aussenden, die mit der Schallgeschwindigkeit c durch die Luft laufen. Ein Beobachter E, der sich mit der Geschwindigkeit v auf diese Schallquelle zubewegt, mißt für die Geschwindigkeit, mit der ihn diese Signale von der Schallquelle aus erreichen, den Wert $c + v$. Wenn er sich von der Quelle mit der Geschwindigkeit v entfernt, dagegen den Wert $c - v$. Dies ist auf Grund der Ausbreitung der Schallwellen in ihrem Trägermedium, der Luft, sehr einfach zu erklären, und ist in unserem Bild 2 noch einmal dargestellt. Dabei spielt es gar keine Rolle, von welcher speziellen mechanischen Beschaffenheit das Trägermedium ist.

(3) Die Ungenauigkeit dieser Angabe beträgt weniger als 1 m/s = $3{,}6$ km/h . Zum Vergleich geben wir noch zwei Schallgeschwindigkeiten an: $c_{Luft} \approx 331$ m/s , $c_{Aluminium} \approx 5\,080$ m/s .

Betrachten wir wieder das Licht. Eine Lichtquelle möge Morsezeichen aussenden, die mit der Geschwindigkeit c_L durch den Raum eilen. Die Frage ist dann, wie diese Lichtwellen zum Beobachter gelangen. Gibt es ein mechanisches Trägermedium, einen Äther also, in welchem sich die Lichtwellen in ähnlicher Weise ausbreiten, wie der Schall in der Luft? Ein Beobachter, der sich mit der Geschwindigkeit v auf die Lichtquelle zubewegt, müßte in diesem Fall für die Geschwindigkeit, mit der das Morsezeichen von der Quelle auf ihn zuläuft, den Wert $c_L + v$ messen und, wenn er sich von der Quelle entfernt, den Wert $c_L - v$. Tatsächlich mißt er aber in beiden Fällen, unabhängig von seiner Geschwindigkeit, stets ein und dieselbe Signalgeschwindigkeit c_L.

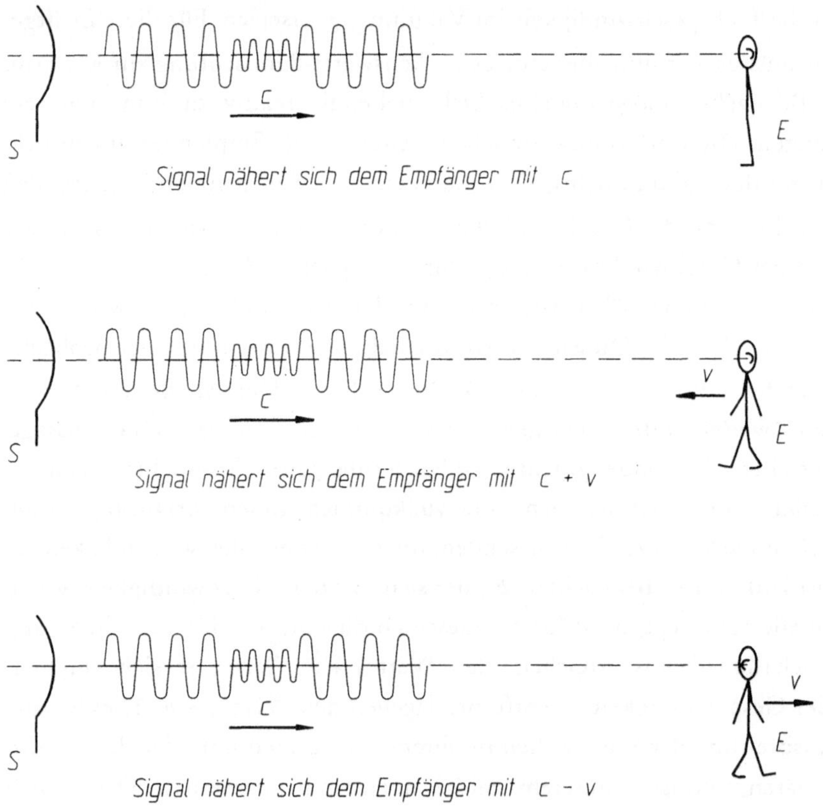

Signal nähert sich dem Empfänger mit c

Signal nähert sich dem Empfänger mit $c + v$

Signal nähert sich dem Empfänger mit $c - v$

Bild 2. Vergleich zwischen der Signalgeschwindigkeit c, die ein relativ zum Sender ruhender Beobachter feststellt, mit den Geschwindigkeiten, welche die Beobachter für dieses Signal messen, wenn sie sich in bezug auf den Sender mit einer Geschwindigkeit $+v$ oder $-v$ bewegen.

Das ist das Ätherproblem: Wenn wir annehmen, die Lichtwellen breiten sich mit Hilfe irgendeines mechanischen Äthers aus, dann erweist es sich aber als unmöglich, auch nur die geringste Bewegung, den leisesten Hauch dieses Äthers auszumachen. Von dem Äther ist absolut nichts zu spüren. Dabei waren die Messungen für den Nachweis dieses Äthers insbesondere beim Michelson-Versuch von so ausgeklügelter Präzision, daß man eine mangelnde Genauigkeit für das Fehlschlagen aller dieser Versuche mit Sicherheit ausschließen konnte. Wir wollen trotzdem den voreiligen Schluß, also gibt es keinen Äther, ausdrücklich unterlassen.

3. Die physikalischen Elemente der Speziellen Relativitätstheorie

Die Erklärung für alle Effekte, die mit den Merkwürdigkeiten der Lichtausbreitung zusammenhängen, ist Einstein im Jahre 1905 mit seiner Arbeit, "Zur Elektrodynamik bewegter Körper", s. [7], gelungen, mit der er die *Spezielle Relativitätstheorie* begründete. Diese Einsteinsche Arbeit wurde zum Fundament der nachfolgenden theoretischen Physik. Ausgehend von einem einzigen Grundpostulat, dem *Einsteinschen Relativitätsprinzip*, können alle Besonderheiten, die wir bei der Ausbreitung des Lichtes beobachten, deduziert werden. Daher enthält diese Arbeit implizit auch die Antwort auf die Frage nach dem Äther, ohne daß dies dort allerdings ausdrücklich diskutiert wird. Einstein ist daher später wiederholt auf das Ätherproblem eingegangen, vgl. z.B. [6]. Um den relativ einfachen Inhalt der SRT an dieser Stelle möglichst kurz skizzieren zu können, verfolgen wir jetzt einen rein empirischen Weg [(4)]. Den negativen Ausfall aller Ätherexperimente wollen wir zunächst besonders vorsichtig ausdrücken und so formulieren:

Es gibt kein Meßinstrument, das auf einen Äther anspricht.

Das nehmen wir zum Anlaß, unsere Meßinstrumente, namentlich die Längenmaßstäbe und Uhren, selbst zum Gegenstand der Beobachtung zu machen, und zwar mit Hilfe eben dieser Meßinstrumente. Die Frage nach dem Bezugssystem für unsere Beobachtungen, welches uns den "Rahmen" für unsere Messungen festlegt, werden wir ausführlich im nächsten Kap. erörtern. Hier mag die Bemerkung genügen, daß dies irgendein Bezugssystem, ein Laboratorium ist, in welchem auch die Newtonsche Mechanik gilt. Das sind die sog. Inertialsysteme.

Bei unseren Messungen machen wir nun zwei aufregende Entdeckungen. Alle Uh-

---

(4) Diesen Weg könnte man heute tatsächlich gehen. Zu Beginn unseres Jahrhunderts wären die dafür nötigen Experimente allerdings noch nicht mit der erforderlichen Genauigkeit möglich gewesen. Man war daher darauf angewiesen, sich auf das gefährliche Parkett von deduktiven Schlüssen aus einer kühnen Theorie zu begeben. Dies war Einstein mit seiner Arbeit [7] im Jahr 1905 dann tatsächlich gelungen. Man sollte jedoch nicht verschweigen, daß andere bedeutende Theoretiker diese Aufgabe nicht oder doch nicht bis zu Ende bewältigen konnten. E. Mach, H. A. Lorentz und H. Poincaré blieben Wegbereiter der Speziellen Relativitätstheorie. Wir verweisen hier auf die historische Darstellung der Einzelheiten dieser Entwicklung bei A. Pais, [11]. Ein modernes Experiment zur SRT unter Ausnutzung des Mössbauereffektes beschreiben z. B. G. R. Isaak et al. [80], s. auch bei E. Liebscher [5]. Wir verweisen auch auf den Übersichtsartikel von M. P. Haugan und C. M. Will, s. [81], über moderne Testexperimente zur SRT anläßlich des hundertjährigen Jubiläums der berühmten Arbeit von A. A. Michelson und E. W. Morley in [82]. Die ersten erfolgreichen Messungen führte Michelson bereits 1881 in einem Keller des Astrophysikalischen Observatoriums in Potsdam - Babelsberg durch.

ren und Längenmaßstäbe, die wir als Physiker bauen können, zeigen das folgende Verhalten:

1. Mit einem Maßstab einer bestimmten Länge L_0 (z. B. ein Meter) messen wir durch fortgesetztes Abtragen dieses Maßstabes eine Strecke X aus und finden $X = x \cdot L_0$. D. h., der Maßstab L_0 paßt x mal auf die Strecke X ; x ist die Maßzahl der Strecke X zur Maßeinheit L_0. Wenn wir eben diesen Maßstab nun mit einer konstanten Geschwindigkeit v ms^{-1} über diese Strecke gleiten lassen, so stellen wir fest:

Der bewegte Maßstab ist verkürzt.

Genauer, der bewegte Maßstab hat nur noch die Länge $L' = L_0 \cdot \sqrt{1 - \frac{v^2}{c_L^2}}$. Auf dieselbe Strecke X paßt er daher nun x' mal mit $x' = \frac{x}{\sqrt{1 - \frac{v^2}{c_L^2}}}$, so daß wieder $X = x' \cdot L'$. Dieser Effekt heißt *Längenkontraktion* und wird heute durch die zahllosen Experimente zur Speziellen Relativitätstheorie einwandfrei bestätigt. Ob wir das Pariser Urmeter oder die Wellenlänge λ der gelben Natriumlinie nehmen, wenn sich die Objekte in bezug auf unser Laboratorium bewegen, so gilt stets diese Längenkontraktion.

2. Wir betrachten einen Satz möglichst identisch gebauter Präzisionsuhren, die wir entlang unserer Strecke X in festen Abständen von z. B. 1 m Entfernung anordnen. Diese Uhren müssen wir nun synchronisieren, d. h. "zeitgleich" in Gang setzen. Dazu starten wir irgendein Signal von möglichst genau bekannter Geschwindigkeit v_0 m s^{-1} bei der ersten Uhr und stellen diese dabei auf der Zeigerstellung 0 Sekunden an. Wenn das Signal die um 1 m entfernte, zweite Uhr erreicht hat, wird diese bei der Zeigerstellung $\frac{1}{v_0}$ s in Gang gesetzt. Wenn das Signal bei der um 2 m entfernten Uhr angekommen ist, wird diese bei $\frac{2}{v_0}$ s in Gang gesetzt usw., bis alle Uhren ticken. Wir lassen nun eine weitere, eben dieser Uhren an allen anderen mit einer konstanten Geschwindigkeit v m s^{-1} vorbeigleiten. Bei der ersten Uhr (U_1) soll sie mit dieser auf der gemeinsamen Stellung 0 der Zeitskala stehen. Diese Startbedingung ist frei wählbar. Wir werden dann feststellen: Gibt die bewegte Uhr die Zeigerstellung t' an, so steht der Zeiger derjenigen Uhr (U_2), an deren Ort sie sich dabei gerade befindet, auf der Stellung t, und es gilt: $t' = t \cdot \sqrt{1 - \frac{v^2}{c_L^2}}$.

Die bewegte Uhr geht nach.

Dieser Effekt heißt *Zeitdilatation* und ist heute ebenfalls eindeutig durch das Experiment bestätigt. Ob wir eines der modernsten Zeitmeßinstrumente nehmen, z. B. eine Cäsium - Atomuhr, oder ein uraltes Nürnberger Ei, immer werden wir bei deren Bewegung genau diese Zeitdilatation finden.

Diesen Effekt der Zeitdilatation können wir in Anlehnung an die Formulierung der Lorentzkontraktion und im Hinblick auf unsere spätere Diskussion in der Mechanik auch so formulieren: Die Maßeinheit für die Zeitmessung ist eine ganz bestimmte Schwingungsdauer, für welche wir bei den ruhenden Uhren die Größe T_0 annehmen wollen. Für die Zeit T, die die bewegte Uhr auf ihrem Weg von U_1 nach U_2 benötigt, messen wir mit den ruhenden Uhren $T = t \cdot T_0$, d. h. t ist die Maßzahl der Zeit T zur Maßeinheit T_0; t zählt die Zahl der Schwingungen. Die bewegte Uhr schwingt nun langsamer. Ihre Maßeinheit, die Schwingungsdauer T', ist gegenüber T_0 gemäß $T' = \frac{T_0}{\sqrt{1 - \frac{v^2}{c_L^2}}}$ vergrößert, gedehnt. Daher der Name Zeitdilatation. Für die Zeit T ihrer Bewegung von U_1 nach U_2 benötigt sie daher nur die oben angegebene Maßzahl $t' = t \cdot \sqrt{1 - \frac{v^2}{c_L^2}}$ von Schwingungen, so daß wieder $T = t' \cdot T'$ gilt. (5)

Auffallend ist, daß in diesen Formeln auch für die rein mechanisch gebauten Längenmaßstäbe und Uhren ausgerechnet die Lichtgeschwindigkeit c_L steht. Mehr noch, wir sind nicht in der Lage, Maßstäbe oder Uhren zu bauen, bei denen dies nicht der Fall wäre. Später werden wir insbesondere auf diesen Punkt zurückkommen müssen, s. Kap. 11. Bei den von uns untersuchten Phänomenen werden wir sehen, daß das hier beschriebene Verhalten der Längenmaßstäbe und Uhren charakteristisch ist für das *Mitwirken eines "Äthers"* und dabei die Einsteinsche Formulierung verstehen, vgl. [6], "Nur muß man sich davor hüten, dem Äther einen Bewegungszustand zuzusprechen". Das heißt, die physikalischen Eigenschaften unserer Längenmaßstäbe und Uhren sind in bezug auf den Äther gerade von der Art, daß sie auf den Äther selbst prinzipiell nicht ansprechen können.

(5) Wir machen hier schon auf unsere Bezeichnung aufmerksam, die wir durchgängig beibehalten: Alle Orts- und Zeitangaben, die mit Hilfe bewegter Maßstäbe und Uhren festgestellt werden, sind durch gestrichene Größen gekennzeichnet. Sind Maßstäbe oder Uhren verschiedener Geschwindigkeiten im Spiel, so werden auch Tilden oder Dächer benutzt, s. z.B. in Kap. 15.

Auf eines sei noch einmal hingewiesen. Die Frage nach dem "Warum" der Zeitdilatation und dem "Warum" der Längenkontraktion ist in der Speziellen Relativitätstheorie nicht gestellt. Es wird lediglich gezeigt: Wenn wir stets ein und dieselbe Lichtgeschwindigkeit messen, dann müssen wir daraus schließen, daß prinzipiell alle Maßstäbe und Uhren dieses Verhalten zeigen. Das heißt nun aber nicht, daß die Frage nach dem Warum für diese Effekte durch die SRT verboten wäre. Durchaus nicht. Nur - durch die Spezielle Relativitätstheorie sind so ziemlich alle traditionellen physikalischen Erklärungsversuche ausgeschlossen. Das ist das Problem. Hat es überhaupt einen Sinn, nach einem "Mechanismus" zu suchen, der uns diese Veränderungen von Maßstäben und Uhren auf anschauliche Weise erklärt?
Die erste direkte Beobachtung der Zeitdilatation an einer "Uhr" [(6)] gelang in den Jahren 1938/39, worüber in den Arbeiten von H. J. Ives und G. J. Stillvell vgl. [8], [9] und in der Arbeit von G. Otting [10] berichtet wird. Wir kommen zum Schluß von Kap. 16 hierauf zurück. Einstein sprach in diesem Zusammenhang von dem experimentum crucis der Speziellen Relativitätstheorie. Verglichen damit hatten die negativen Ergebnisse der mit großem Aufwand betriebenen zahlreichen Michelson - Versuche für Einstein eine eher nebengeordnete Rolle gespielt. Hier wurde ja "nur" zum wiederholten Male gezeigt, daß man eben keinen "Ätherwind" messen kann. Zu dem vermeintlichen Nachweis eines Ätherwindes im April 1921 durch D. C. Miller am Mount Wilson Observatory ist der Kommentar von Einstein berühmt geworden, "Raffiniert ist der Herrgott, aber boshaft ist er nicht", dem er später die wunderbare Bemerkung hinzugefügt hat, "Die Natur verbirgt ihr Geheimnis durch die Erhabenheit ihres Wesens, aber nicht durch List". Für die Darstellung der historischen Zusammenhänge um die Spezielle Relativitätstheorie verweisen wir noch einmal auf das Buch von A. Pais [11] . Die Konsequenz aus der Einsteinschen Speziellen Relativitätstheorie, daß sich alle unsere wirklichen Uhren auch tatsächlich so seltsam verhalten, wie dies die SRT behauptet, und daß wir dies mit eben diesen Uhren und Maßstäben auch messen, diese Schlußfolgerung konnte mit den Experimenten von 1938/39 einer direkten Prüfung unterzogen werden. Für die Antwort dieser Experimente, welche die Zeitdilatation, diese wohl schockierendste der Einsteinschen Aussagen, zweifelsfrei bestätigte, gab es keinen Interpretationsspielraum mehr.

[(6)] Hierbei handelt es sich um den Nachweis des tranvsersalen Dopplereffektes. Wir werden in Kap. 16 sehen, daß dieser Effekt unmittelbarer Ausdruck für die Zeitdilatation ist. Die zu untersuchende Uhr ist hier das angeregte Atom. Das von diesem abgestrahlte monochromatische Licht liefert die Frequenznormale der Uhr.

Für den mathematisch interessierten Leser empfehlen wir, die Einsteinsche Originalarbeit [7], die auch heute noch nichts von ihrer beeindruckenden Klarheit und Schönheit verloren hat, einmal zu lesen.
Bis hierher haben wir die sog. kinematischen Effekte der SRT beschrieben. Diese werden auch im Mittelpunkt unseres Interesses stehen und uns in den Kap. 9-18 beschäftigen. Die Spezielle Relativitätstheorie macht aber noch eine weitere, überaus spektakuläre Aussage. Nur drei Monate nach seiner berühmten Arbeit [7] hat Einstein in einer weiteren Arbeit [12] den Schluß von der Trägheit der Energie gezogen, ein Ergebnis, das in der Formel $E = m \cdot c_L^2$ ein Maß an Öffentlichkeit erreicht hat, wie wohl kein anderes Resultat naturwissenschaftlicher Forschung je zuvor. Der Grund dafür ist zweifellos die Tragweite der Konsequenzen, nämlich das Freiwerden gewaltiger Energien von fast unvorstellbarem Ausmaß bei bestimmten Prozessen der Kernspaltung (wie sie ungesteuert bei der Explosion einer Atombombe und gesteuert in einem Kernkraftwerk ablaufen) bzw. der Kernfusion (das sind die Prozesse, die die Produktion der Energie auf der Sonne bewirken, und die wir auf der Erde bisher nur ungesteuert in der Wasserstoffbombe nachbilden können). Durch diese Einsteinsche Entdeckung werden zwei, bei unserer phänomenologischen Beschreibung der Materie für voneinander unabhängig gehaltene Eigenschaften, nämlich deren Trägheit und deren Energie, untrennbar miteinander verbunden. Es wird hier nicht etwa, wie es in oberflächlichen Darstellungen leider häufig verbreitet wurde, Energie in Masse umgewandelt oder umgekehrt. Nein, jede Energie E besitzt eine träge Masse m, nämlich $m = \frac{E}{c_L^2}$; und jede Masse m, die Masse jedes Atoms, jedes Stückchen Materie, ist eine besondere Form von "zusammengeballter" Energie E, nämlich $E = m\, c_L^2$. Diese Energie ist auf Grund des großen numerischen Wertes der Lichtgeschwindigkeit ungeheuer groß. Die Tragweite der Einsteinschen Energie - Masse - Äquivalenz besteht darin, daß diese Energie, wie jede andere Energie, prinzipiell auch in *jede andere Energieform umgewandelt* werden kann, also z. B. in Wärme. Die Gesamtenergie bleibt bei diesen Umwandlungen ebenso erhalten wie die Gesamtmasse. Nur ist es eben etwas anderes, ob wir ein Milligramm einer Masse still auf dem Schreibtisch liegen haben, oder ob dessen Energie in Wärmeenergie umgewandelt und an seine Umgebung abgegeben wird. Zur Veranschaulichung wollen wir ein Beispiel rechnen:
Wir betrachten einen Topf mit *200 000* Litern Wasser bei *0* °C und zusätzlich mit einem Milligramm einer Masse. In dem Topf befindet sich dann insgesamt eine

Masse von *200 000, 000 001* kg mit einer Gesamtenergie von

$E = m\, c_L^{\,2} = 200\,000,\,000\,001\ \text{kg} \cdot 9 \cdot 10^{16} \text{ms}^{-1} = 200\,000,\,000\,001 \cdot 9 \cdot 10^{16}$ Joule.

Die Energie des Milligramms möge nun vollständig in Wärmeenergie umgewandelt werden. Nach der Einsteinschen Formel ergibt das eine Wärmemenge von
$E = 10^{-6}\text{kg} \cdot 9 \cdot 10^{16}\text{ms}^{-1} = 9 \cdot 10^{10}\,\text{Nm} = 9 \cdot 10^{10}$ J, d.h.

$E \approx 9 \cdot 10^{10} \cdot 2{,}4 \cdot 10^{-4}$ kcal $\approx 2 \cdot 10^{7}$ kcal $= 200\,000 \cdot 100$ kcal.

Diese Energie würde also ausreichen, um die *200 000* Liter Wasser von *0* Grad Celsius zum Kochen zu bringen, wenn wir für die Temperaturerhöhung von einem Liter Wasser um *1* °C mit einer kcal rechnen und dabei vernachlässigen, daß wir nicht ganz genau dieselbe Wärmemenge brauchen, wenn wir die Temperatur von *1* °C auf *2* °C oder von *99* °C auf *100* °C erhöhen. Die Gesamtenergie aus dem Milligramm und den *200 000* Litern Wasser bleibt dabei ebenso erhalten wie die Gesamtmasse. Die Spezielle Relativitätstheorie lehrt hier, daß die Masse (das ist die Trägheit) von *200 000* Litern Wasser bei *100* Grad ungefähr um ein Milligramm größer ist als die Masse derselben Wassermenge (derselben Anzahl von Wassermolekülen) bei *0* °C.

Jede Energie besitzt eine träge Masse; jede Masse ist Träger von Energie.

Eine unmittelbare Konsequenz dieser Energie - Masse - Äquivalenz besteht darin, daß die bewegte Masse größer sein muß als die ruhende. Denn eine bewegte Masse besitzt eine, um ihren kinetischen Anteil vermehrte Energie. Vergleichen wir nun die träge Masse m_0 eines ruhenden Körpers, z. B. unser Milligramm auf dem Schreibtisch, mit der trägen Masse m, die derselbe Körper besitzt, wenn er sich mit der Geschwindigkeit v uns gegenüber bewegt. Wenn also unser Milligramm mit der Geschwindigkeit v an uns vorbeifliegt, dann stellen wir fest, daß die Trägheit dieses Körpers, d.h. sein Widerstand gegenüber einer Beschleunigung, größer geworden ist. Gemäß der Speziellen Relativitätstheorie gilt die Formel $m = \dfrac{m_0}{\sqrt{1 - \dfrac{v^2}{c_L^{\,2}}}}$.

Hieraus folgt sofort, daß kein Körper, der eine von Null verschiedene Ruhmasse m_0 besitzt, jemals auf Lichtgeschwindigkeit gebracht werden kann - selbst dann nicht, wenn wir die Kräfte bis ins Unermeßliche steigerten. Die Lichtgeschwindigkeit ist ein Privileg der Lichtgeschwindigkeit. Sie kann dafür von diesem ihrem Thron auch nicht herunter. Ein Teilchen, das sich mit Lichtgeschwindigkeit bewegt, ein Photon oder ein Neutrino z.B., muß für immer und ewig und für jeden Beobachter mit Lichtgeschwindigkeit umhereilen.

Diese, mit der trägen Masse zusammenhängenden Erscheinungen bilden die dynamischen Effekte der Speziellen Relativitätstheorie. Wir werden uns damit in den Kap. 19-20 beschäftigen.

Es gehört nicht zuletzt zu den aufregenden Tatsachen der Speziellen Relativitätstheorie, daß wir alle ihre Effekte gleichermaßen von einem beliebigen Inertialsystem aus beobachten können. Mit keinem ihrer Effekte sind wir in der Lage, irgendeinem ausgezeichneten inertialen Bewegungszustand gegenüber allen anderen den Vorrang zu geben. Das gilt auch für die Phänomene der Lichtausbreitung, der elektromagnetischen Wellen also. Alle Effekte sind nur in bezug auf ein Inertialsystem definiert, und alle Inertialsysteme sind untereinander gleichberechtigt. Dieses Prinzip der Relativität hat an der Wiege der Physik gestanden, da sie zu einer exakten Naturwissenschaft wurde und wird nach Galilei benannt. Newton hat darauf seine Mechanik gegründet. Das wollen wir im nächsten Kap. ausführlich erklären. Wie wir in Kap. 2 gesehen haben, geraten wir aber bei dem Versuch, die Ausbreitung elektromagnetischer Wellen durch die Bewegung in einem Medium zu verstehen, in einen heillosen Widerstreit mit der Mechanik, wo die akustischen Phänomene den Bewegungszustand ihres Trägermediums verraten (vgl. dazu auch Kap. 16). Einstein hat dennoch an dem Prinzip der Relativität festgehalten. Diese Relativität war die entscheidende Triebfeder für die Entdeckung seiner Theorie und hat ihr daher auch den Namen gegeben. Die verschiedenen Möglichkeiten für den axiomatischen Aufbau der Speziellen Relativitätstheorie werden wir im Anschluß an die Diskussion des Relativitätsprinzips in Kap. 14 besprechen.

Wir wollen nun zunächst den Ursprung der Wellengleichung, die eine Schlüsselrolle für die Spezielle Relativitätstheorie spielt, in der Mechanik aufspüren.

4. Wo kommt die Wellengleichung her ?

Bewegung ist immer Bewegung in bezug auf etwas, ein Bezugssystem, auf dem die Beobachter sitzen und messen. Eine Masse m bewegt sich relativ zum Bezugssystem des Beobachters. Der Beobachter wird dabei definitionsgemäß als ruhend angesehen. Nehmen wir zwei Beobachter, die sich auf verschiedenen Bezugssystemen gegeneinander bewegen, so werden diese die Bewegung irgendeiner Masse m mitunter sehr verschieden beurteilen. Ich sitze vor meinem Schreibtisch, auf dem die Masse m ruht. Ein Kollege dreht sich auf einem Schemel neben mir. Er sieht, daß sich die Masse und der Schreibtisch und ich in meinem Sessel auf einer Kreisbahn um ihn bewegen, s. Bild 3.

Sind die beiden Bezugssysteme, ich in meinem Schreibtischsessel und er auf seinem Drehschemel, gleichberechtigt? - Nun, ihm wird nach einiger Zeit schlecht, mir nicht. Wenn ich durch irgendeinen Umstand auf einmal sehr sensibel würde, müßte mir auch ein bißchen schlecht werden, wegen der Drehung der Erde um ihre Achse und bei noch größerer Empfindlichkeit auch wegen der Drehung der Erde um die Sonne und dann vielleicht noch wegen einer beschleunigten Bewegung des ganzen Sonnensystems. Ganz besondere Bezugssysteme sind die, auf denen einem prinzi-

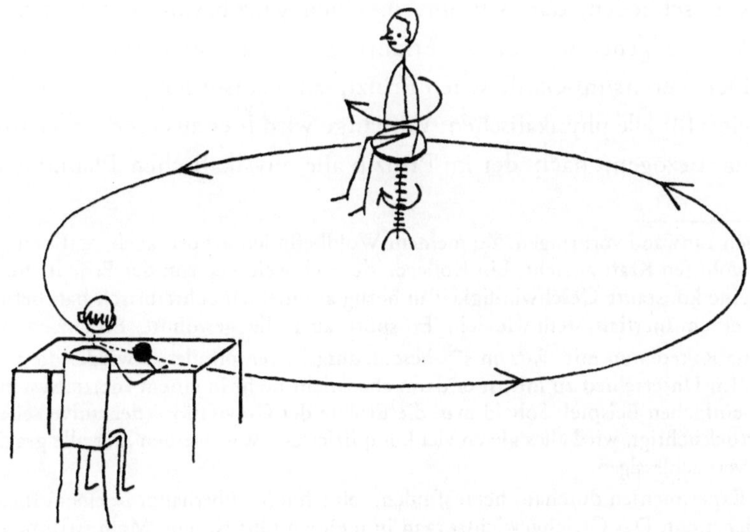

Bild 3. Beobachter am Schreibtisch und Beobachter auf dem Drehschemel. Letzterer stellt fest, daß die Masse, welche auf dem Schreibtisch ruht, um ihn eine drehende Bewegung ausführt.

piell nicht schlecht wird. Sie heißen *Inertialsysteme*, zu deutsch Trägheitssysteme. Damit soll ausgedrückt werden, daß in diesen Bezugssystemen die Bewegung eines Körpers allein durch seine Trägheit, sein Beharrungsvermögen im Zustand der Ruhe oder dem einer gleichförmigen "Geradeausbewegung" bestimmt ist, solange er keiner physikalischen Krafteinwirkung ausgesetzt wird. Wir werden im folgenden so tun, als befänden wir uns in einem Inertialsystem. Mein Schreibtisch ist für viele Zwecke eine ganz brauchbare Näherung dafür. Ein Kollege, der im Zug mit einer konstanten Geschwindigkeit an mir vorbeifährt, befindet sich dann ebenfalls in einem Inertialsystem. Das ändert sich, wenn der Zug bremst, oder es kommt eine Kurve - dabei kann einem wieder schlecht werden. Bei jeder beschleunigten Bewegung verlassen wir unser Inertialsystem [(7)].

Die Inertialsysteme sind durch ihre Relativbewegung untereinander sowie durch ihre Bewegung relativ zu allen anderen Bezugssystemen besonders ausgezeichnet. Für sie gilt das *Galileische Relativitätsprinzip:* "Beobachter in zwei verschiedenen Inertialsystemen finden stets dieselben physikalischen Gesetze." Die Gesamtheit aller möglichen physikalischen Vorgänge ist für alle Inertialsysteme identisch. Im Grunde meint das Galileische Prinzip aber nur die Gesetze der Mechanik und heißt daher auch *Das Erste Newtonsche Axiom:* Es ist unmöglich, aus der Bewegung eines Körpers zu schließen, daß wir uns in einem ganz bestimmten Inertialsystem befinden[(8)]. Dabei gehen wir von der Erfahrung aus, daß es überhaupt Inertialsysteme gibt. Der bereits im Galileischen Prinzip zum Ausdruck gebrachte Gedanke einer Relativität für alle physikalischen Vorgänge wird hier aus einer mechanistischen Vorstellung bezogen, nach der im Prinzip alle physikalischen Phänomene

---

[(7)] Man kann hier einen Einwand vorbringen. Zu meinem Wohlbefinden gehört auch, daß mich die Erde mit ihrer gewohnten Kraft anzieht. Ein Kollege, der sich weit weg von der Erde in einer Rakete befindet, die eine konstante Geschwindigkeit in bezug auf meinen Schreibtisch hat, befindet sich ebensogut in einem Inertialsystem wie ich. Er spürt aber die gewohnte Erdanziehung nicht mehr. Wird seine Rakete nun mit *9,81* m s^{-2} beschleunigt, so empfindet er wieder die alte wohltuende Schwere. Im Unterschied zu mir ist er dann aber nicht mehr in einem Inertialsystem. Wir sehen an diesem einfachen Beispiel: Sobald man die Effekte der Gravitation (der universellen Massenanziehung) berücksichtigt, wird alles gleich viel komplizierter. Wir werden hier alle gravitativen Effekte strikt vernachlässigen.

[(8)] Ich kann aber mit Experimenten durchaus herausfinden, ob ich mich überhaupt in einem Inertialsystem befinde oder nicht. Das Gleichgewichtsorgan in meinem Ohr ist ein Meßinstrument, welches ständig meinen Bewegungszustand überwacht. Wenn ich mich nicht in einem Inertialsystem befinde, so wird dies durch seine Messungen bemerkt, und es signalisiert an mein Großhirn, daß mir schlecht werden soll. Um die tägliche Drehung der Erde um ihre Achse zu bemerken, reicht die Empfindlichkeit unseres Gleichgewichtsorgans nicht mehr aus. Diese Drehung können wir z.B. mit dem Foucaultschen Pendel feststellen, vgl. A. Sommerfeld [13].

mechanischen Ursprungs sein sollen. Erst in der Einsteinschen Analyse wird die Idee der Relativität erstmals - und zwar unabhängig von der Mechanik - auch für elektromagnetische Phänomene verwirklicht. Die fundamentalen physikalischen Konsequenzen haben wir im vorangegangenen Kapitel kurz zuammengefaßt. (Rein mathematisch gesehen, erzeugt die Einsteinsche Relativität, wie wir in den Kap. 13 und 14 finden werden, die sog. Voigt - Lorentz - Transformation. Als deren Grenzfall folgt die Galilei - Transformation der Newtonschen Mechanik. Diese Transformationen vergleichen die Orts- und Zeitangaben eines Ereignisses, das von zwei verschiedenen Inertialsystemen aus beobachtet wird).

Wir interessieren uns jetzt für das allgemeine Gesetz der Bewegung einer Masse m in einem beliebigen Inertialsystem unter der Wirkung einer Kraft $\boldsymbol{F}$. Es ist 1687 von I. Newton niedergeschrieben worden und heißt *Das Zweite Newtonsche Axiom*. Danach gilt für den Impuls $\boldsymbol{p} = m \cdot \boldsymbol{v}$ einer Masse m, die sich mit der Geschwindigkeit $\boldsymbol{v}$ unter der Wirkung einer Kraft $\boldsymbol{F}$ bewegt,

$$\frac{d}{dt}\boldsymbol{p} = \boldsymbol{F}. \tag{7}$$

So einfach ist das: Die zeitliche Änderung des Impulses $\boldsymbol{p}$ ist der einwirkenden Kraft $\boldsymbol{F}$ direkt gleich. Kennzeichnen wir durch einen Punkt über einer physikalischen Größe deren zeitliche Ableitung, so können wir dafür auch noch einfacher schreiben

$$\dot{\boldsymbol{p}} = \boldsymbol{F}. \tag{7a}$$

Treten mehrere Kräfte auf, $\boldsymbol{F}_a$, $a = 1, 2, \ldots, n$, so wirkt als resultierende Kraft $\boldsymbol{F}$ in (7) deren vektorielle Summe

$$\boldsymbol{F} = \sum_{a=1}^{n} \boldsymbol{F}_a. \tag{8}$$

Diese beiden Gleichungen gelten für alle Kräfte, unabhängig von ihrer Herkunft. Ob es sich dabei um die eleganten elektrischen und magnetischen Kräfte handelt oder die simple Kraft, die bei der Ausdehnung einer mechanischen Feder wirksam wird, die einfache Muskelkraft oder die mitunter unbeliebte Reibungskraft, nach Gleichung (8) addieren sich alle Kräfte gleichberechtigt durch vektorielle Addition, um dann in (7) als eine resultierende Gesamtkraft zu wirken. Die grundlegende mathematische Eigenschaft beliebiger Kräfte, sich wie Vektoren zu addieren, hat Newton in seiner Mechanik als *Corollarium* hervorgehoben. Gelegentlich wird es auch als *Das Vierte Newtonsche Axiom* bezeichnet, s. Bild 4. Die mitunter sehr verschiedenen Eigenschaften der Kräfte spielen für die Gültigkeit des Bewegungsgesetzes (7) keine Rolle. Die Newtonsche Mechanik macht keine Aussage über die physikalische Wirkungsweise der Kräfte - mit einer wichtigen Ausnahme. Es gibt *eine* allgemeingültige Gesetzmäßigkeit für alle sog. Wechselwirkungskräfte. Das sind die Kräfte mit denen zwei beliebige Massen m_1 und m_2 aufeinander einwirken können. Diese Eigenschaft wird als *Das Dritte Newtonsche Axiom* bezeichnet und ist unter der Kurzformulierung actio = reactio bekannt geworden, "wie du mir, so ich dir". Etwas ausführlicher heißt das: Übt die Masse m_1 auf eine andere Masse m_2 die Kraft $\boldsymbol{F}$ aus, so wirkt die Masse m_2 mit der Kraft $-\boldsymbol{F}$ auf m_1 zurück. Die Wechselwirkungskräfte, mit denen zwei Massen aufeinander einwirken können, sind also dem Betrage nach gleich und haben stets die entgegengesetzte Richtung. Dieses Axiom wird uns später noch viel beschäftigen.

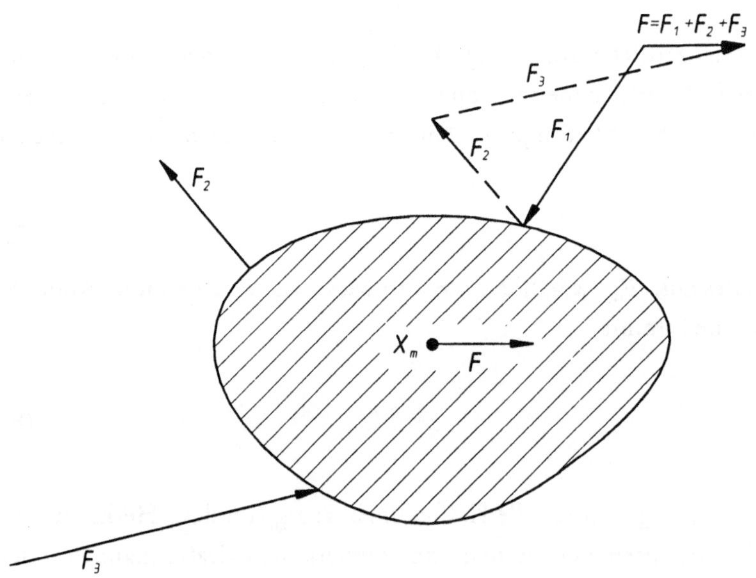

Bild 4. Die an dem Körper angreifenden Kräfte $\boldsymbol{F}_1$, $\boldsymbol{F}_2$ und $\boldsymbol{F}_3$ addieren sich vektoriell zu einer Gesamtkraft $\boldsymbol{F}$, welche am Massenmittelpunkt $\boldsymbol{X}_m$ des Körpers angreift, so daß sich dieser gemäß Gleichung (7) bewegt, $\frac{d}{dt}(m\ \frac{d\boldsymbol{X}_m}{dt}) = \boldsymbol{F}$.

Wir betrachten jetzt eine Masse m, die nur auf der x-Achse beweglich ist und dort eine Gleichgewichtsposition x_0 besitzt, in der auf sie keine resultierende Gesamtkraft einwirken soll. Bei einer kleinen Auslenkung um $s = x - x_0$ aus der Ruhelage (oder "Nullage") x_0 soll eine Kraft $F = -D \cdot s$ mit der sog. Richtgröße, der Direktionskonstanten $D > 0$ wirken, die die Masse auf die Position x_0 zurücktreibt. Wir setzen ferner voraus, daß die Masse m bei allen Bewegungen konstant bleibt, $m = \text{const.}$ Mit der Geschwindigkeit $v \doteq \frac{d}{dt} x = \frac{d}{dt} (x_0 + s) = \dot{s}$ gilt dann für den Impuls $p = \frac{d}{dt} (m \cdot x) = m \cdot \dot{s}$. Gemäß dem Newtonschen Gesetz (7) folgt die Bewegung dieser Masse entlang der x-Achse daher dem Gesetz der harmonischen Schwingung,

$$m \cdot \ddot{s} = -D \cdot s. \tag{9}$$

Aus der allgemeinen Lösung der Schwingungsgleichung (9),

$$s = s_0 \cdot \cos(\omega \cdot t + \phi), \tag{10}$$

mit den beiden Integrationskonstanten s_0 und ϕ erhalten wir für $\phi = -\frac{1}{2}\pi$ die spezielle Lösung $s = s_0 \sin(\omega t)$. Wegen $\dot{s} = s_0 \omega \cos(\omega t)$ erreicht die Masse m zur Zeit $t = 0$ die maximale Geschwindigkeit $v_0 = s_0 \omega$. Für $\phi = 0$, also $s = s_0 \cos(\omega t)$, besitzt sie für $t = 0$ die maximale Auslenkung aus der Gleichgewichtslage x_0. Die Masse schwingt mit der Kreisfrquenz $\omega = 2 \pi \nu$ harmonisch um diese Gleichgewichtslage. (Die Schwingungsdauer beträgt $T = \frac{1}{\nu}$). Die Funktion (10) ist genau dann eine Lösung von (9), wenn

$$\omega = \sqrt{\frac{D}{m}}. \tag{11}$$

Die Gesamtenergie U der Schwingung ist gleich dem Maximalwert der kinetischen Energie $E_{kin} = \frac{1}{2} m \cdot \dot{s}^2$, also wegen $\dot{s} = -s_0 \cdot \omega \cdot \sin(\omega \cdot t + \phi)$,

$$U = \max(E_{kin}) = \frac{m}{2} \cdot v_0^2 = \frac{m}{2} \cdot s_0^2 \cdot \omega^2 = \frac{1}{2} \cdot s_0^2 \cdot D \,. \tag{12}$$

Wir wollen die harmonische Schwingung (10) nun beobachten. Dazu zählen wir die Zahl ν der Schwingungsdurchgänge durch die Gleichgewichtsposition pro Sekunde und haben so die Frequenz ν bestimmt. Ferner können wir die kinetische Energie messen, welche beim Durchgang durch die Nullage gleich der Gesamtenergie U ist. Wenn die Schwingung beispielsweise in der Gleichgewichtslage durch Reibung zum Stillstand gebracht wird, erhält man U aus der dabei frei werdenden Wärmemenge.

Wir stellen eine bemerkenswerte Eigenschaft fest: Solange wir nur die Kreisfrequenz $\omega = 2\pi\nu = \sqrt{\frac{D}{m}}$ und die Gesamtenergie $U = \frac{m}{2} \cdot s_0^2 \cdot \mathrm{D}$ messen können, ist es uns nicht möglich, daraus die schwingende Masse m und die Federkonstante D einzeln zu bestimmen. Wir können nicht entscheiden, ob eine tonnenschwere Masse von $m = 1000$ kg unter der Wirkung einer Richtgröße $D = 10^7 \mathrm{N\,m^{-1}}$ (Newton pro Meter) oder ein winziges Milligramm von $m = 10^{-6}$ kg unter der Wirkung einer Federkonstanten $D = 10^{-2}\ \mathrm{N\,m^{-1}}$ schwingt. In beiden Fällen erhalten wir dasselbe ω,

$$\omega = \sqrt{\frac{D}{m}} = \sqrt{\frac{10^7}{10^3}\frac{\mathrm{N}}{\mathrm{m}}\frac{1}{\mathrm{kg}}} = \sqrt{\frac{10^{-2}}{10^{-6}}\frac{\mathrm{N}}{\mathrm{m}}\frac{1}{\mathrm{kg}}} = 10^2\sqrt{\frac{\mathrm{kg}\cdot\mathrm{m}}{\mathrm{m}\cdot\mathrm{s}^2\cdot\mathrm{kg}}} = 10^2\mathrm{s}^{-1}$$

bzw.

$$\nu = \frac{\omega}{2\pi} = 15{,}9\ \mathrm{Hz}\ .$$

Auch die Messung der Gesamtenergie kann daran nichts ändern, da U zusätzlich als Integrationskonstante die Amplitude s_0 der Schwingung enthält. Wir halten fest:

Die beiden Charakteristika einer harmonischen Schwingung, ihre Kreisfrequenz ω und ihre Gesamtenergie U, erlauben keinen Rückschluß auf die mechanische Beschaffenheit des schwingenden Systems.

Als Modell einer harmonischen Schwingung können wir z.B. eine einzelne Masse m ansehen, die zwischen zwei Wänden durch zwei Federn, welche jeweils die Richtgröße $\frac{D}{2}$ besitzen, an eine Ruhelage x_0 gebunden ist, s. Bild 5.

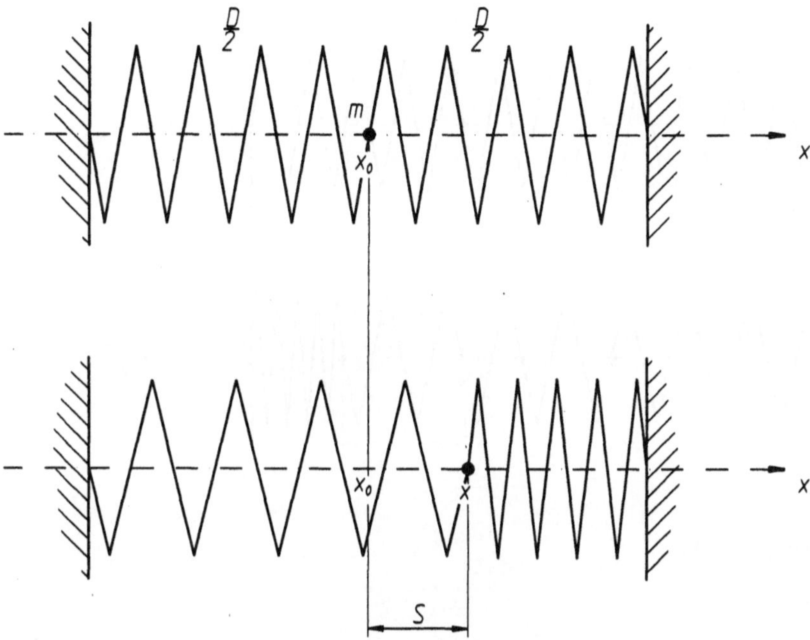

Bild 5. Modell einer harmonisch schwingenden Masse m .

Bezeichnen wir wieder die Auslenkung aus der Ruhelage mit $s = x - x_o$, dann zieht die linke Feder die Masse m mit derselben Kraft $F_l = -\frac{1}{2} D \cdot s$ nach links, wie sie von der rechten Feder mit $F_r = -\frac{1}{2} D \cdot s$ nach links gedrückt wird, so daß auf m die Gesamtkraft $F = F_l + F_r = -D \cdot s$ wirkt, und es gilt die Schwingungsgleichung (9).

Wir betrachten nun ein schwingendes System aus zwei gleichen, halb so großen Massen $\frac{m}{2}$, die mit der Richtgröße $\frac{D}{2}$ wieder an zwei feste Wände und untereinander mit der Federkonstanten $\frac{3}{4} D$ gekoppelt sind, s. Bild 6 .

Die momentanen Lagen der ersten bzw. zweiten Masse seien x_1 und x_2 ; x_{o1} und x_{o2} seien ihre Gleichgewichtslagen, also $x_1 = x_{o1} + s_1$, $x_2 = x_{o2} + s_2$ mit den Auslenkungen s_1 und s_2 aus den jeweiligen Nullagen. Ihre Geschwindigkeiten sind dann $v_1 = \dot{x}_1 = \dot{s}_1$, $v_2 = \dot{x}_2 = \dot{s}_2$, und auf beide Massen wirken die Kräfte F_1 bzw. F_2 gemäß

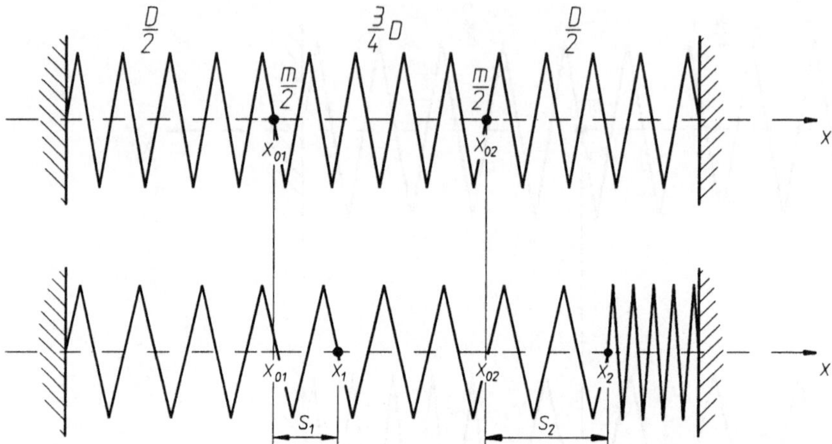

Bild 6. Zwei schwingende Massen $\frac{m}{2}$.

$$F_1 = -\frac{1}{2}D\cdot(x_1 - x_{01}) + \frac{3}{4}D\cdot[(x_2 - x_1) - (x_{02} - x_{01})] = -\frac{5}{4}D\cdot s_1 + \frac{3}{4}D\cdot s_2$$

und entsprechend

$$F_2 = -\frac{5}{4}D\cdot s_2 + \frac{3}{4}D\cdot s_1 \quad .$$

Damit erhalten wir für die Bewegung der beiden Massen die Gleichungen

$$\left.\begin{aligned} \frac{m}{2}\cdot\ddot{s}_1 &= -\frac{5}{4}D\cdot s_1 + \frac{3}{4}D\cdot s_2, \\ \frac{m}{2}\cdot\ddot{s}_2 &= -\frac{5}{4}D\cdot s_2 + \frac{3}{4}D\cdot s_1. \end{aligned}\right\} \qquad (13)$$

Die Bewegungen s_1 und s_2 der beiden Massen $\frac{m}{2}$ kann man nun auf zwei Grundschwingungen zurückführen, die additive Auslenkung a und die relative Auslenkung r des aus diesen beiden Massen bestehenden Systems gemäß

$$\left.\begin{array}{l} a = \frac{1}{2}(s_2 + s_1),\ r = \frac{1}{2}(s_2 - s_1) \\ \text{mit der Umkehrung} \\ s_1 = a - r \quad , \ s_2 = a + r \ . \end{array}\right\} \tag{14}$$

Durch Addition bzw. Subtraktion der beiden Gleichungen (13) finden wir für a und r

$$\left.\begin{array}{l} m \cdot \ddot{a} = -D \cdot a \ , \\ m \cdot \ddot{r} = -4D \cdot r \ . \end{array}\right\} \tag{15}$$

Das Gleichungssystem (13) ist damit entkoppelt. D.h., für das System aus den beiden Massen erhalten wir mit (15) zwei voneinander unabhängige, harmonische Schwingungsgleichungen, die jede für sich die Form einer harmonischen Schwingungsgleichung für die einzelne Masse (9) hat. Unser System kann danach harmonisch im Gleichtakt schwingen, wenn nämlich allein die Lösung der ersten Gleichung (15) von Null verschieden ist,

$$\left.\begin{array}{l} a(t) = a_0 \cos(\omega t + \phi) \ , \\ r(t) = 0 \ , \end{array}\right\} \Leftrightarrow \left\{\begin{array}{l} s_1 = a_0 \cos(\omega t + \phi) \ , \\ s_2 = a_0 \cos(\omega t + \phi) \ , \end{array}\right. \tag{16}$$

und zwar in unserem Beispiel mit derselben Frequenz ω, die wir bereits von der Schwingung (9) für eine einzelne Masse kennen,

$$\omega = \sqrt{\frac{D}{m}} \ . \tag{11}$$

Wenn nur die Lösung der zweiten Gleichung (15) ungleich Null ist, schwingen die beiden Massen harmonisch gegeneinander, also

$$\left.\begin{array}{l} a(t) = 0 \ , \\ r(t) = r_0 \cos(\bar{\omega} t + \bar{\phi}) \ , \end{array}\right\} \Leftrightarrow \left\{\begin{array}{l} s_1(t) = -\, r_0 \cos(\bar{\omega} t + \bar{\phi}) \ , \\ s_2(t) = +\, r_0 \cos(\bar{\omega} t + \bar{\phi}) \ , \end{array}\right. \tag{17}$$

und zwar mit einer Frequenz $\overline{\omega}$ gemäß

$$\overline{\omega} = \sqrt{\frac{4D}{m}} = 2\,\omega \ . \tag{18}$$

Dabei haben wir die Federkonstanten gerade so gewählt, daß $\overline{\omega}$ ein Vielfaches von ω wird. Die allgemeine Lösung des Bewegungsproblems für die beiden Massen lautet

$$\left.\begin{aligned} a &= a_0 \cdot \cos(\omega t + \phi\ ) \ , \\ r &= r_0 \cdot \cos(\overline{\omega} t + \overline{\phi}\ ) \ . \end{aligned}\right\} \tag{19}$$

Wir können nun zeigen, daß dieses einfache mechanische Schwingungssystem bereits alle Eigenschaften besitzt, die für das Phänomen der Wellenbewegung charakteristisch sind.

Dazu betrachten wir hier den Transport von Energie. Bei einer Welle wird die Energie mit einer charakteristischen Geschwindigkeit durch das Medium (oder den Raum) befördert, derart, daß das Medium (oder der Raum) danach wieder unverändert vorliegt.

Das Medium unseres Schwingungssystems - das sind die über die Federn gekoppelten beiden Massen. Diese Bemerkung mag auf den ersten Blick höchst seltsam anmuten. Und doch liegt gerade hier bereits der Schlüssel für spätere, weitreichende Verallgemeinerungen, wenn wir nämlich zu gekoppelten Schwingungssystemen aus immer mehr Massen übergehen, bis hin zum Atomgitter eines Kristalls.

Für die speziellen Werte $\phi = \overline{\phi} = -\frac{1}{2}\pi$ folgt aus (19) die Lösung

$$\left.\begin{aligned} a &= a_0 \sin \omega\, t \ , & & a(0) = 0 \ , \\ & & \Rightarrow & \\ r &= r_0 \sin 2\omega t \ , & & r(0) = 0 \ . \end{aligned}\right\} \tag{20}$$

Wir verfügen nun über die beiden, noch frei wählbaren Konstanten der Bewegung a_0 und r_0 mit Hilfe einer Konstanten v_0 gemäß: $2\omega \cdot a_0 = v_0$, $4\omega \cdot r_0 = -v_0$. Für die Bewegung der einzelnen Massen erhalten wir dann aus (14) und (20)

$$
\left.
\begin{aligned}
s_1 &= \frac{v_o}{2\omega} \cdot (\sin \omega t + \frac{1}{2} \sin 2\omega t) \,, \\
s_2 &= \frac{v_o}{2\omega} \cdot (\sin \omega t - \frac{1}{2} \sin 2\omega t) \\
&\text{mit den Geschwindigkeiten} \\
\dot{s}_1(t) &= \frac{1}{2} v_o \cdot (\cos \omega t + \cos 2\omega t) \,, \\
\dot{s}_2(t) &= \frac{1}{2} v_o \cdot (\cos \omega t - \cos 2\omega t) \,.
\end{aligned}
\right\} \qquad (21)
$$

Aus den Gleichungen (21) können wir die behauptete, wellenartige Energieausbreitung in unserem mechanischen Schwingungssystem der beiden Massen ablesen: Die beiden Massen haben in ihrer Gleichgewichtsposition die Entfernung $(x_{o2} - x_{o1})$. Zum Zeitpunkt $t = 0$ bewegt sich nur die erste Masse. Die zweite Masse ruht,

$$s_1(0) = 0 \,, \quad \dot{s}_1(0) = v_o \,, \quad s_2(0) = 0 \,, \quad \dot{s}_2(0) = 0 \,. \qquad (22)$$

Gemäß (22) hat die erste Masse (z.B. durch einen elastischen Stoß) eine Anfangsgeschwindigkeit v_o erteilt bekommen und trägt damit bei $t = 0$ die Gesamtenergie $U = \frac{1}{2} m v_o^2$ des Systems als kinetische Energie. Nach einer halben Schwingung, also nach der Zeit $t = \frac{1}{2} T = \frac{\pi}{\omega}$ ist die erste Masse vollständig zur Ruhe gekommen. Jetzt bewegt sich nur die zweite Masse, und zwar in entgegengesetzter Richtung,

$$s_1(\tfrac{\pi}{\omega}) = 0 \,, \quad \dot{s}_1(\tfrac{\pi}{\omega}) = 0 \,, \quad s_2(\tfrac{\pi}{\omega}) = 0 \,, \quad \dot{s}_2(\tfrac{\pi}{\omega}) = - v_o \,. \qquad (23)$$

Die Gesamtenergie $U = \frac{1}{2} m v_o^2$ ist zur Zeit $t = \frac{1}{2} T = \frac{\pi}{\omega}$ als kinetische Energie vollständig bei der zweiten Masse. Wegen der Begrenztheit des Systems durch die Wände kann die Energie nicht weiterlaufen, sondern flutet zurück zur ersten Masse und ist dort zur Zeit $t = T = \frac{2\pi}{\omega}$; und der Vorgang beginnt von neuem.

Das System aus den beiden Massen mit den drei Federn realisiert also eine Energieübertragung von der ersten Masse zur zweiten und wieder zurück. Dieser Energietransport vollzieht sich mit der Geschwindigkeit $c = \frac{\text{zurückgelegter Weg}}{\text{benötigte Zeit}}$, also bei einem Abstand L zwischen den beiden Wänden,

$$c = \frac{2L}{T} = L\frac{\omega}{\pi} = L\frac{1}{\pi}\sqrt{\frac{D}{m}} \quad . \tag{24}$$

Hierbei ist der Abstand L ebenso eine Materialkonstante unserer Schwingungsvorrichtung wie die Frequenz $\omega = \sqrt{\frac{D}{m}}$. Die Konstante c ist die charakteristische Geschwindigkeit für die Ausbreitung einer Wellenfront in unserem Medium, das nur aus den beiden, durch elastische Federn gekoppelten Massen besteht; c ist also die *Signalgeschwindigkeit.* Die Energie wird mit dieser Geschwindigkeit durch das Medium transportiert. Dieses Ergebnis verdient, besonders hervorgehoben zu werden: *Der Transport von Energie, wie wir ihn von elektromagnetischen oder akustischen Wellen her kennen, ist bereits eine elementare Eigenschaft eines mechanischen Systems aus nur zwei elastisch gekoppelten Massen. Die Signalgeschwindigkeit c ist eine Konstante dieses Systems, die wir aus seiner linearen Abmessung L und dem Quotienten aus der Richtgröße D der elastischen Federn und der Trägheit m der beiden Massen auf der Grundlage der Newtonschen Mechanik verstehen können.*

Wir wollen es noch einmal anders formulieren: Das Bewegungsverhalten elastisch gekoppelter Massen wird allein durch die Newtonschen Gleichungen bestimmt. Dabei treten Wellenphänomene auf. Diese lassen sich bereits an unserem System aus nur zwei elastisch gekoppelten Massen vollständig nachweisen. Charakteristisch werden diese Wellenphänomene für Systeme, die aus sehr vielen, elastisch gekoppelten Massen bestehen. Im Grenzübergang zu "unendlich vielen" Massen treten diese Wellen in ihrer "reinen Form" auf. Das heißt, die Newtonsche Bewegung eines solchen Systems wird durch die Wellengleichung beschrieben. Das werden wir in Kap. 5 nachweisen.

Im folgenden wollen wir anhand des Modells der sog. linearen Kette zunächst nur veranschaulichen, wie wir von den elastisch gekoppelten Einzelmassen zu den uns bekannten elastischen Schwingungen eines Mediums gelangen.

Auf einer Länge L verteilen wir dazu eine Gesamtmasse m äquidistant als gleich große, punktförmige Teilmassen $\Delta m = \frac{m}{N}$ derart, daß sich die N- te Masse gerade am Ende der Länge L befindet. Am Anfang befindet sich dann keine Masse. Ferner denken wir uns eine elastische Feder der Länge L mit der Direktionskonstanten D. Diese Feder zerteilen wir in so viel gleichlange Teilfedern, wie es die elastische Kopplung der N Teilmassen erfordert, also N Teilfedern der Länge $\frac{L}{N}$ bei N Massen. Wir machen uns klar, daß die Direktionskonstante D_N, die zur Feder der Länge $\frac{L}{N}$ gehört, den Wert $D_N = N \cdot D$ besitzt. Die Richtgröße D ist nämlich das Verhältnis einer Kraft F zur ***absoluten*** Verlängerung s der Feder, $D = \frac{F}{s}$. Bringt man daher dasselbe Gewicht an zwei übereinander gehängten, gleichartigen Federn an, so verdoppelt sich die Auslenkung s. Das kann jeder mit zwei Federn leicht nachprüfen. Die Richtgröße D halbiert sich also bei einer Verdopplung der Länge der Feder und verdoppelt sich folglich bei deren Halbierung. Bis hierher ergibt sich Bild 7.

Nun identifizieren wir den Anfang der Länge L mit ihrem Ende. Praktisch kann man sich das so vorstellen, daß man die Länge L zu einem Kreis schließt. Vernünftigerweise gibt dies erst bei $N \geq 3$ einen Sinn. Da wir uns aber ohnehin für sehr großes N interessieren, ist dies keine Einschränkung. Wir erhalten Bild 8. Eine zweite Vorstellung von dieser Anordnung besteht darin, daß man identische Exemplare der Länge L mit ihren N Massen fortgesetzt in beiden Richtungen aneinanderreiht. Dann befindet sich jeweils auch am Anfang der Länge L eine Masse, die aber mit derjenigen am Ende der benachbarten Länge vollkommen identisch ist, d.h., ihre Bewegungen und Kräfte sind identisch. Auf diese Weise erhalten wir unendlich viele Massen, aber jeweils die $(k+N)$-te Masse ist mit der k-ten identisch. Eine solche periodische Anordnung elastisch gekoppelter Massen nennt man eine lineare Kette, s. Bild 9.

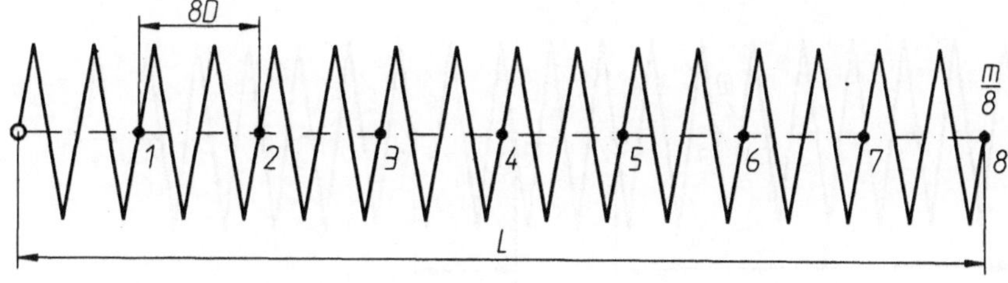

Bild 7. Unterteilung der Feder einer Länge L in 8 gleiche Abschnitte.

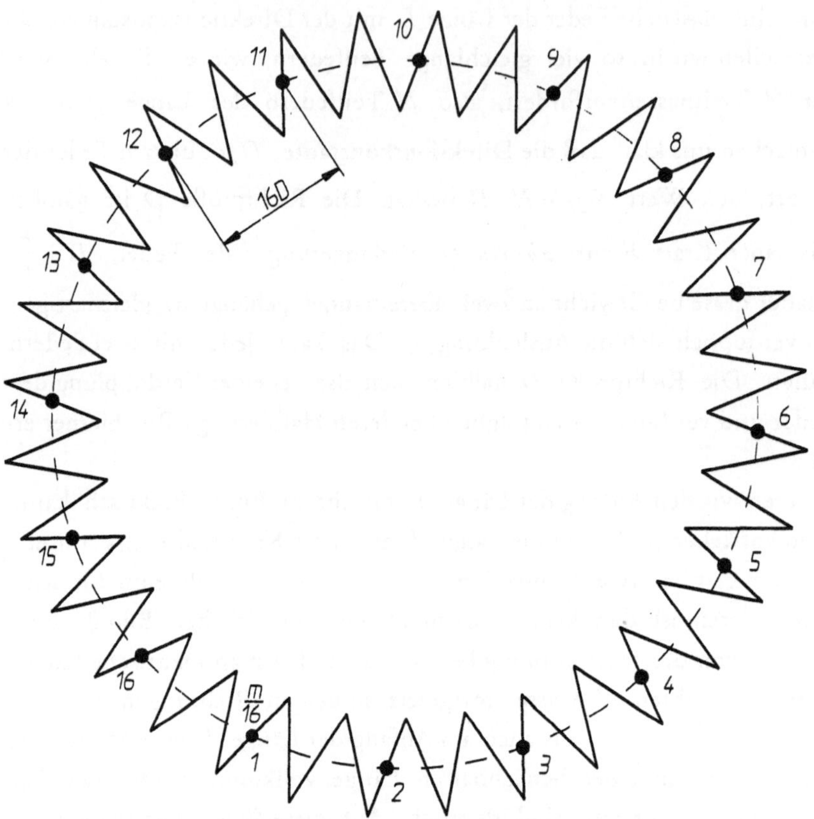

Bild 8. Geschlossene lineare Kette der Länge L = Umfang des Kreises für $N = 16$.

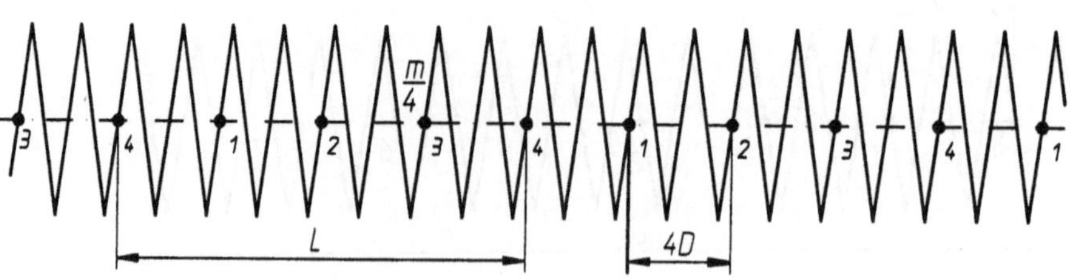

Bild 9. Lineare Kette der Länge L für $N = 4$.

Eine am Ende der Länge L angreifende Kraft F bewirkt eine Verlängerung s gemäß $F = D \cdot s$. Interessiert man sich wie in der Elastizitätstheorie für die relative Längenänderung, so schreiben wir $F = E_{eff} \cdot \frac{s}{L}$ mit einem effektiven Elastizitätsmodul $E_{eff} = D \cdot L$. Ferner führen wir noch eine effektive Massendichte ρ_{eff} ein,

$$\left.\begin{aligned} \rho_{eff} &= \frac{m}{L}, && \text{effektive Massendichte der linearen Kette}, \\ E_{eff} &= D \cdot L, && \text{effektiver Elastizitätsmodul der linearen Kette}. \end{aligned}\right\} \tag{25}$$

Wir stellen nun die Bewegungsgleichunge für die N Massen $\Delta m = \frac{m}{N}$ einer linearen Kette auf. Alle Federn haben die einheitliche Rückstellkraft D_N, und die i-te Masse befindet sich an der Position x_i,

$$\left.\begin{aligned} x_i &= \frac{L}{N} i, \quad i = 1, \cdots N, \\ D_N &= N \cdot D, \\ \Delta m &= \frac{m}{N}. \end{aligned}\right\} \qquad \textit{Lineare Kette} \tag{26}$$

Die Auslenkung der i-ten Masse aus ihrer Gleichgewichtsposition sei s_i. Sie erfährt eine beschleunigende Kraft von den benachbarten Massen, deren Auslenkungen s_{i-1} und s_{i+1} betragen. Wir betrachten z. B. die zweite Masse, s. Bild 10. Die Feder zwischen der ersten und der zweiten Masse ist um $(s_2 - s_1)$ gedehnt und zieht die zweite Masse in ihre Ausgangslage zurück. Die Feder zwischen der zweiten und dritten Masse ist um $(s_3 - s_2)$ gedehnt und zieht die zweite Masse von ihrer Nullage weg. Für die Masse Δm mit der Auslenkung s_2 lautet die Bewegungsgleichung daher $\Delta m\, \ddot{s}_2 = -D_N(s_2 - s_1) + D_N(s_3 - s_2)$, also

$$\Delta m\, \ddot{s}_2 = D_N s_1 - 2D_N s_2 + D_N s_3 .$$

Die Bewegungsgleichungen für alle N Massen der linearen Kette lauten demnach

$$\left.\begin{aligned}
\Delta m\,\ddot{s}_1 &= D_N s_N - 2D_N s_1 + D_N s_2 \,,\\
\Delta m\,\ddot{s}_2 &= D_N s_1 - 2D_N s_2 + D_N s_3 \,,\\
&\vdots\\
\Delta m\,\ddot{s}_i &= D_N s_{i-1} - 2D_N s_i + D_N s_{i+1} \,,\\
&\vdots\\
\Delta m\,\ddot{s}_N &= D_N s_{N-1} - 2D_N s_N + D_N s_{N+1} \,.
\end{aligned}\right\} \quad (27)$$

(Hierbei ist, wie oben erklärt, $s_{N+1} \equiv s_1$).

Die Gleichungen (27) sind ein gekoppeltes System von N Differentialgleichungen für die gesuchten Bewegungen der N Massen. Die allgemeine Lösung dieser Gleichungen suchen wir als $(N-1)$ harmonische Schwingungen der Einzelmassen (eine triviale Lösung ist immer eine starre Bewegung der ganzen Kette). Die n - te Schwingung schreiben wir für die i - te Masse als $s_i^{(n)}(t)$. Zur Bestimmung der Eigenfrequenzen ω_n der linearen Kette versuchen wir folgenden Lösungsansatz,

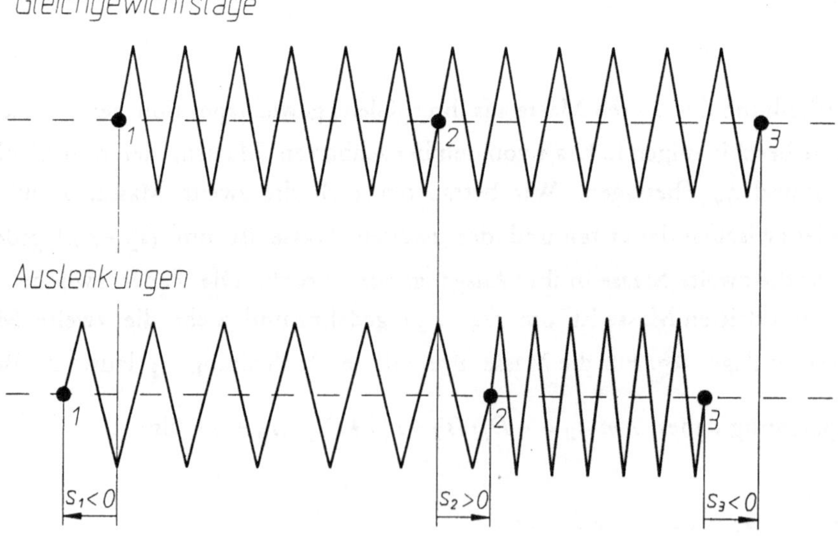

Bild 10. Zur Herleitung der Bewegungsgleichung der linearen Kette.

$$s_i^{(n)}(t) = \cos(\omega_n t)\cdot\cos\left(\frac{\mathrm{i}}{\mathrm{N}}\, n\, 2\pi\right)\ , \quad n = 1, 2, \cdots, N-1\ . \tag{28}$$

Dieser Ansatz erfüllt die Periodizitätsbedingung: Die $(i+N)$ - te Masse schwingt gemäß (28) ebenso wie die i - te Masse. Die Position der i - ten Masse befindet sich nach (26) bei $x_i = \frac{L}{N}\, i$. Aus (28) lesen wir daher eine größte "Wellenlänge" λ_1 ab mit einer dazugehörigen kleinsten Wellenzahl $k_1 = \frac{2\pi}{\lambda_1}$ gemäß

$$\lambda_1 = L\ , \quad k_1 = \frac{2\pi}{L}\ , \tag{29}$$

und für die n - te Oberschwingung gilt

$$\lambda_n = \frac{L}{n}\ , \quad k_n = \frac{2\pi\, n}{L}\ , \quad n = 1, 2, \cdots, N-1\ . \tag{30}$$

Den Ansatz (28) setzen wir in (27) ein und finden, wobei wir den gemeinsamen Faktor $\cos(\omega_n t)$ gleich herauskürzen,

$$\begin{aligned} -\Delta m\, \omega_n^2 \cos(i\tfrac{n}{N}2\pi) &= D_N[\cos(i\tfrac{n}{N}2\pi - \tfrac{n}{N}2\pi) + \cos(i\tfrac{n}{N}2\pi + \tfrac{n}{N}2\pi) - 2\cos(i\tfrac{n}{N}2\pi)\,] \\ &= D_N\,[\cos(i\tfrac{n}{N}2\pi)\cos(\tfrac{n}{N}2\pi) + \sin(i\tfrac{n}{N}2\pi)\sin(\tfrac{n}{N}2\pi) + \\ &\quad + \cos(i\tfrac{n}{N}2\pi)\cos(\tfrac{n}{N}2\pi) - \sin(i\tfrac{n}{N}2\pi)\sin(\tfrac{n}{N}2\pi) - 2\cos(i\tfrac{n}{N}2\pi)\,], \end{aligned}$$

$$-\Delta m\, \omega_n^2 \cos(i\tfrac{n}{N}2\pi) = 2D_N\,[\cos(i\tfrac{n}{N}2\pi)\cos(\tfrac{n}{N}2\pi) - \cos(i\tfrac{n}{N}2\pi)\,]\ ,$$

$$\Delta m\, \omega_n^2 = 2D_N\,[\,1 - \cos(\tfrac{n}{N}2\pi)\,]\ ,$$

also mit (26)

$$\frac{m}{N}\omega_n^2 = 2N\cdot D\,[1-\cos(\frac{n}{N}2\pi)]$$

und damit

$$\omega_n = N\sqrt{\frac{2D}{m}[1-\cos(\frac{n}{N}2\pi)]}\quad,\ n = 1, 2, \cdots, N-1\ . \tag{31}$$

Der Ansatz (28) führt also tatsächlich zu einer Lösung des ganzen Systems von Differentialgleichungen (27), wenn nur die Frequenz ω_n den Wert (31) hat.

Wir interessieren uns nun für sehr große N. Dabei denken wir z.B. an einen (eindimensionalen) Metallstab der Länge 1 m, dessen Atome einen Gitterabstand von 10^{-8} cm haben, so daß an jeder Schwingung des Stabes $N = 10^{10}$ Atome beteiligt sind. Wir wollen dann nur solche Schwingungen in Betracht ziehen, bei denen in jeder sin - Welle noch sehr viele Atome mitschwingen, mithin soll also folgende Bedingung erfüllt sein,

$$n = 1, 2, 3, \cdots\ ;\ n << N\ . \tag{32}$$

Wir werden später begründen, daß wir die Zahl N auf Grund des Dritten Newtonschen Axioms im Prinzip sogar gegen Unendlich gehen lassen können. Die Bedingung (32) kann daher im Prinzip mit *beliebiger* Genauigkeit erfüllt werden.

Für $\frac{n}{N} << 1$, also auch $\frac{2\pi n}{N} << 1$ können wir in (31) den cos - Term nach der Formel $\cos\alpha \approx 1 - \frac{\alpha^2}{2}$ ersetzen, also

$$\omega_n = N\sqrt{\frac{2D}{m}[1-(1-\tfrac{1}{2}(\tfrac{n}{N}2\pi)^2)]} = N\sqrt{\frac{2D}{m}\cdot\frac{1}{2}(\frac{n}{N}2\pi)^2}\ ,$$

und damit

$$\omega_n = n\cdot 2\pi\sqrt{\frac{D}{m}}\quad \text{für}\ \ n << N\ . \tag{33}$$

Die möglichen Schwingungsfrequenzen ω_n unserer elastisch gekoppelten Kette sind also unter der Voraussetzung (32) das ganzzahlige Vielfache einer Grundfrequenz ω_1,

$$\omega_1 = 2\pi \sqrt{\frac{D}{m}} \quad , \quad \omega_n = n \cdot \omega_1 \quad \text{für} \quad n << N \,. \tag{34}$$

Unter der Voraussetzung (32) gilt daher für den Zusammenhang zwischen der Kreisfrequenz ω_n und der Wellenzahl k_n gemäß (30) und (34)

$$\omega_n = c_K \cdot k_n = c_K \frac{2\pi\, n}{L} \quad \text{mit} \quad c_K = L \sqrt{\frac{D}{m}} \quad \text{für} \quad n << N \,. \tag{35}$$

In diesem Fall erhalten wir also für die Schwingungen (28) der linearen Kette

$$s_i^{(n)}(t) = \cos(\frac{2\pi\, n}{N}\, i)\cos(\frac{2\pi\, n}{L}\, c_K\, t) \quad \text{für} \quad n << N \,.$$

Schwingungen der linearen Kette (36)

Die hier eingeführte Größe c_K ist eine charakteristische Geschwindigkeit der linearen Kette: c_K ist diejenige Geschwindigkeit, mit der sich eine Störung auf der linearen Kette ausbreiten kann. Das haben wir hier zwar nicht explizit vorgerechnet, ließe sich aber ebenso zeigen wie bei dem System aus zwei gekoppelten Massen. Da wir im folgenden Kap. ohnehin den Übergang des Gleichungssystems (27) zur Wellengleichung durchführen werden, können wir uns hier diese Rechnung sparen. Die strenge Definition der Geschwindigkeit c_K lautet

$$c_K^{(n)} = \frac{\partial \omega_n}{\partial k_n} \tag{37}$$

mit einer i.a. von der Ordnung n abhängigen Geschwindigkeit $c_K^{(n)}$. Für $n << N$ fällt diese Abhängigkeit gemäß (35) jedoch wieder heraus, d.h., $c_K^{(n)}$ wird unabhängig von der Ordnung n der Wellen. Von einem solchen Medium sagt man, es sei dispersionsfrei:

Für $n << N$ ist die lineare Kette disperionsfrei.
Mit den in (25) eingeführten Bezeichnungen können wir für c_K schreiben

$$c_K^{(n)} = c_K = \sqrt{\frac{E_{eff}}{\rho_{eff}}} \quad \text{für} \quad n << N \,. \tag{38}$$

Diese Beziehung erinnert uns bereits deutlich an die Elastizitätstheorie eines Stabes, auf die wir gleich zu sprechen kommen.
Lassen wir die Bedingung $n << N$ fallen, lassen also auch solche Schwingungen der linearen Kette zu, bei denen sich nur wenige Massen auf einer Wellenlänge λ_n befinden, dann geht diese Eigenschaft der Dispersionsfreiheit verloren. Mit dem Ausdruck für k_n gehen wir in die Frequenzbedingung (31) ein und erhalten

$$\omega_n = \omega(k_n) = N\sqrt{\frac{2D}{m}\left[1 - \cos\frac{L \cdot k_n}{N}\right]} \,. \tag{39}$$

Nun finden wir für eine von der Ordnung n abhängige Geschwindigkeit $c_K^{(n)}$,

$$c_K^{(n)} = \frac{\partial \omega_n}{\partial k_n} = N\frac{2D}{m}\frac{L}{N}\frac{\sin\frac{L \cdot k_n}{N}}{2\sqrt{\frac{2D}{m}\left[1 - \cos\frac{L \cdot k_n}{N}\right]}} \,,$$

also

$$c_K^{(n)} = \frac{\partial \omega_n}{\partial k_n} = L\sqrt{\frac{D}{m}}\frac{\sin\frac{L \cdot k_n}{N}}{\sqrt{2\left[1 - \cos\frac{L \cdot k_n}{N}\right]}}$$

und mit (35)

$$c_K^{(n)} = c_K \frac{\sin\frac{L \cdot k_n}{N}}{\sqrt{2\,[1 - \cos\frac{L \cdot k_n}{N}\,]}} = c_K \frac{\sin\frac{2\pi\, n}{N}}{\sqrt{2\,[1 - \cos\frac{2\pi\, n}{N}\,]}}\ . \qquad (40)$$

Die Gleichungen (39) bzw. (40) beschreiben die strenge Dispersionsbeziehung der linearen Kette. Eine Näherungsformel für nicht allzu große $x = \frac{L \cdot k_n}{N} = \frac{2\pi n}{N}$ finden wir durch Taylorentwicklung gemäß $\sin x \approx x - \frac{1}{6}x^3$, $\cos x \approx 1 - \frac{1}{2}x^2 + \frac{1}{24}x^4$, also

$$\frac{\sin x}{\sqrt{2 - 2\cos x}} \approx \frac{x - \frac{1}{6}x^3}{\sqrt{x^2 - \frac{1}{12}x^4}} \approx \frac{1 - \frac{1}{6}x^2}{\sqrt{1 - \frac{1}{12}x^2}} \approx (1 - \frac{1}{6}x^2)(1 + \frac{1}{24}x^2) \approx 1 - \frac{1}{8}x^2$$

und damit

$$c_K^{(n)} \approx c_K(1 - \frac{\pi^2}{2}\frac{n^2}{N^2})\ . \qquad (40a)$$

Wegen der quadratischen Abhängigkeit von $\frac{n}{N}$ stellt (35) für $n << N$ eine sehr gute Näherung für (40a) dar. Die in einer linearen Kette elastisch gekoppelter Einzelmassen stets vorhandene Dispersion macht sich erst für sehr kleine Wellenlängen bemerkbar. Bei dem oben erwähnten Stab mit $N = 10^{10}$ Atomen auf 1 m Länge erhalten wir z.B. bei $n = 10^{-5} N = 10^5$ für die Oberschwingung der Ordnung n den Wert $c_K^{(10^5)} \approx c_K\,(1 - 5 \cdot 10^{-10})$. Für eine Wellenlänge der Größe $\lambda_{10^5} = \frac{L}{10^5} = 10^{-5}$ m beträgt daher die Abweichung von der Ausbreitungsgeschwindigkeit c_K erst $5 \cdot 10^{-8}$ %. Bei allen Wellenlängen mit $\lambda > 10^{-5}$ m bleibt diese Abweichung daher kleiner als $5 \cdot 10^{-8}$ %. M. a. W., gilt bei einer Gitterkonstanten a für die Wellenlänge $\lambda > 10^5 a$, dann läßt sich die Dispersion durch eine Messung von $c_K^{(n)}$ nur feststellen, falls der relative Fehler dieser Messung kleiner als $5 \cdot 10^{-8}$ % bleibt.

Die Schwingungen der linearen Kette wollen wir jetzt mit den longitudinalen Eigenschwingungen eines elastischen Stabes vergleichen, wie wir ihn in Kap. 2 betrachtet haben. Wir nehmen also einen homogenen Stab mit einer konstanten Massendichte ρ und dem Elastizitätsmodul E an. Für die elastische Auslenkung s aus der Gleichgewichtslage am Ort x zur Zeit t gilt dann die d'Alembertsche Wellengleichung

$$\frac{\partial^2}{\partial x^2} s(x, t) - \frac{1}{c^2} \frac{\partial^2}{\partial t^2} s(x, t) = 0 \tag{1}$$

mit der Signalgeschwindigkeit c,

$$c = \sqrt{\frac{E}{\rho}} \tag{2}$$

Diese Gleichungen, die wir in Kap. 2 zunächst nur aus der Akustik übernommen haben, werden wir im folgenden Kap. herleiten.

Wir suchen solche Lösungen von (1), die den periodischen Randbedingungen unserer linearen Kette entsprechen. Wir betrachten dazu einen Stab der Länge L, der an seinen Enden frei schwingen kann. Und zwar sollen der Anfang und das Ende des Stabes denselben Bewegungszustand haben, also gleichphasig schwingen, wie man sagt. Man kann dann identische Exemplare dieses Stabes (ebenso wie bei der linearen Kette) fortgesetzt aneinanderreihen, so daß sich die Schwingungszustände ununterbrochen wiederholen. Von der allgemeinen Lösung (6) der Wellengleichung (1) müssen wir dann diejenigen auswählen, die diese Randbedingungen an den Stabenden erfüllen. Alle Lösungen von (1) sind in aller Strenge dispersionsfrei. Das ist ein Charakteristikum der linearen Elastizitätstheorie. Es gilt (5),

$$\omega = c \cdot k = c \, \frac{2\pi}{\lambda} \; . \tag{5}$$

Die Lösungen des an seinen Enden frei schwingenden Stabes erhalten wir durch eine Überlagerung einer nach rechts und einer nach links laufenden Welle derselben Kreisfrequenz ω und derselben Amplitude B gemäß

$$s(x, t) = B \cdot [\cos(k\,x - \omega\,t) + \cos(k\,x + \omega\,t)] =$$
$$= B\,[\cos(k\,x)\cdot\cos(\omega\,t) + \sin(k\,x)\cdot\sin(\omega\,t) + \cos(k\,x)\cdot\cos(\omega\,t) - \sin(k\,x)\cdot\sin(\omega\,t)]\ ,$$

also

$$s(x, t) = 2B\cos(k\,x)\cdot\cos(\omega\,t)\ . \qquad \text{Frei schwingender Stab mit periodischen Randbedingungen} \qquad (41)$$

Wir müssen nun berücksichtigen, daß der Stab die Länge L hat. Da die Enden frei schwingen sollen, ist L auch die größte Wellenlänge, $\lambda_1 = L$. Auf dem Stab können wir allgemein n Wellenlängen der Länge λ_n unterbringen. Für ein "echtes" Kontinuum ist dabei n unbegrenzt. Wenn wir noch (5) beachten, muß also folgende Bedingung erfüllt sein,

$$\lambda_n = \frac{L}{n}\ ,\quad \omega_n = c\cdot k_n = \frac{2\pi\,n}{L}\,c\ ,\quad n = 1, 2, \cdots, \infty\ . \qquad (42)$$

Wir berücksichtigen (42) in (41) und finden für die möglichen Schwingungszustände $s_n(x, t)$ des elastischen Stabes der Länge L, indem wir noch über die Amplitude mit $B = \frac{1}{2}$ verfügen,

$$s_n(x, t) = \cos\left(\frac{2\pi\,n}{L}\,x\right)\cdot\cos\left(\frac{2\pi\,n}{L}\,c\,t\right)\ ,\quad n = 1, 2, \cdots, \infty\ . \qquad \text{Frei schwingender Stab der Länge } L \quad (43)$$

Die Schwingungen (43) betrachten wir an den Stellen $x_i = \frac{L}{N}\,i$, also dort, wo wir bei der linearen Kette die Einzelmassen $\Delta m = \frac{m}{L}$ positioniert haben und finden

$$s_n(x_i, t) = \cos\left(\frac{i}{N}\,n\,2\pi\right)\cdot\cos\left(\frac{2\pi\,n}{L}\,c\,t\right)\ ,\quad n = 1, 2, \cdots, \infty\ . \qquad \text{Frei schwingender Stab} \qquad (43a)$$

Diese Bewegungen sind aber identisch mit den Bewegungen (36) der Massen Δm der linearen Kette für $n << N$, wenn wir diese nur so dimensionieren, daß deren

Geschwindigkeit c_K mit der Schallgeschwindigkeit c des Stabes übereinstimmt. Stimmen die Masse m und die Länge L der linearen Kette und des Stabes überein, so gilt auch $\rho_{eff} = \rho$. Die N Einzelmassen Δm der linearen Kette sind dann die Schwerpunktsmassen des Stabes auf den N Teilstücken bei $x_i = \frac{L}{N} i$. Wir brauchen nun nur noch die Direktionskonstante D unserer Feder auf der Länge L so zu bemessen, daß auch $D \cdot L = E_{eff} = E$ und damit $c_K = c$ erfüllt ist. Die Schwingungen der linearen Kette sind dann von denen des elastischen Staben nicht mehr zu unterscheiden. Wir halten fest:

Die Schwingungen einer linearen Kette aus N elastisch gekoppelten Einzelmassen, bei denen eine Wellenlänge aus n Teilchen aufgebaut wird, sind unter der Bedingung $n << N$ von den Schwingungen eines homogenen elastischen Stabes nicht zu unterscheiden.

Können wir durch Messungen überhaupt entscheiden, ob wir es nur mit einer linearen Kette aus einzelnen Massen oder mit einem homogenen Stab zu tun haben? Ist das Kontinuum, wofür hier der homogene Stab steht, vielleicht ganz und gar nur ein mathematisches Modell, mit dem wir einfacher rechnen können? Im Bereich hinreichend hoher Frequenzen ω_n ist die Bedingung (33) für die lineare Kette nicht mehr erfüllt, und es gilt die strenge Formel (39). Die lineare Kette zeigt eine Dispersion. Die Signalgeschwindigkeit $c_K^{(n)}$ hängt gemäß (40) von der Wellenlänge λ_n (bzw. von der Wellenzahl $k_n = \frac{2\pi}{\lambda_n}$) ab, so wie wir das oben anhand der Näherungsformel (40a) diskutiert haben. In dem oben angegebenen Beispiel eines Metallstabes kann diese Dispersion durchaus gemessen werden. Wir können durch Präzisionsexperimente feststellen, daß der Stab, der sich bei oberflächlicher Betrachtung wie ein Kontinuum verhält, in Wirklichkeit eine lineare Kette aus einzelnen Massen ist. Solange wir aber nicht über solche genauen Meßmethoden verfügen, ist diese Entscheidung nicht möglich.

Entpuppt sich vielleicht jedes vermeintliche Kontinuum bei hinreichend genauen Meßmethoden als eine diskontinuierliche Struktur?

Ist etwa auch unser physikalisches Raum-Zeit-Kontinuum in diese Problematik einzubeziehen? Eine Vertiefung dieser Fragestellung würde zwangsläufig dazu führen, daß wir unsere Überlegungen sowohl auf die Quantentheorie als auch auf die allgemeine Relativitätstheorie, die Gravitationstheorie, ausdehnen müßten. Das wollen wir hier nicht tun. In Kap. 14 werden wir aber den Betrachtungen über das materielle Kristallgitter auch einige, bereits sehr alte Argumente für einen diskreten Hintergrund unserer physikalischen Raum-Zeit gegenüberstellen.

Wo kommt die Wellengleichung her? Wir haben bisher folgendes gezeigt. Bei einer äquidistanten Unterteilung eines elastischen Stabes schwingen die Schwerpunkte der Teilstücke auf Grund der Wellengleichung für den Stab gerade so, wie elastisch gekoppelte Einzelmassen auf Grund der Newtonschen Gleichungen für diese Einzelmassen schwingen, wenn wir den Stab unter Wahrung der Bedingung (32) nur hinreichend oft unterteilt haben. Können wir aber auch die Wellengleichung selbst aus der Newtonschen Mechanik gewinnen? Diese Frage werden wir im nächsten Kap. folgendermaßen beantworten: Die Wellengleichung läßt sich bereits allein aus der Axiomatik der Newtonschen Punktmechanik vollständig verstehen. Wir werden ganz allgemein darstellen, inwiefern die Newtonsche Mechanik tatsächlich das Kontinuum impliziert, derart, daß das mechanische Kontinuum seinerseits mit beliebiger Genauigkeit durch eine diskrete Mechanik beschrieben werden kann. - Die Wellengleichung für elektromagnetische Erscheinungen folgt aus der Maxwellschen Feldtheorie. Dies ist ein davon unabhängig zu konstatierendes Faktum.

5. Die Wellengleichung und das Dritte Axiom

Die Newtonschen Gleichungen haben eine bemerkenswerte Eigenschaft: Sie sind in Strenge eine Punktmechanik und haben doch den Atomismus nicht zur Voraussetzung. Das liegt einfach daran, daß die Newtonschen Gleichungen nicht die physikalischen Teilchenorte zum Gegenstand haben, sondern deren *geometrische* Massenmittelpunkte. Wir wollen dies an einem einfachen Beispiel erläutern.

Zwei Teilchen mit den Massen m_1 bzw. m_2 und den Geschwindigkeiten v_1 bzw. v_2 mögen sich auf einer Geraden, z. B. auf der x-Achse, aufeinander zubewegen und auf diese Weise "zusammenstoßen". Setzen wir die Erhaltung ihrer Bewegungsenergie voraus, betrachten also einen elastischen Stoß, und bezeichnen ihre Geschwindigkeiten nach dem Stoß mit v_1' bzw. v_2', dann lauten der Impulssatz und der Energiesatz

$$\left.\begin{aligned} m_1 v_1 + m_2 v_2' &= m_1 v_1' + m_2 v_2' , \\ \frac{1}{2} m_1 v_1^2 + \frac{1}{2} m_2 v_2^2 &= \frac{1}{2} m_1 v_1'^2 + \frac{1}{2} m_2 v_2'^2 . \end{aligned}\right\} \qquad (44)$$

Die Gleichungen (44) kann man nach leichter Rechnung auch umschreiben in

$$\left.\begin{aligned} m_1 (v_1' - v_1) &= m_2 (v_2' - v_2) , \\ m_1 (v_1' + v_1) \cdot (v_1' - v_1) &= m_2 (v_2' + v_2) \cdot (v_2' - v_2) . \end{aligned}\right\} \qquad (45)$$

Aus (45) gewinnen wir zunächst

$$v_1 + v_1' = v_2 + v_2' \qquad (46)$$

und finden nach einfacher Rechnung ein Ergebnis, das wir in jedem Physiklehrbuch zur Mechanik nachlesen können: Die Geschwindigkeiten nach dem Stoß lauten

$$\left.\begin{aligned} v_1' &= \frac{(m_1-m_2)\ v_1+2\,m_2\ v_2}{m_1+m_2}\ , \\ v_2' &= \frac{2\,m_1 v_1+(m_2-m_1)\ v_2}{m_1+m_2}\ . \end{aligned}\right\} \tag{47}$$

Von der Richtigkeit dieser Lösungen kann man sich im Experiment leicht überzeugen, indem man z.B. zwei Stahlkugeln zusammenstoßen läßt. Im Grenzfall einer unendlich großen zweiten Masse, $m_2 \rightarrow \infty$, folgt die elastische Reflexion an einer Wand, $v_1' = -v_1,\ \ v_2' = v_2 = 0$.
Und doch sind die Lösungen (47) nur die halbe Wahrheit. Denn diese Lösungen gewinnen wir aus (46) . Die Gleichung (46) erhalten wir aber aus (45), indem wir durch $(v_1'-v_1)$ bzw. durch $(v_2'-v_2)$ dividieren. Wir mußten also voraussetzen, daß diese Ausdrücke nicht Null sind, und dabei ist uns eine ganze Klasse von Lösungen verlorengegangen. Wie man aus (45) sofort sieht, lauten weitere, von (47) verschiedene Lösungen

$$\left.\begin{aligned} v_1' &= v_1\ , \\ v_2' &= v_2\ . \end{aligned}\right\} \tag{48}$$

Gemäß (48) behalten die Teilchen m_1 und m_2 ihre Geschwindigkeiten bei, ohne miteinander in Wechselwirkung getreten zu sein. Wir könnten auch sagen, sie gehen durcheinander hindurch, z.B. geht das Teilchen nun anstelle der elastischen Reflexion an einer Wand durch diese Wand einfach durch. Auch diese zweite Lösungsklasse läßt sich anhand der Newtonschen Mechanik leicht verstehen und am Experiment nachprüfen. Z.B. folgt nämlich aus den Positionen der Massen m_1 und m_2 auf der x - Achse nicht, daß sich tatsächlich die physikalischen Teilchen auf der x - Achse befinden. Nur deren geometrische Massenmittelpunkte müssen dort positioniert sein. Und diese Massenmittelpunkte sind reine Rechengrößen. Stellen wir uns die Masse m_1 z.B. als einen starren Würfel vor, wobei sich nur an dessen acht Ecken (neutrale) Teilchen mit den Massen $\frac{m_1}{8}$ befinden mögen, während m_2 ein einziges Punktteilchen auf der x- Achse sein soll, so wird deren "elastischer Stoß" tatsächlich bei fast allen Lagen des Würfels durch die Lösung (48) beschrieben und nicht durch (47), wie wir das in Bild 11 veranschaulicht haben.

Wir wollen jetzt darstellen, wie wir aus der Newtonschen Punktmechanik die Mechanik des Kontinuums gewinnen können. Insbesondere verfolgen wir das Ziel, die Wellengleichung (1), die wir in Kap. 2 als durch die Akustik gegeben hingenommen haben, nun aus dem System der Newtonschen Punktmechanik herzuleiten .

Für ein System von N Massen M_A, $A = 1, 2, \cdots, N$, nehmen wir Wechselwirkungskräfte an, d.h. innere Kräfte $\boldsymbol{F}_{BA}$ (= Kraft der Masse M_B auf die Masse M_A), und zusätzliche äußere Kräfte $\boldsymbol{F}_A$ (= äußere Kraft auf die Masse M_A). Für die Positionen $\boldsymbol{X}_A$ der Massen M_A gelten dann in einem Inertialsystem (das wir immer voraussetzen wollen) die Newtonschen Gleichungen

$$\left.\begin{aligned} &\frac{d}{dt}\left(M_A \frac{d}{dt}\boldsymbol{X}_A\right) = \sum_{B \neq A}^{N} \boldsymbol{F}_{BA} + \boldsymbol{F}_A \ , \\ &\boldsymbol{F}_{AB} = -\boldsymbol{F}_{BA} \ . \end{aligned}\right\} \tag{49}$$

($B \neq A$ bedeutet keine Kraft von M_A auf sich selbst). Die zweite der Gleichungen (49) ist das Newtonsche Gegenwirkungsaxiom, das Dritte Axiom.

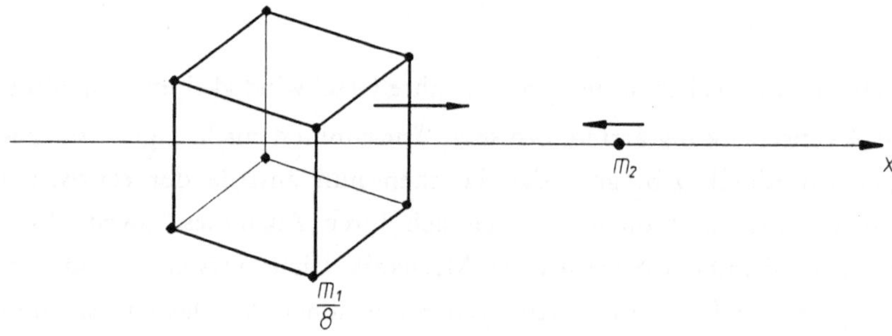

Bild 11. Stoß zweier Teilchen mit den Massen m_1 und m_2 . Auf dem Bild ist angenommen, daß sich die zu m_1 gehörende Gesamtmasse zu gleichen Teilen an den 8 Ecken eines Würfels befindet. Die punktförmig vorausgesetzte Masse m_2 wird daher bei diesem Stoß für "fast alle" Lagen des Würfels mit keiner seiner Massen $\frac{m_1}{8}$ in Wechselwirkung geraten.

Es kann aber nun sein (und in den allermeisten Fällen ist es auch so), daß die X_A durchaus nicht die Positionen physikalischer Teilchen sind, sondern nur die Schwerpunkte (Massenmittelpunkte) von n_A Massen m_a mit den Positionen $\mathbf{x}_a$, $a = 1, 2, \cdots, n_A$, also

$$\left.\begin{aligned} M_A &= \sum_{a=1}^{n_A} m_a \,, \\ X_A &= \frac{\sum_{a=1}^{n_A} m_a \mathbf{x}_a}{M_A} \,, \end{aligned}\right\} \qquad (50)$$

vgl. Bild 12. Dann müssen aber wegen der Gültigkeit der Newtonschen Mechanik zwischen allen n Massen m_a $(n = \sum_{A=1}^{N} n_A)$ innere Kräfte f_{ba} wirken, die dem Dritten Axiom genügen, sowie ferner äußere Kräfte f_a, so daß wieder die Newtonschen Gleichungen gelten,

$$\left.\begin{aligned} &\frac{d}{dt}\left(m_a \frac{d}{dt}\mathbf{x}_a\right) = \sum_{b \neq a}^{n} f_{ba} + f_a \,, \\ &f_{ab} = -f_{ba} \,. \end{aligned}\right\} \qquad (51)$$

Die oben angenommenen Kräfte F_{BA} und F_A sind dabei durch die Kräfte f_{ba} und f_a definiert gemäß

$$\left.\begin{aligned} F_{BA} &= \sum_{b=1}^{n_B} \sum_{a=1}^{n_A} f_{ba} \,, \\ F_A &= \sum_{a=1}^{n_A} f_a \,. \end{aligned}\right\} \qquad (52)$$

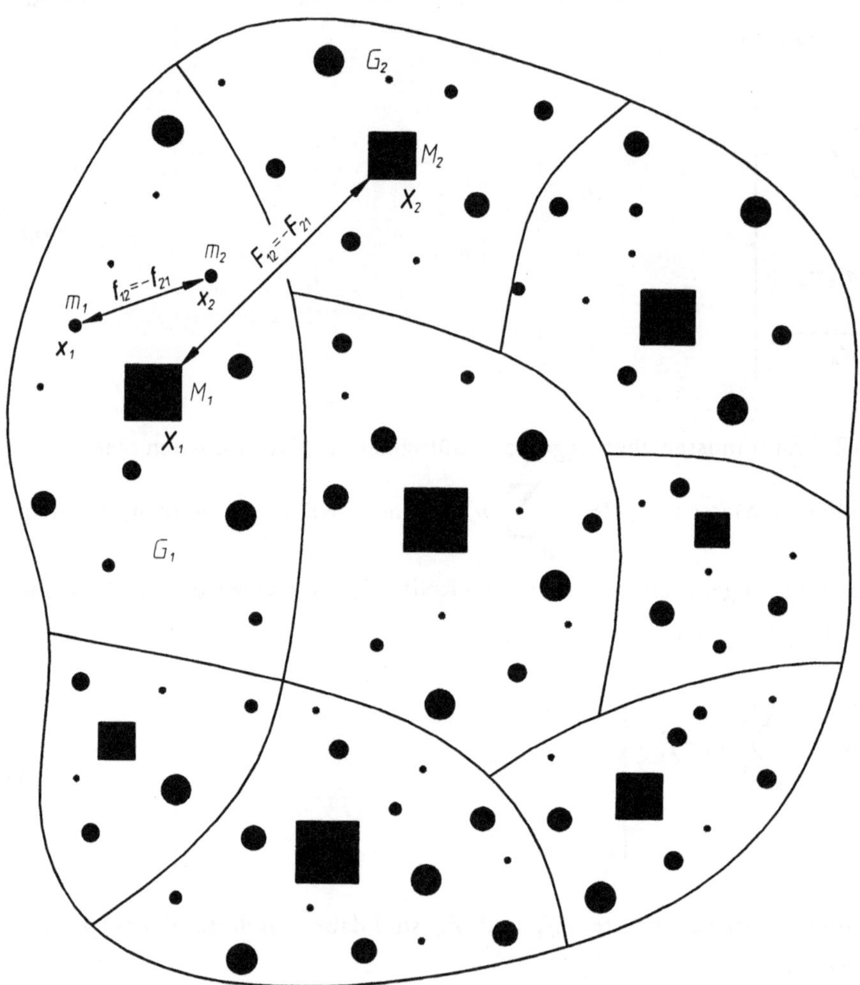

Bild 12. Zur Wirkungsweise des Dritten Axioms. In den Newtonschen Gleichungen treten nur die geometrischen Massenmittelpunkte auf. Diese werden nicht mit physikalischen Teilchenorten identifiziert. Es bleibt daher offen, wie viel physikalische Teilchen tatsächlich an der Bewegung beteiligt sind. Die Newtonschen Gleichungen gelten in gleicher Weise für die hier klein und kreisförmig dargestellten Teilchen (kleine Buchstaben) wie für die groß und quadratisch gezeichneten Objekte (große Buchstaben). Die Gesamtheit der "kleinen Teilchen" muß nur in den eingezeichneten Gebieten G_1 , G_2 , ··· dieselbe Gesamtmasse und denselben Massenmittelpunkt besitzen wie die entsprechenden "großen Teilchen".

Die anfangs postulierten Gleichungen (49) müssen nun eine Konsequenz der Gleichungen (52) sein. Das Gegenwirkungsaxiom für die Kräfte F_{BA}, die zweite der Gleichungen (49), wird jetzt eine direkte Konsequenz des Gegenwirkungsaxioms für die Kräfte f_{ba}. Unter wiederholter Anwendung des Dritten Newtonschen Axioms findet man in der Tat durch Aufsummation der Gleichungen (51) die oben postulierten Newtonschen Gleichungen (49) für die Bewegungen der Schwerpunkte X_A. Dies ist ein uns wohl vertrautes, aber deswegen nicht minder bemerkenswertes Ergebnis. Die Rechnung dafür holen wir am Ende dieses Kapitels nach. Wir halten fest:

In der Newtonschen Punktmechanik bleibt die Zahl der an der Bewegung beteiligten Teilchen unbestimmt.

Die x_a können nun ihrerseits auch wieder Massenmittelpunkte vieler kleiner Teilchen sein, usw. Ohne eine zusätzliche Kenntnis von der physikalischen Beschaffenheit des Systems können wir über die Anzahl der physikalischen Teilchen innerhalb unserer Newtonschen Axiomatik gar nichts aussagen, bis hin zu einer unendlich großen Teilchenzahl, bzw. einer kontinuierlichen Massenverteilung:

Nur das Experiment kann darüber entscheiden, ob wir es mit einem Kontinuum oder mit einer bestimmten Zahl der an der Bewegung beteiligten Teilchen zu tun haben.

Im Hinblick auf eine spätere Anwendung schreiben wir die Bewegungsgleichungen eines Systems von Teilchen für irgendwelche, hier noch nicht näher definierte Teilchenkoordinaten q_a noch einmal auf,

$$\left.\begin{aligned} &\frac{d}{dt}\left(m_a \frac{d}{dt} q_a\right) = \sum_{b \neq a} F_{ba} + F_a \,, \\ &F_{ab} = -F_{ba} \,. \end{aligned}\right\} \qquad (53)$$

Vor diesem Hintergrund verstehen wir jetzt auch den Zusammenhang zwischen unseren N diskreten, schwingenden Einzelmassen und den Schwingungen des elastischen Stabes. Die äquidistanten Positionen der N Massen gemäß (26), $x_i = \frac{L}{N} i$, betrachten wir als Schwerpunktskoordinaten einer verfeinerten, äquidistanten Massenverteilung. Zwischen den Massen wirken die Federn. Wenn wir die Einzelmassen halbieren und eine äquidistante Verteilung beibehalten, müssen wir auch ihren

Abstand halbieren. Damit wird die wirksame Einzelfeder halbiert. Wir haben oben erklärt, daß die halbierte Feder die doppelte Richtgröße besitzt.
In den Gleichungen (27) ist s_i die Verschiebung bei der Position x_i. Wir können daher schreiben $s_i(t) = s(x_i, t)$, und gemäß (27) gilt dann

$$\Delta m \frac{\partial^2}{\partial t^2} s(x_i, t) = D_N [s(x_{i-1}, t) - 2\, s(x_i, t) + s(x_{i+1}, t)] \, .$$

Hier setzen wir $x_i = \frac{L}{N} i$ ein und schreiben für die Teilchenabstände $\Delta x = \frac{L}{N}$, also nach einer einfachen Umordnung

$$\Delta m \frac{\partial^2}{\partial t^2} s(\frac{L}{N} i, t) = D_N [(s(\frac{L}{N} i + \Delta x, t) - s(\frac{L}{N} i, t)) - (s(\frac{L}{N} i, t) - s(\frac{L}{N} i - \Delta x, t))].$$

Nach unseren obigen Ausführungen können wir nun aus der Sicht der Newtonschen Axiomatik das N beliebig groß machen. Die Größe $\frac{L}{N} i$ kommt dann jedem Punkt auf der Stablänge beliebig nahe, d. h., wir können mit beliebiger Genauigkeit stattdessen eine kontinuierliche Variable x annehmen. Wir ersetzen also gemäß $\frac{L}{N} i \rightarrow x$ und erhalten

$$\Delta m \frac{\partial^2}{\partial t^2} s(x, t) = D_N [(s(x + \Delta x, t) - s(x, t)) - (s(x, t) - s(x - \Delta x, t))] .$$

Für sehr großes N wird nun Δx sehr klein. Wir schreiben daher nach der Taylorschen Formel

$$s(x + \Delta x, t) - s(x, t) = \frac{\partial}{\partial x} s(x, t) \cdot \Delta x \, ,$$

$$s(x, t) - s(x - \Delta x, t) = \frac{\partial}{\partial x} s(x - \Delta x, t) \cdot \Delta x$$

und damit

$$\Delta m \frac{\partial^2}{\partial t^2} s(x, t) = D_N \cdot \Delta x \left[\frac{\partial}{\partial x} s(x, t) - \frac{\partial}{\partial x} s(x - \Delta x, t) \right]$$

und nach nochmaliger Anwendung des Taylorschen Satzes

$$\frac{\partial}{\partial x} s(x - \Delta x, t) = \frac{\partial}{\partial x} s(x, t) - \frac{\partial^2}{\partial x^2} s(x, t) \cdot \Delta x ,$$

also

$$\frac{\Delta m}{\Delta x} \frac{\partial^2}{\partial t^2} s(x, t) = D_N \cdot \Delta x \cdot \frac{\partial^2}{\partial x^2} s(x, t) . \tag{54}$$

Mit $\Delta x = \frac{L}{N}$ und gemäß (26) $\Delta m = \frac{m}{L}$ erhalten wir $\frac{\Delta m}{\Delta x} = \frac{m}{L}$, was aber nach unserer Vorschrift einer fortgesetzten gleichmäßigen Unterteilung nichts anderes ist als die Massendichte ρ des homogenen Stabes,

$$\rho = \lim_{N \to \infty} \frac{\Delta m}{\Delta x} = \lim_{N \to \infty} \frac{N \cdot m}{L \cdot N} = \frac{m}{L} . \tag{55}$$

Die Richtgröße $D_N = N \cdot D$ (wobei D zur Feder der Länge L gehört s. (26)) ist das Verhältnis der Kraft $F = D_N \cdot \Delta s$ zur absoluten Dehnung Δs auf der Länge $\frac{L}{N}$. Dann wird $D_N = N \cdot D$ mit N unendlich groß, wenn also die Federlänge gegen Null geht. Im Grenzübergang zum Kontinuum bezieht man daher die Kraft auf die relative Dehnung $\frac{\Delta s}{\Delta x}$ [9], und wir schreiben im Grenzfall $F = (D_N \cdot \Delta x) \cdot \frac{\partial s}{\partial x}$. Die Größe $D_N \cdot \Delta x$ heißt dann Elastizitätsmodul E [10]. Da die relative Dehnung $\frac{\partial s}{\partial x}$ dimensionslos ist, hat E die Dimension einer Kraft. Wir finden

$$E = \lim_{\Delta x \to 0} (D_N \cdot \Delta x) = \lim_{N \to \infty} (N \cdot D \cdot \frac{L}{N}) = D \cdot L . \tag{56}$$

---

(9) Die relative Dehnung ε eines homogenen, um ΔL gedehnten Stabes der ursprünglichen Länge L beträgt $\varepsilon = \frac{\Delta L}{L}$.

(10) Um Verwechselungen mit der Energie zu vermeiden, werden wir später bei den transversalen Schwingungen, die zu den Versetzungen gehören, den Elastizitätsmodul durch die ihm äquivalente Linienspannung σ bezeichnen.

Wir setzen (55) und (56) in (54) ein und erhalten damit - ausgehend von unserer Schwingungsgleichung (27) und ausschließlich auf der Basis der Newtonschen Mechanik - für die lineare Kette mit periodischen Randbedingungen im Grenzfall $N \to \infty$ wieder die d'Alembertsche Wellengleichung (1) sowie zusätzlich die Erklärung der Schallgeschwindigkeit c aus den Konstanten der Mechanik,

$$\left.\begin{aligned} &\frac{\partial^2}{\partial x^2} s(x, t) - \frac{1}{c^2}\frac{\partial^2}{\partial t^2} s(x, t) = 0 \ , \\ &c = \sqrt{\frac{E}{\rho}} \ . \end{aligned}\right\} \tag{57}$$

Mit (55) und (56) für ρ und E finden wir damit unsere Formel (35) für die in der linearen Kette eingeführte Schallgeschwindigkeit wieder,

$$c = \sqrt{\frac{D \cdot L}{\frac{m}{L}}} = L\sqrt{\frac{D}{m}} \ . \tag{58}$$

Wir halten fest:
Die Wellengleichung läßt sich bereits allein aus der Axiomatik der Newtonschen Punktmechanik vollständig verstehen.
Sehr viel haben wir damit noch nicht gewonnen. Schallwellen verstehen wir auch ohne die SRT. Wir wollen natürlich mehr und denken dabei an die Vision von E. Mach, "Das Licht etwas, wie der Schall", "Der Schall etwas, wie das Licht", [2] , daß also in einem noch näher zu bestimmenden Sinn die Dynamik des Schalles der des Lichtes gleichwertig sein soll.[(11)] Immerhin ist die Lorentz-Transformation, das Kernstück der SRT, lange vor der Speziellen Relativitätstheorie gefunden worden, nämlich bereits 1887 von W. Voigt [14] aus den "Differentialgleichungen für die Oscillationen eines elastischen incompressiblen Mediums", aus der Wellengleichung

(11) Eine mechanische Theorie des Lichtes ist aus dieser Sicht von derselben Absurdität wie eine elektromagnetische des Schalls. Eine Spezielle Relativitätstheorie mit dem Schall, der Grenzgeschwindigkeit für die Ausbreitung elastischer Störungen kann es aber nicht geben, wie wir bereits im folgenden Kapitel sehen werden. Es gibt aber eine zweite Bewegungsmöglichkeit auf dem Gitter, nämlich die plastischen Störungen, vgl. Kap. 7. Deren Analyse wird uns zwangsläufig auf die relativistischen Begriffsbildungen führen und zwar mit allen Details, bis hin zu den sekundärrelativistischen Effekten (z. B. die Paarerzeugung, auf die wir anhangsweise in Kap. 23 aufmerksam machen werden).

also, ohne deswegen allerdings viel beachtet worden zu sein. In dieser Arbeit über den Dopplereffekt (s. auch Kap.13 und die Fußnote auf S. 253) dachte Voigt zwar zunächst an elektromagnetische Wellen, nämlich auf der Grundlage eines elastischen Äthermodells. Er hatte darüber hinaus aber ausdrücklich auch akustische Wellen, eine "tönende Kugel", im Auge, vgl. [14], S. 50, so daß wir der Lorentz-Transformation tatsächlich zuerst in der Akustik begegnen. (Dabei unterscheiden sich die von Voigt aufgeschriebenen Formeln noch um einen gemeinsamen Faktor von den "richtigen" Formeln für die Lorentz-Transformation, den Formeln (144) auf S. 166, was aber unerheblich ist). 1908 konstatiert dann Voigt [15], "Indessen haben sich damals einige derselben Folgerungen ergeben, die später aus der elektromagnetischen Theorie gewonnen worden sind".

Wir holen jetzt den Beweis für die Äquivalenz der Gleichungen (49) mit den Gleichungen (51) unter Verwendung der Definitionen (50) und (52) nach und gehen dabei von der Gültigkeit der Gleichungen (51) aus. Den gesamten, von den Massen eingenommenen Raumbereich teilen wir in Gebiete G_K, $K = 1, 2, \cdots, N$, ein, vgl. auch Bild 12. Sei also

$$\frac{d}{dt}(m_a \frac{d}{dt}\boldsymbol{x}_a) = \sum_{b \neq a}^{n} f_{ba} + f_a$$

und o.B.d.A. $\boldsymbol{x}_a \in G_1$. Summation über alle "Teilchen" aus dem Gebiet G_1 ergibt dann

$$\sum_{a \in G_1} \frac{d}{dt}(m_a \frac{d}{dt}\boldsymbol{x}_a) = \sum_{b \neq a}^{n} \sum_{a \in G_1} f_{ba} + \sum_{a \in G_1} f_a,$$

also mit den Definitionen (50) und (52)

$$\frac{d}{dt}(M_1 \frac{d}{dt}X_1) = \Big(\sum_{(b \neq a) \in G_1} + \sum_{b \in G_2} + \cdots + \sum_{b \in G_N} \Big) \sum_{a \in G_1} f_{ba} + F_1$$

$$= \sum_{b \in G_1} \sum_{a \in G_1 (a \neq b)} f_{ba} + \sum_{b \in G_2} \sum_{a \in G_1} f_{ba} + \cdots + \sum_{b \in G_N} \sum_{a \in G_1} f_{ba} + F_1$$

und wieder mit unseren Definitionen (50) . (52)

$$\frac{d}{dt}(M_1 \frac{d}{dt}X_1) = F_{11} + F_{21} + \cdots + F_{N1} + F_1 .$$

Hierbei ist

$$F_{11} = \sum_{b \in G_1} \sum_{a \in G_1} f_{ba} = 0$$

wegen des Dritten Axioms für f_{ab} gemäß (51). Da G_1 ein beliebiges Gebiet war, erhalten wir damit die Newtonschen Gleichungen (49) für die beliebig herausgegriffene der Masse M_A,

$$\frac{d}{dt}(M_A \frac{d}{dt}X_A) = \sum_{B \neq A}^{N} F_{BA} + F_A ,$$

und wieder gilt (unter Beachtung des Gegenwirkungsaxioms für die Kräfte gemäß (51), $f_{ab} = -f_{ba}$) auch für die Kräfte F_{AB} das Gegenwirkungsaxiom, o.B.d.A. z.B. für F_{21},

$$F_{21} = \sum_{b \in G_2} \sum_{a \in G_1} f_{ba} = \sum_{b \in G_2} \sum_{a \in G_1} (-f_{ab}) = - \sum_{a \in G_1} \sum_{b \in G_2} f_{ab} = - F_{12} .$$

Damit haben wir gezeigt, daß in der Tat (49) aus (51) folgt.

6. Gitter und Kontinuum

Im vorangegangenen Kap. 5 haben wir Schritt für Schritt den Übergang von einem Punktgitter zum Kontinuum durchgeführt. Wir haben gezeigt, wie man von einer linearen Kette elastisch wechselwirkender Einzelmassen zum schwingenden Stab kommt. Zu diesem Zwecke müssen wir bloß die Massen und ebenso die sie verbindenden elastischen Federn fortgesetzt halbieren. Mathematisch entsteht am Ende dieses Prozesses aus dem gekoppelten System gewöhnlicher Differentialgleichungen für die Einzelmassen (27) die Wellengleichung für einen elastischen Stab (57). Von dem auf diese Weise modellmäßig erfaßten Kontinuum sagt man, seine inneren Kräfte beruhen auf *Kontaktwechselwirkung* oder *Nahwirkung*. Wir sprechen in diesem Zusammenhang von der Nahwirkungshypothese. In bezug auf Einzelmassen würden wir dafür sagen: Jede Masse des N-Teilchen-Systems steht nur mit seinen nächsten Nachbarn in Wechselwirkung. Dieser Sachverhalt soll im Grenzübergang $N \rightarrow \infty$ aufrechterhalten bleiben. Wir wollen jetzt vorführen, wie man diesen Grenzübergang von den gewöhnlichen Differentialgleichungen für die Einzelmassen Δm_i zu den partiellen Differentialgleichungen für das Kontinuum mit der Massendichte ρ auf Grund der Nahwirkungshypothese sehr einfach durchführen kann. Wir betrachten wieder den eindimensionalen Fall, wobei wir nun zwei Situationen unterscheiden, für die wir aber auf ein einheitliches Ergebnis kommen werden:

a) Das streng eindimensionale Problem, d.h. longitudinale Schwingungen:

Für diesen Fall haben wir uns bisher allein interessiert, und wir hatten dabei die longitudinalen Schwingungen eines Stabes im Auge. Die Verschiebungen $s = s(x, t)$ liegen allein in der Richtung des Stabes, den wir in die x - Achse gelegt haben. Für die Einzelmassen Δm_i gelten die Newtonschen Gleichungen (53), wobei wir der Einfachheit halber die äußeren Kräfte F_a weglassen (im Grenzfall einer kontinuierlichen Massenverteilung wirken diese als ein Kraftfeld $F(x)$). Die Summe über die Wechselwirkungskräfte bezieht sich wegen der Nahwirkungshypothese nur auf die beiden nächsten Nachbarn, also

$$\left.\begin{aligned} &\frac{d}{dt}\left(\Delta m_i \frac{d}{dt} q_i\right) = \sum_{k \neq i} F_{k\,i} = F_{i-1\,i} + F_{i+1\,i}\,, \\ &F_{i\,k} = -F_{k\,i}\,. \end{aligned}\right\} \qquad (59)$$

In unserer eindimensionalen Kette ist für jeden Zeitpunkt t die Einzelkraft $F_{i+1\,i}$, die von rechts auf die Einzelmasse bei x_i wirkt, definitionsgemäß gleich der *Spannung* $\tau(x_i\,,t)$. Alle Kräfte liegen auf der Verbindungslinie der Teilchen, also in x- Richtung und können folglich einfach wie Zahlen addiert werden (ihre Vektoreigenschaft kommt hier nicht zum Tragen). Dann ist $F_{i-1\,i} = -F_{i\,i-1} = -\tau(x_{i-1}, t)$, und es gilt

$$F_{i-1\,i} + F_{i+1\,i} = -F_{i\,i-1} + F_{i+1\,i} = -\tau(x_{i-1}, t) + \tau(x_i, t) \ .$$

(Nur im eindimensionalen Fall ist die Spannung auch eine Kraft; im dreidimensionalen Kontinuum ist die Spannung eine Kraft/Fläche, vgl. Kap. 22).
Die äquidistanten Massenpositionen $x_i = \frac{L}{N} i$ gehen beim Grenzübergang in die kontinuierliche Variable x über,

$$x_i = \frac{L}{N} i \rightarrow x \ , \ x_{i+1} \rightarrow x + \Delta x \ ,$$

so daß

$$F_{i-1\,i} + F_{i+1\,i} \rightarrow -\tau(x - \Delta x\,, t) + \tau(x\,, t) \ ,$$

und mit der Taylorentwicklung für τ bei hinreichend kleinem Δx wird

$$F_{i-1\,i} + F_{i+1\,i} \rightarrow -\left(\tau(x, t) - \frac{\partial\tau(x\,,t)}{\partial x}\Delta x\right) + \tau(x\,,t) = \frac{\partial\tau(x\,,t)}{\partial x}\Delta x \ . \tag{60}$$

Die Einzelmassen ersetzen wir durch eine kontinuierliche Massendichte ρ, und aus den zeitabhängigen Verschiebungen $q_i(t)$ der Einzelmassen wird die Funktion $s(x\,,t)$,

$$\Delta m_i \rightarrow \rho\,\Delta x \ , \ q_i(t) \rightarrow s(x\,,t) \ . \tag{61}$$

Für den Grenzübergang von den Newtonschen Gleichungen für die Einzelmassen zum Kontinuum setzen wir

$$\left.\begin{aligned} &\frac{d}{dt}(\Delta m_i \, \frac{d}{dt} q_i) \;\rightarrow\; \Delta x \, \rho \, \frac{\partial}{\partial t} \, \frac{\partial s(x,t)}{\partial t} \, , \\ &\sum_{k \neq i} F_{k\,i} \;\rightarrow\; \frac{\partial \tau(x,t)}{\partial x} \, \Delta x \, . \end{aligned}\right\} \quad \textit{Kontinuierliche Verteilungen} \quad (62)$$

Im ersten Grenzübergang von (62) ist eine wichtige Näherungsannahme enthalten, die allerdings einigermaßen kompliziert ist. Der Newtonsche Trägheitsterm $\frac{dP}{dt} = \frac{d}{dt}(\Delta m\, v)$ beschreibt die zeitliche Änderung desjenigen Impulses, der von einer bestimmten, sich dabei fortbewegenden Masse Δm getragen wird. Auch das von dieser Masse eingenommene Volumen ΔV_m (im eindimensionalen Fall Δx_m) wird sich dabei i.a. ändern. Beim Übergang zum Kontinuum, dessen Bewegung wir im Rahmen einer Feldtheorie beschreiben wollen, interessieren wir uns aber für eine ganz andere Größe, nämlich die zeitliche Änderung desjenigen Impulses, der in einem *raumfesten* Volumenelement ΔV (im eindimensionalen Fall Δx) enthalten ist, welches wir an einer ganz bestimmten, also an einer zeitlich unveränderlichen Position x in unserem Bezugssystem beobachten. Wir müssen also ausrechnen, welche Aussage der Newtonsche Trägheitsterm $\frac{dP}{dt} = \frac{d}{dt}(\Delta m\, v)$ für ein ortsfestes Volumen ΔV macht. Die diesbezüglichen Rechnungen führen wir in Kap. 21 im Anhang exakt durch, wo uns diese Frage in ihrer ganzen Allgemeinheit noch einmal beschäftigt. Der Grenzübergang (62) ist ein Spezialfall des dort exakt hergeleiteten Grenzüberganges (275). Hier wollen wir uns mit der Bemerkung begnügen, daß wir diesem Grenzübergang im Sinne einer linearisierten Elastizitätstheorie, für die wir uns im folgenden allein interessieren werden, dadurch gerecht werden, daß in der sog. totalen Zeitableitung für die Materiegeschwindigkeit v , nämlich $\frac{dv}{dt} = \frac{\partial v}{\partial t} + \frac{\partial v}{\partial x}\frac{dx}{dt}$, der zweite, nichtlineare Term einfach weggelassen wird und ebenso in $v = \frac{ds}{dt} = \frac{\partial s}{\partial t} + \frac{\partial s}{\partial x}\frac{dx}{dt}$ nur die partielle Ableitung nach der Zeit für die Verschiebung s zu berücksichtigen ist. Dies ergibt dann insgesamt die in (62) aufgeschriebene Näherung. Die mathematische Rechtfertigung für diese Art des Grenzüberganges in (62) werden wir also erst in Kap. 22 geben.

Wir weisen hier darauf hin, daß die Anwendung einer linearisierten Elastizitätstheorie nicht immer gerechtfertigt ist. Beispielsweise können die elastischen Deformationen, die eine sog. Versetzung (s. dazu Kap. 7) in ihrer unmittelbaren Umgebung erzeugt, damit nicht berechnet werden. Der Fortgang unserer Überlegungen wird

von dieser Einschränkung jedoch nicht betroffen, da wir uns bis auf die Kap. 21-23 im Anhang, wo wir ausdrücklich lineare Probleme der Elastizitätstheorie behandeln, ausschließlich mit den Deformationen der Versetzungslinie selbst unter Berücksichtigung des nichtlinearen Gitterpotentials beschäftigen werden, z. B. mit den sog. Kinken in der Versetzungslinie und deren Bewegung, s. die dazu Kap. 9-10.
Mit (62) gehen wir in (59) ein und finden, indem wir Δx noch herauskürzen,

$$\rho \frac{\partial}{\partial t}\frac{\partial s(x,t)}{\partial t} = \frac{\partial \tau(x,t)}{\partial x} . \tag{63}$$

Im dreidimensionalen Gitter erhält man stattdessen Gleichung (276) von Kap. 21.
Wir formulieren nun die drei Grundannahmen der linearisierten Elastizitätstheorie:
1. Im Newtonschen Trägheitsterm für die totale Zeitableitung des Impulses der bewegten Massen sind einfach die partiellen Zeitableitungen der Materiegeschwindigkeit v bzw. der Verschiebung s zu setzen.
2. Wir nehmen an, daß wir die Änderungen in der Massendichte ρ, die bei jeder Schwingung zwangsläufig entstehen, vernachlässigen können, daß die Dichte ρ also eine Konstante ist.
3. Es gelte das Hookesche Gesetz, d.h., für jeden Zeitpunkt t ist die Spannung τ an der Stelle x der relativen Dehnung ε direkt proportional,

$$\left.\begin{aligned} &\frac{d}{dt}(\Delta m\, v) = \Delta x \rho \frac{\partial}{\partial t} v = \Delta x \rho \frac{\partial^2 s}{\partial t^2} ,\\ &\rho = \text{const.} ,\\ &\tau(x,t) = E\varepsilon(x,t) = E\frac{\partial s(x,t)}{\partial x} . \end{aligned}\right\} \quad \textit{Linearisierte Elastizitätstheorie} \tag{64}$$

Innerhalb der linearisierten Elastizitätstheorie nehmen wir zusätzlich an, daß der Proportionalitätsfaktor E des Hookeschen Gesetzes ebenso räumlich und zeitlich konstant ist wie die Massendichte ρ.
Da wir unsere Betrachtungen auf monokristalline Festkörper beschränken, mit deren Struktur wir uns im nächsten Kap. beschäftigen, brauchen wir viskose Materialeigenschaften, bei denen die Spannung zusätzlich von der Dehnungsgeschwindigkeit abhängt, nicht zu berücksichtigen.
Auf (63) wenden wir die linearisierte Elastizitätstheorie (64) an und finden wegen der Konstanz von E und ρ sofort unsere Wellengleichung (57),

$$\left.\begin{aligned} &\frac{\partial^2}{\partial x^2}s(x,t) - \frac{1}{c^2}\frac{\partial^2}{\partial t^2}s(x,t)\,, \\ &c = \sqrt{\frac{E}{\rho}}\;. \end{aligned}\right\} \qquad (57)$$

Da wir longitudinale Verschiebungen betrachtet haben, ist die Größe c in (57) hier die longitudinale Schallgeschwindigkeit. Man beachte auch Fußnote (10) auf S. 63 .

b)Transversale Schwingungen:

Wir behalten in diesem Fall das Kontinuum bzw. die lineare Kette mit der eindimensionalen Ausdehnung bei, nehmen aber nun an, daß die Verschiebungen $q_i(t)$ bzw. $s = s(x, t)$ senkrecht zur Linienrichtung stattfinden, d.h., wir betrachten transversale Schwingungen eines eindimensionalen Systems. Anstelle des Stabes können wir als anschauliches Beispiel dafür an eine schwingende Saite denken. Wir sehen sofort, daß wir nun im Unterschied zu den longitudinalen Schwingungen eine Zusatzbedingung brauchen. Wenn wir die Saite nämlich einfach auf den Tisch legen und an den Enden festhalten, so kann sie keine kleinen harmonischen Schwingungen ausführen. Wir müßten erst eine sehr große transversale Auslenkung der Saite herbeiführen, damit überhaupt eine Schwingung zustande käme. Solche Schwingungen mit sehr großer transversaler Amplitude s liegen zum Glück außerhalb unseres Interesses. Sie sind nämlich mathematisch komplizierter zu erfassen. Anders ist es, wenn wir die Saite irgendwo einspannen, wie bei einer Geige oder Gitarre. Jede kleine Anregung in Form einer Anfangsauslenkung führt dann zu harmonischen Schwingungen, die wir als Töne hören können. Wir wollen jetzt nachrechnen, daß wir auch für diese transversalen Schwingungen alle Gleichungen dieses Kap. aufrechterhalten können, wenn wir nur annehmen, daß in der Linienrichtung bereits im Ruhezustand eine Spannung σ besteht, die Saite also mit der Kraft σ gespannt ist. In der linearen Kette sieht das folgendermaßen aus, vgl. Bild 13. Im Ruhezustand wirken auf jedes Teilchen von beiden Seiten entgegengesetzt gleiche Kräfte vom Betrag σ. Das ist die Spannung der Kette.

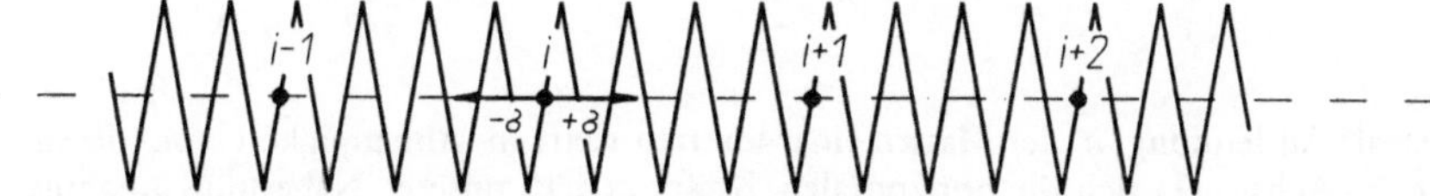

Bild 13. Gleichgewicht in der durch die Linienspannung σ gespannten, linearen Kette.

Bei transversaler Auslenkung entsteht das Bild 14. Für die Kräfte zwischen den Teilchen müssen wir nun ihre Richtungen, also ihre Vektoreigenschaft berücksichtigen. Hier machen wir eine grundsätzliche Näherungsannahme. Durch die Differenz Δq_i der Auslenkungen zweier benachbarter Teilchen, $\Delta q_i = q_{i+1} - q_i$ und deren Abstand $\Delta x = x_{i+1} - x_i$ ist ein Winkel α definiert gemäß $\tan\alpha = \frac{\Delta q_i}{\Delta x}$. Von allen diesen Winkeln α nehmen wir an, daß sie "klein" sind, das soll heißen

$$\left.\begin{aligned} &\alpha \approx \sin\alpha \approx \tan\alpha = \frac{\Delta q}{\Delta x}\,, \\ &\cos\alpha \approx 1\,. \end{aligned}\right\} \tag{65}$$

Nun lesen wir aus Bild 14 sofort ab, daß für alle tangentialen Kräfte $F_x = \sigma\cdot\cos\alpha$ gilt. Da die Kräfte auf jedes Teilchen von seinen beiden Nachbarn entgegengesetzte Richtung haben, heben sich die tangentialen Kräfte im Rahmen der Näherungsannahme (65) stets gegenseitig auf. Wir brauchen sie für die Bewegung also nicht weiter zu betrachten. Damit wirken alle Kräfte in den Gleichungen (53), wo wir die äußere Kräfte F_a wieder weglassen, rein transversal und führen tatsächlich zu rein transversalen Bewegungen. Für den Fall b) der transversalen Schwingungen lesen wir in den Gleichungen (59) alle Auslenkungen q_i sowie alle Kräfte $F_{k\,i}$ als rein transversale Größen. Mit dieser Zusatzerklärung können wir alle Ausführungen zum Fall a) der longitudinalen Schwingungen praktisch wörtlich übernehmen.

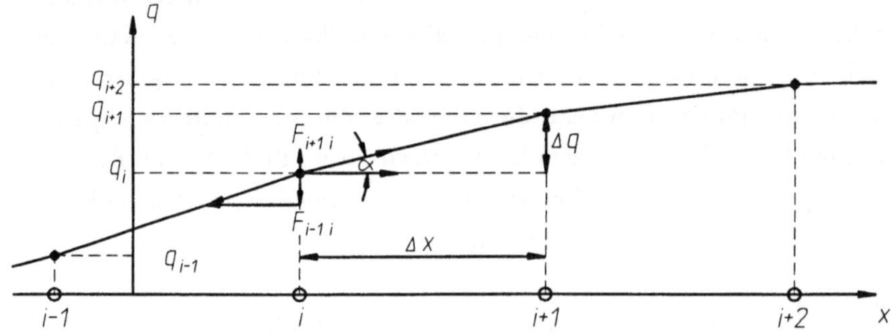

Bild 14. Transversale Auslenkung q der Massen einer linearen Kette in Abhängigkeit von deren Position auf der x - Achse. Da sich die horizontalen Kräfte gemäß unserer Näherungsannahme (65) gegenseitig aufheben, können wir die Wechselwirkungskräfte F_{ki} als rein transversal betrachten (s. die Erläuterungen im Text).

Die transversale Einzelkraft $F_{i+1\,i}$, die von rechts auf die Einzelmasse bei x_i wirkt, ist definitionsgemäß gleich der (nun transversalen) Spannung $\tau(x_i\,,\,t)$, und für die Summe der beiden von links und rechts auf die Masse bei x_i wirkenden, transversalen Kräfte gilt wieder

$$F_{i-1\,i} + F_{i+1\,i} = -F_{i\,i-1} + F_{i+1\,i} = -\tau(x_{i-1}, t) + \tau(x_i, t)$$

mit dem Ergebnis (60) bei hinreichend kleinem Δx. Ferner gelangen wir auf dieselbe Weise wie oben zu den Gleichungen (61), (62) und (63). Das Hookesche Gesetz (64) können wir hier sogar unmittelbar aus dem Bild 14 ablesen. Für die transversale Kraft, z.B. auf das Teilchen bei x_i, gilt

$$F_{i+1\,i} \equiv \tau(x_i, t) = \sigma \cdot \sin\alpha = \sigma \cdot \tan\alpha\ ,$$

also unter Berücksichtigung der Näherung (65), $\tan\alpha = \frac{\Delta q_i(t)}{\Delta x}$, im Grenzfall kontinuierlicher Verteilungen

$$\tau(x,\ t) = \sigma \frac{\partial s(x\,,\,t)}{\partial x}\ ,\quad \rho = \text{const.}$$

Das ist aber nichts anderes als eine der Grundannahmen (64) der linearisierten Elastizitätstheorie.

Im Fall der transversalen Schwingungen erhalten wir nur die zusätzliche Aussage, daß der Elastizitätsmodul mit der Grundspannung σ der Linie identisch ist. Schließlich kommen wir wieder auf unsere Wellengleichung (57). Im Fall b) der transversalen Schwingungen steht dann c für die transversale Schallgeschwindigkeit, und es gilt:

Elastizitätsmodul E = Linienspannung σ.

Für die Durchführung des Grenzüberganges, erst von den Newtonschen Gleichungen (53) (bzw.(59)) zu dem System gewöhnlicher Differentialgleichungen (27) der linearen Kette und dann zur Wellengleichung (57) des eindimensionalen Kontinuums (wofür wir in den vorangegangenen Kap. fleißig rechnen mußten), haben wir damit ein sehr einfaches Rezept gefunden.

Übergang von den Einzelmassen zum Kontinuum:
Wir gehen mit dem Ansatz (62) von den Newtonschen Gleichungen (59) zum Kontinuum über und setzen die Bedingungen (64) der linearisierten Elastizitätstheorie ein.
Ein solcher vereinfachter Übergang von den Einzelmassen zu einer Approximation unseres Festkörpers durch ein Kontinuum, der, wie wir gesehen haben, sowohl für longitudinale als auch für transversale Auslenkungen gültig ist, wird uns noch viel Arbeit ersparen. Wir erfassen damit in einer mathematisch besonders eleganten Art und Weise Phänomene auf dem Gitter, die in einer so einfachen Form sonst nicht zu erkennen sind. Ein typisches Beispiel dafür ist der Transport von Energie durch eine Wellenbewegung im Gitter. In der linearisierten Kontinuumstheorie ist diese Wellenbewegung besonders einfach zu beschreiben, wie wir in Kap. 21 im Anhang ausführen werden. Jeder mechanische Vorgang in diesem Kontinuumsbild hat sein Äquivalent auf dem Gitter, nur, daß er dort mathematisch aufwendiger beschrieben werden muß, was wir in Kap. 4 am Beispiel der linearen Kette zur Genüge kennen gelernt haben.
(57) ist eine Wellengleichung für die Verschiebung s von kontinuierlich verteilt gedachten Massen aus ihren Gleichgewichtspositionen. Um (57) nachzumessen, müssen wir sowohl die momentanen Positionen als auch die Ruhelagen der Massen bestimmen. (57) hat also einen Untergrund von beweglichen Massen zur Voraussetzung, die an eine Ruhelage gebunden sind. (Allerdings wissen wir, daß es sich dabei i.a. auch nur um Schwerpunktskoordinaten handelt). Wir können uns von diesem fixierten Untergrund befreien, wenn wir nur nach der Gleichung für die relative Dehnung $\varepsilon = \frac{\partial s}{\partial x}$ fragen. Partielle Differentiation von (57) nach x liefert

$$\frac{\partial^2}{\partial x^2}\varepsilon(x,\, t) - \frac{1}{c^2}\frac{\partial^2}{\partial t^2}\varepsilon(x,\, t) = 0 \quad . \tag{66}$$

Die Größe ε ist ein Feld in dem durch das Kontinuum (den Stab) definierten eindimensionalen Raum und genügt dort der Wellengleichung von d'Alembert. In dieser Hinsicht ist ε den andern Feldern in der Physik, wie z.B. dem elektromagnetischen Feld, durchaus vergleichbar. Nur ist der Raum für die Ausbreitung elektromagnetischer Wellen eben unser dreidimensionaler Anschauungsraum, während das eindimensionale Gitter, das wir zu einem eindimensionalen Kontinuum (einem unendlich langen Stab) idealisiert haben, den Raum für die Ausbreitung des Feldes ε bildet. Die ε - Wellen sind nichts anderes als Schallwellen. Wir könnten auch sagen, der Stab ist der Äther für den Schall, ebenso wie man von der Ausbreitung des Lichtes durch den Äther sprechen kann, wenn man dabei nichts anderes meint, als die Ausbreitung durch unseren dreidimensionalen Raum. Äther und Raum werden wir synonym verwenden. Das Gitter (oder das ihm äquivalente Kontinuum) als Träger, als der Raum für den Schall, das ist der Gesichtspunkt, den wir im weiteren Fortgang unserer Überlegungen vertiefen werden. Dabei wird es darum gehen, auch andere physikalische Zustände über dem Gitter zu untersuchen, als eben nur den Schall, ebenso, wie man in unserem dreidimensionalen Raum auch andere physikalische Zustände betrachtet, als eben nur elektromagnetische Wellen - Elementarteilchen z.B.

Die relative elastische Dehnung ε ist diejenige physikalische Größe, die auch für viel kompliziertere Gitter (bzw. entsprechende Kontinua) die Zustandsgröße für elastische Verformungen darstellt, die wir also auch für jeden Deformationszustand direkt oder indirekt messen können. Während die relative Dehnung für den Stab durch eine einzige Funktion, $\varepsilon = \varepsilon(x, t)$, beschrieben werden kann, muß die elastische Dehnung der zwei- und dreidimensionalen Atomgitter durch eine kompliziertere mathematische Größe dargestellt werden. Die Dehnung ist dann ein Tensor ε mit drei bzw. sechs unabhängigen Funktionen für den zwei- bzw. dreidimensionalen Fall. Das gleiche gilt für die durch die Dehnung entstehende elastische Spannung. Für die Darstellung unserer Problematik sind diese Zusammenhänge nicht unbedingt erforderlich. In den Kap. 21-23 gehen wir anhangsweise für den mathematisch interessierten Leser auf die dreidimensionalen Gitter bzw. Kontinua ein. Wir machen von den dort dargestellten Ergebnissen aber nur in ergänzenden Ausführungen Gebrauch. Hinsichtlich der physikalischen Bedeutung der Dehnung ε sei hier darauf hingewiesen, daß wir bei komplizierteren, mehrdimensionalen Atomgittern gar keine andere Wahl haben, als mit der relativen Dehnung ε zu rechnen: Eine elastische Auslenkung s aus einer Gleichgewichtsposition ist für kompliziertere Atomgitter, nämlich solche, die von der idealen Gitterstruktur abweichen (und das sind praktisch alle), überhaupt nicht mehr definierbar. Alle in der Natur vorkommenden kristallinen Körper weisen charakteristische Abweichungen von der in kleineren Bezirken bestehenden, idealen Gitterstruktur auf. Diese Abweichungen werden durch die sog. Versetzungen erzeugt. Die Versetzungen bilden den Schlüssel zum Verständnis der plastischen Verformung der Kristalle. Sie sind von entscheidender Bedeutung für praktisch alle mechanischen Gebrauchseigenschaften kristalliner Festkörper. Wir werden uns insbesondere mit bestimmten Eigenschaften dieser Versetzungen zu beschäftigen haben.

Für das streng eindimensionale Gitter oder Kontinuum gibt es nur die eine, longitudinale Schallgeschwindigkeit. Bereits die Einbettung in ein zwei- oder dreidimensionales Gitter ermöglicht aber auch transversale Bewegungen, die auf eine zweite, die transversale Schallgeschwindigkeit führen. Die longitudinale Schallgeschwindigkeit ist von der transversalen stets verschieden. Dies ist ein Problem der zwei- und dreidimensionalen Gitter. Wie wir aus der Elastizitätstheorie wissen, und was wir in Kap. 21 explizit zeigen werden, gibt es auch für das mathematisch denkbar einfachste, mehrdimensionale Gitter immer zwei, voneinander verschiedene Schallgeschwindigkeiten. In dieser Hinsicht unterscheidet sich das Gitter, der "Raum für den Schall", wie wir sagen wollten, ganz wesentlich von unserem Raum für das Licht mit seiner ausgezeichneten, einzigen Vakuumlichtgeschwindigkeit c_L. Der Kenner der Speziellen Relativitätstheorie weiß sofort, daß eine SRT mit zwei verschiedenen Signalgeschwindigkeiten mathematisch von vornherein ausgeschlossen ist. Für zwei Signalgeschwindigkeiten gibt es keine Lorentz - Transformation mit ihren charakteristischen Konsequenzen, der Zeitdilatation und der Lorentzkontraktion. In dieser Hinsicht ist der Schall also tatsächlich *nicht* wie das Licht - zumindestens nicht für Atomgitter. Bestenfalls könnte man dabei an flüssige oder gasförmige Körper denken, die wieder nur eine einzige Schallgeschwindigkeit besitzen, uns hier aber nicht interessieren, weil sie keine Versetzungen tragen können und daher über keine inneren mechanischen Strukturen verfügen. Für weiterführende Fragestellungen zur SRT bleiben diese Medien physikalisch leer.

Es wird aber nicht die Elastizitätstheorie sein, auf die es hier ankommt, sondern die Plastizität, und diese wird durch die Eigenschaften von eindimensionalen Versetzungen bestimmt. Wie wir im folgenden Kap. 7 sehen werden, definieren die Versetzungen in den Kristallen in gewisser Hinsicht gerade ihre eigenen, eindimensionalen Gitter, von denen für uns wiederum nur deren longitudinale Auslenkungen in Betracht kommen, wodurch dann tatsächlich eine einzige Signalgeschwindigkeit ausgezeichnet ist.

Natürlich gibt es eine enge Kopplung zwischen Versetzungen und elastischen Deformationen. Diese werden wir hier in einer ersten Näherung vernachlässigen können. In den Kap. 22-23 besprechen wir auch die Kopplung zwischen den Versetzungen und der Elastizität der dreidimensionalen Gitter, auch für solche mit mehr als zwei Schallgeschwindigkeiten. Wir werden dort nachweisen, daß wir von den elastischen Deformationen, die von den Versetzungen ausgehen, einen wohl definierten Teil abseparieren können, die sog. strukturellen Eigenspannungen, welche dann im Unterschied zur gesamten elastischen Deformation tatsächlich nur noch von einer einzigen Signalgeschwindigkeit abhängen - mit der überraschenden Konsequenz einer im Bereich der Plastizität einschließlich der dadurch erzeugten "strukturellen Elastizität" bestehenden Lorentzsymmetrie für den Festkörper. D. h., wenn man es in der Sprache der Physik ausdrückt, wir finden im Festkörper eine Symmetriegruppe, die der Symmetriegruppe unserer physikalischen Raum - Zeit isomorph ist. - Wir weisen hier darauf hin, daß die Bezeichnungen "Lorentztransformation", "Lorentzsymmetrie", "Lorentzfaktor", etc. in der Literatur eigentlich den entsprechenden Sachverhalten mit dem Parameter der Lichtgeschwindigkeit vorbehalten sind und wir demnach stattdessen den Terminus "eigentliche Minkowskirotation", etc. verwenden sollten, vgl. z. B. J.A. Schouten [78], S .43. Auf die Isomorphie dieser Zusammenhänge bei einer beliebigen Änderung der endlichen Signalgeschwindigkeit hat H. F. Goenner hingewiesen, s. [79], S 18. Da Verwechslungen ohnehin nicht auftreten können, behalten wir die Termini "Lorentztransformation", "Lorentzsymmetrie", etc. auch für die in Festkörpern auftretenden Signalgeschwindigkeiten bei (s. auch S. 166) und folgen damit dem Sprachgebrauch von A. Seeger, vgl. z.B. [39], S. 270. Die verschiedenen Schallgeschwindigkeiten der vollständigen Elastizitätstheorie führen aber wieder zu einer Brechung dieser Lorentzsymmetrie für das Gesamtsystem aus Versetzungen und elastischen Deformationen. Die im Festkörper wirksame Lorentzsymmetrie wird daher nicht immer so leicht zu erkennen sein. Wir werden hier eine solche Klasse physikalischer Phänomene des Festkörpers kennenlernen, für welche diese Lorentzsymmetrie gerade in ihrer vollen Klarheit zutage tritt. Dazu wollen wir uns also im nächsten Kap. erst einmal den Kristall und seine Versetzungen etwas genauer ansehen.

7. Der kristalline Festkörper - Versetzungen

Die immer wiederkehrenden Formen der Kristalle haben von alters her das Denken beschäftigt - sei es, daß ihre ständig aufs neue sich selbst erzeugenden, unveränderbaren Ordnungsstrukturen aus der Welt des mikroskopisch Kleinen einen Hauch von Ewigkeit vermitteln, sei es, daß ihre wertvollen mechanischen Eigenschaften in diesen Regelmäßigkeiten verborgen liegen. Mit seinen berühmten Beugungsexperimenten hat M. v. Laue 1912 den entscheidenden Beitrag für die Aufklärung der Grundprinzipien dieser Ordnung geleistet. Die Atome (oder Atomgruppen) eines *idealen* Kristalls sind danach in einem periodischen, unendlichen, dreidimensionalen Raumgitter angeordnet, derart, daß man stets eine Gruppe von Atomen ausmachen kann, durch deren fortgesetzte Translation in drei voneinander unabhängige Richtungen der Kristall unbegrenzt aufgebaut werden kann, s. Bild 15. Wir betrachten hier ausschließlich monokristalline Strukturen, also keine Polykristalle, die aus vielen Einkristallen zusammengesetzt sind. Unabhängig davon muß prinzipiell jeder *reale* Kristall, der also stets nur eine endliche Ausdehnung haben kann, allein durch seine Oberflächen Abweichungen von der idealen Symmetrie aufweisen.

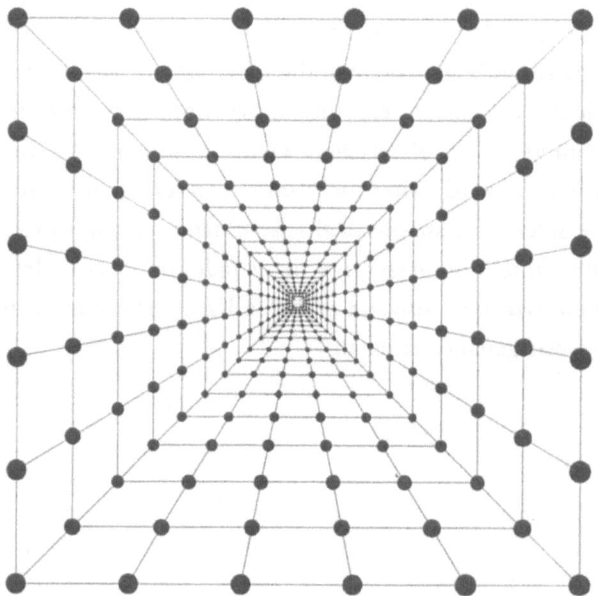

Bild 15. Immer wiederkehrende Strukturen im Kristallgitter.

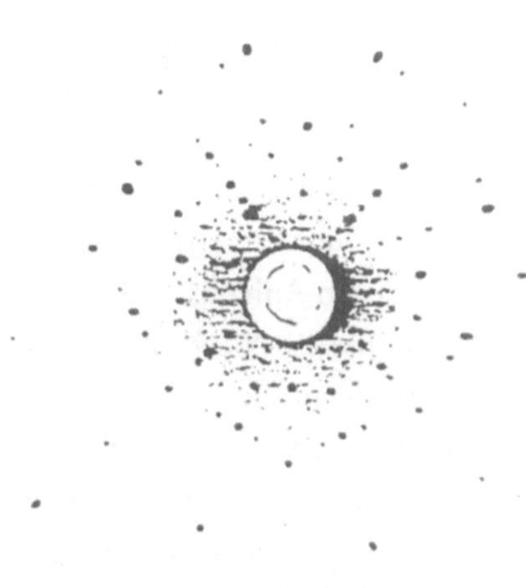

Bild 16. Laue - Diagramm eines Siliziumkristalls nach einem Foto von J. Washburn in C. Kittel [68], S.63.

Schickt man durch einen solchen Kristall Röntgenstrahlen, deren Wellenlänge ungefähr so groß ist wie der Abstand zweier Gitterebenen, so entstehen die bekannten Laue - Diagramme, aus denen man die Gitterstruktur berechnen kann, s. Bild 16.
Die mathematisch möglichen Strukturen und Einzelheiten des Gitteraufbaues werden in der Kristallphysik behandelt. Für unsere Zwecke ist hier die Vorstellung eines möglichst einfachen, z. B eines einfach kubischen Gitters, völlig ausreichend. Und selbst von den Eigenschaften dieses Gitters werden wir durch den Grenzübergang zum Kontinuum nur sehr eingeschränkt Gebrauch machen. Im Grunde genommen benötigen wir hier nur eine modellmäßige Erweiterung der von uns betrachteten linearen Kette auf den dreidimensionalen Raum.
Entscheidend für alles weitere ist nun die Feststellung, daß wir es bei einem Gitter mit zwei, voneinander grundsätzlich verschiedenen, mechanischen Bewegungsmöglichkeiten zu tun haben - abgesehen von einer dritten, der Bewegung des gesamten Gitters als starrer Körper, die uns hier aber nicht interessiert.
1. Die erste mechanische Bewegungsform haben wir bereits ausführlich besprochen. Dazu gehören die elastischen Wellen, welche eine mechanische Energie durch den Festkörper transportieren (z.B. die Energie des Hammerschlages, mit dem ich auf

das eine Ende des Stabes geklopft habe). Wir sagen auch, hier werden Signale mit der Schallgeschwindigkeit innerhalb des Festkörpers übermittelt. Dabei ist es unwesentlich, daß wir bis hierher nur das eindimensionale Gitter untersucht haben, den Stab. Für die dreidimensionalen Gitter ist lediglich die mathematische Situation komplizierter (und zwar i.a. sogar beträchtlich), und es entsteht ein kompliziertes System richtungs- und polarisationsabhängiger Schallgeschwindigkeiten [(12)]. An der grundsätzlichen physikalischen Feststellung einer Signalübertragung mit einer der Schallgeschwindigkeiten ändert sich jedoch nichts. Im Anhang, in Kap.21, werden wir die einfachsten Fälle des dreidimensionalen Gitters bzw. Kontinuums besprechen. Physikalisch ist diese mechanische Bewegungsform des Gitters ganz allgemein durch den Begriff *elastische Deformation* gekennzeichnet. Ein Atom nimmt im elastisch verformten Kristall eine Position ein, von welcher es nach Wegnahme der Ursache für die elastische Deformation wieder auf seinen vormaligen Gitterplatz zurückkehrt, s. Bild 18 und Bild 19. Charakteristisch für eine elastische Verformung ist deren vollständiges Verschwinden nach Beseitigung der verursachenden Last. Es gibt sowohl statische als auch dynamische elastische Verformungen.

2. Auch mit dem zweiten mechanischen Bewegungstyp sind wir aus unserer Alltagserfahrung bestens vertraut: Wir verbiegen einen Draht, walzen ein Blech, verbeulen ein Auto, schmieden ein Eisen, strecken, hämmern, gravieren, zisilieren usw. Für die mechanische Bewegungsform der Atome des dabei bearbeiteten Festkörpers lautet der physikalische Oberbegriff *plastische Deformation*. Wir halten zunächst fest:

Es gibt zwei charakteristische, voneinander vollkommen verschiedene, mechanische Bewegungsmöglichkeiten des Gitters, die elastische und die plastische Deformation.

Etwas vereinfachend kann man sagen, bei hinreichend kleinen Kräften finden nur elastische Deformationen statt. Werden die mechanischen Einwirkungen auf den Körper (unser Hammerschlag) größer, dann kommen plastische Deformationen hinzu. Plastische Deformationen führen zu einer bleibenden Formänderung des Körpers, elastische nicht.

[(12)] Unter der Polarisation versteht man die Richtung des schwingenden Vektors $\boldsymbol{s}$ der elastischen Verschiebung im Vergleich zur Ausbreitungsrichtung $\boldsymbol{k}$ der Welle. Man spricht von longitudinalen Wellen, wenn $\boldsymbol{s}$ parallel zu $\boldsymbol{k}$ und von transversalen Wellen, wenn $\boldsymbol{s}$ orthogonal zu $\boldsymbol{k}$ schwingt.

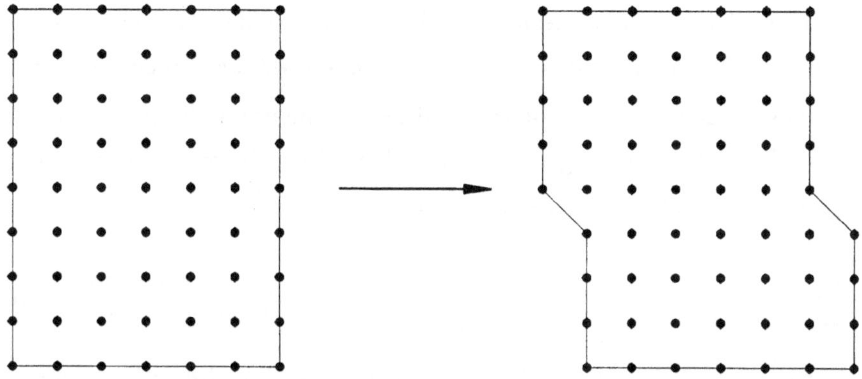

Bild 17. Modell einer "minimalen" plastischen Deformation im kubischen Gitter. Sichtbar ist die Formänderung gegenüber dem Ausgangszustand. Nach der erfolgten plastischen Deformation nehmen alle Atome wieder ideale Gitterplätze ein. Es kann daher nach dieser Deformation nicht mehr festgestellt werden, welche Atome vorher auf anderen idealen Gitterplätze saßen. Dieselbe plastische Deformation hätte ebensogut durch eine geeignete andere Verschiebung von Atomen hergestellt werden können. Zum Unterschied dazu vgl. mit Bild 18.

Es gibt *zwei* charakteristische Unterschiede zur elastischen Deformation. Der *erste* Unterschied besteht darin, daß einige Atome nach einer plastischen Deformation andere, nämlich benachbarte Gitterplätze eingenommen haben.
Nun aber zu unserem *zweiten* , für die plastische Deformation charakteristischen Merkmal. Dazu stellen wir zunächst die Hypothese auf, daß der Vorgang einer kleinsten plastischen Deformation in der Verschiebung einer Gitterebene gegenüber der darunterliegenden um gerade einen Gitterabstand besteht. Wir werden nachher sehen, daß wir diese Vorstellung gleich zweimal korrigieren müssen. Ein kubisches Gitter, einmal vor und einmal nach der obigen minimalen plastischen Deformation, haben wir in der Draufsicht in Bild 17 dargestellt.
Zur Überprüfung unserer Hypothese von einer minimalen plastischen Deformation wollen wir einen angenäherten Wert für die Größe derjenigen Kraft berechnen, die wir zur Herstellung einer solchen plastischen Verformung aufwenden müssen. Diese Abschätzung geht auf J. Frenkel [16] zurück. Bei hinreichend kleinen Kräften bleibt die Deformation elastisch, und wir erhalten das Bild 18. Einen Ausschnitt davon haben wir in Bild 19 dargestellt.
Ganz wie beim Hookeschen Gesetz (64) für die eindimensionale Dehnung $\tau = E \cdot \varepsilon$

können wir auch hier von einer linearen Beziehung zwischen der elastischen Abscherung $\frac{\Delta l}{d}$ (mit der Verschiebung der unteren Ebene um Δl bei einem Abstand d der übereinander liegenden Gitterebenen) und der auf die untere Fläche A bezogenen Kraft F, der Scherspannung $\sigma = \frac{F}{A}$, ausgehen. Mit einem Proportionalitätsfaktor, dem Schubmodul G, schreiben wir daher

$$\sigma = G \cdot \frac{\Delta l}{d} \, . \tag{67}$$

Man macht sich nun leicht klar, daß die Spannung mit zunehmender Dehnung langsamer als proportional zu $\frac{\Delta l}{d}$ zunehmen muß. Wenn nämlich die Massen der unteren Ebene bis auf die Zwischenposition der darüber liegenden Ebene getrieben sind, muß die Kraft ganz verschwinden. Denn die Atome könnten dann ebensogut mit der entgegengesetzten Kraft von der anderen Seite her gekommen sein. Gehen wir über die Mittellage hinweg, dann müssen wir also das Vorzeichen der Kraft ändern. Wir nehmen einen Abstand a der Atome in den Ebenen an (dieser Abstand ist i.a. von dem Ebenenabstand d etwas verschieden). Bei $\Delta l = \frac{a}{2}$ ist die Kraft dann also Null und ebenso bei $\Delta l = a$. Diese Abhängigkeit der Kraft von der Verschiebung Δl können wir angenähert durch eine sin - Funktion wiedergeben. Anstelle von (67) schreiben wir für beliebige Δl,

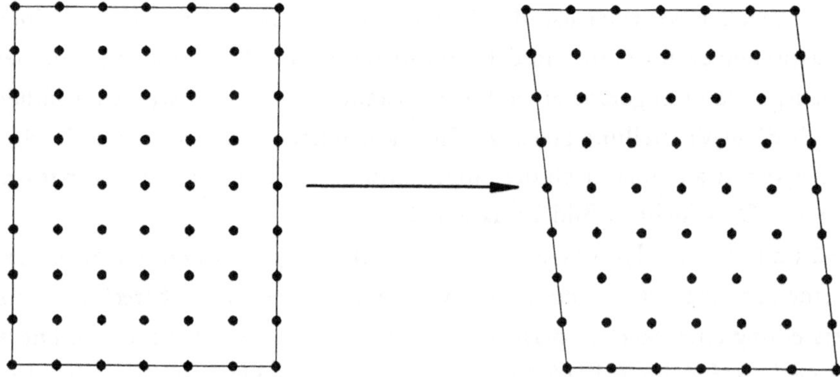

Bild 18. Modell einer elastischen Abscherung. Im Unterschied zur plastischen Deformation sitzen die Atome nach einer elastischen Deformation nicht mehr auf idealen Gitterplätzen. Für jedes elastisch abgescherte Atom kann nun der ideale Gitterplatz angegeben werden, auf dem es sich vor dieser elastischen Verschiebung befunden hat. Das ist noch einmal in Bild 19 dargestellt.

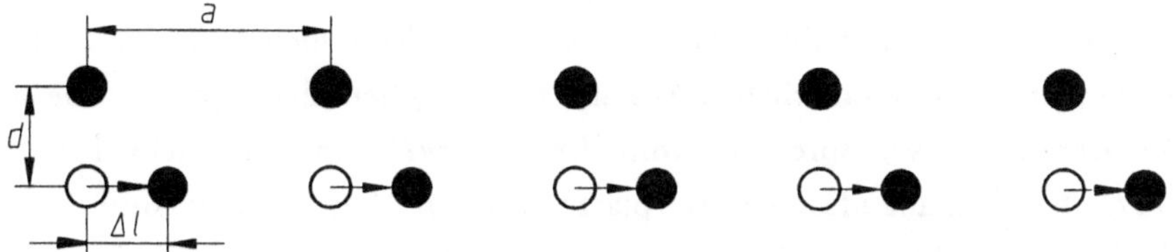

Bild 19. Bildausschnitt zum Vorgang der elastischen Abscherung.

$$\sigma = G \frac{a}{2\pi d} \sin\left(\frac{2\pi}{a}\Delta l\right) . \qquad (68)$$

Wegen $\sin x \approx x$ für $x << 1$ geht (68) für kleine Δl in (67) über. Außerdem erfüllt (68) die Bedingung, daß die Kraft bei $\Delta l = n \cdot \frac{a}{2}$ jeweils Null ist. Die größte Kraft $F = A \cdot \sigma$, die nach diesem einfachen Modell gerade noch elastische Verschiebungen bewirkt, folgt aus dem Maximalwert von σ bei $\Delta l = \frac{a}{2}$, also

$$\sigma_{max} = G \cdot \frac{a}{2\pi d} . \qquad (69)$$

Erst bei einer Überschreitung dieser Spannung wird die untere Gitterebene nach unserem Bild 19 um einen Atomabstand weitergleiten, d.h., das Gitter wird plastisch verschoben, deformiert. Man nennt den Wert für die Spannung, bei der zum ersten Mal eine plastische Verschiebung eintritt, die kritische Schubspannung σ_c. Dieser kritische Wert für das Einsetzen einer plastischen Veränderung am Kristall müßte nach unserer Modellvorstellung gemäß Gleichung (69) also ungefähr bei einem Sechstel des Wertes für den Schubmodul G liegen (wenn wir überschlagsmäßig mit $a \approx d$ rechnen, so daß $\frac{a}{2\pi d} \approx \frac{1}{6}$). Tatsächlich beobachtet werden aber durchweg *100* mal bis über *1000* mal kleinere Werte für die kritische Schubspannung σ_c. Unsere Modellvorstellung für den Vorgang der plastischen Deformation kann so also nicht richtig sein.

Die Lösung dieses Rätsels werden wir darin zu suchen haben, daß die Atome eines Kristalls tatsächlich auch andere Plätze einnehmen können als jene, die ihnen durch

die Symmetrievorschriften des idealen Raumgitters zugewiesen werden. Beim natürlichen Wachstum eines Kristalls werden stets auch solche nicht idealen Plätze besetzt und zwar in einer beträchtlichen Anzahl. Dabei gehen dann jeweils ideale Gitterplätze leer aus. Wir sprechen vom *Realkristall* im Unterschied zum *Idealkristall*, bei dem alle idealen Gitterplätze und nur diese besetzt sind. Alle Realkristalle besitzen in kleineren Bezirken die Idealstruktur (wenn man Oberflächeneffekte vernachlässigt). Von den Stellen, an denen ein idealer Gitterplatz nicht besetzt ist, sagt man, der Kristall hat dort einen *Kristallfehler*, einen *Defekt*. In der Umgebung dieser Kristallfehler sitzen also Atome auf nicht idealen Plätzen, und zwar sitzen sie dort nicht ganz so fest wie auf den idealen Gitterplätzen:
Gitterfehler sind Stellen erhöhter mechanischer Beweglichkeit der Kristalle.
Wir suchen nun einen Zusammenhang zwischen der Bewegung von Gitterfehlern und der plastischen Deformation. Es gibt Kristallfehler, die sich auf einen Gitterplatz beschränken, z. B. Zwischengitteratome oder Leerstellen (*vacancies*). Man macht sich leicht klar, daß durch die Verschiebungen, die von solchen *Punktdefekte* ausgehen, keine plastische Verformung erzeugt wird, s. Bild 20.

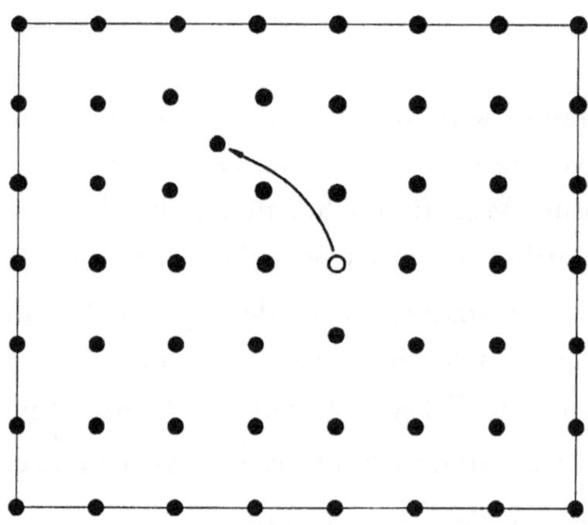

Bild 20. Punktdefekte erzeugen keine plastische Deformation. Die Gitteratome in der Umgebung der Punktdefekte (Leerstelle oder Zwischengitteratom) erfahren nur eine elastische Verschiebung.

Bei einem anderen Typ von Defekten sind die idealen Gitterplätze entlang einer ganzen, endlichen Kurve im Gitter unbesetzt. Solche Defekte heißen Versetzungen und werden auch als *Dislokationen* bezeichnet. Die Kurve ist die Versetzungslinie(13). Versetzungslinien können nie im Innern eines Kristalls enden, d.h., sie sind entweder in sich geschlossen oder enden an der Kristalloberfläche. Diese Eigenschaft wird aus der Beschreibung der Versetzungen gleich klar werden. Für eine ausführliche Darstellung der Verhältnisse, die Versetzungen in Kristallen betreffen, verweisen wir auf das bereits 1958 erschienene Buch von E. Kröner [17], das in seiner präzisen und einprägsamen Art bis heute eine ausgezeichnete, erste Orientierung auf diesem Gebiet vermittelt. Für die von uns verfolgten Fragestellungen können wir uns hier mit einer knappen Beschreibung der wichtigsten Erscheinungen begnügen. In den Kap. 22 und 23 gehen wir anhangsweise für den mathematisch interessierten Leser etwas ausführlicher auf Versetzungen ein.

Um das Charakteristikum einer Versetzung zu verdeutlichen, ist es hilfreich, eine Eigenschaft des idealen Kristalls, der also keine Versetzung enthält, zu veranschaulichen, vgl. Bild 21. Alle Atome mögen auf idealen Gitterplätzen sitzen. Von einem beliebigen Atom A aus gehen wir um n Gitterabstände in eine Gitterrichtung, die wir z.B. als die x - Achse gewählt haben, und kommen bei einem Atom B an. Von dort aus gehen wir um m Gitterabstände in eine zweite, andere Gitterrichtung, die wir z.B. als die y - Achse gewählt haben, und erreichen das Atom C. Nun starten wir noch einmal von A aus, gehen aber jetzt zuerst um m Schritte in y - Richtung. Wir erreichen das Atom D und gehen von dort aus um n Schritte in x - Richtung. Wenn wir dabei ein Gebiet umlaufen haben, das eine ideale Kristallstruktur besitzt, dann kommen wir auch im zweiten Fall wieder bei demselben Atom C an. Das ist für einen Kristall charakteristisch, der in diesem Gebiet der keine Versetzungen enthält. Haben wir bei unserem Umlauf eine Versetzung eingeschlossen, dann erhalten wir ein anderes Ergebnis, das wir in Bild 22 erklären.

(13) Es kann vorkommen, daß sich auch Leerstellen entlang einer Linie anordnen, welche aber wiederum nicht zu plastischen Deformationen führen. Wir werden in Kap. 8 sehen, daß eine wesentliche Eigenschaft für die Deformationen einer Versetzungslinie von der Grundspannung dieser Linie, der sog. Linienenergie ausgeht, welche bei allen Deformationen erhalten bleibt und prinzipiell nicht an benachbarte Atome des Gitters abgegeben werden kann. Darauf beruht die Zerlegung (74) für die Kräfte in einer Versetzungslinie in zwei physikalisch unterschiedliche Terme (vgl. (75) und (80)). Eine solche Eigenschaft besteht für Linien aus Leerstellen nicht. Die Linienenergie einer Leerstellenkette kann durchaus an die benachbarten Gitteratome abgegeben werden, wobei die Linie zerfällt, was für Versetzungen unmöglich ist. Unsere Ausführungen, die in Kap. 8 auf die sine-Gordon-Gleichung einer Versetzung führen, können daher prinzipiell *nicht* auf Linien aus Leerstellen übertragen werden.

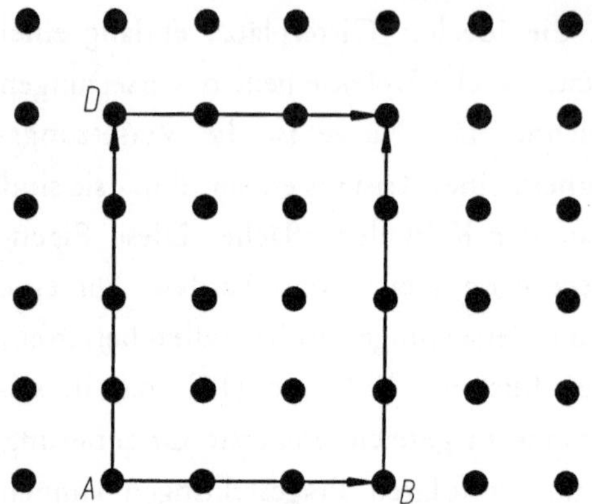

Bild 21. Geschlossener Umlauf im idealen Kristall. Vom Atom *A* aus erreichen wir nach *3* Schritten in die erste Gitterrichtung das Atom *B* und von dort aus nach *4* Schritten in die zweite Richtung das Atom *C*. Geht man von *A* aus zuerst um *4* Schritte in die zweite Richtung bis zum Atom *D* und von dort um *3* Schritte in die erste Richtung, dann kommt man im idealen Kristall wieder beim Atom *C* an.

Es gibt zwei Typen von Versetzungen, Stufenversetzungen und Schraubenversetzungen. Die Stufenversetzungen wurden 1934 gleich dreimal unabhängig voneinander durch E. Orowan [18], M. Polanyi [19] und G. J. Taylor [20] entdeckt. Bei den Stufenversetzungen endet eine Gitterebene im Innern des Kristalls. Die Randlinie dieser Gitterebene ist die Versetzungslinie. Sie wird durch den Richtungsvektor $\boldsymbol{t}$ beschrieben (s. auch Bild 24). Offenbar kann diese Linie nicht im Kristall enden. Der Vektor, der von der Gitterebene, die die Versetzungslinie trägt, zu ihrer Nachbarebene führt, heißt Burgersvektor $\boldsymbol{b}$ der Versetzung. Bei einer Stufenversetzung steht der Burgersvektor senkrecht zur Versetzungslinie, d. h., das skalare Produkt der beiden Vektoren $\boldsymbol{b}$ und $\boldsymbol{t}$ verschwindet, $\boldsymbol{b} \cdot \boldsymbol{t} = |\boldsymbol{b}| \cdot |\boldsymbol{t}| \cdot \cos(\boldsymbol{b}, \boldsymbol{t}) = 0$. Der Burgersvektor wird durch den sog. Burgersumlauf nachgewiesen, den wir in Bild 22 beschreiben.

Bei den *Schraubenversetzungen* windet sich eine Gitterebene schraubenförmig um die Versetzungslinie. Es ist klar, daß auch dieser Prozeß nicht im Innern des Kristalls enden kann, vgl. Bild 23. Der Burgersvektor ist jetzt die Ganghöhe der Schraube, d.h., bei einer Schraubenversetzung liegt der Burgersvektor parallel zur Versetzungslinie, so daß nun $|\boldsymbol{b} \cdot \boldsymbol{t}| = |\boldsymbol{b}| \cdot |\boldsymbol{t}|$. Die Schraubenversetzungen wurden 1939 von J. M. Burgers [21], [22] entdeckt.

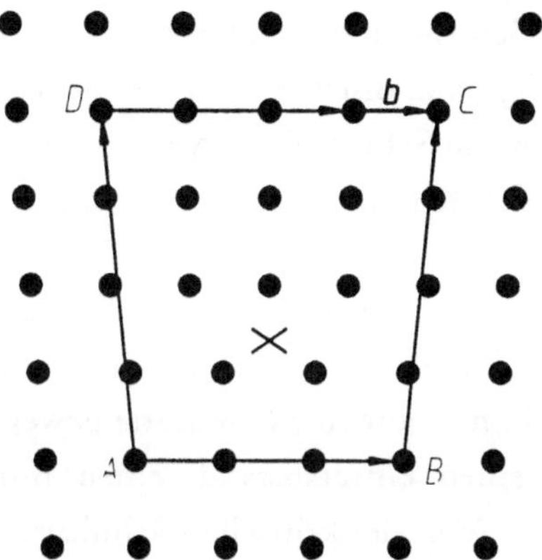

Bild 22. Stufenversetzung in der Draufsicht nach E. Kröner [17]. Der Richtungsvektor $\boldsymbol{t}$ der Versetzung weist senkrecht aus der Bildebene heraus. Die Versetzung definiert man durch den sog. Burgersumlauf folgendermaßen: Wie in Bild 21 gehen wir zuerst von A aus um m Gitterabstände (hier $m = 3$) in die erste Kristallrichtung, die man z. B. als die x - Achse gewählt hat, kommen bei B an und gehen von B aus n Schritte (hier $n = 4$) in die zweite Richtung, die man z.B. als y - Achse gewählt hat, und kommen bei C an. Sodann machen wir zuerst n Schritte in y - Richtung von A aus und erreichen den Punkt D sowie anschließend m Schritte in x - Richtung auf das Atom bei C zu. Verfehlen wir dabei den Gitterpunkt C um die gerichtete Strecke $\boldsymbol{b}$, so haben wir eine Versetzung vom Burgersvektor $\boldsymbol{b}$ umlaufen. Bei der Berechnung von $\boldsymbol{b}$ ist eine elastische Verschiebung der Atome in Abzug zu bringen. Da wir uns ganz im Rahmen der linearen Elastizitätstheorie bewegen, brauchen wir nicht zwischen dem *wahren* und dem *lokalen* Burgersvektor zu unterscheiden, s. dazu F. C. Frank [23].

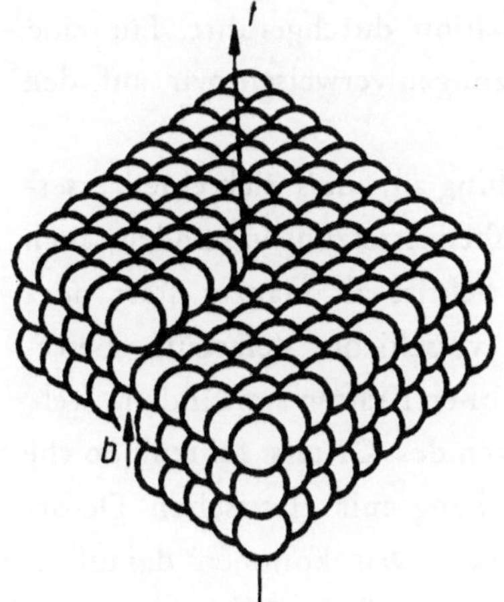

Bild 23. Schraubenversetzung, die an der Oberfläche des Kristalls sichtbar endet. Die Linienrichtung $\boldsymbol{t}$ der Versetzung und ihr Burgersvektor $\boldsymbol{b}$ sind zueinander parallel. Darstellung aus dem Buch von E. Kröner [17], S.8.

Zur Beschreibung des Vorganges der plastischen Deformation betrachten wir jetzt der Einfachheit halber eine gerade Stufenversetzung im kubischen Gitter, s. Bild 24. Die plastische Deformation, wie sie in Bild 17 in einem Schritt beschrieben ist, wird nun durch die Wanderung der Versetzung durch den Kristall aus einer Vielzahl von kleinen Schritten zusammengesetzt.

Im Unterschied zu unserem einfachen Bild 17, bei dem der gesamte untere Kristallblock als Ganzes auf einmal bewegt werden mußte, wird bei der Vorstellung von einer Versetzungsbewegung nun in einem Schritt immer nur so viel Materie bewegt, wie bei der Verrückung der Versetzungslinie um einen Gitterabstand, einen Burgersvektor also, verschoben wird. Der relativ kleine Wert der kritischen Schubspannung σ_c für das Einsetzen einer plastischen Deformation kann durch diesen Versetzungsmechanismus erklärt werden.

Das *zweite* Charakteristikum der plastischen Deformation besteht also darin, daß dabei die ideale Gitterstruktur entlang ganzer Linien, der sog. Versetzungslinien, gestört ist. Diese Versetzungslinien verändern bei einer plastischen Deformation ihre Position im Kristall. Die Beschreibung der Versetzungsbewegung geht in ihrer linearen Näherung auf E. Kröner und G. Rieder [24] zurück und konnte später auch nichtlinear formuliert werden, vgl. H. Günther [25]. Im Unterschied zur plastischen Deformation kehren bei einer elastischen Deformation nach Wegnahme der verursachenden Last alle Atome auf ihre alten Plätze zurück, auf die idealen oder die nicht idealen Positionen des Gitters. Damit haben wir die erste Korrektur zur Beschreibung des Vorganges der plastischen Deformation durchgeführt. Für eine quantitative Beschreibung der Bewegung von Versetzungen verweisen wir auf den Anhang, Kap. 22.

Die zweite Korrektur setzt an der bisherigen Vorstellung an, daß sich eine Versetzungslinie, welche, falls es sich nicht um reine Schraubenversetzungen handelt, auch in einer gebogenen Form vorliegen kann, in einem Schritt als Ganzes starr oder auch unter Veränderung ihrer geometrischen Form verschiebt. Versetzungsbewegungen dieser Art werden im Kristall vor allem bei großen Kräften stattfinden, welche zu starken und schnellen plastischen Verformungen des Gitters führen. Solche globalen Versetzungsbewegungen und ihr Zusammenhang mit elastischen Deformationen stehen nicht im Mittelpunkt unseres Interesses. Wir kommen darauf in den Kap. 22 und 23 im Anhang zu sprechen. Stattdessen wollen wir hier der Frage nachgehen, welche Bewegungen für die einzelnen Abschnitte einer Versetzungslinie relativ zueinander möglich sind. Diese Bewegungsmöglichkeiten innerhalb einer einzelnen Versetzungslinie werden wir nun etwas genauer unter die Lupe nehmen. Dies stellt die zweite Korrektur an unserer ursprünglichen Modellvorstellung zur Plastizität dar. Derartige innere Bewegungen von Versetzungslinien werden auch als Mikroplastizität bezeichnet. Sie dominieren bei geringen Krafteinwirkungen.

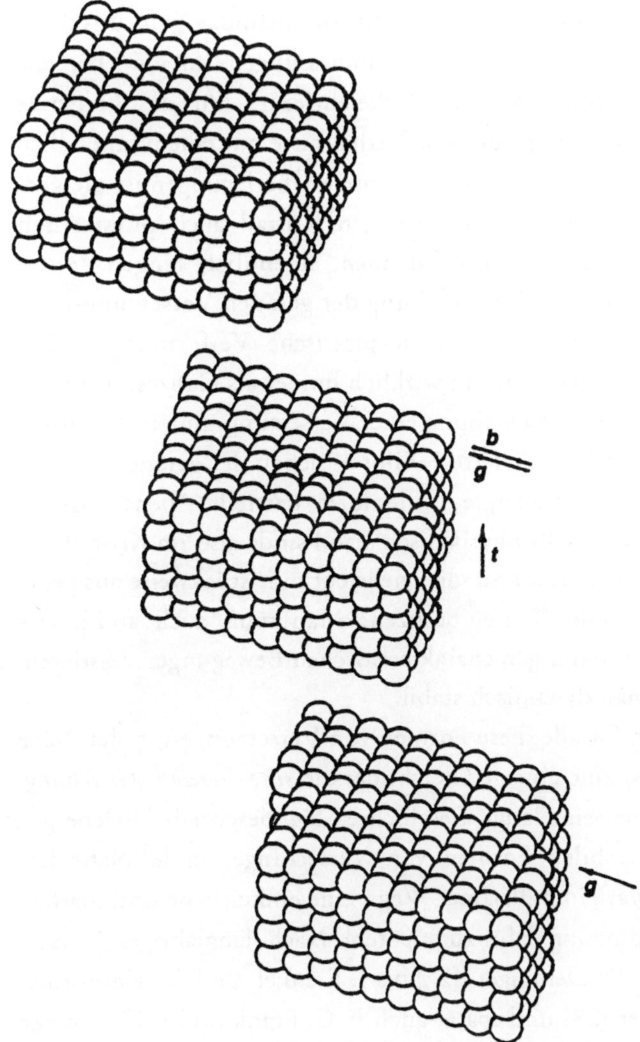

Bild 24. Durchgang einer Stufenversetzung mit dem Burgersvektor $\boldsymbol{b}$ und der Linienrichtung $\boldsymbol{t}$ durch einen Kristallblock im primitiv kubischen Gitter. Der Vektor $\boldsymbol{g} = -\boldsymbol{b}$ gibt die Relativverschiebung der beiden Seiten der Gleitebene an. Darstellung aus dem Buch von E. Kröner [17], S. 6-7.

8. Die sine - Gordon - Gleichung einer Versetzung

Für die Eigenschaften von Versetzungen stellen die Abstände zwischen den Gitterpunkten eine charakteristische Länge dar. Das haben wir schon bei unseren elementaren Überlegungen zur kritischen Schubspannung im vorigen Kap. 7 gesehen. Diese Länge beträgt ca. 10^{-8} cm. Gemessen in Gitterabständen, befinden wir uns daher im Innern irgendeines kleinen Kristalls (mit Linearabmessungen im cm - Bereich) praktisch immer unendlich weit von seiner Oberfläche entfernt. Für das Folgende wollen wir daher als eine gute Näherung für diese Verhältnisse mit einem unendlich ausgedehnten Kristall rechnen. Ausgangspunkt für unsere Überlegungen ist die geometrisch einfachste und aus Symmetriegründen für den Kristall auch physikalisch einfachste Form einer geraden, also nirgends endenden, unendlich langen Versetzungslinie. Wir haben gesehen, daß die Verschiebung der geraden Versetzungslinie als Ganzes ein einigermaßen brauchbares Modell für plastische Verformungen darstellt. Verschiebt sich die Versetzung aber nun wirklich immer als Ganzes, steif wie ein Stock, oder ist der Prozeß der Verschiebung einer Versetzung um einen Gitterabstand, vgl. Bild 24, i. a. doch komplizierter? Gibt es neben der geraden Versetzung, die gewiß eine energetisch bevorzugte Linienform darstellt, "benachbarte", geometrische Formen, welche ebenfalls physikalisch stabil sind, also im Kristall beliebig lange kräftefrei existieren können, und die vielleicht nur stückweise aus geraden Linien bestehen und Beulen oder Kanten besitzen? Man muß auch an Linienformen denken, die nur unter ständigen charakteristischen Bewegungen existieren können. Solche Linien nennt man dynamisch stabil.

Die mathematische Bedingung für alle diese Formen von Versetzungen in der Nähe der geraden Versetzungslinie ist eine einzige Gleichung, die *sine-Gordon - Gleichung*. Die sine -Gordon - Gleichung hat eine lange Geschichte. Sie beschreibt die energetisch möglichen, physikalisch stabilen Formen von Versetzungen in der Nähe der geraden Versetzungslinie. Es war ein mühsamer Weg, eine einheitliche und mathematisch möglichst einfache Bedingung dafür zu erhalten. Nach langjährigen Vorarbeiten von L. Prandtl [26] über U. Dehlinger [27] bis J. Frenkel und T. Kontorova [28] war es dann 1949 A. Seeger [29] und später auch F. C. Frank und J. H. van der Merwe [30] gelungen, die sine - Gordon - Gleichung für eine Versetzung aufzustellen. Erst über zehn Jahre später wurde diese Gleichung auf der Suche nach feldtheoretischen Modellen auch für Elementarteilchen diskutiert, s. hierzu T. H. R. Skyrme [31] und J. Rubinstein [32] (der dieser Gleichung ihren Namen gegeben hat) sowie auch den Übersichtsartikel von C. Rebbi und G. Soliani [33]. Die Attraktivität der sine - Gordon - Gleichung in unterschiedlichen Bereichen der theoretischen Physik ist bis heute ungebrochen.

Die sine -Gordon -Gleichung ist der Wellengleichung sehr ähnlich, und wie wir diese Gleichung gewinnen, wissen wir. Für die Herleitung der sine -Gordon -Gleichung wollen wir daher auf unseren Erfahrungen mit der Wellengleichung aufbauen und einen ganz ähnlichen Weg beschreiten.

Unser physikalischer Ausgangspunkt sind die Newtonschen Gleichungen (49) bzw. (53), in denen, wie wir annehmen wollen, solche Kräfte stehen, daß sie die Bewegungen der Massen eines Kristallgitters beschreiben. Im einfachsten Fall sitzen diese Massen in der "Nähe" der idealen Gitterpositionen und schwingen hin und her.

Einem idealen Kristall ist ein mathematisch wohl definiertes, unendliches Raumgitter zugeordnet. Besetzt man alle Punkte dieses mathematischen Gitters mit Atomen oder Atomgruppen, so entsteht der ideale Kristall. Werden aber auf einer halben Ebene, z. B. auf der Ebene, die auf der x - Achse durch den Koordinatenursprung endet, d.h. $y = 0$, $z < 0$, die Raumgitterpunkte nicht mit Atomen besetzt, so entsteht zunächst ein idealer Kristall mit einem ebenen Spalt aus zwei nicht zusammenhängenden Schnittufern. Fügt man diese beiden Ufer zusammen, so erhalten wir in der Projektion die in Bild 22 dargestellte Gitterebene eines Kristalls mit einer, aus der Zeichenebene herausweisenden, geraden Versetzungslinie, vgl. hierzu auch Kröner [17].

Die Versetzung stellt also eine eindimensionale Störungslinie im Kristall dar. Diese Störungslinie existiert nur relativ zu dem sie umgebenden Gitter. Wenn wir das Gitter wegnehmen, ist auch die Störungslinie weg. Die Bewegung einer Versetzungslinie ist allein durch die Bewegung der sie umgebenden Gitteratome definiert und daher grundsätzlich nur als eine Bewegung relativ zum Gitter erklärt. Die Massenmittelpunkte $q_\alpha = q_\alpha(t)$ der die Versetzungslinie umgebenden Gitteratome wählen wir als Koordinaten für die Bewegungen dieser Linie . Im Grunde sind dafür "alle" Gitteratome zu berücksichtigen, es wird aber nur eine nähere Umgebung wirksam. In Bild 22 haben wir eine Versetzungskoordinate durch ein Kreuz angedeutet. Das ist das geometrische Zentrum der Versetzung. Der Index α zählt die Gitterebenen senkrecht zur Zeichenebene. Die q_α müssen aber nicht notwendig direkt in den in Bild 22 dargestellten Ebenen liegen. In Kap. 5 haben wir ausgeführt, daß die Massenmittelpunkte q_a von Newtonschen Massenverteilungen grundsätzlich wieder Gleichungen vom Newtonschen Typ (53) genügen. Auch für die Versetzungskoordinaten q_α wird daher in einem, weiter unten noch genauer zu definierenden Sinn gelten

$$\frac{d}{dt}(\Delta m_\alpha \frac{d}{dt} q_\alpha) = \sum_{b \neq \alpha} F_{\alpha b} \quad \text{mit} \quad F_{\alpha b} = - F_{b \alpha} \; . \tag{70}$$

Eine strenge Berechnung der Koeffizienten Δm_α und der Wechselwirkungskräfte $F_{\alpha b}$ müßte nun aus dem System der Newtonschen Gleichungen (49) bzw. (53) erfolgen. Das wollen wir hier nicht versuchen und uns zum Schluß dieses Kapitels lediglich eine Abschätzung für die Größenordnung dieser trägen Massen Δm_α überlegen. Stattdessen werden wir uns zunächst mit der physikalischen Interpretation dieser Größen beschäftigen und auf deren Rolle bei der Entstehungsgeschichte der sine - Gordon - Gleichung eingehen, um daran anschließend die sine - Gordon - Gleichung unmittelbar aus (70) herzuleiten.

Die Größen Δm_α beschreiben definitionsgemäß die Trägheit bei der (plastischen) Verschiebung der Versetzungskoordinaten q_α relativ zum Gitter. Auf die Notwendigkeit der Einführung eines solchen Widerstandes der Versetzung gegen eine Beschleunigung relativ zum Gitter, einer Trägheit der Versetzungen gegenüber diesem Gitter, also einer effektiven Masse der Versetzungen, hat zuerst Kröner [34] 1964 ausdrücklich aufmerksam gemacht.

Nach den entscheidenden Vorarbeiten von U. Dehlinger (27) aus dem Jahre 1929 haben J. Frenkel und T. Kontorova [28] 1939 zunächst das System der Differentialgleichungen für die Auslenkungen q_i einer eindimensionalen Reihe von Gitteratomen aufgeschrieben, welche dem geometrischen Zentrum der Versetzungslinie unmittelbar benachbart ist. Für die Newtonschen Gleichungen (51) der transversal zur Versetzungslinie liegenden Auslenkungen q_i dieser Gitteratome finden die Autoren

$$\Delta m_i \frac{d^2 q_i}{dt^2} = \sigma\, q_{i-1} - 2\sigma q_i + \sigma q_{i+1} - D \sin(\frac{2\pi}{a} q_i) \qquad \textit{Frenkel - Kontorova - Gleichung} \tag{71}$$

mit der Masse der Gitteratome Δm_i und den beiden, aus den Konstanten des Gitters berechneten Größen σ und D (s. auch bei A. Seeger [39]). Die Gleichungen

(71) sind identisch mit den Gleichungen (27) einer linearen Kette von elastisch gekoppelten Massen, welche zusätzlich unter der Wirkung einer äußeren Kraft $-D\sin(\frac{2\pi}{a}q_i)$ stehen. Diese Kraft auf das Atom mit der Nummer i und der Auslenkung q_i geht auf die Wirkung des umgebenden Gitters zurück und berücksichtigt die Tatsache, daß bei einer Verschiebung um das Vielfache einer Gitterkonstanten, also $q_i = n\ a$, periodisch dieselbe Kraft entsteht. Wir bemerken, daß die dabei angenommene sin - Funktion keineswegs zwingend ist, vgl. auch (68), und nur den Vorzug der Einfachheit beanspruchen kann [14].

Da die q_i transversale Auslenkungen der Kette sein sollen, enthält die Größe σ die Grundspannung dieser Atomreihe, wie wir das in Kap. 6 ausgeführt haben. Ein wichtiges Ergebnis der Untersuchungen von Dehlinger bis Frenkel und Kontorova besteht also vor allem darin, daß die Reihen der Gitteratome, welche unmittelbar benachbart zu einer Versetzungslinie verlaufen, eine besondere Grundspannung aufweisen. A. Seeger blieb es vorbehalten, mit seiner Arbeit [29] im Jahr 1948/49 aus (71) die sine - Gordon - Gleichung herzuleiten. Dies erfordert den Schluß von den ersten drei Termen auf der rechten Seite von (71) auf einen Term $E\Delta x\frac{d^2s}{dx^2}$ in der Kontinuumsnäherung der Kette mit $q_i(t) \rightarrow s(x\ ,\ t)$, wie wir das in Kap. 4 zunächst für die lineare Kette mit longitudinalen Auslenkungen durchgeführt haben (s. die Gleichungen (59) - (64)) und später auch für tranversale Auslenkungen.

Die Frenkel-Kontorova-Gleichungen (71) sowie auch die sine - Gordon - Gleichung von Seeger [29] werden zunächst allein für die Gitteratome selbst hergeleitet und betrachtet. Erst A. Seeger zieht dann später auch den Schluß auf die eigentliche Versetzungslinie. Wir weisen hier ausdrücklich darauf hin, daß dieser Schluß von den Massen Δm_i der Gitteratome in (71) auf die relativen trägen Massen Δm_α einer Versetzung in (70) von grundsätzlicher Bedeutung ist. Denn nur die trägen Massen Δm_α einer Versetzung können im Prinzip durch das ganze Gitter wandern. Die Gitteratome mit ihren Massen Δm_i bleiben dabei bis auf geringfügige Verschiebungen an ihre Plätze im Gitter gebunden.

Wie wir im Anhang, Kap. 22, ausführen werden, gibt es zwei grundsätzlich verschiedene Typen von Versetzungsbewegungen, das Gleiten und das Klettern. Beide Bewegungen führen zwar gleichermaßen zu einer plastischen Deformation des Gitters;

---

[14] Die Wahl der (nichtlinearen) sin - Funktion hat J. Rubinstein dazu bewogen, dieser Gleichung den Namen sine - Gordon - Gleichung zu geben, um damit an ihre lineare Näherung zu erinnern, die Klein-Gordon-Gleichung.

nur beim Gleiten, der sog. konservativen Versetzungsbewegung, haben wir es aber mit einer reinen Translation des durch die Versetzung gestörten Gitters zu tun. Das erlaubt es uns, den Trägheitsterm in (70) ganz mit dem Impuls der Versetzung zu identifizieren. Im Unterschied dazu kommt das Klettern, die sog. nichtkonservative Versetzungsbewegung, welche bei wachsenden Temperaturen eine zunehmende Rolle spielt, i.a. nur im Zusammenwirken mit Punktdefekten zustande. Daher beschreibt der Trägheitsterm in (70) in diesem Fall die miteinander gekoppelten Eigenschaften der Versetzung und der Punktdefekte. Für die hier betrachteten Versetzungen werden wir annehmen, daß sie nicht klettern, was sich durch eine Beschränkung auf hinreichend tiefe Temperaturen auch physikalisch realisieren läßt. Wir bemerken: Konservative Bewegung heißt hier "Erhaltung des Kristallvolumens" und bedeutet nicht die Erhaltung einer Gesamtenergie wie in der Punktmechanik. Implizit wird die Krönersche Idee einer relativen, trägen Masse von Versetzungen im sog. Linienspannungsmodell (oder auch Saitenmodell) der Versetzung vorweggenommen. Ausführlich ist dieses Modell in einer Arbeit aus dem Jahr 1966 von A. Seeger und P. Schiller [35] beschrieben. Die Versetzungslinie wird dort als eine elastisch gespannte Saite betrachtet. Dies ist nichts anderes als die Kontinuumsnäherung einer linearen Kette elastisch gekoppelter, träger Massen, die unter einer Grundspannung stehen, wie wir dies in Kap. 6 behandel haben. Dem Linienspannungsmodell liegt damit die Annahme zugrunde, daß sich die von uns oben eingeführten Versetzungskoordinaten q_α mit den Trägheiten Δm_α relativ zum Gitter bewegen. Um die Wirkung des umgebenden Gitters auf die "gespannte Saite" zu erfassen, bestimmen die Autoren ein periodisches Potential U, nämlich

$$U = U(q) = - D \left[\cos\left(\frac{2\pi}{a} q\right) - 1\right] , \qquad (72)$$

welches gemäß $-\frac{dU}{dq} = F = \Delta m \frac{\partial^2 q}{\partial t^2}$ eine durch das Gitter definierte Kraft F liefert. Diese erteilt dem Versetzungsstück auf der Länge Δx eine durch dessen Trägheit Δm bestimmte Beschleunigung $\frac{\partial^2 q}{\partial t^2}$ relativ zum Kristallgitter. Folglich ist dieses Δm die Krönersche relative träge Masse für das hier von A. Seeger und P. Schiller betrachtete Gleiten der Versetzung. Damit sind wir wieder bei der von uns oben gemäß (70) formulierten Grundgleichung für die Dynamik von Versetzungen angelangt, vgl. dazu auch H. Günther [36]. Da wir aus dieser Gleichung allein jetzt die sine - Gordon - Gleichung herleiten wollen, formulieren wir noch einmal axiomatisch unseren Ausgangspunkt:

Die Versetzung bildet eine lineare Kette elastisch gekoppelter, träger Massen Δm_α mit den Positionen q_α. Die konservative Bewegung dieser, relativ zum Kristallgitter definierten, trägen Massen ist durch die Newtonschen Gleichungen bestimmt, wenn wir das Inertialsystem der Newtonschen Axiomatik durch das Kristallgitter ersetzen,

$$\left.\begin{aligned} &\frac{d}{dt}\left(\Delta m_\alpha \frac{d}{dt} q_\alpha\right) = \sum_{b \neq \alpha} F_{\alpha b}\,, \\ &F_{\alpha b} = -F_{b\alpha}\,. \end{aligned}\right\} \tag{73}$$

Mathematisch lautet die Bedingung für das ausschließliche Gleiten einer Versetzung, daß die drei Vektoren, der Verschiebungsvektor $\delta\boldsymbol{q}$ der Versetzung, ihr Burgersvektor $\boldsymbol{b}$ und ihr Vektor der Linienrichtung $\boldsymbol{t}$ kein von Null verschiedenes Volumen aufspannen dürfen, d. h. $\delta\boldsymbol{q}\cdot(\boldsymbol{b}\times\boldsymbol{t}) = 0$. Diese Bewegungsbeschränkung erfüllen wir, wie das in der Mechanik nach Möglichkeit häufig geschieht, von vornherein durch die Wahl der Variablen q als transversale Auslenkung, vgl. dazu auch [36]. Wir brauchen diese Bedingung daher nicht weiter zu beachten.

Die Annahme einer linearen Kette bedeutet, daß die Summe über alle Kräfte in zwei Teile zerfällt, in die Summe über die Kräfte $F_{\alpha\beta}$, welche die elastische Wechselwirkung der Versetzungsmasse Δm_α mit ihren beiden nächsten Nachbarn beschreibt, und die Summe über die Kräfte $F_{\alpha g}$, die die Massen m_g der Atome des Gitters außerhalb der Kette auf die m_α ausüben. Im Prinzip müssen hier alle Atome des Gitters eingesetzt werden, obwohl wir natürlich wieder eine Nahwirkung annehmen und folglich nur die nächsten Nachbarn berücksichtigen werden. Es gilt also die Zerlegung,

$$\sum_{b \neq \alpha} F_{\alpha b} = \sum_{\beta = \alpha \pm 1} F_{\alpha\beta} + \sum_g F_{\alpha g}\,. \tag{74}$$

D.h., die effektiven Versetzungsmassen Δm_α mit ihren Positionen q_α bilden eine ebensolche lineare Kette, wie wir sie ausführlich in Kap. 4 diskutiert haben, nur daß diese Kette nun in einen Kristall eingebettet und ausschließlich relativ zu diesem definiert ist.

Ein ideales Gitter hat stets die in Bild 21 beschriebene Eigenschaft: Wir gehen auf dem Gitter in der x- Richtung fortschreitend k mal zum jeweils nächsten Gitter-

punkt. Anschließend machen wir l "Gitterschritte" in der y - Richtung. Daraufhin gehen wir in entgegengesetzter Richtung zurück: erst k Gitterschritte in der negativen x - Richtung und dann l Gitterschritte in der negativen y - Richtung. Wenn ein ideales Gitter vorliegt, genauer, ist das Gitter im Innern der umschrittenen Fläche ideal strukturiert, dann kommen wir auf diese Weise wieder am Ausgangspunkt an. Nicht so im Falle einer Versetzung. Eine, die umschrittene Fläche senkrecht durchstoßende Versetzung vom Burgersvektor $\boldsymbol{b}$ haben wir in Bild 22 gerade dadurch charakterisiert, daß wir am Ende eines solchen Weges, eines sog. Burgersumlaufes, nicht am Ausgangspunkt, sondern in einer Entfernung $\boldsymbol{b}$ vom Ausgangspunkt stehen. Man sagt dazu auch, die Versetzung ist eine topologische Singularität des Kristallgitters (s. auch Anhang, Kap. 22, die Gleichungen (312) und (312a) sowie Bild 62a und Bild 62b). Vor diesem Hintergrund können wir unsere allgemeine Dynamik der Versetzungen auch folgendermaßen akzentuieren:
Die physikalische Eigenschaft der topologischen Singularität »Versetzung« in einem Kristallgitter besteht garade darin, daß sie eine, im Newtonschen Sinne träge Masse gegenüber dem Gitter besitzt.
Wer mit Experimenten zur plastischen Verformung, als deren kleinstes Element wir die Bewegung von Versetzungen erkannt haben, vgl. auch Kap. 22 (Anhang), ein wenig vertraut ist, den mag unsere Gleichung (73) für die Bewegung von Versetzungen auf den ersten Blick etwas befremden. Erfüllen doch bewegte Versetzungen augenscheinlich so ganz und gar nicht das für die Newtonsche Mechanik so charakteristische Beharrungsvermögen für eine einmal vorhandene Geschwindigkeit. Dem wollen wir hier nur entgegenhalten, daß wir in den Bewegungen eines Pfluges, der über einen Acker gezogen wird, auch nur recht mühsam die elementaren Gesetze der Newtonschen Mechanik erkennen. Auf eine tiefer gehende Begründung der Trägheitseigenschaften von Versetzungen kommen wir in Kap. 18 zu sprechen. Dort machen wir auch den Versuch, einen Zusammenhang mit der Theorie der Uralternativen von C. F. v. Weizsäcker [58] herzustellen.
Ebenso, wie ein äußerer Experimentator die Trägheit der Versetzung in bezug auf das Gitter als effektive Masse deklariert, bezeichnet er die Kräfte zwischen solchen effektiven Massen als sog. Konfigurationskräfte. Für den Beobachter ganz im Innern des Kristalls, auf dessen Position wir uns im folgenden stets begeben werden, macht eine solche Bezeichnung keinen Sinn. Wir werden daher, nicht zuletzt auch in Anbetracht der Newtonschen Gleichungen (73), stets einfach von den Massen der Versetzungen und den Kräften zwischen ihnen sprechen.

Wir wollen uns im folgenden ausschließlich für die Bewegungen q_α senkrecht zur Versetzungslinie interessieren. Die elastischen Auslenkungen der Atome in der Umgebung der Versetzung, welche als Reaktion auf die Anwesenheit der Versetzung zweifellos immer entstehen, werden wir vernachlässigen [(15)].
Wenn sich alle q_α konstant und gleichzeitig um 10^{-8} cm verschieben, ist die Versetzung um einen Gitterabstand gewandert. Dies ist dann gerade der mit dem Versetzungsmodell im vorigen Kap. 7 angenommene Elementarschritt einer plastischen Deformation. Wie bei der Diskussion des kritischen Schubmoduls, s. (68), nehmen wir für die Abhängigkeit der Gesamtkraft des umgebenden Gitters von der Verschiebung q_α der Massen Δm_α wieder eine sin - Funktion an. Für kleine Auslenkungen q_α wirkt das Gitter auf die Versetzung wie eine elastische Feder, die die Versetzungsmasse Δm_α mit einer Direktionskonstante D_m in ihre Gleichgewichtslage $q_\alpha = 0$ zurücktreibt. Für größere q_α nimmt diese Kraft ab, um dann in der Mittelposition der Versetzung bei $q_\alpha = \frac{a}{2}$ zwischen den beiden Gleichgewichtslagen $q_\alpha = 0$ und $q_\alpha = a$ ganz zu verschwinden. Für die zweite Summe in (74) machen wir daher den Ansatz

$$\sum_g F_{\alpha g} = -D_m \cdot \sin\left(\frac{2\pi}{a} q_\alpha\right) \qquad (75)$$

mit einer verschwindenden Kraft des Gitters auf die Versetzung bei $q_\alpha = n \cdot \frac{a}{2}$, $n = 0, 1, 2 \cdots$. Gemäß der oben angenommenen Vernachlässigung der elastischen Rückwirkung auf das Gitter schreiben wir in (75) die Konstante a des idealen, unverzerrten Gitters.
Anders als bei dem Modell des starren Abgleitens einer Versetzung (womit, wie wir gesehen haben, eine makroskopische Plastizität einigermaßen gut erfaßt werden kann) wollen wir nun zulassen, daß die verschiedenen Positionen q_α der Versetzungslinie auch unterschiedliche Funktionen der Zeit sein können,

$$q_\alpha = q_\alpha(t) \, . \qquad (76)$$

Mit der zusätzlichen Gleichung (75), die den Umstand berücksichtigt, daß die lineare Kette jetzt in ein Kristallgitter eingebettet ist, können wir nun in gewohnter Weise von den Einzelmassen zu einer kontinuierlichen Verteilung der Massenmit-

[(15)] Die Berechnung der durch die Versetzung hervorgerufenen elastischen Deformationen ist Gegenstand der Elastizitätstheorie der Versetzungen. Hierauf gehen wir im Anhang, in den Kap. 22 und 23 ein.

telpunkte auf unserer linearen Kette (die nichts weiter ist, als unsere Versetzung) übergehen. Dazu müssen wir uns nur strikt an die im Kap. 6 gewonnenen Vorschriften halten, s. die Gleichungen (61) - (64). Die Gleichungen (74) und (75) setzen wir zunächst in (73) ein und finden

$$\left.\begin{aligned} &\frac{d}{dt}\left(\Delta m_\alpha \frac{d}{dt} q_\alpha\right) = \sum_{\beta = \alpha \pm 1} F_{\alpha\beta} - D_m \cdot \sin\left(\frac{2\pi}{a} q_\alpha\right) , \\ &F_{\alpha\beta} = - F_{\beta\alpha} . \end{aligned}\right\} \tag{77}$$

Für den Übergang von den Newtonschen Gleichungen für die Einzelmassen haben wir hier zusätzlich zu beachten, daß sich die rücktreibende Kraft (75) des umgebenden Gitters auf die Einzelmassen m_α bezieht, also auf ein entsprechendes Versetzungsstück Δx. Den Grenzübergang (61) müssen wir also noch ergänzen durch $D_m \rightarrow D \cdot \Delta x$, und wir erhalten die kontinuierlichen Verteilungen gemäß

$$\left.\begin{aligned} \Delta m_\alpha &\rightarrow \rho_0 \Delta x , \\ q_\alpha(t) &\rightarrow q(x, t) , \\ D_m &\rightarrow D\, \Delta x . \end{aligned}\right\} \tag{78}$$

Damit haben wir auf der Versetzungslinie eine effektive Massendichte ρ_0 eingeführt, und für die Auslenkung dieser Versetzungslinie quer zu ihrer ausgezeichneten Position einer geraden Linie entlang der x - Achse haben wir nun anstelle der diskreten Werte $q_\alpha(t)$ für die Einzelmassen m_α die stetige Funktion $q(x, t)$ geschrieben. In den Gleichungen (77) machen wir nun wieder die drei Grundannahmen (64) der linearisierten Elastizitätstheorie. Die Trägheit der Versetzungslinie in bezug auf das Gitter wird dabei durch eine konstante Massendichte ρ_0 erfaßt. Für den Elastizitätsmodul E schreiben wir hier gleich die Linienspannung σ und erhalten

$$\left.\begin{aligned} &\frac{d}{dt}\left(\Delta m_\alpha \frac{d}{dt} q_\alpha\right) \rightarrow \rho_0 \Delta x \frac{\partial}{\partial t}\frac{\partial q(x, t)}{\partial t} , \\ &\rho_0 = \text{const.} , \\ &\tau(x, t) = \sigma \cdot \frac{\partial q(x, t)}{\partial x} \end{aligned}\right\} \tag{79}$$

mit dem Elastizitätsmodul σ der linearen Versetzungskette. Die relative Dehnung $\frac{\partial q}{\partial x}$ dieser Kette, die also quer gedehnt wird, muß nun durch die Änderung der Auslenkung q der Versetzung senkrecht zu ihrer Gleichgewichtsposition beschrieben werden. Für die rechte Seite von (77) schreiben wir im kontinuierlichen Grenzfall

$$\left.\begin{aligned} \sum_{\beta = \alpha \pm 1} F_{\alpha\beta} &\rightarrow \frac{\partial \tau(x, t)}{\partial x} \Delta x , \\ D_m \cdot \sin\left(\frac{2\pi}{a} q_\alpha \right) &\rightarrow D \cdot \sin\left(\frac{2\pi}{a} q(x, t) \right) \Delta x . \end{aligned}\right\} \quad (80)$$

Mit (79) und (80) gehen wir in (77) ein und finden zunächst, indem wir Δx noch herauskürzen,

$$\rho_o \frac{\partial}{\partial t} \frac{\partial q(x, t)}{\partial t} = \frac{\partial \tau(x, t)}{\partial x} - D \cdot \sin\left(\frac{2\pi}{a} q(x, t) \right) . \quad (81)$$

Der zweite Term auf der rechten Seite dieser Gleichung ist die aus dem oben erwähnten Gitterpotential (72) folgende Kraft. Für $\frac{\partial \tau(x, t)}{\partial x}$ benutzen wir abermals unseren linearen Elastizitätsansatz (79) und erhalten schließlich

$$\left.\begin{aligned} \frac{\partial^2}{\partial x^2} q(x, t) - \frac{1}{c_o^2} \frac{\partial^2}{\partial t^2} q(x, t) &= \frac{D}{\sigma} \cdot \sin\left(\frac{2\pi}{a} q(x, t) \right) , \\ c_o &= \sqrt{\frac{\sigma}{\rho_o}} . \end{aligned}\right\} \quad \textit{sine-Gordon-Gleichung} \quad (82)$$

Das ist bereits die berühmte *sine - Gordon - Gleichung* einer Versetzung.
Eine besondere Eigenschaft dieser Gleichung ist ihre Nichtlinearität auf Grund der sin - Funktion auf der rechten Seite. Haben wir nicht gerade die Grundannahmen (64) der linearisierten Elastizitätstheorie gemacht? Ja, aber nur für die eindimensionale Elastizitätstheorie der linearen Kette. Diese lineare Kette befindet sich unter der Wirkung des nichtlinearen Potentials U des umgebenden Gitters gemäß (72). Das erzeugt die Nichtlinearität in (82).

Da die relative Dehnung $\frac{\partial q}{\partial x}$ dimensionslos ist, hat der Modul σ gemäß (79) die Dimension der Spannung τ, ist also eine Kraft, mithin eine Energie pro Länge. Bei Auslenkungen senkrecht zur Kette ist, wie wir in Kap. 6 gesehen haben, der Elastizitätsmodul der Gleichgewichtsspannung der Kette gleichzusetzen, σ ist hier also nichts anderes als die Linienspannung im Saitenmodell der Versetzung, vgl. [35]. Eine Versetzung kann aber im Unterschied zu einer gespannten Saite nicht im Innern eines Kristalls enden. Im Unterschied zu einer gespannten Saite kann eine Versetzung daher auch nicht unter Freisetzung ihrer Energie einfach zerschnitten werden. In dieser Hinsicht ist also das Modell einer Saite für die Versetzung nicht ganz zutreffend. Ferner ist die Größe $L \cdot \rho_0 = m$ im Falle der Versetzung, wie wir gesehen haben, nicht einfach die Masse von Gitteratomen auf der Länge L - dort befinden sich überhaupt keine Atome! - sondern vielmehr die effektive Masse, die durch Trägheitsmessungen der Versetzung als Ganzes gegenüber dem Gitter zu ermitteln wäre.

Für eine numerische Berechnung der Versetzungsträgheit reichen unsere Betrachtungen allein noch nicht aus. Gemäß der zweiten Gleichung (82) ist die Bestimmung der Versetzungsträgheit aber auf die Linienspannung σ einer Versetzung und die Geschwindigkeit c_0 zurückgeführt worden. Die Größe c_0 ist die charakteristische Signalgeschwindigkeit der sine - Gordon - Gleichung. Ihr Verhältnis zur Schallgeschwindigkeit wird noch zu bespechen sein (vgl. Kap. 12). Ferner gibt es elementare Überlegungen, die uns über die Linienspannung σ einer Versetzung Aufschluß geben. Wir werden darauf im Kap. 20 eingehen und dort abschätzen, daß die Masse m_a einer Versetzung auf der Länge a eines Gitterabstandes in einem von uns betrachteten Beispiel ungefähr *3 %* von der Masse der umgebenden Gitteratome beträgt, s. die Gleichungen (257) und (261).

Eine solche Angabe kann leicht mißverstanden werden. Die berechnete Masse m_a des Versetzungsstückes ist dessen Trägheit in bezug auf das Kristallgitter, d. h. m_a ist das Verhältnis der einwirkenden Kraft (genauer der Konfigurationskraft) zu der dadurch erzielten Beschleunigung dieses Versetzungsstückes relativ zum Gitter. Der signifikante Unterschied dieser Versetzungsmasse m_a zur Masse der Atome des Gitters wird dann sichtbar, wenn wir die Energie - Masse - Äquivalenz betrachten. Die Energie einer Versetzung, die eng mit der Linienspannung zusammenhängt, könnten wir z. B. (zumindest im Gedankenexperiment) durch die gegenseitige Vernichtung zweier Versetzungen entgegengesetzten Vorzeichens bestimmen. Die

dabei frei werdende Energie findet sich in elastischen Schwingungen des Gitters und nach deren Zerstreuung in Wärmebewegungen des Gitters wieder und kann daher, zumindest prinzipiell, kalorimetrisch ermittelt werden. Ein solcher Prozeß der gegenseitigen Vernichtung zweier Versetzungen ist durchaus vergleichbar mit der Umwandlung der Energie $2m_0 c_L^2$ von einem Elektron - Positron - Paar bei dessen Zerstrahlung in elektromagnetische Wellen. Nur muß die bei der gegenseitigen Vernichtung zweier Versetzungen frei werdende Energie nicht mit der Vakuumlichtgeschwindigkeit c_L, sondern mit der um viele Zehnerpotenzen kleineren Signalgeschwindigkeit c_0 aus der relativistischen Energie-Masse-Äquivalenz berechnet werden. Ausführlicher gehen wir auf diese Zusammenhänge in Kap. 20 ein. Eine Abschätzung zur Ermittlung der ungefähren Größenordnung der Versetzungsmasse fügen wir am Schluß dieses Kap. an.
Die Gleichung (82) wollen wir jetzt noch etwas verschönern, um bequemer damit rechnen zu können. Wir setzen zunächst

$$\mathsf{q} = \frac{2\pi}{a} q \,. \tag{83}$$

Da sowohl die Auslenkung q der Versetzung als auch der Gitterabstand a eine Länge ist, erhalten wir q gemäß (83) als ein dimensionsloses Maß für die Verschiebung der Versetzung aus ihrer Gleichgewichtslage bei $\mathsf{q} = 0$, derart, daß für $\mathsf{q} = 2\pi$ gerade die benachbarte Gleichgewichtslage, also die tatsächliche Verschiebung $q = a$ eingenommen wird. Wir multiplizieren (82) mit $\frac{\sigma}{D}$ und erhalten

$$\frac{\frac{a\sigma}{2\pi D}\,\partial^2}{\partial x^2}\,\mathsf{q}(x,t) - \frac{\frac{a\sigma}{2\pi D}\,\partial^2}{c_0^2\,\partial t^2}\,\mathsf{q}(x,t) = \sin(\mathsf{q}(x,t)) \,, \qquad c_0 = \sqrt{\frac{\sigma}{\rho_0}} \,. \tag{84}$$

Hier ist $\sqrt{\frac{a\sigma}{2\pi D}}$ eine charakteristische Länge λ_0 des Gitters, die wir ein gm ("Gittermeter") nennen wollen. In Abhängigkeit von den Konstanten a, σ, D liegt λ_0 im Bereich von wenigen Å (Ångström, 1 Å = 10^{-8} cm). Ebenso ist $\tau_0 = \frac{\lambda_0}{c_0} = \frac{1}{c_0}\sqrt{\frac{a\sigma}{2\pi D}} = \sqrt{\frac{a\rho_0}{2\pi D}}$ eine charakteristische Zeit τ_0 des Gitters, die wir eine gs ("Gittersekunde") nennen wollen und die in Abhängigkeit von a, ρ_0, D im

Bereich von einigen 10^{-12} s liegen kann (dabei haben wir mit einer der Schallgeschwindigkeit entsprechenden Größe von $c_o = 4000\,\mathrm{ms}^{-1}$ gerechnet, vgl. Kap.12). Wir schreiben

$$\left.\begin{aligned} &\sqrt{\frac{a\sigma}{2\pi D}} = \lambda_o = 1\ \mathrm{gm} \approx 1\ \mathrm{\AA}\ , \\ &\frac{\lambda_o}{c_o} = \sqrt{\frac{a\rho_o}{2\pi D}} = \tau_o = 1\ \mathrm{gs} \approx 10^{-12}\mathrm{s} \end{aligned}\right\} \tag{85}$$

und damit für (84)

$$\frac{\partial^2}{\partial(\frac{x}{\lambda_o})^2} q(x,t) - \frac{\partial^2}{\partial(\frac{t}{\tau_o})^2} q(x,t) = \sin(q(x,t))\ . \tag{86}$$

Mit der dimensionslosen Maßzahl x für die Ortsmessung und der dimensionslosen Maßzahl t für die Zeitmessung gemäß

$$\left.\begin{aligned} &\mathsf{x} = \frac{x}{\lambda_o}\ , \\ &\mathsf{t} = \frac{t}{\tau_o} \end{aligned}\right\} \tag{87}$$

entsteht daraus

$$\frac{\partial^2}{\partial \mathsf{x}^2} q(\lambda_o \mathsf{x}, \tau_o \mathsf{t}) - \frac{\partial^2}{\partial \mathsf{t}^2} q(\lambda_o \mathsf{x}, \tau_o \mathsf{t}) = \sin(q(\lambda_o \mathsf{x}, \tau_o \mathsf{t}))\ . \tag{88}$$

In der Physik ist es üblich, Gleichungen dadurch von unbequemen Konstanten zu befreien, daß man die Maßeinheiten, in denen man die in der Gleichung stehenden Größen mißt, geeignet anpaßt. Immer nur das Produkt aus Maßzahl und Maßeinheit läßt sich nachmessen. Es ist egal, ob wir mit 1 cm oder mit 10^8 Å, mit 3600 s oder mit 1 h rechnen, $1\ \mathrm{cm} = 10^8\ \mathrm{\AA}$, $3600\ \mathrm{s} = 1\ \mathrm{h}$, usw. Zur weiteren

Vereinfachung der Gleichung (88) vereinbaren wir daher, alle Entfernungen in Vielfachen von λ_o, d.h. in gm zu messen (die Entfernung λ_o hat dann die Maßzahl *1*) und alle Zeitspannen in Vielfachen von τ_o, d.h. in gs (die Zeit τ_o hat dann die Maßzahl *1*). Mit diesen Maßnahmen erhalten wir eine "verschönerte" Form der sine - Gordon - Gleichung für die Funktion oder, wie man in der Physik auch sagt, für das (dimensionslose) Feld $q = q(x, t)$ in Abhängigkeit von den dimensionslosen Variablen x und t gemäß

$$\left.\begin{aligned} &\frac{\partial^2 q}{\partial x^2} - \frac{\partial^2 q}{\partial t^2} = \sin q \,, \\ &q = q(x, t) \,. \end{aligned}\right\} \qquad \textit{sine-Gordon-Gleichung} \quad (89)$$

Auch (89) ist die sine - Gordon - Gleichung einer Versetzung. Es ist reine Geschmackssache, ob wir mit (82) oder mit (89) rechnen. Die Gleichung (89) macht die geringere Schreibarbeit. Man muß nur darauf achten, daß in (89) alle Längen in gm und alle Zeiten in gs gemessen werden (s. Gleichungen (85), (86)) und daß q gemäß (83) das Verhältnis der tatsächlichen Verschiebung q der Versetzung zum Gitterabstand a ist, multipliziert mit 2π. Hat man eine Lösung $q = q(x, t)$ der Gleichung (89) gefunden, so lautet die entsprechende Lösung $q(x, t)$ von (82)

$$q(x\,,\,t) = \frac{a}{2\pi}\,q(\frac{x}{\lambda_o}\,,\,\frac{t}{\tau_o}) = \frac{a}{2\pi}\,q(\frac{x}{\lambda_o}\,,\,\frac{c_o\,t}{\lambda_o}) \qquad (90)$$

bzw., wenn wir die Gitterkonstanten ausschreiben,

$$q(x\,,\,t) = \frac{a}{2\pi}\,q(\sqrt{\frac{2\pi D}{a\sigma}}\,x\,,\,\sqrt{\frac{2\pi D}{a\rho_o}}\,t)\,. \qquad (90a)$$

Wir werden im folgenden vorzugsweise mit Gleichung (89) rechnen. Die uns interessierenden Lösungen dieser Gleichung lassen sich so einfacher veranschaulichen.

Mit der sine - Gordon - Gleichung haben wir die Gleichung gefunden, deren Lösungen uns die physikalisch möglichen Linienformen einer, von zusätzlichen äußeren Kräften freien Versetzung liefert. Im Bereich der Mikroplastizität sind es also die Übergänge zwischen diesen Linienformen, die die zweite Korrektur an unserer Vorstellung von dem Mechanismus einer plastischen Verformungen beschreiben.

Angesichts der enormen Bedeutung, die die sine - Gordon - Gleichung heute in der theoretischen Physik spielt, ist es nicht uninteressant, noch einmal darauf hinzuweisen, daß wir diese Gleichung allein auf die Axiomatik der Newtonschen Mechanik (73) und einige gängige Näherungsannahmen der Kontinuumsmechanik gegründet haben. Die Gültigkeit der sine - Gordon - Gleichung ist damit im Sinne dieser Näherung für die Beschreibung einer bestimmten Klasse von Phänomenen im Festkörper hinreichend nachgewiesen. Im Rahmen dieser Näherung werden wir in den Kap. 14 und 18 den kristallinen Festkörper als ein Modell für eine relativistische Raum - Zeit erkennen und werden darüber hinaus gerade wegen dieses Modellcharakters sehen können, was aus der Relativität wird, wenn wir Prozesse betrachten, für die die Näherungsannahmen nicht mehr erfüllt sind.

Die sine - Gordon - Gleichung haben wir als äußere Experimentatoren für die physikalisch möglichen Abweichungen von einer ursprünglich geraden Versetzungslinie relativ zu dem sie umgebenden Gitter gefunden. Solange die inneren Beobachter in unserem Kristall relativ zu diesem Kristallgitter ruhen, benutzen sie für ihre Messungen allenfalls andere Maßeinheiten als ein äußerer Experimentator. Alles andere bleibt dasselbe. Sie werden also keine anderen Beobachtungen machen als jener. Das Problem entsteht dann, wenn sich die inneren Beobachter relativ zum Kristallgitter bewegen. Damit werden wir uns ausführlich in den Kap. 10-13 auseinandersetzen.

Die Klasse der trivialen Lösungen q° der sine - Gordon - Gleichung beschreibt die Grundzustände des Kristalls in dem Sinne, daß hier die Versetzung im Kristall ihre niedrigst mögliche Energie besitzt. Die Versetzungen liegen dann als unendliche, schnurgerade und stabil ruhende Linien vor. Wir wollen diese Lösungen mit A. Seeger [37] [16] Vakuumlösungen nennen. Man überzeugt sich leicht anhand von Gleichung (89), daß diese Lösungen beschrieben werden durch

$$q^{\circ} = \pm\, 2\, n\, \pi \quad , \quad n = 0, 1, 2, \cdots . \qquad \textit{Vakuumlösungen} \quad (91)$$

Wir bemerken, daß auch die konstanten Funktionen

$$\overline{q^{\circ}} = \pm\, (2n + 1)\, \pi \quad , \quad n = 0, 1, 2, \cdots \quad , \qquad \textit{Instabile Lösungen} \quad (91a)$$

die sine - Gordon - Gleichung erfüllen. Die gerade Versetzung befindet sich aber bei $q = \pm\, (2n + 1)\pi$ auf instabilen Gleichgewichtspositionen. Bei geringen Abwei-

---

[16] Die sine - Gordon - Gleichung wird bei A. Seeger als Enneper-Gleichung bezeichnet. Tatsächlich ist diese Gleichung bereits 1870 im Rahmen der Differentialgeometrie von A. Enneper [38] untersucht worden, so daß eine Reihe mathematischer Kenntnisse über die sine - Gordon - Gleichung auf Enneper zurückgeht.

chungen aus diesen Lagen wirkt die Gitterkraft (vgl. auch (75)) nicht mehr zurücktreibend, sondern die Versetzung wird aus diesen Positionen weggetrieben.
Wir werden uns im folgenden ausführlich mit einigen der zahlreichen Anregungszustände beschäftigen, d.h. mit Zuständen eines realen, also Versetzungen enthaltenden Gitters, die energetisch über dem Vakuum (91) liegen. D.h., wir werden hier Lösungen der sine - Gordon - Gleichung (82) bzw. (89) als mögliche Linienformen von Versetzungen im Kristall untersuchen. Mit der Veränderung vorhandener Linienstrukturen als Folge einwirkender Kräfte werden wir uns nicht beschäftigen. Für diese Problemstellung müssen die in der allgemeinen Newtonschen Gleichung (49) auftretenden äußeren Kräfte F_A auch in unserer Ausgangsgleichung (73) eingeführt werden. Auf diese Weise können z.B Lastspannungen, die zu einer Bewegung und Verformung von Versetzungen führen, in der sine - Gordon - Gleichung durch einen additiven Spannungsterm auf der rechten Seite berücksichtigt werden.
Zum Schluß dieses Kap. kommen wir noch einmal auf die träge Masse m_α einer Versetzung zu sprechen. Dazu betrachten wir einen würfelförmigen Kristallblock der Kantenlänge L aus N Gitteratomen der Masse Δm . Die Gitterkonstante sei a . Dieser Körper der Gesamtmasse $M = N \cdot \Delta m$ mit $N = (L/\alpha)^3$ Atomen besitzt also $3N$ Freiheitsgrade der Bewegung. Im Falle kleiner elastischer Schwingungen würde man dafür z. B. die $3N$ kartesischen Koordinaten der Atome wählen. Im Sinne der Lagrangeschen Mechanik können wir aber auch irgendwelche anderen verallgemeinerten Koordinaten verwenden, die geeignet sind, die Lage des Systems eindeutig zu beschreiben. Die Kunst in der Handhabung der Lagrangeschen Mechanik besteht gerade darin, solche verallgemeinerten Koordinaten herauszufinden, die dem physikalischen System besonders angepaßt sind und daher für dessen Bewegung eine besonders einfache und übersichtliche Beschreibung gestatten. Zu Beginn dieses Kapitels haben wir uns klargemacht, daß es zwei grundsätzlich verschiedene Bewegungsformen eines Kristallgitters gibt, die elastische und die plastische Deformation. Die kartesischen Koordinaten der Massenpunkte unterscheiden zwischen diesen Bewegungsformen nicht und sind daher für eine Erfassung plastischer Deformationen eines Gitters ungeeignet. Lagrangesche Koordinaten plastischer Verschiebungen sind z.B. die oben eingeführten Versetzungskoordinaten q_α. Die plastischen Verschiebungen eines Gitters sind immer mit elastischen Verschiebungen gekoppelt. Man muß sich klarmachen, daß unterhalb der kritischen Schubspannung gemäß (69) die gesamte Bewegung noch rein elastisch ist. Nur die Überwindung des Potentialberges wird als plastisch klassifiziert. Die Auszeichnung dieses Teils der

Bewegung des Gitters als plastisch ist ein Kollektivphänomen. Das erschwert die Berechnung der kinetischen Energie, die zu diesen Koordinaten q_α gehört. Wir können dafür aber eine einfache, grobe Abschätzung angeben: Eine Versetzung der Länge L möge sich durch den Kristallblock bewegen, so wie dies in Bild 24 wiedergegeben ist. Dort gleitet dabei z.B. der untere Teil eines kubischen Kristalls ab. Bewegt sich die Versetzung mit der Geschwindigkeit $\frac{dq}{dt}$ über die Entfernung L, so hat sie diese Strecke nach der Zeit $T = L \cdot (\frac{dq}{dt})^{-1}$ überwunden. In dieser Zeit ist der Kristallblock in unserer Abbildung um einen Gitterabstand a plastisch verschoben worden. Der starren Bewegung des Kristallblockes der Masse M können wir eine mittlere Geschwindigkeit $V = \frac{a}{T} = \frac{a}{L}\frac{dq}{dt}$ zuordnen, mithin eine kinetische Energie E gemäß $E = \frac{M}{2}V^2 = \frac{M}{2}(\frac{a}{L})^2(\frac{dq}{dt})^2$, also

$$E = \frac{1}{2}M\,(\frac{a}{L})^2\,(\frac{dq}{dt})^2 = \frac{1}{2}\Delta m(\frac{L}{a})^3(\frac{a}{L})^2\,(\frac{dq}{dt})^2 = \frac{1}{2}\Delta m\frac{L}{a}\,(\frac{dq}{dt})^2 .$$

Die Bewegungsenergie des Kristallblocks identifizieren wir mit der kinetischen Energie E_L der Versetzung. Tatsächlich wird aber nicht der ganze Kristallblock der Masse M durch die Bewegung der Versetzung starr abgleiten, so daß

$$E_L < \frac{1}{2}\Delta m\frac{L}{a}\,(\frac{dq}{dt})^2 \quad .$$

Für die kinetische Energie E_a dieser Versetzung auf der Länge a eines Gitterabstandes finden wir damit

$$E_a < \frac{1}{2}\,\Delta m\,(\frac{dq}{dt})^2 .$$

Auf der rechten Seite dieser Ungleichung steht die kinetische Energie einer trägen Masse Δm , welche sich mit der Geschwindigkeit $\frac{dq}{dt}$ der Versetzung durch den Kristall bewegt; Δm ist die Masse der umgebenden Gitteratome. Die träge Masse m_α einer Versetzung auf der Länge a eines Gitterabstandes muß also kleiner sein,

$$m_\alpha < \Delta m$$

in Übereinstimmung mit der Abschätzung, die wir für die Versetzungsmasse in Kap. 20 auf der Grundlage der Messung der Linienspannung geben werden.

In der Welt der Kristalle

Raum und Zeit

9. Natürliche Maßstäbe und Uhren

Einerseits ist es richtig, daß wir unsere Maßeinheiten beliebig, also vollkommen willkürlich wählen können. Ein Fuß als Längeneinheit und ein Häufchen Sand, das durch die Eieruhr rieselt, als Zeiteinheit genügen für eine widerspruchsfreie Formulierung unserer physikalischen Gesetze. Nur, viel Freude werden wir damit nicht haben, da Maßeinheiten, die vollkommen willkürlich oder zu sehr einem speziellen Problem angepaßt sind, sehr bald zu lästigen Konstanten führen. Vor allem aber stellt ihre genaue Reproduzierbarkeit stets ein Problem dar, das um so größer wird, je genauer man Physik betreiben will, je genauer man also messen muß. Außerdem ist es auch unbefriedigend, wenn man für derart fundamentale Begriffe wie Raum und Zeit willkürliche Einheiten erfinden soll. Man hat sich daher schon frühzeitig um natürliche Maßeinheiten bemüht, Maßeinheiten, die uns die physikalischen Objekte, von denen wir die Gesetze aufstellen wollen, selbst liefern, z. B. die Umlaufzeit der Erde um die Sonne und der Umfang der Erde. Modernere Beispiele sind die Cäsium - Atomuhr und die Wellenlänge der gelben Natriumlinie.
So wollen wir es auch hier halten, wenn wir die mechanischen Objekte und deren Bewegungen in unserem Kristall (den wir durch ein Kontinuum ersetzen) beurteilen. Da wir uns hier ausschließlich mit mechanischen Vorgängen beschäftigen, werden wir auch versuchen, den Längenmaßstab und die Zeiteinheit mit Hilfe von mechanischen "Gegenständen", wie wir sie im Kristall vorfinden, zu definieren. Dabei kommt uns die sine - Gordon - Gleichung zu Hilfe, deren Lösungen, wie wir wissen, bestimmte mechanische Zustände beschreiben, nämlich durch den Kristall ausgezeichnete Formen für linienartige Baufehler. Es ist daher naheliegend, diese Linien, die durch den Kristall immer wieder aufs neue und in ihrer Form gleichbleibend reproduziert werden, auf besonders einfache, charakteristische Formen zu untersuchen, die geeignet sind, ein Standardmaß für eine Länge und ein wohl definiertes Maß für eine Schwingungsdauer herzugeben.
Hier wollen wir noch einmal ausdrücklich auf eine Besonderheit physikalischer Größen aufmerksam machen: Die quantitative Beschreibung jeder physikalischen Grö-

ße setzt sich grundsätzlich aus zwei Angaben zusammen, der Maß*einheit*, die eine Vergleichsmenge zur Verfügung stellt, und der Maß*zahl*, welche angibt, wie oft ich meine Vergleichsmenge hernehmen muß, um die zu messende physikalische Größe daraus zusammenzusetzen. Die unterschiedlichen Qualitäten der Maßeinheiten werden als Dimension bezeichnet. Wenn die Temperaturmessung eines Gegenstandes *277* K ergibt, so heißt das, die vorher wohl definierte Maßeinheit von einem Kelvin muß ich zweihundertsiebenundsiebzig mal hernehmen, um die gemessene Temperatur von *277* K festzustellen. Die Temperatur hat hier also die Dimension K (Kelvin). Ebenso bedeutet die Angabe der Masse eines Gegenstandes von *43,5* kg, daß ich meine Maßeinheit von einem Kilogramm dreiundvierzig und ein halbes Mal auf die Waagschale legen muß, um eine äquivalente Masse zu erzeugen. Die Masse trägt hier die Dimension kg (Kilogramm). Physikalisches Messen ist also stets ein Vergleichen. Wenden wir uns nun der Längen- und Zeitmessung in unserem Kristall zu, wofür wir nach solchen Lösungen der sine - Gordon - Gleichung Ausschau halten wollen, die uns als geeignete Maßeinheiten dienen können. Beginnen wir mit dem Längenmaß.

Eine besonders einfache Lösung der sine - Gordon - Gleichung ist die sog. statische Kinklösung q_o^I, die allein von der (hier dimensionslosen) Koordinate x abhängt, vgl. A. Seeger [37] und [39],

$$q_o^I = q_o^I(x) = 4\arctan(e^{x}) \ . \tag{92}$$

Die tatsächliche Verschiebung q_o^I der Versetzung als Lösung der sine - Gordon - Gleichung (82) lautet dann gemäß (90) und (90a) $q_o^I(x) = \frac{a}{2\pi} q_o^I(\frac{x}{\lambda_o})$, also

$$q_o^I(x) = \frac{2a}{\pi}\arctan(e^{\frac{x}{\lambda_o}}) \ , \tag{92a}$$

bzw., wenn wir die Konstanten des Gitters ausschreiben,

$$q_o^I(x) = \frac{2a}{\pi}\arctan(e^{\sqrt{\frac{2\pi D}{a\sigma}}\,x}) \ . \tag{92b}$$

Für die e - Funktion werden wir bei komplizierteren Exponenten auch die Schreibweise $e^x \underset{\text{def}}{=} \exp[x]$ und in Zusammensetzungen, z. B. $\arctan(e^x) = \arctan \exp[x]$, verwenden. Für die Gleichung (92b) schreiben wir also auch

$$q_o^I(x) = \frac{2a}{\pi} \arctan \exp[\sqrt{\frac{2\pi D}{a\sigma}}\, x] \,. \tag{92b}$$

Wir rechnen nach, daß die Funktion (92) die Gleichung (89) erfüllt. Es ist

$$\sin(4\alpha) = \sin(2\cdot 2\alpha) = 2\sin(2\alpha)\cos(2\alpha) = 4\sin\alpha\cos\alpha\,(\cos^2\alpha - \sin^2\alpha) =$$
$$= 4\sin\alpha\cos\alpha\,(1 - 2\sin^2\alpha)\,,$$

$$\sin(4\alpha) = \cos\alpha\,(4\sin\alpha - 8\sin^3\alpha)\,.$$

Außerdem gilt, wie man leicht mit $\tan\alpha = \frac{\sin\alpha}{\cos\alpha}$ verifiziert,

$$\sin\alpha = \frac{\tan\alpha}{\sqrt{1+\tan^2\alpha}}\,, \quad \cos\alpha = \frac{1}{\sqrt{1+\tan^2\alpha}}\,, \text{ also}$$

$$\sin(4\alpha) = \frac{1}{\sqrt{1+\tan^2\alpha}}\Big(4\frac{\tan\alpha}{\sqrt{1+\tan^2\alpha}} - 8\frac{\tan^3\alpha}{(\sqrt{1+\tan^2\alpha}\,)^3}\Big)$$
$$= 4\frac{\tan\alpha}{1+\tan^2\alpha}\Big(1 - 2\frac{\tan^2\alpha}{1+\tan^2\alpha}\Big) = 4\frac{\tan\alpha}{1+\tan^2\alpha}\cdot\frac{1+\tan^2\alpha - 2\tan^2\alpha}{1+\tan^2\alpha}\,,$$

$$\sin(4\alpha) = 4\tan\alpha\,\frac{1-\tan^2\alpha}{(1+\tan^2\alpha)^2}$$

und daher mit $\alpha = \arctan(e^x)$

$$\sin(q_o^I) = \sin(4\arctan(e^x)) = 4e^x\frac{1-e^{2x}}{(1+e^{2x})^2}\,.$$

Andererseits liefert zweimaliges Differenzieren

$$\frac{\partial}{\partial x}(4\arctan(e^x)) = 4\,\frac{e^x}{1+e^{2x}}\,,$$

$$\frac{\partial^2}{\partial x^2}(4\arctan(e^x)) = 4\,\frac{\partial}{\partial x}\frac{e^x}{1+e^{2x}} = 4\,\frac{e^x(1+e^{2x})-e^x 2e^{2x}}{(1+e^{2x})^2}$$

und damit

$$\frac{\partial^2}{\partial x^2}q_o^I = \frac{\partial^2}{\partial x^2}(4\arctan(e^x)) = 4\,e^x\,\frac{1-e^{2x}}{(1+e^{2x})^2}\ .$$

Das zeitunabhängige Feld $q_o^I = q_o^I(x)$ erfüllt also tatsächlich die Gleichung (89),

$$\frac{\partial^2 q_o^I}{\partial x^2} = \sin q_o^I\ .$$

Die Funktion (92a) beschreibt eine Linienform, die wir unmittelbar im Kontinuum beobachten. Wie sieht diese Linie geometrisch aus? Wie man aus (92) abliest, läuft die Versetzungslinie für $x \rightarrow -\infty$ in die Gleichgewichtslage $q = 0$ und wechselt in der Umgebung von $x = 0$ in die benachbarte Gleichgewichtslage $q = a$, gegen die sie mit $x \rightarrow +\infty$ strebt. Dabei spielt sich das Überwechseln in die benachbarte Gleichgewichtslage in der Umgebung von $x = 0$ innerhalb eines relativ kleinen Bereiches von der Größenordnung der Länge λ_o ab, s. Bild 25. Kinken dieser Art sind in großer Zahl in Kristallen realisiert. Die innere Geometrie dieser Linien ist für die Einführung einer natürlichen Maßeinheit für die Länge, eines Längenmaßstabes also,

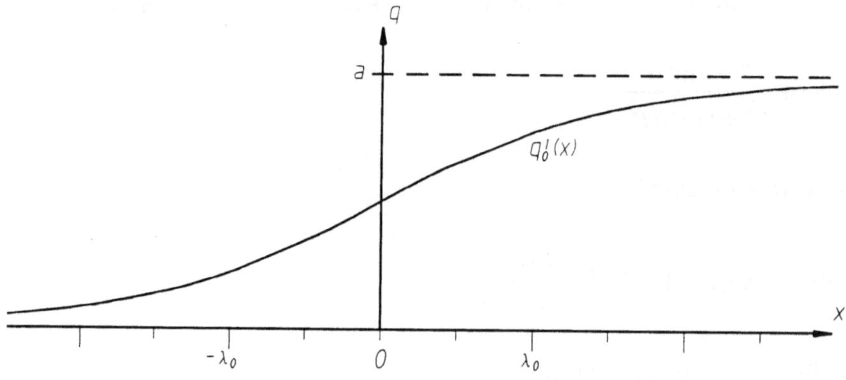

Bild 25. Die Kinklösung (92a), $q_o^I(x) = \frac{2a}{\pi}\arctan\exp[\frac{x}{\lambda_o}]$.

geradezu wie geschaffen. Ein solcher Längenmaßstab wäre z.B. der Abstand der x-Koordinaten für die beiden Punkte größter Krümmung der Linie. Rechnerisch einfacher zu ermitteln ist der Abstand L_0 der x-Koordinaten für die beiden Schnittpunkte der Wendetangente mit den beiden Asymptoten, vgl. H. Günther [40], s. Bild 26. Wir finden

$$L_0 = x_2 - x_1 = 2 \; \frac{\frac{a}{2}}{\frac{\partial q_0^I}{\partial x}\Big|_{x=0}} = \frac{a}{\frac{2a}{\pi}\,\frac{1}{\lambda_0}\,\frac{e^0}{1+e^0}} \, , \text{ also}$$

$$L_0 = \pi \lambda_0 \, . \tag{93}$$

Damit haben wir aus der inneren Geometrie der Kinklinie eine natürliche Maßeinheit L_0 für die Längenmessung in unserem Kontinuum definiert. Dieser Maßstab L_0 hat nach Gleichung (85) die Länge von einigen Ångström. Das sind einige Gitterabstände. Eine solche Zurückführung auf das Gitter haben wir aber nun nicht mehr

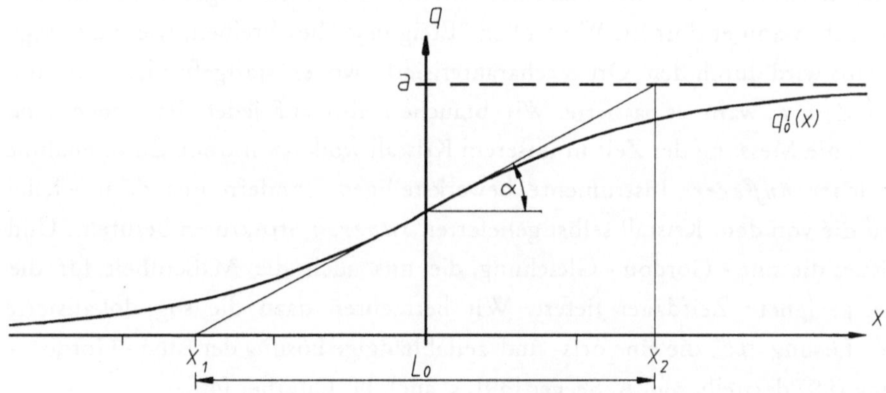

Bild 26. Zur Definition des natürlichen Längenmaßstabes L_0 aus der Kinklösung $q_0^I(x)$ (s. (92a), Bild 25). Die Funktion $y = q_0^I(x)$ hat ihren Wendepunkt bei $x = 0$, $y = q_0^I(0) = \frac{a}{2}$. Die Tangente hat dort den Anstieg $\tan\alpha = \frac{dq_0^I(x)}{dx}\Big|_{x=0} = \frac{2a}{\pi}\frac{1}{\lambda_0}\frac{e^0}{1+e^{2\cdot 0}} = \frac{a}{\pi\lambda_0}$ und wird folglich durch $y = \frac{a}{2} + \frac{a}{\pi\lambda_0}x$ beschrieben. Diese Gerade schneidet die x-Achse bei $x_1 = -\frac{\pi\lambda_0}{2}$ und die Asymptote $y = a$ bei $x_2 = +\frac{\pi\lambda_0}{2}$. Durch den Abstand dieser beiden Punkte auf der x-Achse erhalten wir einen Längenmaßstab L_0 gemäß $L_0 = x_2 - x_1 = \pi\lambda_0$, s. (93).

nötig. Das Längenmaß L_0 ist unsere natürliche "Meßlatte", die uns jederzeit durch die innere Geometrie der Kinklinien unseres Kontinuums reproduziert wird. Das Entscheidende ist: Mit L_0 können wir jede andere Länge messen. Dabei gleicht L_0 weniger dem Pariser Urmeter, für dessen Konstanz man sorgfältige Vorkehrungen treffen muß, ohne sie doch ganz gewähren zu können, als vielmehr z.B. der Wellenlänge der gelben Natriumlinie, die uns ebenfalls von der Natur selbst beliebig oft und unveränderbar reproduziert wird.

Machen wir es uns noch einmal klar: Die Länge X eines Gegenstandes geben wir nun dadurch an, daß wir auszählen, wie oft unser Maßstab L_0 auf diesen Gegenstand paßt, z.B., $X = 27\ L_0$. Ersichtlich fällt die Maßzahl x für dieselbe Länge X um so größer aus, je kleiner der verwendete Maßstab ist.

Mit der Einführung eines Längenmaßes sind wir bereits in der Lage, Geometrie zu betreiben, d.h. die gegenseitige Lage und die Entfernungen von "Gegenständen" zu beschreiben. Dieser Punkt wird weiter unten in Kap. 12 noch eine wichtige Rolle spielen. Wir wollen jedoch mehr, nämlich die Beschreibung der Bewegungsvorgänge dieser Gegenstände. Wir wollen nicht nur wissen, wo sich der Gegenstand befindet, sondern auch, wann er dort ist. Wir wollen "Ereignisse" beschreiben, wie man sagt. Ein Ereignis wird durch den Ort x charakterisiert, wo es stattgefunden hat und durch die Zeit t, wann es passierte. Wir brauchen also auf jeden Fall noch eine Uhr. Auch die Messung der Zeit in unserem Kristall wollen wir ohne Zuhilfenahme irgendwelcher *äußerer* Instrumente bewerkstelligen, sondern uns dazu wieder allein auf die von dem Kristall selbst gelieferten *inneren* Strukturen berufen. Und wieder ist es die sine - Gordon - Gleichung, die uns auch die Maßeinheit für die Zeit, eine geeignete Zeitdauer liefert. Wir betrachten dazu die sog. lokalisierte breather - Lösung q_0^{III}, die eine orts- und zeitabhängige Lösung der sine - Gordon - Gleichung (89) darstellt, vgl. A. Seeger [39], s. auch H. Günther [40],

$$q_0^{III} = q_0^{III}(x, t) = 4 \arctan \frac{\sin \frac{t}{\sqrt{2}}}{\cosh \frac{x}{\sqrt{2}}} \quad . \tag{94}$$

Die tatsächliche Verschiebung q_0^{III} der Versetzung als Lösung von (82) lautet dann nach (90) wieder $q_0^{III}(x, t) = \frac{a}{2\pi} q_0^{III}(\frac{x}{\lambda_0}, \frac{c_0 t}{\lambda_0})$, also

$$q_o^{III}(x,t) = \frac{2a}{\pi}\arctan\frac{\sin\frac{c_o t}{\lambda_o\sqrt{2}}}{\cosh\frac{x}{\lambda_o\sqrt{2}}} = \frac{2a}{\pi}\arctan\frac{\sin(\Omega_o\cdot t)}{\cosh\frac{x}{\lambda_o\sqrt{2}}}, \tag{94a}$$

bzw., wenn wir alle Konstanten wieder ausschreiben,

$$q_o^{III}(x,t) = \frac{2a}{\pi}\arctan\frac{\sin(\sqrt{\frac{\pi D}{a\rho}}\,t)}{\cosh(\sqrt{\frac{\pi D}{a\sigma}}\,x)}. \tag{94b}$$

Wir überlassen es dem Leser, ebenso wie oben nachzurechnen, daß die breather -Lösung (94) auch wirklich die sine - Gordon - Gleichung (89) erfüllt.

Mit $q_o^{III}(x, t)$ haben wir nun eine Linienform erhalten, die nur unter einer ständigen Bewegung existieren kann. Wie sieht diese Linienform geometrisch aus? Auf Grund des hyperbolischen Cosinus im Nenner von (94) läuft die Versetzungslinie zu jeder beliebigen Zeit t sowohl für $x \to +\infty$ als auch für $x \to -\infty$ in die stabile Gleichgewichtslage $q = 0$, s. Bild 27.

Für jedes feste x schwingt die Linie mit einer Kreisfrequenz Ω_o,

$$\Omega_o = \frac{c_o}{\lambda_o\sqrt{2}} = \frac{1}{\tau_o\sqrt{2}}, \tag{95}$$

die uns gemäß $T_o = \frac{2\pi}{\Omega_o}$ eine Schwingungsdauer definiert. Damit haben wir aus der inneren Raum - Zeit - Geometrie der breather - Lösung $q_o^{III}(x, t)$ eine Maßeinheit für die Zeit, die Schwingungsdauer T_o, eingeführt,

$$T_o = 2\pi\sqrt{2}\,\tau_o = 2\pi\sqrt{2}\,\frac{\lambda_o}{c_o}, \tag{96}$$

wobei wir τ_o wieder gemäß (85) eingesetzt haben, s. Bild 28.

Die maximale Amplitude erreicht diese Schwingung bei $x = 0$. Diese Schwingungen definieren uns eine natürliche Uhr, die "breather - Uhr", vgl. [40] - ebenso wie wir die Atomschwingungen zur Definition einer Cäsium - Atomuhr benutzen. So werden Uhren seit jeher gebaut. Die Zeitangabe t auf der Uhr zählt die Zahl der Schwingungen. Sie ist die Maßzahl. Die Schwingungsdauer T_0 der Uhr ist die Maßeinheit. Machen wir es uns noch einmal klar: Die Zeit T für irgendeinen mechanischen Vorgang in unserem Kristall stellen wir mit Hilfe unserer breather - Uhr dadurch fest, daß wir zählen, wie oft die Schwingung T_0 stattgefunden hat, also z.B. $T = 13\,T_0$. Diese Zahl 13 lesen wir auf der Uhr als $t = 13$ ab. Wieder wird die Maßzahl für denselben Vorgang um so größer, je kleiner die Dauer der als Maßeinheit verwendeten Schwingung ist.

Mit (93) und (96) haben wir sowohl eine natürliche Längeneinheit, als auch eine natürliche Zeiteinheit gefunden. Natürlich könnte man diese Einheiten rein rechnerisch auch mit Hilfe der Konstanten des Gitters definieren, nämlich gemäß (85),

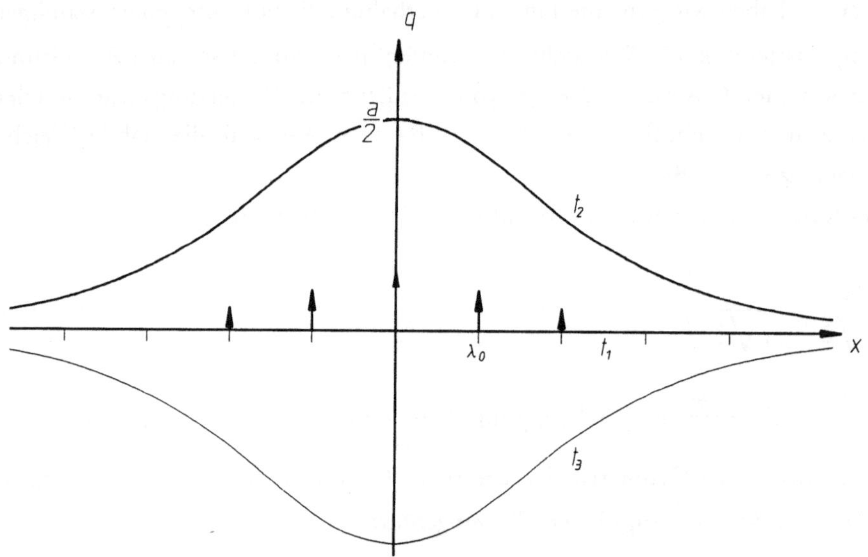

Bild 27. Die breather - Lösung (94a), $q_0^{III}(x, t) = \dfrac{2a}{\pi} \arctan \dfrac{\sin \frac{c_0 t}{\lambda_0 \sqrt{2}}}{\cosh \frac{x}{\lambda_0 \sqrt{2}}}$, für $t_1 = 0$, $t_2 = \dfrac{\sqrt{2}\,\pi \lambda_0}{2\,c_0}$, $t_3 = \dfrac{3\sqrt{2}\,\pi\lambda_0}{2\,c_0}$. (Die Pfeile deuten die Bewegungsrichtung der schwingenden Versetzungslinie beim Durchgang durch die Nullage an).

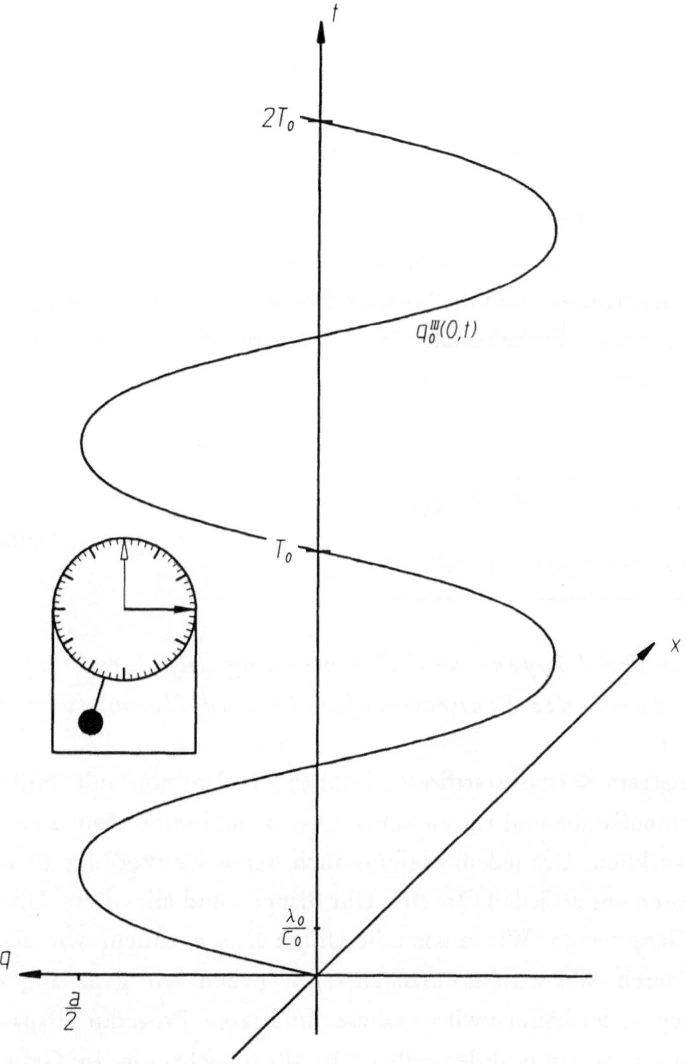

Bild 28. Periodische Schwingung der breather Lösung (94a) für einen festen x - Wert, hier $x = 0$, also mit $\cosh 0 = 1$, $q_0^{III}(0, t) = \frac{2a}{\pi} \arctan(\sin\frac{c_0 t}{\lambda_0\sqrt{2}})$. Ein Instrument, das diese Schwingungen zählt, ist eine Uhr. Für $t = T_0$ erhält man den zweiten Durchgang durch die Nullage, also wegen der Periode 2π der sin - Funktion, $\frac{c_0 T_0}{\lambda_0\sqrt{2}} = 2\pi$. Damit erhalten wir in Übereinstimmung mit (96) für die Schwingungsdauer $T_0 = \sqrt{2}\, 2\pi \frac{\lambda_0}{c_0} \approx 8{,}89 \frac{\lambda_0}{c_0}$.

$$\left.\begin{aligned} L_0 &= \sqrt{\frac{\pi a \sigma}{2D}}\ , \\ T_0 &= \sqrt{\frac{4\pi a \rho_0}{D}}\ . \end{aligned}\right\} \tag{97}$$

Das haben wir aber nun nicht mehr nötig. Der springende Punkt ist gerade der, daß wir das zugrunde liegende Gitter mit seinen vielen Konstanten und das daraus gemäß (85) berechnete "Gittermeter" und die "Gittersekunde" jetzt einfach vergessen können und stattdessen unsere Einheitsmaßstäbe und Normaluhren unmittelbar und allein aus der inneren Geometrie der uns zur Verfügung stehenden Linienformen gewinnen,

L_0	*natürliche Maßeinheit für die Länge*
T_0	*natürliche Maßeinheit für die Zeit*

. (98)

Die Maßeinheiten für die Längen- und Zeitmessung auf dem Gitter werden physikalisch durch die Einheitsmaßstäbe und Normaluhren dieses Gitters realisiert.

Jedem Ereignis, das in unserem Kristall stattfindet, können wir also nun mit Hilfe unserer natürlichen Längenmaßstäbe und Uhren seinen Ort x und seine Zeit t zuordnen. Können wir das wirklich? Um jedem Ereignis auch seine Zeitkoordinate t zuordnen zu können, müssen wir an jeden Ort eine Uhr bringen und alle diese Uhren dann gleichzeitig in Gang setzen. Wir müssen die Uhren also, nachdem wir sie verteilt haben, synchronisieren. Wie man das machen kann, haben wir ganz allgemein in Kap. 2 beschrieben. Oder können wir uns diese mühsame Prozedur ersparen, indem wir die Uhren erst an ein und demselben Ort alle gleichzeitig in Gang setzen und sie dann verteilen? Laufen die mitunter weit voneinander entfernten Uhren dann nicht auch synchron? Diese Frage wird uns im nächsten Kap. beschäftigen. Halten wir zunächst fest:

Die Kinke mit ihrem Längenmaß L_0 *und die breather - Uhr mit ihrem Zeitmaß* T_0 *liefern uns die primär gegebenen Maßeinheiten, mit denen wir alle Entfernungen und Zeitdifferenzen und damit die Bewegungsabläufe in unserem Kontinuum ausmessen können.*

10. Bewegte Maßstäbe und Uhren

Maßstäbe und Uhren muß man bewegen können. Den Zollstock und die Stoppuhr hat man gern bei sich, wenn man an den Ort eilt, wo eine Bewegung protokolliert werden soll. Wie mißt man aber die Länge eines Körpers, der an uns vorbeifliegt und wie seine Flugzeit vom Ort A zum Ort B? Müssen wir dazu auf den Flugkörper aufspringen und dann unsere Meßlatte anlegen und die Stoppuhr bei A in Gang setzen und bei B anhalten? Bequemer wäre es, an Ort und Stelle zu bleiben und den Körper vorbeifliegen zu lassen. Wir markieren eine gleichzeitige Position von Anfangs- und Endpunkt des Flugkörpers auf unserem Zollstock. Das müßte seine Länge sein. Und für die Flugzeit zwischen A und B vergleichen wir einfach die Angaben der dort befindlichen Uhren beim jeweiligen Eintreffen des Körpers. Ist es egal, wie wir die Messung arrangieren und wie wir dabei mit unseren Meßinstrumenten hantieren? Ist es nicht reine Geschmackssache und dem sportlichen Ehrgeiz des Experimentators überlassen, ob er sich für seine Messung elegant auf den Flugkörper schwingt oder bequem sitzen bleibt? Nun, beide Male müssen wir die Meßinstrumente bewegen, und sei es im zweiten Fall nur, um die an einem Ausgangsort gleichzeitig in Gang gesetzten Uhren für unsere Zeitnahme über die Meßstrecke zu verteilen.

In Kap. 2 haben wir beschrieben, wie man voneinander entfernte Uhren synchronisieren kann, ohne sie bewegen zu müssen. Dazu brauchen wir ein Signal, das uns mit einer möglichst genau bekannten Geschwindigkeit zur Verfügung steht. Auch in den Gleichungen für die lineare Kette (27) sind wir stillschweigend davon ausgegangen, daß an den Positionen $x_i = \frac{L}{N}i$ aller N Massen ein und dieselbe Zeit t steht, was überhaupt erst den Lösungsansatz (28) ermöglicht. Wir haben also vorausgesetzt, daß wir eine einheitliche Zeit für die ganze lineare Kette einführen können. In der Newtonschen Mechanik wird die Frage nach der Synchronisation von Uhren nicht gestellt. Es wird stillschweigend angenommen, man könne eine einmal in Gang gesetzte Uhr problemlos an jeden beliebigen Ort transportieren, um eine dort befindliche Uhr danach zu stellen. Es blieb A. Einstein vorbehalten, die Frage zu stellen: Können wir denn wirklich sicher sein, daß Uhren beim Transport nicht ihren Gang ändern? Woher wissen wir, daß sich die Schwingungsdauer einer bewegten Uhr nicht ändert? So seltsam diese Frage dem unvorbereiteten Leser auch erscheinen mag, um diese Unsicherheit auszuschließen, müssen wir die Uhren mit einer möglichst genau bekannten Geschwindigkeit synchronisieren, *nachdem* wir sie verteilt haben.

Um die mechanischen Bewegungen der linearen Kette bzw. des Kristalls mit Hilfe der Newtonschen Gleichungen zu beschreiben, haben wir uns in dasjenige Inertialsystem begeben, in welchem der Schwerpunkt der Kette bzw. des Kristalls ruht und dort die Wellengleichung (57) mit der Schallgeschwindigkeit c und die sine - Gordon - Gleichung (82) mit ihrer charakteristischen Geschwindigkeit c_0 gefunden. Die Gültigkeit dieser Gleichungen ist also auf jeden Fall gesichert [17].

Als "Flugkörper" in unserem Kristall wollen wir jede lokalisierte Struktur über dem idealen Gitter verstehen, deren Bewegung im Kristall eindeutig eine einheitliche Geschwindigkeit zugeordnet werden kann. Im einfachsten Fall sind derartige Strukturen, unsere "Flugkörper" also, als Linienformen von Versetzungen vorhanden, die sich durch das Kristallgitter verschieben. Dabei sind beliebig komplizierte Strukturen vorstellbar. Für die einfachste dieser Linienformen, nämlich die unsere Längenmaßstäbe selbst realisierende Kinke (vgl. (92a) und Bild 25), werden wir in Kap. 20 sogar alle Eigenschaften eines Teilchens explizit nachrechnen können. Diese Eigenschaften sind hier natürlich in bezug auf das Gitter definiert.

Die Schallgeschwindigkeit c könnten wir nun durchaus dazu benutzen, zwei der von uns im vorangegangenen Kap. 9 beschriebenen breather - Uhren an den Orten A und B zu synchronisieren, um damit für irgendeinen Körper in dem eben definierten Sinne die Flugzeit zwischen A und B zu messen. Das ist nicht das Problem. Solange wir als Beobachter mit unsrem Kristall in ein und demselben Inertialsystem bleiben, gibt es keine Komplikationen.

Was passiert aber, wenn wir als Beobachter auf dem Flugkörper sitzen und den Kristall betrachten, wenn wir von diesem Flugkörper aus Uhren synchronisieren und Maßstäbe anlegen wollen, wenn wir die so synchronisierten Uhren und die Maßstäbe auf dem Flugkörper mit denen des im Kristall ruhenden Beobachters vergleichen wollen? S. Bild 29.

---

[17] Auf Grund unserer Annahme (64) einer linearisierten Elastizitätstheorie (und außerdem wegen der Kleinheit der Schallgeschwindigkeit gegenüber der Lichtgeschwindigkeit) vernachlässigen wir bei der Bewegung der Massen der linearen Kette die Korrekturen, welche strenggenommen durch die Abhängigkeit der Massen Δm in den Newtonschen Gleichungen (59) (aus denen wir die Wellengleichung (57) gefunden haben) von ihrer Geschwindigkeit v nach der Einsteinschen Relativitätstheorie auftreten gemäß $\Delta m_v = \Delta m_0 \left(1 - \frac{v^2}{c_L^2}\right)^{-\frac{1}{2}}$. Wir schließen damit extrem hochfrequente mechanische Schwingungen aus, vgl. dazu auch Kap. 18.

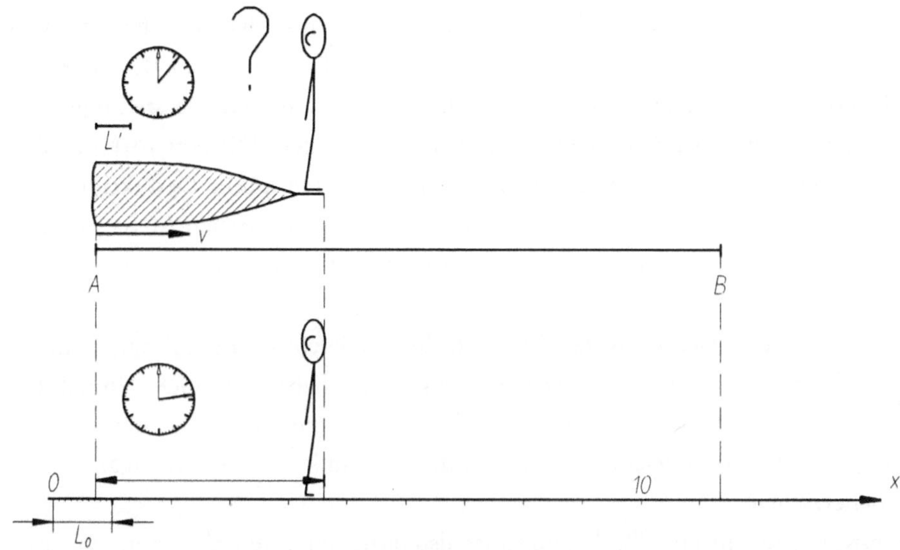

Bild 29. Haben sich die Maßstäbe und Uhren des Beobachters auf dem Flugkörper verändert?

Welche Geschwindigkeit verwendet der Beobachter auf dem Flugkörper zur Synchronisation seiner Uhren, auch die Schallgeschwindigkeit ? Aber die Schallgeschwindigkeit ändert sich doch, wenn sich der Beobachter gegenüber dem Kristall bewegt und wird sogar von seiner Bewegungsrichtung abhängig! Außerdem gibt es im Kristall stets mehrere Schallgeschwindigkeiten. Welche sollen wir nehmen? Wir werden unsere weiteren Überlegungen nicht auf die Schallgeschwindigkeit, die Signalgeschwindigkeit der elastischen Deformationen, gründen. Das war 1905 bei der Entdeckung der Speziellen Relativitätstheorie durch Einstein ganz anders. Damals wurde die vom Beobachter unabhängige, durch nichts anfechtbare, unbegreifliche Konstanz der Vakuumlichtgeschwindigkeit c_L , die die Signalgeschwindigkeit für eine beliebige elektromagnetische Erregung darstellt, zum unumstößlichen Prinzip der nachfolgenden Theorie erhoben, um daraus mit unerbittlicher Konsequenz alles weitere zu deduzieren.

Eine solche oberste Geschwindigkeit haben wir im Kristall also nicht - noch nicht. Dafür haben wir etwas anderes. Wir wissen mehr über unsere Meßinstrumente, die Maßstäbe und Uhren. Sie sind Lösungen einer physikalischen Gleichung, der sine - Gordon - Gleichung. Für die geheimnisvolle Frage der SRT, passiert etwas mit der Länge einer Meßlatte und der Schwingungsdauer einer Uhr, wenn wir Meßlatte und

Uhr bewegen, werden wir uns daher an die sine - Gordon - Gleichung halten. Wenn aber etwas passiert, wenn sich Länge und Schwingungsdauer bei einer Bewegung tatsächlich ändern sollten, dann müßten wir unsere obigen, naiven Vorstellungen von einer Messung (z.B. des Flugkörpers) gründlich überdenken. Die Antwort auf diese Fragen müssen wir nun nicht, wie seinerzeit Einstein, durch kühne Deduktionen aus einem großen theoretischen Prinzip suchen, um die so gewonnenen Aussagen dann hinterher durch aufwendige Präzisionsmessungen auf ihren Wahrheitsgehalt zu überprüfen.

Wir können diese Antwort mit der sine - Gordon - Gleichung ausrechnen. Für die physikalische Zuverlässigkeit unserer Rechenergebnisse heben wir noch einmal hervor, daß sich diese auf nichts anderes als auf die Newtonschen Gleichungen stützen, die gemäß unserer Gleichung (73) auch die Dynamik von Versetzungen in Kristallen beherrschen.

Ausgangspunkt für unsere Überlegungen ist also dasjenige Inertialsystem, wir nennen dieses Bezugssystem Σ_0 , in dem wir mit Hilfe der Linienform q_0^I ein Längenmaß L_0 und mit Hilfe der schwingenden Linie q_0^{III} ein Zeitmaß T_0, also eine Uhr, eingeführt haben. Wir schreiben

$$\Sigma_0: \quad \begin{aligned} q_0^I(x) &= \frac{2a}{\pi}\arctan\exp\left[\frac{\pi x}{L_0}\right] \quad \Rightarrow \quad L_0 , \\ q_0^{III}(x,t) &= \frac{2a}{\pi}\arctan\frac{\sin\frac{2\pi t}{T_0}}{\cosh\frac{\pi x}{L_0\sqrt{2}}} \quad \Rightarrow \quad T_0 . \end{aligned} \tag{99}$$

Zu einem solchen Bezugssystem Σ_0 mit seinem Längenmaßstab L_0 und der Maßeinheit T_0 gehört ein System von Koordinaten x und t . Das bedeutet folgendes: Wir legen zunächst einen Ausgangspunkt, den Koordinatenursprung, fest. Dies ist ein willkürlich festgelegtes “Anfangsereignis” am Ort 0 zur Zeit 0 und trägt also die Koordinaten $x = 0$, $t = 0$. Ein beliebiges Ereignis E , das in der Entfernung $X = x \cdot L_0$ und nach einer Zeit $T = t \cdot T_0$ vom “Anfangsereignis” stattfindet, trägt dann die zum Bezugssystem Σ_0 gehörenden Koordinaten x und t . Wir schreiben daher auch $\Sigma_0\,(x, t)$ und halten fest:

Die Koordinaten x *und* t *sind die Maßzahlen der Längen- und Zeitmessung im Bezugssystem* $\Sigma_0(x, t)$ *mit den Maßeinheiten* L_0 *und* T_0. (Für die Koordinaten x und t benutzt man auch die abkürzende Sprechweise Ort x und Zeit t.)

Die bewegten Längen und Uhren müssen nun ebenfalls Lösungen der sine - Gordon - Gleichung sein. Gibt es die überhaupt? Wir erinnern zunächst: Verschiebt man eine Funktion $y = f(x)$ auf der x - Achse um b nach rechts, so ist die dadurch entstehende Funktion $y = \tilde{f}(x)$ zu beschreiben gemäß (vgl. Bild 1)

$$y = \tilde{f}(x) = f(x-b) \ . \qquad \textit{Verschiebung von } y = f(x) \textit{ um } b \textit{ nach rechts} \quad (100)$$

Eine hinreichend große Anzahl von Maßstäben L_0 und Uhren T_0 verteilen wir nun in unserem Bezugssystem Σ_0 entlang der x - Achse. Ein Maßstab, der mit seinem Mittelpunkt bei $x = b$ liegt, wird dann durch die Linienform

$$q_{0b}^{I}(x) = \frac{2a}{\pi} \arctan \exp\left[\frac{\pi(x - b)}{L_0}\right] \Rightarrow \text{Maßstab } L_0 \text{ bei } x = b \text{ in } \Sigma_0 \quad (101)$$

beschrieben und eine bei $x = b$ liegende Uhr durch die Linienform

$$q_{0b}^{III}(x, t) = \frac{2a}{\pi} \arctan \frac{\sin \frac{2\pi t}{T_0}}{\cosh \frac{\pi(x-b)}{L_0\sqrt{2}}} \Rightarrow \text{Zeitmaß } T_0 \text{ einer Uhr bei } x = b \text{ in } \Sigma_0 . \quad (102)$$

Wegen $\frac{\partial}{\partial x} f(x) = \frac{\partial}{\partial x} f(x-b)$ erfüllen offensichtlich die Funktionen in (101) und (102) ebenso die sine - Gordon - Gleichung wie die Funktionen in (99). Wir können also wirklich überall unsere Maßstäbe und Uhren positionieren.

Ein Beobachter möge nun gegenüber dem System Σ_0 die konstante Geschwindigkeit v besitzen. Er ruht dann in seinem Bezugssystem Σ'. Wenn wir diesen Beobachter zu unserer Zeit $t = 0$ am Ort $x = 0$ sehen, wie wir annehmen wollen, dann sehen wir ihn zu irgendeiner Zeit t bei $x = v\,t$. Uhren und Maßstäbe, die bei diesem Beobachter ruhen, registrieren wir also bei

$$x = x(t) = v\,t \ . \qquad \textit{Position von Maßstab und Uhr des Beobachters in } \Sigma' \quad (103)$$

Betrachten wir zuerst den Maßstab. Der mit der konstanten Geschwindigkeit v bewegte Maßstab muß aus der im Bild 26 dargestellten Funktion $q_o^I(x)$ durch eine gleichförmige Verschiebung um $v\,t$ nach rechts entstehen - mit der entscheidenden Bedingung aber, daß dabei die sine - Gordon - Gleichung erfüllt bleibt. Verschiebt man nun die Funktion $q_o^I(x) = \frac{2a}{\pi} \arctan \exp[\frac{\pi x}{L_o}]$ einfach um $v\,t$ nach rechts, so erhalten wir gemäß (99) die Funktion

$$\tilde{q}_o^I(x) = \frac{2a}{\pi} \arctan \exp[\frac{\pi\,(x - vt)}{L_o}] \ . \tag{104}$$

Mit dieser Linienform würden wir einen Maßstab L_o des bewegten Beobachters erhalten, der mit dem bei $b = v\,t$ liegenden Maßstab L_o des Beobachters in Σ_o nach Gleichung (101) gerade exakt zur Deckung käme, und alle unsere Befürchtungen, daß ein bewegter Maßstab etwa seine Länge ändern könnte, wären umsonst gewesen. Jetzt kommt aber der entscheidende Punkt. Die Funktion (104) ist ***keine*** mögliche Linienform. Die Funktion (104) erfüllt nicht die sine - Gordon - Gleichung, wovon man sich durch einfaches Nachrechnen überzeugen kann. In unserem Kristall machen wir also die wichtige Beobachtung:

Es ist unmöglich, die unseren Maßstab definierende Linie starr zu verschieben.

Das heißt, in der Wirklichkeit unseres, durch den kristallinen Untergrund definierten Kontinuums gibt es keine Meßlatten, deren Längen bei einer Bewegung unverändert bleiben! Für dieses Kontinuum haben wir in Kap. 8 die sine - Gordon - Gleichung hergeleitet, und diese Gleichung erzwingt nun eine von der Geschwindigkeit v der Bewegung abhängige Deformation der Linie. Tatsächlich muß die Linienform, damit sie sich bewegen kann, gestaucht werden. Die entsprechende Lösung $q^I = q^I(x, t)$ der sine - Gordon - Gleichung lautet, vgl. A. Seeger [39], H. Günther [40],

$$\left.\begin{aligned} q^I = q^I(x, t) &= \frac{2a}{\pi} \arctan \exp[\frac{\pi\,(x - vt)}{L_o \gamma}] \ , \\ \gamma &= \sqrt{1 - \frac{v^2}{c_o^2}} \ . \end{aligned}\right\} \tag{105}$$

In der Tat ist $q^I(x, t)$ eine um $x = v\,t$ lokalisierte, der Funktion $q_0^I(x, t)$ sehr ähnliche Linienform, die sich mit der Geschwindigkeit v nach rechts entlang der x-Achse bewegt, s. Bild 30.
Wir vergleichen (105) mit (101). Der bewegte Maßstab L' deckt zur Zeit $t = 0$ nur den Bruchteil γL_0 des bei $b = 0$ ruhenden Maßstabes L_0 ab, ebenso für alle anderen Zeiten mit $b = v\,t$. Die Länge L', die wir in Σ_0 für den bewegten Maßstab messen, beträgt $L' = L_0\,\gamma$. Das ist bereits die berühmte Lorentz - Kontraktion, die uns hier durch die sine - Gordon - Gleichung in den Schoß gelegt wird:

Der bewegte Stab ist verkürzt.

$$L' = L_0 \sqrt{1 - \frac{v^2}{c_0^2}} \quad . \qquad \textit{Lorentzkontraktion für den bewegten Maßstab } L' \quad (106)$$

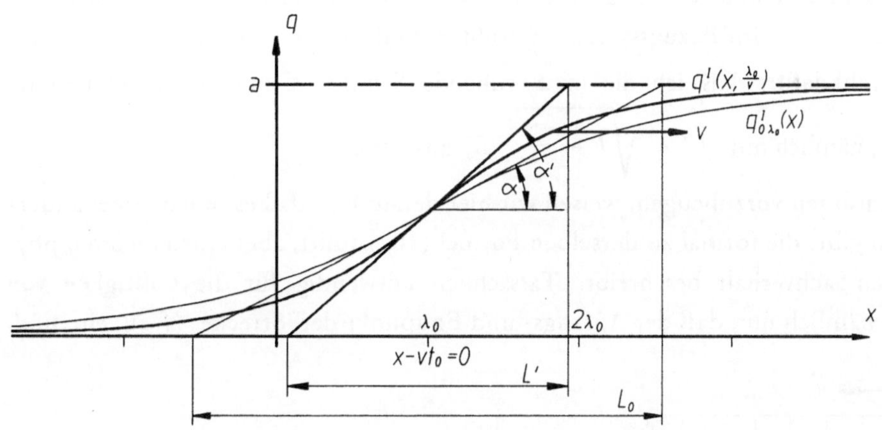

Bild 30. Die Verkürzung der bewegten Kinke. Wir betrachten den Fall einer mit der Geschwindigkeit $v = 0{,}8\,c_0$ bewegten Kinke (105) zu einer festen Zeit t_0, hier $t_0 = \frac{\lambda_0}{v}$, also $q^I(x, \frac{\lambda_0}{v}) = \frac{2a}{\pi}$ arctan $\exp[\frac{\pi(x - \lambda_0)}{L_0 \gamma}]$. Zum Vergleich ist eine bei $x = \lambda_0$ ruhende Kinke gemäß (101), also $q^I_{0\lambda_0}(x) = \frac{2a}{\pi}$ arctan $\exp[\frac{\pi(x - \lambda_0)}{L_0}]$ als dünne Linie eingezeichnet. Für die Länge L' der bewegten Kinke erhalten wir gemäß (106) in unserem Beispiel $L' = \sqrt{1 - \frac{0{,}64\,c_0^2}{c_0^2}}\; L_0 = 0{,}6\,L_0$.

Wir machen hier ausdrücklich darauf aufmerksam, daß es die Maßeinheit für die Länge ist, der Längenmaßstab, die in der Formel (106) für die Lorentzkontraktion steht. Diese Verkürzung des Längenmaßstabes ist das, was wir unmittelbar beobachten.

Betrachten wir die im Bezugssystem Σ_0 ruhende und dort mit dem Maßstab L_0 ausgemessene Entfernung $X = x \cdot L_0$ vom Koordinatenursprung. Die Länge L', die über diese Strecke $X = x \cdot L_0 = x' \cdot L'$ gleitet, paßt dann x' mal auf diese Strecke. Mit (106) folgt

$$x' = \frac{x}{\sqrt{1 - \frac{v^2}{c_0^2}}} . \tag{107}$$

Bei der Anwendung der Formel (107) für die Lorentzkontraktion, ausgedrückt in den Maßzahlen x und x' für die Strecke X ist vorausgesetzt, daß die auszumessende Strecke X im Bezugssystem Σ_0 ruht, s. Bild 31. Die Größe x' ist lediglich die Maßzahl dafür, daß ich die in Σ_0 ruhende Strecke X mit einem verkürzten Maßstab, nämlich mit $L' = \sqrt{1 - \frac{v^2}{c_0^2}} \cdot L_0$ ausmesse.

Um Irritationen vorzubeugen, weisen wir hier darauf hin, daß es noch eine andere Situation gibt, die formal zu derselben Formel (107) führt, aber einen anderen physikalischen Sachverhalt beschreibt. Tatsächlich notwendig für die Gültigkeit von (107) ist nämlich nur, daß der Anfangs- und Endpunkt der Strecke X zu ein und

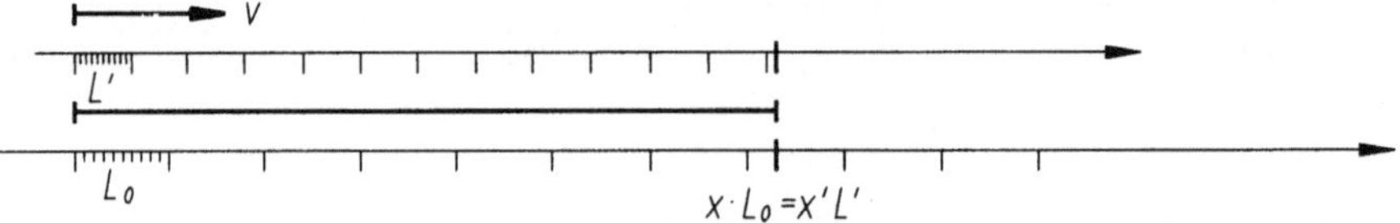

Bild 31. Zur Formel (107) für die Lorentzkontraktion, $x' = \frac{x}{\sqrt{1 - \frac{v^2}{c_0^2}}}$. Dargestellt ist $v = 0,8\,c_0$, also $\gamma = \sqrt{1 - \frac{v^2}{c_0^2}} = 0,6$ und damit $x' = \frac{x}{0,6}$, $L' = L_0 \cdot 0,6$.

derselben Zeit t von Σ_0 genommen werden. Wenn sich sowohl der Anfangspunkt mit der Koordinate x_1 als auch der Endpunkt mit der Koordinate x_2 einer Strecke ΔX mit ein und derselben konstanten Geschwindigkeit v in Σ_0 bewegen, also $x_1 = x_0 + v\,t$, $x_2 = x_0 + \Delta x + v\,t$, dann paßt unser Längenmaßstab L_0 voraussetzungsgemäß nach wie vor Δx mal auf die Strecke ΔX, während der bewegte Längenmaßstab L' sich $\Delta x'$ mal anlegen läßt, $\Delta X = \Delta x \cdot L_0 = \Delta x' \cdot L'$, so daß wir in (107) nur die Koordinaten durch die Koordinatendifferenzen zu ersetzen haben. Es gilt also wieder

$$\Delta x' = \frac{\Delta x}{\sqrt{1 - \frac{v^2}{c_0^2}}} \, . \tag{107a}$$

Physikalisch beschreibt dies die folgende Situation: Von einem mit der Geschwindigkeit v bewegten, also in Σ' ruhenden "Stab" ΔX werde vorausgesetzt, daß die Maßzahl seiner Länge in Σ_0 gerade Δx betrage. Die Maßzahl $\Delta x'$ seiner Länge in Σ' ist dann wegen der Lorentzkontraktion gerade durch die Gleichung (107a) bestimmt. Auf diesen Fall werden wir in Kap. 12 zurückkommen.

Bei der Messung einer Länge gibt es Feinheiten, die später eine entscheidende Rolle spielen werden. Wir müssen die folgenden, voneinander verschiedenen Situationen unterscheiden:

1. Wir bestimmen die Entfernung zwischen zwei Ereignissen, sagen wir zwischen dem Ereignis O und dem Ereignis B, die wir in *irgendeinem* Bezugssystem Σ beobachten: Um diese Entfernung zu messen, markiere ich im Bezugssystem Σ die beiden Positionen, wo die Ereignisse stattgefunden haben, zähle ab, wie oft mein Längenmaßstab, der mir in diesem Bezugssystem zur Verfügung steht, dazwischen paßt und habe damit die Maßzahl für diese Entfernung bestimmt. Mit dieser Längenmessung gibt es keinerlei Probleme.

2. Gegenstand meiner Längenmessung sei nun ein Körper, sagen wir ein Stab. Ich soll in einem Bezugssystem Σ seine Länge bestimmen. Hier sind nun grundsätzlich zwei Situationen zu unterscheiden. a) Der Stab ruht im Bezugssystem Σ. Dann kann ich in aller Ruhe die Positionen seiner Endpunkte markieren, egal zu welcher Zeit, und danach wieder auszählen, wie oft mein Längenmaßstab dazwischen paßt. b) Vollkommen neue Probleme wirft die folgende Situation auf. Der Stab hat im Bezugssystem Σ die (konstante) Geschwindigkeit v. Wie groß ist die Länge des

bewegten Stabes in Σ ? Um diese Länge ausmessen zu können, brauche ich die Positionen der Endpunkte zu ein und derselben Zeit in Σ. Für die Messung der Länge eines bewegten Stabes müssen wir also vorher überall in unserem Bezugssystem Σ (identische) Uhren verteilen und diese so in Gang setzen, daß sie synchron laufen. Die Längenmessung eines bewegten Stabes hat also etwas mit der Synchronisation von Uhren zu tun. Unser Bezugssystem Σ_0 ist das ruhende Kristallgitter. Darin haben wir die sine-Gordon-Gleichung hergeleitet, mit der wir die Länge eines bewegten Maßstabes direkt ausrechnen konnten. Dabei haben wir die Formel (106) gefunden. In diesem Bezugssstem Σ_0 haben wir das Problem der Längenmessung also grundsätzlich gelöst. Wenn aber ein Bezugssystem Σ' relativ zum Bezugssystem Σ_0 eine Geschwindigkeit v besitzt, welche Länge messen wir dann für einen Stab in Σ', wenn sich dieser Stab relativ zu Σ' bewegt? Die Antwort auf diese Frage wird uns noch einige Mühe kosten. Dafür wird diese Antwort aber denkbar einfach sein und uns einen sehr tiefen Einblick in die Physik der hier betrachteten Phänomene des Festkörpers bescheren. Wir werden in den Kap. 12-14 damit zu tun haben.
Wir rechnen nun nach, daß $q^I(x, t)$ tatsächlich ebenso eine Lösung der sine-Gordon-Gleichung (82) ist wie $q_o^I(x)$. Dazu setzen wir

$$u = \frac{x - v\,t}{\gamma} \quad . \tag{108}$$

Nach (105) ist dann

$$q^I(x, t) = q_o^I(u) \,, \tag{109}$$

und wir erhalten

$$\frac{\partial^2}{\partial x^2} q^I(x, t) = \frac{1}{\gamma^2} \frac{\partial^2}{\partial u^2} q_o^I(u) \,, \quad \frac{1}{c_o^2} \frac{\partial^2}{\partial t^2} q^I(x, t) = \frac{1}{\gamma^2} \frac{v^2}{c_o^2} \frac{\partial^2}{\partial u^2} q_o^I(u) \,,$$

also, da $q_o^I(u)$ die zeitunabhängige sine-Gordon-Gleichung mit u statt x erfüllt,

$$\frac{\partial^2}{\partial x^2} q^I(x, t) - \frac{1}{c_o^2} \frac{\partial^2}{\partial t^2} q^I(x, t) = \frac{1}{\gamma^2}\left(1 - \frac{v^2}{c_o^2}\right) \frac{\partial^2}{\partial u^2} q_o^I(u) = \frac{\partial^2}{\partial u^2} q_o^I(u) =$$

$$= \frac{D}{\sigma} \sin(\frac{2\pi}{a} q_o^I(u)) ,$$

und damit

$$\frac{\partial^2}{\partial x^2} q^I(x, t) - \frac{1}{c_o^2} \frac{\partial^2}{\partial t^2} q^I(x, t) = \frac{D}{\sigma} \sin(\frac{2\pi}{a} q^I(x, t)) ,$$

was wir zeigen wollten.

Betrachten wir nun die Uhr. Auch hier muß die mit der konstanten Geschwindigkeit v bewegte Uhr aus der in Bild 27 und Bild 28 dargestellten breather - Lösung durch eine gleichförmige Verschiebung nach rechts um $v\,t$ entstehen - mit der Bedingung, daß die sine - Gordon - Gleichung erfüllt bleiben muß. Verschieben wir einfach die Funktion $q_o^{III}(x)$ gemäß (99) um $v\,t$ nach rechts, dann erhalten wir die Funktion

$$\tilde{q}_o^{III}(x, t) = \frac{2a}{\pi} \arctan \frac{\sin \frac{2\pi t}{T_o}}{\cosh \frac{\pi(x - vt)}{L_o \sqrt{2}}} . \qquad (110)$$

Mit dieser schwingenden Linie als Uhr des bewegten Beobachters würden wir wieder die Schwingungsdauer T_o erhalten und damit nach (101) gerade eine exakte Übereinstimmung mit der bei $b = v\,t$ ruhenden Uhr des Beobachters in Σ_o registrieren. Nur - eine Uhr mit einer solchen Schwingungsdauer T_o des bewegten Beobachters, die uns die Funktion (110) liefern würde - eine solche Uhr gibt es nicht. Die Funktion (110) ist nicht Lösung der sine - Gordon - Gleichung. In unserem Kristall machen wir also eine weitere, wichtige Beobachtung:

Es ist unmöglich, die unsere Uhr definierende, schwingende Linie, starr zu verschieben.

Und das heißt nun jetzt, in der Wirklichkeit unseres realen Kontinuums gibt es keine Uhr, die bei einer Bewegung ihren Gang nicht ändert. Tatsächlich erleidet die Linienform von Bild 27 und Bild 28, also die Funktion $q_o^{III}(x)$, damit sie sich mit der Geschwindigkeit v gleichförmig bewegen kann, ganz charakteristische Deformationen. Die entsprechende Lösung $q^{III}(x, t)$ der sine - Gordon - Gleichung lautet, vgl. A. Seeger [39], H. Günther [40],

$$\left.\begin{aligned} q^{III} &= q^{III}(x,\,t) = \frac{2a}{\pi}\arctan\frac{\sin\dfrac{2\pi(t-\frac{vx}{c_o^2})}{T_o\gamma}}{\cosh\dfrac{\pi(x-vt)}{L_o\gamma\sqrt{2}}}\,, \\ \gamma &= \sqrt{1-\frac{v^2}{c_o^2}}\;. \end{aligned}\right\} \tag{111}$$

In der Tat ist $q^{III}(x,\,t)$ eine um $x = v\,t$ lokalisierte Linienform, die sich mit der Geschwindigkeit v nach rechts entlang der x - Achse bewegt. Diese Funktion, die wir für drei verschiedene Zeiten in Bild 32 dargestellt haben, zeigt charakteristische Abweichungen gegenüber der in Bild 27 gezeigten Funktion $q_o^{III}(x,\,t)$.

Haben die in Bild 32 skizzierten, schwingenden Linien überhaupt noch etwas mit einer Uhr zu tun? Um die Schwingungsdauer T' der durch (111) repräsentierten, bewegten Uhr zu ermitteln, müssen wir sehr sorgfältig vorgehen. Wir stellen zunächst fest, daß $q^{III}(0,\,0) = q_o^{III}(0,\,0)$ ist. Dazu können wir sagen, bei $x = 0$ stehen beide Uhren auf Null, die Uhr U_1 des ruhenden und die Uhr U_v des bewegten Beobachters. Die bewegte Uhr entfernt sich nun mit der Geschwindigkeit v und ist nach der Zeit t am Ort $x = v\,t$ bei einer weiteren ruhenden Uhr angekommen, nämlich der Uhr von (102) mit $b = v\,t$, die wir in Bild 33b als U_2 eingezeichnet haben.

Wir vergleichen jetzt. Für die bei $x = b$ ruhende Uhr U_2 erhalten wir erwartungsgemäß unser Schwingungsmaß T_o, indem wir in (102) mit $x = b$ den Ort der maximalen Schwingungsamplitude einsetzen,

$$q_{ob}^{III}(b,\,t) = \frac{2a}{\pi}\arctan\frac{\sin\dfrac{2\pi\,t}{T_o}}{1} \quad\Rightarrow\quad T_o\;. \tag{112}$$

Setzen wir nun in (111) für die bewegte Uhr U_v den Ort der maximalen Schwingungsamplitude nach der Zeit t ein, also $x = v\,t$, so erhalten wir stattdessen

$$q^{III}(vt,\, t) = \frac{2a}{\pi} \arctan \frac{\sin \dfrac{2\pi(1-\frac{v^2}{c_o^2})\, t}{\gamma\, T_o}}{1} = \frac{2a}{\pi} \arctan \frac{\sin \dfrac{2\pi\gamma^2 t}{\gamma\, T_o}}{1} \;,$$

also

$$q^{III}(vt,\, t) = \frac{2a}{\pi} \arctan \frac{\sin \dfrac{2\pi\, t}{\frac{T_o}{\gamma}}}{1} \;. \tag{113}$$

Daraus ergibt sich die Schwingungsdauer T' der bewegten Uhr U_v zu

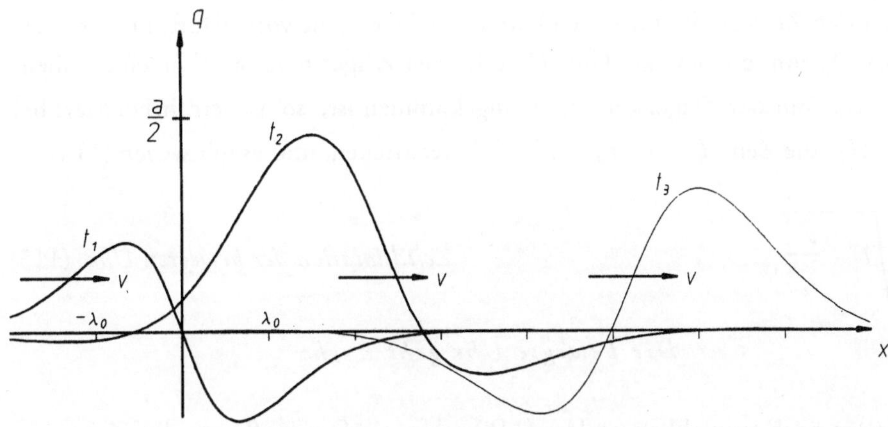

Bild 32. Die mit $v = 0{,}8\, c_o$, also $\gamma = 0{,}6$, bewegte breather - Lösung (111), $q^{III}(x\, ,\, t) = \frac{2a}{\pi} \arctan \frac{\sin \frac{2\pi(t - \frac{vx}{c_o^2})}{T_o \gamma}}{\cosh \frac{\pi(x - vt)}{L_o \gamma \sqrt{2}}}$, für dieselben Zeiten wie in Bild 27, also $t_1 = 0$, $t_2 = \frac{\sqrt{2}\,\pi\,\lambda_o}{2\, c_o}$, $t_3 = \frac{3\sqrt{2}\,\pi\,\lambda_o}{2\, c_o}$. Dabei ist $T_o = \sqrt{2}\; 2\pi\, \frac{\lambda_o}{c_o}$ gemäß (96) sowie $L_o = \pi\, \lambda_o$ gemäß (93). Die schwingenden Linien aus Bild 27 erfahren durch die Bewegung mit der konstanten Geschwindigkeit v eine Änderung in ihrer Schwingungsdauer, die wir in (114) ausrechnen. Auffallend ist die wellenartige Verschiebung der Schwingungen.

$$T' = \frac{T_o}{\sqrt{1 - \frac{v^2}{c_o^2}}} . \qquad (114)$$

Der Faktor $\gamma = \sqrt{1 - \frac{v^2}{c_o^2}}$ ist immer kleiner als 1. Die Schwingungsdauer T' der bewegten Uhr ist also stets größer als die Schwingungsdauer T_o der ruhenden Uhren. Die Maßeinheit T' für die Zeit wird durch die Bewegung also vergrößert, gedehnt. Damit haben wir die berühmte Zeitdilatation gefunden, aufgeschrieben in den Maßeinheiten für die Zeit, d.h. den Schwingungsdauern der bewegten und der ruhenden Uhren. Das ist aber nicht das, was wir an den Uhren unmittelbar ablesen und vergleichen, nämlich die Zeigerstellungen.

Die Zeigerstellung, die wir auf einer Uhr ablesen, zählt die Anzahl der Schwingungen, ist also die Maßzahl für die Zeit. Der Zeiger der bewegten Uhr bleibt daher gegenüber den Zeigern der ruhenden Uhren, an denen jene vorbeiläuft, immer weiter zurück. Wenn die bewegte Uhr U_v mit einer Zeigerstellung t' an einer ruhenden Uhr U_2 mit der Zeigerstellung t angekommen ist, so ist seit ihrem Start bei der Uhr U_1 die Zeit $T = t \cdot T_o = t' \cdot T'$ verstrichen, und es gilt wegen (114)

$$t' = t \sqrt{1 - \frac{v^2}{c_o^2}} . \qquad \textit{Zeitdilatation der bewegten Uhr} \quad (115)$$

Die bewegte Uhr geht nach.

Wir heben es noch einmal hervor: Um (115) nachzuprüfen, muß man die Zeitangaben der einen bewegten Uhr U_v mit den Zeitangaben von mindestens zwei, um $v\,t$ voneinander entfernten und im Bezugssystem Σ_o synchronisierten und dort ruhenden Uhren vergleichen, s. Bild 33.

Befindet sich die erste ruhende Uhr nicht am Koordinatenursprung, sondern beginnen wir unseren Uhrenvergleich bei irgendeiner Uhr in Σ_o, so müssen wir anstelle der Zeigerstellungen t und t' deren Differenzen Δt und $\Delta t'$ schreiben,

$$\Delta t' = \Delta t \sqrt{1 - \frac{v^2}{c_o^2}} . \qquad (115a)$$

In der Formel (115) für die Zeitdilatation steht die Maßzahl für die Zeit. Die verminderte Maßzahl für die Zeit t' ist das, was man auf der bewegten Uhr unmittelbar abliest. Wir weisen ausdrücklich auf den Unterschied hin, der dazu in der Formulierung (106) für die Lorentzkontraktion bei den Längen besteht. Dort ist es die Kontraktion der bewegten Maßeinheit, welche primär beobachtet wird. Für die Maßeinheit der Zeit, die Schwingungsdauer, muß die Zeitdilatation gemäß (114) formuliert werden.

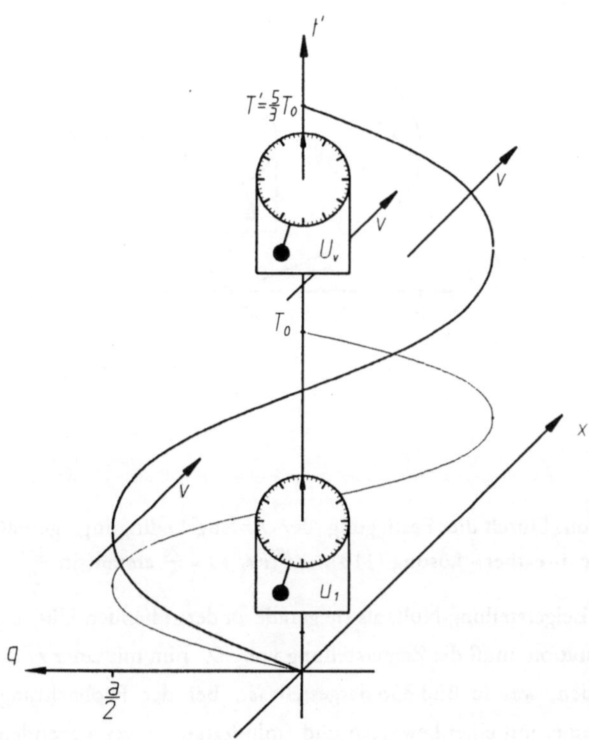

Bild 33a. Die Wahl der Anfangsbedingung. Wenn die mit der Geschwindigkeit v bewegte Uhr U_v an der bei $x = 0$ ruhenden Uhr U_1 vorbeifliegt, sollen beide auf derselben Zeigerstellung Null stehen. Die Uhr U_1 zählt die Schwingungen der dünn gezeichneten Linie, die durch die Funktion $q_o^{III}(0, t)$ beschrieben wird, vgl. Bild 28. Die Uhr U_v zählt die Schwingungen der dick gezeichneten Kurve, die gemäß (113) durch $q^{III}(vt, t)$ beschrieben wird, vgl. auch Bild 32

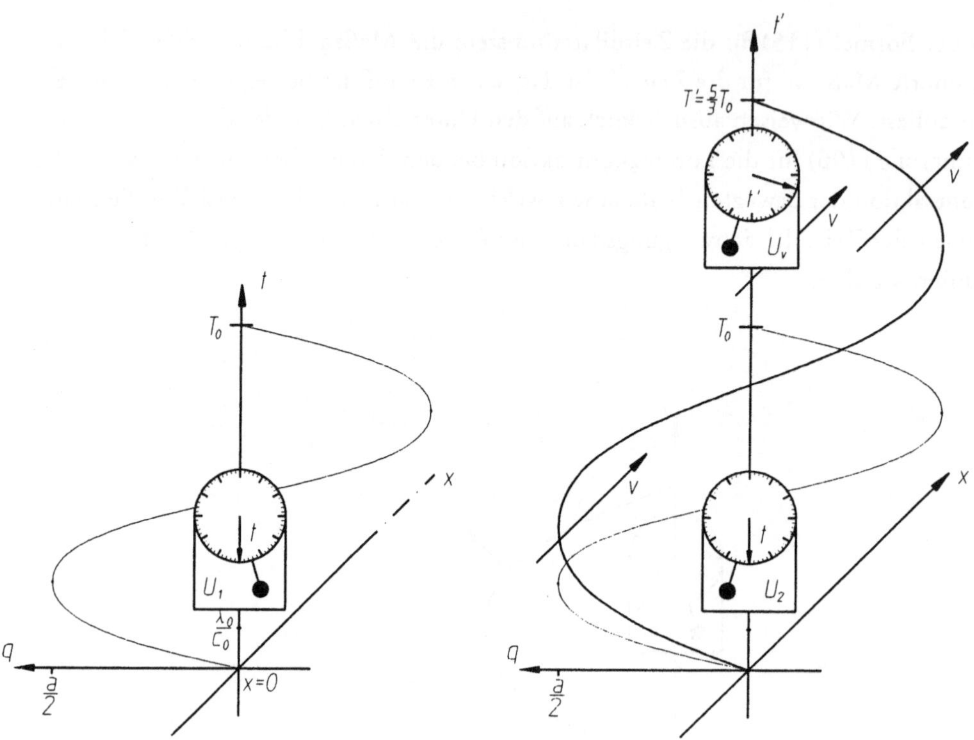

Bild 33b.

Bild 33. Die Messung der Zeitdilatation. Durch die Festlegung der Anfangsbedingung gemäß Bild 33a hatte die durch die bewegte breather - Lösung (113), $q^{III}(v\,t,\ t) = \frac{2a}{\pi}$ arctan(sin $\frac{2\pi t}{\frac{T_o}{\gamma}}$), definierte Uhr U_v mit U_1 dieselbe Zeigerstellung Null, als sie gerade an der ruhenden Uhr U_1 vorbeiflog. Zur Messeung der Zeitdilatation muß die Zeigerstellung von U_v nun mit einer zweiten ruhenden Uhr U_2 verglichen werden, was in Bild 33b dargestellt ist. Bei der Beobachtung der Zeitdilatation haben wir es also immer mit einer bewegten und (mindestens) zwei ruhenden Uhren zu tun. Letztere sind durch dünn gezeichneten Kurven dargestellt. Zu U_1 gehört die lokalisierte breather -Lösung gemäß (94a) für $x = 0$, $q_{oo}^{III}(0,\ t) = \frac{2a}{\pi}$ arctan(sin$\frac{2\pi t}{T_o}$), und zu U_2 die lokalisierte breather-Lösung gemäß (112), $q_{ob}^{III}(b,\ t) = \frac{2a}{\pi}$ arctan(sin$\frac{2\pi t}{T_o}$), welche also durch exakt dieselben Funktionen beschrieben werden. In der Abbildung haben wir als Beispiel für U_v eine Geschwindigkeit $v = 0{,}8\ c_o$ gewählt. Geeicht haben wir die Uhren so, daß der Zeiger von U_2 bei der Begegnung mit U_v gerade $t = 30$ Skalenteile anzeigt (also auf der Stellung "halb" steht). Der Zeiger von U_v steht dann bei der Begegnung mit U_2 gemäß (115) auf $t' = 30 \cdot \sqrt{1 - \frac{0{,}64\ c_o^2}{c_o^2}} = 30 \cdot 0{,}6 = 18$ Skalenteile.

Wir holen jetzt den Beweis dafür nach, daß $q^{III}(x, t)$ ebenso eine Lösung der sine-Gordon-Gleichung (82) ist wie $q_o^{III}(x, t)$. Nach (111) ist

$$q^{III}(x, t) = q_o^{III}\left(\frac{x - v t}{\gamma}, \frac{t - \frac{v x}{c_o^2}}{\gamma}\right) .$$

Wir setzen

$$\left.\begin{aligned} u &= \frac{x - v t}{\gamma} , \\ w &= \frac{t - \frac{v x}{c_o^2}}{\gamma} . \end{aligned}\right\} \tag{116}$$

Die partiellen Ableitungen nach x und t kann man damit durch die partiellen Ableitungen nach u und w ausdrücken. Nach einfachen Umformungen erhalten wir

$$\left.\begin{aligned} &\frac{\partial u}{\partial x} = \frac{1}{\gamma} , \qquad \frac{\partial u}{\partial t} = \frac{-v}{\gamma} , \\ &\frac{\partial w}{\partial x} = \frac{-v}{c_o^2 \gamma} , \qquad \frac{\partial w}{\partial t} = \frac{1}{\gamma} , \\ &\frac{\partial}{\partial x} = \frac{\partial u}{\partial x}\frac{\partial}{\partial u} + \frac{\partial w}{\partial x}\frac{\partial}{\partial w} , \qquad \frac{\partial}{\partial t} = \frac{\partial u}{\partial t}\frac{\partial}{\partial u} + \frac{\partial w}{\partial t}\frac{\partial}{\partial w} , \\ &\frac{\partial^2}{\partial x^2} = \left(\frac{\partial u}{\partial x}\right)^2\frac{\partial^2}{\partial u^2} + 2\,\frac{\partial u}{\partial x}\frac{\partial w}{\partial x}\frac{\partial^2}{\partial u \partial w} + \left(\frac{\partial w}{\partial x}\right)^2\frac{\partial^2}{\partial w^2} , \\ &\frac{\partial^2}{\partial t^2} = \left(\frac{\partial u}{\partial t}\right)^2\frac{\partial^2}{\partial u^2} + 2\,\frac{\partial u}{\partial t}\frac{\partial w}{\partial t}\frac{\partial^2}{\partial u \partial w} + \left(\frac{\partial w}{\partial t}\right)^2\frac{\partial^2}{\partial w^2} . \end{aligned}\right\} \tag{117}$$

Mit

$$q^{III}(x, t) = q_o^{III}(u, w) \tag{118}$$

folgt dann

$$\frac{\partial^2}{\partial x^2} q^{III}(x,t) = \frac{1}{\gamma^2}\frac{\partial^2}{\partial u^2} q_o^{III}(u,w) + 2\,\frac{1}{\gamma}\frac{-v}{c_o^2\gamma}\frac{\partial^2}{\partial u \partial w} q_o^{III}(u,w) + \left(\frac{-v}{c_o^2\gamma}\right)^2 \frac{\partial^2}{\partial w^2} q_o^{III}(u,w),$$

$$\frac{\partial^2}{\partial t^2} q^{III}(x,t) = \frac{v^2}{\gamma^2}\frac{\partial^2}{\partial u^2} q_o^{III}(u,w) + 2\,\frac{-v}{\gamma}\frac{1}{\gamma}\frac{\partial^2}{\partial u\, \partial w} q_o^{III}(u,w) + \frac{1}{\gamma^2}\frac{\partial^2}{\partial w^2} q_o^{III}(u,w)$$

und damit nach einfacher Rechnung

$$\frac{\partial^2}{\partial x^2} q^{III}(x,t) - \frac{1}{c_o^2}\frac{\partial^2}{\partial t^2} q^{III}(x,t) = \frac{\partial^2}{\partial u^2} q_o^{III}(u,w) - \frac{1}{c_o^2}\frac{\partial^2}{\partial w^2} q_o^{III}(u,w)$$

Wir beachten nun, daß $q_o^{III}(u,w)$ die sine - Gordon - Gleichung (82) mit den Variablen u, w anstelle von x, t erfüllt,

$$\frac{\partial^2}{\partial u^2} q_o^{III}(u,w) - \frac{1}{c_o^2}\frac{\partial^2}{\partial w^2} q_o^{III}(u,w) = \frac{D}{\sigma}\sin\left(\frac{2\pi}{a} q_o^{III}(u,w)\right),$$

und finden also mit (118)

$$\frac{\partial^2}{\partial x^2} q^{III}(x,t) - \frac{1}{c_o^2}\frac{\partial^2}{\partial t^2} q^{III}(x,t) = \frac{D}{\sigma}\sin\left(\frac{2\pi}{a} q^{III}(x,t)\right),$$

was wir zeigen wollten.
Mit den Gleichungen (106) und (115) haben wir die beiden spektakulären kinematischen Effekte der SRT erhalten, die Lorentzkontraktion und die Zeitdilatation. Aber - die Spezielle Relativitätstheorie ist das noch nicht !
Wir haben zuerst ein Inertialsystem Σ_0 ausgezeichnet, dasjenige nämlich, in welchem der Kristall ruht. In diesem Bezugssystem haben wir die sine - Gordon - Gleichung begründet und daraus alles weitere hergeleitet. Wir haben also nur gezeigt: Wenn sich Maßstäbe und Uhren gegenüber *diesem* Inertialsystem Σ_0 bewegen, dann sind *diese* Maßstäbe verkürzt und *diese* Uhren gehen nach.

Hier drängt sich ein Vergleich mit der Elektrodynamik aus der Zeit vor dem Erscheinen der Einsteinschen Arbeit [7] im Jahre 1905 auf. Bereits 1889 hatte G. F. FitzGerald, s. [41], für die Erklärung der Michelson -Morley-Experimente zur Messung der Lichtgeschwindigkeit die Hypothese "einer Längenänderung materieller Körper" aufgestellt, "die sich durch den Äther bewegen, wobei die Längenänderung vom Quadrat des Verhältnisses der Geschwindigkeit zur Lichtgeschwindigkeit abhängt". H. A. Lorentz stellte 1892 unabhängig davon eine ebensolche Hypothese auf, s. [42]. Lorentz' Bemühungen konzentrierten sich darüber hinaus auf einen quantitativen Ausdruck für diese Kontraktion. In seiner Arbeit [43] aus dem Jahre 1904 über elektromagnetische Erscheinungen in bewegten Systemen findet Lorentz dann, er werde "zu der Annahme geführt, daß der Einfluß einer Translation auf Größe und Gestalt (eines einzelnen Elektrons und eines ponderablen Körpers als Ganzes) auf die Dimension in der Bewegungsrichtung beschränkt bleibt, und zwar werden diese k - mal kleiner als im Ruhezustand" mit $k = \sqrt{1 - \frac{v^2}{c_L^2}}$ (zitiert nach der deutschen Übersetzung der Lorentzschen Arbeit in [44]). Das ist genau unsere Formel (106) (nur, daß bei uns c_0 und dort die Lichtgeschwindigkeit c_L steht).

Ebenso, wie "unsere Lorentzkontraktion" (106) gegenüber dem ausgezeichneten Bezugssystem Σ_0 , dem ruhenden Kristall, stattfindet, in welchem die sine - Gordon - Gleichung gilt, stellt H. A. Lorentz die Kontraktion von Maßstäben gegenüber demjenigen ausgezeichneten Bezugssystem Σ_0 fest, in welchem die Maxwellschen Gleichungen gelten, auf die er seine Rechnungen gründet. Wie aber die Maxwellschen Gleichungen in einem (gegenüber Σ_0) bewegten Bezugssystem aussehen, wie wir von diesem Bezugssystem aus Messungen durchführen können - diese Frage war im Jahre 1904 genauso wenig beantwortet, wie wir bisher die Frage beantwortet haben: Welche Gleichung stellt der gegenüber dem Kristall bewegte, innere Beobachter, der sich also in einem Bezugssystem Σ' befindet, in dem Kristall für die Phänomene fest, für welche wir im Bezugssystem Σ_0 die sine - Gordon - Gleichung gefunden haben? Diese Frage werden wir in Kap. 14 beantworten.

Bevor wir unsere Überlegungen fortsetzen, wollen wir ein Paradoxon besprechen, das bereits durch die bisherigen Ergebnisse provoziert wird.

11. Ein Uhrenparadoxon

Die Einsteinsche Relativitätstheorie beruht auf der Prämisse, daß die Lichtgeschwindigkeit eine Naturkonstante ist und folglich in jedem Inertialsystem ein und denselben Wert c_L besitzt, nämlich $c_L = 299\,792\,456$ m/s, und gemäß dieser Einsteinschen Speziellen Relativitätstheorie gelten in jedem Inertialsystem ein und dieselben Maxwellschen Gleichungen. Diese Geschwindigkeit messen wir für jedes von einer Lichtquelle ausgesandte Signal, unabhängig davon, ob wir relativ zu dem Sender ruhen oder uns mit einer Geschwindigkeit v auf das Lichtsignal zu oder von ihm fort bewegen. Dieser für den unvorbereiteten Betrachter äußerst merkwürdige Sachverhalt findet seine nicht minder merkwürdige Erklärung in der Speziellen Relativitätstheorie durch die Feststellung: Die bewegte Uhr geht nach. Im Detail heißt das: Wir bauen eine Anzahl absolut identischer Uhren. Einige davon verteilen und synchronisieren wir zum Zwecke einer einwandfreien Zeitmessung entlang der x-Achse. Nun nehmen wir eine weitere dieser Uhren und führen sie mit einer konstanten Geschwindigkeit v an den aufgereihten, ruhenden Uhren vorbei. Vergleichen wir nun die Zeigerstellung t' der bewegten Uhr mit der jeweiligen Zeigerstellung t derjenigen Uhr, an der die bewegte Uhr gerade vorbeigleitet, so finden wir $t' = t \cdot \sqrt{1 - \frac{v^2}{c_L^2}}$, wobei wir wieder von einer gemeinsamen Anfangsstellung $t = t' = 0$ ausgegangen sind. Das jedenfalls ist die Behauptung der Einsteinschen Relativitätstheorie. Der Zeiger der bewegten Uhr bleibt zurück. Die einzige physikalische Konstante in dieser Formel ist die Lichtgeschwindigkeit c_L, und zwar als eine absolute Naturkonstante. Es ist daher vollkommen egal, mit welcher Art Uhr wir in einem Experiment diese Formel überprüfen wollen, solange wir nur hinreichend genau messen können. Ob wir also die alte goldene Taschenuhr mit der Geschwindigkeit v bewegen oder eine moderne Cäsium - Atomuhr, immer müssen wir in einem solchen Experiment haargenau denselben Faktor $\sqrt{1 - \frac{v^2}{c_L^2}}$ finden. Die Vorschrift für die Konstruktion der Uhr kommt in der Formel für die Zeitdilatation nicht vor[(18)].

(18) Uhren, die mit der Schwerkraft angetrieben werden, also Pendeluhren sowie auch Eieruhren, Wasseruhren u. dgl., sind für diese Experimente hier auszuschließen. Wir hatten verabredet, die Gravitationskräfte nicht zu berücksichtigen, da dies ganz neue Überlegungen erfordert, die zudem für unsere Belange am Festkörper keine Rolle spielen. (Für eine Pendeluhr, die sich mit großer Geschwindigkeit v von mir auf der Erde entfernt, wird der Einfluß der Erdeanziehung immer geringer, und sie geht dann vielleicht nach dem Mond).

Die Zeitdilatation ist das "experimentum crucis" der Speziellen Relativitätstheorie. Die physikalische Beschaffenheit oder die technische Konstruktion der Uhren kommt in der Gleichung für die Zeitdilatation nicht vor. Infolgedessen können wir als Test für die Formel der Zeitdilatation auch unsere breather- Uhren verwenden, gerade so, wie wir den Gang dieser Uhren im vorangegangenen Kap. 10 untersucht haben. Auch dabei haben wir gefunden, daß der Zeiger der bewegten breather - Uhr gegenüber den ruhenden breather - Uhren zurückbleibt, nämlich nach Formel (115) gemäß $t' = t\sqrt{1 - \frac{v^2}{c_0^2}}$. Nun ist dies zwar eine Zeitdilatation gerade von der Art der Einsteinschen Speziellen Relativitätstheorie, der numerische Wert ist aber ein total anderer. Bei uns steht nicht die Lichtgeschwindigkeit c_L , sondern die charakteristische Geschwindigkeit c_0 der sine - Gordon - Gleichung, und diese Geschwindigkeit c_0 liegt im Bereich der Schallgeschwindigkeiten, ist also i.a. um viele Zehnerpotenzen kleiner als die Lichtgeschwindigkeit, $c_0 << c_L$. Die Einsteinsche SRT behauptet aber, daß in der Formel für die Zeitdilatation einzig und allein die Lichtgeschwindigkeit c_L stehen muß und zwar für ausnahmslos alle Uhren. Damit steht und fällt die ganze Theorie! Haben wir also gezeigt, daß die Einsteinsche Spezielle Relativitätstheorie doch nicht überall gültig, ja sogar falsch ist? - Mitnichten!

Worin besteht die Auflösung dieses Paradoxons: Der Kernsatz, mit dem wir oben die Beschreibung der Zeitdilataion eingeleitet haben, hieß, "wir bauen eine Anzahl *absolut identischer* Uhren". Die im Inertialsystem Σ_0 ruhenden breather - Uhren sind schwingende Linien q_0^{III} , deren geometrische Schwerpunkte in bezug auf den Kristall ruhen. Unsere bewegte breather Uhr ist aber eine schwingende Linie q^{III}, deren geometrischer Schwerpunkt gegenüber dem Kristall die Geschwindigkeit v besitzt. Der Experimentator der Einsteinschen Relativitätstheorie, der nun Kristalle zur Konstruktion von Uhren verwenden will, betrachtet den Kristall mit seinen schwingenden breather - Linien als ein Ganzes. Ein solcher, in Σ_0 ruhender Experimentator, möge zur Zeitmessung die in dem Kristall schwingenden Linien q_0^{III} einführen, deren Schwerpunkte in bezug auf den Kristall ruhen. Bewegte Uhren von dieser Bauart sind für ihn dann immer solche, bei denen sich der ganze Kristall mit seiner schwingenden Linie bewegt. Für den äußeren Experimentator gehört zur Konstruktionsvorschrift einer solchen Uhr eben auch, daß der Schwerpunkt der schwingenden Linie in bezug auf den Kristall im Zustand der Ruhe bleibt, und diese Bedingung muß auch bei der Bewegung der Uhren erhalten bleiben. Unsere schwingenden Linien q^{III}, deren Schwerpunkte in bezug auf den Kristall die Geschwindigkeit v besitzen, sind für diesen Experimentator daher ganz andere Uhren. Auch solche Uhren hätte er für seine Zeitmessung einführen können. Der Experimentator der Einsteinschen Relativitätstheorie findet es daher vollkommen normal, daß diese beiden Arten von Uhren unterschiedliche Schwingungsdauern haben. Für einen Zeitvergleich müßten sie entsprechend unterschiedlich geeicht werden, ebenso wie ein Schwingquarz für eine Sekunde eben häufiger schwingen muß als die Unruh einer Taschenuhr. In einen Widerspruch mit den Aussagen seiner SRT kommt er damit nicht. Wenn er tatsächlich die im Kristall ruhende breather - Uhr q_0^{III} als Ganzes, also mit dem Kristall bewegt, so findet er für die Zeigerstellung $\tilde{t}$ einer derart mit dem Kristall bewegten und in ihm ruhenden breather - Uhr, verglichen mit den Zeigerstellungen t der in Σ_0 und im Kristall ruhenden breather - Uhren seine bewährte Formel für die Zeitdilatation, und zwar mit der Lichtgeschwindigkeit c_L, $\tilde{t} = t\sqrt{1 - \frac{v^2}{c_L^2}}$. Da gibt es keinen Widerspruch. Heißt das nun aber, daß unsere Formel (115) für die Zeitdilatation der breather - Uhren eigentlich wertlos geworden ist? - Natürlich nicht.

Wir betrachten hier einen unendlich ausgedehnten Kristall sowie Beobachter im Innern dieses Kristalls. Diese Vorstellung von "inneren Beobachtern", wie wir sagen wollen, geht auf Einstein zurück und war von ihm für die Demonstration seiner Überlegungen zur allgemeinen Relativitätstheorie herangezogen worden. Einstein argumentierte dabei mit seinen "zweidimensionalen Lebewesen", seinen "flachen Geschöpfen" auf einer Kugel, s. z.B. bei L. Infeld [45], A. Einstein [46]. Wie dort, benutzen wir eine solche Gedankenkonstruktion hier, um zu zeigen, in welchem Ausmaß die Theorienbildung von den zur Verfügung stehenden Möglichkeiten zur Durchführung von Messungen abhängt. In einem anderen Zusammenhang ist das Einsteinsche Konzept eines inneren Beobachters in der Kontinuumsmechanik von E. Kröner aufgegriffen worden, vgl. z. B. [47] sowie auch [48]. Bei E. Kröner bezieht sich die Problemstellung allein auf die räumlichen Abmessungen im Kristall. Die Fragestellung ist also eine ganz andere als die von uns verfolgte. Die Krönerschen inneren Beobachter dürfen daher nicht mit unseren verwechselt werden.

Für unsere inneren Beobachter gibt es keine Bewegung des Kristalls als Ganzes. Wir könnten es auch so sagen. Die kleinen inneren Beobachter im Kristall erleben diese ihre Welt als unendlich groß. Sie kommen nicht darauf, nach einer Begrenzung ihrer Welt zu fragen. Nur die verrücktesten und verwegensten Denker unter ihnen werden - womöglich unter dem Vorwurf, als heillose Spinner zu gelten oder gar unter der Gefahr, als Ketzer auf den Scheiterhaufen zu kommen - die Möglichkeit einer Endlichkeit ihres Kristalls in Betracht ziehen.

Die äußeren Experimentatoren der Einsteinschen SRT und die inneren Beobachter im Kristall arbeiten also mit zwei verschiedenen Klassen von Bezugssystemen, die nur in dem ausgezeichneten System Σ_0 ein gemeinsames Element besitzen. Das ist die Auflösung des Paradoxons.

Verfolgen wir nun aber weiter, zu welchen theoretischen Vorstellungen die Beobachter im Innern der schier unendlichen Weiten ihres Kristalls kommen müssen. Dabei werden wir uns konsequent darauf beschränken, allein die oben mit Hilfe der sine - Gordon - Gleichung definierten, mechanischen Meßinstrumente zu verwenden, und beachten, daß uns insbesondere die Lichtgeschwindigkeit nicht zur Verfügung steht und überhaupt alle Gegenstände unserer Erkundung mechanischen Ursprungs im Kristalls sind. Das sind also die vielfältigen Strukturen über dem Grundzustand, dem energetisch ausgezeichneten Zustand des Gitters.

Mit A. Seeger wollen wir unter diesem Grundzustand, oder dem Vakuum, wie es in [39] heißt, nicht nur das ideale Gitter verstehen, sondern zu dem Vakuum auch die unendlich langen, das Gitter als gerade Linien durchziehenden Versetzungen (vgl. (91)) zählen.

12. Die Messung der Signalgeschwindigkeit

Mit der Messung der Signalgeschwindigkeit kommen wir auf den neuralgischen Punkt der Speziellen Relativitätstheorie. An der Messung der Lichtgeschwindigkeit, der Signalgeschwindigkeit der elektromagnetischen Erscheinungen, hatte sich schließlich seinerzeit der ganze Streit um den Äther entzündet. Mit dem unerwarteten Ausgang dieses Streites durch das Einsteinsche Postulat in seiner Arbeit aus dem Jahr 1905, s. [7], dem Prinzip von der universellen Konstanz dieser Signalgeschwindigkeit, war dann eine Neuformulierung der gesamten Physik einhergegangen.

Hier verstehen wir unter der Signalgeschwindigkeit die Größe c_0 in der sine - Gordon - Gleichung. Nun haben wir in einem mechanischen Kontinuum von dieser Geschwindigkeit primär keine rechte Vorstellung. Wir sind es vielmehr gewohnt, mit Schallgeschwindigkeiten zu operieren. Tatsächlich geben uns die Schallgeschwindigkeiten aber eine Orientierung für die Größe von c_0. Dazu betrachten wir diejenige Näherung, die uns den zugrunde liegenden Kristall durch ein isotropes Kontinuum ersetzt. In vielen Fällen ist gerade dieses isotrope Kontinuum ein brauchbares Konzept zur Beschreibung von mechanischen Vorgängen in einem festen Körper. Im isotropen Kontinuum gibt es genau zwei, voneinander verschiedene Schallgeschwindigkeiten (vgl. Anhang, Kap. 21), eine transversal polarisierte Schallwelle, bei der der schwingende Vektor $\boldsymbol{s}$ senkrecht auf der Ausbreitungsrichtung $\boldsymbol{k}$ der Welle steht, und eine longitudinale Welle, bei welcher der schwingende Vektor $\boldsymbol{s}$ in die Ausbreitungsrichtung $\boldsymbol{k}$ weist. Wir betrachten im folgenden die transversalen Schallwellen, die also mit der transversalen Schallgeschwindigkeit c_T durch das Medium laufen. Diese Geschwindigkeit c_T hängt sehr eng mit der Signalgeschwindigkeit c_0 der sine -Gordon - Gleichung zusammen. Wir erinnern, daß die Störung, die sich nach der sine - Gordon - Gleichung entlang der Versetzungslinie ausbreitet, ebenso eine transversale Auslenkung dieser Versetzungsrichtung ist, vgl. Kap. 7, wie die transversale Auslenkung der linearen Kette, welche mit der transversalen Schallgeschwindigkeit fortschreitet, vgl. Kap. 6. Ferner beschreiben die linearen Terme der Frenkel-Kontorova-Gleichung (71), welche die sine - Gordon - Gleichung approximiert, gerade die lineare Kette der Gitteratome in der Nähe der Versetzungslinie. Damit wird das Ergebnis von J. D. Eshelby [49] plausibel, daß nämlich die Konstanten des Kristallgitters tatsächlich zu einer bemerkenswerten

Übereinstimmung zwischen der Signalgeschwindigkeit c_0 der sine-Gordon-Gleichung und der transversalen Schallgeschwindigkeit c_T führen. Wir werden diese Übereinstimmung hier im Sinne einer Modellannahme benutzen,

$$c_0 = c_T \quad . \tag{119}$$

Eine tatsächliche Bedeutung hat die Gültigkeit der Hypothese $c_T = c_0$ für den Fortgang unserer Überlegungen jedoch nicht. Wir können damit nur anschaulicher argumentieren [(19)] und werden das Signal, das mit der Geschwindigkeit c_0 durch den Kristall läuft, der sprachlichen Einfachheit halber gelegentlich kurz als "Schallsignal" bezeichnen. Definitionsgemäß ist c_T eine Geschwindigkeit, die wir in unserem ausgezeichneten Bezugssystem Σ_0 messen, demjenigen Inertialsystem, in welchem, von außen betrachtet, der Kristall als Ganzes ruht. Und zwar messen wir in jeder Richtung unseres, den Kristall approximierenden, dreidimensionalen Kontinuums ein und dieselbe Signalgeschwindigkeit c_T. Von diesem isotropen Kontinuum betrachten wir hier nur eine einzige Raumdimension, welche wir durch die Wahl der x-Achse ausgezeichnet haben. In dieser x-Richtung liegt die lineare Kette, welche unsere Versetzungslinie definiert. Nur für diese eine Richtung benötigen wir den Übergang zum Kontinuum. Von den angrenzenden Gitteratomen des Kristalls berücksichtigen wir ihre periodische Anordnung. Das hat uns in Kap. 8 auf die sine-Gordon-Gleichung mit $c_0 = c_T$ geführt. Aber auch für die von uns auf dieser Basis allein betrachteten eindimensionalen Probleme ist die Isotropie eine Eigenschaft von allergrößter Wichtigkeit, welche uns im Fortgang dieses Kap. noch einige Überlegungen abverlangen wird. Sie bedeutet die Gleichheit der Signalgeschwindigkeit für die beiden entegengesetzten Richtungen. Wir halten zunächst fest:

Im ausgezeichneten Bezugssystem Σ_0 ist unser eindimensionales Kontinuum isotrop.

Für die sine-Gordon-Gleichung (82), welche die Grundlage für unsere eindimensionalen Überlegungen bildet, ist diese eindimensionale Isotropie des Raumes folgendermaßen ersichtlich: Unter Beibehaltung der Zeit t ändern wir die Orientie-

(19) Allerdings übernimmt die transversale Schallgeschwindigkeit c_T im isotropen Medium für die geraden Schraubenversetzungen (aber auch nur für diese) in der Tat die Rolle der relativistischen Signalgeschwindigkeit, und zwar sogar für die hier vernachlässigte Wechselwirkung zwischen Versetzung und elastischer Deformation des umgebenden Gitters. Im Anhang, in Kap. 22, werden wir das anhand eines Beispiels explizit vorrechnen.

rung der x - Achse, d.h., wir führen eine Spiegelung der Raumkoordinaten durch, so daß alle Positionen durch neue Ortskoordinaten $\bar{x}$ beschrieben werden gemäß

$$\bar{x} = -x \,, \quad \bar{t} = t \,. \qquad \textit{Raumspiegelung} \quad (120)$$

Als transversale Auslenkung bleibt $q = q(x, t)$ dabei ungeändert, d.h.,

$$\bar{q}(\bar{x}, \bar{t}) = q(x, t) = q(-\bar{x}, \bar{t}) \,. \quad (121)$$

Da in der sine - Gordon - Gleichung nur die zweiten Ableitungen auftreten, folgt mit (120) und (121) aus (82) sofort,

$$\frac{\partial^2}{\partial \bar{x}^2}\bar{q}(\bar{x}, \bar{t}) - \frac{1}{c_0^2}\frac{\partial^2}{\partial \bar{t}^2}\bar{q}(\bar{x}, \bar{t}) = \frac{D}{\sigma}\sin\left[\frac{2\pi}{a}\bar{q}(\bar{x}, \bar{t})\right] . \quad (122)$$

D.h., die sine - Gordon - Gleichung bleibt in den neuen Koordinaten unverändert gültig. Die Signalgeschwindigkeit hat in beiden Raumrichtungen ein und denselben Wert c_0. Unser eindimensionales Kontinuum ist isotrop.

Wenn wir nun die Signalgeschwindigkeit c_0 in Σ_0 messen wollen, so stehen uns dafür unsere Längenmaßstäbe und Uhren zur Verfügung. Wegen der Isotropie in Σ_0 können wir dabei folgendermaßen vorgehen: In Σ_0 betrachten wir eine Länge $\Delta x \cdot L_0$. Für die Koordinaten x_1 und x_2 ihrer Endpunkte nehmen wir der Einfachheit halber an, $x_1 = 0$ und $x_2 = \Delta x$. D.h., Δx ist die Zahl, die angibt, wie oft unser Längenmaßstab L_0 auf diese Länge paßt. Ebenso besagt die Zeitangabe t (die Koordinate t in Σ_0) wie oft die Pendel unserer Normaluhren mit der Schwingungsdauer T_0 ausgeschlagen haben. Wir senden zur Zeit $t_0 = 0$ bei $x_1 = 0$ ein Schallsignal nach x_2. Dort wird es zur Zeit Δt_1 reflektiert und kommt wegen der Isotropie der Signalausbreitung zur Zeit $\Delta t_0 = 2\Delta t_1$ wieder bei $x_1 = 0$ an, so daß wir mit

$$c_0 = \frac{2\,\Delta x}{\Delta t_0} = \frac{2\,\Delta x}{2\Delta t_1} \quad (123)$$

in Σ_0 die Signalgeschwindigkeit c_0 gemessen haben, s. Bild 34.

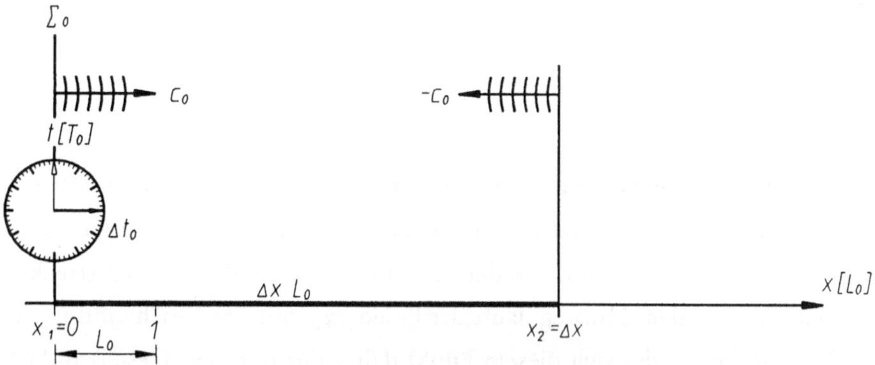

Bild 34. Zur Messung der Signalgeschwindigkeit c_0 im Bezugssystem Σ_0. Zur Zeit $t_0 = 0$ wird bei $x_1 = 0$ ein "Schallsignal" nach x_2 gesendet. Dort wird es zur Zeit Δt_1 reflektiert und kommt zur Zeit $\Delta t_0 = 2\Delta t_1$ wieder bei $x_1 = 0$ an. Die Uhr sei so geeicht, daß die Zeit Δt_0 mit 15 Skalenteilen, also auf der Stellung "Viertel" angezeigt wird. Da wir im Bezugssystem Σ_0 voraussetzen können, daß die Signalgeschwindigkeit auf dem Hin- und Rückweg denselben Wert besitzt (s. dazu die Erläuterungen im Text), haben wir auf diese Weise mit $c_0 = \frac{2\Delta x}{\Delta t_0}$ die Signalgeschwindigkeit c_0 im Bezugssystem Σ_0 gemessen, s. (123).

Wir betrachten nun einen "Stab" ΔX (also ein entsprechendes Gebilde im Kristall), der sich relativ zum Bezugssystem Σ_0 mit der gleichförmigen Geschwindigkeit v bewegt. Dieser Stab ruht also in einem Bezugssystem Σ'. Die inneren Beobachter in Σ' können die Länge des relativ zu ihnen ruhenden Stabes durch Anlegen ihrer Maßstäbe L' problemlos bestimmen und mögen dafür die Maßzahl $\Delta x'$ finden. Im Bezugssystem Σ_0 können wir Längen jeder Art messen, wie wir das im Anschluß an die Formeln (106) und (107) für die Lorentzkontraktion in Kap. 10 diskutiert haben. Wir nehmen an, daß wir für die Länge des bewegten Stabes in Σ_0 die Maßzahl Δx gefunden haben. Seine Endpunkte $x_1(t)$ und $x_2(t)$ mögen in Σ_0 durch

$$x_1(t) = +v\,t\ ,\quad x_2(t) = \Delta x + v\,t \tag{124}$$

beschrieben werden. Es ist also $\Delta X = \Delta x \cdot L_0 = \Delta x' \cdot L_0'$, und für die Maßzahlen Δx und $\Delta x'$ gilt die Formel (107a) für die Längenkontraktion des bewegten Stabes,

$$\Delta x' = \frac{\Delta x}{\sqrt{1 - \frac{v}{c_0^2}}} \quad . \tag{107a}$$

Wieder zur Zeit $t_0 = 0$ senden wir nun von x_1 ein Schallsignal in positiver Richtung nach x_2 . Dort kommt es jetzt zu einer Zeit $\Delta t_{\rightarrow}$ an, wird reflektiert und möge zu einer Zeit $\Delta t = \Delta t_{\rightarrow} + \Delta t_{\leftarrow}$ wieder den linken Endpunkt der Meßstrecke $x_1 = + vt$ erreichen. Auf dem Hinweg läuft der Punkt x_2 mit der Geschwindigkeit v dem Schallsignal davon, das sich diesem Punkt daher nur mit der Geschwindigkeit $c_0 - v$ nähert. Für die Zeit $\Delta t_{\rightarrow}$, die das Schallsignal auf dem Hinweg braucht, erhalten wir daher

$$\Delta t_{\rightarrow} = \frac{\Delta x}{c_0 - v} \quad . \tag{125}$$

Auf dem Rückweg kommt dem Schallsignal sein Zielpunkt x_1 mit der Geschwindigkeit v entgegen, dem es sich daher mit der erhöhten Geschwindigkeit $c_0 + v$ nähert. Für die Zeit $\Delta t_{\leftarrow}$, die das Schallsignal auf dem Rückweg benötigt, ergibt das

$$\Delta t_{\leftarrow} = \frac{\Delta x}{c_0 + v} \quad . \tag{125a}$$

Wir weisen ausdrücklich darauf hin, daß die Gleichungen (125) und (125a) streng gelten. Sie enthalten keine Näherung. Die hier aufgeschriebene Addition von Geschwindigkeiten darf mit dem später diskutierten Additionstheorem der Geschwindigkeiten nicht verwechselt werden. Wir gehen hierauf ausführlich in Kap. 15 ein, s. dort die Gleichungen (168) und (169) sowie Bild 47 und Bild 48. Unter dem Strich beobachten wir daher im Bezugssystem Σ_0 für den gesamten Vorgang eine Geschwindigkeit $\bar{c}_0$ gemäß,

$$\bar{c}_0 = \frac{2\,\Delta x}{\Delta t} = \frac{2\,\Delta x}{\Delta t_{\rightarrow} + \Delta t_{\leftarrow}} = \frac{2\,\Delta x}{\frac{\Delta x}{c_0 - v} + \frac{\Delta x}{c_0 + v}} = \frac{2}{\frac{c_0 + v + c_0 - v}{c_0^2 - v^2}} = c_0 \left(1 - \frac{v^2}{c_0^2}\right) \quad . \tag{126}$$

Was ist das für eine Geschwindigkeit?

$\bar{c}_0$ ist eine effektive Geschwindigkeit. In (126) haben wir die von dem Signal überwundene, bewegte Länge Δx durch den arithmetischen Mittelwert aus den beiden Laufzeiten dividiert, so daß $\bar{c}_0 = \frac{\Delta x}{\frac{\Delta t_{\rightarrow} + \Delta t_{\leftarrow}}{2}}$. Mit den Geschwindigkeiten $c_{\rightarrow} = \frac{\Delta x}{\Delta t_{\rightarrow}}$, die das Signal auf dem Hinweg zur Überwindung der Meßstrecke braucht, wo ihm diese mit der Geschwindigkeit v davonläuft, und $c_{\leftarrow} = \frac{\Delta x}{\Delta t_{\leftarrow}}$ auf dem Rückweg, wo ihm diese mit der Geschwindigkeit v entgegeneilt, ergibt sich die effektive Geschwindigkeit $\bar{c}_0$ in (126) also aus der Mittelwertbildung, s. auch Bild 35,

$$\frac{1}{\bar{c}_0} = \frac{1}{2}\left(\frac{1}{c_{\rightarrow}} + \frac{1}{c_{\leftarrow}}\right) = \frac{1}{c_0\left(1 - \frac{v^2}{c_0^2}\right)} . \tag{126a}$$

Wir betrachten jetzt den mit der Geschwindigkeit v bewegten Beobachter, der sich also in dem Bezugssystem Σ' befindet, in welchem unsere Meßstrecke ΔX ruht, die wir uns durch einen ruhenden "Stab" in Σ' vorstellen können. Die alles entscheidende Frage ist nun, welchen Wert c_0' ermittelt dieser Beobachter in seinem Bezugssystem Σ' für die Geschwindigkeit, mit der sich unser Signal ausbreitet? Wie groß ist die von Σ_0 aus mit c_0 bewertete Signalgeschwindigkeit für den relativ zum Kristallgitter mit der Geschwindigkeit v bewegten Beobachter?

Wir wollen diese Frage in zwei Schritten beantworten und fragen zunächst, welchen Wert $\bar{c}_0'$ findet der Beobachter in Σ' für die effektive Geschwindigkeit, die das Signal zur Überwindung des Hin - und Rückweges der Meßstrecke ΔX benötigt? Diese Frage können wir nämlich ohne jede Zusatzannahme beantworten.

Wenn der Beobachter diese Geschwindigkeit $\bar{c}_0'$ messen soll, so tut er das gerade in der eben von uns beschriebenen Art und Weise (wo wir die effektive Geschwindigkeit $\bar{c}_0$ (126) erhalten haben), nur mit dem Unterschied, daß er jetzt seine, mit ihm ruhenden Maßstäbe und Uhren benutzt. Verfolgen wir, wie er das macht.

Sein Maßstab L' ist gemäß der Formel (106) um den Faktor $\sqrt{1 - \frac{v^2}{c_0^2}}$ gegenüber unserem Maßstab L_0 verkürzt. Folglich ist die von ihm gemessene Maßzahl $\Delta x'$ für den, ihm gegenüber ruhenden Stab ΔX um diesen Faktor größer als unsere

Maßzahl Δx, d.h., $\Delta x' = \frac{\Delta x}{\sqrt{1 - \frac{v^2}{c_0^2}}}$, wie wir dies oben bereits aufgeschrieben haben, s. Bild 35. Außerdem zeigt seine, mit der Geschwindigkeit v der Meßstrecke (in Bezug auf Σ_0) mitbewegte, am Anfangspunkt dieser Strecke aufgestellte Uhr für die Zeitspanne zwischen dem Ereignis der Aussendung und dem Ereignis der Rückkehr des Schallsignals eine Maßzahl $\Delta t'$ an, die nach der Formel (115a) für die Zeitdilatation einer bewegten Uhr zu berechnen ist. Die Maßzahl $\Delta t'$ ist um den Faktor $\sqrt{1 - \frac{v^2}{c_0^2}}$ kleiner als die in Σ_0 (mit Hilfe von zwei Uhren) gemessene Maßzahl $\Delta t = \Delta t_{\rightarrow} + \Delta t_{\leftarrow}$ für die Zeitdifferenz dieser beiden Ereignisse, s. Bild 35,

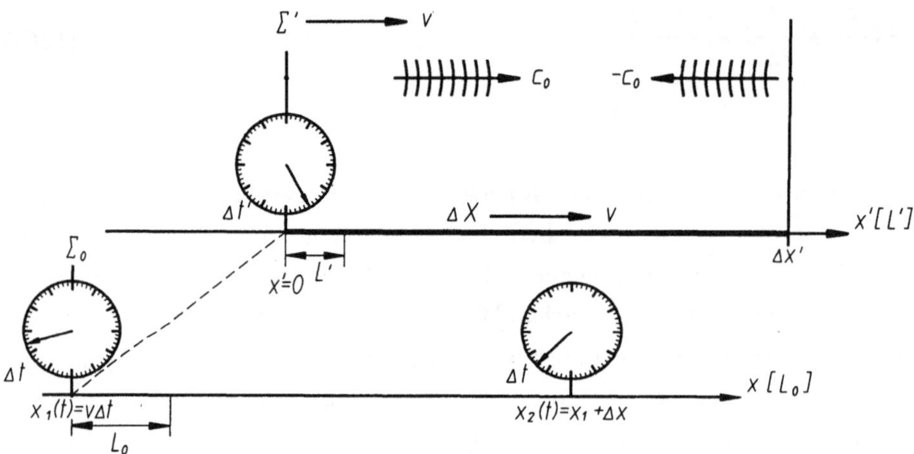

Bild 35. Die Messung der Durchschnittsgeschwindigkeit $\overline{c_0}$. Hierbei ist angenommen, daß sich die Meßstrecke mit einer Geschwindigkeit von $v = 0{,}8 \cdot c_0$ bewegt. Das ergibt einen Faktor $\gamma = \sqrt{1 - \frac{v^2}{c_0^2}} = 0{,}6$. Also ist $L' = 0{,}6 \cdot L_0$. Nehmen wir zum Vergleich die in Bild 34 dargestellte Maßzahl für die Zeit mit $\Delta t_0 = \frac{2\,\Delta x}{c_0} = 15$ an, so errechnet man mit (125) und (125a), da wir dasselbe Δx gewählt haben, $\Delta t_{\rightarrow} = \Delta t_0 \frac{c_0}{2(c_0 - v)} = 37{,}5$. Dies ist auf der rechten, in Σ_0 ruhenden Uhr eingezeichnet. Und wir finden $\Delta t_{\leftarrow} = \Delta t_0 \frac{c_0}{2(c_0 + v)} = 4{,}2$. Die gesamte Laufzeit des Signals, also die Summe aus beiden Zeiten, ist auf der linken Uhr von Σ_0 mit der Maßzahl $\Delta t = \Delta t_{\rightarrow} + \Delta t_{\leftarrow} = 42$ dargestellt. Zum Vergleich ist auf der in Σ' ruhenden Uhr die gemäß der Zeitdilatation abgelaufene Zeigerstellung $\Delta t' = \Delta t \cdot \gamma = 25$ eingezeichnet. Die gestrichelte Linie verbindet zwei Punkte, die ein und dasselbe Ereignis beschreiben. Wir erinnern: Ein Ereignis ist durch die Angabe des Ortes, wo es stattgefunden hat, und die Angabe der Zeit, wann es passierte, definiert. Die Charakterisierung eines Ereignisses durch die Angabe seiner Raum-Zeit-Koordinaten ist von dem Bezugssystem abhängig, in welchem es beschrieben wird.

$$\Delta t' = \Delta t \sqrt{1 - \frac{v^2}{c_o^2}} \; . \qquad (115a)$$

Der mitbewegte Beobachter mißt daher gemäß (107a) und (115a) in Σ' eine Geschwindigkeit $\bar{c}_o'$ gemäß

$$\bar{c}_o' = \frac{2\,\Delta x'}{\Delta t'} = \frac{2\,\Delta x}{\Delta t} \, \frac{1}{1 - \frac{v^2}{c_o^2}} \; .$$

Den Faktor $\bar{c}_o = \frac{2\,\Delta x}{\Delta t}$ haben wir aber in (126) berechnet. Der mit der Geschwindigkeit v gegenüber dem Kristallgitter bewegte Beobachter mißt damit für die effektive Geschwindigkeit $\bar{c}_o'$ des Signals zur Überwindung des Hin- und Rückweges in seinem Bezugssystem Σ' den Wert

$$\bar{c}_o' = c_o \frac{1 - \frac{v^2}{c_o^2}}{1 - \frac{v^2}{c_o^2}} \; ,$$

und damit, wie wir in [40] gezeigt haben,

$$\bar{c}_o' = c_o \; . \qquad (127)$$

So bemerkenswert eine solche Übereinstimmung dieser beiden Geschwindigkeiten auch ist, die von dem Beobachter in Σ' gemessene Größe $\bar{c}_o'$ ist eine *effektive* Geschwindigkeit. Bezeichnen wir wie oben die Geschwindigkeiten des Signals auf dem Hinweg nun mit $c'_{\rightarrow}$ und auf dem Rückweg mit $c'_{\leftarrow}$, so berechnet sich $\bar{c}_o'$ wie oben aus der Mittelwertbildung

$$\frac{1}{\bar{c}_o'} = \frac{1}{2}\left(\frac{1}{c'_{\rightarrow}} + \frac{1}{c'_{\leftarrow}}\right) = \frac{1}{c_o} \; . \qquad (127a)$$

Unsere - mit Vorsicht zu genießende - Anschauung neigt aber in Anlehnung an die Verhältnisse im Bezugssystem Σ_0 eher zu der Vorstellung, daß die Geschwindigkeit zur Überwindung der Meßstrecke auf dem Rückweg größer ist als auf dem Hinweg. Nur, wenn wir sicher sein könnten, daß auch für den Beobachter in Σ' unsere Signalgeschwindigkeit isotrop ist, daß sie auf dem Hinweg der Meßstrecke also denselben Wert hat wie auf dem Rückweg, dann wäre die Sensation perfekt. Das haben wir aber nicht gezeigt. Die alles entscheidende Frage ist also die nach der Signalgeschwindigkeit $c'_{\rightarrow}$, die der Beobachter in Σ' allein auf dem Hinweg der Meßstrecke feststellt. Falls wir tatsächlich $c'_{\rightarrow} = c_0'$ nachweisen könnten, dann würde aus (127a) auch sofort $c'_{\leftarrow} = c'_{\rightarrow} = c_0'$ folgen, und wir wären am Ziel. So ohne weiteres können wir dieses Problem aber überhaupt nicht lösen.

Für die Messung einer "richtigen" Geschwindigkeit (und nicht nur eines Effektivwertes für den Hin- und Rückweg) brauchen wir zwei Uhren, eine am Anfang und eine zweite am Ende der Meßstrecke. Um mit diesen Uhren die Laufzeit des Signals messen zu können, müssen wir sie synchronisieren. Um unsere Uhren zu synchronisieren, brauchen wir aber eine bekannte, "richtige" Geschwindigkeit und nicht nur einen Effektivwert. Eine solche Geschwindigkeit wollten wir nun gerade erst bestimmen. Sie steht uns nicht zur Verfügung. Wir drehen uns im Kreise. Machen wir an dieser Stelle eine Bestandsaufnahme unserer Bemühungen.

Der bewegte Beobachter kann in seinem Bezugssystem Σ' sehr wohl eine reine Geometrie betreiben, ohne Uhren. Er braucht nur hinreichend viele seiner Längenmaßstäbe L_0' lückenlos nebeneinander zu legen und kann dann durch Abzählen dieser Maßstäbe Entfernungen und Längen in seinem Bezugssystem Σ' bestimmen. Auf diese Weise hat er oben die Entfernung $\Delta x'$ gemäß (107a) ermittelt. Für alle Ereignisse, die im Bezugssystem Σ_0 mit den Koordinaten (x, t) bewertet werden, kann der Beobachter in Σ' Ortskoordinaten x' feststellen. Geometrie kann er also betreiben. Der Beobachter in Σ' ist bisher jedoch nicht in der Lage, für Ereignisse, die irgendwo stattfinden, auch eine zeitliche Ordnung zu bestimmen und mit der entsprechenden zeitlichen Ordnung zu vergleichen, die für eben diese Ereignisse in Σ_0 festgestellt wurden. Der Beobachter in Σ' "sieht" wohl, daß sich die Objekte bewegen. Er ist jedoch noch nicht in der Lage, für diese Bewegung auch eine wohl definierte Geschwindigkeit zu bestimmen. Er kann zwar seine Uhren überall verteilen. Solange er aber über keine eindeutige Vorschrift verfügt, wie diese Uhren anzustellen sind, bleibt jede, mit Hilfe dieser Uhren "gemessene" Geschwindigkeit vollkom-

men willkürlich.
Wir brauchen also eine Vorschrift, die uns sagt, auf welcher Zeigerstellung wir die Uhren an einem beliebigen Ort in Σ' in Gang setzen. Für die eine Uhr am Anfang unserer Meßstrecke, dem Koordinatenursprung von Σ', wollen wir das jetzt tun. Diese Uhr bezeichnen wir mit U_v^o. Wir wollen festlegen, daß U_v^o gemeinsam mit der im Koordinatenursprung vom Bezugssystem Σ_0 liegenden und dort ruhenden Uhr U_0 auf Null stehen soll, wenn sich diese beiden Uhren gerade begegnen. Dieses Zusammentreffen der Koordinatenursprünge nennen wir das Ereignis O. Unsere (willkürlich wählbare) Anfangsbedingung lautet also, vgl. Bild 36,

$$\Sigma_0 : O\ (x = 0\,;\ t = 0) \leftrightarrow \Sigma' : O\ (x' = 0\ ;\ t' = 0)\ . \qquad \textit{Anfangsbedingung} \quad (128)$$

Wenn alle Uhren in Σ' erst einmal in Gang gesetzt sind, laufen sie alle gleich, da sie alle von derselben Bauart sein sollen. Es geht also einzig und allein um die Frage, wann wir die anderen Uhren in Σ' anstellen. So harmlos, wie diese Frage aussieht, so wird damit doch der zeitliche Ablauf jedes Prozesses, jedes physikalischen Gesetzes festgelegt. Außerdem müssen wir eine Einstellung der Uhren für alle möglichen Bezugssysteme Σ', d.h. für alle möglichen Geschwindigkeiten v durchführen. Wir sind also gut beraten, nach einer möglichst einfachen Vorschrift für die Synchronisation der Uhren in den bewegten Bezugssystemen Σ' zu suchen, wenn die Beschreibung der physikalischen Vorgänge von Σ' aus betrachtet nicht in ein heilloses Chaos münden soll. Dennoch mag die Frage nach der Synchronisation der Uhren in Σ' immer noch als höchst nebensächlich erscheinen. Wer zwingt uns denn überhaupt, irgendwelche Bewegungsvorgänge von irgendeinem Bezugssystem Σ' aus zu beschreiben, wo wir doch von unserem bewährten Bezugssystem Σ_0 aus bestens im Bilde sind?
Es ist eine der vornehmsten Aufgaben der Physik, uns über Symmetrieverhältnisse in den Naturvorgängen aufzuklären, vgl. hierzu H. Genz und R. Decker [50] Die Frage nach der Synchronisation der Uhren in den bewegten Bezugssystemen Σ' ist daher umgekehrt zu stellen, nämlich: Gibt es eine Vorschrift für die Einstellung der Uhren in Σ', nach der diese Bezugssysteme vielleicht vollkommen gleichberechtigt zu unserem vermeintlich ausgezeichneten System Σ_0 werden? Gibt es also eine Symmetrie für die Beschreibung der von uns hier betrachteten Phänomene im Festkörper, die durch die Gleichberechtigung aller von uns hier betrachteten Bezugssysteme zum Ausdruck kommt?

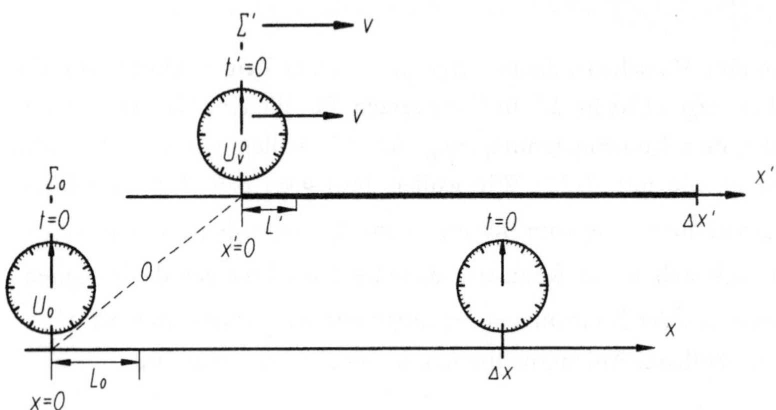

Bild 36. Die Anfangsbedingung zur Synchronisation der Uhren von Σ'. Die gestrichelte Linie verbindet zwei Punkte, die ein und dasselbe Ereignis beschreiben, hier das Ereignis O.

Tatsächlich ist das der Fall. Die Vorschrift, nach der wir die Einstellung der Uhren in den bewegten Bezugssystemen vornehmen, gründen wir auf ein denkbar einfaches Prinzip, das wir als *elementares Relativitätsprinzip* bezeichnen und folgendermaßen formulieren, vgl. H. Günther [1]:

Wenn der Beobachter in Σ_0 gemessen hat, daß Σ' in bezug auf Σ_0 die Geschwindigkeit v besitzt, dann sollen die Uhren in Σ' so eingestellt werden, daß das Bezugssystem Σ_0 von Σ' aus beurteilt die Geschwindigkeit $-v$ hat.

Hierbei ist v eine beliebige Geschwindigkeit mit $|v| < c_0$. Für die Synchronisation der Uhren im Bezugssystem Σ' benutzen wir also die Geschwindigkeit $-v$ des Bezugssystems Σ_0. Alle anderen, von Σ' aus zu beurteilenden Geschwindigkeiten, liegen damit fest.

Im Grunde genommen ist dieses Prinzip nichts anderes als eine Vereinbarung der Beobachter beider Bezugssysteme, Geschwindigkeiten mit demselben Maß zu messen. Damit macht es überhaupt erst einen Sinn, die Maßzahlen der in beiden Bezugssystemen gemessenen Geschwindigkeiten miteinander zu vergleichen.

Wir nehmen an, daß der Beobachter in Σ' seine Uhren überall verteilt hat, um sie nun gemäß unserem elementaren Relativitätsprinzip zu synchronisieren. Für die beiden Uhren, die den Endpunkten der Meßstrecke ΔX auf dem in Σ' ruhenden Stab zugeordnet sind, und die von Σ_0 aus betrachtet die Geschwindigkeit v besitzen, wollen wir das jetzt tun. Die eine Uhr U_v^o befindet sich mit dem linken Endpunkt der Meßstrecke am Koordinatenursprung von Σ'. Diese Uhr haben wir gemäß unserer Anfangsbedingung (128) in Gang gesetzt. Alle anderen Uhren müssen sich danach richten. Am rechten Endpunkt befindet sich die zweite Uhr, die wir mit U_v^* bezeichnen wollen. Diese soll also mit U_v^o synchronisiert werden. Dazu bezeichnen wir mit A dasjenige Ereignis, für welches sich der rechte Endpunkt der Meßstrecke mit der Uhr U_v^* gerade am Koordinatenursprung des Bezugssystems Σ_o befindet:

Die beiden Uhren U_v^o und U_v^* laufen genau dann synchron im Sinne unseres elementaren Relativitätsprinzips, wenn wir den Zeiger von U_v^* zum Ereignis A auf die Stellung $t_A' = \frac{-\Delta x'}{v}$ bringen. Wenn der Koordinatenursprung, der sich unserem Prinzip gemäß für Σ' mit $-v$ bewegt, am linken Endpunkt der Meßstrecke ankommt, dem Koordinatenursprung von Σ', hat sich der Zeiger von U_v^* um $\frac{\Delta x'}{v}$ fortbewegt, steht also ebenso auf 0 wie der Zeiger von U_v^o in Übereinstimmung mit unserer Anfangsbedingung. Damit ist für die beiden Uhren eine Synchronisation, d.h. eine Gleichzeitigkeit in Σ' definiert, gemäß welcher für das Bezugssystem Σ_o die Geschwindigkeit $-v$ festgestellt wird, wie es unser Ziel war, vgl. Bild 37. Berücksichtigen wir noch (107a) für $\Delta x'$, so wird das Ereignis A durch den Beobachter in Σ' folgendermaßen beschrieben,

$$\Sigma' : \; A \; \left(x_2' = \Delta x' = \frac{\Delta x}{\sqrt{1 - \frac{v^2}{c_o^2}}}\,, \; t_A' = \frac{-\Delta x}{v\sqrt{1 - \frac{v^2}{c_o^2}}}\right). \tag{129}$$

Für den Beobachter in Σ_o findet das Ereignis A voraussetzungsgemäß bei $x_2 = 0$ statt. Dort befindet sich seine Uhr U_o. Da die Meßstrecke ΔX in Σ_o definitionsgemäß die Maßzahl Δx besitzt, stellt der Beobachter in Σ_o für den linken Endpunkt, der sich mit $+v$ auf ihn zubewegt, die Koordinate $-\Delta x$ fest, wie wir das in Bild 37 eingezeichnet haben. Der linke Endpunkt der Meßstrecke trifft daher nach der Zeitspanne $\frac{\Delta x}{v}$ bei ihm ein, wo der Zeiger von seiner, am Koordinatenursprung befindlichen Uhr U_o auf der Stellung 0 steht. Zum Ereignis A steht der Zeiger der bei $x_2 = 0$ befindlichen Uhr U_o daher auf der Zeitkoordinate $t_A = \frac{-\Delta x}{v}$, also insgesamt

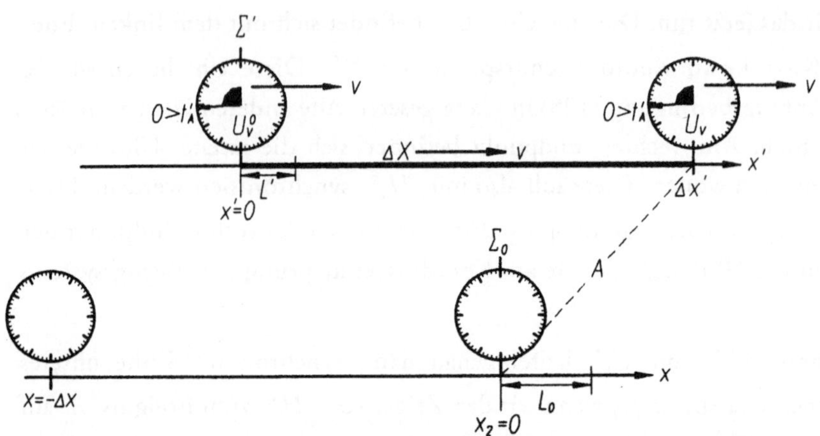

Bild 37. Die Synchronisation der beiden Uhren U_v^o und U_v^* im Bezugssystem Σ'. Dazu haben wir das Ereignis A dadurch definiert, daß der rechte Endpunkt der in Σ' ruhenden Meßstrecke ΔX im Bezugssystem Σ_o gerade die Koordinate $x_2 = 0$ hat. Wir nehmen wieder wie in Bild 35 eine Geschwindigkeit von $v = 0,8\ c_o$ an mit einem Faktor $\gamma = 0,6$. Ferner eichen wir die Uhren wie in Bild 34 mit $\Delta t_o = \frac{2\,\Delta x}{c_o} = 15$. Für die Zeigerstellung t_A' errechnet sich damit aus (129) eine Maßzahl $t_A' = -\Delta t_o \frac{c_o}{2\,v\,\gamma} = -15,6$. Die gestrichelte Linie verbindet wieder die beiden Punkte, die ein und dasselbe Ereignis beschreiben sollen, nämlich das Ereignis A. Die Zeitkoordinate dieses Ereignisses in Σ_o müssen wir dabei noch ermitteln.

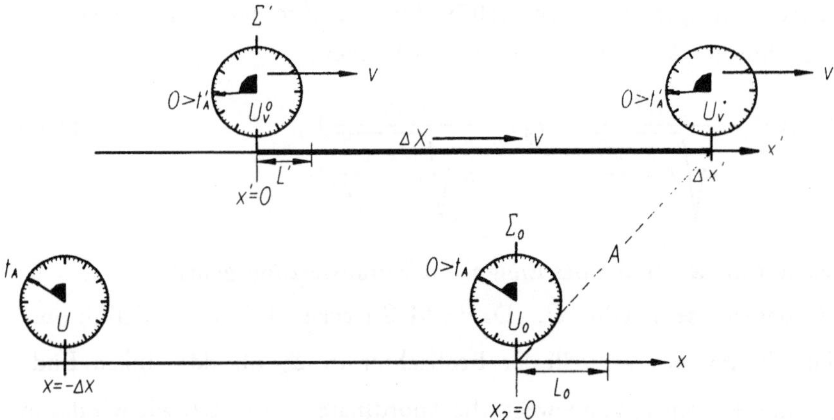

Bild 38. Zum Ereignis A begegnen sich die Uhren U_v^* und U_o. Die Stellungen ihrer Zeiger können dabei unmittelbar verglichen werden. Die Maßzahl t_A für die von U_o angezeigte Zeit berechnet sich nach (129) und (130) mit $t_A' = -15,6$ zu $t_A = \gamma\ t_A' = -9,4$. Die gestrichelte Linie verbindet wieder die beiden Punkte, die das Ereignis A beschreiben. Die beiden linken Endpunkte können nicht durch eine gestrichelte Linie verbunden werden, da wir dort zwei verschiedene Ereignisse eingezeichnet haben, wie weiter unten noch erklärt wird.

$$\Sigma_o : A \ (x_2 = 0 \ , \ t_A = \frac{-\Delta x}{v}) \ . \tag{130}$$

Damit ergibt sich das Bild 38.

Das Zusammentreffen der beiden Koordinatenursprünge ist das Ereignis O mit den Orts- und Zeitkoordinaten gemäß unserer Anfangsbedingung (128). Gemäß (130) verstreicht also vom Ereignis A bis zum Zusammentreffen der beiden Koordinatenursprünge, dem Ereignis O, in Σ_o die Zeit Δt_A ,

$$\Delta t_A = \frac{\Delta x}{v} \ . \tag{131}$$

Der Zeiger der in bezug auf Σ_o bewegten Uhr U_v^* rückt dabei wegen der Zeitdilatation (115a) langsamer voran, nämlich nur um $\Delta t_A'$,

$$\Delta t_A' = \Delta t_A \sqrt{1 - \frac{v^2}{c_o^2}} = \frac{\Delta x}{v} \sqrt{1 - \frac{v^2}{c_o^2}} \ . \tag{132}$$

Der Zeiger von U_v^* befindet sich daher beim Zusammentreffen der beiden Koordinatenursprünge auf der Stellung $t_B' = t_A' + \Delta t_A'$, also mit (129) und (132)

$$t_B' = \frac{-\Delta x}{v\sqrt{1 - \frac{v^2}{c_o^2}}} + \frac{\Delta x}{v}\sqrt{1 - \frac{v^2}{c_o^2}} = \frac{-\Delta x}{v} \left(\frac{1}{\sqrt{1 - \frac{v^2}{c_o^2}}} - \sqrt{1 - \frac{v^2}{c_o^2}} \right) .$$

und damit

$$t_B' = \frac{-\frac{\Delta x \, v}{c_o^2}}{\sqrt{1 - \frac{v^2}{c_o^2}}} \ , \tag{133}$$

Das Ereignis B wird also von den beiden Bezugssystemen folgendermaßen beurteilt,

$$\Sigma' : B \; \left(x_2' = \Delta x' \, , \; t_B' = \frac{-\Delta x \, v}{c_0^2 \sqrt{1 - \frac{v^2}{c_0^2}}}\right) \, , \tag{134}$$

$$\Sigma_0 : B \; (x_2 = \Delta x \, , \; t_B = 0) \, . \tag{135}$$

Die Zeigerstellungen der Σ' - Uhren U_v^o und U_v^* zu der einheitlichen Zeit $t_0 = 0$ des Bezugssystems Σ_0 haben wir in Bild 39 dargestellt. Hier werden also zwei Ereignisse, nämlich O und B veranschaulicht.

Die Länge Δx der Meßstrecke in Σ_0 ist natürlich beliebig. D. h., (133) beschreibt ganz allgemein die Differenz der Zeigerstellungen $\Delta t' = t' = t'(\Delta x, 0)$ derjenigen Uhren von Σ', die zu der in Σ_0 einheitlichen Zeit $t = 0$ gehören. Für $t = 0$ ist aber $\Delta x = x$, da sich der Anfangspunkt der Meßstrecke am Koordinatenursprung befindet. Für (133) können wir daher auch schreiben

$$t'(x, 0) = \frac{-\frac{x\,v}{c_0^2}}{\sqrt{1 - \frac{v^2}{c_0^2}}} \, . \tag{136}$$

Das ist unsere gesuchte Formel für die Synchronisation der Σ' - Uhren, wie sie sich für die Zeit $t = 0$ von Σ_0 aus darstellt, vgl. Bild 40.

Etwas allgemeiner gelesen, beschreibt die Formel (133) die Differenz $\Delta t'$ der Zeigerstellungen von zwei in Σ' ruhenden Uhren, die zu einer in Σ_0 einheitlichen Zeit t_0 dort die Positionen x_0 bzw. $x_0 + \Delta x$ einnehmen gemäß

$$\Delta t' = \frac{-\frac{\Delta x \, v}{c_0^2}}{\sqrt{1 - \frac{v^2}{c_0^2}}} \, . \tag{136a}$$

Wegen des Minuszeichens im Zähler muß für $\Delta x > 0$ und $v > 0$ die bei $x_0 + \Delta x$ befindliche Uhr gegenüber der bei x_0 befindlichen Uhr zurückgestellt werden, s. Bild 40.

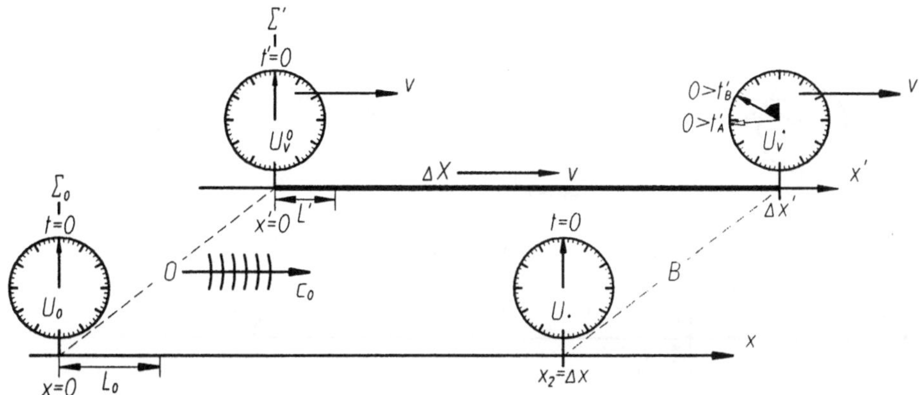

Bild 39. Für $t = 0$ und $x = 0$ ist auch $t' = 0$ und $x' = 0$. Das ist unser Ereignis O. Der Zeiger von U_v^o steht auf 0. Für $t = 0$ besitzt die am rechten Endpunkt der Meßstrecke angebrachte Σ' - Uhr U_v^* im Bezugssystem Σ_o die Koordinate dieses Endpunktes, also $x_2 = \Delta x$. Das Ereignis B hat gemäß (135) in Σ_o die Koordinaten $x = \Delta x$ und $t = 0$ und gemäß (136) in Σ' die Koordinaten $x' = \Delta x'$ und t_B'. Für die Stellung des Zeigers von U_v^* haben wir in (133) die Maßzahl t_B' ausgerechnet. Für die hier betrachteten Werte $v = 0{,}8\ c_o$, also $\gamma = 0{,}6$, und mit der Maßzahl $\Delta t_o = \frac{2\Delta x}{c_o} = 15$ ergibt das $t_B' = -\Delta t_o \frac{v}{2c_o\gamma} = -10$. Wieder haben wir Punkte, die ein und dasselbe Ereignis beschreiben, durch gestrichelte Linien verbunden. Das sind die Ereignisse O und B. In Übereinstimmung mit den Formeln (134) und (135) lesen wir unmittelbar aus dem Bild ab: Die beiden Ereignisse O und B, die im Bezugssystem Σ_o gleichzeitig stattfinden, sind im Bezugssystem Σ' nicht gleichzeitig. Während der Beobachter in Σ_o beim Ereignis B behauptet, "jetzt" wird am Koordinatenursprung ein Signal gestartet, wie wir dies im Bild angedeutet haben, widerspricht der Beobachter in Σ' beim Ereignis B und behauptet, das Signal wird nicht "jetzt" gestartet, sondern später, zum Zeitpunkt $t' = 0$. Für den Beobachter in Σ' findet das Ereignis B nämlich zu einer Zeit $t_B' < 0$ statt. Es gibt kein "jetzt", das für beide Beobachter gleichermaßen einen wohl definierten Sinn hätte.

Damit haben wir gleichzeitig einen weiteren Kernsatz der Speziellen Relativitätstheorie gewonnen: Zwei Ereignisse, hier die Ereignisse O und B, die in dem einen Bezugssystem gleichzeitig sind, hier gemäß (128) und (135) mit $t = 0$ in Σ_o, sind in einem dazu bewegten Bezugssystem nicht mehr gleichzeitig, hier in Σ' mit $t' = 0$ für das Ereignis O, aber $t_B' < 0$ gemäß (133) für das Ereignis B. Aus Bild 39 ist dies unmittelbar ersichtlich. Die Größe der Differenz $t_B' - t_B$ wird durch die Signalgeschwindigkeit c_o bestimmt. Wir halten fest:

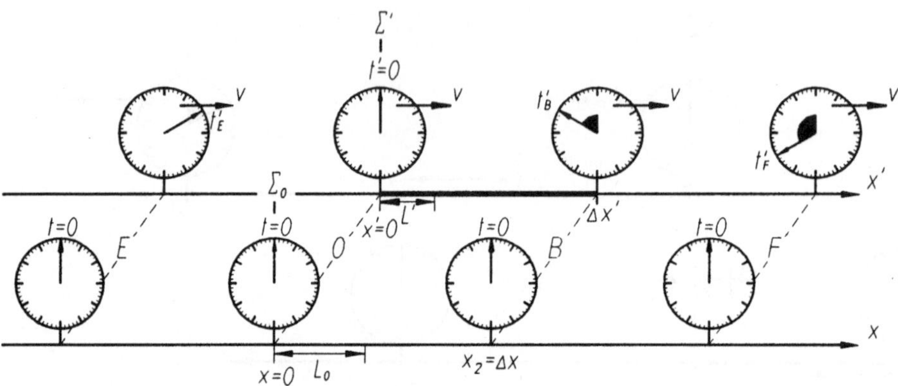

Bild 40. Zeigerstellung der in Σ' synchronisierten Uhren zu der im Bezugssystem Σ_0 einheitlichen Zeit $t = 0$. Punkte, die zu ein und demselben Ereignis gehören, sind wieder durch gestrichelte Linien verbunden. Außer den Ereignissen O und B, wie in Bild 39, sind noch zwei weitere Ereignisse E und F eingetragen. Die Zeigerstellungen der Uhren von Σ' sind nach der Formel (133) berechnet. Dabei haben wir wieder den Fall $v = 0{,}8\ c_0$, also $\gamma = 0{,}6$, betrachtet und die Uhren wie in den vorangegangenen Bildern so geeicht, daß die Maßzahl $\Delta t_0 = \frac{2\Delta x}{c_0}$ den Wert $\Delta t_0 = 15$ hat, also der Stellung "Viertel" entspricht. Für die Ereignisse E, O, B, F errechnet man mit (133) im Bezugssystem Σ' dann der Reihe nach für die Zeiten die Maßzahlen $t'_E = 10$, $t' = 0$, $t'_B = -10$, $t'_F = -20$.

Die Gleichzeitigkeit zweier Ereignisse ist eine Eigenschaft, die nur für dasjenige Bezugssystem gilt, in welchem sie gemessen wurde. Die Größe der Abweichung von der Gleichzeitigkeit hängt von der Signalgeschwindigkeit ab.

Aus der Formel (133) lesen wir insbesondere ab: Nur für den Grenzfall einer vom Bezugssystem unabhängigen, unendlich großen Signalgeschwindigkeit entstünde eine vom Bezugssystem unabhängige, absolute Gleichzeitigkeit. Die Beschreibung der Gravitation, der universellen Massenanziehung, durch Newton geht von einer derartigen verzögerungsfreien Wechselwirkung aus. In der Newtonschen Gravitationstheorie ist die Hypothese enthalten, daß sich die Anziehungskräfte der Massen mit einer unendlich großen Geschwindigkeit durch den Raum ausbreiten , daß diese infolgedessen überall ohne Verzögerung präsent sind. Eine solche Darstellung ist zwar mathematisch konsistent durchführbar, gerät aber bei genauerer Überprüfung mit unserem Weltbild in Konflikt und kann experimentell falsifiziert werden.

Die Kritik an der durch die Newtonsche Gravitationstheorie Vorschub geleisteten

Auffassung von einer absoluten, also vom Bezugssystem unabhängigen Gleichzeitigkeit geht auf H. Poincaré zurück, vgl. [51] bzw. die deutsche Übersetzung in [52]. Eine konsequente und quantitative Fassung der Relativität der Gleichzeitigkeit findet sich aber erst in der Einsteinschen Arbeit [7] aus dem Jahre 1905. In dieser Arbeit ergibt sich der Satz von der Relativität der Gleichzeitigkeit als eine Konsequenz aus dem Prinzip von der universellen Konstanz der Signalgeschwindigkeit (dort die Lichtgeschwindigkeit c_L) [20]. Wir sind hier einen anderen Weg gegangen und erhalten dasselbe Ergebnis als eine Konsequenz aus der Lorentzkontraktion und der Zeitdilatation von Längenmaßstäben bzw. Uhren, die sich in bezug auf das zunächst immer noch ausgezeichnete Bezugssystem Σ_0 bewegen und unter Berufung auf unser elementares Relativitätsprinzip zur Synchronisation von Uhren in den bewegten Systemen Σ'. Wie wir oben gesehen haben, brauchen wir diese Synchronisationsvorschrift, um sicher zu stellen, daß Geschwindigkeiten in den beiden Bezugssystemen mit demselben Maß gemessen werden, wodurch wir deren Maßzahlen überhaupt erst sinnvoll miteinander vergleichen können.

Da die Konsequenzen aus der Synchronisation von Uhren im Zusammenhang mit der Zeitdilatation der bewegten Uhren und der Lorentzkontraktion der bewegten Maßstäbe unsere Denkgewohnheiten so grundsätzlich berühren, wollen wir noch einmal abschweifen.

Setzen wir uns einmal über unser elementares Relativitätsprinzip hinweg, so könnten wir rein formal auch eine andere Vorschrift wählen, nach der die Uhren in Σ' in Gang zu setzen sind, z.B. diese: Wir betrachten wieder den im Bezugssystem Σ_0 durch die Stellung der "ruhenden" Uhren definierten Zeitpunkt $t = 0$. In Σ' mögen überall hinreichend viele der "bewegten" Uhren verteilt sein. Jede dieser Uhren setzen wir bei dem Ereignis mit der Stellung $t' = 0$ in Gang, bei welchem auch die mit ihr zusammentreffende Uhr aus Σ_0 gerade auf $t = 0$ steht. In Bild 40 brauchten wir dazu bloß die Σ' - Uhren um einen zu der Entfernung vom Koordinatenursprung proportionalen Betrag vorzustellen. Damit sind dann per Definition zwei Ereignisse, die in Σ_0 gleichzeitig stattfinden, auch im bewegten Bezugssystem Σ' gleichzeitig. Unser Gleichzeitigkeitsbedürfnis wäre damit befriedigt. Die

[20] Die Korrektur der Newtonschen Gravitationstheorie war indessen damit allein nicht zu bewältigen. Die konsequente Einbeziehung der universellen Gravitation in die Physik wirft grundsätzlich neue Fragen auf, deren Lösung A. Einstein im Jahre 1915 mit seiner allgemeinen Relativitätstheorie gelungen ist. Die meßbaren Effekte dieser Theorie sind unter "irdischen Bedingungen" sehr klein. Bei der Darstellung der speziell relativistischen Phänomene kann der Einfluß der Gravitation außeracht gelassen werden, wie wir das hier durchweg voraussetzen.

Σ' - Uhren unterliegen nun nach wie vor der Zeitdilatation, so daß zwar für $t = 0$ in Σ_0 auch alle Σ' - Uhren auf $t' = 0$ stehen. Für eine beliebige Zeit t gilt aber $t' = \gamma t$. Und wenn wir in der Formel (107a) für Δx gemäß (124) noch $x - vt$ setzen, so gilt für die Koordinaten $x' = \frac{x - vt}{\gamma}$. Wir erhalten also einschließlich der Umkehrungen insgesamt

$$\left.\begin{array}{ll} x' = \dfrac{x - v\,t}{\gamma}\,, & x = \gamma\, x' + \dfrac{v}{\gamma} t'\,, \\[2ex] t' = \gamma\, t\,, & t = \dfrac{1}{\gamma} t'\,. \end{array}\right\} \quad \textit{Absolute Gleichzeitigkeit} \quad (137)$$

Hieraus liest man für $x = 0$ sofort die von Σ' aus gemessene Geschwindigkeit des Koordinatenursprungs von Σ_0 ab, nämlich $v' = \frac{x'}{t'} = \frac{-v}{\gamma^2}$. Wenn der Beobachter im Bezugssystem Σ_0 für das System Σ' eine Geschwindigkeit v feststellt, dann mißt der Beobachter in Σ' für das Bezugssystem Σ_0 also eine Geschwindigkeit $v' = \frac{-v}{1 - \frac{v^2}{c_0^2}}$. Allgemein würde aus (137) für eine in Σ_0 mit der konstanten Geschwindigkeit u ablaufende Bewegung $x(t) = u \cdot t$ folgen $\gamma x' + \frac{v}{\gamma} t' = u \frac{1}{\gamma} t'$, also $x' = u' \cdot t'$ mit $u' = \frac{u - v}{\gamma^2}$. Während also der Beobachter in Σ_0 immer nur Geschwindigkeiten beobachten kann, die vom Betrage her kleiner als c_0 bleiben (man denke an die bewegten Maßstäbe und Uhren), so stellt der Beobachter in Σ' Geschwindigkeiten u' fest, die wegen des Faktors $1/\gamma^2$ vom Betrage her beliebig groß werden können, wenn seine Geschwindigkeit v gegenüber Σ_0 entsprechend wenig von c_0 abweicht. Wenn man aber diese Merkwürdigkeiten als einen Ausdruck für die Verschiedenartigkeit dieser Bezugssysteme und die Auszeichnung eben des einen Bezugssystems Σ_0 gelten lassen will, so kann man eben gerade das nicht aufrechterhalten. Mit (137) hätten wir im Bezugssystem Σ' nur eine Beschreibung eingeführt, die uns den Blick für eine wichtige Symmetrie der hier betrachteten Phänomene des Festkörpers versperrt. Auf die grundlegende Bedeutung einer Definition der Gleichzeitigkeit zweier Ereignisse für die Beschreibung der Naturvorgänge hat H. Poincaré in einem berühmten Aufsatz, s. [51], bereits 1898 aufmerksam gemacht. Poincaré schreibt, vgl. die deutsche Übersetzung von [51] in [52], "Die Gleichzeitigkeit zweier Ereignisse oder ihre Reihenfolge und die Gleichzeitigkeit zweier Zeiträume müssen derart definiert werden, daß der Wortlaut der

Naturgesetze so einfach wie möglich wird."

Aufbauend auf der Synchronisationsvorschrift der Σ' - Uhren mit Hilfe des elementaren Relativitätsprinzips werden wir nachfolgend die Messung der Signalgeschwindigkeit c_0' in Σ' behandeln. Im Anschluß daran können wir in den beiden nächsten Kap. zeigen, daß dieses Bezugssystem (und mit ihm alle anderen Systeme, die sich mit einer konstanten Geschwindigkeit gegenüber Σ_0 bewegen) mit Σ_0 nun vollständig gleichberechtigt ist. Worauf es hier ankommt, ist der Nachweis für die Existenz einer solchen Synchronisationsvorschrift, für die wir eine derartige Symmetrie der Bezugssysteme erhalten. Im Anhang, in Kap. 23, bringen wir darüber hinaus ein direktes Beispiel für das oben gegebene Zitat von Poincaré. Wir werden dort ausführen, daß die sog. strukturellen Eigendehnungen, welche durch beliebige Versetzungen und bei beliebiger Kristallsymmetrie erzeugt werden, in allen Bezugssystemen Σ' ein und dieselbe d'Alembertsche Wellengleichung erfüllen. Dies ist ein in dieser Allgemeinheit überraschend einfaches Ergebnis.

Kommen wir also zur Signalgeschwindigkeit c_0', die der Beobachter in Σ' mißt.

Zu diesem Zweck schicken wir das von Σ_0 mit der Geschwindigkeit c_0 bewertete Signal auf die Meßstrecke mit dem Ziel, dessen Wert c_0' in Σ' zu bestimmen. Wir starten das Signal wieder am gemeinsamen Koordinatenursprung, unserem Ereignis O. Die Beobachter in Σ_0 und Σ' registrieren also am Anfangspunkt der in Σ' ruhenden Meßstrecke $\Delta X = \Delta x \cdot L_0 = \Delta x' \cdot L$ dieselbe Startzeit $t_0 = t_0' = 0$. Die Laufzeit $\Delta t_*'$ des Signals im Bezugssystem Σ' bis zum Endpunkt der Strecke kann unmittelbar als Zeigerstellung der in Σ' synchronisierten Uhr U_v^* abgelesen werden. Das Eintreffen des Signals bei der Uhr U_v^* wollen wir das Ereignis C nennen. Ermitteln wir also die Zeigerstellung $\Delta t_*'$ der Uhr U_v^* zum Ereignis C. Von Σ_0 aus können wir feststellen, daß sich der Zeiger von U_v^* für $x = \Delta x$ und $t = 0$ gemäß (133) auf der Stellung t_B' befindet, wie wir das oben auch in unserem Zahlenbeispiel berechnet haben, vgl. Bild 39. Von Σ' aus beurteilt, läuft das Signal noch gar nicht, weil t_B' negativ ist und das Signal erst bei $t_0' = 0$ startet. (Dieser Effekt gleicht die von Σ_0 aus gesehene, verzögerte Geschwindigkeit $c_0 - v$ des Signals gerade aus, wie wir gleich sehen werden). Wieder von Σ_0 aus beurteilt, hat die Laufzeit des Signals vom Start bis zum Endpunkt der Meßstrecke gemäß (125) die Maßzahl $\Delta t_{\rightarrow} = \frac{\Delta x}{c_0 - v}$. Wegen der Zeitdilatation rückt der Zeiger auf der bewegten Uhr U_v^* während dieser Σ_0-Zeit aber nur um $\Delta t_{\rightarrow}' = \Delta t_{\rightarrow} \sqrt{1 - \frac{v^2}{c_0^2}}$ vor, so daß er am Ende auf der Stellung $\Delta t_*'$ steht gemäß $\Delta t_*' = \Delta t_{\rightarrow}' + t_B'$, also mit (133),

$$\Delta t_*' = \Delta t_{\rightarrow} \sqrt{1-\frac{v^2}{c_o^2}} + \frac{-\frac{\Delta x\, v}{c_o^2}}{\sqrt{1-\frac{v^2}{c_o^2}}} \; . \tag{138}$$

Das Ereignis C, das Eintreffen des Signals bei U_v^*, wird daher von beiden Bezugssystemen aus folgendermaßen beschrieben,

$$\Sigma' : \; C\left(x_2' = \Delta x', \; t_C' = \Delta t_*' = \Delta t_{\rightarrow} \sqrt{1-\frac{v^2}{c_o^2}} + \frac{-\frac{\Delta x\, v}{c_o^2}}{\sqrt{1-\frac{v^2}{c_o^2}}}\right) , \tag{139}$$

$$\Sigma_o : \; C\left(x_2 = \Delta x , \; t_C = \Delta t_{\rightarrow}\right) . \tag{140}$$

Das Eintreffen des Signals bei der Uhr U_v^* haben wir in Bild 41 dargestellt. Mit (107a) und (138) finden wir für die Geschwindigkeit c_o' in Σ'

$$c_o' = \frac{\Delta x'}{\Delta t_*'} = \frac{\frac{\Delta x}{\sqrt{1-\frac{v^2}{c_o^2}}}}{\Delta t_{\rightarrow} \sqrt{1-\frac{v^2}{c_o^2}} + \frac{-\frac{\Delta x\, v}{c_o^2}}{\sqrt{1-\frac{v^2}{c_o^2}}}} = \frac{\Delta x}{\Delta t_{\rightarrow}\left(1-\frac{v^2}{c_o^2}\right) - \frac{\Delta x\, v}{c_o^2}} \; ,$$

und, wenn wir hier gemäß (125) noch $\frac{\Delta x}{\Delta t_{\rightarrow}} = c_o - v$ berücksichtigen,

$$c_o' = \frac{c_o - v}{1 - \frac{v^2}{c_o^2} - (c_o - v)\frac{v}{c_o^2}} = c_o^2 \frac{c_o - v}{c_o^2 - v^2 - c_o v + v^2} = c_o^2 \frac{c_o - v}{c_o (c_o - v)} \; ,$$

und damit tatsächlich , s. [1],

$$c_o' = c_o \; . \qquad (141)$$

Das ist nun in der Tat ein bemerkenswertes, jeder Alltagserfahrung mit Geschwindigkeiten zuwiderlaufendes Ergebnis. Wenn die Signalgeschwindigkeit c_o in nur einem einzigen Bezugssystem isotrop ist - wir waren von der Isotropie in Σ_o ausgegangen - dann ist sie auf Grund des Verhaltens der Maßstäbe und Uhren in jedem anderen, gegenüber Σ_o mit einer beliebigen, konstanten Geschwindigkeit v bewegten Bezugssystem Σ' ebenfalls isotrop, und für diese Geschwindigkeit wird stets ein und denselbe Zahlenwert beobachtet, wenn wir nur die Uhren in den bewegten Systemen nach unserem elementaren Prinzip der Relativität synchronisieren:
Zwei relativ zueinander mit einer konstanten Geschwindigkeit v bewegte Beobachter messen stets ein und dieselbe Signalgeschwindigkeit c_o.
Genau das ist aber der Kernsatz der Speziellen Relativitätstheorie.
Anders ausgedrückt: Das Ergebnis einer Messung der Signalgeschwindigkeit c_o ist unabhängig davon, ob wir relativ zu dem Sender des c_o - Signals ruhen oder uns mit einer Geschwindigkeit v auf diesen Sender zu- oder von ihm fortbewegen. Die Äquivalenz zur Speziellen Relativitätstheorie mit der Lichtgeschwindigkeit c_L ist damit perfekt. Für die inneren Beobachter in unserem Kristall ist die Signalgeschwindigkeit c_o (bzw. mit einer gewissen Berechtigung auch die transversale Schallgeschwindigkeit c_T) eine "absolute Naturkonstante". Das müssen wir noch einmal hervorheben:
Die Signalgeschwindigkeit c_o der sine - Gordon - Gleichung ist für die inneren Beobachter des Kristalls eine "absolute Naturkonstante".
Wir bemerken noch: Die Relativität der Gleichzeitigkeit haben wir *vor* der universellen Konstanz der Signalgeschwindigkeit c_o auf Grund des uns primär bekannten Verhaltens der Uhren und Maßstäbe und mit Hilfe unserer Synchronisationsvorschrift gemäß dem elementaren Relativitätsprinzip gewonnen. Steht die universelle Konstanz von c_o aber erst einmal fest, dann können wir die Relativität der Gleichzeitigkeit für die inneren Beobachter des Kristalls natürlich ebenso demonstrieren, wie dies für uns "äußere Experimentatoren" i.a. mit dem Licht praktiziert wird: Für einen Beobachter in Σ' sind zwei c_o - Signale, die von den Endpunkten unserer Meßstrecke in Richtung Mittelpunkt geschickt werden, genau dann gleichzeitig

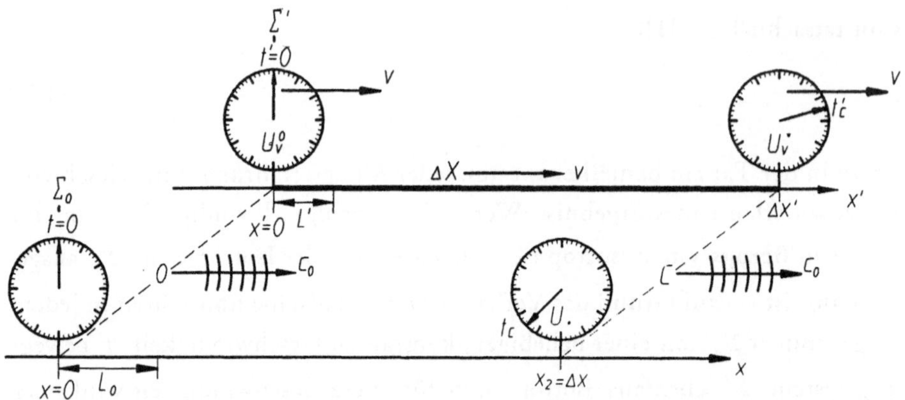

Bild 41. Alle Uhren sind synchronisiert. Das Eintreffen des Signals am rechen Endpunkt der Meßstrecke ΔX ist das Ereignis C. Der Beobachter in Σ_0 mißt dafür die Zeit $t_C = \Delta t_{\rightarrow}$, während der Beobachter in Σ' auf seiner Uhr U_v^* die Zeit $t_C' = \Delta t_*'$ abliest. Wir betrachten wieder den Fall $v = 0{,}8\ c_0$, also $\gamma = 0{,}6$, und eichen die Uhren wieder so, daß wir für die Maßzahl $\Delta t_0 = \frac{2\Delta x}{c_0}$ den Wert $\Delta t_0 = 15$ erhalten. Damit hatten wir in Bild 35 den Zahlenwert $\Delta t_{\rightarrow} = 37{,}5$ berechnet, so daß in Σ_0 der Zeiger von U_* auf $t_C = 37{,}5$ steht. Für die Zeigerstellung von U_v^* in Σ' berechnen wir unter Verwendung von $t_B' = -10$ aus Bild 39, vgl. auch (138), $t_C' = \Delta t_*' = \gamma\,\Delta t_{\rightarrow} + t_B' = 0{,}6 \cdot 37{,}5 - 10 = 12{,}5$. Berücksichtigen wir noch $\Delta x = \frac{\Delta t_0}{2} c_0$, also $\Delta x' = \frac{1}{\gamma}\frac{\Delta t_0}{2} c_0 = \frac{15}{0{,}6 \cdot 2} c_0$, so registriert der Beobachter in Σ' für die Geschwindigkeit c_0', die das Signal zwischen den Ereignissen O und C besitzt, den Wert $c_0' = \frac{\Delta x'}{\Delta t_*'} = \frac{15}{0{,}6 \cdot 2 \cdot 12{,}5} c_0 = c_0$.

losgeschickt worden, wenn sie sich genau im Mittelpunkt der Strecke treffen. (Man macht sich leicht klar, daß beide Beobachter denselben Punkt der Meßstrecke als deren Mittelpunkt ausmachen). Für einen Beobachter in Σ_0 braucht das Signal, welches von links kommt, also in Bewegungsrichtung der Meßstrecke läuft, nach unserer Formel (125) bis zum Mittelpunkt $\frac{\Delta x}{2}$ der Strecke die Zeit $\Delta t_{\rightarrow} = \frac{\frac{1}{2}\Delta x}{c_0 - v}$,

während das von rechts kommende Signal die kleinere Zeit $\Delta t_{\leftarrow} = \frac{\frac{1}{2}\Delta x}{c_0 + v}$ benötigt. Das von rechts kommende Signal muß daher später losgeschickt worden sein als das von links kommende, wenn sie sich in der Mitte treffen sollen. Nach dem Urteil des Beobachters in Σ_0 erfolgte die Aussendung der beiden Signale also nicht gleichzeitig. Die Bezugssysteme Σ_0 und Σ' erweisen sich als vollkommen gleichberechtigt. Von Σ_0 aus betrachtet, stellen wir fest:

Die Koordinaten x' *und* t' *sind die Maßzahlen der Längen- und Zeitmessung im Bezugssystem* $\Sigma'(x', t')$ *mit den Maßeinheiten* L' *und* T'.
Die traditionelle Methode zur Herleitung der Speziellen Relativitätstheorie mit ihrer a priori postulierten, universellen Konstanz einer Signalgeschwindigkeit für alle zueinander gleichförmig bewegten Beobachter haben wir damit auf den Kopf gestellt. Im Grunde genommen haben wir dabei nichts anderes gemacht, als die FitzGerald-Lorentzsche Kontraktionshypothese, s. die Arbeiten [41] - [43], konsequent weitergeführt zu haben, um am Ende daraus die vollständige Spezielle Relativitätstheorie zu erhalten. Die heute immer noch vertretene Auffassung, diese Hypothese würde der Speziellen Relativitätstheorie widersprechen, wird damit widerlegt. In dem bekannten Standardlehrbuch zur Elektrodynamik unter Einbeziehung der Speziellen Relativitätstheorie von R. Becker und F. Sauter wird die FitzGerald-Lorentzsche Hypothese beispielsweise folgendermaßen beurteilt: "Obwohl diese Hypothese als unmittelbarer Vorläufer der Relativitätstheorie anzusehen ist, widerspricht sie doch dem Grundprinzip der Relativität. Wenn nämlich der mitbewegte Beobachter seinen mitgeführten Maßstab mit einem ruhenden Maßstab vergleicht, so würde er natürlich nur bestätigen können, daß sein eigener Maßstab wirklich verkürzt ist. Damit wäre es prinzipiell möglich, den Zustand der absoluten Ruhe experimentell festzustellen, indem man beobachtet, welcher von mehreren verschieden schnell bewegten Einheitsmaßstäben die größte Länge besitzt", s. [53]. Wo liegt in dieser Argumentation der Fehler? Die Autoren übersehen, daß der auf dem bewegten Maßstab sitzende Beobachter, der sich also im Bezugssystem Σ' befindet, gar nicht in der Lage ist, die Länge eines in Σ_0 ruhenden, also in bezug auf ihn bewegten Maßstabes zu messen, wenn er nicht vorher nach einer wohl definierten Vorschrift seine Uhren synchronisiert hat. Denn diese Länge ist definitionsgemäß nichts anderes als die Differenz der *gleichzeitigen* Koordinaten ihrer Endpunkte in Σ'. Da aber der bewegte Beobachter bei H. A. Lorentz noch über keine Synchronisationsvorschrift seiner Uhren verfügt, ist bei ihm weder eine zeitliche Ordnung von Ereignissen noch die Länge eines bewegten Maßstabes überhaupt definiert. -Richtig ist, daß FitzGerald und Lorentz in der Tat annehmen, es gäbe einen Äther, welcher ein absolutes Bezugssystem definiert und daß sich alle Maßstäbe bei ihrer Bewegung relativ zu diesem Bezugssystem verkürzen. Ein ebensolches Verhalten zeigen unsere Kinken bei ihrer Bewegung relativ zum Kristallgitter, wie wir ausführlich in Kap. 10 besprochen haben. Wir wissen aber nun, daß dieser Äther bei einer konsequenten Fortsetzung dieser Hypothese tatsächlich aus der Theorie wieder herausfällt. Dazu

muß die Längenkontraktion der Maßstäbe zunächst ergänzt werden durch die Zeitdilatation einer bewegten Uhr. Auch dabei ist erst einmal angenommen, daß sich die Uhr relativ zu dem ausgezeichneten Bezugssystem Σ_0 bewegt. Bis hierher liegt also in der Tat noch keine Relativität vor. Diese Relativität entsteht aber, wenn wir nun in dem Bezugssystem Σ' eine Synchronisation der Uhren durchführen, die wir auf unser elementares Relativitätsprinzip gründen. Erst dann können wir auch in Σ' eine zeitliche Ordnung von Ereignisse herstellen sowie Längen von bewegten Maßstäben messen und miteinander vergleichen. In Kap. 14, s. auch Bild 42 und Bild 43, haben wir dies explizit durchgeführt. Auf der Grundlage unserer Axiomatik erhalten wir mit einem Schlag das Einsteinsche Relativitätsprinzip und damit die vollständige Spezielle Relativitätstheorie. - Der Weg, den wir hier für den Kristall mit seiner Grenzgeschwindigkeit c_0 gegangen sind, ist natürlich ebenso für die Spezielle Relativitätstheorie mit der Lichtgeschwindigkeit c_L wohl definiert.

Wir konnten hier von vornherein auf diese Weise vorgehen, da wir physikalisch in der beneidenswerten Situation waren, Maßstäbe und Uhren als Lösungen einer physikalischen Gleichung, der sine - Gordon - Gleichung, zu konstruieren, wodurch deren Verhalten *berechenbar* wurde. Offensichtlich ist dies eine unvergleichlich einfachere Situation, als jene, vor der die Physiker um die Jahrhundertwende mit der Frage nach der Elektrodynamik in bewegten Bezugssystemen gestanden haben. Der Verfasser reiht sich freimütig in die Schar derjenigen ein, die aus dem Teufelskreis um die Konstanz der Lichtgeschwindigkeit jeden Schluß zu ziehen bereit gewesen wären, nur nicht den, daß ausgerechnet unsere Uhren ihren Gang ändern und sich die Maßstäbe verkürzen. Und doch war dies und nur dies der Schlüssel zur Lösung des Problems, welches wir durch die besonderen mechanischen Verhältnisse in einem kristallinen Festkörper nun auch anschaulich nachvollziehen können. Auf die Axiomatik der Speziellen Relativitätstheorie kommen wir in Kap. 14 zurück.

Wir wollen uns jetzt klarmachen, daß auch wirklich alle Konsequenzen der SRT ohne jede Einschränkung auf unseren Kristall zutreffen und was dies im einzelnen bedeutet. Von besonderem Interesse ist dabei der Umstand, daß wir mit unserer, auf der Mechanik beruhenden SRT, viel leichter an die Grenzen ihrer Gültigkeit stoßen und diese Verhältnisse auch physikalisch übersehen. Über ein interessantes, in der Physik der Speziellen Relativitätstheorie mit der Lichtgeschwindigkeit umstrittenes Phänomen, nämlich das der Tachyonen, können wir in unserer Relativitätstheorie mit dem "Schall" einigermaßen einfache Aussagen machen. Wir werden in den Kap. 24-26 darauf eingehen.

13. Die Voigt - Lorentz - Transformation

Wir betrachten einen Beobachter im Bezugssystem Σ' , das sich gegenüber unserem Bezugssystem Σ_o mit der Geschwindigkeit v bewegt. Die in Σ' verwendeten Maßstäbe und Uhren beschreiben wir von Σ_o aus durch die Lösungen $q^I(x, t)$ und $q^{III}(x, t)$ der sine - Gordon - Gleichung. Zur Durchführung von Messungen hat der Beobachter in Σ' diese Maßstäbe und Uhren überall verteilt, und ferner hat er seine Uhren gemäß unserem elementaren Relativitätsprinzip synchronisiert. Da wir nun wissen, daß auch er für die Ausbreitung eines "Schallsignals" die "universelle" Geschwindigkeit c_o (bzw. die damit äquivalente Schallgeschwindigkeit c_T) mißt, könnte er nun diese Synchronisation wie in der traditionellen Beschreibung der Speziellen Relativitätstheorie ebensogut mit dieser Geschwindigkeit c_o durchführen. Den Anfangspunkt seiner Orts- und Zeitmessung legen wir wieder durch die Anfangsbedingung (128) fest, die Koinzidenz der Koordinatenursprünge von Σ_o und Σ' , die wir als das Ereignis O bezeichnet haben mit $(x, t) = (x', t') = (0, 0)$. Unsere Meßstrecke $\Delta X = \Delta x \cdot L_o = \Delta x' \cdot L'$ ruht in Σ' . Ihr linker Endpunkt liegt im Koordinatenursprung von Σ' mit $x_1' = 0$ und hat also in Σ_o die Koordinate $x_1 = v \cdot t$. Die Länge der Meßstrecke ist beliebig. Schreiben wir also in Σ' für den rechten Endpunkt $x_2' = \Delta x' = x'$ und in Σ_o die Koordinate $x_2 = x = \Delta x + v \cdot t$, vgl. (124), so wird mit $\Delta x' = x'$ und $\Delta x = x - v \cdot t$ aus der Formel (107a) für die Lorentzkontraktion

$$x'(x, t) = \frac{x - v\,t}{\sqrt{1 - \frac{v^2}{c_o^2}}} \qquad (142)$$

mit beliebigem x und t .

Die Zeigerstellung $t'(x, 0)$ der Uhren von Σ' für einen beliebigen Ort x und zu der einheitlichen Zeit $t = 0$ von Σ_o haben wir mit unserem elementaren Relativitätsprinzip in der Formel (136) berechnet. Wie alle diese Uhren laufen, wissen wir aber. Sie gehen um den Faktor $\sqrt{1 - \frac{v^2}{c_o^2}}$ langsamer als unsere Uhren in Σ_o. Diejenige Uhr, die zur Σ_o - Zeit $t = 0$ bei x war und dort die Zeigerstellung (136) hatte, befindet sich zur Zeit t an der Stelle $x + v\,t$, ist dabei also um $t\sqrt{1 - \frac{v^2}{c_o^2}}$ weitergelaufen und hat folglich die Zeigerstellung

$$t'(x + v\,t, t) = \frac{-\frac{x\,v}{c_o^2}}{\sqrt{1 - \frac{v^2}{c_o^2}}} + t\sqrt{1 - \frac{v^2}{c_o^2}} = \frac{-\frac{x\,v}{c_o^2} + t\left(1 - \frac{v^2}{c_o^2}\right)}{\sqrt{1 - \frac{v^2}{c_o^2}}} = \frac{t - \frac{(x + v\,t)\,v}{c_o^2}}{\sqrt{1 - \frac{v^2}{c_o^2}}} .$$

Wieder sind sowohl t als auch x völlig beliebige Zahlen. Wir können daher auch schreiben

$$t'(x, t) = \frac{t - \frac{x\,v}{c_o^2}}{\sqrt{1 - \frac{v^2}{c_o^2}}} . \tag{143}$$

Mit Hilfe der Formeln (142) und (143) können wir also für jedes Ereignis, das in Σ_0 zur Zeit t und am Ort x stattfand, berechnen, welche Zeit t' und welchen Ort x' der Beobachter in Σ' für eben dieses Ereignis feststellt. Das sind die berühmten Voigt - Lorentzschen Transformationen, die bereits 1887 von W. Voigt [14] (bis auf eine Transformation der gestrichenen Maßeinheiten mit dem einheitlichen Faktor $\sqrt{1 - \frac{v^2}{c_o^2}}$), 1904 von H.A. Lorentz [43] und davon unabhängig 1905 von A. Einstein [7] gefunden worden sind. Ihre vollständige physikalische Interpretation blieb allerdings Einstein vorbehalten. Wir kommen darauf im nächsten Kap. zurück. In der Literatur steht der Terminus Lorentz - Transformation allerdings nur im Zusammenhang mit der Lichtgeschwindigkeit, vgl. J. A. Schouten [78], H. Goenner [79]. Wir behalten diese Bezeichnung auch in unserem mechanischen Modell mit der Grenzgeschwindigkeit c_o der sine - Gordon - Gleichung bei. Diese Formeln, das mathematische Kernstück der Speziellen Relativitätstheorie, lauten also vollständig

$$\left.\begin{aligned} x' &= \frac{x - v\,t}{\sqrt{1 - \frac{v^2}{c_o^2}}} , \\ t' &= \frac{t - \frac{v\,x}{c_o^2}}{\sqrt{1 - \frac{v^2}{c_o^2}}} . \end{aligned}\right\} \quad \textit{Voigt - Lorentz - Transformation} \tag{144}$$

Wir notieren auch noch die Umkehrung dieser Transformation, d.h. die Auflösung nach den Variablen x und t, was wieder dieselbe Formel liefert, bloß daß v durch $-v$ ersetzt ist,

$$\left.\begin{aligned} x &= \frac{x' + v\,t'}{\sqrt{1 - \frac{v^2}{c_0^2}}}\,, \\ t &= \frac{t' + \frac{v x'}{c_0^2}}{\sqrt{1 - \frac{v^2}{c_0^2}}}\,. \end{aligned}\right\} \qquad (144a)$$

Man setzt (144a) in (144) ein und sieht, daß diese Umkehrung richtig ist.

Im Grenzfall $c_0 \to \infty$ verschwinden alle relativistischen Effekte, und wir erhalten aus (144) für den Zusammenhang zwischen den Koordinaten (x, t) eines Ereignisses mit den Koordinaten (x', t') desselben Ereignissen, das also von einem zweiten Bezugssystem aus beobachtet wird, die schlichte Galilei - Transformation der Newtonschen Mechanik,

$$x' = x - v\,t\,, \quad t' = t \qquad \textit{Galilei - Transformation} \quad (144b)$$

mit der Umkehrung

$$x = x' + v\,t\,, \quad t = t'\,. \qquad (144c)$$

Ersetzt man im Newtonschen Trägheitsterm $m\frac{d^2x(t)}{dt^2}$, den wir hier in einer Raumdimension betrachten, die Variablen x und t gemäß (144c) durch x' und t', so folgt unverändert $m\frac{d^2x'(t')}{dt'^2}$. Die Differentialgleichungen der Newtonschen Mechanik sehen in allen Inertialsystemen gleich aus.

Maßstäbe behalten ihre Länge, Uhren laufen synchron, ob wir sie nun bewegen oder nicht - wenn nur die charakteristische Geschwindigkeit c_0 für die Signalübetragung unendlich groß ist. Die mit den "unendlich großen Geschwindigkeiten" zuzsammenhängenden Fragen vertiefen wir bei unserer Diskussion über Tachyonen und Kausalität in den Kap. 17 und 24 -26.

14. Das Relativitätsprinzip - der verlorene Kristall

Jetzt machen wir eine Entdeckung. Die Voigt - Lorentz - Transformation (144) haben wir nämlich schon einmal aufgeschrieben, ohne groß darüber nachzudenken, bloß als Rechenhilfe. In Kap. 10 hatten wir zunächst für die bewegte Kinke $q^I(x, t)$ eine neue Variable u gemäß (108) eingeführt, wodurch nach (109) die bewegte Kinke in die Funktion $q_o^I(u)$ übergeht, so daß $q_o^I(u)$ die statische sine - Gordon - Gleichung in der Variablen u erfüllt,

$$\frac{\partial^2}{\partial u^2} q_o^I(u) = \frac{D}{\sigma} \sin\left(\frac{2\pi}{a} q_o^I(u)\right) . \tag{145}$$

Für den bewegten breather $q^{III}(x, t)$ hatten wir dann ferner gemäß Gleichung (116) für x und t neue Variable u und w eingeführt, derart, daß die Funktion $q^{III}(x, t)$ dabei in die breather - Funktion $q_o^{III}(u, w)$ übergeht, so daß $q_o^{III}(u, w)$ die sine - Gordon - Gleichung in den Variablen u und w erfüllt,

$$\frac{\partial^2}{\partial u^2} q_o^{III}(u, w) - \frac{1}{c_o^2} \frac{\partial^2}{\partial w^2} q_o^{III}(u, w) = \frac{D}{\sigma} \sin\left(\frac{2\pi}{a} q_o^{III}(u, w)\right) . \tag{146}$$

Nun ist aber (108) bereits die halbe Transformation (144), wenn wir nur x' statt u schreiben, und die Formeln (116) sind vollends identisch mit der Voigt - Lorentz - Transformation (144), wenn man x' für u und t' für w setzt. Dieser Sachverhalt gilt ganz allgemein. Mit genau denselben Rechenschritten in den Variablen x' und t' wie in Kap. 10 mit den Variablen u und w rechnet man nach: Erfüllt die Funktion $q(x, t)$ die sine - Gordon - Gleichung

$$\frac{\partial^2}{\partial x^2} q(x, t) - \frac{1}{c_o^2} \frac{\partial^2}{\partial t^2} q(x, t) = \frac{D}{\sigma} \sin\left(\frac{2\pi}{a} q(x, t)\right) , \tag{147}$$

dann erfüllt die Funktion $\tilde{q}(x', t') = q(x(x', t'), t(x', t'))$ die Gleichung

$$\frac{\partial^2}{\partial x'^2} \tilde{q}(x', t') - \frac{1}{c_o^2} \frac{\partial^2}{\partial t'^2} \tilde{q}(x', t') = \frac{D}{\sigma} \sin\left(\frac{2\pi}{a} \tilde{q}(x', t')\right) , \tag{148}$$

wobei hier für $x = x(x', t')$ und $t = t(x', t')$ gemäß der Transformation (144a) einzusetzen ist.

Die Gleichung (148) ist aber nichts anderes als die sine - Gordon - Gleichung für den bewegten Beobachter in Σ', der seine Meßergebnisse in den Koordinaten x' und t' angibt. Man sagt hierfür, die sine-Gordon-Gleichung ist Lorentz-invariant. Der bewegte Beobachter in Σ' findet also insbesondere die Lösungen (145) und (146) seiner Gleichung (148),

$$\left.\begin{aligned} &\frac{\partial^2}{\partial x'^2} q_o^I(x') = \frac{D}{\sigma}\sin\left(\frac{2\pi}{a} q_o^I(x')\right) , \\ &\frac{\partial^2}{\partial x'^2} q_o^{III}(x',t') - \frac{1}{c_o^2}\frac{\partial^2}{\partial t'^2} q_o^{III}(x',t') = \frac{D}{\sigma}\sin\left(\frac{2\pi}{a} q_o^{III}(x',t')\right) , \end{aligned}\right\} \qquad (149)$$

die ihm in bekannter Weise einen natürlichen Längenmaßstab L_o und eine Schwingungsdauer T_o für seine Orts- und Zeitmessung definieren. Denjenigen physikalischen Zustand, den der Beobachter in Σ_o als die bewegte Kinke $q^I(x, t)$ beurteilt, betrachtet der Beobachter in Σ' als die ruhende Kinke $q_o(x')$. (Und umgekehrt gilt derjenige physikalische Zustand, den der Beobachter in Σ' als eine bewegte Kinke $q^I(x', t')$ beurteilt, dem Beobachter in Σ_o als die ruhende Kinke $q_o^I(x)$). Genau dasselbe läßt sich für die breather - Lösungen sagen. Da gibt es keinen physikalischen Unterschied mehr zwischen den Beobachtern in Σ_o und Σ'. Die beiden, relativ zueinander mit einer konstanten Geschwindigkeit v (bzw. $-v$) bewegten inneren Beobachter unseres Kristalls finden ein und dasselbe physikalische Gesetz, die sine - Gordon - Gleichung, mit denselben physikalischen Konstanten und daher mit genau denselben Lösungen, d.h., sie finden dieselben physikalischen Zustände. Zwar wird jeder bestimmte physikalische Zustand von beiden Beobachtern verschieden eingeordnet (z.B. die bewegte Kinke und die ruhende Kinke), jeden physikalischen Zustand aber, den der eine Beobachter findet, den entdeckt auch der andere Beobachter und umgekehrt. - Das ist das Relativitätsprinzip, das Einstein 1905 so formuliert hat [7]: [(21)]

" *Die Gesetze, nach denen sich die Zustände der physikalischen Systeme ändern, sind unabhängig davon, auf welches von zwei relativ zueinander in gleichförmiger Translationsbewegung befindlichen Koordinatensystemen diese Zustandsänderungen bezogen werden.* "

Zwar waren die mathematischen Formeln (144) der Lorentztransformation, welche

(21) Hierbei wird von Einstein der Terminus "Koordinatensystem" gebraucht anstelle des später dafür verwendeten Begriffes "Bezugssystem", den auch wir benutzen.

aus bestimmten Symmetrieeigenschaften von Gleichungen folgen, wie wir das in Kap. 10 gesehen haben, bereits vor Einstein von W. Voigt [14] und H. A. Lorentz [43] gefunden worden. Es blieb aber A. Einstein vorbehalten, ihren Zusammenhang mit der Messung von Längen und Zeiten in zueinander bewegten Bezugssystemen aufzudecken und auf dieser Grundlage sein Relativitätsprinzip zu formulieren.
Damit haben wir auf dem Weg über die physikalischen Eigenschaften unserer Längenmaßstäbe und Uhren das gefunden, was seinerzeit als theoretisches Prinzip den Aufbau der ganzen Theorie tragen mußte. Das zweite der Einsteinschen Postulate, die Konstanz der Signalgeschwindigkeit, haben wir auf dieselbe Weise bereits in Kap. 12 gewonnen. Fassen wir noch einmal zusammen:
Aus dem Gesetz (73) für die Bewegung von Versetzungen relativ zum Gitter folgt die sine - Gordon - Gleichung (82) mit ihrer durch die Konstanten des Gitters definierten Signalgeschwindigkeit c_0 - ebenso wie wir die Wellengleichung (57) aus den Gleichungen (27) für die lineare Kette gewonnen haben. Das periodische Potential des Gitter, in das die lineare Kette der Versetzungsmassen eingebettet ist, liefert den sin - Term. Auf Grund dieser Nichtlinearität besitzt die sine - Gordon - Gleichung Solitonenlösungen, mit denen wir natürliche Längenmaßstäbe und Uhren definieren können. Wir kommen zu dem bemerkenswerten Ergebnis:
Die Längenkontraktion und die Zeitdilatation der bewegten Maßstäbe bzw. Uhren werden ursächlich auf die elastischen Wechselwirkungen in den linearen Ketten für die Versetzungen im Gitter zurückgeführt.
Damit schließt sich der Kreis. Die mechanischen Schwingungen, mit denen wir in Kap. 4 begonnen haben, liefern einen physikalischen Mechanismus zur modellweisen Erklärung der Elementareffekte der Speziellen Relativitätstheorie: Längenkontraktion und Zeitdilatation, wie sie die inneren Beobachter eines Kristalls feststellen, werden mit dem Hookeschen Gesetz erklärt, und zwar mit dem Hookeschen Gesetz für die Konstituenten dieses Kristalls, die Atome also, welche den inneren Beobachtern selbst verborgen bleiben - ein denkwürdiger Zusammenhang. Um Mißverständnissen vorzubeugen, betonen wir es noch einmal. Natürlich haben die durch die Lichtgeschwindigkeit bestimmten Effekte der Einsteinschen Speziellen Relativitätstheorie unserer physikalischen Raum - Zeit nichts, aber auch rein gar nichts mit elastischen Wechselwirkungen der Atome eines kristallinen Festkörpers zu tun. Wir kommen weiter unten darauf zurück.
Mit Hilfe unseres elementaren Relativitätsprinzips gelingt es nun, in den "bewegten Bezugssystemen" eine Gleichzeitigkeit zu definieren, welche die Lorentzinvarianz

der sine-Gordon-Gleichung sichtbar macht. Wir bemerken mit Poincaré [51], daß diese Definition der Gleichzeitigkeit durchaus nicht zwingend ist, daß aber die physikalischen Zusammenhänge damit besonders einfach, besonders symmetrisch formuliert werden können. Ist dies einmal getan, so folgern wir die Unveränderlichkeit der Signalgeschwindigkeit für alle, zueinander gleichförmig bewegten Beobachter und schließlich das ganze Einsteinsche Relativitätsprinzip, die völlige physikalische Äquivalenz aller gleichförmig zueinander bewegten Bezugssysteme.
Man mag an dieser Stelle einwenden, daß wir ja immer nur von der sine-Gordon-Gleichung reden, während doch die Physik im Innern eines Kristalls mit Sicherheit eine Vielzahl anderer Zustandsänderungen kennt, die durch diese Gleichung nicht beschrieben werden. Richtig daran ist, daß wir in der Tat die Zustandsänderungen, von denen hier die Rede ist, streng begrenzen, und zwar zunächst auf die durch die sine-Gordon-Gleichung beschriebenen Strukturen, die, wie wir wissen, die Abweichungen vom "Vakuumzustand" des Gitters (vgl. Kap. 8) darstellen. Die Zahl dieser Zustände ist indessen unübersehbar groß. Die in ihrem mathematischen Charakter nichtlineare sine-Gordon-Gleichung gehört zu dem umfassenden Gebiet der Solitonenphysik, auf welchem mit immer neuen Methoden immer neue Lösungen entdeckt werden (vgl. für einen ersten Einblick z.B. die Arbeit von A. Seeger [39]). Allein aus dieser Sicht ist die Eingrenzung unserer Zustände gar nicht so eng.
Versetzungsstrukturen gehören in das Gebiet der Plastizität bzw. Mikroplastizität, was immer auch zu elastischen Deformationen des Gitters führt, die wir hier vernachlässigt haben. Diese Kopplung der Versetzungen mit den elastischen Deformationen des Gitters wird maßgeblich durch die Gesamtheit der Konstanten des Hookeschen Tensors bestimmt. Das bedeutet für den allgemeinen Fall *21* Materialkonstanten und führt auf ein i.a. sehr kompliziertes gekoppeltes System von Differentialgleichungen für die elastischen Deformationen unter der Wirkung allgemeiner Versetzungsstrukturen. Man kann jedoch zeigen, daß jene Deformationen, die ursächlich auf *beliebige* Versetzungsverteilungen zurückführbar sind, schließlich nur noch eine einzige Konstante enthalten, durch Wellengleichungen bestimmt werden[(22)] und ebenfalls der Voigt-Lorentzschen Symmetrie genügen (vgl. H. Günther [54]). Damit gibt es eine weitere, ungeheuer große Klasse von Zustandsänderungen im Kristall, die ebenfalls dem speziellen Relativitätsprinzip mit der Schallgeschwindigkeit unterworfen sind. Einige weitere Ausführungen dazu werden

(22) Wir bemerken, daß auch diese Gleichungen für den Spezialfall gerader Schraubenversetzungen im isotropen Medium in Lorentz-invariante Gleichungen mit der transversalen Schallgeschwindigkeit c_T übergehen, vgl. [40] und [54].

wir anhangsweise in den Kap. 22 und 23 machen. Wir können also mit gutem Grund sagen, daß die Klasse der Zustandsänderungen, die unseren inneren Beobachtern zur Verfügung steht, ein ganzer Kosmos für sich ist, und für diesen gilt unsere Spezielle Relativitätstheorie mit der Signalgeschwindigkeit c_0 der sine - Gordon - Gleichung (bzw. cum grano salis auch mit der transversalen Schallgeschwindigkeit c_T).

Über den unverhofften Gewinn des berühmten Einsteinschen Relativitätsprinzips aus unseren bescheidenen Überlegungen zur Newtonschen Mechanik haben wir indessen nicht bemerkt, daß wir eines dabei verloren haben - den Kristall. Der Kristall ist weg! Es gibt nun nichts mehr auf der Welt, der Welt unserer inneren Beobachter, womit diese den Kristall, ihren Kristall, ausfindig machen könnten. Selbst mit den scharfsinnigsten Experimenten gelingt es ihnen nicht, auch nur den leisesten Hauch von einem Kristall nachzuweisen. Jeder von ihnen, in welchem Bezugssystem auch immer, mißt ein und dieselbe Signalgeschwindigkeit c_0. Auch mit seinen Maßstäben und Uhren kommt er nicht weiter. Der Beobachter in Σ_0 sagt zwar, die Uhr, die in Σ' ruht, geht nach und der Stab, der in Σ' ruht, ist verkürzt, und er ist geneigt, daraus zu schließen, nur Σ_0 ist in bezug auf den Kristall als das ruhende Bezugssystem ausgezeichnet, und Σ' besitzt die Geschwindigkeit v.

Dieser Schluß ist nun aber hinfällig, seit wir wissen, daß auch für den Beobachter in Σ' dieselbe sine - Gordon - Gleichung mit denselben physikalischen Konstanten gilt wie für den Beobachter in Σ_0. Auch der Beobachter in Σ' findet also die kink - und breather - Lösungen mit der Länge L_0 und der Schwingungsdauer T_0. Für die Länge, die wir von Σ_0 aus als verkürzt beurteilen, registriert er die Normallänge L_0, und für die Schwingungsdauer, die wir als gedehnt beobachten, stellt er seine Zeitnormale T_0 fest. Für den Beobachter in Σ' bewegen sich die in Σ_0 ruhenden Uhren und Maßstäbe mit der Geschwindigkeit $-v$. Er findet daher ebenso, daß die Uhr, die in Σ_0 ruht, mit dem Lorentzfaktor nachgeht und daß der dort ruhende Stab entsprechend verkürzt ist. Das Vorzeichen der Geschwindigkeit spielt dabei keine Rolle, da alle diese Effekte nur von dem Vehältnis v^2/c_0^2 abhängen.

Wegen der Tragweite dieser Schlußfolgerungen wollen wir an dieser Stelle noch einmal innehalten und nachfragen. Ist das alles wirklich so? Haben wir nicht in Kap. 10 gezeigt, daß nachweislich die gegenüber dem Kristall bewegte Kinke verkürzt ist und zwar im Vergleich zu der gegenüber dem Kristall ruhenden Kinke. Es ist doch eindeutig die ruhende Kinke, die die größte geometrische Ausdehnung hat. Die dazu in Bild 30 gegebene Darstellung ist im Prinzip experimentell nachprüfbar.

Ebenso schwingt der gegenüber dem Kristall bewegte breather langsamer als der relativ zum Kristall ruhende breather, was wir in Bild 33 dargestellt haben. Auch dieser Sachverhalt läßt sich prinzipiell mit dem Experiment überprüfen. Folglich ist also doch das Bezugssystem Σ_0 des ruhenden Kristalls ausgezeichnet, und sowohl Lorentzkontraktion als auch Zeitdilatation finden in Wirklichkeit nur relativ zum Kristall statt?

Eine solche Beurteilung der Sachlage unterstellt immer und stillschweigend eins, daß wir nämlich alle Messungen "selbstverständlich" mit den Meßinstrumenten des äußeren Experimentators durchführen, wie eben alle anderen Messungen in der Physik auch. Das können wir zwar so machen - und dann kommen wir zu der eben gebenen Darstellung - vielleicht sind aber andere Meßanordnungen für die hier betrachteten Phänome aufschlußreicher.

Was heißt *"in Wirklichkeit"*? Wir wollen hier nicht in eine philosophische Erörterung dieser Frage einsteigen, sondern uns allein an das halten, was im Kristall stattfindet, was im Kristall wirksam ist, dort seine Wirklichkeit hat. Wenn wir uns aber allein an den Kristall halten und zwar an die von uns dort betrachtete Klasse von Phänomenen, dann ist die Frage nach der Symmetrie dieser Phänomene ein Problem allerersten physikalischen Ranges. Die mathematischen Methoden zur physikalischen Behandlung dieser Phänomene hängen entscheidend von den Symmetrien ab. In diesem Zusammenhang ist die Frage nach der Beschreibung der Phänomene durch relativ zueinander bewegte Bezugssysteme von elementarem physikalischen Interesse. Wenn wir aber die von uns betrachteten Phänomene durch Bezugssysteme beschreiben wollen, die sich relativ zum Kristallgitter bewegen, dann müssen wir zuerst entscheiden, welche Längenmaßstäbe und Uhren für unsere Zwecke am besten geeignet sind und dann nach einer sinnvollen Definition für eine Geschwindigkeit in den Bezugssystemen fragen? Diese Frage haben wir mit unserem elementaren Relativitätsprinzip beantwortet, vgl. Kap. 12 sowie Bild 37: "Wenn der Beobachter in Σ_0 feststellt, daß sich Σ' mit der Geschwindigkeit v bewegt, dann soll der Beobachter in Σ' messen, daß sich Σ_0 mit einer Geschwindigkeit $-v$ bewegt." Alles andere sind Schlußfolgerungen.

Machen wir uns noch einmal klar, daß mit unseren, sich allein auf mechanische Phänomene im Kristall gründenden Meßvorschriften, eine relativ zum Kristall ruhende breather - Uhr für einen Beobachter in Σ' tatsächlich langsamer schwingt als die relativ zu Σ' ruhende breather - Uhr. Diesen Sachverhalt können wir aus Bild 39 herleiten. Dazu betrachten wir zunächst das Ereignis B mit $t_B = 0$ für die

Σ_o - Uhr U_* und mit $t_B' = \frac{-v\,\Delta x}{c_o^2\,\gamma}$ für die Σ' - Uhr U_v^*. Nach der Zeit $\Delta t = \frac{\Delta x}{v}$ steht U_* mit dieser Zeigerstellung Δt der Σ' - Uhr U_v^o gegenüber, deren Zeiger wegen der Zeitdilatation (der gegenüber Σ_o bewegten Uhren) dann eine Zeit $t_S' = \frac{\Delta x}{v}\gamma$ anzeigt. Während also auf der (einen) Σ_o - Uhr U_* die Zeit $\Delta t = \frac{\Delta x}{v}$ abgelaufen ist, stellt der Beobachter in Σ' eine Zeitdauer $\Delta t'$ fest (die er nun auf den beiden Uhren U_v^* und U_v^o ablesen muß) gemäß $\Delta t' = t_S' - t_B' = \frac{\Delta x}{v}\gamma - \frac{-v\,\Delta x}{c_o^2\,\gamma} =$

$= \frac{\Delta x}{v}(\gamma + \frac{v^2}{c_o^2\gamma}) = \frac{\Delta x}{v} \cdot \frac{c_o^2\,\gamma^2 + v^2}{c_o^2\,\gamma} = \frac{\Delta x}{v} \cdot \frac{c_o^2 - v^2 + v^2}{c_o^2\,\gamma} = \frac{\Delta x}{v} \cdot \frac{1}{\gamma}$, und damit

$$\Delta t = \Delta t' \cdot \gamma \; . \tag{150}$$

Dies ist die Formel (115a) für die Zeitdilatation einer bewegten Uhr, aber nun mit vertauschten Rollen, so, wie sie vom Beobachter in dem relativ zu Σ_o bewegten Bezugssystem Σ' gemessen wird. D.h., für die relativ zum Kristall ruhende breather - Uhr stellt der Beobachter in Σ' fest, daß sie gegenüber seinen Uhren nachgeht:
Die bewegte Uhr geht nach, auch, wenn sie zufällig gegenüber dem Kristall ruht und sich nur relativ zu dem Beobachter bewegt, der sich gegenüber dem Kristall bewegt - scheinbar im Widerspruch mit der Darstellung in Bild 33. Die Relativität der Zeitdilatation für die inneren Beobachter ist im Zusammenhang mit der Diskussion des Zwillingsparadoxons in Kap. 15 noch einmal in Bild 45 skizziert.
Wir wollen auch noch "sehen", wie es kommt, daß die relativ zum Kristall ruhende Kinke, bewertet durch einen Beobachter in Σ', um den Lorentzfaktor γ kürzer ist als die relativ zu Σ' ruhende Kinke - wieder anscheinend im Widerspruch dazu, was wir in Bild 30 dargestellt haben. Man muß sich hier stets vor Augen halten, daß wir mit Bild 33 und Bild 30 Momentaufnahmen skizziert haben, wie sie ein innerer Beobachter im Bezugssystem Σ_o registriert. Das sind auch die Beobachtungen, wie wir sie als äußere Experimentatoren machen. Wir können von außen in den Kristall hineinsehen und messen dann mit Maßstäben und Uhren, die wir mit unserer "äußeren" Physik konstruiert haben. Wichtige Symmetrieeigenschaften der hier betrachteten Phänomene, wie sie nur von den inneren Beobachtern gemessen werden, bleiben uns mit diesen äußeren Maßstäben und Uhren verborgen. Momentaufnahmen, wie sie ein innerer Beobachter im Bezugssystem Σ' registriert, sind z. B. in Bild 37 und Bild 45b dargestellt.

Wie kommt es also, daß der Beobachter im Bezugssystem Σ' (das sich in bezug auf Σ_0 mit der Geschwindigkeit v bewegt) für einen in Σ_0 (also relativ zum Kristall) ruhenden Stab eine Lorentz-kontrahierte Länge feststellt? Machen wir uns vorher noch einmal klar: Wenn wir die Länge eines Stabes in dem Bezugssystem messen, in welchem der Stab ruht, dann spielt es keine Rolle, zu welchen Zeiten wir die Koordinaten seiner Endpunkte notieren, da sich diese ja nicht verändern (weil der Stab aus Bild 41 im Bezugssystem Σ' ruht, ist dort $\Delta x'$ die Maßzahl seiner Länge in Σ', obwohl die beiden Σ'-Uhren verschiedene Zeiten anzeigen). Wenn sich der Stab aber bewegt, dann brauchen wir die Koordinaten seiner beiden Endpunkte zu ein und derselben Zeit, um aus deren Differenz die Maßzahl für die bewegte Länge zu bilden, s. auch unsere Ausführungen dazu im Anschluß an die Lorentzkontraktion in Kap. 10.

Betrachten wir also einen in Σ_0 ruhenden Stab X, wie wir ihn in Bild 34 dargestellt haben, mit den beiden Endpunkten $x_1 = 0$ und $x_2 = \Delta x$. Die Koordinatendifferenz Δx ist also die Maßzahl seiner Länge mit dem Maßstab L_0, und es ist $X = \Delta x \cdot L_0 = \Delta\tilde{x}' \cdot L'$, so daß $\Delta\tilde{x}' = \frac{\Delta x}{\gamma}$ sein muß wegen $L' = \gamma \cdot L_0$. Was ist hier $\Delta\tilde{x}'$? Wir betrachten die beiden Endpunkte des Stabes zur Zeit $t = 0$ in Σ_0. Das sind die Ereignisse O und B mit ihren Koordinaten $(x = 0, t = 0)$ bzw. $(x_2 = \Delta x, t_B = 0)$ in Σ_0. Für diesen Fall haben wir aber gerade die Synchronisation der Uhren des Bezugssystems Σ' in Bild 39 dargestellt. In Σ' hat O die Koordinaten $(t' = 0, x' = 0)$, und für das Ereignis B gilt wie in Bild 39 unter Verwendung von (134), $x' = \frac{\Delta x}{\gamma}$, $t_B' = \frac{-v\,\Delta x}{c_0^2\gamma}$. Zwar gibt auch in diesem Fall die Zahl $\Delta\tilde{x}'$ an, wie oft der Maßstab L' zwischen die Positionen paßt, die in Σ' durch die Ereignisse O und B markiert werden. Diese beiden Ereignisse sind aber in Σ' die Endpunkte eines bewegten Stabes zu zwei verschiedenen Zeiten. Die Größe $\Delta\tilde{x}'$ ist daher nun nicht mehr die Länge des in bezug auf Σ' bewegten Stabes X, sondern nur die in Σ' gemessene Entfernung zwischen den Ereignissen O und B, welche nur in Σ_0 gleichzeitig sind und deren Koordinatendifferenz dort die Maßzahl für die Länge des Stabes X ist. Um herauszufinden, welche Länge der Beobachter in Σ' für den Stab X findet, brauchen wir die Koordinaten seiner Endpunkte zu einer einheitlichen Zeit in Σ', sagen wir zur Zeit $t' = 0$. Für den linken Endpunkt ist dann wieder $x' = 0$ (das ist das Ereignis O). Der rechte Endpunkt befindet sich zum Ereignis B also zur Zeit $t_B' = \frac{-v\,\Delta x}{c_0^2\gamma}$ bei $x' = \Delta\tilde{x}' = \frac{\Delta x}{\gamma}$. Daher befindet sich der rechte Endpunkt zur Zeit $t' = 0$ an der Position $\Delta x' = \Delta\tilde{x}' + v \cdot t_B' = \frac{\Delta x}{\gamma}\left(1 - \frac{v^2}{c_0^2}\right)$. Dieses $\Delta x'$ ist die Maßzahl für die in Σ' gemessene Länge des in Σ_0 ruhenden Stabes X. Verglichen mit der Maßzahl Δx seiner Länge im Bezugssystem Σ_0 gilt also

$$\Delta x' = \gamma \cdot \Delta x \ . \qquad (151)$$

Für den in Σ_0 ruhenden Stab $X = \Delta x \cdot L_0$ wird demnach in Σ' die bewegte Länge $\Delta x' \cdot L'$ gemessen. D.h., der Maßstab L' muß in Σ' gerade $\gamma \cdot \Delta x$ mal abgetragen werden, um in Σ' eine Entfernung zu bestimmen, die der in Frage stehenden, bewegten Länge entspricht. Diese Situation haben wir in Bild 42 dargestellt und zwar bei beliebigem Δx.

Die Aussage der Gleichung (151) wird vielleicht noch deutlicher, wenn wir den Fall $\Delta x = 1$ betrachten, d.h. $X = L_0$. Hier wird also die Länge des im Bezugssystem Σ_0 ruhenden Längenmaßstabes L_0 vom Bezugssystem Σ' aus mit Hilfe des dort ruhenden Längenmaßstabes L' gemessen. Diese Situation haben wir in Bild 43 dargestellt und beschrieben. Der Beobachter in Σ' stellt fest, daß der für ihn bewegte Maßstab L_0 des Bezugssystems Σ_0 bereits durch den Bruchteil $\gamma \cdot L'$ seines Maßstabes abgedeckt wird.

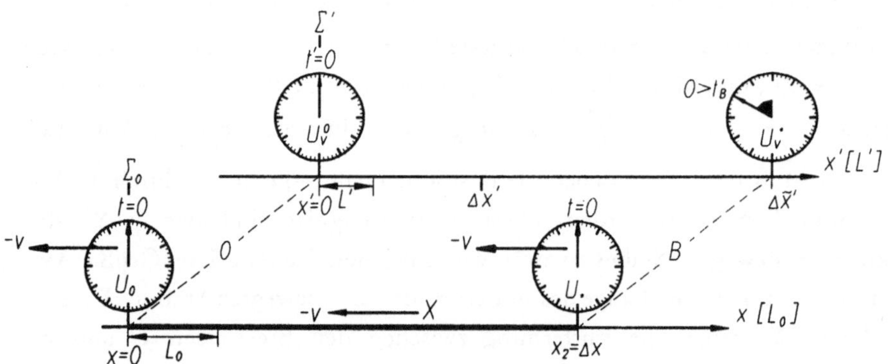

Bild 42. Zur Relativität der Lorentzkontraktion. Der Stab $X = \Delta x \cdot L_0$ ruht im Bezugssystem Σ_0. Die Maßzahl seiner Länge beträgt dort also Δx. Der Beobachter in Σ' bestimmt die Maßzahl $\Delta x'$ der Länge dieses für ihn bewegten Stabes, mißt also die Länge $\Delta x' \cdot L'$. Er findet gemäß (151) $\Delta x' = \gamma \cdot \Delta x$. Mit der auch in den vorangegangenen Bildern angenommenen Geschwindigkeit $v = 0{,}8\ c_0$, also $\gamma = 0{,}6$, findet er, daß er seinen Maßstab L' gerade $\gamma \cdot \Delta x$ mal anlegen muß, um die fragliche, bewegte Länge abzudecken. Für das Ereignis B ist aus (39) die Zeigerstellung $t_B' = -10$ Skalenteile eingezeichnet.

So kurios, wie diese Feststellung von außen betrachtet auch erscheinen mag - da wir von außen ja feststellen, daß L' immer kleiner als L_0 ist, sogar beliebig klein wird, wenn die Geschwindigkeit v von Σ' relativ zu Σ_0 nur hinreichend nahe an c_0 herankommt - für den inneren Beobachter, der keine andere Wahl hat, als seine Geschwindigkeiten nach unserem elementaren Relativitätsprinzip zu eichen, sieht die Welt eben anders aus.

Die Gleichung (151) ist die Formel (107a) für die Lorentzkontraktion eines bewegten Stabes, aber mit vertauschten Rollen, also so, wie sie vom Beobachter in dem relativ zu Σ_0 bewegten Bezugssystem Σ' für den in Σ_0 ruhenden Stab X gemessen wird: Der bewegte Stab ist verkürzt, auch wenn er zufällig relativ zum Kristall ruht und sich nur relativ zu dem Beobachter bewegt, der sich relativ zum Kristall bewegt. Den voreiligen Schluß eines inneren Beobachters in Σ_0, das Bezugssystem Σ' sei gegenüber dem Kristall bewegt, bekäme jener also mit denselben Argumenten und der entgegengesetzten Aussage wieder zurück. Es bleibt dabei, der Kristall läßt sich durch nichts auf der Welt, der Welt der inneren Beobachter in ihm, nachweisen. Dennoch wird wohl keiner daraus schließen wollen, damit sei bewiesen, der Kristall existiere nicht. Jeder, der aller Realität zum Trotz dennoch auf diese Idee kommen sollte, der braucht ja nur ein Stück eines Kristalls zu nehmen und sich damit so lange gegen den Kopf zu schlagen, bis ihm an seinem kühnen Schlusse Zweifel kommen. Für den Erfolg dieses Besinnungsexperimentes ist es wichtig, daß man den eigenen Kopf nimmt und nicht irgendeinen anderen. Wir als äußere Experimentatoren haben es also nicht so schwer, an der Existenz des Kristalls festzuhalten. Die inneren Beobachter sind da schon auf eine subtilere Denkart angewiesen. Sie müssen die Frage nach dem Äther beantworten, eine Frage, die die erlauchtesten Physiker des neunzehnten und zwanzigsten Jahrhunderts nicht wenig gequält hat. Erinnern wir uns noch einmal (s. Kap. 1), was Einstein 1920 zur Frage des Äthers bemerkt [6], "Den Äther leugnen bedeutet letzten Endes, daß dem leeren Raum keinerlei physikalische Eigenschaften zukommen." Der leere Raum, das ist, übertragen auf unsere Situation, die Situation der inneren Beobachter des Kristalls, der Vakuumzustand dieses Kristalls, d. h. der unendlich ausgedehnte, ideale Kristall mit seinen unendlich langen, geraden Versetzungen, ein Kristall mit seinen für uns, die wir ihn von außen betrachten können, unleugbar manifesten, physikalischen Eigenschaften. Nur für die inneren Beobachter ist es gar nicht so einfach, diesen ihren Äther als das zu akzeptieren, was er ist, der Raum, in dem sie experimentieren und für den das Einsteinsche Relativitätsprinzip gilt.

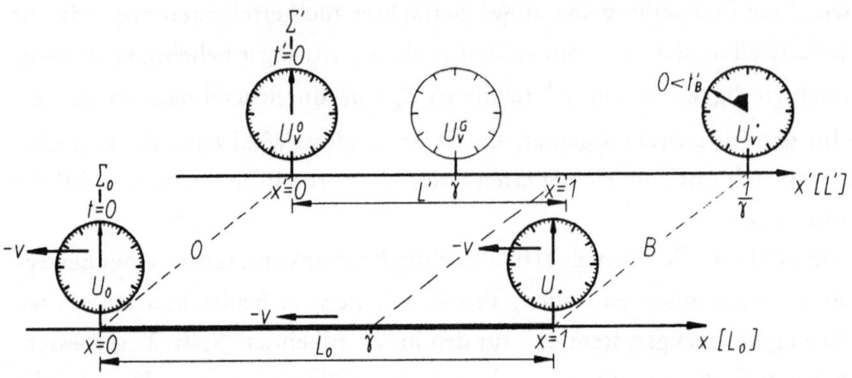

Bild 43a.

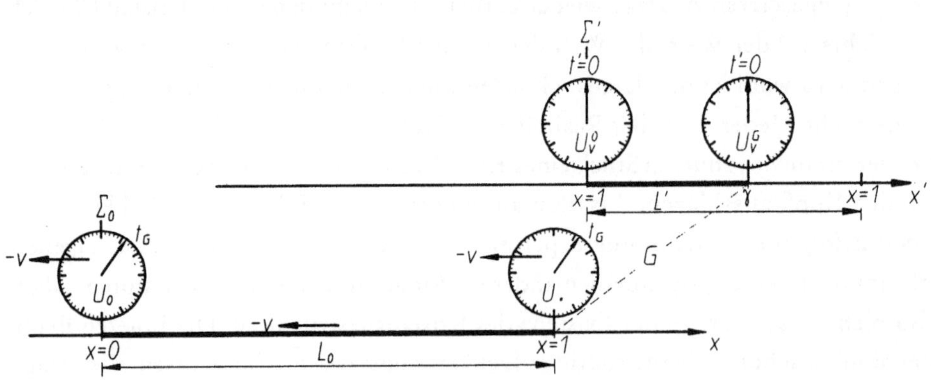

Bild 43b.

Bild 43. Die Relativität der Lorentzkontraktion für die Längenmaßstäbe. Der Beobachter in Σ_0 "sieht", daß die Länge L' des mit der Geschwindigkeit v bewegten Maßstabes, welcher also im Bezugssystem Σ' ruht, gegenüber dem mit ihm ruhenden Maßstab L_0 gemäß unserer Gleichung (106) um den Faktor γ verkürzt ist, $L' = \gamma \cdot L_0$. Mit $v = 0{,}8c_0$ ist wieder $\gamma = 0{,}6$. In Bild 43a ist durch die mittlere, gestrichelte Linie angedeutet, daß der Maßstab L' in Σ_0 die Maßzahl γ hat. Auf der x'- Achse ist der Punkt mit der Ma ßzahl γ in Bild 43a und in Bild 43b dargestellt. In Bild 43a betrachten wir die beiden Ereignisse O und B, die in Σ_0 gleichzeitig sind. Um die Zeigerstellungen der zu den Ereignissen O und B gehörenden, im Bezugssystem Σ' synchronisierten Uhren U_v^o und U_v^* aus Bild 39 übernehmen zu können, brauchen wir bloß anzunehmen, daß unser Längenmaßstab L_0 in Σ_0 gerade so lang ist wie dort die Entfernung zwischen den beiden Uhren U_0 und U_*, was wir annehmen wollen. Die Uhr U_* trägt dann in

Σ_o die Ortskoordinate $x = 1$. Die zu ein und demselben Ereignis gehörenden Punkte haben wir wieder durch gestrichelte Linien verbunden. Die Ortskoordinate der Uhr U_v^* von Σ' zum Ereignis B beträgt dann $\Delta\tilde{x}' = \frac{1}{\gamma}$. Der Zeiger der Uhr U_v^* steht auf $t_B' < 0$ gemäß (135). In unserem Zahlenbeispiel ergibt das, wie in Bild 39 berechnet, $t_B' = -10$. Um in Σ' die Länge des bewegten Maßstabes (durch Anlegen des in Σ' ruhenden Maßstabes L') ausmessen zu können, brauchen wir diejenige Ortskoordinate $\Delta x'$ in Σ', bei der der rechte Endpunkt des Maßstabes L_o zur Zeit $t' = 0$ vorbeikommt. Gemäß (151) erhalten wir dafür (da für den Längenmaßstab $\Delta x = 1$ gilt) nun $\Delta x' = \gamma$. Das sei unser Ereignis G mit $(x_G' = \gamma, t_G' = 0)$. In unseren Abbildungen haben wir dies also mit $x' = \gamma = 0{,}6$ eingetragen. Das Ereignis G ist noch einmal in Bild 43b dargestellt. Da die zu Σ_o gehörende Uhr U_*, vom Bezugssystem Σ' aus beobachtet, eine Zeitdilatation gemäß Gleichung (150) aufweist, finden wir für das Ereignis G in Σ_o $(x_G = 1\,,\ t_G = -t_B' \cdot \gamma)$. In unserem Zahlenbeispiel steht der Zeiger von U_* zum Ereignis G also auf $t_G = 6$ Skalenteile. Die Uhr U_o am linken Endpunkt des Maßstabes L_o ist inzwischen ebenfalls weitergelaufen und kann nun nicht mehr durch eine gestrichelte Linie mit U_v^o verbunden werden. Die Entfernung zwischen den beiden Uhren U_v^o und U_v^G in Σ' ist die Länge L_v, die der innere Beobachter in Σ' für den in Σ_o ruhenden Maßstab L_o feststellt, also $L_v = \gamma \cdot L'$. In der Wirklichkeit der inneren Beobachter unseres Kristalls ist von Σ' aus betrachtet der in Σ_o ruhende Maßstab L_o also ebenso verkürzt wie der in Σ' ruhende Stab L' von Σ_o aus gesehen.

Von außen betrachtet ist die Situation tatsächlich einigermaßen kurios. Die winzig kleinen Energien, die in einer Kinke oder einem breather oder irgendwelchen anderen Lösungen der sine - Gordon - Gleichung stecken, diese Energien können mit aller Präzision von den inneren Beobachtern des Kristalls beschrieben werden. Die im Vergleich dazu tonnenschweren Atome oder Moleküle des Gitters bleiben aber unbemerkt. Mit einer zwanghaften, artistischen Sicherheit huschen die inneren Beobachter an ihnen vorbei. Dennoch, einen Zweifel an der bloßen Existenz des Äthers daraus herleiten zu wollen, das ginge eben doch zu weit. Es wäre so, als ersinne man erst ein raffiniertes System, wie man automatisch durch alle Hindernisse des Gitters hindurchkäme, um dann anschließend verwundert zu fragen, ob es denn das Gitter auch wirklich gäbe. Wir sehen:

Der Äther, das ist der Raum, und in unserem mechanischen Kontinuum ist es das Gitter.

Machen wir es uns noch einmal klar: Wo liegen in dem Atomgitter eines Kristalls die Eigenschaften eines physikalischen Vakuums verborgen? Dies ist bereits in der Newtonschen Mechanik schwingender Massen angelegt. Im Kap. 4 konnten wir schon für eine einzige, schwingende Masse feststellen, "die beiden Charakteristika einer harmonischen Schwingung, ihre Kreisfrequenz ω und ihre Gesamtenergie U, erlauben keinerlei Rückschluß auf die mechanische Beschaffenheit des schwingenden Systems." Und, als wir nur zwei dieser elastisch gekoppelten Massen betrachtet haben, erhielten wir bereits den Transport einer Energie U ganz nach der Art der Wellen. Bei einem solchen Energietransport schließlich durch ein ganzes System elastisch gekoppelter Massen bleibt deren physikalische Beschaffenheit ebenso verborgen wie selbst ihre Anzahl. In den Kap. 4 und 5 haben wir gesehen, wie dies in den Axiomen der Newtonschen Mechanik angelegt ist.

Eine elastische Welle ist nichts anderes als eine Störung der idealen Gitterstrutur in Form von elastischen Deformationen. In dieser Störung sitzt eine Energie, die mit einer, durch die Konstanten des Gitters definierten, charakteristischen Geschwindigkeit auf dem Gitter fortschreitet. In Kap. 7 haben wir gesehen, daß es elastische und plastische Deformationen des idealen Gitters gibt gibt.

Dann kommt der entscheidende Schritt. Wir untersuchen *Strukturstörungen aus plastischen Deformationen auf einer idealen Anordnung von Gitteratomen*. In Kap. 8 haben wir gezeigt, wie wir diese Strukturstörungen mit der Axiomatik der Newtonschen Mechanik begrifflich erfassen können, um darauf allein die sine - Gordon - Gleichung zu gründen. Es sind die Lösungen dieser Gleichung, also physikalisch reale, auf kleine Bezirke begrenzte Abweichungen vom idealen Gitteraufbau, für welche dieses Gitter selbst die physikalischen Eigenschaften eines Vakuums besitzt. In den Kap. 19 und 20 werden wir darüber hinaus zeigen, daß diese Bezirke auch mit allen Eigenschaften eines physikalischen Teilchens ausgestattet sind, wiederum bezogen auf ihr Vakuum, das Atomgitter.

Es ist also bereits die Axiomatik der Newtonschen Mechanik, die uns ein Modell für das Phänomen eines physikalischen Äthers bzw. eines physikalischen Raumes liefert. Es wäre natürlich ein grober Irrtum, daraus schließen zu wollen, folglich sei jeder Äther Newtonschen Ursprungs. Wir haben einzig und allein gezeigt, daß die Newtonsche Mechanik für die durch den Kristall laufenden, plastischen Störungen einen Äther mit der charakteristischen Geschwindigkeit c_0 hergibt. Mit Elektrodynamik hat das nichts zu tun. Aber, wie man sich modellweise die Existenz eines Äthers vorstellen kann, derart, daß es auch nicht die geringste Bewegung für diesen Äther gibt, das wissen wir jetzt. Die Erklärung dafür ist denkbar einfach. Sie besteht darin, daß die Meßinstrumente, mit denen wir irgendeine Bewegung quantitativ erfassen, daß diese Meßinstrumente in letzter Konsequenz aus Strukturen über diesem Äthers bestehen und daher per Konstruktion auf diesen Äther nicht ansprechen *können* - das Auge sieht das Auge nicht.

Und der Äther für die Lichtgeschwindigkeit c_L?- das ist unser physikalischer Raum. Darin sind wir die inneren Beobachter. Was aber steckt dahinter? Die Quantenphänomene sind eine unübersehbare Mahnung, daß wir uns die Bewegung von Materie in diesem unserem Raum nicht gar zu naiv vorstellen sollten. Teilchen und Raum können nicht unabhängig voneinander gedacht werden. Diesen Schluß haben schon die Philosophen der alten Griechen gezogen - ohne die Naturwissenschaften - vielleicht gerade deswegen (23). Jedes neue Ergebnis in der Elementarteilchenphysik ist immer auch eine neue Einsicht in die Struktur unseres Raumes, die Struktur des Vakuums, wie der Physiker heute dazu sagt. Das physikalische Vakuum, um das moderne Wort für Raum oder Äther zu gebrauchen, ist also schon lange Gegenstand angestrengter physikalischer Forschung. Dabei haben wir es nicht leicht. Sind wir doch nun selbst die inneren Beobachter, die aus ihrem Raum nicht heraus können - ebenso wie die inneren Beobachter unseres Kristalls an diesen ihren Raum gefesselt sind. Und so sitzen wir mit unseren raffiniertesten und geschicktesten Mathematikern, Physikern und Technikern in riesigen Kernforschungsanlagen und versuchen unter gewaltigen Anstrengungen, mit dem Einsatz immer größerer Energien an unserem Vakuum zu kratzen, um schließlich hin und wieder einmal mit einem bißchen Glück ein kleines Bröckchen aus diesem unermeßlichen Urgrund herauszuschlagen.

Physikalisch stößt die Relativitätstheorie auf dem Kristallgitter offensichtlich mindestens dann an eine Grenze, wenn wir es auf Grund entsprechender Lorentzfaktoren $\gamma = \sqrt{1 - \frac{v^2}{c_o^2}}$ mit Längenkontraktionen zu tun kriegen, die auf Abstände unterhalb der Gitterkonstante des Kristalls führen. Solche Abstände sind prinzipiell mit Kinken auf Versetzungen nicht mehr ausmeßbar, da die feldtheoretische Beschreibung der Kinke mit Hilfe der sine - Gordon - Gleichung wegen der zugrunde gelegten Kontinuumsnäherung (79) einfach darauf beruht, daß die geometrischen Strukturen der Linien stets durch eine große Anzahl von Gitteratomen gebildet werden. Wir sind also in der Lage vorherzusehen, wann die Spezielle Relativitätstheorie auf dem Kristallgitter ihre Gültigkeit verlieren wird. Wir kommen darauf in Kap. 18 zurück. Es ist in diesem Zusammenhang bemerkenswert, daß wir auch in unserer äußeren Physik grenzwertige Längen kennen, derart, daß geometrische Abstände unterhalb dieser Längen problematisch werden oder physikalisch überhaupt

(23) Für eine ausführliche Erörterung dieser Fragen verweisen wir auf die von C. F. von Weizsäcker erschienenen Aufsätze in seinem Buch, "Die Einheit der Natur", s. [62].

nicht mehr sinnvoll definierbar sind. Eine, nach dem heutigen Wissensstand absolute, untere Meßschranke für räumliche Entfernungen stellt die bereits 1906 von M. Planck eingeführte und nach ihm benannte Elementarlänge l_0 dar, welche sich aus den drei Fundamentalkonstanten, dem Planckschen Wirkungsquantum h, der Gravitationskonstante f und der Lichtgeschwindigkeit c_L zu $l_0 = \sqrt{\frac{f\,h}{c_L^3}} \approx 10^{-33}$ cm berechnet. Von W. Heisenberg wurde sogar die um zwanzig Zehnerpotenzen größere Compton - Wellenlänge $\lambda_c = \frac{h}{m\,c_L} \approx 10^{-13}$ cm eines Nukleons der Masse m bereits als untere Schranke für die prinzipielle Meßbarkeit eines geometrischen Abstandes vorgeschlagen, s. hierzu H. Treder [55], [56].

Ein Raumgitter aus physikalischen Konstituenten, welcher Art auch immer, deren nächste Nachbarn in Abständen einer Heisenberg - Länge oder gar einer Planckschen Länge angeordnet sind, könnte nach unseren Überlegungen durchaus den physikalischen Hintergrund sowohl für die Spezielle Relativitätstheorie als auch für weitergehende, elementare Eigenschaften der Materie hergeben. Dazu heben wir noch einmal ausdrücklich hervor, daß es sich bei den "Konstituenten" für ein derartiges Gitter unseres physikalischen Raumes natürlich prinzipiell nicht um träge Massen unseres Raumes, weder Atome noch Elementarteilchen handeln kann. Die Massen unseres physikalischen Raumes wären Strukturen auf einem solchen Gitter, so daß die kinematische Grundeigenschaft unserer Massen, nämlich sich relativ zueinander mit einer bestimmten Trägheit zu bewegen, diesem Gitter selbst prinzipiell nicht zugeordnet werden könnte. Nichtsdestoweniger wäre ein solches Gitter durchaus physikalisch real und von grundsätzlichem Einfluß auf die Physik unserer Materie - ganz in Übereinstimmung mit der von A. Einstein bereits 1920, s. [6], gegebenen Beurteilung des Ätherproblems: "Indessen lehrt ein genaueres Nachdenken, daß diese Leugnung des Äthers nicht notwendig durch das spezielle Relativitätsprinzip gefordert wird. ... Den Äther leugnen bedeutet letzten Endes, daß dem leeren Raum keinerlei physikalische Eigenschaften zukommen. Mit dieser Auffassung stehen aber die fundamentalen Tatsachen der Mechanik nicht im Einklang."

Die hypothetische Erörterung eines Gitters für unseren physikalischen Raum hat also nichts mit der Einführung eines klassischen Äthers zu tun. Es ist dies vielmehr nur eine sehr vage Vorstellung über einen denkbaren physikalischen Hintergrund unserer relativistischen Raum - Zeit - Struktur. Eine Vertiefung dieser Frage bedarf aber ganz offenbar der Quantentheorie und vielleicht sogar der Gravitationstheorie.

Wir besprechen abschließend die verschiedenen Möglichkeiten für einen axiomatischen Aufbau der Speziellen Relativitätstheorie. Den Ausgangspunkt der Überlegungen bilden in jedem Fall die Bezugssysteme, in welchen wir experimentieren und die Ergebnisse dieser Experimente bechreiben. Ausgehend von der ältesten physikalischen Disziplin, der Mechanik, werden wir dabei zwangsläufig auf die Auszeichnung der Inertialsysteme geführt, wie wir in Kap. 4 gesehen haben. Die Gleichungen der Newtonsche Mechanik sind für alle Inertialsysteme identisch, wenn für die Koordinaten (x, t) bzw. (x', t') eines Ereignisses die Galilei - Transformation (144b) gilt. Für den axiomatischen Aufbau der Speziellen Relativitätstheorie sind dann zwei grundsätzlich verschiedene Wege zu unterscheiden. **I.** Wir fragen primär nach allgemeinen Prinzipien, denen die Objekte unserer physikalischen Erkundung in allen Inertialsystemen unterworfen sind. **II.** Wir fragen primär: Wie verhalten sich unsere Längenmaßstäbe und Uhren in einem einzigen Inertialsystem?

I. Dies ist der Einsteinsche, der Königsweg zur Speziellen Relativitätstheorie. Sein ausschließliches axiomatisches Fundament ist das Einsteinsche Relativitätsprinzip, das wir zu Beginn dieses Kap. zitiert haben. Um auf diesem Weg mit Einstein zur SRT zu gelangen, brauchen wir nur noch eine einzige, aber dafür sehr genau bekannte physikalische Theorie, z.B. die Maxwellschen Gleichungen zur Beschreibung elektromagnetischer Vorgänge - es kann aber auch irgendeine andere Theorie sein (z. B. die Theorie der starken Wechselwirkung). Nach dem Einsteinschen Relativitätsprinzip muß diese Theorie dann für alle Inertialsysteme identisch sein mit der Konsequenz, daß auch alle in ihr stehenden Naturkonstanten, hier die Lichtgeschwindigkeit c_L , in allen Inertialsystemen ein und denselben numerischen Wert besitzen. Diese wichtige Schlußfolgerung aus der Anwendung seines Relativitätsprinzips auf die Maxwellsche Theorie hat Einstein als das Prinzip von der universellen Konstanz der Lichtgeschwindigkeit gesondert hervorgehoben. Es folgen sodann die Relativität der Gleichzeitigkeit, Lorentzkontraktion, Zeitdilatation, die Voigt - Lorentzschen Transformationen, die Geschwindigkeitsabhängigkeit der trägen Masse sowie die Trägheit der Energie - und zwar von jedem Inertialsystem aus betrachtet in gleicher Weise. Aus dem Aufbau der Speziellen Relativitätstheorie mit Hilfe der Maxwellschen Elektrodynamik darf aber nicht geschlossen werden, daß den elektromagnetischen Erscheinungen dadurch eine dominante Bedeutung für die gesamte Physik zukäme. Die Elektrodynamik war nur der historisch bedingte Angelpunkt zur Entdeckung der Speziellen Relativitätstheorie - nicht mehr und nicht weniger. Das Fundament der theoretischen Physik ist die SRT.

Um die mathematische Formulierung und Formalisierung der SRT hat sich H. Minkowski besondere Verdienste erworben, s. hierzu die in [44] abgedruckte Originalarbeit von H. Minkowski aus dem Jahre 1908. Ohne diese Minkowskische Formulierung der SRT ist unsere moderne Physik der relativistischen Theorien praktisch undenkbar. Alle Darstellungen zur SRT mit Hilfe des Minkowski - Formalismus beruhen ebenfalls einzig und allein auf dem Einsteinschen Relativitätsprinzip. H. Minkowski erkennt in den Voigt - Lorentzschen Transformationen die Verschmelzung von Raum und Zeit zu einem einheitlichen Raum - Zeit - Kontinuum, das ihm zu Ehren heute Minkowskiraum heißt. In zwei beliebigen Inertialsystemen Σ_0 und Σ' mit einem gemeinsamen Koordinatenursprung mögen für ein Ereignis E die Koordinaten (x, t) bzw. (x', t') gemessen werden. Die Gleichberechtigung der Inertialsysteme postuliert H. Minkowski dann durch die Gleichung

$$x^2 - c_L^2 t^2 = x'^2 - c_L^2 t'^2. \tag{152}$$

mit der unisersellen Konstante c_L. In der Sprache des Minkowski - Raumes heißt diese Gleichung die Invarianz des Linienelementes. Sie ist den Voigt - Lorentzschen Transformationen (144) äquivalent. Für eine detaillierte geometrische Diskussion dieser Gleichung verweisen wir auf das Buch von E. Liebscher [5].

Die mathematisch besonders elegante Formulierung des Relativitätsprinzips durch H. Minkowski wird in vielen theoretischen Darstellungen zum Anlaß genommen, die Maßeinheit für die Zeit gerade so zu wählen, daß die Maßzahl für die Lichtgeschwindigkeit gleich 1 wird. Die Invarianz des Linienelementes lautet dann einfach $x^2 - t^2 = x'^2 - t'^2$. So bequem eine derartige Vereinbarung für mathematische Zwecke auch sein mag, sie kann leicht der irrigen Ansicht Vorschub leisten, die Lichtgeschwindigkeit c_L sei eine numerische Konstante wie die Zahlen 1 , 7 oder π und nicht eine Naturkonstante, deren Unveränderlichkeit allein dem unbestechlichen Urteil der Messungen unterliegt.

Ebenfalls auf dem Einsteinschen Relativitätsprinzip beruht ein weiterer Zugang zur SRT, der von der Geschwindigkeitsabhängigkeit der trägen Masse ausgeht. Wie wir in Kap.4 kurz berichtet haben und in den Kap . 19-20 ausführlich darstellen werden, verhält sich die mit der Geschwindigkeit v bewegte träge Masse m eines Körpers zur trägen Masse m_0 desselben Körpers im Ruhezustand wie $\frac{m}{m_0} = \sqrt{1 - \frac{v^2}{c_0^2}}$.

Postuliert man primär dieses Gesetz gemäß dem Einsteinschen Relativitätsprinzip für jedes Inertialsystem, so kann daraus die Relativität der Gleichzeitigkeit und nachfolgend wieder die gesamte SRT deduziert werden. Diese Methode ist in eindrucksvoller und einfach nachvollziehbarer Weise von E. Liebscher [5] entwickelt worden. Der Leser findet dort auch die geometrische Veranschaulichung der Minkowskischen Methode.

II. Wir wollen dies den Lorentzschen Weg zur Speziellen Relativitätstheorie nennen, da er in der Tat von H. A. Lorentz begründet wurde, wenn Lorentz ihn auch nicht zu Ende gegangen ist. Die Rolle von H. A. Lorentz als Vorläufer und Wegbereiter der SRT wird in jeder einschlägigen Darstellung gewürdigt. Dennoch ist dieser Lorentzsche Weg von dem oben diskutierten Einsteinschen Zugang so grundverschieden, daß er bis heute nicht immer richtig verstanden und selbst in großen Standard - Lehrbüchern zur Elektrodynamik und Speziellen Relativitätstheorie immer noch als eine Sackgasse gewertet wird, vgl. z.B. Becker/Sauter [56], worauf wir bereits am Ende von Kap. 12 aufmerksam gemacht haben.

Das Einsteinsche Relativitätsprinzip mit seiner universellen Konstanz der Lichtgeschwindigkeit steht bei dem Lorentzschen Zugang erst am Ende als Ergebnis da. Stattdessen benötigen wir aber nun zwei Axiome. Diese beiden Axiome zerlegen gewissermaßen das Einsteinsche, universelle, abstrakte Prinzip in zwei voneinander unabhängige und nun unserer Anschauung leichter zugängliche Grundannahmen:

1. In einem *ausgezeichneten* Inertialsystem verkürzt sich die Ausdehnung bewegter Körper in Bewegungsrichtung gemäß der Formel für die Lorentzkontraktion, wie dies von H. A. Lorentz in seiner Arbeit [43] aus dem Jahre 1904 nachgewiesen wurde. Ergänzend dazu müssen wir postulieren, daß eine gegenüber diesem ausgezeichneten Inertialsystem bewegte Uhr gemäß der Formel für die Zeitdilatation nachgeht.

2. Es gilt das elementare Relativitätsprinzip, welches wir in Kap. 12 formuliert und ausführlich besprochen haben.

Mit Hilfe dieser beiden Axiome gelingt die vollständige Herleitung der Speziellen Relativitätstheorie, wie wir in Kap. 12 gezeigt haben, s. auch H. Günther [1].

Das zweite dieser Axiome, das elementare Relativitätsprinzip, bedarf keiner weiteren Erörterung. Dieses Postulat ist denkbar einfach. Man kann aber fragen, ob denn die Synchronisation von Uhren in allen Inertialsystemen damit auch widerspruchsfrei durchgeführt werden kann. Diese Fragestellung haben wir bisher nicht erörtert. Die Bezugssysteme Σ' und Σ'' mögen in bezug auf das ausgezeichnete System Σ_0 die Geschwindigkeiten u bzw. v besitzen. Die Uhren in Σ' und Σ'' werden nun nach dem elementaren Relativitätsprinzip synchronisiert, so daß auch in diesen Bezugssystemen eindeutig eine Geschwindigkeitsmessung definiert ist. Die Beobachter in Σ' messen für die Geschwindigkeit des Systems Σ'' einen Wert w'', während jene in Σ'' für die Geschwindigkeit von Σ' einen Wert w' feststellen. Unser elementares Relativitätsprinzip macht nur dann einen Sinn, wenn seine Aussage nun auch für Σ' und Σ'' gilt, wenn also $w'' = -w'$ erfüllt ist. Ist das so? Nun, wir haben hergeleitet, daß die Signalgeschwindigkeit c_0 in allen Bezugssystemen ein und denselben Wert hat, mithin das Einsteinsche Relativitätsprinzip gilt und folglich für beliebige Bezugssysteme auch das viel schwächere, elementare Relativitätsprinzip, also auch $w'' = -w'$. Wir bemerken, daß sich die Gültigkeit der Gleichung $w'' = -w'$ natürlich auch ohne den Umweg über die universelle Konstanz der Signalgeschwindigkeit direkt nachweisen läßt.

Woher nehmen wir aber die in dem ersten Axiom postulierten Eigenschaften unserer Längenmaßstäbe und Uhren in einem ausgezeichneten Inertialsystem? Am leichtesten wäre es, wenn wir uns dazu einfach auf Präzisionsexperimente berufen könnten. Tatsächlich ist es heute möglich, so vorzugehen, da sowohl die Lorentzkontraktion von Körpern als auch die Zeitdilatation von Uhren, die sich in bezug auf unser Laboratorium bewegen, mit atemberaubender Genauigkeit nachgewiesen werden können. Ein solcher Ansatzpunkt bleibt indessen theoretisch unbefriedigend. Besser ist es, man hat eine exakte mathematische Theorie, deren Lösungen sich als Teilchen identifizieren lassen und von denen wir dann die oben postulierten Eigenschaften der Lorentzkontraktion und der Zeitdilatation sowohl nachrechnen als auch nachmessen können. Im Rahmen der klassischen Feldtheorie sind es die nichtlinearen Theorien, die uns stabile Teilchenkonfigurationen, sog. Solitonen, als Lösungen bescheren. Jedes Gleichungssystem, das nach einer Änderung der Variablen gemäß den Voigt - Lorentzschen Transformationen (144) seine mathematische Form beibehält, Lorentz - invariant ist, wie man sagt, und Solitonenlösungen gestattet, kommt als ein Modell für Teilchen mit den von unserem ersten Axiom geforderten Eigenschaften in Frage. Ein mathematisch besonders einfaches Beispiel dafür ist die sine - Gordon - Gleichung für eine Raumdimension, die wir ausführlich besprochen haben. Im Festkörper tritt dabei an die Stelle der Lichtgeschwindigkeit c_L die Signalgeschwindigkeit c_0, welche größenordnungsmäßig im Bereich der Schallgeschwindigkeiten liegt. Für die SRT unserer physikalischen Raum - Zeit auf der Grundlage der Lichtgeschwindigkeit können wir mit der eindimensionalen sine - Gordon - Gleichung nicht viel ausrichten, da wir im Gegensatz zum Festkörper hier keine physikalischen Objekte kennen, die wir mit ihren Lösungen identifizieren könnten. Besonders in neuerer Zeit hat man sich aber auch mit der sine - Gordon - Gleichung für den dreidimensionalen Raum beschäftigt, mit dreidimensionalen Lösungen, die den von uns diskutierten kink- und breather- Lösungen entsprechen. Wir verweisen hier z. B. auf die Arbeiten von G. Leibbrandt [57], [58]. Wenn sich deartige Lösungen der dreidimensionalen sine - Gordon - Gleichung mit physikalischen Objekten identifizieren lassen, so ließe sich mit ihrer Hilfe gemäß dem Lorentzschen Weg eine dreidimensionale Spezielle Relativitätstheorie ebenso konstruieren, wie wir dies in den Kap. 9-14 für eine Raumdimension durchgeführt haben. In unserem Fall einer Kontinuumsapproximation des Kristallgitters konnten wir noch einen Schritt weitergehen. Wir haben gezeigt, wie der physikalische Hintergrund für die sine - Gordon - Gleichung aussieht, die hier das Fundament für die Begründung der SRT in diesem Kontinuum gemäß dem Lorentzschen Weg bildet. Den Hintergrund liefern die elastisch gekoppelten Bausteine einer periodischen Gitterstruktur, welche den Gesetzen der Newtonschen Bewegung unterworfen sind. Mit dem idealen Gitter als Vakuum werden die Objekte der Speziellen Relativitätstheorie durch die lokalisierten Strukturstörungen dieses Gitters realisiert.

In den zwanziger Jahren ist die Axiomatik der Speziellen Relativitätstheorie durch H. Reichenbach einer eingehenden Analyse unterzogen worden. Wir beziehen uns hier auf die von H. Kamlah und M. Reichenbach neu herausgegebenen Gesammelten Werke von H. Reichenbach. Ohne in die philosophische Diskussion tatsächlich näher eintreten zu können, wollen wir zwei Punkte herausgreifen.

Bei seinen Untersuchungen zum Problem der Zeit und speziell der Gleichzeitigkeit mahnt H. Reichenbach wiederholt einen sorgfältigen Umgang mit diesen Begriffen an und kritisiert die in den meisten Darstellungen zur Speziellen Relativitätstheorie gegebene Begründung für die Relativität der Gleichzeitigkeit, vgl. [75], S. 138 ff., S. 179-180, s. auch [76] S. 86 ff. Unsere Diskusssion zur Definition einer geeigneten Zeit für die Beschreibung der Vorgänge im Festkörper in Kap. 11 und 12 können geradezu wie eine Illustration zu diesen Reichenbachschen Überlegungen gelesen werden. Für die Bemerkung von H. Reichenbach, [75], S. 180, "Man kann die Gleichzeitigkeitsdefinition eines Systems K so einrichten, daß sie mir der eines bewegten Systems K′ identisch wird;···", haben wir in Kap.12, s. Gleichung (137), ein Beispiel diskutiert. Ferner sind gerade für die hier betrachteten Prozesse im Festkörper zwei Möglichkeiten besonders aufschlußreich, die Ereignisse zeitlich zu ordnen; nämlich einmal nach der "absoluten" Zeitskala eines äußeren Beobachters

und zum anderen durch die "natürlichen" Uhren, die schwingenden breather, der inneren Beobachter. Die Diskussion unseres Uhrenparadoxons in Kap. 11 weist in diesem Zusammenhang noch einmal auf die notwendige Sorgfalt beim Umgang mit dem Begriff der Zeit hin. Die von uns in Kap. 12 explizit durchgeführte, besondere Konstruktion zur Definition einer Gleichzeitigkeit in den bewegten Bezugssystemen auf der Grundlage unseres elementaren Relativitätsprinzips ist von H. Reichenbach nicht in Betracht gezogen worden.
Anders verhält es sich mit der Längenkontraktion. Die von H. Reichenbach behauptete These von einer begrifflichen Unvereinbarkeit der Lorentzkontraktion mit der Einsteinkontraktion, vgl. [76], S.233 ff., kann durch unsere Untersuchungen am Festkörper explizit falsifiziert werden. Mit dem Nachweis der universellen Konstanz der Signalgeschwindigkeit aus unserem elementaren Relativitätsprinzip und der Lorentzkontraktion für ein zunächst ausgezeichnetes Bezugssystem in Kap. 12 ist gezeigt, daß beide Kontraktionen nicht nur zahlenmäßig, sondern auch begrifflich identisch sind. Diese Überlegungen sind am Festkörper unmittelbar nachvollziehbar und lassen keinen Interpretationsspielraum mehr zu. Die auch heute noch in einigen Lehrbüchern der theoretischen Physik anzutreffende, negative Bewertung der Lorentzschen Hypothese entspricht ganz der Reichenbachschen Behauptung (s. dazu unsere, in Kap. 12 gegebene Kritik an der Erörterung der Kontraktionshypothese in dem Buch von R. Becker und F. Sauter [53]). Wir weisen aber darauf hin, daß H. Minkowski diesem Irrtum nicht unterliegt. Ausgehend von Einsteins Relativitätsprinzip, zeigt Minkowski in der oben zitierten Arbeit in [44], S. 58 - 59, "daß die Lorentzsche Hypothese völlig äquivalent ist mit der neuen Auffassung von Raum und Zeit, wodurch sie viel verständlicher wird", daß also die Lorentzsche Kontraktion nichts anderes ist, als die Einsteinsche. Dieser Abschnitt in der berühmten Minkowskischen Arbeit ist später leider etwas in Vergessenheit geraten. Das mag z. T. damit zusammenhängen, daß selbst bei H. Reichenbach, der die Minkowskische Arbeit und ihre Ideen ausführlich erörtert (vgl. z. B. [76], S.233 -241), diese Schlußfolgerung u.W. an keiner Stelle explizit erwähnt wird.
Ersetzt man das Einsteinsche Relativitätsprinzip durch unser, in Kap. 12 formuliertes, elementare Relativitätsprinzip, so läßt sich der "Lorentzsche Weg" zur SRT natürlich auch im Minkowski - Formalismus beschreiben, was zuerst E. Liebscher gesehen hat, s. dazu H. Günther [1].

15. Das Zwillingsparadoxon

Das Zwillingsparadoxon ist gewiß eine der provozierendsten Konsequenzen, mit denen uns die Spezielle Relativitätstheorie konfrontiert hat, eine Herausforderung an jeden "gesunden Menschenverstand". Man kann es aber auch anders sehen. Die ganze Bescheidenheit und Bedürftigkeit dieses unseres gesunden Menschenverstandes, dessen wir zweifellos so dringend bedürfen, wird nirgends so offenbar, der ganze sandige Untergrund aus unseren für unumstößlich gehaltenen "Erfahrungstatsachen" geht nirgends so schmählich in die Brüche, wie gerade bei diesem Zwillingsparadoxon. Wenn man eines sicher zu wissen glaubt, dann doch wohl, daß Zwillinge immer am selben Tag Geburtstag haben, unbeschadet ihres sonstigen Lebenswandels und unabhängig davon, wer den Kalender dafür macht. Und doch ist das so nicht richtig [(24)]. Worin besteht das Problem? Die beiden Zwillinge, sagen wir Bruder A_0 und der Zwilling A gehen auf Reisen. Genauer, Bruder A_0 befinde sich in unserem Bezugssystem Σ_0 und der Zwilling A im Bezugssystem Σ' , so daß sich also A mit der konstanten Geschwindigkeit v von A_0 entfernt und umgekehrt A_0 für A die konstante Geschwindigkeit $-v$ besitzt. Beide sollen ausreichend mit ihren eigenen, den von uns eingehend beschriebenen Uhren und Lägenmaßstäben ausgerüstet sein. Bei ihrer Verabschiedung am gemeinsamen Koordinatenursprung, dem Ereignis O , mit $(x = 0,\ t = 0)$ in Σ_0 und auch $(x' = 0,\ t' = 0)$ in Σ' , steht also jeweils die Uhr, die jeder von ihnen bei sich trägt, sagen wir die Uhr U_0^A von Bruder A_0 sowie die Uhr U^A des Zwillings A gerade auf der Stellung Null. Diese Situation entspricht also unserem Bild 36, das wir hier mit etwas anderer Bezeichnung, weil mit anderer Zielsetzung, noch einmal wiedergeben, s. Bild 44.

Mit diesen ihren "persönlichen Uhren" messen die beiden Zwillinge die Zeit, die seit ihrer Verabschiedung zum Ereignis O für sie verstrichen ist. Die persönlichen Uhren, die pulsierenden breather, zeigen die Zeit an, um die jeder von ihnen jeweils seit dieser Trennung älter geworden ist. Die Orts - und Zeitangaben eines Ereignisses kennzeichnen wir in Σ_0 wieder durch ungestrichene Koordinaten (x, t) und in Σ'

---

(24) Wir werden jetzt der sprachlichen Einfachheit halber immer von Personen reden. Dabei haben wir hier stets die Situation in unserem Kristall vor Augen, also z. B. die inneren Beobachter dort. Uhren sind für uns die schwingenden breather - Lösungen, die sich mit einer beliebigen Geschwindigkeit $|v| < c_0$ durch den Kristall bewegen können. Die Anzahl der Schwingungen eines solchen breathers zählt dessen "persönliche" Lebenszeit. Die Zwillingsbrüder könnten wir an jeder Stelle auch durch "Zwillingsbreather" ersetzen.

durch gestrichene Koordinaten (x', t'). Wir erinnern: Die Koordinaten sind stets die *Maßzahlen* von Längen und Zeiten. Die Zeiger der Uhren zeigen die Maßzahlen für die Zeit an. Diese, im folgenden angegebenen Koordinaten für die Zeit lassen sich also stets unmittelbar auf den Uhren ablesen.

Um möglichst viele Einwendungen gegen das Zwillingsparadoxons auszuräumen, werden wir unsere Diskussion von den verschiedenen Positionen aus sehr detailliert führen. Eine einfache, spezielle Lösung des Paradoxons findet sich auf den Seiten 197-201.

Bruder A_o urteilt in seinem Bezugssystem Σ_o : Mein Zwillingsbruder A , der seine Uhr U^A bei sich trägt, bewegt sich mit der Geschwindigkeit v . Nach der Zeit $t_P = \frac{x_P}{v}$ auf meiner Uhr U_o^A ist der Zwilling A am Ort x_P in Σ_o angekommen. Das wollen wir das Ereignis P nennen mit den Koordinaten in Σ_o gemäß

$$\Sigma_o : \ P \ (x_P , \ t_P = \frac{x_P}{v}) . \tag{153}$$

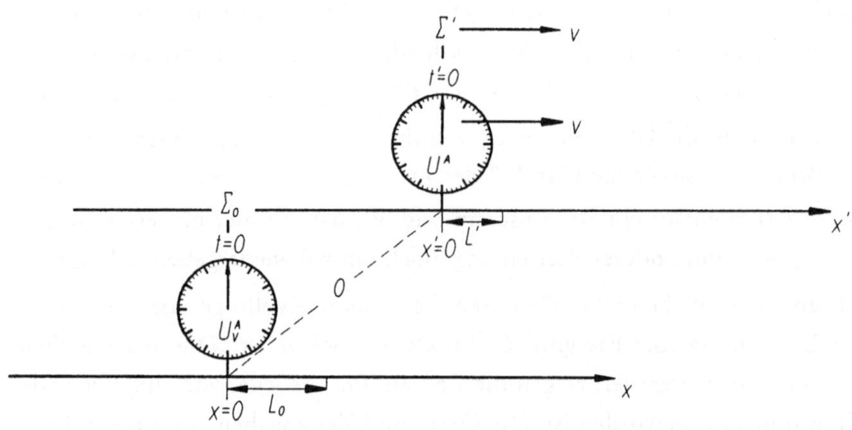

Bild 44. Das Ereignis O . Die Verabschiedung der Zwillingsbrüder am gemeinsamen Koordinatenursprung. Bruder A_o trägt die Uhr U_o^A bei sich und Zwilling A die Uhr U^A . Bruder A_o beobachtet, daß der Längenmaßstab L' des Zwillings A gegenüber seinem Längenmaßstab L_o um den Faktor γ verkürzt ist. Wir betrachten wieder den Fall $v = 0{,}8 \ c_o$, also $\gamma = 0{,}6$, was wir mit $L' = 0{,}6 \ L_o$ eingezeichnet haben. Die Verkürzung, welche umgekehrt der Zwilling A mit demselben Faktor γ für die bewegte Länge $L_v = \gamma \ L'$ des für ihn bewegten Maßstabs L_o ausmißt, haben wir nicht eingezeichnet, s. dazu Bild 43.

Der Zeiger der Uhr U^A von Zwilling A steht dabei gemäß unserer Formel (115) auf der Zeit $t_P' = t_P\sqrt{1-\frac{v^2}{c_o^2}}$. Im Bezugssystem Σ' hat das Ereignis P also die Koordinaten

$$\Sigma' : \ P \ (x_P' = 0 \ , \ t_P' = \frac{x_P}{v}\sqrt{1-\frac{v^2}{c_o^2}}\ ) . \tag{154}$$

Wenn also Zwilling A die auf seiner Uhr angezeigte Zeit t_P' mit der Zeit t_P auf derjenigen Uhr in Σ_o vergleicht, die ihm gerade gegenübersteht, nennen wir diese Uhr U_o^P, so geht die Uhr U^A von A gegenüber der Uhr U_o^P um den Betrag $t_P - t_P'$ nach. Das Telegramm seines Zwillingsbruders, daß er, Bruder A_o, nun der Ältere sei (und also Anspruch auf den Erbhof habe), sieht der Zwilling A auf diese Weise scheinbar bestätigt. Damit gibt sich A aber nicht zufrieden, sondern er dreht den Spieß um und argumentiert ebenso: Die persönliche Uhr U_o^A meines Zwillingsbruders A_o bewegt sich mit der Geschwindigkeit $-v$. Wenn ich, der als jünger verleumdete Zwilling A, auf meiner Uhr U^A in Σ' die Zeigerstellung t_P' ablese, dann befindet sich Bruder A_o mit seiner Uhr U_o^A in meinem System Σ' am Ort $x_R' = -v \cdot t_P'$. Das wollen wir das Ereignis R nennen mit $t_R' = t_P'$, also mit (154)

$$\Sigma' : \ R \ (x_R' = -x_P\sqrt{1-\frac{v^2}{c_o^2}} \ , \ t_R' = \frac{x_P}{v}\sqrt{1-\frac{v^2}{c_o^2}}\ ) . \tag{155}$$

Da sich Bruder A_o mir gegen über aber mit der Geschwindigkeit $-v$ bewegt, muß der Zeiger seiner Uhr U_o^A gegenüber derjenigen Uhr in meinem System Σ', die ihm gerade gegenübersteht, nennen wir diese Uhr U^R, nach der nämlichen Formel (150) die verzögerte Stellung $t_R = t_R'\sqrt{1-\frac{v^2}{c_o^2}}$ haben. In Σ_o finden wir daher für das Ereignis R

$$\Sigma_o : \ R \ (x_R = 0 \ , \ t_R = \frac{x_P}{v}(1-\frac{v^2}{c_o^2})\ ) . \tag{156}$$

Folglich geht auch die Uhr von Bruder A_0 nach, wenn er sie mit der entsprechenden Uhr U^R des Bezugssystems Σ' vergleicht, welche die Zeit des Zwillings A anzeigt, nämlich um den Betrag $t_R' - t_R$. Der Zwilling A kabelt daher aufgeregt zurück, jener, Bruder A_0, sei der Zurückgebliebene, wovon er sich gefälligst anhand eines Vergleiches der Zeigerstellung seiner Uhr U_0^A mit den Zeigerstellungen derjenigen Uhren in Σ', bei denen er sich gerade befindet (welche, wie ihm bekannt sein dürfte, die Zeit von A anzeigen), selbst überzeugen möge. Jener, Bruder A_0, habe daher die Ansprüche auf den Hof verwirkt. Über diesen ersten Streit werden die Zwillingsbrüder schließlich einsehen, daß die gegenseitigen Angaben über ihre Uhren beide richtig sind und tatsächlich gar nicht miteinander in einen Widerspruch geraten können, da jeweils verschiedene Uhren miteinander verglichen werden. Der Schluß über ein absolutes Jünger oder Älter hatte gar keinen Sinn (und war vielleicht auch nur wider besseres Wissen in der Hoffnung auf den schnellen Gewinn des Erbhofes vorgetragen worden). Genau diese Situation haben wir im Grunde genommen bei der Herleitung der Formel (150), wobei wir von dem Bild 40 ausgegangen waren, bereits besprochen. Wir tragen dies in dem folgenden Bild 45 noch einmal zusammen.

Bis hierher liegt also noch kein Paradoxon vor. Bruder A_0 gibt sich damit aber nicht zufrieden und rechnet weiter. In der Formel für die Zeigerstellung der persönlichen Uhr von Zwilling A steht nur das Quadrat der Geschwindigkeit v. Wenn er also den Zwilling A dazu bewegen könnte, kurzerhand umzukehren, sagen wir zum Ereignis P, um sich fortan mit der Geschwindigkeit $-v$ nun in Richtung auf A_0 hin zu bewegen, dann würde die pers önliche Uhr von A nach derselben Formel weiter zurückbleiben. Dieses von Bruder A_0 geplante Zusammentreffen der beiden durch eine Umkehr von Zwilling A wollen wir das Ereignis Y nennen. Nach einer weiteren Reisezeit von t_P (angezeigt durch der Uhr U_0^A von Bruder A_0) stünde dann also die Uhr U_0^A von Bruder A_0 auf $t_Y = 2t_P$. Für das Ereignis Y notieren wir daher im Bezugssystem Σ_0

$$\Sigma_0 : \; Y \; (x_Y = 0 \, , \;\; t_Y = 2\frac{x_P}{v}) \; . \qquad (157)$$

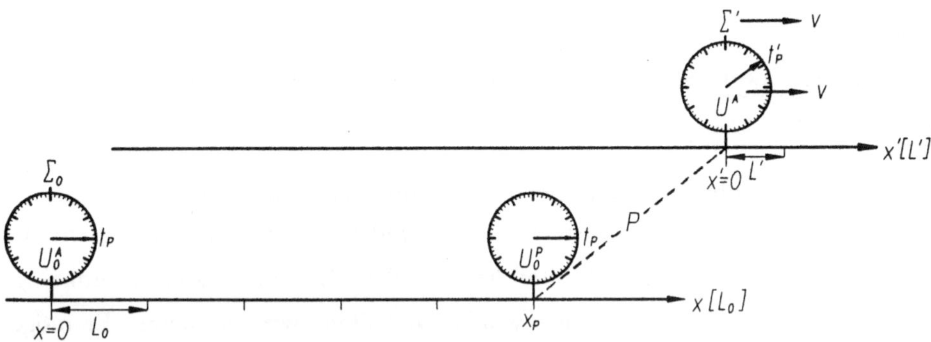

Bild 45a.

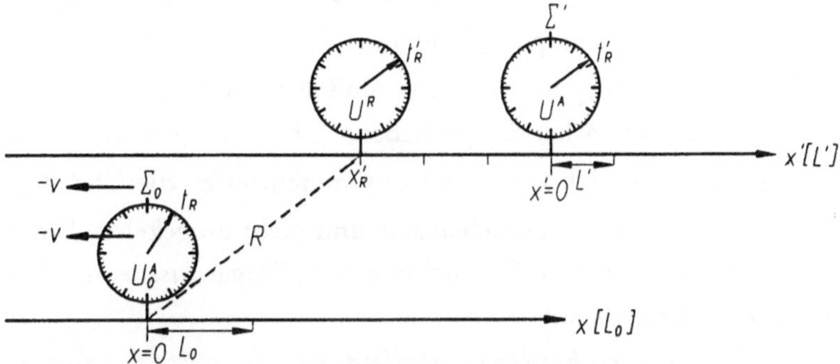

Bild 45b.

Bild 45. Jeder der beiden Zwillinge stellt fest: Die persönliche Uhr des anderen bleibt gegenüber der Zeitnahme im eigenen Bezugssystem, die mit jeweils zwei, dort synchronisierten Uhren erfolgen muß, mit dem Faktor γ zurück. Wir rechnen wieder mit $v = 0{,}8\ c_0$, also $\gamma = 0{,}6$.
Das Ereignis P haben wir in Bild 45a dargestellt. Die Uhr U^A des Zwillings A befindet sich bei $x = x_P$. Dafür haben wir die Maßzahl $x_P = 5$ gewählt. Die Zeiger aller Uhren in Σ_0 stehen einheitlich auf der Stellung $t_P = \frac{x_P}{v}$, wofür wir die Anzeige "Viertel" (= 15 Skalenteile) gewählt haben, also $t_P = 15$. Das haben wir für die Uhren U_0^A und U_0^P eingezeichnet. Der Zeiger der Uhr U^A von Zwilling A steht dann gemäß der Formel (115) bzw. (154) auf $t'_P = \gamma\ t_P$, also $t'_P = 9$. (Wenn die zurückgelegte Entfernung von $5\ L_0$ bei einem "kleinen" Maßstab L_0 tatsächlich ziemlich klein ist, dann muß die verwendete Uhr nur hinreichend kleine Zeitintervalle mit einem Skalenstrich anzeigen, um zum Ereignis P auf 15 zu stehen).
Das Ereignis R haben wir in Bild 45b dargestellt. Die Uhr U_0^A von Bruder A_0 befindet sich gemäß (155) vom Bezugssystem Σ' aus beurteilt an der Position $x'_R = -x_P \cdot \gamma = -0{,}6\ x_P$, also bei $x' = -3$ (auf dem Bild ist der eingezeichnete Maßstab L' dreimal abgetragen). Alle Uhren in Σ' stehen einheitlich auf der Stellung $t'_R = t'_P = 9$. Das haben wir für die Uhren U^A und U^R eingezeichnet. Der Zeiger der Uhr U_0^A von Bruder A_0 weist dann gemäß (150) (bzw. (156)) gerade auf $t_R = \gamma \cdot t'_R$, also $t_R = 5{,}4$ Skalenteile.

Nach der Formel (115) bleibt der Zeiger der Uhr U^A des Zwillings A ein weiteres Mal um den Faktor γ zurück und steht also beim Zusammentreffen auf der Stellung $2\frac{x_p}{v}\sqrt{1-\frac{v^2}{c_0^2}}$.

Durch einen unmittelbaren Uhrenvergleich am selben Ort könnte dann jeder sehen, daß der Zwilling A der Grünschnabel und er, Bruder A_0 , wirklich der Ältere ist und folglich Anspruch auf den Erbhof hat. Bruder A_0 schickt also scheinheilig eine Depesche an A , es werde sich wohl so verhalten, wie A meine. Er möge schnell zurückkommen, damit man dem Älteren rechtmäßig den Erbhof übertragen könne. Die Zeit drängt. - Was macht nun der Zwilling A ? Die Formel für das Zurückbleiben der Uhren enthält nur das Quadrat der Reisegeschwindigkeit v. Wenn er, der Zwilling A , sich mit $-v$ in bezug auf Bruder A_0 bewegt, bewegt sich A_0 mit der Geschwindigkeit $+v$ in bezug auf A . Dann muß aber die bereits auf dem Hinweg (gegenüber den Uhren von A) zurückgebliebene Uhr U_0^A von A_0 doch ebenfalls weiter zurückbleiben. Folglich wird beim Zusammentreffen die Uhr U_0^A gegenüber der Uhr U^A von A zurückgeblieben sein und nicht umgekehrt. Einer von beiden Fällen kann aber nur eintreten. Die Stellung eines Zeigers ist eine Tatsache, die man nicht wegdiskutieren kann.

Ein einziger Zeiger auf zwei verschiedenen Stellungen - das wäre paradox!

Tatsächlich hat sich hier ein Argumentationsfehler eingeschlichen, dem wir zunächst einmal auf die Spur kommen wollen. Richtig bleibt zweifellos nach der Aussage von (115), daß es für das Zurückbleiben des Zeigers der bewegten Uhr von Zwilling A egal ist, ob er sich von Bruder A_0 mit der Geschwindigkeit $+v$ entfernt oder mit der Geschwindigkeit $-v$ wieder zu ihm zurückkehrt, so daß bei ihrem Zusammentreffen tatsächlich der Zeiger der Uhr U^A um den Betrag $2\frac{x_p}{v}(1-\sqrt{1-\frac{v^2}{c_0^2}})$ hinter der Stellung des Zeigers der Uhr U_0^A zurückgeblieben ist. Der Fehler kann daher nur in der Argumentation des Zwillings A liegen. Wenn wir uns die Formeln (115) bzw. (150) für die Zeitdilatation einer bewegten Uhr ansehen, so hängen diese allein von dem Quadrat der Geschwindigkeit v ab. Gehen wir aber noch einmal einen Schritt zurück und betrachten die Vorschrift für die Synchronisation von Uhren eines mit der Geschwindigkeit $+v$ bewegten Bezugssystems Σ' , bezogen auf ein Bezugssystem Σ_0 . Das ist die Formel (136), die wir in Bild 40 dargestellt haben. Diese Synchronisation hängt aber ganz entschei-

dend von der Richtung der Geschwindigkeit v ab! Mit der Umkehrung der von v müssen die Uhren in entgegengesetzter Richtung gestellt werden. Halten wir fest:
Die Zeitdilatation einer bewegten Uhr hängt nur vom Quadrat ihrer Geschwindigkeit ab. Die Synchronisationsvorschrift der Uhren ändert mit der Richtung der Geschwindigkeit ihr Vorzeichen.
Diese Asymmetrie bei der Synchronisation der Uhren spielt eine entscheidende Rolle bei der Aufklärung des Zwillingsparadoxons.
Wenn der Zwilling A zu seinem Bruder A_0 zurückkehren will, muß er sein Bezugssystem Σ' verlassen und ein neues Bezugssystem, sagen wir $\Sigma''_{(-)}$, besteigen, dessen Uhren so synchronisiert wurden, daß $\Sigma''_{(-)}$ die Geschwindigkeit $-v$ in bezug auf Σ_0 hat, und diese Synchronisation ist gegenläufig zu jener im Bezugssystem Σ', welche der Zwilling A zuvor für seine Aussagen über zeitliche Abläufe benutzt hat. Für den Zwilling A ist nun beim Zeitvergleich mit Σ_0 die neue Synchronisationsvorschrift verbindlich. Für Bruder A_0, der nur die Zeitdilatation der Uhr U^A braucht, spielt diese Synchronisation keine Rolle, da wir angenommen haben, der Zwilling A kommt mit der Geschwindigkeit $-v$ zurück.
Die Situation kehrt sich um, wenn der Zwilling A in seinem Bezugssystem Σ' bleibt, und Bruder A_0 verläßt sein Bezugssystem Σ_0, um in einem weiteren Bezugssystem, sagen wir Σ'', dem Zwilling A so hinterherzueilen, daß dieser feststellt, Bruder A_0 kommt mit der Geschwindigkeit $+v$ auf mich zu. Für die Synchronisation der Uhren in Σ'' ist nun die Geschwindigkeit $+v$ in bezug auf Σ' ausschlaggebend, und diese Synchronisation ist gegenläufig zu derjenigen im Bezugssystem Σ_0, nach welcher Bruder A_0 zuvor seine Aussagen über zeitliche Abläufe gerichtet hat. Für den Bruder A_0 ist nun beim Zeitvergleich mit Σ' die neue Synchronisationsvorschrift verbindlich. Jetzt treffen die beiden in Σ' bei $x' = 0$ zusammen. Geschieht die Umkehr von Bruder A_0 zum Ereignis R, also zur Zeit t'_R in Σ', so trifft jener zur Zeit $2t'_R$ beim Zwilling A ein. Das sei unser Ereignis Z, wofür wir in Σ' unter Benutzung von (155) finden,

$$\Sigma' : \; Z \; \left(x'_Z = 0 \, , \;\; t'_Z = 2\frac{x_P}{v}\sqrt{1 - \frac{v^2}{c_0^2}}\;\right) \, . \tag{158}$$

Nun hat sich tatsächlich Bruder A_0 zuerst mit der Geschwindigkeit $-v$ vom Zwilling A entfernt, um dann nach Besteigen des Bezugssystems Σ'' mit der Geschwindigkeit $+v$ auf ihn zu zu eilen. Während der ganzen Zeit $t'_Z = 2\frac{x_P}{v}\sqrt{1 - \frac{v^2}{c_0^2}}$ in Σ' geht folglich die Uhr U_0^A um den Faktor γ nach, so daß ihr Zeiger beim Zusammentreffen zum Ereignis Z auf $2\frac{x_P}{v}(1 - \frac{v^2}{c_0^2})$ steht und daher um $2\frac{x_P}{v}\sqrt{1 - \frac{v^2}{c_0^2}} \cdot (1 - \sqrt{1 - \frac{v^2}{c_0^2}})$ gegenüber dem Zeiger von U^A zurückgeblieben ist. Nun ist wirklich Bruder A_0 der Jüngere.

Wir haben in Kap. 14 bei der Herleitung der Gleichung (150) noch einmal explizit nachvollzogen, daß die Zeitdilatation einer gegenüber Σ' bewegten Uhr des Bezugssystems Σ_0 tatsächlich ein Effekt ist, der aus der Zeitdilatation einer in Σ' ruhenden Uhr gegenüber den Uhren in Σ_0 folgt, wenn wir die Uhren in Σ' nach unserem elementaren Relativitätsprinzip stellen. Dieses Prinzip war notwendig, um überhaupt sagen zu können, was wir unter einer Geschwindigkeit in Σ' verstehen. Es sichert uns, daß wir in allen Bezugssystemen Geschwindigkeiten mit demselben Maß messen, wie wir in Kap. 12 ausgeführt haben.

Die Konfusion des Paradoxons entsteht, wenn man nicht beachtet, daß die Synchronisation der Uhren des Bezugssystems $\Sigma''_{(-)}$ mit der Geschwindigkeit $-v$ in bezug auf Σ_0 bzw. die Synchronisation der Uhren von Σ'' mit der Geschwindigkeit $+v$ in bezug auf Σ' gerade gegenläufig zur vorangegangenen Synchronisation des jeweils umkehrenden Zwillingsbruders ist. Da wir mit unseren Uhren hier die Vorstellung von schwingenden breather - Lösungen der sine - Gordon - Gleichung im Kristall verbinden, sind wir in der Lage - zumindest im Gedankenexperiment - alle folgenden Ausführungen direkt im Kristall nachzuvollziehen. Insbesondere wird also der schwingende breather, welcher durch eine Umkehr der Bewegungsrichtung an seinen Ausgangspunkt zurückkehrt, weniger Schwingungen ausgeführt haben als jener breather, welcher dort verblieben ist.

Wir wollen uns mit diesen Erklärungen aber noch nicht begnügen. Wirklich spannend wird die Vorausberechnung des Uhrenvergleichs für das Zusammentreffen der beiden aus der Sicht des umkehrenden (bzw. hinterhereilenden) Zwillings, da sich jener mit seiner persönlichen Uhr nacheinander in zwei verschiedenen Bezugssystemen befindet. Wir wollen hier ausführlich die Situation diskutieren, daß Bruder A_0 im Laufe unserer Zwillingsgeschichte derjenige ist, der auf seiner Reise das

Bezugssystem wechselt. Bruder A_o wird also zur Zeit t_P von Σ_o in ein neues Bezugssystem "einsteigen" und dem Zwilling A hinterhereilen. Aus der Sicht von Zwilling A , welcher stets in seinem Bezugssystem Σ' bleibt, kehrt Bruder A_o um, und zwar zur Zeit t_P' in Σ'. Die Zeitangabe der Uhr U_o^A , welche Bruder A_o stets bei sich trägt, muß daher nacheinander mit den Uhren von unterschiedlichen Bezugssystemen synchronisiert werden. Wir werden die besondere Zeitangabe auf dieser Uhr durch eine Tilde verdeutlichen, $\tilde{t}$.

Zur Kontrolle wollen wir ferner einen unparteiischen Beobachter B_o einschalten, welcher sich immer im Bezugssystem Σ_o befindet und daher stets die ungestrichenen Koordinaten x, t mißt.

Zum besseren Einstieg in das Verständnis für die verzwickte Zwillingsgeschichte werden wir die Fragestellung zunächst etwas vereinfachen. Der Zwilling A ist mißtrauisch. "Ich soll zu ihm kommen," so denkt er. " Das kann nur schlecht für mich sein. Soll er sich doch auf den Weg zu mir machen." Und er schreibt zurück: "Wenn ich schon allein in den Genuß des Erbhofes kommen soll, dann will ich Dir wenigsten eine schöne Reise spendieren. Hier in der Ferne ist es herrlich. Nimm den teuersten Supertrain, den es neuerdings gibt. Er fährt fast genau mit der uns beiden wohl bekannten Schallgeschwindigkeit c_T (es fehlen daran nur einige kaum meßbare Bruchteile von einem cm/s). So treffen wir am schnellsten wieder zusammen und können die Sache mit dem Erbhof besiegeln." (Dabei nehmen wir natürlich $c_T = c_o$ an).

Bruder A_o besteigt nun den Supertrain, als seine Uhr U_o^A die Zeigerstellung $\tilde{t}_P = t_p = \frac{x_P}{v}$ hat. Das wollen wir das Ereignis T nennen mit den Koordinaten in Σ_o gemäß

$$\Sigma_o: \; T \;\left(x_T = 0 \;,\; t_T = \frac{x_P}{v}\right) . \tag{159}$$

Zur Unterscheidung von den oben in Bild 45 definierten Ereignissen P und R stellen wir das Ereignis T zusammen mit dem Ereignis P noch einmal gesondert dar, s. Bild 46.

Zwilling A befindet sich zur Zeit $\frac{x_P}{v}$ des Bezugssystems Σ_o am Ort x_P (vgl. Bild 45a). Der Beobachter B_o in Σ_o sieht nun: Der Zwilling A eilt mit der Geschwindigkeit v davon, Bruder A_0 ihm mit der Geschwindigkeit c_T hinterher. Folglich nähert sich A_0 seinem Zwillingsbruder A mit der Geschwindigkeit $(c_T - v)$, und die vom Beobachter B_0 in Σ_0 gemessene Reisezeit t_c im Supertrain vom Besteigen des Zuges bis zum Zusammentreffen der beiden beträgt $t_c = \frac{x_P}{c_T - v}$. Die Stellung der persönlichen Uhren der beiden Zwillinge ergibt sich dann aus folgender Rechnung:

Der Zeiger der Uhr U_0^A von Bruder A_0 stand beim Besteigen des Supertrains auf $\tilde{t}_P = \frac{x_P}{v}$. Sodann bewegt er sich mit der Geschwindigkeit $u \approx c_T$, was für den weiteren Gang seiner Uhr einen Lorentzfaktor $\sqrt{1 - \frac{u^2}{c_0^2}} \approx 0$ ergibt, da wir von $u \approx c_T = c_0$ ausgegangen waren. Bei dieser höchst möglichen Geschwindigkeit u des Supertrains hat sich also der Zeiger der Uhr von Bruder A_0 während der Fahrt überhaupt nicht weiterbewegt (oder so gut wie nicht). Bezeichnen wir das glückliche Wiedersehen nach der Reise im Supertrain als das Ereignis S, so steht also der Zeiger der Uhr U_0^A des Bruders A_0 nach wie vor auf $\tilde{t}_S = \tilde{t}_P = \frac{x_P}{v}$,

$$\tilde{t}_S = \frac{x_P}{v} .$$

Zeigerstellung der Uhr U_0^A *beim Zusammentreffen* (160)

Der Beobachter B_0 findet ferner: Als Bruder A_0 den Zug bestieg, befand sich Zwilling A am Ort x_P in Σ_0, und der Zeiger seiner Uhr U^A stand gemäß (154) auf $t'_P = \frac{x_P}{v}\sqrt{1 - \frac{v^2}{c_0^2}}$. Nun bewegt sich der Zwilling A während der Reisezeit von A_0 weiter mit der Geschwindigkeit v. Der Zeiger der Uhr U^A von A bewegt sich also während der oben angegebenen, vom Beobachter B_0 im Bezugssystem Σ_0 gemessenen Reisezeit im Supertrain von $t_c = \frac{x_P}{c_T - v}$ wegen der Zeitdilatation (115) weiter um $t_c' = \frac{x_P}{c_T - v}\sqrt{1 - \frac{v^2}{c_0^2}}$. Folglich steht der Zeiger der Uhr U^A von A beim Wiedersehen der Zwillingsbrüder auf der Stellung $t'_S = t'_P + t_c'$. Wir setzen $c_T = c_0$ und finden ,

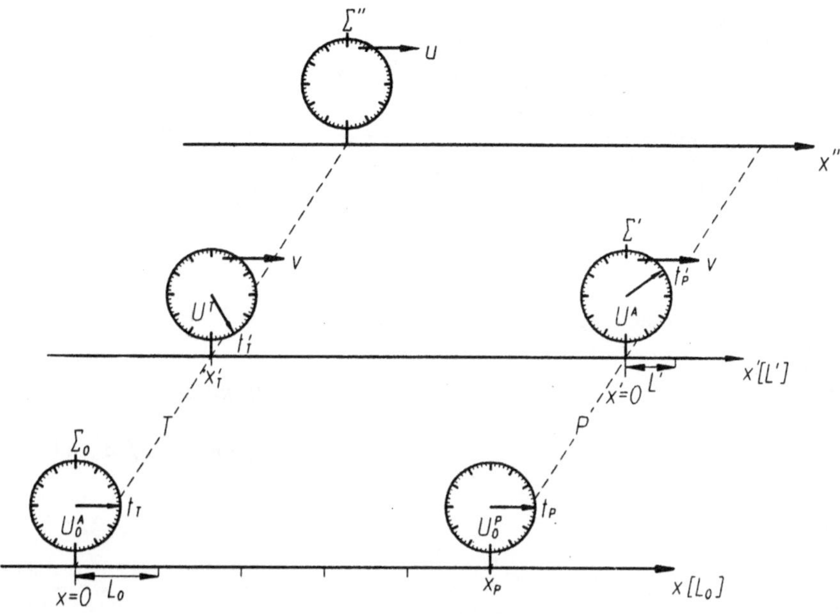

Bild 46. Das Ereignis T. Der bei $x = 0$ im Bezugssystem Σ_o befindliche Bruder A_o steigt in ein Bezugssystem Σ'' um, wenn der Zeiger seiner Uhr U_o^A die Maßzahl für die Zeit $t_T = t_P = \frac{x_P}{v}$ anzeigt. Wir wählen wieder $v = 0{,}8\ c_o$, also $\gamma = 0{,}6$, und eichen die Uhr so, daß dann $t_P = 15$ Skalenteile sind. Das Bezugssystem Σ' bewegt sich gegenüber dem System Σ_o mit der Geschwindigkeit v. Die zu ein und derselben Zeit t_P in Σ_o genommene Koordinatendifferenz x_P ist die Maßzahl einer in Σ_o mit der Geschwindigkeit v bewegten, also in Σ' ruhenden Strecke, deren Maßzahl dort x'_P beträgt. Wegen der Lorentzkontraktion (107a) ist $x'_P = \frac{-x_P}{\gamma}$. Also lautet die Ortskoordinate für das Ereignis T in Σ' unter Berücksichtigung des Vorzeichens $x'_T = \frac{-x_P}{\gamma}$ (wie wir auf anderem Wege auch in (163) gefunden haben) und damit $x'_P \cdot L' = x_P \cdot L_o$, wie gezeichnet. Zum Vergleich haben wir das im Bezugssystem Σ_o mit dem Ereignis T gleichzeitige Ereignis P mit der Maßzahl $x_P = 5$ eingezeichnet, s. dazu Bild 45a. Die Zeit für das Ereignis T werde im Bezugssystem Σ' durch eine Uhr U^T angezeigt, welche sich dort am Ort x'_T befindet. Da sich Bruder A_o seit der Verabschiedung der beiden Zwillinge am gemeinsamen Koordinatenursprung mit der Geschwindigkeit $-v$ bewegt, befindet er sich, wie Zwilling A urteilt, zum Ereignis T bei $x'_T = -v\ t'_T$. Für die Zeigerstellung t'_T der Uhr U^T zum Ereignis T erhalten wir damit $t'_T = \frac{x'_T}{-v} = \frac{x_P}{v\gamma} = \frac{t_T}{\gamma}$, vgl. (163), was in unserem Zahlenbeispiel auf die Zeigerstellung $t'_T = 25$ Skalenteile führt. Die in Σ_o gemessene Geschwindigkeit u des Bezugssystems Σ'', in welches Bruder A_o umsteigt, haben wir zahlenmäßig hier noch offen gelassen. Später werden wir dafür einen Wert annehmen, der nicht viel kleiner als die Signalgeschwindigkeit c_o ist. (Gestrichelte Linien verbinden wieder Raum - Zeit - Punkte, die zu ein und demselben Ereignis gehören).

$$t_S' = \frac{x_P}{v}\sqrt{1-\frac{v^2}{c_o^2}} + \frac{x_P}{c_o - v}\sqrt{1-\frac{v^2}{c_o^2}} = \sqrt{1-\frac{v^2}{c_o^2}}\left(\frac{x_P}{v} + \frac{x_P}{c_o - v}\right),$$

$$t_S' = x_P\left(\frac{1}{v} + \frac{1}{c_o - v}\right)\sqrt{1-\frac{v^2}{c_o^2}} = \frac{x_P}{v}\frac{c_o}{c_o - v}\sqrt{1-\frac{v^2}{c_o^2}} = \frac{x_P}{v}\sqrt{\frac{c_o^2 - v^2}{(c_o - v)^2}},$$

also,

$$t_S' = \frac{x_P}{v}\sqrt{\frac{c_o + v}{c_o - v}},$$

Zeigerstellung der Uhr U^A

beim Zusammentreffen (161)

also mit (160)

$$\frac{t_S'}{\tilde{t}_S} = \sqrt{\frac{c_o + v}{c_o - v}} \,. \tag{162}$$

Offensichtlich ist nun $\sqrt{\frac{c+v}{c-v}} > 1$. Der Beobachter B_o in seinem Bezugssystem Σ_o findet damit $t_S' > \tilde{t}_S$. Der Zeiger der Uhr U_o^A des nachgeeilten Bruders A_o ist zurückgeblieben.

Dieses Ergebnis hat auch der Zwilling A von seinem System Σ' aus inzwischen vorausberechnet. Von Σ' aus betrachtet, besteigt A_o den Supertrain zu einer Zeit t_T'. Bis zu dieser Zeit hat sich also die Uhr U_o^A von A_o mit der Geschwindigkeit $-v$ entfernt und steht daher wegen der Zeitdilatation beim Einsteigen (das Ereignis T) auf $\tilde{t}_T = t_T = t_T'\sqrt{1-\frac{v^2}{c_o^2}}$. Wegen (159) findet daher das Ereignis T im Bezugssystem Σ' zur Zeit $t_T' = \frac{x_P}{v\sqrt{1-\frac{v^2}{c_o^2}}}$ statt. Auf Grund der Reisegeschwindigkeit $u \approx c_o$ ist $\tilde{t}_T$ auch die Zeigerstellung $\tilde{t}_S$ der Uhr U_o^A von A_o bei der Ankunft, also, wie wir bereits wissen,

$$\tilde{t}_S = t_T' \sqrt{1 - \frac{v^2}{c_o^2}} = \frac{x_P}{v}.$$ *Zeigerstellung der Uhr* U_o^A *beim Zusammentreffen* (160)

Da sich Bruder A_o seit der Verabschiedung mit der Geschwindigkeit $-v$ bewegt, befindet er sich, von Zwilling A beurteilt, zum Ereignis T bei $x_T' = -v\, t_T'$. Für die Koordinaten des Ereignisses T haben wir damit im Bezugssystem Σ',

$$\Sigma' : \; T \; (x_T' = \frac{-x_P}{\sqrt{1 - \frac{v^2}{c_o^2}}}\,,\; t_T' = \frac{x_P}{v\sqrt{1 - \frac{v^2}{c_o^2}}})\;. \tag{163}$$

Da sich Bruder A_o dann im Supertrain befindet, erreicht er seinen Zwillingsbruder A bei $x' = 0$ nach einer Reisezeit von $t_d' = \frac{-x_T'}{c_o} = \frac{x_P}{c_o\sqrt{1 - \frac{v^2}{c_o^2}}}$, so daß die Uhr U^A von Zwilling A bei ihrem Zusammentreffen (dem Ereignis S) auf $t_S' = t_T' + t_d'$ stehen muß, also

$$t_S' = \frac{x_P}{v\sqrt{1 - \frac{v^2}{c_o^2}}} + \frac{x_P}{c_o\sqrt{1 - \frac{v^2}{c_o^2}}} = \frac{x_P}{\sqrt{1 - \frac{v^2}{c_o^2}}}(\frac{1}{v} + \frac{1}{c_o}) = \frac{x_P}{v\, c_o}\,\frac{c_o + v}{\sqrt{1 - \frac{v^2}{c_o^2}}}$$

und damit wieder,

$$t_S' = \frac{x_P}{v}\sqrt{\frac{c_o + v}{c_o - v}}\;.$$ *Zeigerstellung der Uhr* U^A *beim Zusammentreffen* (161)

Der Zwilling A kann damit die Ergebnisse vom Beobachter B_o vollauf bestätigen. Unausweichlich folgt das Unglaubliche:

Der Zwilling A ist älter als sein bei ihm eintreffender Zwillingsbruder A_o. Letzterer hat demnach durch die Reise eine Verjüngung erfahren (zum Trost für den verlorenen Erbhof) - jünger werd', wer schneller fährt.

Aus der Sicht des Zwillings A ist dieses Ergebnis selbstverständlich, da sich von ihm aus gesehen, ja ausschließlich Bruder A_0 bewegt. Und die bewegte Uhr geht eben nach. Dann muß es für das Vorzeichen dieses Effektes aber auch egal sein, mit welcher Geschwindigkeit (wieder aus der Sicht von A im Bezugssystem Σ') sich A_0 zuerst von A entfernt, um dann mit irgendeiner anderen Geschwindigkeit wieder zu A zurückzukommen. Wie sieht ein solcher, allgemeiner Fall aber vom Bezugssystem Σ_0 aus, von wo aus unser Beobachter B_0 die Stellung der persönlichen Uhren der beiden Zwillingsbrüder kontrolliert?

Wir wollen also jetzt annehmen, daß sich der Zwilling A wieder mit der konstanten Geschwindigkeit v in bezug auf das System Σ_0 bewegt. Dort sitzt Bruder A_0 und schaut zunächst zu, ihm zur Seite der Beobachter B_0, der alle Messungen stets in seinem System Σ_0 macht. Der Beobachter B_0 stellt fest: Nach der Zeit $t_T = t_P = \frac{x_P}{v}$ steigt Bruder A_0 in das Bezugssystem Σ'' um und fährt seinem Zwilling A mit der Geschwindigkeit $u > v$ hinterher. Dieses “Umsteigen” ist wieder unser in Bild 46 dargestelltes Ereignis T mit seinen Koordinaten gemäß (159) in Σ_0 und gemäß (163) in Σ'. Zwilling A befindet sich zum Ereignis T am Ort x_P in Σ_0. Bruder A_0 benötigt daher vom Umsteigen bis zum Zusammentreffen der beiden aus der Sicht vom Beobachter B_0 die Zeit $\Delta t_u = \frac{x_P}{u - v}$, bis er seinen Bruder A_0 eingeholt hat (Δt_u ist die in Σ_0 gemessene Verweilzeit von Bruder A_0 in Σ''. Weiter unten werden wir unter Σ'' dasjenige Bezugssystem verstehen, welches sich in bezug auf Σ_0 mit der speziellen Geschwindigkeit u gemäß (182) bewegt). Das Zusammentreffen der Zwillinge bezeichnen wir für den Fall einer allgemeinen Geschwindigkeit u als das Ereignis $S(u)$. Aus den beiden Zeiten in Σ_0

$$\left.\begin{aligned} t_T &= \frac{x_P}{v}, \\ \Delta t_u &= \frac{x_P}{u - v}, \quad u - v > 0 \end{aligned}\right\} \qquad (164)$$

und der Geschwindigkeit u nach dem Umsteigen berechnet der Beobachter B_0 nach unserer Formel (115) für die Stellung des Zeigers der Uhr U_0^A von Bruder

A_o die Maßzahl $\tilde{t}_{S(u)}$ zu

$$\tilde{t}_{S(u)} = \frac{x_P}{v} + \frac{x_P}{u - v}\sqrt{1 - \frac{u^2}{c_o^2}} \quad . \tag{165}$$

Da sich der Zwilling A stets mit der Geschwindigkeit v bewegt, findet der Beobachter B_o für die Stellung des Zeigers von dessen Uhr U^A die Maßzahl $t'_{S(u)}$ gemäß

$$t'_{S(u)} = t_T\sqrt{1 - \frac{v^2}{c_o^2}} + \Delta t_u \sqrt{1 - \frac{v^2}{c_o^2}} = \frac{x_P}{v}\sqrt{1 - \frac{v^2}{c_o^2}} + \frac{x_P}{u - v}\sqrt{1 - \frac{v^2}{c_o^2}} \ ,$$

$$t'_{S(u)} = x_P \frac{u}{v(u - v)}\sqrt{1 - \frac{v^2}{c_o^2}} \tag{166}$$

Wir wollen nun einfach nachrechnen, daß gemäß (165) und (166) für beliebiges v und für beliebiges u mit $c_o > u > v$ die Uhr U_o^A von Bruder A_o gegenüber der Uhr U^A des Zwillings A stets zurückgeblieben ist, daß also

$$\frac{\tilde{t}_{S(u)}}{t'_{S(u)}} < 1 \ , \textit{ für beliebiges } v < u < c_o \ .$$

Der Beweis beruht auf der Ungleichung zwischen dem geometrischen und dem arithmetischen Mittel für die Geschwindigkeiten u und v , also , $\sqrt{u\,v} < \frac{1}{2}(u + v)$. Beginnen wir unsere Schlußkette noch einfacher (und beachten im Gang der Rechnung $u - v > 0$) :

$$0 < (u - v)^2 \ ,$$

$$2\,u\,v < (u^2 + v^2) \ ,$$

$$2\,c_o^2 u\,v < c_o^2 (u^2 + v^2) \ ,$$

$$- u^2 c_o^2 - v^2 c_o^2 < -2\,c_o^2\,u\,v \ ,$$

$$c_o^4 - u^2 c_o^2 - v^2 c_o^2 + u^2 v^2 < c_o^4 - 2 c_o^2 u v + u^2 v^2 \ ,$$

$$(c_o^2 - v^2)(c_o^2 - u^2) < (c_o^2 - u v)^2 \ ,$$

$$\sqrt{(c_o^2 - v^2)}\ \sqrt{(c_o^2 - u^2)} < c_o^2 - u v \ ,$$

$$2 u v \sqrt{1 - \frac{v^2}{c_o^2}}\ \sqrt{1 - \frac{u^2}{c_o^2}} < 2 u v - \frac{2 u^2 v^2}{c_o^2} \ ,$$

$$-2 u v < -\frac{2 u^2 v^2}{c_o^2} - 2 u v \sqrt{1 - \frac{v^2}{c_o^2}}\ \sqrt{1 - \frac{u^2}{c_o^2}} \ ,$$

$$u^2 - 2 u v + v^2 < u^2 - \frac{u^2 v^2}{c_o^2} + v^2 - \frac{u^2 v^2}{c_o^2} - 2 u v \sqrt{1 - \frac{v^2}{c_o^2}}\ \sqrt{1 - \frac{u^2}{c_o^2}} \ ,$$

$$u - v < u \sqrt{1 - \frac{v^2}{c_o^2}} - v \sqrt{1 - \frac{u^2}{c_o^2}} \ ,$$

$$u - v + v \sqrt{1 - \frac{u^2}{c_o^2}} < u \sqrt{1 - \frac{v^2}{c_o^2}} \ ,$$

$$\frac{u - v + v \sqrt{1 - \frac{u^2}{c_o^2}}}{u \sqrt{1 - \frac{v^2}{c_o^2}}} < 1 \ ,$$

und damit, wie behauptet,

$$\frac{\tilde{t}_{S(u)}}{t'_{S(u)}} = \frac{\frac{1}{v} + \frac{1}{u - v} \sqrt{1 - \frac{u^2}{c_o^2}}}{\frac{u}{v(u - v)} \sqrt{1 - \frac{v^2}{c_o^2}}} < 1 \ . \qquad (167)$$

So weit die Beobachtungen des Unparteiischen B_0 im Bezugssystem Σ_0. Auch aus der Sicht des Zwillings A im Bezugssystem Σ' muß natürlich Bruder A_0 bei seiner Ankunft jünger als A sein, da sich ja allein A_0 in bezug auf Σ' bewegt. Hinsichtlich der Ungleichung stimmen also die Berechnungen des Beobachters B_0 in Σ_0 mit den Erwartungen des Zwillings A in Σ' überein. Wenn wir aber die Aussage (167) des Unparteiischen B_0 mit den Messungen des Zwillings A in Σ' bei einer beliebigen Geschwindigkeit $u > v$ zahlenmäßig miteinander vergleichen wollen, so wie wir das im Falle des Supertrains getan haben, dann entsteht ein neues Problem. Und dieses Problem entsteht auch, wenn wir den ganzen Vorgang schließlich aus der Sicht des nacheilenden Bruders A_0 beurteilen wollen, was wir uns für den Schluß aufheben.

Es handelt sich um die Addition von Geschwindigkeiten. Damit müssen wir uns zunächst auseinandersetzen. Hier kommt es darauf an, zwei grundsätzlich verschiedene Situationen zu unterscheiden.

1. Wir betrachten in einem Bezugssystem Σ_0 zwei Körper K und L an den Positionen x_1 und x, die sich gemäß $x_1 = x_1(t)$ und $x = x(t)$ mit den Geschwindigkeiten $v = \frac{dx_1}{dt}$ und $u = \frac{dx}{dt}$ bewegen mögen. Die Relativgeschwindigkeit w der beiden Körper in Σ_0 beträgt dann *definitionsgemäß* $w = u - v$. D. h., von Σ_0 aus betrachtet, nähert sich der Körper L mit der Geschwindigkeit w dem Körper K. Diese Relativgeschwindigkeit ist nichts anderes als die zeitliche Änderung einer Koordinatendifferenz. Davon haben wir in Kap. 12, s. die Gleichungen (124), (125), (125a) sowie Bild 34, bereits mehrfach Gebrauch gemacht. Ein Schallsignal nähert sich einem in der gleichen Richtung mit der Geschwindigkeit v weglaufenden Körper einfach mit der Geschwindigkeit $c_T - v$. Geschwindigkeiten, die sich auf ein und dasselbe Bezugssystem beziehen, werden definitionsgemäß einfach addiert, s. Bild 47,

$$u = w + v \,. \qquad \textit{Addition von Geschwindigkeiten in einem Bezugssystem} \qquad (168)$$

Wir weisen darauf hin, daß die Größe w im Unterschied zu u und v i. a. nicht die Geschwindigkeit eines Körpers ist, sondern nur eine Rechengröße darstellt, die durchaus auch größer als c_0 sein kann. Für $u = \frac{3}{4}c_0$ und $v = -\frac{3}{4}c_0$ erhält man beispielsweise $w = u - v = 1{,}5\, c_0$.

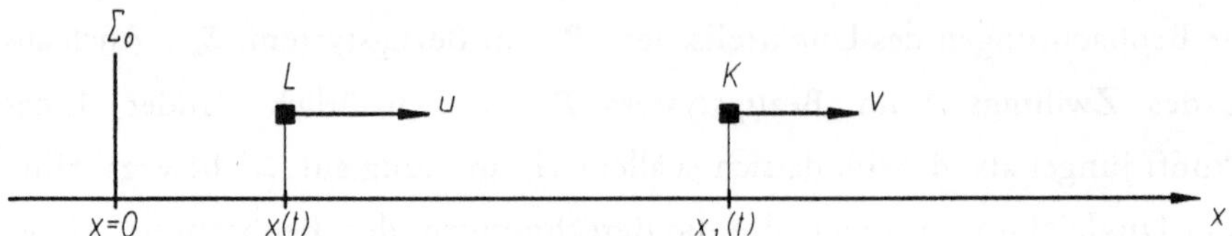

Bild 47. Die Körper L und K mögen im Bezugssystem Σ_o die Geschwindigkeiten $u = \frac{dx}{dt}$ bzw. $v = \frac{dx_1}{dt}$ besitzen. Dann nähert sich der Körper L in Σ_o dem Körper K mit der Relativgeschwindigkeit $w = \frac{d}{dt}\,[x(t) - x_1(t)] = u - v$. In der Abbildung wählen wir $v = 0{,}8\, c_o$ und $u = 0{,}9\, c_o$. Folglich nähert sich der Körper L dem Körper K mit der Relativgeschwindigkeit $w = 0{,}1\, c_o$.

2. Davon streng zu unterscheiden ist folgende Situation. Ein Körper K habe, gemessen im Bezugssystem Σ_o, wieder die Geschwindigkeit v, von der wir jetzt annehmen wollen, daß sie konstant sei. Diesen Körper K können wir uns z. B. als einen ganzen Reisezug vorstellen, der sein eigenes Bezugssystem Σ' definiert. Die von diesem Bezugssystem aus gemessenen Ortskoordinaten und Zeiten wollen wir wieder x' und t' nennen. In Σ' werde nun die Bewegung eines zweiten Körpers L gemessen, der dort die Positionen $x' = x'(t')$ durchläuft (der Schaffner z.B., der durch den Zug eilt). Für den Körper L wird in Σ' die Geschwindigkeit $u' = \frac{dx'}{dt'}$ festgestellt. Wir fragen jetzt nach der Geschwindigkeit $u = \frac{dx}{dt}$, die für denselben Körper L (den durch den Zug eilenden Schaffner) im Bezugssystem Σ_o gemessen wird. Mit den Formeln (144a) finden wir dafür,

$$u = \frac{\Delta x}{\Delta t} = \frac{\dfrac{\Delta x' + v\,\Delta t'}{\sqrt{1 - \dfrac{v^2}{c_o^2}}}}{\dfrac{\Delta t' + \dfrac{v\,\Delta x'}{c_o^2}}{\sqrt{1 - \dfrac{v^2}{c_o^2}}}} = \frac{\Delta x' + v\,\Delta t'}{\Delta t' + \dfrac{v\,\Delta x'}{c_o^2}} ,$$

also, mit $u' = \frac{\Delta x'}{\Delta t'}$,

$$u = \frac{u' + v}{1 + \frac{u' v}{c_0^2}} \, . \qquad \textit{Einsteins Additionstheorem der Geschwindigkeiten} \qquad (169)$$

Die Gleichung (169) ist das berühmte Einsteinsche Additionstheorem der Geschwindigkeiten, das wir hier für die mit ihren eigenen Uhren und Maßstäben ausgerüsteten inneren Beobachter unseres Kristalls erhalten haben. s. Bild 48.

Wir formulieren noch einmal den Inhalt dieses Theorems, das auch für das Verständnis des Zwillingsparadoxons wesentlich ist: Hat ein Körper K im Bezugssystem Σ_0 die Geschwindigkeit v, und wird für einen weiteren Körper L in dem durch den Körper K definierten Bezugssystem Σ' die Geschwindigkeit u' gemessen, so muß die Geschwindigkeit u, die wir für denselben Körper L im System Σ_0 feststellen, gemäß der Rechenvorschrift (169) zusammengesetzt werden. Nur für den Fall $| u' \cdot v | << c_0^2$ erhalten wir daraus wieder die uns vertraute Formel (168) für die Zusammensetzung von Geschwindigkeiten gemäß $u \approx u' + v$. Die Geschwindigkeit $u' = \frac{dx'}{dt'}$ des Körpers L in dem durch den Körper K definierten Bezugssystem Σ' ist in diesem Fall näherungsweise gleich der oben in Σ_0 festgestellten Relativgeschwindigkeit w.

Als Spezialfall ergibt sich aus (169) die von uns in Kap. 12 hergeleitete Konstanz der Signalgeschwindigkeit c_0 für jedes Bezugssystem. Mit $u' = c_0$ in Σ' wird nämlich bei beliebiger Geschwindigkeit v von Σ' gegenüber Σ_0 gemäß (169) auch $u = \frac{c_0 + v}{1 + \frac{c_0 v}{c_0^2}} = c_0$. In diesem Fall kannten wir also bereits das Theorem für die Addition von Geschwindigkeiten und konnten deswegen das Zwillingsparadoxon im Fall des Supertrains auch schon vorher behandeln.

Auf eine voreilige, aber eben tatsächlich nicht zulässige Schlußfolgerung aus dem Additionstheorem (169) wollen wir noch ausdrücklich hinweisen, nämlich den vermeintlichen Schluß, daß die Signalgeschwindigkeit c_0 die *obere* Grenze für die Geschwindigkeit eines jeden "Flugobjektes" darstellt. Richtig ist nur, daß ein Körper, der in irgendeinem Bezugssystem eine Geschwindigkeit $| v | < c_0$ besitzt, diese Bedingung auch in jedem anderen Bezugssystem erfüllt. Die Addition zweier Geschwindigkeiten $| u' | < c_0$ und $| v | < c_0$ ergibt gemäß (169) stets wieder

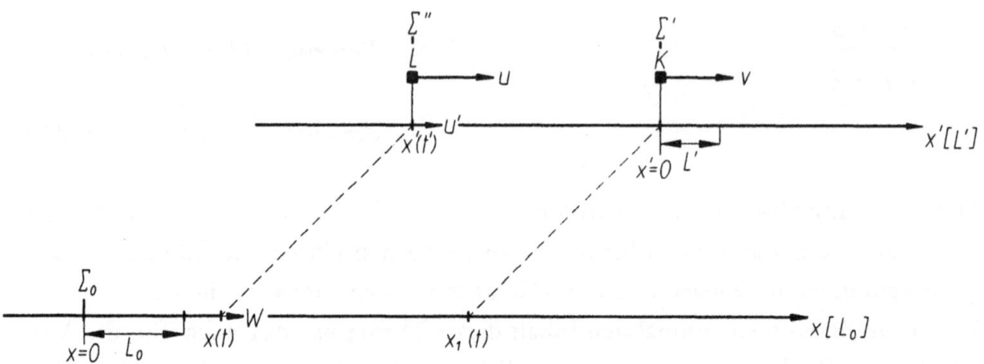

Bild 48. Der in bezug auf Σ_0 mit der Geschwindigkeit v bewegte Körper K ist unser Bezugssystem Σ'. Der auf dem Körper K sitzende Beobachter ortet einen Körper L an den Positionen $x' = x'(t')$, welcher sich ihm folglich mit der Geschwindigkeit $u' = \frac{dx'}{dt'}$ nähert. Der Körper L, den wir mit einem Bezugssystem Σ'' identifizieren können, besitzt im Bezugssystem Σ_0 die Geschwindigkeit $u = \frac{dx}{dt}$, während wir für den Körper K (das Bezugssystem Σ') dort wieder die Geschwindigkeit $v = \frac{dx_1}{dt}$ messen. Der Beobachter in Σ_0 stellt fest, daß sich L mit der Relativgeschwindigkeit $w = u - v$ dem Körper K nähert. Diese Geschwindigkeit w ist i. a. sehr verschieden von der Geschwindigkeit u', mit der sich nach Aussage des Beobachters in Σ' der Körper L dem Körper K nähert. Wir wählen wieder $v = 0{,}8\ c_0$. Ferner möge wie in Bild 47 in Σ_0 eine Geschwindigkeit $u = 0{,}9\ c_0$ für den Körper L gemessen werden, so daß sich dieser, von Σ_0 aus betrachtet, wieder mit der Relativgeschwindigkeit $w = u - v = 0{,}1\ c_0$ dem Körper K nähert. Für die Geschwindigkeit u' berechnet man damit aus(169) $u' = \frac{u - v}{1 - \frac{u\,v}{c_0^2}} = \frac{0{,}9\ c_0 - 0{,}8\ c_0}{1 - \frac{0{,}9\ c_0 \cdot 0{,}8\ c_0}{c_0^2}} = 0{,}36\ c_0$. Der auf dem Körper K sitzende Beobachter stellt also für die Geschwindigkeit u', mit welcher der Körper L sich ihm nähert, das $3{,}6$-fache der in Σ_0 beobachteten Relativgeschwindigkeit w fest. Anders ausgedrückt, der Punkt $x'(t)$ auf der x'-Achse nähert sich mit einer Geschwindigkeit von $\frac{dx'}{dt'} = 0{,}36\ c_0$ dem Punkt $x' = 0$; und der Punkt $x(t)$ auf der x - Achse nähert sich mit einer Geschwindigkeit von $\frac{dx}{dt} = 0{,}1\ c_0$ dem Punkt $x_1(t)$ auf der x - Achse. Für das Zustandekommen dieser Verhältnisse ist also zu beachten, daß die Beobachter für die Messung ihrer Geschwindigkeiten die mit ihnen ruhenden Maßstäbe und Uhren benutzen. Gestrichelte Linien gehören wieder zu ein und demselben Ereignis.

eine Geschwindigkeit $|\ u\ | < c_0$. Unsere Bezugssysteme sind "Körper" mit Geschwindigkeiten $|\ V\ | < c_0$. Wenn wir aber nur *ein einziges* "Flugobjekt" haben mit $|\ u'\ | > c_0$ (während wir die Bedingung $|\ V\ | < c_0$ für die Bezugssysteme beachten), dann ergibt sich für die nach dem Additionstheorem (169) zusammengesetzte Geschwindigkeit u gemäß $u = \frac{u' + V}{1 + \frac{u'V}{c_0^2}} > c_0$ wiederum $|u| > c_0$, wie man leicht nachrechnet. Wenn für irgendein "Objekt" also in einem einzigen Bezugssystem $|u| > c_0$ gilt, dann wird diese Eigenschaft auch von allen anderen Bezugssystemen aus beobachtet. Für diese "Flugobjekte" tritt die Signalgeschwindigkeit c_0 als eine *untere* Grenze auf. Die Existenz derartiger Objekte mit $|u| > c_0$ wirft ein grundlegendes Problem auf, nämlich das der Kausalitätsverletzung. Durch die Prinzipien der Speziellen Relativitätstheorie kann die Existenz solcher Objekte nicht ausgeschlossen werden. Wir werden auf das in diesem Zusammenhang entstehende Kausalitätsproblem ausführlicher in den Kap. 17 und 24-26 eingehen.

Um bei der weiteren Erörterung unseres Zwillingsparadoxons etwas Bestimmtes vor Augen zu haben und die Formeln so übersichtlich wie möglich zu halten, wollen wir jetzt folgenden Fall für alle drei Betrachter durchrechnen, für den Beobachter B_0 in Σ_0 mit den Koordinaten x, t, für den Zwilling A in Σ' mit den Koordinaten x', t' und schließlich für Bruder A_0, der sich zuerst im Bezugssystem Σ_0 aufhält und sich dann in ein neues Bezugssystem Σ'' begibt, wo die Koordinaten x'', t'' gemessen werden. Die Zeigerstellungen auf der persönlichen Uhr U_0^A von Bruder A_0 werden wir wieder gesondert kennzeichnen, nämlich durch eine Tilde, $\tilde{t}$. Bei ihrer Verabschiedung zu Beginn des Unternehmens, dem Ereignis O, wie in Bild 44 dargestellt, stellen die beiden Zwillingsbrüder am gemeinsamen Koordinatenursprung jeweils ihre Uhren U_0^A bzw. U^A auf die Zeigerstellungen Null. Ferner einigen sie sich auf einen unparteiischen Beobachter B_0, der die ganze Zeit über vom Bezugssystem Σ_0 aus die Zwillingsgeschichte überwacht. Der Zwilling A befindet sich im System Σ' und bewegt sich folglich mit der Geschwindigkeit v in bezug auf das Bezugssystem Σ_0, wo sich zunächst Bruder A_0 am Ort $x = 0$ befindet. Dann findet das Ereignis T statt, wie in Bild 46 dargestellt. Bruder A_0 steigt in ein Bezugssystem Σ'' um, welches sich mit einer Geschwindigkeit u in bezug auf Σ_0 bewegt; und Σ'' besitzt eine Geschwindigkeit u' in bezug auf Σ'. Eine derartige Situation ist in Bild 48 beschrieben. Die Geschwindigkeit u wollen wir nun durch die Bedingung festlegen, daß der Zwilling A in seinem Bezugssystem Σ' feststellt, "Bruder A_0 kommt mit der Geschwindigkeit $u' = v$ auf mich zu". Mit dem Additionstheorem (169) folgt damit für die Geschwindigkeit u

$$u = \frac{v+v}{1+\frac{v\cdot v}{c_o^2}} ,$$

$$u = \frac{2v\, c_o^2}{c_o^2+v^2} . \tag{170}$$

Von dieser Geschwindigkeit u werden wir folgende Ausdrücke brauchen,

$$\left.\begin{aligned} \sqrt{1-\frac{u^2}{c_o^2}} &= \frac{c_o^2-v^2}{c_o^2+v^2} , \\ 1-\sqrt{1-\frac{u^2}{c_o^2}} &= \frac{2v^2}{c_o^2+v^2} , \\ u-v &= \frac{c_o^2-v^2}{c_o^2+v^2}\, v . \end{aligned}\right\} \tag{171}$$

Es liegt nun die Situation vor, die wir bei beliebigem u mit $0 < v < u < c_o$ oben durch die Formeln (164) - (166) beschrieben haben. Wir wählen jetzt für das Bezugssystem Σ'' die Geschwindigkeit $u = \frac{2vc_o^2}{c_o^2+v^2}$ gemäß (170) und bezeichnen in diesem Fall das Ereignis des Zusammentreffens der Zwillingsbrüder nach ihrer Reise mit $S(v)$ und die im Bezugssystem Σ_o gemessene Verweilzeit von Bruder A_o in Σ'' mit Δt_v. Unter Verwendung der Formeln (171) finden wir für die beiden in Σ_o gemessenen Zeiten,

$$\left.\begin{aligned} t_T &= \frac{x_P}{v} , \\ \Delta t_v &= \frac{x_P}{v}\,\frac{c_o^2+v^2}{c_o^2-v^2} . \end{aligned}\right\} \tag{172}$$

Aus der Summe dieser beiden Zeiten ergibt sich die insgesamt vom Beobachter B_o gemessene Zeit $t_{S(v)}$ von der Verabschiedung der Zwillinge, dem Ereignis O, bis zu ihrem Zusammentreffen, dem Ereignis $S(v)$,

$$t_{S(v)} = \frac{x_P}{v} + \frac{x_P}{v}\frac{c_o^2 + v^2}{c_o^2 - v^2} = \frac{x_P}{v}\left(1 + \frac{c_o^2 + v^2}{c_o^2 - v^2}\right) = \frac{x_P}{v}\frac{2c_o^2}{c_o^2 - v^2} ,$$

$$t_{S(v)} = \frac{x_P}{v}\frac{2c_o^2}{c_o^2 - v^2} = \frac{\dfrac{2x_P}{v}}{1 - \dfrac{v^2}{c_o^2}} .$$ *insgesamt von B_o gemessene Reisezeit* (173)

Der Zwilling A hat während des gesamten Vorganges die Geschwindigkeit v. Folglich berechnet B_o für die Zeigerstellung $t'_{S(v)}$ der Uhr U^A von A beim Zusammentreffen anstelle von (166) den Wert

$$t'_{S(v)} = t_{S(v)}\sqrt{1 - \frac{v^2}{c_o^2}} ,$$

$$B_o:\ t'_{S(v)} = \frac{2x_P}{v}\frac{1}{\sqrt{1 - \dfrac{v^2}{c_o^2}}} .$$ *Zeigerstellung der Uhr U^A*

beim Zusammentreffen (174)

Für die Zeigerstellung $\tilde{t}_{S(v)}$ der Uhr U_o^A von Bruder A_o muß der Beobachter B_o nur die Formeln (171) in (165) einsetzen, also

$$\tilde{t}_{S(v)} = \frac{x_P}{v} + \frac{x_P}{v}\cdot\frac{c_o^2 + v^2}{c_o^2 - v^2}\cdot\frac{c_o^2 - v^2}{c_o^2 + v^2} ,$$

$$B_o:\ \tilde{t}_{S(v)} = \frac{2x_P}{v} .$$ *Zeigerstellung der Uhr U_o^A*

beim Zusammentreffen (175)

In Übereinstimmung mit (167) finden wir $\tilde{t}_{S(v)} < t'_{S(v)}$ bestätigt, nämlich

$$\frac{\tilde{t}_{S(v)}}{t'_{S(v)}} = \sqrt{1 - \frac{v^2}{c_0^2}} < 1 \ . \tag{176}$$

Von seinem Bezugssystem Σ' aus urteilt der Zwilling A folgendermaßen: Bis zum Ereignis T entfernt sich Bruder A_0 mit der Geschwindigkeit $-v$, danach kommt er mit der Geschwindigkeit $+v$ zurück. Für das Ereignis T haben wir gemäß (163), vgl. auch Bild 46, die Ortskoordinate $x'_T = \frac{-x_P}{\sqrt{1 - \frac{v^2}{c_0^2}}}$ und die Zeitkoordinate $t'_T = \frac{x_P}{v\sqrt{1 - \frac{v^2}{c_0^2}}}$ gefunden. Unter Berücksichtigung der Zeitdilatation einer bewegten Uhr rückt also der Zeiger der Uhr U_0^A auf dem ersten Teil der Reise um $t'_T \sqrt{1 - \frac{v^2}{c_0^2}} = \frac{x_P}{v}$ vor und auf dem zweiten Teil der Reise noch einmal um denselben Betrag, weil er nun dieselbe Entfernung mit der entgegengesetzt gleichen Geschwindigkeit zurücklegt. Der Zwilling A findet also für die Zeigerstellung $\tilde{t}_{S(v)}$ der Uhr U_0^A von Bruder A_0 zum Ereignis $S(v)$ beim Zusammentreffen am Ort $x' = 0$ in Σ' dieselbe Maßzahl wie auch der Beobachter B_0 in Σ_0 gemäß (175),

$$A: \ \tilde{t}_{S(v)} = \frac{2x_P}{v} \ , \qquad \textit{Zeigerstellung der Uhr } U_0^A \textit{ beim Zusammentreffen} \tag{177}$$

also für seine eigene Uhr U^A,

$$A: \ t'_{S(v)} = \frac{\frac{2x_P}{v}}{\sqrt{1 - \frac{v^2}{c_0^2}}} \ , \qquad \textit{Zeigerstellung der Uhr } U^A \textit{ beim Zusammentreffen} \tag{178}$$

wieder in Übereinstimmung mit den Beobachtungen von B_0 gemäß (174).
D.h., der Zwilling A in Σ' ist sich mit dem Unparteiischen B_0 in Σ_0 über die Beurteilung der Lage einig. Am Ende der Reise ist eindeutig Bruder A_0 der Jüngere. Bruder A_0 ist derjenige, der seine Geschwindigkeit geändert hat. Er sieht erst zu, wie der Zwilling A mit der Geschwindigkeit v davonfährt, um ihm dann mit erhöhter Geschwindigkeit $u > v$ nachzueilen. Rein mathematisch bleibt dann mit Hilfe der Formel für die Zeitdilatation seine Uhr einfach wegen der Ungleichung zwischen dem geometrischen und dem arithmetischen Mittel zurück, wie wir oben ganz allgemein nachgerechnet haben. So weit ist die Situation eigentlich geklärt.
Der um seinen Erbhof geprellte Bruder A_0 will das aber nicht verstehen und hält dem folgende Rechnung entgegen: "Auf dem ersten Teil der Reise hat der Zwilling A mir gegenüber die Geschwindigkeit v. Wenn ich den Zug besteige, steht meine Uhr auf $t_T = \frac{x_P}{v}$. Dann muß seine Uhr bereits auf $\frac{x_P}{v}\sqrt{1 - \frac{v^2}{c_0^2}}$ stehen. Wenn ich im Zug sitze, hat aber A mir gegenüber wieder eine Geschwindigkeit vom Betrag v. Wenn also meine Reisezeit, wie der Zwilling A behauptet, abermals $\frac{x_P}{v}$ ist, dann kann seine Uhr nochmals nur um $\frac{x_P}{v}\sqrt{1 - \frac{v^2}{c_0^2}}$ weiterlaufen. Am Ende steht also meine Uhr auf $\frac{2x_P}{v}$ und seine auf $\frac{2x_P}{v}\sqrt{1 - \frac{v^2}{c_0^2}}$. Folglich ist er der Jüngere beim Zusammentreffen und nicht ich, und seine Ansprüche auf den Erbhof sind hinfällig."
Wie muß die Beurteilung des Uhrenganges aus der Position von Bruder A_0 nun wirklich aussehen? Hierbei sind durch unsere eingeschliffenen Denkgewohnheiten die Fallen besonders raffiniert gestellt, und wir müssen sehr vorsichtig vorgehen.
Beim Einsteigen von Bruder A_0 in den Zug, das Bezugssystem Σ'', steht der Zeiger seiner Uhr U_0^A auf der Stellung $\tilde{t}_T = t_T = \frac{x_P}{v}$. Der Zwilling A befindet sich mit der Uhr U^A zu dieser Zeit $\frac{x_P}{v}$ des Bezugssystems Σ_0 am Ort x_P in Σ_0. Das war unser Ereignis P, vgl. (153) und (154) sowie Bild 45a und auch Bild 46. Der Zeiger der Uhr U^A von Zwilling A steht wegen der Zeitdilatation der bewegten Uhr auf $t_P' = \frac{x_P}{v}\sqrt{1 - \frac{v^2}{c_0^2}}$. Wir halten fest,

$$A_o: \tilde{t}_T = t_T = \frac{x_P}{v}, \qquad \textit{Zeigerstellung der Uhr } U_o^A \textit{ zum Ereignis } T \tag{179}$$

$$A_o: t_P' = \frac{x_P}{v}\sqrt{1-\frac{v^2}{c_o^2}}. \qquad \textit{Zeigerstellung der Uhr } U^A \textit{ zum Ereignis } P \tag{180}$$

Wesentlich ist hierbei, daß die Ereignisse T und P *nur* in Σ_o gleichzeitig sind. Solange er sich im Bezugssystem Σ_o befindet, kann Bruder A_o sagen, er kenne die Zeigerstellung der Uhr U^A von Zwilling A beim Einsteigen gemäß (180). Sobald sich Bruder A_o im Bezugssystem Σ'' befindet - und hier liegt die Falle - wird diese Aussage falsch! Die Aussage "beim Einsteigen" heißt nämlich nur, wenn in Σ_o alle Uhren auf $t = \frac{x_P}{v}$ stehen, also auch die Σ_o - Uhr am Ort $x = x_P$, dann steht der Zeiger der gerade dort mit der Geschwindigkeit v vorbeikommenden Uhr U^A auf $\frac{x_P}{v}\sqrt{1-\frac{v^2}{c_o^2}}$.

Erinnern wir uns: Wir müssen nun bestimmen, nach welcher Vorschrift die Uhren in Σ'' in Gang gesetzt werden sollen. Damit haben wir dann *definiert*, was es heißt, daß die Uhren an verschiedenen Orten in Σ'' synchron laufen. In Kap. 12 haben wir als Vorschrift für die Synchronisation von Uhren unser elementares Relativitätsprinzip begründet, durch welches wir sichern, daß Geschwindigkeiten in verschiedenen Bezugssystemen mit ein und demselben Maß gemessen werden. Die Definition einer Geschwindigkeit und die Definition der Gleichzeitigkeit sind begrifflich zueinander äquivalent. Bereits 1898, also sieben Jahre vor der Entdeckung der Speziellen Relativitätstheorie durch A. Einstein, schreibt dazu H. Poincaré [51], s. die deutsche Übersetzung von [51] in [52]: "Es ist schwierig, das qualitative Problem der Gleichzeitigkeit von dem quantitativen Problem der Zeitmessung zu trennen: sei es, ··· daß man einer Übertragungsgeschwindigkeit ··· Rechnung zu tragen hat, da man eine solche Geschwindigkeit nicht messen kann, ohne eine Zeit zu messen." Und ebenda an anderer Stelle: "Wir haben keine unmittelbare Anschauung für Gleichzeitigkeit, ebensowenig für die Gleichheit zweier Zeitintervalle. Wenn wir diese Anschauung zu haben glauben, so ist das eine Täuschung. ··· . *Wir haben*

keine direkte Empfindung für die Gleichheit zweier Zeitintervalle. Wer diese Empfindung zu haben glaubt, ist durch eine Illusion getäuscht."

Nach dem Umsteigen in das Bezugssystem Σ'' hat Bruder A_0 in bezug auf Σ_0 die Geschwindigkeit u und in bezug auf Σ' die Geschwindigkeit v. Im Bezugssystem Σ'' wollen wir ebenfalls einen neutralen Beobachter B'' einsetzen und ihn mit einer Uhr U_z^T ausrüsten. (Auch die anderen Uhren im Bezugssystem Σ'' werden wir durch einen unteren Index "z" kennzeichnen, was auf den "Zug" hinweisen soll). Der Beobachter B'' möge im Bezugssystem Σ_0 zum Ereignis T bemerkt werden, d. h., B'', der in Σ_0 die Geschwindigkeit u besitzt, hat in Σ_0 zur Zeit $t_T = \frac{x_P}{v}$ die Koordinate $x_T = 0$.

Eine Anfangsbedingung haben wir frei. D. h., wir können irgendeine Uhr in Σ'' herausgreifen und beliebig anstellen, alle andern sind dann danach zu richten. Ebenso können wir einen Anfangspunkt für die Zählung der Ortskoordinate in Σ'' frei wählen. Wir wollen hier zwei vollkommen gleichberechtigte Möglichkeiten gegenüberstellen.

Wir setzen zunächst fest: Die in Σ'' ruhende Uhr U_z^T übernimmt zum Ereignis T die Stellung des Zeigers der Uhr U_0^A von Bruder A_0. D.h., daß der Zeiger der Uhr U_z^T des Beobachters B'' zum Ereignis T auf $t''_T = t_T = \frac{x_P}{v}$ gestellt wird. Die Ortskoordinate des Ereignisses T in Σ'' sei $x''_T = 0$, wir wählen also im 1. Fall für die Anfangsbedingung in Σ'':

$$\Sigma'' : \; T \; (x''_T = 0 \,, \; t''_T = \frac{x_P}{v}) \,. \qquad \textit{Anfangsbedingung in } \Sigma''\textit{, 1. Fall} \quad (181)$$

Diese Anfangsbedingung können wir in Bild 46 eintragen, s. Bild 49. Es fehlt uns noch die Ortskoordinate x''_P für das Ereignis P. Diese finden wir wieder folgendermaßen: Die zu ein und derselben Zeit $t_T = t_P$ in Σ_0 genommene Koordinatendifferenz x_P ist die Maßzahl einer in Σ_0 mit der Geschwindigkeit u bewegten, also in Σ'' ruhenden Strecke, deren Maßzahl dort x''_P beträgt. Wegen der Lorentzkontraktion (107a) ist $x''_P = \frac{x_P}{\sqrt{1 - \frac{u^2}{c_0^2}}}$, also für die hier betrachtete Geschwindigkeit u mit (171) $x''_P = x_P \frac{c_0^2 + v^2}{c_0^2 - v^2}$. Die Koordinate x''_P ist die Maßzahl der mit dem Maßstab L'' in Σ'' ausgemessenen Entfernung zwischen den Ereignissen T und P, wobei nun wegen der Lorentzkontraktion (106) gilt $L'' = L_0 \sqrt{1 - \frac{u^2}{c_0^2}} = L_0 \frac{c_0^2 - v^2}{c_0^2 + v^2}$, wie in Bild 49 dargestellt.

Bei x_P'' betrachten wir die in Σ'' ruhende Uhr U_z^P. Um die Zeigerstellung der Uhr U_z^P zum Ereignis P zu erhalten, die Zeitkoordinate von P in Σ'', beachten wir, daß die Ereignisse T und P in Σ_0 gleichzeitig sind. In der Formel (136a), vgl. auch Bild 39 und Bild 40, haben wir mit Hilfe unseres elementaren Relativitätsprinzips ausgerechnet, um wieviel Skalenteile $\Delta t'$ die am Ort $x_0 + \Delta x$ in Σ_0 befindliche und mit der Geschwindigkeit v in bezug auf Σ_0 bewegte Uhr gegenüber der bei x_0 befindlichen und ebenfalls mit der Geschwindigkeit v bewegten Uhr vor- bzw. zurückgestellt werden muß. Dies wenden wir auf unseren Fall an mit u anstelle von v sowie $x_0 = 0$ und x_P für Δx, und wir schreiben $\Delta t'' = t_P'' - t_T''$ für $\Delta t'$ (unsere Uhr U_z^T in Σ'' weist bereits die von Null verschiedene Anfangsstellung $t_T = t_T''$ auf), also

$$\Delta t'' = t_P'' - t_T'' = \frac{-\frac{\Delta x\, u}{c_0^2}}{\sqrt{1 - \frac{u^2}{c_0^2}}} = \frac{-\frac{x_P\, u}{c_0^2}}{\sqrt{1 - \frac{u^2}{c_0^2}}} \,. \tag{182}$$

Mit (170) und (171) für u folgt daraus

$$\Delta t'' = -\frac{x_P}{v}\frac{2v^2}{c_0^2 - v^2} \,. \qquad \textit{Differenz der Zeigerstellungen von } U_z^P \textit{ und } U_z^T \tag{183}$$

Wir bemerken, die Differenz $\Delta t'' = t_P'' - t_T''$ der Zeigerstellungen der beiden benachbarten Uhren U_z^P und U_z^T ist natürlich unabhängig von der willkürlichen Wahl der Anfangsbedingung. Die Anfangsstellung bestimmt aber die absolute Stellung des Zeigers. Mit $t_T'' = \frac{x_P}{v}$ gemäß (181) finden wir für den 1. Fall der Anfangsbedingung

$$t_P'' = \frac{x_P}{v} - \frac{x_P}{v}\frac{2v^2}{c_o^2 - v^2} = \frac{x_P}{v}(1 - \frac{2v^2}{c_o^2 - v^2}) .$$

Zusammenfassend finden wir also für das Ereignis P in Σ'' , s. auch Bild 49,

$$\Sigma'' : \; P \;\; (x_P'' = x_P\frac{c_o^2 + v^2}{c_o^2 - v^2} , \;\; t_P'' = \frac{x_P}{v}(1 - \frac{2v^2}{c_o^2 - v^2}) \; . \qquad \textit{1. Fall} \; (184)$$

Die Zeitanzeige $\tilde{t}$ auf der Uhr U_o^A für die Reisezeit von Bruder A_o ist nun wegen der Wahl der Anfangsbedingung (181) mit der Anzeige der Uhr U_z^T identisch. Um die Reisezeit $\tilde{t}_v$ vom Besteigen des Zuges bis zum Zusammentreffen aus der Sicht von Bruder A_o zu ermitteln, müssen wir den Ort von Zwilling A in Σ'' zur Zeit $t_T'' = \frac{x_P}{v}$ bestimmen. Das wollen wir das Ereignis V nennen. Zwilling A hat die Geschwindigkeit $-v$ in Σ''. Wir kennen seinen Ort x_P'' zur Zeit t_P'' gemäß (184). Zur Zeit $t_T'' = \frac{x_P}{v}$ befindet er sich folglich in Σ'' an einem Ort $x_V'' = x_P'' - v\,\frac{x_P}{v}\,\frac{2\,v^2}{c_o^2 - v^2}$ und damit

$$x_V'' = x_P\,(\frac{c_o^2 + v^2}{c_o^2 - v^2} - \frac{2v^2}{c_o^2 - v^2}) .$$

Also erhalten wir für die Maßzahl x_V'' der Position von Zwilling A in Σ'' den Wert

$$x_V'' = x_P \qquad \textit{Ortskoordinate des Zwillings A in } \Sigma'' \textit{ zur Zeit } t_T'' = \frac{x_P}{v}, \textit{ 1. Fall} \qquad (185)$$

bzw. für die Koordinaten des Ereignisses V

$$\Sigma'' : \; V \;\; (x_V'' = x_P , \;\; t_V'' = \frac{x_P}{v}) \; . \qquad \textit{1. Fall} \; (186)$$

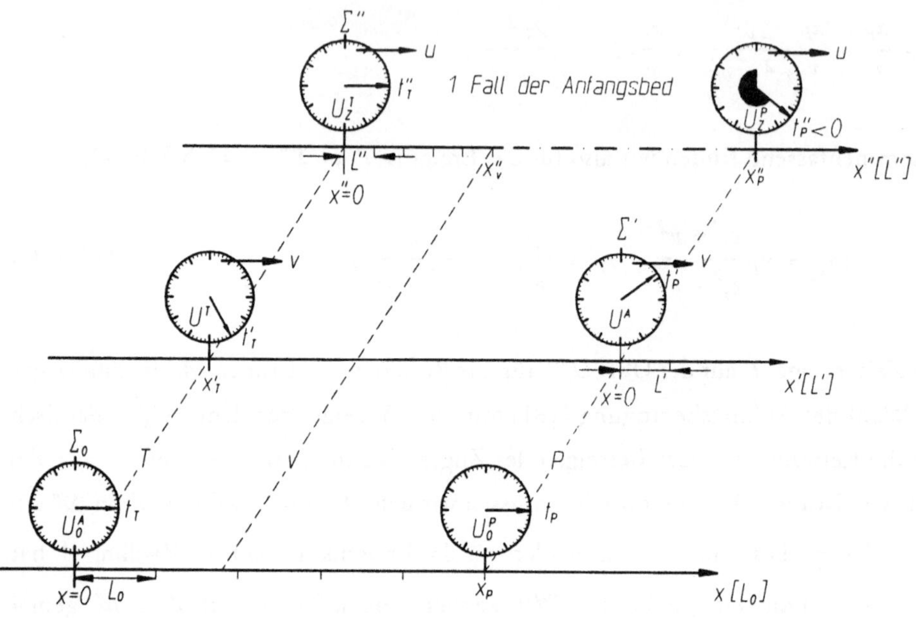

Bild 49. Die Synchronisation der Uhren in Σ' und Σ'' zu der in Σ_0 einheitlichen Zeit $t_T = \frac{x_P}{v}$. Für die Anfangsbedingung in Σ'' betrachten wir den 1. Fall gemäß (181). Bruder A_0 steigt zum Ereignis T vom Bezugssystem Σ_0 in das Bezugssystem Σ'' um. Wir wählen wieder die Geschwindigkeit $v = 0{,}8\ c_0$, also $\gamma = 0{,}6$, für Σ' in bezug auf Σ_0. Mit (170) erhalten wir dann für die Geschwindigkeit von Σ'' in bezug auf Σ_0 den Wert $u = \frac{2 \cdot 0{,}8 c_0^2}{(1 + 0{,}64)c_0} = 0{,}98\ c_0$. Gemäß der Anfangsbedingung (181) in Σ'' übernimmt die Uhr $U_z{}^T$ des Beobachters B'' in Σ'' zum Ereignis T die Zeigerstellung der Uhr U_0^A von Bruder A_0, also, $t_T'' = t_T = \frac{x_P}{v} = 15$ Skalenteile. Außerdem ist $x_T'' = x_T = 0$ gesetzt. Ergänzend zu Bild 46 ist nun die Synchronisation der beiden in Σ'' ruhenden Uhren U_z^T und U_z^P für die einheitliche Zeit $t_T = \frac{x_P}{v}$ in Σ_0 eingezeichnet. Die Koordinaten in Σ'' für das (nur in Σ_0 mit dem Ereignis T gleichzeitige) Ereignis P sind in (184) berechnet. Danach ergibt sich für die Zeigerstellung der Uhr U_z^P der Wert $t_P'' = \frac{x_P}{v}\left(1 - \frac{2 \cdot 0{,}64\, c_0^2}{c_0^2 - 0{,}64\, c_0^2}\right) = -\ 38{,}3$ Skalenteile. Aus Bild 46 übernehmen wir die Zeigerstellung $t_T' = 25$ Skalenteile. Ausschlaggebend für das Paradoxon ist hier das negative Vorzeichen. Während Bruder A_0, solange er noch im Bezugssystem Σ_0 ist, für die Zeigerstellung der Uhr U^A von Zwilling A für die Zeit $t_P = t_T$ gemäß (180) den Wert $t_P' = \frac{x_P}{v}\gamma = 15 \cdot 0{,}6 = 9$ Skalenteile feststellt, bezieht sich diese Zeigerstellung nun auf eine Zeit lange vor dem Ereignis T in Σ'', nämlich auf die Zeit $t_P'' = -\ 38{,}3$. Um die Zeigerstellung der Uhr U^A von Zwilling A zum Ereignis T in Σ'' festzustellen, muß Bruder A_0 erst berechnen, an welcher Position x_V'' die Uhr U^A von Zwilling A gerade einer in Σ'' ruhenden Uhr gegenübersteht, welche dort die Zeit $t_V'' = t_T'' = \frac{x_P}{v}$ anzeigt. Diese Position haben wir in (185)

berechnet und $x_V'' = x_P$ Skalenteile gefunden. In unserer Darstellung haben wir wieder die Maßzahl $x_P = 5$ gewählt. Auf der x'' - Achse ist das der Punkt mit der Entfernung $x_P \cdot L$ von $x'' = 0$. D.h., wir müssen die Synchronisation der Σ' - Uhren für eine einheitliche Zeit in Σ'', sagen wir $t_T'' = \frac{x_P}{v}$ berechnen. Das haben wir noch einmal in Bild 50 dargestellt. Offensichtlich entsteht das Paradoxon, wenn man nicht beachtet, daß der Zeiger der Uhr U^A von Zwilling A zwischen den Ereignissen P und V weitergelaufen ist, wenn man also nicht beachtet, daß für die gleichzeitige Position der Uhr U^A zum Ereignis T in Σ_o das Ereignis P gehört, in Σ'' aber das Ereignis V. Wir haben die Strecke auf der x'' - Achse, die für die Entstehung des Paradoxons bei der Bewegung der Uhr U^A von Zwilling A durch die voreilige Bewertung von Bruder A_o unterschlagen wird, in Bild 49 strichpunktiert gezeichnet.

Wegen der Geschwindigkeit $-v$ von Zwilling A relativ zu Bruder A_o rückt der Zeiger der Uhr U_o^A von Bruder A_o nach dem Besteigen des Zuges noch einmal um $\Delta\tilde{t}_v = \frac{x_P}{v}$ vor,

$$\Delta\tilde{t}_v = \frac{x_P}{v} \; .$$

Auf der Uhr U_o^A *in* Σ'' *bis zum Zusammentreffen abgelaufene Zeit* (187)

Das ergibt also nach dem Urteil von Bruder A_o zusammen mit (179) am Ende beim Zusammentreffen der Zwillinge zum Ereignis $S(v)$ die Zeigerstellung $\tilde{t}_{S(v)} = \tilde{t}_T + \Delta\tilde{t}_v$ für die Uhr U_o^A, also,

$$A_o: \; \tilde{t}_{S(v)} = 2\frac{x_P}{v} \; ,$$

Zeigerstellung der Uhr U_o^A *beim Zusammentreffen* (188)

in Übereinstimmung mit den Ergebnissen sowohl vom Beobachter B_o gemäß (175) als auch vom Zwilling A gemäß (177).
Wie beurteilt aber Bruder A_o die auf der Uhr U^A von Zwilling A abgelaufene Zeit?
Wegen der Zeitdilatation rückt der Zeiger der Uhr U^A von Zwilling A während der Zeit $\Delta\tilde{t}_v = \frac{x_P}{v}$ nur um $\Delta t_v'$ weiter gemäß

$$\Delta t_v' = \frac{x_P}{v}\sqrt{1 - \frac{v^2}{c_0^2}}\,. \tag{189}$$

Dies ist also die Verweilzeit von Bruder A_0 mit seiner Uhr U_0^A im Bezugssystem Σ'', wie sie vom Bezugssystem Σ' aus gemessen wird.
Welches ist aber die Stellung des Zeigers der Uhr U^A zu Beginn dieses Abschnittes der Reise, d. h. zum Ereignis V, welches in Σ'' die Koordinaten $x_V'' = x_P$ und $t_V'' = \frac{x_P}{v}$ hat? Das Paradoxon entsteht, wenn man für diese Zeigerstellung einfach die Aussage (180) nimmt, die Bruder A_0 vor Besteigen des Zuges machen konnte, die aber nun nicht mehr richtig ist, weil man die Ereignisse P und V nicht verwechseln darf! Wir brauchen die Zeigerstellung der Uhr U^A zum Ereignis V! Würden wir einfach die Zeigerstellung von U^A zum Ereignis P nehmen gemäß (180), dann ergäbe dies zusammen mit $\Delta t_v'$ tatsächlich eine Reisezeit von $\frac{2\,x_P}{v}\sqrt{1 - \frac{v^2}{c_0^2}}$, und Zwilling A wäre der Jüngere. Diese Rechnung ist aber nicht zulässig, wie wir jetzt wissen, und das Ergebnis widerspricht auch den Beobachtungen des Zwillings A auf seiner eigenen Uhr gemäß (178) sowie den Messungen des Beobachters B_0 gemäß (174).
In Σ'' verstreicht zwischen den Ereignissen P und T (das Ereignis T ist in Σ'' mit dem Ereignis V gleichzeitig) gemäß (183) die Zeit

$$t_{PT}'' \underset{\text{def}}{=} t_T'' - t_P'' = t_V'' - t_P'' \underset{\text{def}}{=} t_{PV}'' = -\Delta t'' = \frac{x_P}{v}\frac{2\,v^2}{c_0^2 - v^2}\,. \tag{190}$$

Wegen der Zeitdilatation der gegenüber Σ'' mit der Geschwindigkeit v bewegten Uhr U^A rückt der Zeiger dieser Uhr dabei um $t_{PV}' = t_{PV}''\sqrt{1 - \frac{v^2}{c_0^2}}$ vor, um dann zum Ereignis V auf $t_V' = t_P' + t_{PV}'$ zu stehen, also mit t_P' gemäß (180),

$$t_V' = \frac{x_P}{v}\sqrt{1 - \frac{v^2}{c_0^2}} + \frac{x_P}{v}\frac{2\,v^2}{c_0^2 - v^2}\sqrt{1 - \frac{v^2}{c_0^2}} = \frac{x_P}{v}\sqrt{1 - \frac{v^2}{c_0^2}}\left(1 + \frac{2\,v^2}{c_0^2 - v^2}\right),$$

$$t_V' = \frac{x_P}{v}\sqrt{1-\frac{v^2}{c_o^2}}\,\frac{c_o^2+v^2}{c_o^2-v^2} = \frac{x_P}{v}\sqrt{1-\frac{v^2}{c_o^2}}\,\frac{1+\frac{v^2}{c_o^2}}{1-\frac{v^2}{c_o^2}} = \frac{x_P}{v}\,\frac{1+\frac{v^2}{c_o^2}}{\sqrt{1-\frac{v^2}{c_o^2}}}\,.$$

Das ist also die Zeigerstellung der Uhr U^A von Zwilling A zum Ereignis T in Σ'', wie sie dort auch Bruder A_o nach seinem Umsteigen in dieses Bezugssystem registriert, vgl. auch Bild 50,

$$A_o : t_V' = \frac{x_P}{v}\,\frac{1+\frac{v^2}{c_o^2}}{\sqrt{1-\frac{v^2}{c_o^2}}}\,. \qquad \textit{Zeigerstellung der Uhr } U^A \textit{ zum Ereignis } T \textit{ in } \Sigma'' \qquad (191)$$

Bis zum Zusammentreffen der Zwillinge zum Ereignis $S(v)$ rückt der Zeiger der Uhr U_o^A von Bruder A_o gemäß (187) um $\Delta\tilde{t}_v = \frac{x_P}{v}$ Skalenteile vor. Der Zeiger der Uhr U^A rückt daher wegen der Zeitdilatation nur um $\Delta t_v' = \Delta\tilde{t}_v\sqrt{1-\frac{v^2}{c_o^2}} = \frac{x_P}{v}\sqrt{1-\frac{v^2}{c_o^2}}$ weiter und steht daher zum Ereignis $S(v)$ beim Zusammentreffen der beiden Zwillinge auf

$$t_{S(v)}' = \frac{x_P}{v}\,\frac{1+\frac{v^2}{c_o^2}}{\sqrt{1-\frac{v^2}{c_o^2}}} + \frac{x_P}{v}\sqrt{1-\frac{v^2}{c_o^2}} =$$

$$= \frac{x_P}{v}\,\frac{1}{\sqrt{1-\frac{v^2}{c_o^2}}}\left(1+\frac{v^2}{c_o^2}+\sqrt{1-\frac{v^2}{c_o^2}}\,\sqrt{1-\frac{v^2}{c_o^2}}\right) = \frac{x_P}{v}\,\frac{2}{\sqrt{1-\frac{v^2}{c_o^2}}}$$

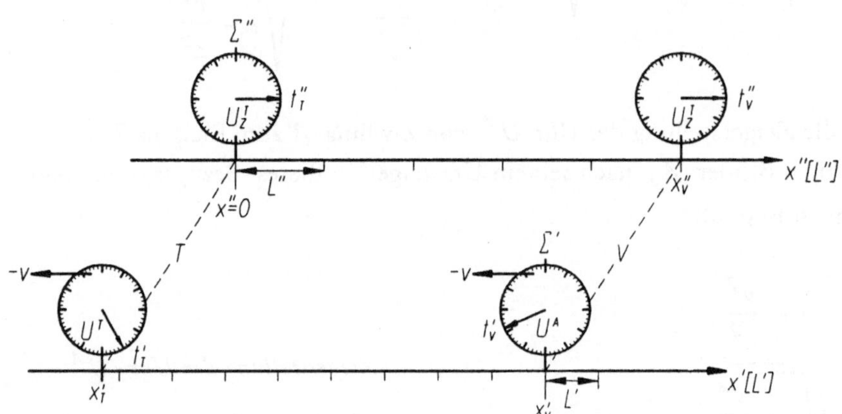

Bild 50. Die Synchronisation der Uhren im Bezugssystem Σ' aus der Sicht eines im Bezugssystem Σ'' ruhenden Beobachters zu der dort einheitlichen Zeit $t_T'' = t_V'' = \frac{x_P}{v}$ für die beiden Ereignisse T und V. Das Bezugssystem Σ' hat in bezug auf Σ'' die Geschwindigkeit $-v$. Wir wählen wieder $v = 0{,}8\, c_0$, so daß $\gamma = 0{,}6$. Die Uhren im Bezugssystem Σ'' stehen auf $t_T'' = \frac{x_P}{v} = 15$ Skalenteile. Wegen der Relativität der Lorentzkontraktion ist aus der Sicht des in Σ'' ruhenden Beobachters der Maßstab L' gegenüber L'' verkürzt gemäß $L' = \gamma\, L''$, s. auch Bild 42. (Für die in unserem Bild 50 willkürlich wählbare Darstellung der Länge von L'' haben wir die Darstellung der Länge von L_0 aus Bild 49 übernommen). Die Stellung des Zeigers der Uhr U^T übernehmen wir aus Bild 46 mit $t_T' = \frac{t_T}{\gamma} = \frac{15}{0{,}6} = 25$ Skalenteile. In (185) haben wir $x_V'' = x_P$ gefunden. Wir wenden die Formel (136a) für die Synchronisation zweier Uhren auf das Bezugssystem Σ'' an, indem wir dort Δx durch $x_V'' = x_P$ und v durch $-v$ ersetzen und erhalten die Maßzahl $\Delta t' \underset{\text{def}}{=} t_V' - t_T'$, die wir zu t_T' addieren müssen, um die Zeigerstellung t_V' der Uhr U^A von Zwilling A zu erhalten. Mit $\Delta t' = \frac{\frac{x_P\, v}{c_0^2}}{\gamma} = \frac{x_P}{v} \frac{\frac{v^2}{c_0^2}}{\gamma}$ folgt $t_V' = \frac{x_P}{v} \frac{1 + \frac{v^2}{c_0^2}}{\gamma}$, wie wir auf anderem Wege auch in (191) erhalten haben. Dies ergibt in unserem Zahlenbeispiel für die Uhr U^A zum Ereignis V die Zeigerstellung $t_V' = 15\, \frac{1 + 0{,}64}{0{,}6} = 41$ Skalenteile. Wir erklären noch die Lage des Punktes x_V'. Die Koordinate x_V'' ist die Maßzahl einer in Σ'' bewegten Länge, deren Endpunkte in Σ' durch x_T' und x_V' gegeben sind, so daß $\Delta x_V' = x_V' - x_T' = \frac{x_V''}{\gamma}$ und damit $x_V'' \cdot L'' = \Delta x_V' \cdot L'$, wie auf dem Bild dargestellt.

Bruder A_o beobachtet also tatsächlich

$$A_o : t'_{S(v)} = \frac{2\,\frac{x_P}{v}}{\sqrt{1 - \frac{v^2}{c_o^2}}}$$ *Zeigerstellung der Uhr* U^A

beim Zusammentreffen (192)

in vollständiger Übereinstimmung mit der Aussage (178) von Zwilling A sowie auch mit der Aussage (174) durch den Beobachter B_o. Einzig und allein der Zeiger der persönlichen Uhr U_o^A von Bruder A_o ist gegenüber dem Zeiger der persönlichen Uhr U^A von Zwilling A zurückgeblieben, wie es anders auch gar nicht anders sein kann.

Das Paradoxon ist damit aufgeklärt. Wir wollen aber auch noch sehen, wo die Falle aufgestellt ist, wenn wir einen zweiten Fall für die Anfangsbedingung der Orts- und Zeitmessung im Bezugssystem Σ'' wählen. Damit Bruder A_o die auf der Uhr U^A von Zwilling A abgelaufene Zeit auch nach dem Umsteigen lückenlos weiter messen kann, betrachten wir als zweiten Fall folgende Anfangsbedingung: Die in Σ'' ruhende Uhr U_z^P übernimmt zum Ereignis P die Stellung des Zeigers der Uhr U_o^A. D. h., daß der Zeiger der Uhr U_z^P zum Ereignis P auf $t_P'' = t_P = \frac{x_P}{v}$ gestellt wird. Außerdem setzen wir für den Anfangspunkt der Zählung der Ortskoordinate in Σ'' fest $x_P'' = 0$, s. Bild 51. Als 2. Fall für unsere frei wählbare Anfangsbedingung in Σ'' betrachten wir also

$$\Sigma'' : P\,(x_P'' = 0\,,\ t_P'' = \frac{x_P}{v})\ .$$ *Anfangsbedingung in* Σ''*, 2. Fall* (193)

In diesem Fall kann Bruder A_o auch nach dem Umsteigen mit Recht behaupten, er kenne nach dem Umsteigen die Zeigerstellung auf der Uhr U^A von Zwilling A, wie sie im Bezugssystem Σ'' zum Ereignis P gemessen wird. Diese beträgt definitionsgemäß $t_P' = \frac{x_P}{v}\sqrt{1 - \frac{v^2}{c_o^2}}$. Bloß - das ist nicht die Zeigerstellung der Uhr U_z^T des Beobachters B'' in Σ'', zu dem er sich gerade hinzugesellt hat und nach dessen Uhr er seine Uhr U_o^A nach dem Umsteigen stellt, worauf wir gleich zurückkommen werden.

Alle Koordinatendifferenzen für die Orts- und Zeitmessung in Σ'' bleiben bei einer Änderung des Anfangspunktes natürlich unverändert. Die Differenz der Zeigerstellungen $\Delta t'' = t_P'' - t_T'' = -\frac{x_P}{v}\frac{2v^2}{c_o^2 - v^2}$ gemäß (183) bleibt ebenso erhalten wie die Differenz der Ortskoordinaten in Σ'' zwischen den Ereignissen T und P.

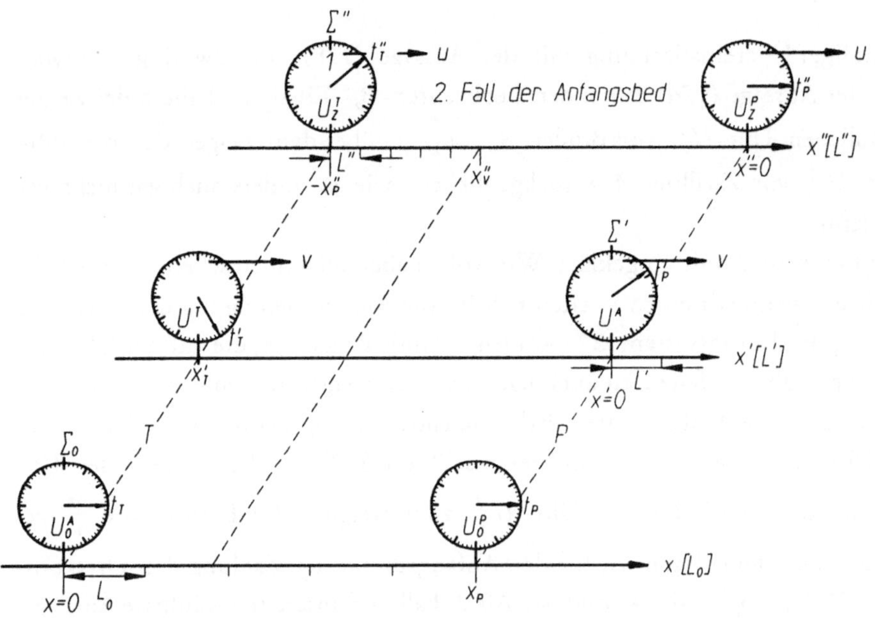

Bild 51. Die Synchronisation der Uhren in Σ' und Σ'' zu der in Σ_o einheitlichen Zeit $t_T = \frac{x_P}{v}$ für den zweiten Fall der Anfangsbedingung gemäß (193). Der Unterschied gegenüber der in Bild 49 dargestellten Situation für den ersten Fall der Anfangsbedingung besteht einzig und allein darin, daß alle Uhren in Σ'' um $-\Delta t'' = \frac{x_P}{v}\frac{2v^2}{c_o^2 - v^2}$ vorgestellt werden, und daß von allen Ortskoordinaten in Σ'' der Wert $x_P'' = x_P \frac{c_o^2 + v^2}{c_o^2 - v^2}$ abgezogen wird. Wir rechnen wieder mit $v = 0{,}8\ c_o$ und eichen die Uhren so, daß $\frac{x_P}{v}$ mit 15 Skalenteilen angezeigt wird. Dann steht also der Zeiger der Uhr U_z^P auf $t_P'' = 15$ Skalenteile, während wir für den Zeiger der Uhr U_z^T gemäß (194) die Stellung $t_T'' = \frac{x_P}{v}\frac{c_o^2 + v^2}{c_o^2 - v^2} = 15\ \frac{1 + 0{,}64}{1 - 0{,}64} = 68{,}3$ Skalenteile erhalten. Der Zeiger dieser Uhr ist also bereits einmal ganz umgelaufen. Wir deuten das auf der Uhr U_z^T durch die Anzeige 1 an. Alle übrigen Angaben bleiben dieselben wie in Bild 49.

Nach wie vor ist gemäß (184) $\Delta x'' = x_P'' - x_T'' = x_P \frac{c_o^2 + v^2}{c_o^2 - v^2}$. Den Anfangspunkt für die Zählung der Ortskoordinaten in Σ'' haben wir gemäß (193) um x_P'' nach rechts verschoben. Für das Ereignis T erhalten wir daher im 2. Fall in Σ'' die Koordinaten,

$$\Sigma'' : T \left(x_T'' = -x_P \frac{c_o^2 + v^2}{c_o^2 - v^2}, \quad t_T'' = \frac{x_P}{v} \frac{c_o^2 + v^2}{c_o^2 - v^2}\right) . \qquad \textit{2. Fall} \; (194)$$

Wie sieht es in diesem Fall mit den Uhren unserer Zwillingsbrüder aus?
Beginnen wir mit dem Zwilling A. Seine Uhr U^A kommt mit der Geschwindigkeit $-v$ auf den Beobachter B'' zu (wo sich auch Bruder A_o befindet). Bis zum Zusammentreffen, dem Ereignis $S(v)$, verstreicht daher in Σ'' zwischen den Ereignissen P und $S(v)$ die Zeit $t_{PS}'' = \frac{\Delta x''}{v}$, also

$$t_{PS}'' = \frac{x_P}{v} \frac{c_o^2 + v^2}{c_o^2 - v^2} . \qquad \textit{Zeitdauer zwischen } P \textit{ und } S(v) \textit{ in } \Sigma'' \; (195)$$

Die mit der Geschwindigkeit $-v$ in bezug auf Σ'' bewegte Uhr U^A von Zwilling A unterliegt der Zeitdilatation. Ihr Zeiger rückt also nur um $t_{PS}' = t_{PS}'' \sqrt{1 - \frac{v^2}{c_o^2}}$ vor und steht folglich zum Ereignis $S(v)$ auf

$$t_{S(v)}' = t_P' + t_{PS}' = \frac{x_P}{v} \sqrt{1 - \frac{v^2}{c_o^2}} + \frac{x_P}{v} \frac{c_o^2 + v^2}{c_o^2 - v^2} \sqrt{1 - \frac{v^2}{c_o^2}} =$$

$$= \frac{x_P}{v} \sqrt{1 - \frac{v^2}{c_o^2}} \left(1 + \frac{c_o^2 + v^2}{c_o^2 - v^2}\right) = \frac{x_P}{v} \sqrt{1 - \frac{v^2}{c_o^2}} \frac{2}{1 - \frac{v^2}{c_o^2}} ,$$

und damit findet Bruder A_o wie auch im ersten Fall gemäß (192)

$$A_o : t'_{S(v)} = \frac{2\frac{x_P}{v}}{\sqrt{1-\frac{v^2}{c_o^2}}} \,.$$

Zeigerstellung der Uhr U^A

beim Zusammentreffen (192)

Wir notieren hier noch die Koordinaten des Ereignisses $S(v)$ im Bezugssystem Σ',

$$\Sigma' : \; S(v) \; \left(x'_{S(v)} = 0 \,,\; t'_{S(v)} = \frac{2\frac{x_P}{v}}{\sqrt{1-\frac{v^2}{c_o^2}}}\right) . \tag{196}$$

Betrachten wir nun die Uhr U_o^A von Bruder A_o:
Das Paradoxon entsteht, wenn Bruder A_o behauptet, da er diese Zeigerstellung (192) für den Zwilling A ermittelt habe, sei folglich auf seiner Uhr U_o^A die Zeit $\breve{t}_{S(v)} = t_P + t''_{PS}$, nämlich die Zeit $t_P = \frac{x_P}{v}$ während seines Aufenthaltes im Bezugssystem Σ_o, vermehrt um die oben ermittelte Zeit in Σ'', abgelaufen, nämlich $t''_{PS} = \frac{x_P}{v}\frac{c_o^2+v^2}{c_o^2-v^2}$, so daß

$$\breve{t}_{S(v)} = \frac{x_P}{v} + \frac{x_P}{v}\frac{c_o^2+v^2}{c_o^2-v^2} = \frac{x_P}{v}\left(1+\frac{c_o^2+v^2}{c_o^2-v^2}\right) = \frac{x_P}{v}\frac{2\,c_o^2}{c_o^2-v^2} \,,$$

also

$$\breve{t}_{S(v)} = \frac{2\frac{x_P}{v}}{1-\frac{v^2}{c_o^2}} = \frac{t'_{S(v)}}{\sqrt{1-\frac{v^2}{c_o^2}}} \,. \tag{197}$$

Nach dieser Formel wäre aber nun eindeutig Bruder A_o der Ältere, denn es ist zweifellos $\breve{t}_{S(v)} > t'_{S(v)}$. Und Bruder A_o tönt nun, der Zeiger der persönlichen Uhr U^A des Zwillings A bleibe hinter dem Zeiger seiner Uhr U_o^A zurück, wovon man sich eindeutig überzeugen könne. Also er, der Bruder A_o, sei am Ende der Ältere, ihm gehöre folglich der Erbhof und nicht umgekehrt. Richtig ist dies aber nur, wenn der Zeiger auf der Uhr U_o^A von Bruder A_o während der ganzen Reise tatsächlich um den Betrag $\breve{t}_{S(v)}$ vorgerückt ist und zwar von ganz alleine, ohne daß jemand nachgeholfen hat. Und hier weiß der Bruder A_o ganz genau, daß er sich in die eigene Tasche lügt. Richtig ist, daß auf seiner Uhr im Bezugssystem Σ_o die Zeit $t_P = \frac{x_P}{v}$ abgelaufen ist. Im Bezugssystem Σ_o - und nur dort - sind die Ereignisse T und P gleichzeitig. D.h., beim Umsteigeereignis T, also kurz vorher sowie unmittelbar danach, steht die Uhr U_o^A von Bruder A_o auf $t_T = t_P = \frac{x_P}{v}$. Mit dieser Zeigerstellung ist er also im Bezugssystem Σ'' angekommen. Und dann hat er seine Uhr U_o^A gemäß (194) auf die Zeigerstellung t''_T der dort ruhenden Uhr U_z^T gebracht, d. h., er hat seine Uhr klammheimlich um den Betrag $\Delta t''$ vorgestellt. Um diesen, in (183) berechneten Betrag mußte die Uhr U_z^T gegenüber der Uhr U_z^P vorgestellt werden, damit beide Uhren in Σ'' synchron laufen. Nur in Σ_o sind die Ereignisse T und P gleichzeitig, vgl. auch Bild 49 und Bild 51. Um die Zeitspanne $-\Delta t'' = \frac{x_P}{v}\frac{2v^2}{c_o^2 - v^2}$ ist der Zeiger der Uhr U_o^A von Bruder A_o also tatsächlich gar nicht weitergelaufen, und um diese Zeit $\Delta t''$ ist er also auch nicht älter geworden. Die Aufenthaltsdauer von Bruder A_o im Bezugssystem Σ'' ist nicht die Zeit t''_{PS}. Aus der Sicht des Bezugssystems Σ'' war Bruder A_o zum Ereignis P noch gar nicht umgestiegen, sondern erst zum Ereignis T. Und diese beiden Ereignisse weisen gemäß (190) in Σ'' gerade die Zeitdifferenz $t''_{PT} = -\Delta t''$ auf. Die Aufenthaltsdauer von Bruder A_o in Σ'' beträgt daher nur

$$\tilde{\Delta t}_v \equiv \Delta t_v'' = t''_{PS} - \Delta t'' = \frac{x_P}{v}\frac{c_o^2 + v^2}{c_o^2 - v^2} - \frac{x_P}{v}\frac{2v^2}{c_o^2 - v^2} = \frac{x_P}{v},$$

wie wir auch in (187) gefunden haben. Diese Gleichung ergibt sich auch unmittelbar aus der Zeitdilatation der in Σ'' mit der Geschwindigkeit $u = \frac{2v\,c_o^2}{c_o^2 - v^2}$ gegenüber Σ_o bewegten Uhr U_o^A von Bruder A_o, für welche wir von Σ_o aus eine Verweilzeit $\Delta t_v = \frac{x_P}{v} \frac{c_o^2 + v^2}{c_o^2 - v^2}$ gemäß (171) berechnet hatten. Mit (170) folgt sofort

$$\Delta t_v = \Delta t_v'' \cdot \sqrt{1 - \frac{u^2}{c_o^2}} .$$

Es bleibt dabei, während der gesamten Zwillingsreise rückt der Zeiger der Uhr U_o^A des hinterhereilenden (bzw. aus der Sicht von Zwilling A umkehrenden) Bruders A_o nur um $\tilde{t}_{S(v)} = 2\,\frac{x_P}{v}$ vor,

$$A_o: \; \tilde{t}_{(v)} = \frac{2x_P}{v} .$$

Zeigerstellung der Uhr U_o^A
beim Zusammentreffen (188)

Er bleibt damit um den Faktor $\sqrt{1 - \frac{v^2}{c_o^2}}$ hinter dem Zeiger der Uhr U^A von Zwilling A zurück, welcher beim Zusammentreffen auf $t'_{S(v)} = \frac{2\frac{x_P}{v}}{\sqrt{1 - \frac{v^2}{c_o^2}}}$ steht.

Der nacheilende bzw. zurückkehrende Zwillingsbruder ist jünger.
Bruder A_o hatte seine Uhr manipuliert. Er ist entlarvt. - Das Paradoxon ist aufgelöst, s. Bild 52.
Der geometrisch versierte Leser wird ahnen, daß diese Zusammenhänge nach einer geometrischen Beschreibung geradezu verlangen. Wir verweisen hierzu auf die Darstellung der Speziellen Relativitätstheorie von D. E. Liebscher [5].
Es ist reizvoll, sich auszumalen, wie alle diese Vorgänge in einem Kristall ablaufen, wie die schwingenden breather mit verschiedenen Geschwindigkeiten und verschiedenen Frequenzen durch den Kristall eilen, wie über den Kristall verteilte breather - Gruppen derselben Geschwindigkeit sich zu einem eigenen Bezugssystem zusammenfassen lassen, wie diese untereinander synchronisiert werden, derart, daß die von ihnen angezeigte Zeit sich zu den Zeitangaben eines anderen breather -Systems, das mit einer anderen Geschwindigkeit durch den Kristall eilt, gerade so verhält, wie wir das z. B. in Bild 40 veranschaulicht haben. Und am Ende läßt sich jede einzelne Phase des Zwillingsparadoxons an diesen, durch den Kristall eilenden, schwingenden breather unmittelbar ablesen.

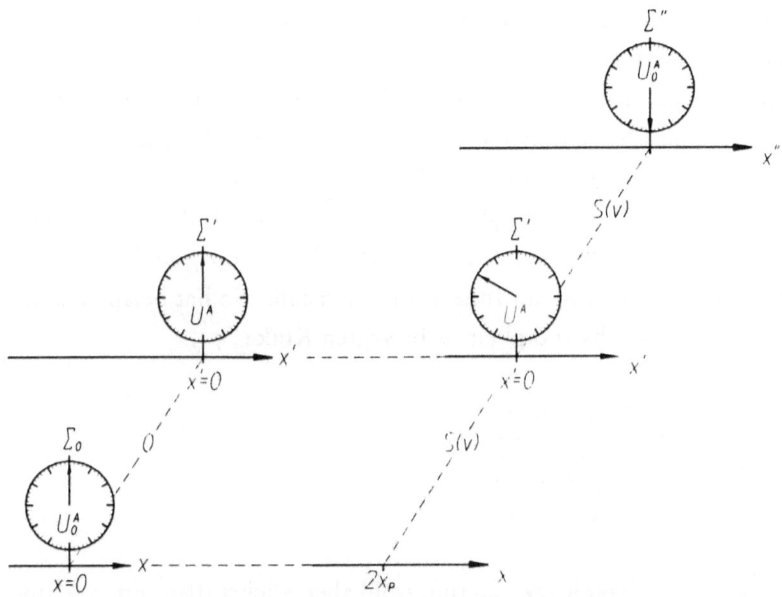

Bild 52. Das Ende der Zwillingsgeschichte. Die Zwillingsbrüder treffen zum Ereignis $S(v)$ wieder zusammen. Ihre Verabschiedung war zum Ereignis O erfolgt. Wir rechnen wieder mit $v = 0{,}8\ c_0$, $\gamma = 0{,}6$ und eichen alle Uhren gemäß $\frac{x_P}{v} = 15$ Skalenteile. Das Bezugssystem Σ' hat die Geschwindigkeit v in bezug auf Σ_0, und das Bezugssystem Σ'' hat die Geschwindigkeit v in bezug auf Σ'. Der Zeiger der persönlichen Uhr U^A von Zwilling A steht zum Ereignis $S(v)$, wie wir auf mehrfache Weise gefunden haben, gemäß (196) auf $t'_{S(v)} = \frac{2 \cdot 15}{0{,}6} = 50$ Skalenteile, während der Zeiger der persönlichen Uhr U_0^A von Bruder A_0, wie wir ebenso mehrfach gefunden haben, inzwischen gemäß (188) um den Faktor γ zurückgeblieben ist und nur $\tilde{t}_{S(v)} = 30$ Skalenteile anzeigt · vorausgesetzt natürlich, Bruder A_0 hat seine Uhr U_0^A unterwegs nicht heimlich vorgestellt (wie z.B. oben nach dem Umsteigen).

Gegenüber den inneren Beobachtern eines Kristalls sind wir als äußere Experimentatoren des ganzen Geschehens in einer privilegierten Position, indem wir mit unserer, durch die Lichtgeschwindigkeit definierten, äußeren Gleichzeitigkeit den Bewegungszustand des Kristalls als Ganzes fixieren können. Zwar unterliegen unsere "äußeren Uhren" und "äußeren Maßstäbe", die Uhren und Maßstäbe also, die jeder Physiker bei seinen Messungen benutzt, ebenfalls den Gesetzen einer Zeitdilatation und einer Längenkontraktion. Nur wird bei uns eben die Lichtgeschwindigkeit c_L wirksam, wo bei jenen die Signalgeschwindigkeit c_0 steht. Wie wir in Kap. 11 erklärt haben, sind die von den inneren Beobachtern des Kristalls verwendeten, physikalisch identischen Uhrensysteme, die sich nur in relativer Bewegung zueinander befinden, von außen betrachtet eben keine physikalisch identischen Uhren. Daher erscheint die mühsame und für die inneren Beobachter unerläßliche Eichung ihrer Uhren und Maßstäbe von außen betrachtet auf den ersten Blick als eine höchst seltsame Prozedur, deren tieferer Sinn nicht gleich zu erkennen ist. Und doch ist gerade der durch die inneren Beobachter erfaßte innere Zeitablauf einzig und allein zuständig für die dynamischen Prozesse im Innern eines Kristalls. So hat beispielsweise die Energie E der mit der Geschwindigkeit v bewegten Kinke q^I,

$$q^I = q^I(x,t) = \frac{2\pi}{a} \arctan \exp\left[\frac{\pi\,(x - vt)}{L_o\sqrt{1 - \frac{v^2}{c_o^2}}}\right],$$

nichts mit der Lichtgeschwindigkeit c_L zu tun, wohl aber wächst diese Energie unbegrenzt mit der Annäherung des Parameters v an die Signalgeschwindigkeit c_o der sine - Gordon - Gleichung. Für diese Energie werden wir nämlich in Kap. 20 zeigen, vgl. (259), daß $E = \frac{E_o}{\sqrt{1 - \frac{v^2}{c_o^2}}}$, wobei E_o die Energie der ruhenden Kinke ist, vgl. auch A. Seeger [39].

Aus der Abhängigkeit der Energie eines Körpers von dessen Geschwindigkeit, die für unsere "äußeren Körper" natürlich mit der Lichtgeschwindigkeit c_L gilt, hatte Einstein nur drei Monate nach seiner berühmten Arbeit [7] zur Begründung der Speziellen Relativitätstheorie in seiner nicht weniger berühmten Arbeit [12] den Schluß auf die Trägheit der Energie gezogen, ein Ergebnis, das heute in der Formel $E = m \cdot c^2$ beinahe jedem bekannt ist (s. auch Kap. 3). Wir werden auf die damit zusammenhängenden, auch in unserem Festkörper, wenngleich dort viel weniger spektakulär ablaufenden Vorgänge, auf der Grundlage unserer allgemeinen Bewegungsgleichung für Versetzungen (73) in Kap. 20 zu sprechen kommen.

Der einfache Grund dafür, daß jene, aus der Energie - Masse - Äquivalenz resultierenden Effekte, im Festkörper relativ harmlos sind, es sind dies nämlich bestimmte Prozesse der plastischen Deformation, besteht einzig und allein darin, daß die Schallgeschwindigkeit, bzw. unsere Signalgeschwindigkeit c_o der sine - Gordon -

Gleichung, im Vergleich zur Lichtgeschwindigkeit c_L so klein ist, zumindest für die uns zugänglichen, materiellen Atomgitter. Es mag aber unter anderen physikalischen Bedingungen andere Atomgitter geben - und derartige Atomgitter werden von Astrophysikern durchaus favorisiert - für die sich die charakteristische Geschwindigkeit c_0 nur unwesentlich von der Lichtgeschwindigkeit c_L unterscheidet, also, unter Beachtung der Einsteinschen Speziellen Relativitätstheorie, $c_0 < c_L$, aber $c_0 \approx c_L$. In einem solchen Atomgitter führt dann die, in unseren irdischen Kristallen alltägliche und vollkommen harmlose, gegenseitige Vernichtung zweier Versetzungen entgegengesetzten Vorzeichens zu einem Inferno, wohingegen die Kernfusion nur ein kleines Vorspiel ist. Die ungeheure Dimension eines solchen Prozesses liegt einfach darin begründet, daß Versetzungen den Kristall, d. h. ihren Raum, über eine endliche, mitunter sehr große Entfernung durchmessen, während unsere Elementarteilchen auf Raumpunkte beschränkt sind. Eine Versetzungsmasse übertrifft daher die Massen von punktförmigen Teilchen um viele Zehnerpotenzen.

Wir sollten froh sein, daß die Schallgeschwindigkeit so klein ist. Andererseits ist es natürlich reizvoll, sich einen Kristall mit einer Schallgeschwindigkeit vorzustellen, die nur wenig kleiner als die Lichtgeschwindigkeit ist. Hier müssen wir natürlich einräumen, daß wir mit dergleichen Betrachtungen den Rahmen der von uns abgesteckten Rechnungen verlassen und nur mehr qualitativ argumentieren, wobei wir zwangsläufig Unwägbarkeiten und Unsicherheiten hinsichtlich der Schlußfolgerungen in Kauf nehmen. Für Atome, die sich im Gitter mit einer Geschwindigkeit bewegen, die mit der Lichtgeschwindigkeit c_L vergleichbar wird, wäre nämlich deren Trägheit m keine Konstante mehr, wie von uns angenommen, sondern gemäß der Speziellen Relativitätstheorie (vgl. Kap. 3) von ihrer Geschwindigkeit abhängig. Die von uns gesetzten Annahmen (64) einer linearen Elastizitätstheorie ließen sich nicht mehr aufrechterhalten. Dennoch wird man auch in diesem Fall rein qualitativ solche Anregungszustände des Gitters erwarten, die denen der von uns diskutierten Wellengleichung und den von uns diskutierten Lösungen der sine - Gordon - Gleichung sehr ähnlich sind, wodurch wir dann überhaupt erst in die Lage versetzt werden, von einer Schallgeschwindigkeit c_T bzw. von einer Signalgeschwindigkeit c_0 für plastische Störungen zu reden, die wir mit der Lichtgeschwindigkeit c_L vergleichen können. Wenn wir aber eine solche Signalgeschwindigkeit $c_0 \approx c_L$, $c_0 < c_L$, einmal annehmen, so gehen die mit der Geschwindigkeit v im Kristall bewegten Uhren der inneren Beobachter, von außen betrachtet, dann *fast* mit der Lichtgeschwindigkeit c_L nach, verhalten sich also *fast* ebenso, wie das die Spezielle Relativitätstheorie für Uhren der äußeren Experimentatoren fordert. Dennoch sind jene, im Kristall bewegten, inneren (breather-) Uhren und die relativ zum Kristall ruhenden (breather-) Uhren von außen betrachtet, physikalisch ganz verschiedene Uhren, aus deren unterschiedlichem Gang sich für den äußeren Experimentator eben keine Schlüsse für das Verhalten einer bewegten Uhr ziehen lassen, für die eben nicht die äußere SRT gilt, wie wir das in Kap. 11 diskutiert haben. Der numerische Wert der Schallgeschwindigkeit ist für diesen Sachverhalt vollkommen unerheblich. Wie steht es um die dynamischen Konsequenzen? Hier geht der numerische Wert für die Schallgeschwindigkeit (oder die ihr äquivalente Signalgeschwindigkeit c_0) als Faktor in die Gleichung für die Energie immer quadratisch ein, vgl. Kap. 20. - Die Schallgeschwindigkeit im Eis beträgt beispielsweise ca. $3 \cdot 10^5$ m/s, ist also ungefähr um einen Faktor 10^5 kleiner als die Lichtgeschwindigkeit. Für die entsprechende Energie entsteht dann ein Faktor 10^{10}. Während die Vernichtung von Versetzungen normalerweise energetisch recht harmlos verläuft (schlimmstenfalls schmilzt ein Stückchen Kristall), würde es daher bei einem Faktor 10^{10} für die freigesetzte Energie doch ziemlich heiß werden.

16. Der Dopplereffekt

In jedem besseren Lehrgang für Physik ist der Dopplereffekt geradezu das Paradebeispiel für die Demonstration des grundsätzlichen physikalischen Unterschiedes, der zwischen der Ausbreitung von elastischen Wellen durch mechanische Medien und dem Durchgang von elektromagnetischen Wellen durch unseren Raum besteht. Gemessen daran nimmt sich das Zitat von Ernst Mach, das wir dem Vorwort zu diesem Buch vorangestellt haben - "Das Licht etwas, wie der Schall", "Der Schall etwas, wie das Licht" - wohl eher wie ein unglückliches Relikt aus dem vorigen Jahrhundert aus. Und doch werden wir gerade anhand des Dopplereffektes vorführen, in welchem Sinne diese Machsche These in Wahrheit zutrifft, ohne daß wir deswegen mit unserer herkömmlichen Kenntnis über den Dopplereffekt auch nur in den leisesten Konflikt geraten, vorausgesetzt, wir sind bereit, die Mittel, mit denen wir diese unsere Kenntnis gewonnen haben, mit in die Überlegungen einzubeziehen, ein Zugeständnis, das wir dem Philosophen Ernst Mach wohl aber schuldig sind.

Was ist der Dopplereffekt? - Ein Feuerwehrwagen rast auf uns zu. In dem Moment des Vorbeifahrens sinkt die Tonhöhe des Signals auf deutlich tiefere Frequenzen ab. Wenn wir den Fahrer des Autos hinterher befragen, wird er uns versichern, stets ein und dasselbe Signal gegeben zu haben.

Wenn wir mit dem Licht experimentieren, dann können wir durch dessen spektrale Zerlegung in einem Prisma die chemische Natur der Lichtquelle identifizieren, z. B. die beiden, eng nebeneinander liegenden, gelben Linien, die eben unverwechselbar nur von angeregten Natriumatomen ausgesandt werden. Bei einer Messung der Wellenlänge λ dieses Lichtes ist dann wegen $c_L = \lambda \nu$ auch die Frequenz des Lichtes bekannt. Für die gelbe Natriumlinie gilt beispielsweise $\lambda_{Na} = 5890\,\mathring{A} = 58{,}9 \cdot 10^{-8}$ m und damit $\nu_{Na} = 5{,}09 \cdot 10^{14}$ Hz . Bei dem Licht, das wir von sehr weit entfernten Sternen, von Sternen anderer Milchstraßen empfangen, fällt auf, daß alle Spektrallinien zum langwelligen roten Ende verschoben sind. Anhand der gegenseitigen Lage der Linien lassen sich die Lichtquellen, z.B. die angeregten Natriumatome, genau identifizieren, aber die absoluten Frequenzen, die wir messen, sind alle etwas kleiner. Die Erklärung liegt in der beträchtlichen Geschwindigkeit, mit der sich alle Milchstraßen voneinander und daher auch alle ihre Sterne von uns entfernen [25]. Die verminderte Frequenz des von uns empfangenen Lichtes ist nichts anderes als das optische Analogon zu dem tiefen Ton des sich von uns entfernenden Feuerwehrwagens. Eine solche Frequenzänderung des Lichtes können wir auch im Labor beobachten. Wenn man z.B. ein Gas aus Natriumatomen sehr stark erhitzt, so erhalten die strahlenden Atome eine große thermische Geschwindigkeit, mit der sie sich nun abwechselnd auf uns zu bewegen oder sich von uns entfernen. Kommen sie auf uns zu, so wird die empfangene Lichtfrequenz größer, entfernen sie sich, wird sie kleiner - wie beim Feuerwehrwagen. Wegen der rasch wechselnden Geschwindigkeiten können wir diese Frequenzen aber nicht einzeln messen, sondern nur ihre Summe feststellen (so, als ob auf einer großen Rollbahn ein ganzes Geschwader von Feuerwehrwagen, deren Signale wir hören, mit allen möglichen Geschwindigkeiten hin und her saust). Beobachtet wird daher die Summe aller nach rechts und links verschobenen Natriumlinien, d.h., eine dicke Linie, die um so dikker wird, je mehr man das Gas erhitzt.

Das ist der Dopplereffekt: Eine Quelle sendet eine harmonische Welle aus, d. h. eine sinusförmige Schwingung von einer festen, durch die Konstruktion des Senders bestimmten Frequenz v_0. Der Experimentator, der in bezug auf diese Quelle ruht, mißt dann eben diese Frequenz v_0. Bewegen sich aber Quelle und Experimentator aufeinander zu, dann stellt der Experimentator eine erhöhte Frequenz fest, entfernen sie sich voneinander, mißt er eine verringerte Frequenz.

Den Dopplereffekt gibt es unabhängig davon, von welcher Natur die ausgesandte und wieder beobachtete Welle ist. Ob es sich um Schallwellen im Wasser oder in der Luft oder eben auch um Lichtwellen handelt, immer können wir einen Dopplereffekt beobachten, wenn sich nur Sender und Empfänger relativ zueinander bewegen. Gelten für alle diese Dopplereffekte aber auch die gleichen Formeln? Ist die Schallwelle nicht etwas ganz anderes als die Lichtwelle? Wird bei jener nicht bloß ein mechanisches Medium zu Schwingungen angeregt, welche sich dann in diesem Medium bis hin zu uns fortpflanzen, während wir doch das Licht durch den Raum als tatsächliche Sendboten der entfernten Sterne empfangen?

Beginnen wir mit dem Dopplereffekt, wie er erstmalig durch Christian Doppler 1842, und zwar bereits vollständig beschrieben wurde. Es ist bemerkenswert, daß C. Doppler diesen Effekt zuerst für das Licht vorhergesagt hat. Erst drei Jahre später wurde er dann in der Akustik getestet (die schnelle Feuerwehr gab es damals noch

[25] Nach dem 1929 von E. P. Hubble entdeckten Gesetz der Expansion unseres Universums wächst diese Fluchtgeschwindigkeit proportional zur Entfernung der Sternsysteme voneinander.

nicht, die heute jeden zum Nachdenken über den Wechsel in der Frequenz anregen würde). Beginnen wir also mit einer Beschreibung, wie sie auch 1842 hätte gegeben werden können und wie sie auch heute noch in jedem Lehrbuch der Experimentalphysik gegeben wird. Dabei wollen wir zunächst nur von dem der Anschauung besonders leicht zugänglichen, akustischen Dopplereffekt sprechen.

Damit wir überhaupt etwas messen können, brauchen wir Dreierlei. Zunächst den Sender, sagen wir einen Normalsender. Der möge also auf Grund einer festgelegten Konstruktionsvorschrift zu einer ganz bestimmten Schwingung fähig sein, z.B. eine Stimmgabel, deren beide Arme *440* mal pro Sekunde hin und her schwingen, wenn man sie anstößt. Außerdem brauchen wir ein Medium, das durch die ständigen Stöße der schwingenden Stimmgabel in der Lage ist, ebenfalls zu schwingen. D.h., die Stimmgabel regt in dem Medium eine Welle an, die fortan mit der für dieses Medium charakteristischen Signalgeschwindigkeit durch das Medium weiterläuft. Am besten also, man hat ein Medium, das mit jeder beliebigen Frequenz schwingen kann, damit nicht durch die Natur des Mediums bereits bestimmte Frequenzverzerrungen auftreten. In Kap. 4 haben wir beschrieben, daß das mechanische Kontinuum, der Grenzfall der linearen Kette, gerade ein derartiges Medium ist. Hier können sich Wellen mit einer beliebigen Frequenz ausbreiten und dazu noch dispersionsfrei, d.h. mit einer von der Frequenz unabhängigen Signalgeschwindigkeit, sagen wir mit der transversalen Schallgeschwindigkeit c_T. Unser mechanisches Kontinuum ist für unsere Zwecke also ideal geeignet. Zu guter Letzt muß nun irgendwo ein Experimentator stehen mit einem Gerät, das durch die mechanischen Schwingungen des Mediums zu Eigenschwingungen angeregt wird, eine empfindliche Stimmgabel z.B. Wenn man eine Stimmgabel auf den Deckel eines tönenden Flügels stellt, fängt sie an zu schwingen. Das ist das Prinzip des Resonators. Nun ist zwar jeder Resonator nicht nur zu einer einzigen Schwingung fähig, aber bei einer einzigen Frequenz, seiner Eigenfrequenz, schwingt er am heftigsten. Da der Experimentator nicht wissen kann, welche Frequenz die ankommende Welle haben wird (die soll er ja gerade messen), stellt er also eine Vielzahl von Resonatoren auf. Mit der Eigenfrequenz desjenigen Resonators, der unter dem Eindruck der ankommenden Welle am heftigsten schwingt, hat er die Frequenz der einlaufenden Welle gemessen.

Schematisch werden wir den Versuchsablauf folgendermaßen beschreiben. Die Membran des Normalsenders schwingt harmonisch mit der Schwingungsdauer T_0,

d. h. mit der Frequenz $\nu_0 = \frac{1}{T_0}$. Der auf dem Sender sitzende Experimentator S wird also stets feststellen, daß seine Membran in der Zeit Δt_0 gerade Δn_0 mal gegen das sie umgebende Medium stößt,

$$\nu_0 = \frac{1}{T_0} = \frac{\Delta n_0}{\Delta t_0} . \qquad \textit{Frequenz des Senders } S \quad (198)$$

Dadurch erzeugt er in dem Medium eine Welle von der Frequenz $\hat{\nu}$, die mit der Geschwindigkeit c_T durch das Medium eilt,

$$\hat{\nu} . \qquad \textit{Frequenz der im Medium erzeugten Welle} \quad (199)$$

Der Experimentator E auf der Empfangsstation registriert nun eine bei ihm ankommende Frequenz ν, d.h. eine harmonische Welle der Schwingungsdauer T, indem er die Zahl Δn der Wellenberge zählt, die in der Zeit Δt eintreffen,

$$\nu = \frac{1}{T} = \frac{\Delta n}{\Delta t} . \qquad \textit{Vom Empfänger } E \textit{ registrierte Frequenz} \quad (200)$$

Die Vergleichssituation, die man auch als einen Test für die Qualität des übertragenden Mediums ansehen kann, soll darin bestehen, daß Sender und Empfänger in bezug auf dieses Medium ruhen. Wir wollen dann nur solche Medien zur Konkurrenz zulassen, für welche in diesem Fall alle drei Frequenzen übereinstimmen. Nach den Überlegungen unseres Kap. 4 ist dies für das mechanische Kontinuum, welches wir als Grenzfall der linearen Kette erhalten, gerade der Fall, s. Bild 53,

$$\nu_0 = \hat{\nu} = \nu . \qquad \textit{Der statische Vergleichsfall} \quad (201)$$

Wir betrachten nun zunächst die beiden folgenden Fälle.

I) Der Sender bewegt sich mit der Geschwindigkeit v auf den Empfänger zu, vgl. Bild 54. Für den Empfänger E sieht die Sache so aus: Der erste Wellenberg wurde ausgesandt, als sich der Sender S am Ort x_0 befand. Dieser Wellenberg läuft mit der Geschwindigkeit c_T auf ihn zu. Nach der Zeit $T_0 = \frac{1}{\nu_0}$ befindet sich der Sender S auf Grund seiner Geschwindigkeit v am Ort $x_1 = x_0 + v\,T_0$. Verabredungsgemäß (bzw. gemäß der Konstruktion des Senders mit der Eigenfrequenz ν_0) schickt der Sender S dann den zweiten Wellenberg auf den Weg. Der erste Wellenberg befindet sich zu diesem Zeitpunkt am Ort $x_2 = x_0 + c_T T_0$, so daß dieser zum ersten dann noch eine Entfernung λ hat mit

$$\lambda = x_2 - x_1 = x_0 + c_T T_0 - (x_0 + v\,T_0) = (c_T - v)T_0 \,. \tag{202}$$

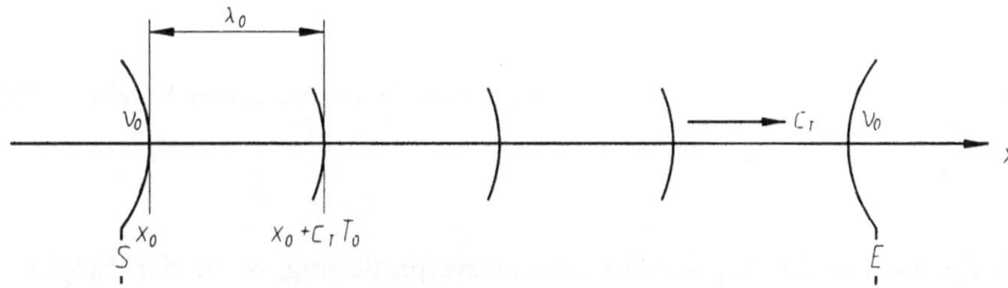

Bild 53. Der Sender S und der Empfänger E ruhen im Medium. Die vom Sender hervorgebrachte Schwingung der Frequenz $\nu_0 = \frac{1}{T_0}$ erzeugt im Medium eine Welle der Länge λ_0, welche mit der Schallgeschwindigkeit $c_T = \lambda_0 \cdot \nu_0$ zum Empfänger läuft, der wieder die Sendefrequenz ν_0 feststellt.

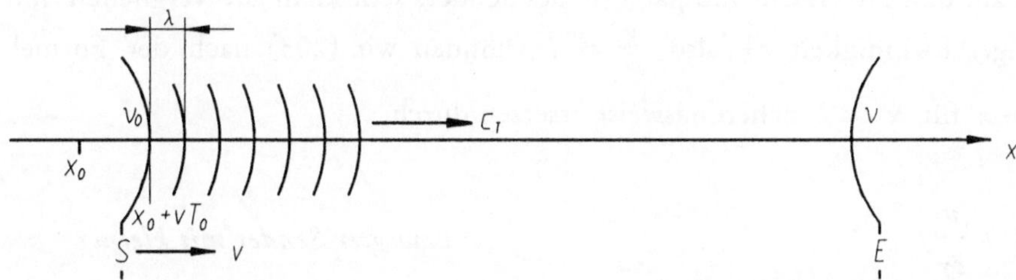

Bild 54. Der Sender S schwingt nach wie vor mit der Frequenz $\nu_0 = \frac{1}{T_0}$, bewegt sich aber jetzt mit der Geschwindigkeit v auf den im Medium ruhenden Empfänger E zu. Dabei wird gemäß (202) im Medium eine Welle der Länge $\lambda = (c_T - v)T_0$ erzeugt. Wir nehmen als Beispiel $v = 0{,}8\;c_T$ und erhalten damit $\lambda = 0{,}2\;\lambda_0$. Die vom Empfänger festgestellte Frequenz beträgt nun gemäß (203) $\nu = \nu_0 \frac{1}{1 - \frac{v}{c_T}}$ und in unserem Zahlenbeispiel $\nu = \frac{1}{1 - 0{,}8}\nu_0 = 5\nu_0$.

Beide Wellenberge laufen mit der Geschwindigkeit c_T auf den Empfänger E zu. Wenn der erste bei ihm eingetroffen ist, dauert es folglich eine Zeit $T = \frac{\lambda}{c_T}$, bis der zweite Wellenberg eintrifft. Für die vom Empfänger festgestellte Frequenz erhalten wir daher einen Wert ν gemäß

$$\nu = \frac{1}{T} = \frac{c_T}{\lambda} = \frac{c_T}{(c_T - v)T_0} ,$$

also,

$$\nu = \nu_0 \frac{1}{1 - \frac{v}{c_T}} . \qquad \textit{Dopplereffekt bei bewegtem Sender} \quad (203)$$

Das ist die Formel für die Dopplersche Frequenzvergrößerung, wenn der Empfänger ruht und der Sender eine Geschwindigkeit v in Richtung auf den Empfänger hat. Nach unserer Festsetzung über das Vorzeichen der Geschwindigkeit (vgl. Bild 54) ist in (203) v positiv einzusetzen, wenn sich der Sender dem Empfänger nähert. In dem Moment des Vorbeifahrens müssen wir daher in (203) v durch $-v$ ersetzen. Der Sender entfernt sich dann von dem Empfänger mit der Geschwindigkeit v, und dieser mißt nun eine Verminderung der Frequenz.

Für den Fall, daß die Geschwindigkeit v des Senders sehr klein ist, verglichen mit der Schallgeschwindigkeit c_T, also $\frac{v}{c_T} << 1$, können wir (203) nach der Formel $\frac{1}{1+x} \approx 1 - x$ für $x << 1$ näherungsweise ersetzen durch

$$\nu = \nu_0 \left(1 + \frac{v}{c_T}\right) . \qquad \textit{Bewegter Sender mit kleiner Geschwindigkeit, } v << c_T \quad (203a)$$

Die Formel (203a) ist am einfachsten auf den eingangs beschriebenen Fall unseres Feuerwehrautos anzuwenden. Auch die Geschwindigkeit der Feuerwehr ist ja bei weitem nicht so groß wie die Schallgeschwindigkeit, und wir finden für den Sprung in der von uns wahrgenommenen Frequenz den Wert $\Delta\nu = 2 \frac{v}{c_T} \nu_0$. Der Feuerwehrmann sendet einen Signalton der Frequenz ν_0 aus. Beim Herannahen hören wir eine gemäß (203a) erhöhte Frequenz und beim Entfernen eine entsprechend verminderte, daher der Faktor 2[26].

II) Jetzt lassen wir den Sender in Ruhe, und der Empfänger E bewegt sich mit seiner Empfangsanlage[27] mit der Geschwindigkeit v auf den Sender zu. Da sich unser Empfänger rechts vom Sender befindet, zählen wir v mit entgegengesetztem Vorzeichen; es ist dann wieder $v > 0$, wenn sich der Empfänger dem Sender nähert, vgl. Bild 55. Jener sendet nach wie vor seine Eigenfrequenz ν_0 aus, die sich wegen des vorausgesetzten Ruhezustandes des Senders in diesem Medium auf das Medium überträgt. Folglich läuft im Medium jetzt eine harmonische Welle der Frequenz ν_0 mit der Wellenlänge $\lambda_0 = \frac{c_T}{\nu_0}$, s. Bild 55.

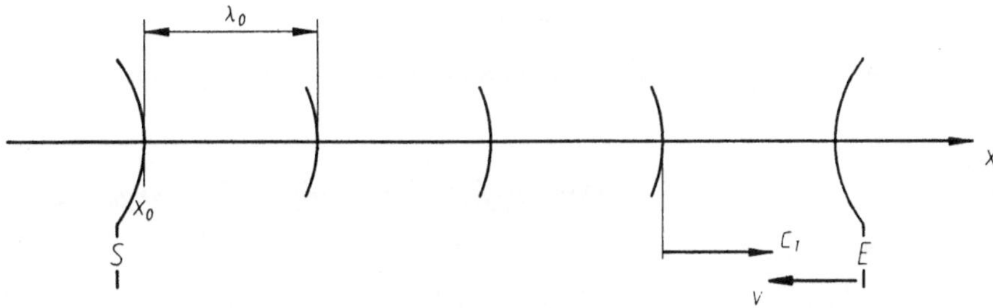

Bild 55. Der im Medium ruhende Sender erzeugt dort eine Welle der Frequenz ν_0. Der Empfänger bewegt sich mit der Geschwindigkeit v auf diese Welle zu und registriert dabei gemäß (204) eine Frequenz $\nu = \nu_0(1 + \frac{v}{c_T})$. Wir wählen wieder $v = 0,8\ c_T$ und erhalten damit $\nu = \nu_0(1 + 0,8) = 1,8\ \nu_0$. (Wir zählen stets $v > 0$ für eine Annäherung zwischen Sender und Empfänger).

---

[26] Bei einer Schallgeschwindigkeit von $c_T = 330$ m s^{-1} und einer Geschwindigkeit des Feuerwehrwagens von $v = 80$ km/h $= 80 \frac{1000\,\text{m}}{60 \cdot 60\,\text{s}} = 22,2$ m s^{-1} (so daß unsere Näherungsvoraussetzung $\frac{v}{c_T} = \frac{330}{22,2} = 0,067 << 1$ erfüllt ist) erhalten wir bei einem Signalton der Frequenz $\nu_0 = 440$ Hz im Moment des Vorbeifahrens eine Änderung der von uns gehörten Frequenz um rund $\Delta\nu = 54$ Hz, d.h., der Signalton fällt von ca. 467 Hz plötzlich auf ca. 413 Hz ab, was natürlich markant zu hören ist.

[27] Für den Schall ist das menschliche Ohr im Frequenzbereich zwischen 50 Hz und 16000 Hz eine ausgezeichnete Empfangsanlage, die sehr sensibel auf kleine Frequenzunterschiede anspricht. Entsprechendes wird aus rein physiologischen Gründen im optischen Bereich durch das Auge nicht geleistet. Das Auge vermag spektral reine Farben, auf die es beim Dopplereffekt allein ankommt, und Mischfarben nicht zu unterscheiden. Es liegt also nicht nur an der Größe der Lichtgeschwindigkeit, daß uns der optische Dopplereffekt von der elementaren Anschauung her unbekannt ist.

Der Empfänger E befinde sich bei $x_0 + \lambda_0 = x_0 + \frac{c_T}{\nu_0}$, als der erste Wellenberg bei ihm eintrifft. Der nächste bei ihm ankommende Wellenberg befindet sich dann bei x_0. Trifft dieser nach der Zeit T ein, dann hat E die Frequenz $\nu = \frac{1}{T}$ gemessen. Nun läuft dieser Wellenberg mit der Geschwindigkeit c_T auf E zu, während E ihm gleichzeitig mit der Geschwindigkeit v entgegeneilt. Folglich wird die Entfernung λ_0 mit einer resultierenden Gesamtgeschwindigkeit $c_T + v$ überbrückt, und die Zeit T, die dafür benötigt wird, beträgt

$$T = \frac{\lambda_0}{c_T + v} = \frac{c_T}{\nu_0} \frac{1}{c_T + v} = \frac{1}{\nu_0} \frac{1}{1 + \frac{v}{c_T}} .$$

Der bewegte Empfänger stellt jetzt also eine Frequenz $\nu = \frac{1}{T}$ fest gemäß

$$\nu = \nu_0 (1 + \frac{v}{c_T}) . \qquad \textit{Dopplereffekt bei bewegtem Empfänger} \quad (204)$$

(Wir zählen stets $v > 0$ bei einer Annäherung von Sender und Empfänger).

Der Dopplereffekt für den bewegten Empfänger (204) stimmt nur mit der Näherungsformel (203a) des Dopplereffektes bei bewegtem Sender überein. Nur für die im Vergleich mit der Schallgeschwindigkeit c_T kleinen Geschwindigkeiten v, aber eben auch nur in diesem Fall, ist es also egal, ob sich der Sender bewegt oder der Empfänger. Der prinzipielle Unterschied in den Formeln (203) und (204) für den Dopplereffekt bei bewegtem Sender bzw. bewegtem Empfänger hat eine weitreichende Konsequenz, die wir jetzt besprechen wollen.

Bisher haben wir so getan, als ob wir die Geschwindigkeit v des Senders oder des Empfängers in bezug auf das als ruhend vorgegebene Medium, in dem die Wellenausbreitung stattfindet, bestimmen könnten. Dazu mußten wir also vorher wissen, welches ist der Ruhezustand des Wellenträgers. Diese Voraussetzung wollen wir nun fallen lassen.

Wir nehmen jetzt also nur noch an, daß der Sender (per Konstruktion) seine Eigenfrequenz ν_0 produziert und daß er sich dem Empfänger mit der Geschwindigkeit v nähert; v ist also die *Relativgeschwindigkeit* zwischen Sender und Empfänger, die wir gemäß $v = v_1 + v_2$ schreiben. Hierbei ist $v_1 = x$ die uns unbekannte, absolute Geschwindigkeit des Senders in bezug auf das Medium und v_2 die wieder mit entgegengesetztem Vorzeichen gerechnete, absolute Geschwindigkeit des Empfängers in bezug auf das Medium, wobei der Empfänger rechts vom Sender positioniert sein soll (s. z.B. Bild 55). Welche Frequenz ν in Abhängigkeit von der unbekannten Geschwindigkeit v_1 mißt aber nun der Empfänger? Zunächst erzeugt der Sender wegen seiner absoluten Geschwindigkeit v_1 gegenüber dem Medium gemäß (203) eine in diesem Medium mit der Frequenz ν_1 laufende Welle,

$$\nu_1 = \nu_0 \frac{1}{1 - \frac{v_1}{c_T}} = \frac{\nu_0 c_T}{c_T - v_1} ,$$

die also die Wellenlänge λ_1 besitzt,

$$\lambda_1 = \frac{c_T}{\nu_1} = \frac{c_T - v_1}{\nu_0} .$$

Wie oben überstreicht nun der Empfänger E wegen seiner, in bezug auf das Medium absoluten Geschwindigkeit v_2 diese Länge mit der Geschwindigkeit $c_T + v_2$. Er mißt daher eine Frequenz ν gemäß,

$$\nu = \frac{c_T + v_2}{\lambda_1} = \nu_0 \frac{c_T + v_2}{c_T - v_1} = \nu_0 \frac{c_T + v - v_1}{c_T - v_1},$$

also,

$$\nu = \nu_0 \left(1 + \frac{v}{c_T - v_1}\right) . \tag{205}$$

Der Empfänger mißt also die Frequenz (205), wenn der Sender gegenüber dem Medium die (unbekannte) Geschwindigkeit v_1 besitzt.

Unter Aufrechterhaltung der Relativgeschwindigkeit v sollen jetzt Sender und

Empfänger ihre Plätze tauschen. Wir können uns auch vorstellen, daß beide mit identischen Empfangs- und Sendeanlagen ausgerüstet sind. Sie brauchen dann nur noch ihre Funktion zu tauschen; der vormalige Empfänger sendet und der vormalige Sender empfängt. Danach befindet sich nun der Sender rechts vom Empfänger. Für die Relativgeschwindigkeit gilt nach wie vor $v = v_1 + v_2$. Nur ist jetzt $x = v_1$ die absolute Geschwindigkeit des Empfängers in bezug auf das Medium, und der Sender hat in bezug auf das Medium die absolute Geschwindigkeit v_2, die wir wieder positiv rechnen, wenn sich der Sender in Richtung auf den Empfänger bewegt. Um die nun vom Empfänger gemessene Frequenz $\bar{\nu}$ zu ermitteln, wiederholt sich der obige Rechengang bei einer Vertauschung von v_1 und v_2 mit ungeänderter Relativgeschwindigkeit $v = v_1 + v_2$, also

$$\bar{\nu} = \nu_0 \left(1 + \frac{v}{c_T - v_2}\right), \tag{205a}$$

also

$$\bar{\nu} = \nu_0 \left(1 + \frac{v}{c_T + v_1 - v}\right). \tag{205b}$$

Wir addieren die beiden Frequenzen (205) und (205b), schreiben für die unbekannte Geschwindigkeit v_1 die Variable x und suchen für die so entstehende Funktion $f(x)$,

$$f(x) = \nu + \bar{\nu} = 2\nu_0 + \nu_0 \left(\frac{v}{c_T - x} + \frac{v}{c_T + x - v}\right),$$

$$f(x) = 2\nu_0 + v\,\nu_0 \frac{2c_T - v}{c_T^2 - x^2 + v\,x - v\,c_T},$$

ein Extremum. Aus

$$f'(x) = v\,\nu_0\,(2c_T - v)\,\frac{2x - v}{(c_T^2 - x^2 + v\,x - v\,c_T)^2} = 0$$

bestimmen wir

$$x_o = \frac{v}{2} .$$

Und aus

$$f''(x) = v\,\nu_o\,(2c_T - v)\,\frac{2(c_T^2 - x^2 + v\,x - v\,c_T) - (2x - v)\,(-2x + v)}{(c_T^2 - x^2 + v\,x - v\,c_T)^3}$$

folgt

$$f''(\tfrac{v}{2}) = v\,\nu_o\,(2c_T - v)\,\frac{2}{(c_T - \frac{v}{2})^6} > 0 .$$

Wir finden: Die Funktion $f(x)$ hat bei $x_o = \frac{v}{2}$ ein Minimum. Das heißt, die von dem Empfänger gemessene, oben definierte Summe der Frequenzen $\nu + \bar{\nu}$ erreicht einen kleinsten Wert, wenn bei gleichbleibender Relativgeschwindigkeit v zwischen Sender und Empfänger die absolute Geschwindigkeit v_1 des Sendes gegenüber dem Medium gerade $v_1 = \frac{v}{2}$ ist. Auch der Empfänger hat dann also gegenüber dem Medium die Geschwindigkeit $v_2 = \frac{v}{2}$. Durch eine geduldige Messung der Dopplerfrequenzen sind wir damit in der Lage, unsere absolute Geschwindigkeit gegenüber dem Trägermedium der Wellen festzustellen. Das ist das erste Charakteristikum des akustischen Dopplereffektes:

Mit dem Dopplereffekt kann die absolute Geschwindigkeit des Empfängers gegenüber dem Trägermedium der Wellen festgestellt werden.

Wir betrachten nun noch eine dritte Situation, die uns auf den ersten Blick ein ziemlich triviales Ergebnis beschert.

III) Der Sender möge wieder seine Eigenfrequenz ν_o erzeugen, soll sich nun aber nicht direkt in Richtung auf den Empfänger hin bewegen, sondern in einem "großen Abstand" R an ihm vorbeifliegen. Das ist die Frage nach dem sog. transversalen Dopplereffekt, da er sich auf diejenigen Wellen bezieht, die senkrecht zur Bewegungsrichtung des Senders in dem Medium angeregt und in dieser Richtung beobachtet werden, s. Bild 56.

Welche Frequenz ν mißt der Empfänger für die Wellen, die der Sender im Moment der größten Annäherung R_0 an den Empfänger aussendet? Unsere Annahme "großer Abstand" R soll heißen, daß die Änderung des Abstandes im Moment der größten Annäherung während der Dauer einer Eigenschwingung einfach vernachlässigt werden kann. Man kann sich elementar geometrisch klarmachen, was dies formelmäßig heißt. Der mit der Geschwindigkeit v bewegte Sender S rückt während der Dauer $T_0 = \frac{1}{\nu_0}$ einer Eigenschwingung um das Stück $\frac{v}{\nu_0}$ weiter, vgl. Bild 57 .

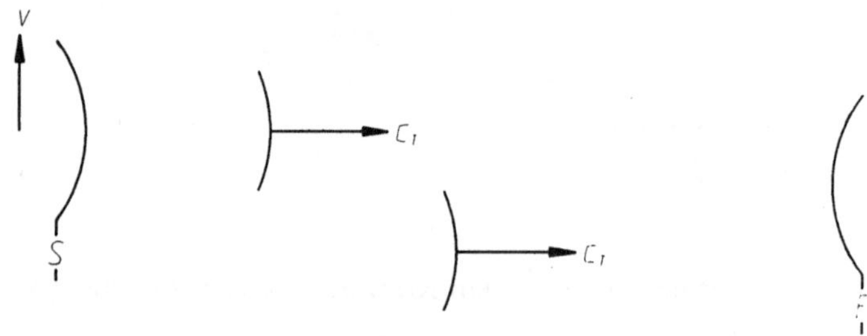

Bild 56. Versuchsanordnung zum transversalen Dopplereffekt. Der Empfänger E ruht im Medium. Der Sender S bewegt sich mit einer Geschwindigkeit v senkrecht zu der von ihm in Richtung auf den Empfänger ausgesandten Wellen.

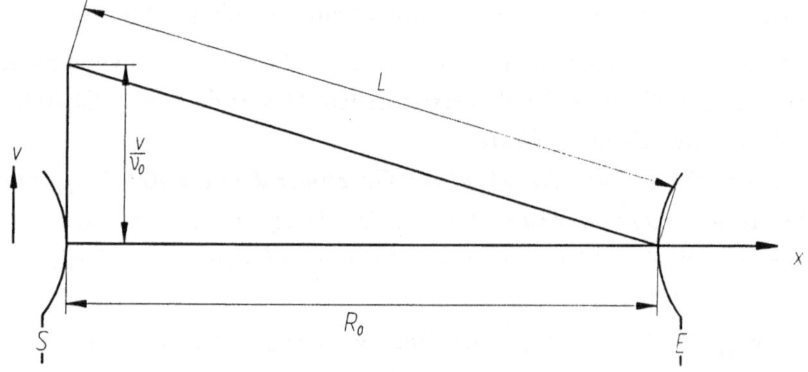

Bild 57. Die Voraussetzungen zur Beobachtung des transversalen Dopplereffektes: Der vom Sender zwischen der Aussendung zweier Wellenberge zurückgelegte Weg $\frac{v}{\nu_0}$ muß sehr viel kleiner sein als die dazu senkrechte, kürzeste Entfernung R_0 zwischen Sender und Empfänger.

Nun ist mit $\frac{v}{\nu_0} << R_0$ und der Näherungsformel $\sqrt{1+x} \approx 1 + \frac{x}{2}$ für $x << 1$

$$L = \sqrt{R_0^2 + \frac{v^2}{\nu_0^2}} = R_0\sqrt{1 + \frac{v^2}{R_0^2\,\nu_0^2}} \approx R_0(1 + \frac{v^2}{2R_0^2\,\nu_0^2}) = R_0 + \frac{v^2}{2R_0\,\nu_0^2}.$$

Daher bedeutet unsere Bedingung $L \approx R_0$ einfach

$$\frac{v^2}{2R_0\,\nu_0^2} << R_0 ,$$

$$\frac{v^2}{c_T^2}\frac{\lambda_0^2}{2R_0} << R_0 .$$

Damit finden wir für die Bedingung "großer Abstand" R die Formel $\frac{v}{c_T} << \frac{R_0\sqrt{2}}{\lambda_0}$,

bzw. einfach

$$\frac{v}{c_T} << \frac{R_0}{\lambda_0} \quad . \tag{206}$$

(Im Grenzfall eines "unendlich weit" entfernten Senders ist diese Bedingung also immer erfüllt).

Der einem ersten Wellenberg nach der Zeit T_0 hinterhergeschickte, zweite Wellenberg läuft mit derselben Geschwindigkeit c_T wie jener und muß voraussetzungsgemäß, wenn also (206) erfüllt ist, bis zum Empfänger auch dieselbe Entfernung R_0 durchmessen. Folglich kommt er ebenfalls genau um T_0 später an, so daß der Empfänger unvermindert dieselbe Frequenz ν_0 mißt, die auch der Sender ausgestrahlt hat,

$$\nu = \nu_0 \quad . \qquad \textit{Bewegter Sender, transversale Beobachtung} \tag{207}$$

Das ist unser zweites Charakteristikum für den akustischen Dopplereffekt:

Es gibt keine transversale, akustische Dopplerverschiebung.

So weit ist das alles seit über einhundertundfünfzig Jahren bekannt. Doch nun wird es spannend. Wir begeben uns wieder in unseren unendlichen Kristall, in die Welt der dort mit ihren natürlichen Maßstäben und Uhren messenden (und vielleicht auch über die Ergebnisse ihrer Messungen philosophierenden) inneren Beobachter. Wir fragen nach dem Dopplereffekt, wie er von diesen inneren Beobachtern mit den allein für sie definierbaren, natürlichen Maßstäben und Uhren gemessen und beschrieben wird (vgl. auch H. Günther [40]). Dabei nehmen wir wieder an, daß die Signalgeschwindigkeit c_0 der sine - Gordon -Gleichung mit der transversalen Schallgeschwindigkeit c_T übereinstimmt. Im übrigen sei die experimentelle Situation genau so, wie wir sie bis hierher beschrieben und untersucht haben.

Der Beobachter S sitzt auf seinem Sender, einem Normalsender des inneren Beobachters im Kristall, der per Konstruktion eine Eigenschwingung der Frequenz ν_0 produziert. Diese Frequenz mißt der Beobachter S, indem er die Anzahl Δn_0 der Schwingungen des Senders während einer Zeit Δt_0 zählt, so, wie wir das in (198) aufgeschrieben haben. Nur müssen wir in diesem Punkt jetzt etwas vorsichtiger sein. Der innere Normalsender von S befindet sich stets in einem bestimmten, seinem eigenen Bezugssystem. Daher ist die Zeitspanne Δt_0 eine Zahlenangabe, die nur für dieses, sein eigenes Bezugssystem gültig ist. Das werden wir beachten müssen. Ebenso verhält es sich mit der vom Empfänger E auf seiner Empfangsstation gemessenen Frequenz ν, die er aus der Zahl Δn der Wellenberge ermittelt, die in der Zeit Δt bei ihm eintreffen. Hier ist also Δt eine Zeitangabe, die nur für dasjenige Bezugssystem einen wohl definierten Sinn hat, in welchem der Beobachter E mit seiner Empfangsstation ruht.

Konsequenterweise werden wir jetzt nur solche Sender betrachten, für die der auf dem Sender befindliche, innere Beobachter S stets ein und dieselbe Eigenfrequenz ν_0 feststellt, unabhängig von dem Bezugssystem, auf welchem er sich mit diesem Sender befindet. Genau das ist damit gemeint, wenn wir von dem Sender eine per Konstruktion konstante Frequenz verlangen. Man kann dabei z.B. an breather -ähnliche Schwingungssysteme oder andere schwingende Versetzungskonfigurationen denken. Diese (einzig sinnvolle) Definition eines Normalsenders konstanter Frequenz hat eine wichtige Konsequenz. Normalsender im Sinne der inneren Beobachter des Kristalls sind keine Normalsender aus der Sicht der äußeren Experimentatoren und umgekehrt. Normalsender der äußeren Experimentatoren werden von den inneren Beobachtern des Kristalls als Sender beurteilt, deren Sendefrequenz von dem Bezugssystem abhängt, in welchem sich der Sender befindet, und umgekehrt ist z. B. der schwingende breather (der Standard - Normalsender der inneren Beobachter) für den äußeren Experimentator kein Normalsender. Für den äußeren Experimentator ist, wie wir das in Kap. 11 diskutiert haben, der gegenüber dem Kristall bewegte breather eine andere Schwingungskonstruktion als der im Kristall ruhende breather. Wenn wir diesen Sachverhalt übersehen, geraten wir in das Paradoxon von Kap. 11.

Zur Beschreibung der Versuchssituationen wählen wir ein beliebiges, dann aber fest bleibendes Bezugssystem Σ_0 aus, in welchem sich nun Sender und Empfänger abwechselnd befinden und untersuchen der Reihe nach die einzelnen Fälle wie oben.

I) Der Empfänger E möge im System Σ_0 ruhen, in welchem wir die Orts- und Zeitkoordinaten mit x und t bezeichnen. Der Sender S bewege sich mit der (positiven) Geschwindigkeit v auf den Empfänger zu. Der Beobachter auf dem Sender S ruht dann also in einem Bezugssystem Σ', welches von Σ_0 aus beurteilt die Geschwindigkeit $-v$ besitzt. Die Orts- und Zeitkoordinaten von Σ' bezeichnen wir mit x' und t', vgl. Bild 58.

In seinem Bezugssystem Σ' kontrolliert der Beobachter S die Frequenz ν_0 seines Senders. Er zählt also die Zahl Δn_0 der Schwingungen auf der von seiner Uhr angezeigten Zeit $\Delta t'$ und findet $\nu_0 = \frac{\Delta n_0}{\Delta t'}$ bzw. eine Schwingungsdauer T_0 für die Membran gemäß

$$T_0 = \frac{1}{\nu_0} = \frac{\Delta t'}{\Delta n_0} . \tag{208}$$

Der Beobachter auf dem Sender S stellt fest, daß er alle T_0 Sekunden (oder in einer anderen Zeiteinheit, z.B. in Gittersekunden, vgl. Formel (85)) einen neuen Wellenberg im Raum erzeugt. Der in Σ_0 ruhende Empfänger E bemerkt dagegen, daß die Uhr von S in Σ' gemäß unserer Formel (115) nachgeht (wir schreiben hier c_T für c_0). Wenn also die Uhr des Senders S auf der Stellung T_0 Sekunden steht und er den nächsten Wellenberg aussendet, muß die Uhr des Empfängers E bereits auf der vorgerückten Stellung T Sekunden stehen gemäß

$$T = \frac{T_0}{\sqrt{1 - \frac{v^2}{c_T^2}}} . \tag{209}$$

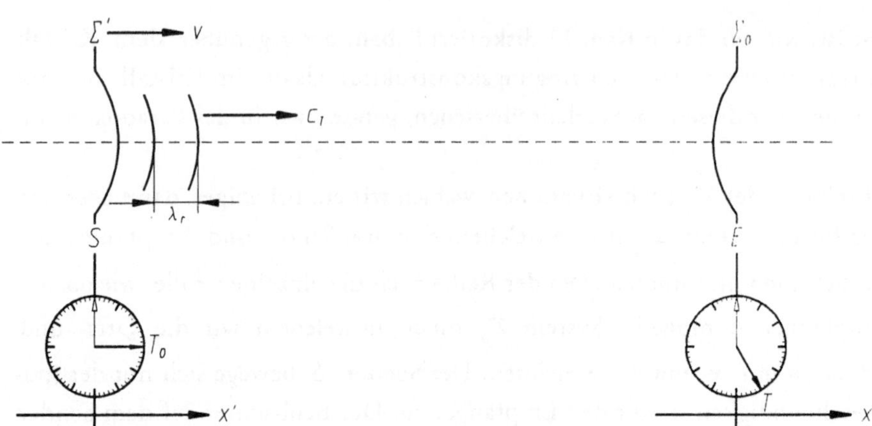

Bild 58. Der "bewegte Sender". Während der Beobachter S in seinem Bezugssystem Σ' mit Hilfe seiner Uhren für die Sendefrequenz eine Schwingungsdauer T_0 feststellt, mißt der in Σ_0 ruhende Empfänger E für diese Sendefrequenz gemäß (209) eine Schwingungsdauer $T = \frac{T_0}{\gamma}$. Wir wählen wieder $v = 0,8\ c_T$, also $\gamma = 0,6$. Eichen wir die Uhren so, daß für T_0 gerade 15 Skalenteile angezeigt werden, dann beobachtet der Empfänger E auf seiner Uhr für die Schwingungsdauer der Sendefrequenz $T = \frac{15}{0,6} = 25$ Skalenteile. Und der Abstand λ_r zweier, im Medium laufender Wellenberge ergibt sich aus (210) zu $\lambda_r = (c_T - 0,8c_T)\frac{T_0}{0,6} = 0,3\ c_T \cdot T_0 = 0,3\ \lambda_0$. Hierbei ist λ_0 die in Bild 53 und Bild 55 eingetragene Wellenlänge. Man beachte den Unterschied zu der in Bild 54 auftretenden Wellenlänge λ.

Die weitere Argumentation können wir wörtlich von der obigen klassischen Beschreibungsweise übernehmen. Der erste, im Raum erzeugte Wellenberg läuft mit der Geschwindigkeit c_T auf den Empfänger E zu. Da der Sender S dem Wellenberg mit der Geschwindigkeit v hinterherläuft, findet der Empfänger E für den Abstand λ_r von zwei aufeinanderfolgenden Wellenbergen, die auf ihn zueilen, ebenso wie in Gleichung (202) (nur hier mit T anstelle von T_0),

$$\lambda_r = (c_T - v)\ T\ , \tag{210}$$

und folglich aus (208) - (210) für die von ihm gemessene Frequenz ν_r,

$$\nu_r = \frac{c_T}{\lambda_r} = \frac{c_T}{(c_T - v)T} = \frac{c_T\sqrt{1 - \frac{v^2}{c_T^2}}}{T_0(c_T - v)} = \frac{1}{T_0}\frac{\sqrt{c_T^2 - v^2}}{c_T - v} = \nu_0\frac{\sqrt{(c_T - v)(c_T + v)}}{\sqrt{(c_T - v)^2}},$$

also

$$\nu_r = \nu_o \sqrt{\frac{c_T + v}{c_T - v}} \quad . \qquad \textit{Innerer Beobachter, bewegter Sender} \quad (211)$$

Das ist also die Formel für die Dopplersche Frequenzverschiebung (bei bewegtem Sender), wie sie ein innerer Beobachter in unserem Kristall feststellt.

Aus der Sicht eines äußeren Experimentators resultiert diese Formel einfach daraus, daß der mit der Geschwindigkeit v bewegte, innere Normalsender von außen beurteilt, eine gemäß (115) geänderte Frequenz $\nu_o \sqrt{1 - \frac{v^2}{c_T^2}}$ erzeugt. Der bewegte breather schwingt langsamer. Setzt man diesen Wert anstelle von ν_o in (203) ein, so entsteht in der Tat (211).

Für kleine Relativgeschwindigkeiten v zwischen Sender und Empfänger, d.h. für $\frac{v}{c_T} << 1$, finden wir daraus mit unserer Näherungsformel $\frac{1}{1-x} \approx 1 + x$ für $x << 1$

$$\nu_r = \nu_o \sqrt{\frac{c_T(1 + \frac{v}{c_T})}{c_T(1 - \frac{v}{c_T})}} \approx \nu_o \sqrt{(1 + \frac{v}{c_T})(1 + \frac{v}{c_T})} \; ,$$

also

$$\nu_r = \nu_o (1 + \frac{v}{c_T}) \; . \qquad \textit{Innerer Beobachter, bewegter Sender, kleine Geschwindigkeit, } v << c_T \quad (211a)$$

Wie ein Vergleich von (211a) mit (203a) zeigt, stellt also der innere Beobachter in diesem Näherungsfall für den Dopplereffekt genau dasselbe Gesetz fest wie der klassische Experimentator.

II) Jetzt möge der Sender S im Bezugssystem Σ_o ruhen (so daß jetzt S in den Koordinaten x und t mißt), und der Empfänger E bewege sich, von Σ_o aus betrachtet, mit der Geschwindigkeit v auf den Sender zu. Der Empfänger ruht nun in einem Bezugssystem Σ' , für das von Σ_o aus die Geschwindigkeit $-v$ festgestellt wird. In Σ' werden die Orts- und Zeitangaben x' und t' gemessen, vgl. Bild 59.

Weil der Sender S in Σ_0 ruht, erzeugt er dort eine Welle mit seiner Eigenfrequenz $\nu_0 = \frac{\Delta n_0}{\Delta t}$ und daher mit einer Wellenlänge $\lambda_0 = \frac{c_T}{\nu_0}$, die sich auf den Empfänger E zu bewegt. Von Σ_0 aus betrachtet, läuft der Empfänger den Wellenbergen mit der Geschwindigkeit $-v$ entgegen. Folglich wird er für die Entfernung von einem Wellenberg bis zum nächsten (für eine Wellenlänge λ_0) die Zeit $T_{\leftarrow} = \frac{\lambda_0}{c_T + v}$ benötigen. Diese Zeit $T_{\leftarrow}$ zeigen die Uhren im Bezugssystem Σ_0 dafür an. Die Uhr des Empfängers E bleibt aber, wie wir wissen, gegenüber den Uhren in Σ_0 gemäß unserer Formel (115) zurück. Infolgedessen wird die Uhr des Empfängers E für das Überstreichen der Wellenberge nur die geringere Zeitspanne T' messen gemäß

$$T' = T_{\leftarrow}\sqrt{1 - \frac{v^2}{c_T^2}}\ .$$

Wir bezeichnen wieder die vom Empfänger E registrierte Frequenz für die vom Sender S ausgestrahlten Wellen mit ν_r, also $\nu_r = \frac{1}{T'}$, und erhalten

$$\nu_r = \frac{1}{T_{\leftarrow}}\frac{1}{\sqrt{1 - \frac{v^2}{c_T^2}}} = \frac{c_T + v}{\lambda_0}\frac{1}{\sqrt{1 - \frac{v^2}{c_T^2}}} = \frac{\nu_0}{c_T}\frac{c_T + v}{\sqrt{1 - \frac{v^2}{c_T^2}}} = \nu_0\frac{c_T + v}{\sqrt{c_T^2 - v^2}}\ .$$

Damit finden wir wie oben

$$\nu_r = \nu_0\sqrt{\frac{c_T + v}{c_T - v}}\ . \qquad \textit{Innerer Beobachter, bewegter Empfänger} \quad (212)$$

Der äußere Experimentator wird diese Formel des inneren Beobachters im Kristall einfach damit erklären, daß wegen der *Zeitdilatation* die zur Schwingungsdauer reziproken *Frequenzmaßstäbe* des bewegten Beobachters entsprechend verkleinert sind, so daß die Maßzahlen für die Frequenzen um den Faktor $\frac{1}{\sqrt{1 - \frac{v^2}{c_T^2}}}$ größer werden. Ersetzen wir daher in (212) die Maßzahl ν_0 durch $\frac{\nu_0}{\sqrt{1 - \frac{v^2}{c_T^2}}}$, so erhalten wir die Frequenz ν gemäß (203).

Von den Möglichkeiten eines äußeren Experimentators weiß ein innerer Beobachter aber nichts. Für die inneren Beobachter müssen wir also feststellen: Die Formeln für den Dopplereffekt bei bewegtem Sender (211) und bewegtem Empfänger (212) sind identisch! Bis auf den Fall der kleinen Geschwindigkeiten, wo wir eine Übereinstimmung zwischen dem äußeren Experimentator und unseren inneren Beobachtern gesehen haben, beurteilen die inneren Beobachter in unserem Kristall und die äußeren Experimentatoren den Dopplereffekt grundverschieden. Nach den Formeln (211) und (212) kann der innere Beobachter nicht zwischen dem bewegten Sender und dem bewegten Empfänger unterscheiden. Der Dopplereffekt ist für ihn einzig und allein von der Relativgeschwindigkeit v zwischen Sender und Empfänger abhängig.

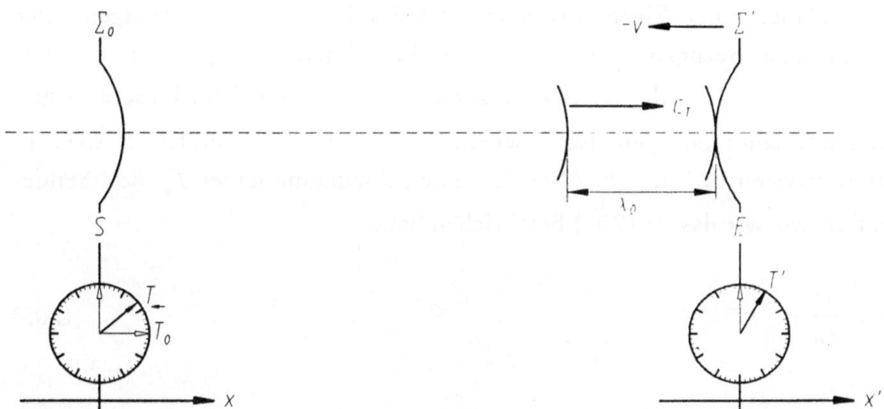

Bild 59. "Bewegter Empfänger". Die Wellenlänge λ_0, vgl. auch Bild 53, ist nun eine Koordinatendifferenz im Bezugssystem Σ_0. Die empfangene Frequenz $\nu_r = \frac{1}{T'}$ wird durch einen inneren Beobachter mit dem im Bezugssystem Σ' ruhenden Empfänger E gemessen. Diese gemessene Zeit T' für das Überstreichen zweier, aufeinanderfolgender Wellenberge ist wegen der Zeitdilatation (115) um den Faktor γ kleiner als diejenige Zeitspanne $T_{\leftarrow}$, die der Sender S für das Überstreichen zweier Wellenberge durch den mit der Geschwindigkeit v entgegenkommenden Empfänger E beobachtet, $T' = \gamma \cdot T_{\leftarrow}$. Wir rechnen wieder mit $v = 0{,}8\ c_T$, also $\gamma = 0{,}6$, und die Schwingungsdauer T_0 des Senders möge auf unseren Uhren 15 Skalenteile betragen. Dann mißt der Beobachter auf dem Sender $T_{\leftarrow} = \frac{\lambda_0}{c_T + v} = \frac{\lambda_0}{(1 + 0{,}8)\ c_T} = 0{,}56\ T_0 = 0{,}56 \cdot 15$ $= 8{,}3$ Skalenteile, und der Beobachter auf dem Empfänger mißt $T' = \frac{0{,}6}{1{,}8}\ T_0 = 5$ Skalenteile.

Die inneren Beobachter können daher ihre Dopplereffekte so oft durchmessen, wie sie wollen, sie werden nicht den geringsten Anhaltspunkt für eine Bewegung gegenüber dem Kristallgitter feststellen. Damit finden wir unsere Überlegungen aus dem Kap. 14 durch den Dopplereffekt noch einmal bestätigt. Für eine Bewegung gegenüber dem Kristallgitter gibt es im Rahmen des Begriffssystems der inneren Beobachter nicht den geringsten Hinweis. Im Unterschied zum äußeren Experimentator lautet für die inneren Beobachter also das erste Charakteristikum des akustischen Dopplereffektes (nach den Ausführungen des Kap. 14 erwartungsgemäß):

Mit dem Dopplereffekt kann keine absolute Geschwindigkeit des Empfängers gegenüber dem Trägermedium der Wellen festgestellt werden.

Wir betrachten nun noch die dritte Versuchsanordnung.

III) Jetzt befindet sich der Empfänger E wieder im Bezugssystem Σ_0 (mit den Koordinaten x und t), und der Sender S bewegt sich in einem "großen Abstand" R, für den wir also wieder die Bedingung (206) annehmen wollen, am Empfänger vorbei. Demnach ist die Änderung des Abstandes zwischen Sender und Empfänger während der Dauer einer Eigenschwingung des Senders zu vernachlässigen. Der Sender ruht in dem Bezugssystem Σ' (mit den Koordinaten x' und t'), für das, von Σ_0 aus beurteilt, jetzt die Geschwindigkeit $+v$ gemessen wird. Unsere Argumentation fängt daher ganz genauso an wie im ersten Fall. Der Sender S stellt in seinem Bezugssystem Σ' durch Abzählen eine Schwingungsdauer T_0 der Sendemembran fest, wie wir das in (208) beschrieben haben,

$$T_0 = \frac{1}{\nu_0} = \frac{\Delta t'}{\Delta n_0} \,. \tag{208}$$

Der in Σ_0 ruhende Empfänger E stellt mit seinen Uhren dagegen wieder fest, daß die Uhr des Senders S gemäß der Formel (115) nachgeht, daß er also nicht alle T_0 Sekunden, sondern in größeren Zeitabständen, nur alle T Sekunden einen Wellenberg in den Raum schickt, so, wie wir das in der Formel (209) gefunden haben,

$$T = \frac{T_0}{\sqrt{1 - \frac{v^2}{c_T^2}}} \,. \tag{209}$$

Diese Wellenberge laufen mit der Geschwindigkeit c_T auf den Empfänger zu. Der dem ersten Wellenberg nach der Zeit T hinterhergeschickte, zweite Wellenberg muß voraussetzungsgemäß dieselbe Entfernung R_0 überbrücken und läuft mit derselben Geschwindigkeit c_T. Folglich kommt er auch genau um dieselbe Zeit T später an, was die vom Empfänger E gemessene Frequenz ν liefert gemäß

$$\nu = \frac{1}{T} = \frac{\sqrt{1 - \frac{v^2}{c_T^2}}}{T_0}$$

und damit

$$\nu = \nu_0 \sqrt{1 - \frac{v^2}{c_T^2}} \; . \qquad \textit{Innerer Beobachter, transversaler Dopplereffekt} \quad (213)$$

Im Gegensatz zum äußeren Experimentator findet also der innere Beobachter für das zweite Charakteristikum des akustischen Dopplereffekts:
Es gibt einen transversalen akustischen Dopplereffekt.
Und jetzt kommt die Hauptsache. Wir vergleichen unsere Formeln (211), (212) und (213) mit den entsprechenden Formeln des Dopplereffektes für das Licht - für elektromagnetische Wellen also. Diese können wir in jedem Lehrbuch für Physik nachlesen, s. z.B. A. Sommerfeld [59], und finden: Die von den inneren Beobachtern in einem Kristall gefundenen Formeln für den akustischen Dopplereffekt sind absolut identisch mit der vollständigen Beschreibung der Dopplerschen Phänomene für das Licht, wenn man nur die transversale Schallgeschwindigkeit c_T durch die Lichtgeschwindigkeit c_L ersetzt! [(28)]
Ebensowenig wie die inneren Beobachter in ihrem Kristall können wir mit dem Dopplereffekt des Lichtes (oder mit irgendeinem anderen Effekt) eine absolute Be-

(28) Die auf W. Voigt zurückgehende Methode zur Berechnung des Dopplereffektes aus der relativistischen Invarianz der Phase einer harmonischen Welle (vgl. dazu auch die entsprechenden Ausführungen bei A. Pais [11]) führt in der Tat am schnellsten auf unsere Formeln (210) - (213) und wird daher für elektromagnetische Wellen heute ausschließlich benutzt, s. z. B. A. Sommer feld [59]. Da es uns aber auf eine möglichst detaillierte und anschauliche Einsicht in die eigentlichen physikalischen Vorgänge ankam, haben wir hier bewußt auf diesen mathematisch eleganten Weg zur Herleitung der Formeln für den Dopplereffekt verzichtet, der aber - bei Verwendung unserer inneren Maßstäbe und Uhren - tatsächlich auch eine vollständige Beschreibung des akustischen Dopplereffektes hergibt.

wegung gegenüber unserem physikalischen Vakuum definieren. Ferner ist der transversale Dopplereffekt, wie aus unserer Herleitung im Kristall folgt, nichts anderes als die auf die Frequenz umgerechnete Zeitdilatation einer bewegten Uhr. Der transversale Dopplereffekt ist somit auch das Testexperiment für das von der Speziellen Relativitätstheorie durch Einstein vorhergesagte Nachgehen jeder beliebigen, bewegten Uhr unserer physikalischen Wirklichkeit (die Welt der inneren Beobachter haben wir für einen Augenblick verlassen). Tatsächlich konnte dieser Effekt erst Jahrzehnte nach der Begründung der SRT experimentell geprüft werden, und A. Einstein selbst, der die experimentellen Bemühungen um den transversalen Dopplereffekt aufmerksam verfolgte, betrachtete den Test auf diesen Effekt als das experimentum crucis seiner Theorie, worauf wir am Schluß des Kap. 2 bereits hingewiesen haben. Es entbehrt aus unserer heutigen Sicht nicht einer gewissen Kuriosität, daß die ersten Testversuche von H. J. Ives und G. J. Stillvell [8], [9] 1938/39 immer noch mit dem Ziel unternommen wurden, die Nichtexistenz des transversalen Dopplereffektes zu demonstrieren, und das also 33 Jahre danach, nach der Begründung der Speziellen Relativitätstheorie. Freilich erzielten die Experimentatoren nicht das gewünschte Ergebnis. Dagegen waren die Experimente von G. Otting [10] von vornherein auf den Nachweis dieses Effektes ausgerichtet und auch von entsprechendem Erfolg gekrönt.

Wir sehen, daß die Situation der äußeren Experimentatoren mit dem Licht tatsächlich haargenau identisch ist mit dem von den inneren Beobachtern unseres Kristalls beschreibbarem Zustand in bezug auf ihre Experimente mit dem Schall. In dieser Hinsicht und natürlich unter Beachtung aller unserer Modellannahmen läßt sich daher die Machsche These [2] in der Tat aufrechterhalten,

Das Licht etwas, wie der Schall.
Der Schall etwas, wie das Licht.

Wir verstehen jetzt auch, wie diese Aussage gelten kann, ohne daß wir mit der konventionellen Physik in Konflikt geraten. Wir haben die Meßinstrumente, auf deren Gebrauch sich die physikalischen Gesetze gründen, mit in die Überlegungen einbezogen.

Sagen wir es noch einmal: Σ_0 sei dasjenige Bezugssystem, in welchem - von außen betrachtet - der Kristall ruht. Während nun der äußere Experimentator sein Metermaß anlegt, um die Länge einer Strecke festzustellen, zählt der innere Beobachter, wie oft seine Kinkweite auf diese Strecke paßt. Solange die beiden Vermessungstechniker gemeinsam mit dieser Strecke im Bezugssystem Σ_0 ruhen, gibt es keinerlei Differenzen zwischen ihren Aussagen. Man muß nur die Maßeinheiten umrechnen. Beide Beobachter sollen sich nun mit einer Geschwindigkeit v gegenüber der Strecke bewegen. Der innere Beobachter und der äußere Experimentator ruhen also in einem gemeinsamen Bezugssystem Σ', während die zu bewertende Strecke nach wie vor im Bezugssystem Σ_0 ruht. Wir erinnern: Die Länge einer Strecke ist die *gleichzeitige* Differenz der Koordinaten ihrer Endpunkte. Diese Gleichzeitigkeit wird aber, wie wir in Kap. 12 gesehen haben, durch die wirksame Signalgeschwindigkeit bestimmt. Da nun die für den inneren Beobachter wirksame Signalgeschwindigkeit c_0 i. a. viel kleiner ist als die Signalgeschwindigkeit des äußeren Experimentators für den allein die Lichtgeschwindigkeit c_L als Signalgeschwindigkeit maßgebend ist, da also i. a. $c_0 << c_L$ gilt, setzt an dieser Stelle eine, durch diesen Unterschied in den wirksamen Signalgeschwindigkeiten bedingte, unterschiedliche Bewertung für die Länge der in Σ_0 ruhenden Strecke durch die beiden, mit der Geschwindigkeit v bewegten Beobachter ein. Und dieser Unterschied entsteht durch den physikalischen Unterschied in der Definition identischer Längenmaßstäbe, die von beiden benutzt werden.

Ebenso steht es um die Messung eines Zeitintervalles zwischen zwei Ereignissen, welches der äußere Experimentator und der innere Beobachter, zunächst wieder beide in Σ_0 ruhend, notiert haben. Während sich jener auf die Angaben seiner quarzgesteuerten Stoppuhr verläßt, zählt dieser die Zahl der Schwingungen seiner breather - Uhr. Solange beide im Bezugssystem Σ_0 ruhen, werden sie wiederum nur ihre Zeiteinheiten umrechnen. Wenn sich aber die beiden Vermessungstechniker gegenüber Σ_0 mit einer Geschwindigkeit $v < c_0$ bewegen, sich dann also in einem Bezugssystem Σ' befinden, reagieren die breather - Uhren mit der Zeitdilatation (115), wobei hier also die im Vergleich mit der Lichtgeschwindigkeit sehr kleine Signalgeschwindigkeit c_0 wirksam wird, während sich für den äußeren Experimentator so gut wie nichts tut, solange nämlich $c_0 << c_L$ erfüllt ist, so daß erst recht auch $v << c_L$ gilt, da sich dessen relativistische Zeitdilatation erst mit der Annäherung von v an die Lichtgeschwindigkeit bemerkbar macht. Für die Bewertung des Dopplereffektes mußten wir zusätzlich beachten, wie oben erläutert, daß ein Normalsender, ein Sender also, der per Konstruktion eine feste Frequenz produziert, aus der Sicht der inneren Beobachter im Kristall etwas anderes ist als ein Normalsender des äußeren Experimentators. Die von den inneren Beobachtern konstruierten Normalsender sind schwingende Versetzungskonfigurationen, die aus der

Sicht eines äußeren Experimentators bei einer Bewegung gegenüber dem Kristall ihre Schwingungsfrequenz ändern. Dies wiederum ist für die inneren Beobachter prinzipiell nicht feststellbar, da sie nicht anders können, als eben jede räumliche und zeitliche Änderung mit Hilfe derartiger Versetzungskonfigurationen zu messen. Lassen wir diesen Umstand außeracht, so entsteht das Uhrenparadoxon von Kap.11. Wir bemerken hierzu noch: Die Beschreibung mechanischer Phänomene des Kristalls (wie z.B. des Dopplereffektes) mit den Meßinstrumenten eines inneren Beobachters mag für uns auf den ersten Blick künstlich erscheinen. Dennoch - dies ist die einzige, dem Problem physikalisch angepaßte Beschreibung. Nur in dieser Darstellung wird die physikalische Symmetrie sichtbar, hier die relativistische Symmetrie des Dopplereffektes, wie wir sie vorher nur für das Licht kannten. Vollends deutlich wird die Relevanz einer solchen Beschreibung mit Hilfe innerer Meßinstrumente, wenn wir dynamische Fragen untersuchen, wie wir das in den Kap. 19 und 20 tun werden. Wir werden dort explizit sehen, daß die Eigenschaften der Trägheit und Energie von Versetzungskonfigurationen, welche allein relativ zum Gitter einen phsikalischen Sinn haben, durch die Grenzgeschwindigkeit c_o bestimmt sind.

17. Tachyonen und Kausalität

Wir verlassen für einen Augenblick den Kristall und interessieren uns für die Physik unseres "äußeren" Raumes, für welche die Einsteinsche Spezielle Relativitätstheorie gilt mit der Lichtgeschwindigkeit c_L als charakteristischer Grenzgeschwindigkeit. Im deutschen Universalwörterbuch steht unter Tachyon , "hypothetisches Elementarteilchen, das Überlichtgeschwindigkeit besitzen soll" . Wo wir doch wissen, daß kein Teilchen jemals auch nur auf die Lichtgeschwindigkeit gebracht werden kann! Wenn wir nämlich ein mit der Geschwindigkeit $v < c_L$ bewegtes Teilchen durch Anwendung irgendeiner Kraft beschleunigen, dann fügen wir ihm jeweils in seinem momentanen Ruhsystem in einem kleinen Zeitintervall Δt eine Geschwindigkeit Δv zu. Diese muß nach dem Additionstheorem (169) (für uns äußere Experimentatoren natürlich mit der Lichtgeschwindigkeit c_L anstelle von c_0) zu v addiert werden, wenn wir wissen wollen, mit welcher Geschwindigkeit w sich dieses Teilchen nach Anwendung dieser Kraft bewegt, also $w = \frac{v + \Delta v}{1 + \frac{v \cdot \Delta v}{c_L^2}}$, und dieser Ausdruck bleibt stets kleiner als c_L (wie man leicht verifiziert), so oft man diese Prozedur auch wiederholt und so groß die Kraft (und damit $\Delta v < c_L$) auch sein mag, die man auf das Teilchen anwendet. Bliebe rein logisch noch die Möglichkeit, daß sich Tachyonen ausschließlich mit Überlichtgeschwindigkeit bewegen müssen, worauf wir bereits in Kap. 15 hingewiesen haben. Es ist aber nicht zu sehen, wie man dann ihrer habhaft werden könnte. Und, würden uns solche, vielleicht mit unendlich großer Geschwindigkeit durch den Raum eilende Tachyonen nicht die Möglichkeit geben, der ganzen Speziellen Relativitätstheorie zum Trotz, doch wieder eine absolute Gleichzeitigkeit einzuführen? Noch schwerwiegender ist ein anderer Einwand, den wir mit einer kleinen Kriminalgeschichte illustrieren wollen.

In einem Bezugsysstem Σ_0 möge ein Ereignis $E_0(x_0 = 0,\ t_0 = 0)$ stattfinden: Zur Zeit $t_0 = 0$ verläßt der Tachyonenphysiker Dr. Fast die bei $x_0 = 0$ befindliche Haftanstalt, wo er nach einem höchst umstrittenen Prozeß eine mehrjährige Freiheitsstrafe wegen angeblichen Mordes mit Hilfe seiner Tachyonenmaschine, deren Geheimnis er nicht preisgeben wollte, verbüßt hat.

Nun passiert ein weiteres Ereignis $E_1\ (x_1\ ,\ t_1)$. Sein ehemaliger Kontrahent, Rechtsanwalt Stus, fällt wie vom Schlag getroffen am Ort $x_1 = L$ zur Zeit $t_1 = \frac{L}{2\, c_L}$ tot um. Dr. Fast, der wieder im Besitz seiner Tachyonenmaschine ist, wird daraufhin, der Mordtat dringend verdächtig, erneut festgenommen.

Im Sonderabteil des Merkurexpreß experimentiert zu jener Zeit Sherlock Holmes mit seinen neuen Fernrohren. Der Zug eilt mit *80 %* der Lichtgeschwindigkeit über die Strecke. Dieser Zug sei unser Bezugssystem Σ'. Holmes beobachtet die Entlassung seines Klienten Dr. Fast und konstatiert für das Ereignis E_0 der Entlassung in seinem Bezugssystem Σ' die Koordinate $x_0' = 0$ und die Zeit $t_0' = 0$, also

$$E_0: \left.\begin{array}{ll} x_0 = 0 \,, & t_0 = 0 \,, \\ x_0' = 0 \,, & t_0' = 0 \,. \end{array}\right\} \tag{214}$$

Holmes hat aber auch das andere Ereignis E_1 beobachtet, den Tod seines damaligen Hauptwidersachers Stus, und findet dafür die Koordinate x_1' und die Zeit t_1'. Mit Hilfe der Transformationsformeln (144), wobei wir nur jetzt c_L anstelle von c_0 schreiben müssen, können wir ausrechnen, welche Werte Holmes gemessen hat. Mit $t_1 = \frac{L}{2\,c_L}$, $x_1 = L$ und $v = \frac{4}{5}\,c_L$ finden wir für die von Holmes gemessene Zeit t_1' für den Tod des Herrn Stus

$$t_1' = \frac{t_1 - \dfrac{v x_1}{c_L^2}}{\sqrt{1 - \dfrac{v^2}{c_L^2}}} = \frac{\dfrac{1}{2}\dfrac{L}{c_L} - \dfrac{\frac{4}{5}c_L \cdot L}{c_L^2}}{\sqrt{1 - \dfrac{16}{25}\dfrac{c_L^2}{c_L^2}}} = \frac{\dfrac{L}{c_L}\left(\frac{1}{2} - \frac{4}{5}\right)}{\sqrt{\dfrac{25-16}{25}}} = \frac{L}{c_L}\,\frac{5-8}{10}\,\frac{5}{3} = -\frac{3}{10}\,\frac{5}{3}\,\frac{L}{c_L}\,,$$

$$t_1' = -\frac{1}{2}\frac{L}{c_L}\,;$$

und ebenso für die Ortskoordinate x_1',

$$x_1' = \frac{x - v t_1}{\sqrt{1 - \dfrac{v^2}{c_L^2}}} = \frac{L - \frac{4}{5}c_L \dfrac{L}{2\,c_L}}{\frac{3}{5}} = \frac{5}{3}\left(1 - \frac{4}{10}\right)L = \frac{5}{3}\cdot\frac{6}{10}\,L = L\,,$$

und damit insgesamt

$$E_1: \left. \begin{aligned} x_1 &= L \ , \quad t_1 = \frac{1}{2}\frac{L}{c_L} \ , \\ x_1' &= L \ , \quad t_1' = -\frac{1}{2}\frac{L}{c_L} \ . \end{aligned} \right\} \tag{215}$$

(Die Übereinstimmung der gestrichenen und ungestrichenen Ortskoordinate ergibt sich hier rein zufällig aus dem gewählten Zahlenbeispiel).

Nach der Beobachtung von Holmes befand sich Dr. Fast zum Ereignis E_1 wegen $t_1' < 0$ eindeutig noch in der Haftanstalt, wo er gar keine Tachyonenmaschine zu seiner Verfügung hatte. Dr. Fast wurde erst zur Zeit $t_0' = 0$ entlassen. Damit hatte Holmes nachgewiesen, daß Herr Stus bereits tot war, als Dr. Fast wieder den Weg in die Freiheit angetreten hat! Ein von Dr. Fast beim Verlassen der Haftanstalt möglicherweise erzeugtes Tachyon konnte daher unmöglich die Ursache für den Tod von Herrn Stus sein. Andernfalls wären, vom Bezugssystem Σ' aus, also nach den Beobachtungen von Holmes, Ursache und Wirkung in umgekehrter Reihenfolge abgelaufen. Das widerspräche jeder bisherigen Erfahrung mit unserer kausal verstandenen Welt. Werden wir durch die Tachyonen hier eines Besseren belehrt? Müssen wir unsere bewährten Begriffe von Kausalitär tatsächlich in Frage stellen, wenn wir die Existenz von Tachyonen einräumen? So richtig passen die Tachyonen offenbar nicht in unsere Vorstellungen. Sie erscheinen für uns in das Reich der Metaphysik entrückt und mit einem Hauch von Mystik umgeben.

Wir kehren nun in die Welt unserer Kristalle zurück und wollen auch die Frage nach den Tachyonen aus der empirischen Sicht der inneren Beobachter in unserem unendlichen Kristall untersuchen, für die ja ebenfalls eine Spezielle Relativitätstheorie gilt und zwar mit der Signalgeschwindigkeit c_0 der sine - Gordon - Gleichung als Grenzgeschwindigkeit.

Erinnern wir uns. Für die inneren Beobachter gehören die Lösungen der sine - Gordon - Gleichung zu den Objekten ihrer Erfahrung.

Wir werden zunächst nachrechnen, daß die Funktion $q^T = q^T(x, t)$,

$$q^T(x, t) = 4 \arctan(e^{\frac{t - v x}{\sqrt{1 - v^2}}}) + \pi \ , \tag{216}$$

eine Lösung der sine - Gordon - Gleichung (89) ist,

$$\frac{\partial^2 q^T}{\partial x^2} - \frac{\partial^2 q^T}{\partial t^2} = \sin q^T \ , \tag{89}$$

aufgeschrieben in den dimensionslosen Variablen x und t. Wir verwenden für die e-Funktion wieder die Schreibweise $e^x \underset{\text{def}}{=} \exp[x]$. Unter Beachtung von (83), (90), (87) und (85), $q = \frac{a}{2\pi} q$, $x = \lambda_o x$, $t = \tau_o t$, $c_o = \frac{\lambda_o}{\tau_o}$, sowie der daraus folgenden dimensionslosen Geschwindigkeit v,

$$v = \frac{v}{c_o} \ , \tag{217}$$

ist dann die Funktion $q^T = q^T(x, t)$,

$$q^T(x, t) = \frac{a}{2\pi} q^T\left(\frac{x}{\lambda_o}, \frac{t}{\tau_o}\right) = \frac{2a}{\pi} \arctan \exp\left[\frac{\frac{t}{\tau_o} - \frac{v}{c_o}\frac{x}{\lambda_o}}{\sqrt{1 - \frac{v^2}{c_o^2}}}\right] + \frac{a}{2} \ ,$$

$$q^T(x, t) = \frac{2a}{\pi} \arctan \exp\left[\frac{\frac{c_o}{\lambda_o}\left(t - \frac{v\,x}{c_o^2}\right)}{\sqrt{1 - \frac{v^2}{c_o^2}}}\right] + \frac{a}{2} \ , \tag{218}$$

eine Lösung der sine - Gordon - Gleichung (82).
Unter Einführung einer Geschwindigkeit u gemäß

$$u = \frac{c_o^2}{v} \ , \tag{219}$$

und einer Größe κ,

$$\kappa = \frac{u}{c_o}\sqrt{1 - \frac{v^2}{c_o^2}} \ , \tag{220}$$

also,

$$\kappa = \operatorname{sign} u \cdot \sqrt{\frac{u^2}{c_o{}^2} - 1} = \pm\sqrt{\frac{u^2}{c_o{}^2} - 1} \ , \tag{221}$$

wobei

$$\operatorname{sign} x = \left.\begin{matrix} +1 & & x > 0 \ , \\ & \text{für} & \\ -1 & & x < 0 \ , \end{matrix}\right\} \tag{222}$$

so daß $\kappa > 0$ für $u > 0$ und $\kappa < 0$ für $u < 0$, schreiben wir die Funktion (218) in der Form,

$$q^T(x, t) = \frac{2a}{\pi} \arctan \exp\left[\frac{-\frac{c_o}{\lambda_o}\frac{v}{c_o^2}\left(x - \frac{c_o^2}{v}t\right)}{\sqrt{1 - \frac{v^2}{c_o^2}}}\right] + \frac{a}{2} \ ,$$

$$q^T(x, t) = \frac{2a}{\pi} \arctan \exp\left[\frac{-\frac{1}{\lambda_o}(x - ut)}{\frac{u}{c_o}\sqrt{1 - \frac{v^2}{c_o^2}}}\right] + \frac{a}{2} \ ,$$

$$q^T(x, t) = \frac{2a}{\pi} \arctan \exp\left[\frac{-\frac{1}{\lambda_o}(x - ut)}{\operatorname{sign} u \cdot \sqrt{\frac{u^2}{c_o^2} - 1}}\right] + \frac{a}{2} \ ,$$

bzw. gemäß (93) mit der Elementarlänge $L_o = \pi \lambda_o$ (= $\sqrt{\frac{\pi a \sigma}{2D}}$ nach (85)) schließlich

$$q^T(x, t) = \frac{2a}{\pi} \arctan \exp\left[\frac{-\pi(x - ut)}{L_o \kappa}\right] + \frac{a}{2} . \tag{223}$$

Die Funktion $q^T(x, t)$ ist also Lösung der sine - Gordon -Gleichung (82), wenn die Funktion $q^T(x, t)$ eine Lösung der sine - Gordon - Gleichung (89) ist. Wir wissen, daß die Funktion

$$q'(x, t) = 4 \arctan \exp\left[\frac{x - vt}{\sqrt{1 - v^2}}\right] \tag{224}$$

die Gleichung (89) erfüllt, denn (224) ist nichts anderes, als die auf die dimensionslosen Größen q , x , v und t umgeschriebene Lösung (105) der sine - Gordon - Gleichung (82). Nun ist aber

$$q^T(x, t) = q'(t, x) + \pi \tag{225}$$

und damit

$$\frac{\partial^2 q^T(x,t)}{\partial x^2} - \frac{\partial^2 q^T(x,t)}{\partial t^2} = \frac{\partial^2 q'(t,x)}{\partial x^2} - \frac{\partial^2 q'(t,x)}{\partial t^2} =$$

$$= -\left(\frac{\partial^2 q'(t,x)}{\partial t^2} - \frac{\partial^2 q'(t,x)}{\partial x^2}\right) = -\sin\, q'(t,x) = \sin(q'(t,x) + \pi)$$

$$= \sin q^T(x, t) ,$$

was wir zeigen wollten.

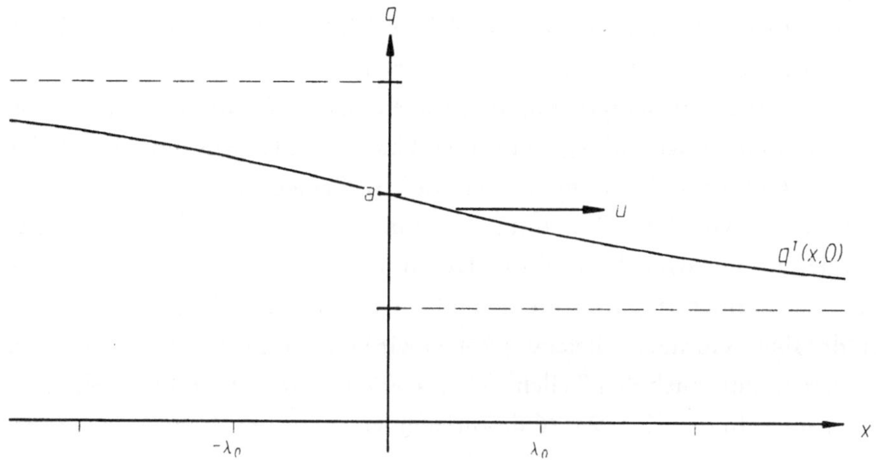

Bild 60. Die Tachyonlösung (223), $q^T(x, t) = \frac{2a}{\pi}$ arctan exp$[\frac{-\pi(x - ut)}{L_0 \kappa}] + \frac{a}{2}$ für $t = 0$ und $u = 2\,c_0$.

Wie sieht diese neue Lösung (223), $q^T(x, t)$, der sine - Gordon - Gleichung (82) aus? S. dazu Bild 60. Die Lösung $q^T(x, t)$ ist unserer Kinklösung (105), vgl. Bild 25 und Bild 30, sehr ähnlich. Es gibt aber auch wesentliche Unterschiede. Einmal ist q^T um $\frac{a}{2}$ in Richtung wachsender q - Werte verschoben. Als Randlinie einer im Kristall endenden Gitterebene befindet sich diese Versetzung für $x \to +\infty$ bzw. $x \to -\infty$ daher bei $q = \frac{a}{2}$ bzw. $q = \frac{3a}{2}$ und damit auf den instabilen Maxima des Gitterpotentials $D \cdot \sin(\frac{2\pi}{a} q(x, t))$, s. Gleichung (80).

Im Unterschied zur Kinke q^I gibt es für die Funktion q^T keine Ruheposition. Die Geschwindigkeit u, mit der sich dieses Gebilde in Richtung wachsender x - Werte bewegt, ist gemäß (219) prinzipiell immer größer als die Signalgeschwindigkeit c_0,

$$u > c_0 \quad \text{für} \quad v < c_0 \,. \tag{226}$$

Der Bereich auf der x - Achse, in dem die Funktion q^T von $q = \frac{3a}{2}$ auf $q = \frac{a}{2}$ wechselt, ist stets größer als der analoge Bereich einer beliebigen Kinklösung, in welchem diese von einem Minimum des Gitterpotentials auf das benachbarte wechselt, vgl. Bild 25, Bild 30 und Bild 60. Die Funktion q^T wechselt im Unterschied zur

Kinke q^I auf einem sehr ausgedehnten Bereich, welcher mit wachsender Geschwindigkeit u unbegrenzt wächst. Auf den Tachyonencharakter dieser Lösung (223) $q^T(x, t)$ hat zuerst E. Eilenberger [60] hingewiesen. Es gibt eine Vielzahl solcher Tachyonenzustände im Kristall, vgl. hierzu H. Günther [61]. Aus unserer Herleitung der sine - Gordon - Gleichung, die wir der Wellengleichung getreu nachgebaut haben, geht hervor, daß jede "Störung", die durch das Medium laufen kann, einen Energietransport darstellt. Auf die Definition einer Energiedichte e , einer Spannung t sowie einer Impulsdichte p und einer Energiestromdichte s für die Lösungen der sine - Gordon - Gleichung gehen wir in den Kap. 19-20 ein, vgl. auch [61]. Wir werden dort auch den Teilchencharakter eines sine - Gordon - Feldes zu besprechen haben. In den Kap. 24-26 diskutieren wir in diesem Zusammenhang die Besonderheiten eines Tachyons, um darauf aufbauend die Frage nach einer Kausalitätsverletzung für diejenigen Problemstellungen zu analysieren, die wir auch wirklich durchrechnen können.

Wir werden u. a. zeigen, daß bei einem Tachyon mit einer immer größer werdenden Geschwindigkeit u eine immer kleinere Energiedichte durch den "Raum" läuft, durch den Kristall also, bis am Ende eine "verschwindende Energiedichte mit unendlich großer Geschwindigkeit" durch den Kristall geht, derart, daß nur noch ein permanenter Spannungszustand übrig bleibt.

Kommt der innere Beobachter nun durch die Tachyonen mit seiner Speziellen Relativitätstheorie in Konflikt? Betrachten wir gleich den Extremfall $u \to \infty$. Die Lösung $q^T(x, t)$ geht dann in eine Lösung $q^T_\infty(t)$ über. Für diese Funktion finden wir wegen

$$\kappa = \frac{u}{c_o}\sqrt{1 - \frac{c_o^2}{u^2}} \; ,$$

$$q^T_\infty(t) = \lim_{u\to\infty} q^T(x,t) = \frac{2a}{\pi}\arctan \exp[\frac{\pi\, c_o}{L_o}t] + \frac{a}{2} \; . \tag{227}$$

Der innere Beobachter in einem Bezugssystem Σ_o stellt dann fest, daß ein bestimmter Spannungszustand t für alle x - Werte gleichzeitig gemäß der Funktion (227) einer zeitlichen Änderung unterworfen ist, s. Bild 61.

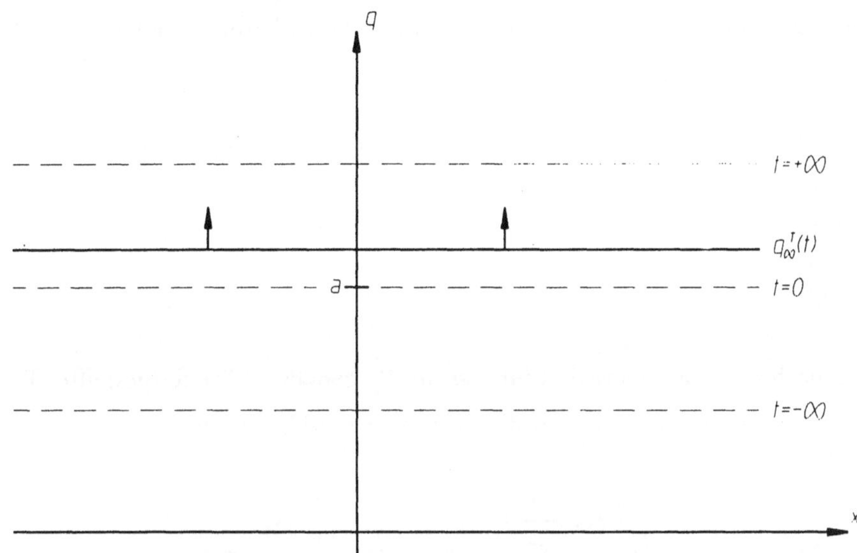

Bild 61. Die Tachyonlösung (227) $q_\infty^T(t) = \frac{2a}{\pi}\arctan\exp[\frac{\pi\, c_o}{L_o}t] + \frac{a}{2}$. Die Grenzlagen für $t = -\infty$ und $t = +\infty$ sowie die Lage der Lösung bei $t = 0$ sind gestrichelt eingezeichnet. Die beiden Pfeile deuten die Bewegungsrichtung an.

Wir gehen jetzt einmal von der *Annahme* aus, der Beobachter in Σ_o könne diesen Sachverhalt ausnutzen, um mit Hilfe dieses Tachyons seine Uhren, die er überall ausreichend verteilt hat, zu synchronisieren, indem er beispielsweise die Anweisung herausgibt: Alle Uhren werden, auf der Stellung $t = 0$ anfangend, in Gang gesetzt, wenn der Spannungszustand t gerade seinen maximalen Wert erreicht hat. Mit Hilfe der Formeln (238) und (252) für die Funktion q^T (gemäß (227)) kann man explizit nachrechnen, daß der durch die Funktion (227) definierte Spannungszustand gerade bei $t = 0$ diesen Maximalwert annimmt. Damit wäre für alle Uhren in Σ_o durch ein Signal unendlich großer Geschwindigkeit eine Anfangsstellung festgelegt. Diese Anfangsstellung ändert natürlich nichts an dem von uns in Kap. 10 untersuchten Gang von relativ zueinander bewegten Uhren. Ein Bezugssystem Σ', in dem alle Ereignisse mit den Orts- und Zeitangaben x' und t' beziffert werden, möge, vom Bezugssystem Σ_o aus betrachtet, die Geschwindigkeit v besitzen. Wie wir in Kap. 13 untersucht haben, ergibt der Vergleich der Orts- und Zeitmessungen in den beiden Bezugssystemen, hier für den Zusammenhang zwischen der Zeit t'

der Uhr von Σ' am Ort x' und der Zeit t, die die dort befindliche Uhr von Σ_o anzeigt, gemäß der Formel (144a)

$$t = \frac{t' + \frac{v\,x'}{c_o^2}}{\sqrt{1 - \frac{v^2}{c_o^2}}} ,$$

und der Beobachter in Σ' registriert für das in Σ_o gemäß (227) festgestellte Tachyon eine Funktion $q^T(x', t')$, für die wir analog zu (223) finden

$$q^T(x', t') = \frac{2a}{\pi}\arctan \exp\left[\frac{\frac{\pi c_o}{L_o}\left(t' + \frac{v\,x'}{c_o^2}\right)}{\sqrt{1 - \frac{v^2}{c_o^2}}}\right] + \frac{a}{2} = \frac{2a}{\pi}\arctan \exp\left[\frac{\pi(x' + u\,t')}{L_o\kappa}\right] + \frac{a}{2} . \tag{228}$$

Wir halten fest: In Σ_o wird das Tachyon (227) beobachtet. Der sich aus der Sicht von Σ_o in Richtung positiver x - Werte mit der Geschwindigkeit v bewegende Beobachter in Σ' bemerkt dafür ein mit der Geschwindigkeit $-u = -\frac{c_o^2}{v}$, also in Richtung negativer x - Werte eilendes Tachyon. In dieser Hinsicht ist der Tachyonenzustand $q_\infty^T(t)$ das Gegenstück zur statischen Kinklösung $q^I(x)$, vgl. (99), so daß $q^T(x', t')$ der bewegten Kinke $q^I(x', t')$ entspricht. Für den mit der Geschwindigkeit v gegenüber Σ_o bewegten Beobachter läuft die in Σ_o ruhende Kinke mit der Geschwindigkeit $-v$ und zeigt eine Lorentzkontraktion mit dem Faktor γ. Für die Tachyonen müssen wir nur v durch $u = \frac{c_o^2}{v}$ und γ durch $\kappa = \frac{u}{c_o}\gamma$ ersetzen. Wir nehmen jetzt ferner an, auch der Beobachter in Σ' könne seine Uhren mit diesem Tachyon synchronisieren. Ebenso wie bei der Synchronisation mit einem Schallsignal würde er dann die Anweisung geben: Wenn das Tachyon bei der Uhr mit der Position x' ankommt, so muß diese gemäß der Laufzeit des Tachyons vom Koordinatenursprung bis x' mit der Zeigerstellung t' gemäß

$$t' = \frac{x'}{-u} = \frac{-v\,x'}{c_o^2} \tag{229}$$

in Gang gesetzt werden. Ebenso wie in Gleichung (107a) gilt hier $x' = \frac{x}{\sqrt{1 - \frac{v^2}{c_o^2}}}$

und damit

$$t' = \frac{\frac{-vx}{c_o^2}}{\sqrt{1 - \frac{v^2}{c_o^2}}} \; . \tag{229a}$$

Die inneren Beobachter in beiden Bezugssystemen hätten auf diese Weise mit ein und demselben Tachyon ihre Uhren synchronisiert (dabei ist wieder angenommen, daß am Koordinatenursprung beide Uhren die Anfangsstellung Null hatten). Das Ergebnis dieser Synchronisation lautet: Wenn alle Uhren in Σ_o auf der Zeit $t = 0$ stehen, dann stehen die Uhren in Σ' auf der Zeigerstellung t' gemäß (229a). Dies ist aber nichts anderes als unsere Voigt - Lorentz - Transformation (144) für $t = 0$ bzw. genau die Zeigerstellung, die wir auch in Kap. 13, Formel (136) (vgl. auch Bild 40), aus dem unterschiedlichen Gang der zueinander bewegten Uhren gefunden haben. Die Tachyonen wären also geradezu ideal für die Synchronisation von Uhren geeignet. Von einem Widerspruch mit der SRT kann keine Rede sein.

Aus diesem Gedankenspiel (das wir absichtlich in den Konjunktiv gesetzt haben), darf aber auf keinen Fall der voreilige Schluß gezogen werden, mit den Tachyonen hätten wir nun endlich auch Signale gefunden, die es uns erlauben, eine Information mit beliebig großer Geschwindigkeit zu übermitteln. Vorbehaltlich einer ausführlichen Diskussion in den Kap. 24-26 formulieren wir die These:

Die Tachyonen der sine - Gordon - Gleichung sind keine Signale.

Es ist die Kausalität, mit der uns die Existenz von Tachyonen in einen Konflikt verwickelt.

Wir überzeugen uns zunächst davon, daß tatsächlich die Kausalität verletzt würde, wenn wir mit Tachyonen Signale übertragen könnten. Dazu betrachten wir drei Bezugssysteme, Σ_o mit den Koordinaten x und t, Σ' mit den Koordinaten x' und

t' und $\bar{\Sigma}$ mit den Koordinaten $\bar{x}$ und $\bar{t}$, wobei Σ' und $\bar{\Sigma}$ in bezug auf Σ_0 die Geschwindigkeiten $+v$ bzw. $-v$ haben sollen.
In Σ_0 existiere das Tachyon (227),

$$\Sigma_0: \; q_\infty^T(t) = \frac{2a}{\pi}\arctan \exp[\frac{\pi c_0}{L_0}t] + \frac{a}{2} , \tag{230}$$

das von Σ' aus als $q^T(x', t')$ gemäß (228) beurteilt wird,

$$\Sigma': \; q^T(x', t') = \frac{2a}{\pi}\arctan \exp[\frac{\pi(x' + u t')}{L_0 \kappa}] + \frac{a}{2} , \tag{230a}$$

und von $\bar{\Sigma}$ aus als $q^T(\bar{x}, \bar{t})$,

$$\bar{\Sigma}: \; q^T(\bar{x}, \bar{t}) = \frac{2a}{\pi}\arctan \exp[\frac{\pi(\bar{x} - u\bar{t})}{L_0 \kappa}] + \frac{a}{2} , \tag{230b}$$

wobei wir diese letzte Formel einfach dadurch erhalten, daß wir in (228) v durch $-v$ ersetzen. Wir können auch u durch $-u$ ersetzen, müssen dann aber beachten, daß wegen $\kappa = \frac{u}{c_0}\gamma$ auch κ durch $-\kappa$ ersetzt werden muß.

Für alle in Σ_0 gemäß $t = 0$ gleichzeitigen Ereignisse an beliebigen Positionen auf der x-Achse stellt der Beobachter von Σ' in Abhängigkeit von seinen Positionen x' gemäß (229) die Zeiten $t' = \frac{-v x'}{c_0^2}$ fest, während der Beobachter in $\bar{\Sigma}$ die Zeiten $\bar{t} = \frac{+v\bar{x}}{c_0^2}$ ermittelt,

$$\left.\begin{aligned} \Sigma_0&: \; t = 0 , \\ \Sigma'&: \; t' = \frac{-v x'}{c_0^{\,2}} , \\ \bar{\Sigma}&: \; \bar{t} = \frac{+v\bar{x}}{c_0^2} . \end{aligned}\right\} \tag{231}$$

Wir betrachten zwei, in Σ_0 gleichzeitige Ereignisse E_1 und E_2,

$$\Sigma_o : \begin{cases} E_1 : & t_1 = 0, \quad x_1 \;, \\ E_1 : & t_2 = 0, \quad x_2 > x_1 \;, \end{cases} \qquad \boxed{t_1 = t_2} \;. \tag{232}$$

Von Σ' aus werden dieselben Ereignisse folgendermaßen beobachtet. Zunächst ist der Abstand x vom Koordinatenursprung in Σ_o die Lorentz-kontrahierte Länge von x', also, $x = \sqrt{1 - \frac{v^2}{c_o^2}} \cdot x'$. Für die Ereignisse E_1 und E_2 folgt damit aus (231),

$$\Sigma' : \begin{cases} E_1 : & t_1' = \dfrac{-v\,x_1}{c_o^2\sqrt{1 - \dfrac{v^2}{c_o^2}}} \;, \quad x_1 \;, \\ E_2 : & t_2' = \dfrac{-v\,x_2}{c_o^2\sqrt{1 - \dfrac{v^2}{c_o^2}}} \;, \quad x_2 > x_1 \;, \end{cases} \qquad \boxed{t_1' < t_2'} \;. \tag{232a}$$

Ebenso findet der Beobachter in $\bar{\Sigma}$ mit $x = \sqrt{1 - \frac{v^2}{c_o^2}} \cdot \bar{x}$ und, wenn wir nur v durch $-v$ ersetzen,

$$\bar{\Sigma} : \begin{cases} E_1 : & \bar{t}_1 = \dfrac{+v\,x_1}{c_o^2\sqrt{1 - \dfrac{v^2}{c_o^2}}} \;, \quad x_1 \;, \\ E_2 : & \bar{t}_2 = \dfrac{+v\,x_2}{c_o^2\sqrt{1 - \dfrac{v^2}{c_o^2}}} \;, \quad x_2 > x_1 \;, \end{cases} \qquad \boxed{\bar{t}_1 > \bar{t}_2} \;. \tag{232b}$$

Nach (232b) ist für einen Kriminalisten des Bezugssystems $\bar{\Sigma}$ das Ereignis E_2 später als E_1. Für das Ereignis E_2 (vielleicht ein Mord, z.B. der Tod von Herrn Stus) käme seines Erachtens das Ereignis E_1 als Ursache (tödlicher Schuß des Dr. Fast mit dem Tachyon) durchaus in Frage. Ein Kriminalist im Bezugssystem Σ', der auf das Kausalitätsprinzip baut, wird dem energisch widersprechen. Er findet gemäß

(232a), daß das Ereignis E_1 später als E_2 stattfindet, daß Herr Stus also schon tot war (E_2), bevor die Tathandlung, vermeintlicher Schuß mit dem Tachyon (E_1), begangen wurde. Wer auf das Kausalitätsprinzip baut, wird die Beobachtungen eines Sherlock Holmes unter den inneren Beobachtern in Σ' als einen einwandfreien Beweis für die Unschuld des Dr. Fast bewerten.

Nur ganz hart gesottene Formalisten (die dem Prozeß hoffentlich nicht als Schöffen beiwohnen), werden vorbringen, nun, dann hat das Kausalitätsprinzip eben einmal nicht gegolten, nach dem Motto - weil ich heute die Blumen gieße, haben sie gestern angefangen zu blühen.

Wir wollen darüber hier nicht weiter philosophieren. Nur, durch die Physik der Tachyonen, soweit wir diese im Rahmen unseres kristallinen Festkörpers tatsächlich mathematisch behandeln können, läßt sich die Hypothese von einer akausalen Wechselwirkung nicht stützen. Die Übermittlung eines Signals ist stets mit einer, wenn auch noch so geringen Energieübertragung verbunden. Nun haben wir ja berichtet, daß bei den Tachyonen in der Tat auch eine Energiedichte durch den Raum (in unserem Fall durch den Kristall) läuft. Das allein genügt aber nicht. Diese Energie muß auch abgegeben werden können. Wir werden in Kap. 26 anhand einer elementaren Rechnung zeigen, daß zumindest der "elastische Stoß" zwischen einem Teilchen und einem Tachyon leer ausgeht. Zumindest auf diese Weise können Tachyonen an die entsprechenden Teilchen keine Energie abgeben und daher auch kein Signal übermitteln.

Unelastische Stöße zwischen Teilchen und Tachyonen, bei denen ein solcher Energieaustausch stattfindet, sind dagegen mit der Energie - Impuls - Erhaltung durchaus vereinbar. Über die physikalische Realität derartiger Prozesse muß aber in jedem Fall diejenige Gleichung entscheiden, die auch die Tachyonen als Lösungen gestattet, in unserem Fall also die sine - Gordon - Gleichung. Und da finden wir wiederum derartige Prozesse nicht. Wir werden auf diese Fragen ausführlicher in den Kap. 24-26 eingehen - mit dem Ergebnis:

Die Tachyonen der sine - Gordon - Gleichung realisieren keine Wechselwirkung, sondern eine Korrelation.

Wir wollen jetzt noch nachrechnen, daß die Eigenschaft $|u| > c_0$ der von uns besprochenen Tachyonen eine unmittelbare Konsequenz aus der Relativität der Gleichzeitigkeit der inneren Beobachter des Kristalls darstellt, wenn erst einmal die Lösung (227) q_{∞}^{T} im Kristall vorhanden ist. Nichtsdestoweniger existieren diese Ta-

chyonen im Kristall gleichermaßen auch für den äußeren Experimentator.
Im Bezugssystem Σ_0 stellt das Tachyon $q_{\infty}^T(x, t)$ einen Zustand her, der gemäß (230) nur von der Zeit t, nicht aber von x abhängt, so daß überall in Σ_0 gleichzeitig original dieselbe Zustandsänderung abläuft. Man kann zeigen, s. dazu Kap. 24, daß dies ein Spannungszustand t ist, der sich hier synchron mit der Anzeige der Uhren in Σ_0 ändert. Wenn alle Uhren in Σ_0 die Zeigerstellung t haben, dann stehen die Uhren eines Beobachters in Σ', der sich von Σ_0 aus betrachtet mit der Geschwindigkeit v bewegt, am Ort x' in Σ' auf der Zeigerstellung t' gemäß unserer Formel (140a), also

$$t = \frac{t' + \frac{v x'}{c_0^2}}{\sqrt{1 - \frac{v^2}{c_0^2}}} .$$

Der Beobachter in Σ' notiert daher auf Grund der Stellung seiner Uhren einen Zustand $q^T(x', t')$ gemäß,

$$q^T(x', t') = \frac{2a}{\pi} \arctan \exp\left[\frac{\frac{\pi c_0}{L_0}\left(t' + \frac{v x'}{c_0^2}\right)}{\sqrt{1 - \frac{v^2}{c_0^2}}}\right] + \frac{a}{2} .$$

Hierfür können wir aber mit (219), (220) und (221) wieder schreiben,

$$\Sigma' : \; q^T(x', t') = \frac{2a}{\pi} \arctan \exp\left[\frac{\pi (x' + u t')}{L_0 \kappa}\right] + \frac{a}{2} . \qquad (230a)$$

Dies ist aber gerade die Funktion (230a). Wählen wir insbesondere $u = -2c_0$, so erhalten wir gerade den in Bild 60 dargestellten Verlauf. Während also der Beobachter in Σ_0 die konstante Funktion gemäß Bild 61 registriert, ergibt sich für den Beobachter in Σ' auf Grund des Effektes der Relativität der Gleichzeitigkeit ein Funktionsverlauf von dem in Bild 60 dargestellten Typ. Ein äußerer Experimentator könnte diese Beobachtung von Σ' aus als künstlich verwerfen und nur der Aussage des Beobachters in Σ_0 einen Sinn beimessen. Können wir daraus schließen, daß der vom Beobachter in Σ' ermittelte Zustand nur eine, durch die eigenartige Zeitmessung künstlich hereingebrachte, Rechengröße ist, ohne eine tatsächliche physikalische Bedeutung? Ganz und gar nicht! Auch für den Beobachter in Σ' existiert nämlich eine Lösung $q_{\infty}^{T}(t')$,

$$\Sigma' : \quad q_{\infty}^{T}(t') = \frac{2a}{\pi} \arctan \exp\left[\frac{\pi c_0}{L_0} t'\right] + \frac{a}{2} , \tag{233}$$

d.h. die in Bild 61 dargestellte Funktion! Wieder möge der äußere Experimentator die Darstellung des Beobachters in Σ' als künstlich verwerfen und sich den Ergebnissen des inneren Beobachters in Σ_0 anschließen. Für die einheitliche Anzeige der Uhren in Σ' auf der Stellung t' stellt nun aber der Beobachter in Σ_0 am Ort x für seine Uhren eine Zeigerstellung t fest nach der Formel (Σ_0 hat von Σ' aus betrachtet die Geschwindigkeit $-v$)

$$t' = \frac{t + \dfrac{-v x}{c_0^2}}{\sqrt{1 - \dfrac{v^2}{c_0^2}}} .$$

Wir setzen diese Formel für t' in (233) ein, und nach demselben Rechengang wie oben findet der Beobachter in Σ_0 anstelle der konstanten Funktion des Beobachters in Σ' nun die Funktion, vgl. auch (230b),

$$\Sigma_0 : \quad q^{T}(x, t) = \frac{2a}{\pi} \arctan \exp\left[\frac{-\pi (x - u t)}{L_0 \kappa}\right] + \frac{a}{2} . \tag{233a}$$

Dies ist aber gerade ein mit der Geschwindigkeit $u > c_0$ laufendes Tachyon (223), dessen räumlichen Verlauf wir für $t = 0$ und $u = 2c_0$ dargestellt haben. Die Funktion (233a) ist eine vom inneren Beobachter gemessene und auch vom äußeren Experimentator bestätigte Zustandsänderung im Kristall. Wir halten fest:

Die Eigenschaft $|u| > c_0$ *der Tachyonen beruht auf einem inneren relativistischen Gleichzeitigkeitseffekt im Kristall.*

Dies verdeutlicht noch einmal die Relevanz der von uns so ausführlich diskutierten inneren Maßstäbe und Uhren für die Physik des Kristalls. Bei den dynamischen Eigenschaften der Lösungen der sine-Gordon-Gleichung, die wir in den Kap. 19-20 besprechen, werden wir erneut darauf stoßen und die Trägheit der Energie darauf gründen können. Und für eine große Zahl von Lösungen der sine-Gordon-Gleichung spielen auch die Tachyonen eine wichtige Rolle, vgl. [61].

Wir weisen hier ferner noch einmal auf die strenge Voigt-Lorentzsche Symmetrie für den strukturellen Anteil der Eigenspannungen bei beliebiger Kristallsymmetrie hin, worauf wir im Anhang in Kap. 23 eingehen werden.

18. Verletzung der Relativität - der wiederentdeckte Kristall

Für die inneren Beobachter eines Kristalls stellen sich die hier allein betrachteten Phänomene, nämlich plastische und ggf. auch bestimmte elastische Deformationen des Kristalls als Bewegungen in einem relativistischen Raum - Zeit Kontinuum dar. Das hatten wir in Kap. 14 herausgefunden und durch unsere Überlegungen zum Dopplereffekt in Kap. 16 noch einmal bestätigt. Der Kristall, der für den äußeren Experimentator der einfache Schauplatz für alle diese Phänomene ist und die elementaren Erklärungsmechanismen für diese Phänomene sowie auch für deren Beschreibung durch die inneren Beobachter hergibt, dieser Kristall besitzt für die inneren Beobachter prinzipiell keinen Bewegungszustand und ist im Rahmen ihrer Beschreibungsmöglichkeiten nichts anderes als eben ein relativistisches Raum - Zeit - Kontinuum. Dies gilt wohlgemerkt, solange alle Voraussetzungen erfüllt sind, die dieser modellartigen Beschreibung zugrunde liegen, nämlich:

1. Die primär diskreten Verteilungen der elastisch gekoppelten Massen ersetzen wir durch kontinuierliche Verteilungen gemäß (78).

2. Wir rechnen mit der linearisierten Elastizitätstheorie gemäß (79) und, insofern wir den transversalen Schall mit einbeziehen, auch noch mit der Gleichung $c_T = c_0$.

3. Die prinzipielle Abhängigkeit $m = \frac{m_0}{\sqrt{1 - \frac{v^2}{c_L^2}}}$ der Masse m der Gitteratome von ihrer Geschwindigkeit v nach der Einsteinschen Speziellen Relativitätstheorie wird vernachlässigt. Die Geschwindigkeit v der schwingenden Atome wird nicht größer als die Schallgeschwindigkeit c_T, von der wir annehmen, daß sie wesentlich kleiner ist als die Lichtgeschwindigkeit c_L, so daß $\frac{v^2}{c_L^2} < \frac{c_T^2}{c_L^2} \ll 1$.

Wir rechnen also mit einer nichtrelativistischen Mechanik der Gitteratome. Strukturen auf diesem Gitter, die Kinken z.B., zeigen dann ein relativistisches Verhalten, aber mit der Schallgeschwindigkeit und nicht mit der Lichtgeschwindigkeit.

Aus dem Bewegungsgesetz (73) für Versetzungen mit den Ansätzen (74) und (75) für die Wechselwirkungskräfte folgt aus diesen drei Grundannahmen die sine - Gordon - Gleichung (82) bzw. (89) mit der konstanten Signalgeschwindigkeit c_0.

Über den Spielraum der inneren Beobachter zur theoretischen Beschreibung ihrer Phänomene, der ihnen durch diese strengen Modellvoraussetzungen gesetzt wird, wollen wir zunächst noch ein wenig nachdenken. Dabei werden wir uns abwechselnd auf die Position der inneren Beobachter und die eines äußeren Experimentators stellen, der natürlich mehr weiß.

Es ist reizvoll, sich klarzumachen, daß für den inneren Beobachter eine Kinke (oder auch irgendeine andere Versetzungskonfiguration) das Objekt ist, das Energie besitzt, das sich durch seinen Raum bewegt, also genau das, was man als ein Teilchen bezeichnet, ein Teilchen mit der ihm zugeschriebenen Eigenschaft der Individualität. Diese Individualität wird allein schon durch die Angabe der diesem Teilchen eigenen Position, seiner Ortskoordinate x zu einer ganz bestimmten Zeit t festgeschrieben. Das Teilchen läuft durch den Raum nach einem ganz bestimmten Weg - Zeit - Gesetz. Auf die mathematische Durchführung des physikalischen Teilchenkonzeptes für diese mikroplastischen Deformationen, sowie insbesondere für die Kinke, gehen wir in den Kap. 19 und 20 ein, vgl. auch [61]. Der äußere Experimentator, der den Kristall mit seinen Gitteratomen fixieren kann, beurteilt das ganz anders. Für ihn ist das vermeintliche Teilchen, die Kinke, nichts anderes als eine bestimmte Struktur von Gitterfehlpositionen, ein Quasiteilchen, wie er sagen wird. Wenn sich dieses Quasiteilchen durch das Gitter verschiebt, so wird nur *dieselbe Struktur* von *anderen Atomen* eingenommen. Für den äußeren Experimentator bewegt sich nur eine Struktur. Die aus seiner Sicht individuellen Gitteratome, *seine* Teilchen, bleiben dabei mehr oder weniger unverrückt an ihren Plätzen. Dabei wird uns deutlich, daß es gar keinen Sinn macht, einer Struktur eine Individualität zuzuschreiben, wie uns das aus der Sicht der inneren Beobachter soeben noch einleuchten wollte. Sehr aufschlußreich dazu ist der Stoß zweier Kinken. Wir betrachten also den Fall, daß zwei Kinken mit einer konstanten Geschwindigkeit v direkt aufeinander zulaufen, wie zwei Kugeln beim Billard. Dieser Fall läßt sich tatsächlich exakt durchrechnen. Wir wollen hier aber nur das Ergebnis diskutieren und verweisen wegen der Rechnung auf A. Seeger [37]. Nach einer gewissen Zeit einer großen Nähe dieser beiden Kinken mit ziemlich unübersichtlichen Verhältnissen entsteht am Ende ein Zustand, bei dem zwei Kinken wieder auseinanderlaufen, wie die beiden Kugeln nach dem Stoß beim Billard. Es ist nun aber vollkommen sinnlos zu fragen, welche der beiden Kinken läuft nach rechts, die von rechts gekommen ist - wie beim Billard - oder die andere? Da eine Struktur aus individuell ganz verschiedenen Gitteratomen aufgebaut sein kann, sehen wir als äußere Experimentatoren keinen Zwang, diese Struktur unbedingt so zu individualisieren, wie wir das mit den Billardkugeln machen. Ganz anders urteilt der innere Beobachter, der sich gerade von seiner Kinke ein individuelles Teilchenbild zurechtgezimmert hat. Der kann es vermutlich nur schwer begreifen, daß dieser vermeintlichen Individualität seiner Kinke streng genommen gar keine physikalische Realität zugrundeliegt, oder doch eben nur eine sehr eingeschränkte. Die beiden Zustände - Reflexion oder aneinander Vorbeilaufen - sind ununterscheidbar, weil die "Teilchen" selbst ununterscheidbar, identisch sind. Wir erinnern daran, daß auch in der Newtonschen Mechanik für den Stoß zweier Teilchen ohne zusätzliche Informationen eine solche Entscheidung nicht getroffen werden kann; die beiden Lösungen (47) und (48) sind gleichermaßen möglich.

Vielleicht ist dieses Beispiel der Kinken in Kristallen, der "Teilchen" der inneren Beobachter, ein kleiner Trost für jene, die immer noch damit hadern, daß auch für uns "äußere Experimentatoren" der Begriff der Individualität von Teilchen nicht unbegrenzt sinnvoll aufrechterhalten werden kann, daß auch wir sehr schnell in Bereiche geraten, nämlich bei den Quantenphänomenen, bei der "langsamen" Bewegung von Elektronen oder Neutronen beispielsweise, wo unser guter alter klassischer Begriff vom individuellen Teilchen die physikalische Realität nicht mehr richtig wiedergibt.

Wir gehen nun noch einen Schritt weiter und bemerken, daß wir mit unserer Physik der inneren Beobachter eines unendlichen Kristalls ganz unvermittelt in den Sog der v. Weizsäckerschen Theorie der Uralternativen geraten sind. In seinem Aufsatz "Materie, Energie, Information", vgl. [63], schreibt C. F. v. Weizsäcker ···"Alle Formen »bestehen aus« Kombinationen von »letzten« einfachen Alternativen. ··· Materie ist Form. Wir kennen Materie heute als Elementarteilchen. Diese sind aus Uralternativen aufzubauen. Uralternativen sind die letzten Elemente möglicher Formen; entschiedene Uralternativen sind die letzten Elemente wirklicher Formen. ··· Nach dem einfachsten Modell eines massiven Teilchens ist dessen Ruhmasse die Anzahl der zum Aufbau des ruhenden Teilchens notwendigen Uralternativen ···." In der Tat ist eine Versetzung im Kristall nichts anderes als eine Folge von alternativen Entscheidungen über die Besetzung oder Nichtbesetzung von möglichen Gitterplätzen mit Atomen. In Übereinstimmung damit können wir mit der Gleichung (261) in Kap. 20 einen Ausdruck für die träge Masse m_a einer Versetzung auf der Länge a eines Gitterabstandes berechnen. Die Krönersche Hypothese über die träge Masse einer Versetzung, s. [34], findet in der v. Weizsäckerschen Analyse ihre philosophische Bestätigung. Unsere allgemeine Bewegungsgleichung (73) für Versetzungen sehen wir auf diese Weise noch einmal aus einer ganz allgemeinen Sicht auf eine verläßliche Grundlage gestellt.

Betrachten wir die Kinke auf einer Versetzung, das Hinüberwechseln einer Versetzungslinie von einem Potentialminimum in das benachbarte, also unsere Lösung q^I der sine-Gordon-Gleichung. Auch eine solche Kinke ist nichts anderes als eine Folge von alternativen Entscheidungen über die Besetzung möglicher Gitterplätze. Die träge Masse m_0 einer Kinke relativ zum Kristallgitter, auf welches wir unsere alternativen Entscheidungen beziehen, ist daher eine direkte Konsequenz aus der v. Weizsäckerschen Theorie der Uralternativen. Diese träge Masse m_0 werden wir in Kap. 20, s. die Gleichungen (258) und (262), berechnen und nachweisen, daß die Kinke in bezug auf das Kristallgitter auch wirklich alle Eigenschaften eines relativistischen Teilchens besitzt.
In Kap. 8 haben wir die Bewegungen von Versetzungen relativ zum Kristallgitter auf die Newtonsche Axiomatik gegründet und damit tatsächlich die sine - Gordon - Gleichung gefunden. Versetzungen, die "linienhaften Fehlbesetzungen des idealen Gitters", besitzen also gegenüber diesem Gitter eine Newtonsche Trägheit. Wenn wir daher Agglomerate solcher Fehlbesetzungen betrachten, oder Teile von ihnen, welche die Objekte, die "Teilchen" der inneren Beobachter darstellen, so werden auch diese eine Trägheit gegenüber dem Gitter besitzen. Wenn man die elastischen Deformationen berücksichtigt, die von solchen Versetzungsstrukturen ausgehen, dann kann man ausrechnen, daß diese Strukturen untereinander Kräfte ausüben, welche bestrebt sind, einen Zustand möglichst geringer Energie herzustellen. Diese Kräfte werden in der Kontinuumsmechanik als Konfigurationskräfte bezeichnet und können nach einer allgemeinen Vorschrift von J. D. Eshelby [64] berechnet werden. Im Rahmen der von uns hier betrachteten Modellvoraussetzungen für die inneren Beobachter kann man daher daran denken, für die Teilchen der inneren Beobachter auch Bewegungsgleichungen aufzustellen. Wir wollen auf die Einzelheiten und die noch bestehenden Probleme für derartige Bewegungsgleichungen hier nicht eingehen. Wie auch immer diese Bewegungsgesetze im einzelnen aussehen, im Rahmen der eingangs noch einmal erwähnten Modellvoraussetzungen werden dies Differentialgleichungen sein, derart, daß die Bewegung einer einzelnen Kinke z.B. unter dem Einfluß des Spannungsfeldes der sie umgebenden anderen Versetzungsstrukturen einem bestimmten Weg - Zeit - Gesetz genügt, ebenso wie wir die Bewegung eines Steines, den wir in die Luft werfen, genau berechnen können. Wir können den Ort eines Teilchens zu irgendeinem Zeitpunkt genau berechnen, wenn nur die Anfangsbedingungen genügend genau bekannt waren. Unweigerlich geraten wir in die Fänge eines Laplaceschen Dämons: Jener kennt den Zustand der Welt zu einem beliebi-

gen Zeitpunkt, da er seinen Anfangszustand genau kennt. Für die Welt der inneren Beobachter machen wir nun aber eine überraschende Beobachtung. Die Teilchen der inneren Beobachter sind Strukturen, welche sich aus den Positionen der Gitteratome aufbauen. Diese Gitteratome selbst liegen, wie wir wissen, außerhalb der Erfahrungswelt eines inneren Beobachters. Sie bilden seinen Raum - sein Vakuum - den "Äther". Folglich fallen die stets vorhandenen, statistischen Schwankungen der Positionen dieser Gitteratome, die bei unterschiedlichen Temperaturen an verschiedenen Orten des Kristalls auch noch sehr verschieden sein können, aus jenen, von den inneren Beobachtern erfaßbaren, streng kausalen Bewegungsgesetzen vollständig heraus. Der Laplacesche Dämon ist entmachtet. Der genau berechnete Ort einer Kinke kann auf Grund der statistisch schwankenden Positionen der Gitteratome nicht exakt angenommen werden. Die berechnete Größe stimmt nur mit dem statistischen Mittelwert aus vielen Messungen überein. Für die einzelne Messung registriert der innere Beobachter eine prinzipiell nicht vorhersehbare, statistische Unsicherheit. Erschüttert konstatiert er: "Der liebe Gott würfelt". Je mehr wir den Kristall erhitzen, um so zügelloser würfelt der liebe Gott des inneren Beobachters.

Was aber, wenn die inneren Beobachter lernen, genauer zu messen, mit immer größeren Energien zu immer größeren Frequenzen vorzudringen [(29)], dann kommen sie sehr bald an die Gültigkeitsgrenzen der zu Beginn dieses Kapitels noch einmal formulierten Modellvoraussetzungen.

Selbst wenn wir alle drei Grundannahmen fallenlassen, werden wir für die uns hier interessierenden Strukturen auf dem Gitter immer noch eine Gleichung erhalten, deren Lösungen denen der sine - Gordon - Gleichung durchaus vergleichbar sind - mit einem entscheidenden Unterschied: Es entsteht eine Dispersion. Wir wollen dies hier für die erste der Grundannahmen diskutieren.

Die Gleichung (35) für die Dispersionsfreiheit der linearen Kette ist an die Bedingung geknüpft, daß an jeder Schwingung noch sehr viele Atome beteiligt sind, so daß wir die Auslenkungen der einzelnen Atome durch eine kontinuierliche Welle ersetzen können. Wenn aber die Frequenz sehr groß, die Wellenlänge also sehr klein wird, so klein, daß sie in den Bereich des Abstandes zweier Atome der lineare Kette kommt, dann sind eben nur noch sehr wenig Atome am Aufbau einer Wellenlänge beteiligt. Die Näherungsannahme (32), $n << N$, ist nicht mehr erfüllt, und wir können in der strengen Formel (31) den cos - Term nicht mehr durch die ersten

[(29)] Da die Amplitude der Schwingungen durch die Geometrie im Kristall begrenzt ist, kann die Energie nur durch die Geschwindigkeit der Bewegungen und daher durch die Anzahl der Durchgänge durch die Nullage pro Sekunde, die Frequenz, erhöht werden.

beiden Terme seiner Taylorreihe ersetzen. Die Kreisfrequenz ω_n ist der Wellenzahl $k_n = n\,\frac{2\pi}{L}$ dann nicht mehr proportional, und wir müssen die Signalgeschwindigkeit auf der Kette durch die Formel (37) berechnen mit dem Ergebnis (40). Die Ausbreitungsgeschwindigkeiten $c_K^{(n)}$ der Wellen werden nun von ihrer Frequenz ω_n abhängig. Es gibt eine Dispersion. Von einer einheitlichen Signalgeschwindigkeit kann keine Rede mehr sein, erst recht nicht, wenn wir auch noch die nichtlineare Elastizitätstheorie sowie die (mit der Lichtgeschwindigkeit c_L) relativistische Massenänderung der Gitteratome dazunehmen würden.

Die sine - Gordon - Gleichung, das Kernstück bei allen unseren Ausführungen, gerät daher mit wachsenden Energien und Frequenzen ins Wackeln. Ohne eine für alle Frequenzen einheitliche Signalgeschwindigkeit c_0 in der sine - Gordon - Gleichung erhalten wir aber weder die universelle Längenkontraktion der bewegten Maßstäbe noch die Zeitdilatation der bewegten Uhren.

Ohne Längenkontraktion und Zeitdilatation kein Relativitätsprinzip! - Die Relativität, die absolute Gleichberechtigung aller zueinander in gleichförmiger Bewegung befindlichen Bezugssysteme der inneren Beobachter wird gebrochen. Die inneren Beobachter werden durch ihre Hochenergiephysik in die Lage versetzt, die Hintergründe für ihre speziell relativistischen Gleichungen aufzuspüren. Sie erforschen ihren Raum, ihr Vakuum, und werden dabei letzten Endes dessen kristallinen Ursprung, das Kristallgitter, entdecken und vielleicht auch die Newtonsche Physik dieses Gitters, die, wie wir wissen, eine übergeordnete Theorie für alle mechanischen Prozesse im Kristall darstellt.

Das heißt nun aber nicht, daß die bisherigen Untersuchungen, die Ergebnisse der Kap. 8-17, einfach falsch wären, sie sind eben bloß eine Näherung - wie alles in der Physik! Im Bereich nicht zu großer Energien bleibt alles beim alten. Die inneren Beobachter existieren dann in einem kontinuierlich strukturierten Raum, für welchen im Rahmen ihrer "Alltagserfahrungen" die Spezielle Relativitätstheorie gilt: Alle zueinander gleichförmig bewegten Bezugssysteme sind physikalisch ununterscheidbar. Erst der Umgang mit extremen Energien, welche normalerweise jenseits ihrer "Alltagserfahrungen" liegen, kann die inneren Beobachter im Kristall zu dem theoretischen Schluß führen, daß dieser Raum in Wahrheit eine Gitterstruktur besitzt. Man macht sich leicht klar, daß durch einen Gitterabstand a nun sofort auch ein Bezugssystem Σ_0 ausgezeichnet ist, jenes nämlich, in welchem der Kristall ruht: Σ_0 ist einfach dasjenige Bezugssystem, in dem der Gitterabstand a die maximale Länge hat.

Dennoch, im Bereich kleiner Energien, d. h. für relativ große Wellenlängen λ, die also sehr groß sind gegenüber dieser Gitterkonstanten, $\lambda >> a$, so daß sich der Kristall wie ein Kontinuum verhält, in diesem experimentellen Bereich wird sich das Bezugssystem Σ_0 durch nichts vor allen anderen zu erkennen geben.

Heißt das nicht nun aber doch, daß die von uns in den Kap. 9-10 für die inneren Beobachter so mühsam eingeführten Längen- und Zeitmessungen im Grunde überflüssig sind? Natürlich nicht! Die Bedeutung einer inneren Zeit des Kristalls, einer Zeit also, die von der des äußeren Experimentators grundverschieden ist, weil eben die Lichtgeschwindigkeit so viel größer ist als die Schallgeschwindigkeit, diese innere Zeit des Kristalls beherrscht die gesamte Dynamik seiner Defekte, die Dynamik der Versetzungskonfigurationen. Auf einige damit zusammenhängende Fragen gehen wir in den Kap. 19-20 ein. Es ist wichtig, sich stets zu vergegenwärtigen, daß sich die Massen der Versetzungskonfigurationen, der Kinken, breather usw., von den Massen der Gitteratome des Kristalls grundsätzlich unterscheiden. Ihre Dynamik genügt ganz anderen Gesetzen. Am einfachsten ist dies an den verschiedenen Grenzgeschwindigkeiten zu erkennen, nämlich an der Schallgeschwindigkeit auf der einen und der Lichtgeschwindigkeit auf der anderen Seite.

Es gibt einen prinzipiellen Zusammenhang zwischen der relativistischen Dynamik von Teilchen und der relativistischen Zeit. Dieser Zusammenhang ist enger, als dies aus unseren bisherigen Untersuchungen ersichtlich werden konnte. In unserer Darstellung ist die relativistische Dynamik von Teilchen gemäß dem von A. Einstein in seinen Arbeiten [7] und [12] vorgezeichneten Weg eine direkte Konsequenz der relativistischen Raum - Zeit - Struktur. Man kann aber zeigen, daß auch der umgekehrte Weg möglich ist. Ist primär die relativistische Geschwindigkeitsabhängigkeit der Massen gegeben - das könnte z. B. experimentell der Fall sein - so läßt sich daraus die relativistische Raum - Zeit - Struktur gewinnen. Mit Hilfe einer sog. dynamischen Definition der Gleichzeitigkeit ist dieser Zugang zur Speziellen Relativitätstheorie zuerst von D. E. Liebscher explizit durchgeführt worden, vgl. [5]. (Zur Einordnung dieser Darstellung in die Axiomatik der SRT vgl. auch die Ausführungen in Kap. 14). Am Ende von Kap. 20 wird auch unser relativistisches Teilchenkonzept mit seiner charakteristischen Geschwindigkeitsabhängigkeit der trägen Masse perfekt sein, so daß dann für die inneren Beobachter des unendlichen Kristallgitters auch dieser Zugang zur Speziellen Relativitätstheorie möglich wäre.

Die Trägheit der Energie

19. Teilchen und Feld

Das charakteristische Merkmal eines Systems von Teilchen ist ihre Anzahl. Jedem einzelnen Teilchen sind seine Geschwindigkeit $\boldsymbol{v}$ und seine träge Masse m zugeordnet. Die charakteristischen physikalischen Parameter des einzelnen Teilchens, die bei der Wechselwirkung zwischen den Teilchen die entscheidende Rolle spielen, sind sein Impuls $\boldsymbol{p} = m\,\boldsymbol{v}$ sowie seine Energie E, welche in einer relativistischen Theorie über die Einsteinsche Beziehung $E = m\,c^2$ durch die Masse bestimmt ist und in der nichtrelativistischen Näherung als kinetische Energie $E_{kin} = p^2/2m$ durch den Impuls und die Masse ausgedrückt. Charakteristisch für die Wechselwirkung von zwei Teilchen ist ihr Zusammenstoß. Dabei stehen jeweils die gesamten Energie- und Impulsbeträge der beiden Teilchen für eine Austausch zur Verfügung - unter Wahrung von Erhaltungssätzen für diese Größen, s. dazu das folgende Kap. 20.

Was haben die Lösungen $q = q(x, t)$ der sine - Gordon - Gleichung mit Teilchen zu tun? Die wichtigste Aussage von Kap. 5 lautete, daß die Newtonsche Mechanik keine Aussage über die Anzahl der an einer Bewegung beteiligten Massen macht. Für die Herleitung der sine - Gordon - Gleichung auf der Grundlage der Newtonschen Axiomatik konnten wir daher zum Grenzfall unendlich vieler Teilchen übergehen. Wir erhielten so das Feld $q = q\,(x, t)$ zur Beschreibung der gesuchten Bewegung für die Positionen der Versetzungslinie in der Nähe einer Geraden. Wenn wir in diesem Zusammenhang nun wieder von Teilchen, also von einzelnen Massen und Geschwindigkeiten reden, dann können diese Teilchen nur mit jenen Massen zusammenhängen, die am Ausgangspunkt dieser Überlegungen gestanden haben. Das waren aber die Massen m_α der Newtonschen Gleichungen (73), und diese Massen beziehen sich nicht auf unseren (äußeren) physikalischen Raum, sondern es sind Trägheiten in bezug auf das Kristallgitter, wie wir das in Kap. 8 ausführlich diskutiert haben. Wenn wir im Zusammenhang mit den Lösungen der sine - Gordon - Gleichung also von Teilchen reden, dann sind das die Teilchen der inneren Beobachter dieses Kristalls, denen ja unsere ganze Aufmerksamkeit gilt.[30] Die Frage, die wir hier zu klären haben, ist also, ob das Feld $q = q(x, t)$, das sich aus den vielen, sogar unendlich vielen Teilchen zusammensetzt, ob sich dieses Feld am Ende

[30] Solche Teilchen in bezug auf das Gitter werden in der Physik zum Unterschied zu den Teilchen unseres (äußeren) physikalischen Raumes als Quasiteilchen bezeichnet.

nicht doch wieder wie ein einziges Teilchen verhält - wie ein Körper in der Ausdrucksweise der Mechanik - mit einer einzigen Masse und einer einzigen Geschwindigkeit, oder vielleicht auch wie mehrere solcher Teilchen oder Körper.

Die Funktion $q = q(x, t)$ ist ein Feld, das für jedes x und jedes t den Wert q hat - ebenso wie bei den Lösungen der Maxwellschen Gleichungen der elektrischen und der magnetischen Feldstärke im ganzen Raum und zu jeder Zeit bestimmte Werte zugeordnet werden. Im Unterschied zu einer rein mathematischen Funktion sind physikalische Felder Träger von Energie und Impuls, die in einer bestimmten Dichte über den Raum verteilt sind. Bei der Wechselwirkung zweier Felder finden im gesamten Raum Austauschprozesse von Energie und Impuls statt. Nur unter bestimmten Bedingungen kann man die Bilanzen von Energie- und Impulsdichte bei der Wechselwirkung von Feldern so darstellen, als handele es sich um einen Stoß zwischen Teilchen. Die Energie - und Impulsverteilung eines elektromagnetischen Feldes läßt sich bekanntlich nur dann durch ein System von Teilchen beschreiben, wenn im Raum keine elektrischen Ladungsträger vorhanden sind. (Für das elektromagnetische Vakuumfeld konnte Einstein so seine Photonen, die "Lichtteilchen", einführen). Den Zusammenhang zwischen Teilchen und Feld wollen wir jetzt für die sine - Gordon - Gleichung untersuchen. Für das Folgende wollen wir zunächst eine Vereinfachung in der Bezeichnung vereinbaren:

Mathematische Größen, deren Eigenschaften nicht allein mit der Angabe einer einzigen Zahl erfaßt werden, d.h. Vektoren und Tensoren, haben wir durch Fettdruck gekennzeichnet; wir schreiben z. B. für einen Kraftvektor $\boldsymbol{F}$ im Unterschied zur Länge L eines Stabes oder einer Temperatur T. Der Fettdruck soll u. a. darauf hinweisen, daß die entsprechenden Größen i. a. durch mehr als eine Zahlenangabe beschrieben werden, z.B. durch die Komponenten F_x und F_y eines Kraftvektors $\boldsymbol{F} = (F_x, F_y)$ in der x - y - Ebene. Wir haben es aber bei der Diskussion der sine - Gordon - Gleichung hier immer nur mit einer Raumdimension zu tun. Räumliche Vektoren und Tensoren werden dann auch nur durch eine einzige Zahl beschrieben, $\boldsymbol{F} = (F_x)$. Auch ein eindimensionaler Vektor wird durch eine Zahlenangabe allein nicht vollständig charakterisiert. Bei einer Umkehrung der Achsenrichtung ändert die Vektorkomponente F_x ihr Vorzeichen, die Länge L oder die Temperatur T behalten dabei natürlich unverändert ihren Zahlenwert. Auch der eindimensionale Kraftvektor hat eine Richtung, die Temperatur nicht. Diese besondere Vektoreigenschaft wird im folgenden jedoch nur an einer einzigen Stelle eine Rolle spielen, nämlich am Ende von Kap. 24 bei der Diskussion des Tachyonenimpulses und der

Tachyonengeschwindigkeit. Wir wollen daher vereinbaren, im folgenden auf den Fettdruck für einkomponentige Vektoren oder Tensoren zu verzichten, wir schreiben also $(F_x) = F$. Nur bei den mehrkomponentigen Größen behalten wir den Fettdruck bei, s. z. B. (238).

Ein Feld erzeugt immer vier Größen, die im ganzen Raum definiert sind:

1. Die Energiedichte e beschreibt die in einem (hinreichend kleinen) Volumen ΔV vorhandene Energie ΔE. In unserem eindimensionalen Fall der sine-Gordon-Gleichung ist $\Delta V = \Delta x$ und damit

$$e = e(x, t) = \frac{\Delta E}{\Delta x} . \qquad \textit{Energiedichte des Feldes } q(x, t) \quad (234)$$

2. Diese Energiedichte bleibt i.a. nicht still liegen, sondern ändert sich auf Grund einer Energiestromdichte s, die in unserem eindimensionalen Fall einfach die Energie ΔE beschreibt, die pro Zeitintervall Δt aus dem "Volumenelement" Δx herausströmt (mit dem positiven Vorzeichen, wenn s in Richtung wachsender x-Werte fließt),

$$s = s(x, t) = \frac{\Delta E}{\Delta t} . \qquad \textit{Energiestromdichte des Feldes } q(x, t) \quad (235)$$

3. Unser Feld erzeugt nun ferner eine Impulsdichte p. Das ist derjenige Impuls ΔP des Feldes, der in dem Volumen Δx enthalten ist, dividiert durch Δx, also

$$p = p(x, t) = \frac{\Delta P}{\Delta x} . \qquad \textit{Impulsdichte des Feldes } q(x, t) \quad (236)$$

Hierbei ist darauf zu achten, daß ΔP nur der Impuls unseres q-Feldes auf der Länge Δx ist, also nicht etwa der gemäß Gleichung (73) in Kap. 8 stehende Impuls der Versetzungsmassen m_α auf dieser Länge. In ΔP geht nur die Vermehrung jenes Impulses auf Grund des q-Feldes ein.

4. Diese Impulsdichte ändert sich nun i. a. dadurch, daß in dem Feld eine Spannung t besteht. Die Spannung t wird ihrer physikalischen Bedeutung gemäß auch als negative Feldimpulsstromdichte bezeichnet. In unserem eindimensionalen Fall reduziert sich diese Spannung einfach auf eine Kraft F, die jeweils an einem der

Endpunkte des Volumenelementes Δx von dem jeweils benachbarten Volumenelement her an Δx angreift. Dabei wird traditionsgemäß eine Spannung positiv gerechnet, wenn die Kraft am rechten Ende von Δx in die positive Richtung weist,

$$t = t(x, t) = F \,. \qquad \textit{Spannung des Feldes } q(x, t) \qquad (237)$$

Diese vier Größen werden in dem Energie - Impuls - Tensor T des Feldes zusammengefaßt gemäß [31]

$$T = \begin{pmatrix} -t & p \\ -s & -e \end{pmatrix} . \qquad \textit{Energie-Impuls-Tensor des Feldes } q(x, t) \qquad (238)$$

Wenn die Energie und der Impuls des Feldes $q(x, t)$ im Laufe der Zeit nur umverteilt und verlagert, nicht aber nach außen oder an andere Objekte abgegeben werden, dann müssen folgende Gleichungen bestehen:
Eine Energieverminderung $-\Delta e \cdot \Delta x$ während der Zeit Δt kommt im Volumen Δx nur dadurch zustande, daß der positive Energiebetrag $s(x + \Delta x, t) \cdot \Delta t$ nach rechts herausströmt und der positive Betrag $s(x, t) \cdot \Delta t$ von links hereinströmt, also unter Anwendung der Taylorformel für $s(x + \Delta x, t)$,

$$-\Delta e \cdot \Delta x = s(x + \Delta x, t) \cdot \Delta t - s(x, t) \cdot \Delta t = (s(x, t) + \frac{\partial s(x, t)}{\partial x} \Delta x) \cdot \Delta t - s(x, t) \cdot \Delta t \,,$$

und damit

$$\frac{\partial e}{\partial t} = - \frac{\partial s}{\partial x} \,. \qquad (239)$$

Ebenso kommt eine Impulsvermehrung $\Delta p \cdot \Delta x$ in der Zeit Δt im Volumenelement Δx nur dadurch zustande, daß am rechten Ende des Volumens Δx der Kraftstoß $t(x + \Delta x, t) \cdot \Delta t$ nach rechts und am linken Ende von Δx der Kraftstoß $t(x, t)) \cdot \Delta t$ nach links wirkt, und damit wieder unter Anwendung der Taylorformel

(31) In der Notation des (hier zweidimensionalen) Minkowski - Raumes mit den Koordinaten $x_1 = x$ und $x_2 = t$ und der Metrik $(1, -c_0^2)$ haben wir den gemischt-varianten Energie - Impuls - Tensor $T = T_a{}^b$ aufgeschrieben, so daß div $T = \frac{\partial}{\partial x} T_a{}^1 + \frac{\partial}{\partial t} T_a{}^2$, $a = 1, 2$, wird, vgl. (240).

$$\Delta p \cdot \Delta x = t(x + \Delta x, t) \cdot \Delta t - t(x, t) \cdot \Delta t = (t(x, t) + \frac{\partial t(x, t)}{\partial x} \cdot \Delta x) \cdot \Delta t - t(x, t) \cdot \Delta t \ ,$$

also

$$\frac{\partial p}{\partial t} = \frac{\partial t}{\partial x} \ . \tag{239a}$$

Für die Gleichungen (239) und (239a) sagt man zusammenfassend, der Energie - Impuls - Tensor $\boldsymbol{T}$ sei divergenzfrei und schreibt,

$$\operatorname{div} \boldsymbol{T} = 0 : \quad \left. \begin{aligned} -\frac{\partial t}{\partial x} + \frac{\partial p}{\partial t} &= 0 \ , \\ -\frac{\partial s}{\partial x} - \frac{\partial e}{\partial t} &= 0 \ . \end{aligned} \right\} \tag{240}$$

Wir bemerken, daß über die Gleichung (239a) das Grundelement der Newtonschen Mechanik, nämlich ihr zweites Axiom, in der Feldtheorie enthalten ist: Gemäß (237) ist der Gradient der Spannung eine Kraftdichte, $\frac{\partial t}{\partial x} = \frac{\partial F}{\partial x} = f$, so daß $\frac{\partial p}{\partial t} = f$.

Einen Zusammenhang zwischen Teilchen und Feld stellen wir nun dadurch her, daß wir ein denkbar einfaches Modell für ein Teilchen betrachten, welches automatisch beides ist, Teilchen und Feld. Wir stellen uns ein über den Raum ausgebreitetes, einziges Teilchen der Masse m vor, das die konstante Geschwindigkeit v besitzt. Dieses Teilchen soll ferner keine inneren Bewegungen haben, also dem Modell eines "starren Körpers" nahekommen, derart, daß ein Beobachter, der auf diesem Teilchen sitzt, einen zeitlich unveränderlichen Zustand feststellt.

Die Energie E eines solchen Teilchens ist mit einer Dichte $e = e(x, t)$ verteilt, wobei $E = \int_{-\infty}^{+\infty} e \, dx$ ist, und strömt mit der Teilchengeschwindigkeit v durch den Raum. Dann muß aber (wie allgemein in Bild 1 dargestellt) $e(x, t) = e(x - v \cdot t)$ gelten. Damit ist auch eine Energiestromdichte s eingeführt gemäß

$$s = s(x, t) = e(x, t) \cdot v = e(x - v \cdot t) \cdot v$$

und es gilt

$$\frac{\partial s}{\partial x} = \frac{\partial}{\partial x}(e \cdot v) = v \cdot \frac{\partial e(x - v \cdot t)}{\partial x} = - \frac{\partial e}{\partial t} \,,$$

d.h., es gilt Gleichung (239).

Ebenso ist die Masse m dieses Teilchens mit einer Dichte ρ verteilt, $m = \int_{-\infty}^{+\infty} \rho \, dx$, und strömt mit derselben Geschwindigkeit v durch den Raum. Und wieder gilt wie oben $\rho = \rho(x, t) = \rho(x - v \cdot t)$. Dieser Massendichte ist eine Impulsdichte p zugeordnet gemäß $p = p(x, t) = v \cdot \rho(x - v \cdot t)$. Und wieder strömt die Impulsdichte p mit der Geschwindigkeit v durch den Raum und erzeugt dadurch eine Feldimpulsstromdichte $v \cdot p = v \cdot v \cdot \rho(x - v \cdot t)$, die gleich der negativen Spannung t ist, also $t = - v \cdot v \cdot \rho(x - v \cdot t)$, so daß,

$$\frac{\partial t}{\partial x} = - \frac{\partial}{\partial x}(v^2 \cdot \rho(x - v \cdot t)) = - v \cdot v \cdot \frac{\partial \rho(x - v \cdot t)}{\partial x} = v \cdot \frac{\partial \rho(x - v \cdot t)}{\partial t} = \frac{\partial p}{\partial t} \,,$$

d.h., es gilt Gleichung (239a).

Insgesamt haben wir damit folgendes Ergebnis erhalten: Einem mit der Massendichte ρ und der Energiedichte e über den Raum verteilten Teilchen der Geschwindigkeit v können wir einen Energie - Impuls - Tensor T zuordnen gemäß

$$T = \begin{pmatrix} v^2 \cdot \rho & v \cdot \rho \\ - v \cdot e & - e \end{pmatrix} \quad \text{mit} \quad \operatorname{div} T = 0 \,.$$

Energie-Impuls Tensor eines ausgebreiteten Teilchens (241)

Für den hier betrachteten, besonders einfachen Fall einer Massendichte $\rho = \rho(x - v\, t)$ des Teilchens folgt sofort $\operatorname{div} T = 0$. Es gibt aber auch kompliziertere Körper, nämlich solche, die außer ihrer Bewegung als Ganzes mit der Geschwindigkeit v noch zusätzliche innere Bewegungen ausführen. Der Zusammenhang zwischen Teilchen und Feld erfordert dann einen größeren mathematischen Aufwand, und wir müssen hierzu auf die einschlägige Literatur verweisen, vgl. z. B. D. Ivanenko und A. Sokolow [64]. Für den Spezialfall eines ruhenden Teilchens erhalten wir aus (241)

$$T_0 = \begin{pmatrix} 0 & 0 \\ 0 & -e_0 \end{pmatrix} \quad \text{mit} \quad \frac{\partial e_0}{\partial t} = 0 \ . \tag{242}$$

Aus einem Energie - Impuls - Tensor der Form (241) lesen wir die Geschwindigkeit v des Teilchens sofort ab sowie durch Integration seine Masse m,

$$m = \int_{-\infty}^{+\infty} \rho\, dx \ , \tag{243}$$

und ferner die beiden Teilchenparameter E und P gemäß

$$\left.\begin{aligned} P &= \int_{-\infty}^{+\infty} p\, dx = v \cdot m \ , \\ E &= \int_{-\infty}^{+\infty} e\, dx \ . \end{aligned}\right\} \tag{244}$$

Rein formal könnte man die beiden Komponenten e und p des Energie - Impuls - Tensors (238) immer integrieren (vorausgesetzt, die Integrale existieren), um damit zwei Größen E und P gemäß (244) zu definieren. Die eigentliche Frage, ob diese beiden Größen E und P auch wirklich die Parameter eines Teilchens sind, bliebe aber. Wir haben bisher gezeigt: Wenn der Energie - Impuls - Tensor eines Feldes $q = q(x, t)$ die Form (241) hat, dann ist dieses Feld tatsächlich einem Teilchen der Geschwindigkeit v mit der Energie E und mit dem Impuls P gemäß (244) äquivalent. (Auf die Frage, welche anderen Möglichkeiten es für den Energie - Impuls - Tensor eines Feldes gibt, damit dieses Feld einem Teilchen äquivalent ist, gehen wir hier nicht ein, vgl. dazu [64]).

Wenn wir wirklich in unserem Fall ein solches Feld $q = q(x, t)$ finden, das auf einen Energie - Impuls - Tensor (241) führt, dann wird unsere Feldtheorie auch gleich noch viel mehr liefern. Sie wird uns sowohl eine Beziehung zwischen der Massendichte ρ und der Energiedichte e bestimmen als auch die Beziehung zwischen der Masse m und der Geschwindigkeit v dieses Teilchens. - Wir sind also drauf und dran, aus unserer sine - Gordon - Gleichung auch noch die relativistische Teilchenmechanik aufzuspüren. Aber ganz so weit sind wir noch nicht. Erst müssen wir einmal prüfen, ob es überhaupt Fälle gibt, in denen der Energie - Impuls - Tensor eines sine - Gordon -Feldes $q(x, t)$ die mathematische Form (241) hat. Und dann müssen wir uns überlegen, wie wir den Energie -Impuls - Tensor berechnen, der zu einer bestimmten Lösung $q = q(x, t)$ der sine - Gordon - Gleichung gehört.

Mit der Feldgleichung für $q(x, t)$, der sine -Gordon - Gleichung (82), sind wir im Besitz der vollständigen Information über unser Feld $q = q(x, t)$. Der Energie -Impuls - Tensor dieses Feldes läßt sich direkt aus der Feldgleichung gewinnen. (Der Energie -Impuls -Tensor des elektromagnetischen Feldes kann beispielsweise ebenso direkt aus den Maxwellschen Gleichungen hergeleitet werden).

Der mathematisch bequemere Weg geht aber i. a. über die Lagrangefunktion L . Dies ist eine Funktion der Felder und ihrer Ableitungen, aus der man nach bestimmten Differentiationsvorschriften die Feldgleichungen sowie überhaupt alle wichtigen Größen des Feldes, wie z.B. den Energie - Impuls - Tensor, gewinnt. Wir werden uns hier dieser Lagrangeschen Methode bedienen, da uns die direkte Herleitung des Energie - Impuls - Tensors aus der sine - Gordon - Gleichung keine neuen Einsichten bringt. Die Lagrangesche Methode wird in der Punktmechanik begründet und ist den Newtonschen Bewegungsgleichungen äquivalent. Sie wurde dann auf die Kontinuumsmechanik übertragen und wird heute in jeder Feldtheorie benutzt, wie z.B. in der Elektrodynamik. Auf die Begründung der aus der Lagrangeschen Methode folgenden und von uns verwendeten Formeln gehen wir hier nicht ein, vgl. dazu z.B. H. Goldstein [65], D. Ivanenko /A. Sokolow [64]). Wir haben die sine - Gordon - Gleichung auf die Gleichungen (73) der Newtonschen Punktmechanik gegründet und können daher auch das äquivalente Lagrangesche Verfahren anwenden. In der Mechanik wird die Lagrangefunktion als die Differenz aus der kinetischen und der potentiellen Energie definiert. Dementsprechend ist L in der Feldtheorie gleich der Differenz aus der potentiellen und der kinetischen Energiedichte.

Die Lagrangefunktion L für das Feld $q = q(x, t)$ der sine - Gordon - Gleichung lautet nach Rubinstein [32]

$$L = L\left(q, \frac{\partial q}{\partial x}, \frac{\partial q}{\partial t}\right) = -\frac{\alpha}{2}\left(\frac{\partial q}{\partial x}\cdot\frac{\partial q}{\partial x} - \frac{1}{c_0^2}\frac{\partial q}{\partial t}\cdot\frac{\partial q}{\partial t}\right) + A\cdot\left(\cos\left(\frac{2\pi}{a}q\right) - 1\right). \qquad (245)$$

Die Faktoren α und A werden dafür sorgen, daß es sich hier um die Lagrange-

funktion der sine-Gordon-Gleichung für eine Versetzung im Kristall handelt. Wo kommen die einzelnen Terme dieser Lagrangefunktion her?
Dazu müssen wir die Beiträge zur potentiellen und zur kinetischen Energiedichte in der Lagrangefunktion L des Feldes q berechnen:
Zunächst zur potentiellen Energiedichte: Die relative Dehnung $\varepsilon = \frac{\partial q}{\partial x}$ erzeugt nach unserer Gleichung (80) die Spannung τ der linearen Kette auf Grund des Elastizitätsmoduls dieser Kette, den wir hier, um Verwechselungen mit der gemäß (244) zu berechnenden Teilchenenergie E zu vermeiden, von vornherein mit der dazu identischen Linienspannung σ bezeichnen (vgl. Kap. 8), also $\tau = \sigma \cdot \varepsilon = \sigma \frac{\partial q}{\partial x}$. Diese Spannung $\tau = \tau(x, t)$ ist, wie wir wissen, im eindimensionalen Fall einfach eine an der Stelle x angreifende Kraft. Wir wollen die Arbeit $\Delta W_I \cdot \Delta x$ berechnen, die erforderlich ist, um auf dem Stück zwischen x und $x + \Delta x$ bei einem vorhandenen Spannungszustand $\tau = \tau(x, t)$ die Verschiebung $q(x, t)$ um die ebenfalls ortsabhängige Verschiebung Δq zu vergrößern. Die Größe ΔW_I ist dabei also die durch Δq bewirkte Erhöhung der Energiedichte auf der Länge Δx. Auf dem Stück zwischen x und $x + \Delta x$ beschreiben wir den Ausgangszustand q näherungsweise durch das erste Glied seiner Taylorentwicklung,

$$q = q(x, t) + \frac{\partial q}{\partial x} \Delta x \; .$$

Eine am linken Rand von Δx angebrachte Verschiebung $\Delta q(x, t)$ ändert die auf dem Stück Δx lokalisierte Energie $\Delta W_I \, \Delta x$ um $-\sigma \frac{\partial q}{\partial x} \Delta q(x, t)$. Die am rechten Rand angebrachte Verschiebung bewirkt die Änderung $+\sigma \frac{\partial q}{\partial x} \Delta q(x + \Delta x, t)$, also insgesamt,

$$\Delta W_I \, \Delta x = -\sigma \frac{\partial q}{\partial x} \Delta q(x, t) + \sigma \frac{\partial q}{\partial x} \Delta q(x + \Delta x, t) \; ,$$

$$\Delta W_I \, \Delta x = -\sigma \frac{\partial q}{\partial x} \Delta q(x, t) + \sigma \frac{\partial q}{\partial x} \Delta q(x, t) + \sigma \frac{\partial q}{\partial x} \frac{\partial}{\partial x} \Delta q(x, t) \, \Delta x \; .$$

Da wir die Zeit festhalten, können wir $\frac{\partial}{\partial x}$ und Δ vertauschen und erhalten

$$\Delta W_1 = \sigma \frac{\partial q}{\partial x} \Delta \frac{\partial q}{\partial x}$$

und damit im Grenzfall beliebig kleiner Verschiebungen

$$dW_1 = \tau(x,t)\, d \frac{\partial q(x,t)}{\partial x} = \tau d\varepsilon = \sigma \varepsilon d\varepsilon \, .$$

Ausgehend von dem Grundzustand $\varepsilon = 0$ folgt daraus durch Integration, da in unserem linearen Modell $\sigma =$ const. gilt,

$$W_1 = \sigma \cdot \int_0^{\varepsilon} \tilde{\varepsilon} d\tilde{\varepsilon} = \sigma \frac{1}{2} \varepsilon^2 \, .$$

Der Aufbau einer ortsabhängigen Spannung τ liefert also einen Beitrag W_1 zur potentiellen Energiedichte gemäß

$$W_1 = \frac{\sigma}{2} \frac{\partial q}{\partial x} \frac{\partial q}{\partial x} \quad . \tag{246}$$

Mit dem Grundzustand $\varepsilon = 0$ ergibt sich ein weiterer Beitrag W_2 zur potentiellen Energiedichte aus der Lage des Versetzungsstückes Δx im Gitter. Nach unserem Ansatz (75) mit dem Grenzübergang (79) beläuft sich dieser Beitrag W_2 auf

$$W_2 = -\frac{aD}{2\pi} \cdot [\cos(\frac{2\pi}{a} q(x,t)) - 1] \, . \tag{246a}$$

Die Konstante -1 sichert hier die Normierung dieses Beitrages zur potentiellen Energie auf Null in den Gleichgewichtslagen $q = n \cdot \frac{a}{2\pi}$ (vgl. auch (91)). Im übrigen ist der Faktor so gewählt, daß $\frac{\partial W_2}{\partial q} \cdot \Delta x$ gleich der Kraft des Gitters auf das Versetzungsstück der Länge Δx gemäß (79) wird.
In der Dichte für die kinetische Energie $T = \frac{1}{2} \rho_o v^2$ setzen wir gemäß unserer linearen Näherung $v = \frac{\partial q}{\partial t}$ und gemäß (82) $\rho_o = \frac{\sigma}{c_o^2}$, so daß

$$T = \frac{1}{2}\frac{\sigma}{c_o^2}\frac{\partial q}{\partial t}\frac{\partial q}{\partial t} \quad . \tag{246b}$$

Aus (246) - (246b) finden wir für die Lagrangefunktion $L = T - (W_1 + W_2)$ tatsächlich den Rubinsteinschen Ausdruck (245) bestätigt. Ferner haben wir die Konstanten α und A so bestimmt, daß wir damit Versetzungen im Kristall beschreiben, nämlich

$$\left.\begin{aligned} \alpha &= \sigma \ , \\ A &= \frac{aD}{2\pi} \ . \end{aligned}\right\} \tag{247}$$

Wenn wir noch gemäß (97) unser Längenmaß L_o einführen, also

$$\frac{A}{\sigma} = \frac{a^2}{4L_o^2} \ , \tag{248}$$

dann finden wir für die Lagrangefunktion unseres sine - Gordon - Feldes im Kristall schließlich

$$L = -\frac{\sigma}{2}\left(\frac{\partial q}{\partial x}\cdot\frac{\partial q}{\partial x} - \frac{1}{c_o^2}\frac{\partial q}{\partial t}\cdot\frac{\partial q}{\partial t}\right) + \frac{\sigma a^2}{4L_o^2}\cdot\left(\cos\left(\frac{2\pi}{a}q\right) - 1\right) \ . \tag{249}$$

Die Feldgleichung für $q = q(x, t)$ ist aus L nun nach folgender Vorschrift zu ermitteln,

$$\frac{\partial L}{\partial q} - \frac{\partial}{\partial x}\left(\frac{\partial L}{\partial\frac{\partial q}{\partial x}}\right) - \frac{\partial}{\partial t}\left(\frac{\partial L}{\partial\frac{\partial q}{\partial t}}\right) = 0 \ . \tag{250}$$

Wir überprüfen, daß (250) mit L gemäß (249) tatsächlich unsere sine - Gordon - Gleichung liefert (dabei rechnen wir der Einfachheit halber zunächst mit den Konstanten α und A),

$$\frac{\partial L}{\partial q} = -\frac{2\pi A}{a}\cdot\sin(\frac{2\pi}{a}q)\ ,$$

$$\frac{\partial L}{\partial\frac{\partial q}{\partial x}} = -\alpha\frac{\partial q}{\partial x} \quad\Rightarrow\quad -\frac{\partial}{\partial x}(\frac{\partial L}{\partial\frac{\partial q}{\partial x}}) = \alpha\frac{\partial^2 q}{\partial x^2}\ ,$$

$$\frac{\partial L}{\partial\frac{\partial q}{\partial t}} = \frac{\alpha}{c_o^2}\frac{\partial q}{\partial t} \quad\Rightarrow\quad -\frac{\partial}{\partial t}(\frac{\partial L}{\partial\frac{\partial q}{\partial t}}) = -\frac{\alpha}{c_o^2}\frac{\partial^2 q}{\partial t^2}\ ,$$

und damit insgesamt

$$-\frac{2\pi A}{a}\sin(\frac{2\pi}{a}q) + \alpha\frac{\partial^2 q}{\partial x^2} - \frac{\alpha}{c_o^2}\frac{\partial^2 q}{\partial t^2} = 0\ . \tag{82'}$$

Das ist aber tatsächlich unsere sine - Gordon - Gleichung (82), wenn wir für A und α die Konstanten aus den Gleichungen (247) einsetzen.

Die einzelnen Komponenten des Energie - Impuls - Tensors (238) können wir nun direkt aus der Lagrangefunktion (249) nach folgenden Vorschriften gewinnen:

$$\left.\begin{aligned} -t &= L + \sigma\frac{\partial q}{\partial x}\frac{\partial q}{\partial x}\ , & p &= -\frac{\sigma}{c_o^2}\frac{\partial q}{\partial x}\frac{\partial q}{\partial t}\ ,\\ -s &= \sigma\frac{\partial q}{\partial x}\frac{\partial q}{\partial t}\ , & e &= L - \frac{\sigma}{c_o^2}\frac{\partial q}{\partial t}\frac{\partial q}{\partial t}\ . \end{aligned}\right\} \tag{251}$$

Damit erhalten wir den zu der Lösung $q = q(x, t)$ der sine - Gordon - Gleichung gehörenden Energie - Impuls - Tensor T gemäß

$$T = \begin{pmatrix} \frac{\sigma}{2}(\frac{\partial q}{\partial x}\frac{\partial q}{\partial x} + \frac{1}{c_o^2}\frac{\partial q}{\partial t}\frac{\partial q}{\partial t}) + A\cos(\frac{2\pi}{a}q) - A & -\frac{\sigma}{c_o^2}\frac{\partial q}{\partial x}\frac{\partial q}{\partial t} \\ \sigma\frac{\partial q}{\partial x}\frac{\partial q}{\partial t} & -\frac{\sigma}{2}(\frac{\partial q}{\partial x}\frac{\partial q}{\partial x} + \frac{1}{c_o^2}\frac{\partial q}{\partial t}\frac{\partial q}{\partial t}) + A\cos(\frac{2\pi}{a}q) - A \end{pmatrix}. \tag{252}$$

Wir rechnen nach, daß für die zur Lagrangefunktion L gehörende Feldgleichung, d.h. für die sine - Gordon - Gleichung (82), der Energie - Impuls -Tensor (252) die Gleichung

$$\operatorname{div} \boldsymbol{T} = 0 \tag{253}$$

erfüllt:

$$\frac{\partial}{\partial x}\left[\frac{\sigma}{2}\left(\frac{\partial q}{\partial x}\frac{\partial q}{\partial x} + \frac{1}{c_0^2}\frac{\partial q}{\partial t}\frac{\partial q}{\partial t}\right) + A\cos\left(\frac{2\pi}{a}q\right) - A\right] + \frac{\partial}{\partial t}\left[-\frac{\sigma}{c_0^2}\frac{\partial q}{\partial x}\frac{\partial q}{\partial t}\right] =$$

$$\sigma\left(\frac{\partial q}{\partial x}\frac{\partial^2 q}{\partial x^2} + \frac{1}{c_0^2}\frac{\partial q}{\partial t}\frac{\partial^2 q}{\partial x\,\partial t}\right) - \frac{2\pi A}{a}\frac{\partial q}{\partial x}\sin\left(\frac{2\pi}{a}q\right) - \frac{\sigma}{c_0^2}\left(\frac{\partial q}{\partial x}\frac{\partial^2 q}{\partial t^2} + \frac{\partial q}{\partial t}\frac{\partial^2 q}{\partial t\,\partial x}\right) =$$

$$\frac{\partial q}{\partial x}\left[\sigma\left(\frac{\partial^2 q}{\partial x^2} - \frac{1}{c_0^2}\frac{\partial^2 q}{\partial t^2}\right) - \frac{2\pi A}{a}\sin\left(\frac{2\pi}{a}q\right)\right] = 0$$

auf Grund der sine - Gordon - Gleichung (82) unter Beachtung von (247). Ebenso gilt

$$\frac{\partial}{\partial x}\left[\sigma\frac{\partial q}{\partial x}\frac{\partial q}{\partial t}\right] + \frac{\partial}{\partial t}\left[-\frac{\sigma}{2}\left(\frac{\partial q}{\partial x}\frac{\partial q}{\partial x} + \frac{1}{c_0^2}\frac{\partial q}{\partial t}\frac{\partial q}{\partial t}\right) + A\cos\left(\frac{2\pi}{a}q\right) - A\right] =$$

$$\sigma\left(\frac{\partial q}{\partial x}\frac{\partial^2 q}{\partial x\,\partial t} + \frac{\partial q}{\partial t}\frac{\partial^2 q}{\partial x^2}\right) - \sigma\left(\frac{\partial q}{\partial x}\frac{\partial^2 q}{\partial x\,\partial t} + \frac{1}{c_0^2}\frac{\partial q}{\partial t}\frac{\partial^2 q}{\partial t^2}\right) - \frac{2\pi A}{a}\frac{\partial q}{\partial t}\sin\left(\frac{2\pi}{a}q\right) =$$

$$\frac{\partial q}{\partial t}\left[\sigma\left(\frac{\partial^2 q}{\partial x^2} - \frac{1}{c_0^2}\frac{\partial^2 q}{\partial t^2}\right) - \frac{2\pi A}{a}\sin\left(\frac{2\pi}{a}q\right)\right] = 0\ .$$

Wir brauchen jetzt also nur noch die einzelnen Lösungen von (82) herzunehmen, in (252) einzusetzen und zu prüfen, ob dabei ein Tensor der Form (241) entsteht.

20. Eine Teilchenlösung - die Trägheit der Energie

Wir werden uns hier mit der Lösung $q = q^{l}(x, t)$, also unserer Kinklösung (105) beschäftigen, die uns gemäß (92a), (85) und (93) zunächst unsere natürlichen, ruhenden Längenmaßstäbe L_0 und dann auch die bewegten Maßstäbe L' geliefert hat mit der für alles weitere so entscheidenden Lorentzkontraktion (106). Dabei wird also die Frage zu beantworten sein, verhalten sich diese inneren Längenmaßstäbe, auf welche die inneren Beobachter ihre Erfahrungen gründen, auch rein mechanisch ebenso, wie wir als äußere Experimentatoren das von unseren Längenmaßstäben, unseren Meßlatten, gewöhnt sind, d. h., können wir diesen Maßstäben als Ganzes eine einzige Masse und eine einzige Geschwindigkeit zuordnen? Ist also ein einzelner Längenmaßstab L' der inneren Beobachter auch ein einzelner Körper im Sinne der Newtonschen Mechanik? Dazu müssen wir nun für die Funktion (105) den Tensor (252) berechnen und kontrollieren, ob wir einen mathematischen Ausdruck erhalten, der (241) erfüllt. Wir führen jetzt die Rechnungen durch: Es ist

$$q^{l}(x,t) = \frac{2a}{\pi} \arctan \exp\Big[\frac{\pi(x - v\,t)}{L_0 \gamma}\Big] \quad , \quad \gamma = \sqrt{1 - \frac{v^2}{c_0^2}} \ .$$

Unter Verwendung von

$$\cos\alpha = \frac{1}{\sqrt{1 + \tan^2\alpha}} \quad , \quad \cos(4\alpha) - 1 = -8 \frac{\tan^2\alpha}{(1 + \tan^2\alpha)^2}$$

folgt

$$\cos\Big(\frac{2\pi}{a} q^{l}\Big) - 1 = \cos\Big(4 \arctan \exp\Big[\frac{\pi(x - v\,t)}{L_0\gamma}\Big]\Big) - 1 =$$

$$= -8 \frac{\tan^2\Big(\arctan \exp\Big[\frac{\pi(x - v\,t)}{L_0\gamma}\Big]\Big)}{\Big(1 + \tan^2\Big(\arctan \exp\Big[\frac{\pi(x - v\,t)}{L_0\gamma}\Big]\Big)\Big)^2} \ ,$$

$$\cos(\frac{2\pi}{a}q^I)-1=-8\;\frac{\exp[2\frac{\pi(x-v\,t)}{L_o\gamma}]}{(1+\exp[2\frac{\pi(x-v\,t)}{L_o\gamma}])^2}\,,$$

und aus

$$\frac{\partial q^I}{\partial x}=\frac{2a}{L_o\gamma}\frac{\exp[\frac{\pi(x-v\,t)}{L_o\gamma}]}{1+\exp[2\frac{\pi(x-v\,t)}{L_o\gamma}]}\quad\text{sowie}\quad\frac{\partial q^I}{\partial t}=-v\cdot\frac{\partial q^I}{\partial x}$$

finden wir damit unter Beachtung von (247) und (248)

$$\frac{\sigma}{2}(\frac{\partial q^I}{\partial x}\frac{\partial q^I}{\partial x}+\frac{1}{c_o^2}\frac{\partial q^I}{\partial t}\frac{\partial q^I}{\partial t})+\frac{\sigma a^2}{4L_o^2}(\cos(\frac{2\pi}{a}q^I)-1)=$$

$$=\frac{\sigma}{2}\frac{4a^2}{L_o^2\gamma^2}(1+\frac{v^2}{c_o^2})\frac{\exp[2\frac{\pi(x-v\,t)}{L_o\gamma}]}{(1+\exp[2\frac{\pi(x-v\,t)}{L_o\gamma}])^2}-\frac{\sigma a^2}{4L_o^2}\,8\,\frac{\exp[2\frac{\pi(x-v\,t)}{L_o\gamma}]}{(1+\exp[2\frac{\pi(x-v\,t)}{L_o\gamma}])^2}$$

$$=\frac{\exp[2\frac{\pi(x-v\,t)}{L_o\gamma}]}{(1+\exp[2\frac{\pi(x-v\,t)}{L_o\gamma}])^2}\cdot(\frac{2\sigma a^2}{L_o^2\gamma^2}(1-\frac{v^2}{c_o^2}+2\frac{v^2}{c_o^2})-\frac{2\sigma a^2}{L_o^2})$$

$$=\frac{v^2}{c_o^2}\frac{4\sigma a^2}{L_o^2\gamma^2}\frac{\exp[2\frac{\pi(x-v\,t)}{L_o\gamma}]}{(1+\exp[2\frac{\pi(x-v\,t)}{L_o\gamma}])^2}\,.$$

Wenn wir noch eine Funktion $\rho=\rho(x-v\,t)$ einführen gemäß

$$\rho\,(x - v\,t) = \frac{1}{c_o{}^2}\frac{1}{\gamma^2}\frac{4\sigma a^2}{L_o^2}\frac{\exp[\,2\frac{\pi\,(x - v\,t)}{L_o\gamma}]}{(1 + \exp[\,2\frac{\pi\,(x - v\,t)}{L_o\gamma}])^2}\,, \tag{254}$$

erhalten wir für die erste Komponente $-t$ des Energie - Impuls - Tensors

$$-t = v^2\rho(x - v\,t)\ . \tag{255}$$

Ebenso finden wir

$$-\frac{\sigma}{c_o^2}\frac{\partial q^I}{\partial x}\frac{\partial q^I}{\partial t} = -\frac{1}{c_o^2}(-v)\frac{4\sigma\,a^2}{\gamma^2 L_o^2}\frac{\exp[\frac{\pi\,(x - v\,t)}{L_o\gamma}]}{1 + \exp[2\,\frac{\pi\,(x - v\,t)}{L_o\gamma}]}$$

und damit

$$p = v\cdot\rho \tag{255a}$$

sowie gemäß (252)

$$-s = -v\cdot c_o^2\rho\ . \tag{255b}$$

Schließlich folgt

$$-\frac{\sigma}{2}(\frac{\partial q^I}{\partial x}\frac{\partial q^I}{\partial x} + \frac{1}{c_o^2}\frac{\partial q^I}{\partial t}\frac{\partial q^I}{\partial t}) + \frac{\sigma a^2}{4L_o^2}(\cos(\frac{2\pi}{a}q^I) - 1)) =$$

$$= -\frac{\sigma}{2}\frac{4a^2}{L_o^2\gamma^2}(1 + \frac{v^2}{c_o^2})\frac{\exp[\,2\frac{\pi\,(x - v\,t)}{L_o\gamma}]}{(1 + \exp[\,2\frac{\pi\,(x - v\,t)}{L_o\gamma}])^2} - \frac{\sigma a^2}{4L_o^2}\,8\,\frac{\exp[\,2\frac{\pi\,(x - v\,t)}{L_o\gamma}]}{(1 + \exp[\,2\frac{\pi\,(x - v\,t)}{L_o\gamma}])^2}$$

$$= \frac{\exp[2\frac{\pi(x-vt)}{L_o\gamma}]}{(1+\exp[2\frac{\pi(x-vt)}{L_o\gamma}])^2} \cdot \left(\frac{2\sigma a^2}{L_o^2\gamma^2}(1 - \frac{v^2}{c_o^2} - 2) - \frac{2\sigma a^2}{L_o^2} \right)$$

$$= -\frac{4\sigma a^2}{L_o^2\gamma^2} \frac{\exp[2\frac{\pi(x-vt)}{L_o\gamma}]}{(1+\exp[2\frac{\pi(x-vt)}{L_o\gamma}])^2}$$

und daher wieder mit der Funktion $\rho(x - v\,t)$ gemäß (254)

$$-e = -c_o^2\rho\,. \tag{255c}$$

Aus (255) - (255c) lesen wir den Energie - Impuls - Tensor T^I des sine - Gordon Feldes q^I ab, d. h. des Feldes, das unsere natürlichen Maßstäbe L_o bzw. L' definiert,

$$T^I = \begin{pmatrix} v^2\rho & v\rho \\ -v\,c_o^2\rho & -c_o^2\rho \end{pmatrix} \qquad \textit{Energie - Impuls - Tensor von } q^I(x,t) \tag{256}$$

mit $\rho = \rho(x - v\,t)$ gemäß (254).

Wir sehen: Der Tensor T^I ist der Energie - Impuls - Tensor eines Teilchens gemäß (241). Um die Diskussion dieses bemerkenswerten Resultates vorzubereiten, berechnen wir zunächst die träge Masse m_a, die ein Versetzungsstück auf der Länge a eines Gitterabstandes hat. (m_a ist also die auf der Länge a befindliche träge Masse Δm_α in Gleichung (73)).

Gemäß der zweiten Gleichung (82), in der wir für den Elastizitätsmodul wieder σ schreiben, $c_o = \sqrt{\frac{\sigma}{\rho_o}}$ (und in Übereinstimmung mit unserem Ausdruck (246b) für die kinetische Energiedichte $T = \frac{\rho_o}{2}(\frac{\partial q}{\partial t})^2$), gilt für die Massendichte ρ_o der Versetzung $\rho_o = \frac{\sigma}{c_o^2}$ und damit nach Multiplikation mit dem Gitterabstand a für die Masse m_a auf der Länge a

$$m_a = \frac{a\,\sigma}{c_o^2} \,. \tag{257}$$

Gemäß (243) berechnen wir nun unter Verwendung von (254) die träge Masse m des von den inneren Beobachtern registrierten Körpers, der zu (256) gehört,

$$m = \frac{1}{c_o^2}\frac{1}{\gamma^2}\frac{4\sigma a^2}{L_o^2}\int_{-\infty}^{+\infty}\frac{\exp[2\frac{\pi(x-v\,t)}{L_o\gamma}]\,dx}{(1+\exp[2\frac{\pi(x-v\,t)}{L_o\gamma}])^2} = \frac{1}{c_o^2}\frac{1}{\gamma^2}\frac{4\sigma a^2}{L_o^2}\int_{-\infty}^{+\infty}\frac{\exp[\frac{2\pi\,x}{L_o\gamma}]\,dx}{(1+\exp[\frac{2\pi\,x}{L_o\gamma}])^2}$$

$$= \frac{1}{c_o^2}\frac{1}{\gamma^2}\frac{4\sigma a^2}{L_o^2}\frac{L_o\gamma}{2\pi}\int_{-\infty}^{+\infty}\frac{e^x}{(1+e^x)^2}\,dx$$

$$= \frac{1}{\gamma}\frac{1}{c_o^2}\frac{2a^2\sigma}{\pi L_o}\left[\frac{-1}{1+e^x}\right]_{-\infty}^{+\infty} = \frac{1}{\gamma}\frac{1}{c_o^2}\frac{2a^2\sigma}{\pi L_o} \,.$$

Unter Beachtung von (257) können wir dafür schreiben

$$\left.\begin{aligned} m &= \frac{m_o}{\sqrt{1-\frac{v^2}{c_o^2}}} \,, \\ m_o &= f\,m_a \,, \qquad f = \frac{2a}{\pi L_o} \,, \quad m_a = \frac{a\,\sigma}{c_o^2} \,. \end{aligned}\right\} \tag{258}$$

Für die Energie E und den Impuls P des Teilchens folgt sofort,

$$P = \frac{m_o}{\sqrt{1-\frac{v^2}{c_o^2}}}\,v \,, \quad E = \frac{m_o}{\sqrt{1-\frac{v^2}{c_o^2}}}\,c_o^2 \,. \tag{259}$$

In (258) steht die von der Einsteinschen Speziellen Relativitätstheorie geforderte

Abhängigkeit der trägen Masse m von ihrer Geschwindigkeit v; und in (259) steht Einsteins berühmte Äquivalenz zwischen der Energie E und der trägen Masse m eines Teilchens. Und alles dies ist einzig und allein eine Konsequenz aus unserer sine - Gordon - Gleichung. Deren Lösung q^I stellt nicht nur irgendein Teilchen dar, sondern dazu auch noch ein streng relativistisches. M.a.W., die daraus gebildeten Längenmaßstäbe L_0 bzw. L' der inneren Beobachter sind einzelne Körper im Sinne der relativistisch interpretierten Newtonschen Axiomatik (d. h. mit einer geschwindigkeitsabhängigen Masse gemäß (258)). Die Geschwindigkeit v dieser Körper bleibt stets kleiner als die Signalgeschwindigkeit c_0. Mit der Annäherung an diese Signalgeschwindigkeit wächst die Masse m des Körpers gemäß (258) unbegrenzt. Daher kann diese Signalgeschwindigkeit von keinem Körper mit $m_0 \neq 0$ jemals erreicht werden.

Ergänzend bemerken wir noch: Wir beobachten das durch die Gleichungen (259) definierte Teilchen von zwei Bezugssystemen aus. Ein Beobachter in dem System Σ' mit den Koordinaten x', t' möge die Energie $E' = \dfrac{m_0 c_0^2}{\sqrt{1 - \dfrac{v'^2}{c_0^2}}}$ und den Impuls $P' = \dfrac{m_0 v'}{\sqrt{1 - \dfrac{v'^2}{c_0^2}}}$ messen. Ein Beobachter in einem Bezugssystem Σ_0, der dort mit den Koordinaten x, t rechnet, möge für die Geschwindigkeit des Systems Σ' den Wert v feststellen. Für das Teilchen mißt er die Werte $E = \dfrac{m_0 c_0^2}{\sqrt{1 - \dfrac{v_0^2}{c_0^2}}}$ und $P = \dfrac{m_0 v_0}{\sqrt{1 - \dfrac{v_0^2}{c_0^2}}}$.

Wie groß ist hier v_0? Wir wissen: Da sich das Teilchen in bezug auf Σ' mit der Geschwindigkeit v' bewegt und das ganze System Σ' in bezug auf Σ_0 die Geschwindigkeit v besitzt, berechnet sich die von Σ_0 aus gemessene Geschwindigkeit v_0 des Teilchens nach dem Additionstheorem der Geschwindigkeiten (168), also

$$v_0 = \frac{v + v'}{1 + \dfrac{v v'}{c_0^2}}, \qquad (168)'$$

was wir als unmittelbare Konsequenz aus der Voigt -Lorentz -Transformation (144) gewonnen hatten. Daraus läßt sich der Schluß ziehen, daß für die Werte P' und E'

in Σ' sowie P und E in Σ_o ebenfalls die Formeln der Voigt-Lorentz-Transformation (144) gelten, wenn man dort nur x durch P und $c_o t$ durch $\frac{E}{c_o}$ ersetzt, sowie entsprechend x' durch P' und $c_o t'$ durch $\frac{E'}{c_o}$, d.h., es gilt

$$\left.\begin{aligned} P' &= \frac{P - \frac{v}{c_o}\frac{E}{c_o}}{\sqrt{1-\frac{v^2}{c_o^2}}}\,, \\ E' &= \frac{E - v\,P}{\sqrt{1-\frac{v^2}{c_o^2}}} \end{aligned}\right\} \qquad (260)$$

und ebenso die Umkehrung

$$\left.\begin{aligned} P &= \frac{P' + \frac{v}{c_o}\frac{E'}{c_o}}{\sqrt{1-\frac{v^2}{c_o^2}}}\,, \\ E &= \frac{E' + v\,P'}{\sqrt{1-\frac{v^2}{c_o^2}}}\,. \end{aligned}\right\} \qquad (260a)$$

Wir begnügen uns damit, die zweite Gleichung von (260a) zu verifizieren. Mit

$$1 - \frac{v_o{}^2}{c_o^2} = 1 - \frac{\frac{(v+v')^2}{c_o{}^2}}{(1+\frac{v\,v'}{c_o^2})^2} = \frac{1 + 2\frac{v\,v'}{c_o^2} + \frac{v^2 v'^2}{c_o^4} - \frac{v^2}{c_o^2} - 2\frac{v\,v'}{c_o^2} - \frac{v'^2}{c_o^2}}{(1+\frac{v\,v'}{c_o^2})^2}\,,$$

$$1-\frac{v_o^2}{c_o^2}=\frac{1-\frac{v^2}{c_o^2}-\frac{v'^2}{c_o^2}(1-\frac{v^2}{c_o^2})}{(1+\frac{v\,v'}{c_o^2})^2}=\frac{(1-\frac{v^2}{c_o^2})(1-\frac{v'^2}{c_o^2})}{(1+\frac{v\,v'}{c_o^2})^2},$$

also

$$\sqrt{1-\frac{v_o^2}{c_o^2}}=\frac{\sqrt{1-\frac{v^2}{c_o^2}}\sqrt{1-\frac{v'^2}{c_o^2}}}{1+\frac{v\,v'}{c_o^2}},$$

folgt aus (260a) für E,

$$E=\frac{\frac{m_o c_o^2}{\sqrt{1-\frac{v'^2}{c_o^2}}}+v\frac{m_o v'}{\sqrt{1-\frac{v'^2}{c_o^2}}}}{\sqrt{1-\frac{v^2}{c_o^2}}}=\frac{m_o c_o^2(1+\frac{v\,v'}{c_o^2})}{\sqrt{1-\frac{v'^2}{c_o^2}}\sqrt{1-\frac{v^2}{c_o^2}}},$$

so daß

$$E=\frac{m_o c_o^2}{\sqrt{1-\frac{v_o^2}{c_o^2}}},$$

mit v_o gemäß (168)' (s. S. 246), was wir zeigen wollten. Ebenso verifiziert man den Ausdruck für P. Die Gleichungen (260) bzw. (260a) sind *das* physikalische Charakteristikum für ein relativistisches Teilchen, das wir hiermit für den durch $q^I(x,t)$ beschriebenen Körper der inneren Beobachter mit ihrer Signalgeschwindigkeit c_o noch einmal exakt nachgewiesen haben.

Zur Abschätzung der Größenordnung der Masse m_o benutzen wir einen Wert für die Linienspannung, der sich aus der Berechnung der Linienenergie für den Kristall Niob nach Ackermann, Mugrabi und Seeger [66] zu $\sigma \approx 3 \cdot 10^{-10}$ Nm ergibt. Mit einer Gitterkonstante von $a \approx 2{,}86 \cdot 10^{-10}$ m sowie einem Näherungswert für c_0 durch die Schallgeschwindigkeit gemäß $c_0 \approx 4{,}5 \cdot 10^{3}$ ms^{-1} folgt daraus zunächst ein Schätzwert für die Versetzungsmasse m_a von

$$m_a \approx 5 \cdot 10^{-27}\ \text{kg} \ . \qquad (261)$$

Die Masse der Gitteratome des Niob beläuft sich auf etwa $m_{Nb} \approx 154 \cdot 10^{-27}$ kg. Die auf einen Gitterabstand a bezogene Masse m_a der Versetzungskette hat hier also etwa 3 % von der Masse m_{Nb} der Niobatome.
Nehmen wir für die Länge L_0 einen Schätzwert von ca. vier Gitterkonstanten an, also $L_0 \approx 4\,a$, so folgt für den Faktor in (258) $f \approx 0{,}16$. Für die Ruhmasse m_0 unseres durch die Lösung q^{I} definierten Körpers erhalten wir damit den Schätzwert

$$m_0 \approx 0{,}8 \cdot 10^{-27}\ \text{kg} \ . \qquad (262)$$

Das sind also etwa $0{,}5$ % von der Masse der umgebenden Gitteratome.
Ein solcher Vergleich zwischen den trägen Massen von Versetzungen und den trägen Massen der Gitteratome kann aber leicht zu falschen Vorstellungen führen. Genauer muß es heißen: Die Trägheit m_a eines Versetzungsstückes der Länge a gegenüber dem Gitter beträgt etwa 3 % von der Trägheit der Niobatome gegenüber unserem "äußeren" Raum; ebenso beträgt die Trägheit m_0 des "Körpers", von dem wir nach unseren obigen Rechnungen bei einer Kinke reden können, gegenüber dem Gitter etwa $0{,}5$ % von der Trägheit der Niobatome gegenüber unserem "äußeren" Raum.
Der Unterschied in den entsprechenden Energien ist verglichen damit aber ungleich größer. Unser Körper mit der Masse m_0 besitzt gemäß (259), wenn wir wieder $c_0 \approx 4{,}5 \cdot 10^{3}$ms^{-1} annehmen, den Energieinhalt von $E_0 = m_0 c_0^2$, also, $E_0 = 0.8 \cdot 10^{-27} \cdot 4{,}5^{2} \cdot 10^{6}$ kgm^{2}s^{-2} und damit $E_0 \approx 1{,}6 \cdot 10^{-20}$Nm. Für den Energieinhalt der Niobatome ist aber die Lichtgeschwindigkeit $c_L = 3 \cdot 10^{8}$ ms^{-1} zuständig. Daher erhalten wir für den Energieinhalt E_{Nb} eines ruhenden Niobatoms $E_{Nb} = m_{Nb} \cdot c_L^2 \approx 154 \cdot 10^{-27} \cdot 9 \cdot 10^{+16}$kgm^{2}s^{-2}, also $E_{Nb} \approx 1{,}4 \cdot 10^{-9}$ Nm. Der Energieinhalt unseres, in bezug auf den Kristall definierten Körpers mit der Masse m_0

beträgt davon gut 10^{-9} % - welch ein gewaltiger Unterschied! (32)
Auch für weitere Lösungen der sine - Gordon - Gleichung läßt sich nachweisen, daß die durch sie beschriebenen Felder als Teilchen bzw. Körper im Sinne der Mechanik verstanden werden können. Z.B. gilt dies für unser Feld (111), den schwingenden breather $q = q^{III}(x, t)$, durch den wir in den Kap. 9 und 10 die Uhren der inneren Beobachter definieren konnten. Zusätzlich zu seiner Translation als ein Körper mit der Geschwindigkeit v besitzt der breather nun noch innere Bewegungen, nämlich seine Schwingungen. Die Rechnungen für den Nachweis des Teilchencharakters der breather - Lösung werden daher etwas aufwendiger, und wir verweisen auf die Originalarbeit [61].
Ohne das Problem hier vertiefen zu können, bemerken wir, daß nichtlineare Gleichungen ganz allgemein die Bewegungsgesetze ihrer Teilchenlösungen enthalten. Anders als in der Elektrodynamik ist daher die Summe zweier Lösungen der sine - Gordon - Gleichung (82) wegen des nichtlinearen Terms $\sin(\frac{2\pi}{a}q)$ nicht einfach wieder eine Lösung dieser Gleichung. Zwei Lösungen kann man nur dadurch zu einer neuen Lösung zusammensetzen, indem man deren "richtige" gegenseitige Bewegung (und auch die gegenseitig bewirkten Deformationen) herausfindet. In diesem Sinne enthält die sine - Gordon - Gleichung die Dynamik ihrer Teilchen. Die Maxwellschen Gleichungen sind linear, und man muß zusätzlich die relativistisch korrigierte, Newtonsche Mechanik postulieren, um das elektromagnetische Feld zweier geladener Teilchen in seinem zeitlichen Verlauf berechnen zu können. Der relativistischen, nichtlinearen sine -Gordon -Gleichung mit ihrer Signalgeschwindigkeit c_0 im Kristall auf der einen Seite entspricht also das System aus den Maxwellschen Gleichungen und den relativistischen, mechanischen Bewegungsgleichungen mit der Lichtgeschwindigkeit c_L auf der anderen Seite. Im Rahmen unseres eindimensionalen Modells ist die Äquivalenz zwischen der Einsteinschen Speziellen Relativitätstheorie unserer physikalischen Raum - Zeit und der Speziellen Relativitätstheorie auf dem Festkörper damit vollständig.

---

(32) Außerdem gibt es rein begrifflich einen weiteren, wichtigen Unterschied zwischen der trägen Masse einer Kinke in bezug auf das Gitter und der trägen Masse eines Niobatoms gegenüber unserem Raum. Für die Niobatome ist diese träge Masse nach dem Einsteinschen Äquivalenzprinzip der allgemeinen Relativitätstheorie identisch mit ihrer schweren Masse, gemäß welcher sie der universellen Gravitation unterworfen sind. Für die Eigenschaft der Schwere eines Teilchens, welche wir besonders in unseren Alltagsvorstellungen mit dem nicht weiter spezifizierten Begriff Masse verbinden, gibt es kein Analogon bei den Teilchen der inneren Beobachter unseres unendlichen Kristalls.

Anhang

Gitter und Kontinuum (Ergänzungen)

21. Elastische Verschiebungen und Wellen

Wir wollen an dieser Stelle den Fall der dreidimensionalen, idealen Atomgitter skizzieren. Unser Ausgangspunkt sind wieder die Newtonschen Gleichungen (49), aus denen wir auch schon die Wellengleichung (57) gewonnen haben, und die wir nun für kleine Massen Δm_i aufschreiben. Der Kürze halber lassen wir zunächst wieder die äußeren Kräfte f_a weg. Ferner wollen wir mit der Annahme beginnen, daß es für alle Massen eine simultane Gleichgewichtslage gibt, derart, daß jeder davon verschiedene Dehnungszustand des Körpers durch eine gleichzeitige Verschiebung aller Massen des Körpers erzeugt werden kann. Wir werden weiter unten sehen, daß gerade durch diese Annahme die physikalisch möglichen Spannungszustände ganz erheblich eingeschränkt werden. Wir steuern damit zunächst auf die sog. klassische Elastizitätstheorie zu. Für eine ausführliche Darstellung der Elastizitätstheorie verweisen wir z.B. auf das Lehrbuch von Sommerfeld [67]. Die räumlichen Verschiebungen aus dieser Gleichgewichtslage nennen wir s_i, also

$$\left.\begin{aligned} &\frac{d}{dt}\left(\Delta m_i \frac{d}{dt} s_i\right) = \sum_{k \neq i} f_{ki}\,, \\ &f_{ik} = -f_{ki}\,. \end{aligned}\right\} \qquad (263)$$

Die zeitabhängigen Verschiebungen $s_i(t)$ ersetzen wir beim Grenzübergang zum Kontinuum durch die Funktion $s(x, t)$. Für die Durchführung dieses Grenzüberganges müssen wir nun beachten, daß der Trägheitsterm auf der linken Seite der Newtonschen Gleichungen die Beschleunigung einer bestimmten Masse Δm beschreibt, die dabei definitionsgemäß ihren Ort i.a. ändert. M.a.W, das von dieser Masse eingenommene Volumen ΔV_m verändert dabei sowohl seine Lage als auch seine Gestalt. Die u. U. vielen Einzelmassen in diesem Volumen ΔV_m ersetzen wir durch eine räumliche Dichte ρ (nicht zu verwechseln mit der Dichte ρ_0, die wir gemäß (78) aus der linearen Kette der Versetzungsmassen gebildet haben), also

$$\Delta m_i \rightarrow \rho \Delta V\,, \quad s_i(t) \rightarrow s\,(x,\, t)\,, \tag{264}$$

wobei $\boldsymbol{x} = (x,\, y,\, z) = (x_1\,,\, x_2\,,\, x_3\,)$.

Für den Übergang von den Newtonschen Gleichungen für die Einzelmassen zu einer feldtheoretischen Beschreibung eines Kontinuums fixieren wir das Volumen ΔV_m zu einer Zeit t am Ort $\boldsymbol{x}$ und erhalten dadurch ein ortsfestes Volumen, das wir mit ΔV bezeichnen. In dieses Volumen ΔV strömen ständig Teilchen hinein und auch wieder heraus. Wir rechnen jetzt aus, wie der Newtonsche Trägheitsterm, welcher primär für die im Volumen ΔV_m befindlichen Massen definiert ist, mit Hilfe des ortsfesten Volumens ΔV ausgedrückt werden kann. In der Analysis wird gezeigt, wie man ein Integral über ein bewegtes Volumen ΔV_m nach einem Parameter (hier die Zeit t) differenziert, wenn die Begrenzung dieses Volumens ebenfalls von diesem Parameter abhängt. In unserem Fall wird die Position und die Gestalt des Volumens ΔV_m durch Teilchen definiert, die sich nach den Newtonschen Gleichungen bewegen. Man spricht von einem sog. "materiellen" Volumen. Für die Berechnung des Newtonschen Trägheitsterms der dieses Volumen einnehmenden Teilchen gilt dann

$$\frac{d}{dt}(\Delta m\, \boldsymbol{v}) = \frac{d}{dt} \iiint\limits_{\Delta V_m} \rho \boldsymbol{v}\, dV = \iiint\limits_{\Delta V} \frac{\partial}{\partial t}(\rho \boldsymbol{v})\, dV + \iint\limits_{(\Delta V)} \rho \boldsymbol{v}\, \boldsymbol{v} \cdot d\boldsymbol{A}\,.$$

Dabei bezeichnet (ΔV) die Oberfläche des Volumens ΔV. Das Oberflächenintegral wird mit Hilfe des vektoriellen Oberflächenelementes $d\boldsymbol{A}$ [(33)] berechnet. Dieses Integral berücksichtigt, daß Teilchen mit der Geschwindigkeit $\boldsymbol{v}$ in das Volumen ΔV hineinfließen bzw. herausströmen. Wie in der Analysis durch wiederholte partielle Integrationen gezeigt wird, können wir das Oberflächenintegral mit Hilfe des Gaußschen Satzes in ein Volumenintegral umwandeln und zwar, indem wir die

---

[(33)] $d\boldsymbol{A}$ ist der Vektor, dessen Betrag gleich dem Flächeninhalt des betrachteten Flächenelementes ist und dessen Richtung senkrecht darauf steht, in den Außenraum des Volumens ΔV weisend. Daher mißt $\rho \boldsymbol{v} \cdot d\boldsymbol{A}$ die Masse der pro Zeiteinheit durch das Oberflächenelement $d\boldsymbol{A}$ herausströmenden Teilchen.

einzelnen Komponenten ausschreiben, gemäß

$$\frac{d}{dt}(\Delta m\, v_k) = \iiint_{\Delta V} \frac{\partial}{\partial t}(\rho\, v_k)\, d^3x + \iiint_{\Delta V} \sum_{r=1}^{3} \frac{\partial}{\partial x_r}(\rho\, v_k v_r)\, d^3x\ . \qquad (265)$$

Da wir uns nur für die, das Volumen ΔV_m bildenden Massen interessieren, gilt definitionsgemäß $\frac{d}{dt}\Delta V_m = 0$. Analog zu (265) gilt daher

$$\frac{d}{dt}(\Delta m) = \iiint_{\Delta V} \frac{\partial}{\partial t}(\rho)\, d^3x + \iiint_{\Delta V} \sum_{r=1}^{3} \frac{\partial}{\partial x_r}(\rho\, v_r)\, d^3x = 0\ . \qquad (265a)$$

Im Grenzfall eines beliebig klein werdenden Volumens ΔV können wir für (265) schreiben

$$\frac{d}{dt}(\Delta m\, v_k) = \Delta V \Big(\frac{\partial}{\partial t}(\rho\, v_k) + \sum_{r=1}^{3} \frac{\partial}{\partial x_r}(\rho\, v_k\, v_r) \Big)\ , \qquad (266)$$

und für (265a) folgt, wenn wir ΔV gleich herauskürzen,

$$\frac{\partial}{\partial t}\rho + \sum_{r=1}^{3} \frac{\partial}{\partial x_r}(\rho\, v_r) = 0\ . \qquad (266a)$$

Die letzte Gleichung heißt Kontinuitätsgleichung und bedeutet einfach, daß bei der Bewegung der Teilchen keines verlorengehen kann.

Führen wir nun die Differentiationen in (266) aus und berücksichtigen (266a), dann erhalten wir schließlich

$$\frac{d}{dt}(\Delta m\, v_k) = \Delta V \cdot \rho \cdot \Big(\frac{\partial}{\partial t} v_k + \sum_{r=1}^{3} \frac{\partial v_k}{\partial x_r} v_r \Big)\ . \qquad (267)$$

In der Klammer auf der rechten Seite steht hier die sog. materielle oder auch totale

Zeitableitung $\frac{d}{dt}$. Das ist diejenige zeitliche Änderung, die ein Beobachter feststellen würde, der sich mit der Geschwindigkeit $\boldsymbol{v}$ mitbewegt, $\frac{d}{dt} = \frac{\partial}{\partial t} + \sum_{r=1}^{3} \frac{dx_k}{dt} \frac{\partial}{\partial x_r}$ $= \frac{\partial}{\partial t} + \sum_{r=1}^{3} v_r \frac{\partial}{\partial x_r}$. Für (267) können wir daher einfach schreiben

$$\frac{d}{dt}(\Delta m\, \boldsymbol{v}) = \Delta V\, \rho \frac{d\boldsymbol{v}}{dt}\,. \tag{267a}$$

Von der zeitlichen Änderung des Impulses $\boldsymbol{P} = \Delta m\, \boldsymbol{v}$ gemäß dem Newtonschen Bewegungsgesetz bleibt für die Impulsdichte $\boldsymbol{p} = \rho\, \boldsymbol{v}$ nur die zeitliche Änderung der Materiegeschwindigkeit $\boldsymbol{v}$ übrig. Wir machen bereits hier darauf aufmerksam: Da sowohl die Impulsdichte $\boldsymbol{p}$ als auch die Massendichte ρ meßbar sind, ist auch die Materiegeschwindigkeit $\boldsymbol{v}$ eine elementar meßbare Größe, unabhängig davon, ob ein Verschiebungsfeld $\boldsymbol{s} = \boldsymbol{s}(\boldsymbol{x}, t)$ existiert oder nicht. Wir weisen insbesondere darauf hin: Im Unterschied zum eindimensionalen Kontinuum ist für einen dreidimensionalen (oder auch zweidimensionalen) Körper ein elastisches Verschiebungsfeld $\boldsymbol{s} = \boldsymbol{s}(\boldsymbol{x}, t)$ im allgemeinen Fall nicht definiert und also i. a. auch nicht meßbar. Nichtsdestoweniger ist aber die Materiegeschwindigkeit $\boldsymbol{v}$ meßbar. Auf diesen, für die Anschauung etwas schwierigeren Sachverhalt werden wir ausführlich im nächsten Kap. zu sprechen kommen.

Wir werden uns im folgenden ausschließlich mit der linearisierten Elastizitätstheorie befassen. Das bedeutet, daß wir die nichtlinearen Terme auf der rechten Seite von (267) weglassen. Der Newtonsche Trägheitsterm vereinfacht sich damit beim Übergang zum Kontinuum gemäß

$$\frac{d}{dt}(\Delta m\, \boldsymbol{v}) \rightarrow \Delta V \cdot \rho \frac{\partial \boldsymbol{v}}{\partial t}\,. \tag{268}$$

Wir betrachten jetzt die Kräfte. Im Innern des Volumens ΔV heben sich alle Wechselwirkungskräfte $\boldsymbol{f}_{ki}$ auf Grund des Gegenwirkungsaxioms auf. Wegen der von uns vorausgesetzten Nahwirkungshypothese bleiben dann von der ganzen Summe über die Wechselwirkungskräfte in (263) nur die über die Oberfläche von ΔV wirkenden Kräfte Δf_{ki} übrig. Wir schreiben für den Grenzübergang zu einer kontinuierlichen Massen- und Kräfteverteilung,

$$\sum_{k \neq i} f_{ki} = \sum \Delta f_{ki} \rightarrow \iint_{(\Delta V)} df \; . \tag{269}$$

(ΔV) bezeichnet wieder die Oberfläche des Volumens ΔV, df ist die an dem vektoriellen Oberflächenelement dA angreifende Kraft. Dadurch ist der *Spannungstensor* σ definiert gemäß

$$df = \sigma \cdot dA \; , \quad \text{d.h.} \quad \begin{pmatrix} df_x \\ df_y \\ df_z \end{pmatrix} = \begin{pmatrix} \sigma_{xx} & \sigma_{xy} & \sigma_{xz} \\ \sigma_{yx} & \sigma_{yy} & \sigma_{yz} \\ \sigma_{zx} & \sigma_{zy} & \sigma_{zz} \end{pmatrix} \begin{pmatrix} dA_x \\ dA_y \\ dA_z \end{pmatrix} \; . \tag{270}$$

An die Stelle der Spannung τ des Stabes tritt bei dreidimensionalen Problemen die wesentlich kompliziertere Größe σ. Dimensionsmäßig ist σ nach (270) eine Kraft pro Fläche. Ausführlich ausgeschrieben lautet Gleichung (270)

$$\left. \begin{aligned} df_x &= \sigma_{xx} \cdot dA_x + \sigma_{yx} \cdot dA_y + \sigma_{zx} \cdot dA_z \; , \\ df_y &= \sigma_{xy} \cdot dA_x + \sigma_{yy} \cdot dA_y + \sigma_{zy} \cdot dA_z \; , \\ df_z &= \sigma_{xz} \cdot dA_x + \sigma_{yz} \cdot dA_y + \sigma_{zz} \cdot dA_z \; . \end{aligned} \right\} \tag{271}$$

Wir haben hier einer besseren Anschaulichkeit wegen alle Größen mit x, y, z indiziert. Insbesondere wegen der Vereinfachung bei Summen über die einzelnen Komponenten gehen wir unten wieder zu der äquivalenten Indizierung durch Zahlen über gemäß $1 \leftrightarrow x$, $2 \leftrightarrow y$, $3 \leftrightarrow z$, also z.B. df_1 statt df_x; σ_{23} statt σ_{yz} usw.

Die einzelnen Komponenten von σ haben die folgende Bedeutung: Schneidet man den Körper längs der Fläche dA auf, so muß man die Kraft df aufbringen, damit sich die beiden Schnittufer nicht verschieben. Für das Vorzeichen der Kraft wird vereinbart, einen Zug positiv und einen Druck negativ zu rechnen. Wählt man z. B. dA orthogonal zur x-Achse, so sind σ_{xx}, σ_{xy}, σ_{xz} die kartesischen Komponenten von df, dividiert durch den Betrag der Fläche $|dA|$.

Eine wichtige Eigenschaft des Spannungstensors σ müssen wir noch besprechen.

Dazu betrachten wir ein kleines, würfelförmiges Volumenelement ΔV, das wir achsenparallel legen. An den Würfelflächen sei $\sigma_{xy} > 0$ und $\sigma_{yx} > 0$. Dann bewirkt σ_{xy} eine Drehung des Würfels um die z - Achse im Uhrzeigersinn und σ_{yx} eine entgegengerichtete Drehung, d.h., für $\sigma_{xy} - \sigma_{yx} \neq 0$ beginnt sich der Würfel unter der Wirkung dieser Spannungen zu drehen. Nun haben wir aber $\sigma = \sigma(\boldsymbol{x}, t)$ als Grenzfall der Wechselwirkungskräfte auf den willkürlich herausgegriffenen Massenmittelpunkt am Ort $\boldsymbol{x}$ erhalten, d.h., $\sigma(\boldsymbol{x}, t)$ beschreibt die Bewegung dieses Massenpunktes, wenn wir ΔV gegen Null gehen lassen. Ein Punkt kann sich aber nicht drehen. Es folgt der wichtige Satz [34]:

Der Spannungstensor σ *ist symmetrisch,*

$$\left.\begin{aligned} \sigma_{xy} &= \sigma_{yx} , \\ \sigma_{xz} &= \sigma_{zx} , \\ \sigma_{yz} &= \sigma_{zy} . \end{aligned}\right\} \tag{272}$$

Auf das Oberflächenintegral in (269) können wir wieder den Gaußschen Satz anwenden und schreiben

$$\iint_{(\Delta V)} df = \iint_{(\Delta V)} \sigma \cdot dA = \iiint_{\Delta V} \operatorname{div} \sigma dV ,$$

also, wenn wir das Volumen ΔV hinreichend klein machen,

$$\iiint_{\Delta V} \operatorname{div} \sigma dV \rightarrow \operatorname{div} \sigma \Delta V .$$

Hierbei ist $\operatorname{div} \sigma$ ein Vektor mit den Komponenten

[34] Für den von uns ausschließlich betrachteten Fall elastisch gekoppelter Massenpunkte ist diese Eigenschaft für den Spannungstensor σ des äquivalenten Kontinuums zwingend. Es sind jedoch andere Modelle denkbar, bei denen die Symmetrie des Spannungstensors verlorengeht. Dies ist z.B. der Fall, wenn man anstelle der Massenpunkte von Anfang an mit kleinen, starren Körpern rechnet (z.B. als Näherungsmodell für Moleküle). Für die entsprechenden Kontinua müssen dann die Grenzübergänge neu formuliert werden.

$$\left.\begin{aligned} \mathrm{div}\sigma_x &= \frac{\partial\sigma_{xx}}{\partial x} + \frac{\partial\sigma_{yx}}{\partial y} + \frac{\partial\sigma_{zx}}{\partial z} \ , \\ \mathrm{div}\sigma_y &= \frac{\partial\sigma_{xy}}{\partial x} + \frac{\partial\sigma_{yy}}{\partial y} + \frac{\partial\sigma_{yz}}{\partial z} \ , \\ \mathrm{div}\sigma_z &= \frac{\partial\sigma_{xz}}{\partial x} + \frac{\partial\sigma_{yz}}{\partial y} + \frac{\partial\sigma_{zz}}{\partial z} \ . \end{aligned}\right\} \qquad (273)$$

Für den Grenzübergang von den Newtonschen Gleichungen für die Einzelmassen zum Kontinuum ersetzen wir in Anbetracht der angestrebten Linearisierung auch für die Geschwindigkeiten $\boldsymbol{v} = \frac{d\boldsymbol{s}}{dt} = \frac{\partial \boldsymbol{s}}{\partial t} + \sum_{r=1}^{3} \frac{\partial \boldsymbol{s}}{\partial x_r} v_r$ in (268) die materielle Zeitableitung des Verschiebungsvektors $\boldsymbol{s} = \boldsymbol{s}(\boldsymbol{x}, t)$ durch die partielle Ableitung nach der Zeit,

$$\boldsymbol{v} = \frac{d\boldsymbol{s}}{dt} \rightarrow \frac{\partial \boldsymbol{s}}{\partial t} \ . \qquad (274)$$

Insgesamt schreiben wir also,

$$\left.\begin{aligned} &\frac{d}{dt}(\Delta m_i \frac{d}{dt} s_i) \rightarrow \rho \Delta V \frac{\partial}{\partial t} \frac{\partial s(x,t)}{\partial t}) \ , \\ &\sum_{k \neq i} f_{ki} \rightarrow \mathrm{div}\, \sigma \Delta V \ . \end{aligned}\right\} \quad \textit{kontinuierliche Verteilungen} \quad (275)$$

Die Gleichung (62) des in Kap. 6 behandelten, eindimensionalen Falles erhalten wir daraus durch $\Delta V \rightarrow \Delta x$, wenn wir beachten, daß dann auch nur eine Ortskoordinate x wirksam wird.

Mit (275) gehen wir in die Newtonschen Gleichungen (263) ein und finden, indem wir ΔV wieder herauskürzen,

$$\rho \frac{\partial}{\partial t} \frac{\partial s(x, t)}{\partial t} = \operatorname{div} \sigma . \tag{276}$$

Nehmen wir in (263) die äußeren Kräfte f_a aus der Gleichung (49) wieder mit, so erscheinen diese in (276) als eine äußere Volumenkraftdichte, also i. a. $\boldsymbol{f} = \boldsymbol{f}(\boldsymbol{x}, t)$, und aus (276) wird

$$\rho \frac{\partial}{\partial t} \frac{\partial s(x, t)}{\partial t} = \operatorname{div} \sigma + \boldsymbol{f} . \tag{276a}$$

Für den allgemeinen Fall, in welchem kein Verschiebungsfeld existiert, müssen wir (276a) ersetzen durch (vgl. auch (267a) und (268)),

$$\rho \frac{\partial}{\partial t} \boldsymbol{v} = \operatorname{div} \sigma + \boldsymbol{f} . \tag{277}$$

Gleichung (276) verallgemeinert die Gleichung (63) des eindimensionalen Gitters. Ebenso wie dort wollen wir nun die Grundannahmen der linearisierten Elastizitätstheorie formulieren. Dazu müssen wir uns aber zunächst überlegen, was für eine mathematische Größe im dreidimensionalen Fall die relative elastische Dehnung ε ist. Zum Vergleich beschreiben wir noch einmal die elastische Dehnung ε des Stabes: Die absolute elastische Verschiebung $s = s(x, t)$ an der Stelle x und die entsprechende Verschiebung $s_0 = s(x_0, t)$ an der Stelle x_0 gestattet bei kleinem $\Delta x = x - x_0$ die Taylorentwicklung

$$s = s_0 + \frac{\partial s}{\partial x} \Delta x . \tag{278}$$

Mit $s - s_0 = \Delta s$ folgt daraus die relative elastische Dehnung ε gemäß

$$\Delta s = \frac{\partial s}{\partial x} \Delta x \rightarrow \varepsilon = \frac{\partial s}{\partial x} . \tag{279}$$

Diesen Vorgang wollen wir jetzt für den dreidimensionalen Fall nachbilden. Dazu brauchen wir diejenige Größe ε, die die relative elastische Verformung eines kleinen Volumens ΔV beschreibt. Ausgehend von einem einheitlichen Gleichgewichtszustand hatten wir angenommen, daß die gesamte, in dem Körper bestehende, elastische Verformung durch einen elastischen Verschiebungsvektor $\boldsymbol{s} = \boldsymbol{s}(\boldsymbol{x}, t)$ beschrieben werden kann. Wir werden weiter unten sehen, daß diese Annahme tatsächlich nicht erfüllt zu sein braucht. Wenn sie aber gilt, dann haben wir es mit einem ortsabhängigen Vektor $\boldsymbol{s} = \boldsymbol{s}(\boldsymbol{x}, t)$ zu tun, der die Verschiebungen der Punkte $\boldsymbol{x}_0$ und $\boldsymbol{x}$ von ΔV beschreibt. Die absolute elastische Verschiebung $\boldsymbol{s} = \boldsymbol{s}(\boldsymbol{x}, t)$ an der Stelle $\boldsymbol{x}$ und die entsprechende Verschiebung $\boldsymbol{s}_0 = \boldsymbol{s}(\boldsymbol{x}_0, t)$ an der Stelle $\boldsymbol{x}_0$ gestattet bei kleinem $\Delta\boldsymbol{x} = \boldsymbol{x} - \boldsymbol{x}_0$ (kleines ΔV) eine Taylorentwicklung für jede Komponente von $\boldsymbol{s}$,

$$\left.\begin{aligned} s_x &= s_{ox} + \frac{\partial s_x}{\partial x}\Delta x + \frac{\partial s_x}{\partial y}\Delta y + \frac{\partial s_x}{\partial z}\Delta z \;, \\ s_y &= s_{oy} + \frac{\partial s_y}{\partial x}\Delta x + \frac{\partial s_y}{\partial y}\Delta y + \frac{\partial s_y}{\partial z}\Delta z \;, \\ s_z &= s_{oz} + \frac{\partial s_z}{\partial x}\Delta x + \frac{\partial s_z}{\partial y}\Delta y + \frac{\partial s_z}{\partial z}\Delta z \;. \end{aligned}\right\} \tag{280}$$

Mit $\boldsymbol{s} - \boldsymbol{s}_0 = \Delta\boldsymbol{s}$ schreiben wir dafür

$$\begin{pmatrix} \Delta s_x \\ \Delta s_y \\ \Delta s_z \end{pmatrix} = \begin{pmatrix} \frac{\partial s_x}{\partial x} & \frac{\partial s_x}{\partial y} & \frac{\partial s_x}{\partial z} \\ \frac{\partial s_y}{\partial x} & \frac{\partial s_y}{\partial y} & \frac{\partial s_y}{\partial z} \\ \frac{\partial s_z}{\partial x} & \frac{\partial s_z}{\partial y} & \frac{\partial s_z}{\partial z} \end{pmatrix} \begin{pmatrix} \Delta x \\ \Delta y \\ \Delta z \end{pmatrix} \tag{281}$$

und zusammenfassend auch

$$\boldsymbol{\Delta s} = \boldsymbol{\beta}^T \cdot \boldsymbol{\Delta x} \quad \text{mit} \quad \boldsymbol{\beta}^T = \begin{pmatrix} \frac{\partial s_x}{\partial x} & \frac{\partial s_x}{\partial y} & \frac{\partial s_x}{\partial z} \\ \frac{\partial s_y}{\partial x} & \frac{\partial s_y}{\partial y} & \frac{\partial s_y}{\partial z} \\ \frac{\partial s_z}{\partial x} & \frac{\partial s_z}{\partial y} & \frac{\partial s_z}{\partial z} \end{pmatrix} . \tag{281a}$$

(Da in der Versetzungstheorie die Matrix $\boldsymbol{\beta}$ betrachtet wird, in welcher die Zeilen und Spalten vertauscht sind, haben wir hier die Matrix mit T für "transponiert" indiziert). $\boldsymbol{\beta}^T$ ist nun aber noch nicht die gesuchte elastische Dehnung. Das liegt einfach daran, daß in (281) alle Deformationen und Verlagerungen enthalten sind, also auch solche, die reine Drehungen des Volumenelementes ΔV darstellen. Diese Drehungen stellen aber keine elastischen Verformungen von ΔV dar. Keine der inneren Federkräfte wird dadurch beansprucht (s. jedoch Kap. 22, wo wir auf die Relevanz der relativen Drehungen hinweisen). Um die Drehungen von $\boldsymbol{\beta}^T$ abzuspalten, damit dann die rein elastische Dehnung $\boldsymbol{\varepsilon}$ übrigbleibt, schreiben wir

$$\left.\begin{aligned}
&\boldsymbol{\beta}^T = \boldsymbol{\omega}^T + \boldsymbol{\varepsilon}^T = \boldsymbol{\omega}^T + \boldsymbol{\varepsilon} \,, \\
&\text{mit} \\
&\boldsymbol{\omega}^T = \begin{pmatrix} 0 & \frac{1}{2}(\frac{\partial s_x}{\partial y} - \frac{\partial s_y}{\partial x}) & \frac{1}{2}(\frac{\partial s_x}{\partial z} - \frac{\partial s_z}{\partial x}) \\ \frac{1}{2}(\frac{\partial s_y}{\partial x} - \frac{\partial s_x}{\partial y}) & 0 & \frac{1}{2}(\frac{\partial s_y}{\partial z} - \frac{\partial s_z}{\partial y}) \\ \frac{1}{2}(\frac{\partial s_z}{\partial x} - \frac{\partial s_x}{\partial z}) & \frac{1}{2}(\frac{\partial s_z}{\partial y} - \frac{\partial s_y}{\partial z}) & 0 \end{pmatrix} , \\
&\boldsymbol{\varepsilon} = \begin{pmatrix} \frac{\partial s_x}{\partial x} & \frac{1}{2}(\frac{\partial s_x}{\partial y} + \frac{\partial s_y}{\partial x}) & \frac{1}{2}(\frac{\partial s_x}{\partial z} + \frac{\partial s_z}{\partial x}) \\ \frac{1}{2}(\frac{\partial s_y}{\partial x} + \frac{\partial s_x}{\partial y}) & \frac{\partial s_y}{\partial y} & \frac{1}{2}(\frac{\partial s_y}{\partial z} + \frac{\partial s_z}{\partial y}) \\ \frac{1}{2}(\frac{\partial s_z}{\partial x} + \frac{\partial s_x}{\partial z}) & \frac{1}{2}(\frac{\partial s_z}{\partial y} + \frac{\partial s_y}{\partial z}) & \frac{\partial s_z}{\partial z} \end{pmatrix} .
\end{aligned}\right\} \tag{282}$$

Wir schreiben nun

$$\Delta \boldsymbol{s} = \boldsymbol{\omega}^{T} \cdot \Delta \boldsymbol{x} + \boldsymbol{\varepsilon} \cdot \Delta \boldsymbol{x} \,. \tag{283}$$

Bildet man aus den drei unabhängigen Komponenten von $\boldsymbol{\omega}$ einen Vektor $\vec{\omega}$ gemäß

$$\vec{\omega} = \frac{1}{2}\left(\frac{\partial s_z}{\partial y} - \frac{\partial s_y}{\partial z}, \frac{\partial s_x}{\partial z} - \frac{\partial s_z}{\partial x}, \frac{\partial s_y}{\partial z} - \frac{\partial s_x}{\partial y} \right) = \left(\omega_{yz}, \omega_{zx}, \omega_{xy} \right) = \left(\vec{\omega}_x, \vec{\omega}_y, \vec{\omega}_z \right) , \tag{284}$$

so rechnet man für den ersten Term auf der rechten Seite von (283) nach, daß

$$\boldsymbol{\omega}^{T} \cdot \Delta \boldsymbol{x} = \vec{\omega} \times \Delta \boldsymbol{x} = \left(\vec{\omega}_y \cdot \Delta z - \vec{\omega}_z \cdot \Delta y, \; \vec{\omega}_z \cdot \Delta x - \vec{\omega}_x \cdot \Delta z, \; \vec{\omega}_x \cdot \Delta y - \vec{\omega}_y \cdot \Delta x \right) . \tag{285}$$

Das Vektorprodukt auf der rechten Seite von (285) beschreibt aber nichts anderes als eine Drehung des gesamten Volumenelementes ΔV um die durch $\vec{\omega}$ definierte Richtung. Diesen Anteil an der Verlagerung von ΔV müssen wir also weglassen und haben damit gemäß der Gleichung (282) den Tensor der elastischen Dehnung $\boldsymbol{\varepsilon}$ gefunden,

$$\boldsymbol{\varepsilon} = \begin{pmatrix} \frac{\partial s_x}{\partial x} & \frac{1}{2}\left(\frac{\partial s_x}{\partial y} + \frac{\partial s_y}{\partial x}\right) & \frac{1}{2}\left(\frac{\partial s_x}{\partial z} + \frac{\partial s_z}{\partial x}\right) \\ \frac{1}{2}\left(\frac{\partial s_y}{\partial x} + \frac{\partial s_x}{\partial y}\right) & \frac{\partial s_y}{\partial y} & \frac{1}{2}\left(\frac{\partial s_y}{\partial z} + \frac{\partial s_z}{\partial y}\right) \\ \frac{1}{2}\left(\frac{\partial s_z}{\partial x} + \frac{\partial s_x}{\partial z}\right) & \frac{1}{2}\left(\frac{\partial s_z}{\partial y} + \frac{\partial s_y}{\partial z}\right) & \frac{\partial s_z}{\partial z} \end{pmatrix} . \tag{286}$$

Aus (286) lesen wir ab:

Der Dehnungstensor $\boldsymbol{\varepsilon}$ ist symmetrisch,

$$\left. \begin{aligned} \varepsilon_{xy} &= \varepsilon_{yx} \,, \\ \varepsilon_{xz} &= \varepsilon_{zx} \,, \\ \varepsilon_{yz} &= \varepsilon_{zy} \,. \end{aligned} \right\} \tag{287}$$

Jetzt sind wir in der Lage, die drei Grundannahmen der linearisierten Elastizitätstheorie auch für den dreidimensionalen Fall exakt zu fomulieren:

1. Im Newtonschen Trägheitsterm wird die totale Zeitableitung für den Impuls $\boldsymbol{P}$ der bewegten Massen durch die partielle Zeitableitung der Materiegeschwindigkeit $\boldsymbol{v}$ ersetzt.

2. Die räumliche Massendichte ρ sehen wir als eine Konstante an.

3. Es gelte das Hookesche Gesetz, d.h. hier, der Spannungstensor σ ist zu jedem Zeitpunkt t am Ort $\boldsymbol{x}$ dem dort bestehenden Tensor der relativen Dehnung ε direkt proportional.

Dies ergibt zusammen die Gleichungen

$$\left.\begin{aligned} &\frac{d}{dt}\boldsymbol{P} = \rho\frac{\partial}{\partial t}\boldsymbol{v}\,, \\ &\rho = \text{const.}\,, \\ &\sigma(\boldsymbol{x},t) = \boldsymbol{C}\cdot\cdot\,\varepsilon(\boldsymbol{x},t)\,. \end{aligned}\right\} \qquad (288)$$

Die Gleichungen (288) sehen zwar formal ebenso aus wie die entsprechenden Gleichungen (63) für den eindimensionalen Fall. Das darf aber nicht darüber hinwegtäuschen, daß das Hookesche Gesetz nun wesentlich komplizierter ist. Die Größen σ und ε sind Tensoren zweiter Ordnung, die wir in einer dreireihigen Matrix aufschreiben müssen. Der Hookesche Tensor $\boldsymbol{C}$ muß dann von vierter Ordnung sein. Die beiden Punkte in $\boldsymbol{C}\cdot\cdot\,\varepsilon$ sollen darauf hindeuten, daß hier eine Doppelsumme gebildet werden muß. Ausgeschrieben lautet diese Beziehung,

$$\sigma_{ik} = \sum_{r=1}^{3}\sum_{s=1}^{3} C_{ikrs}\,\varepsilon_{rs}\,. \qquad (289)$$

Für das Folgende wollen wir in der Bezeichnung eine Vereinbarung einführen, mit der sich viele Formeln sehr einfach schreiben lassen. Über alle Indizes, die doppelt auftreten, soll von *1* bis *3* summiert werden, ohne daß dies noch einmal ausdrücklich durch Summenzeichen angezeigt wird. Für die Formel (289) schreiben wir also einfach

$$\sigma_{ik} = C_{ikrs}\,\varepsilon_{rs}\,. \qquad (289a)$$

Diese Schreibweise geht sogar auf Einstein zurück und heißt daher Einsteinsche Summenkonvention.

Für einen Vergleich mit anderen Darstellungen der Elastizitätstheorie weisen wir noch auf eine Schreibweise hin, die W. Voigt eingeführt hat. In der Voigtschen Notation werden zwei Indizes zu einem Index zusammengefaßt, der nun aber von $1, \cdots, 6$ läuft. Für die Spannungs - Dehnungs - Relationen steht dann anstelle von

(289a) $\sigma_I = \sum_{K=1}^{6} C_{IK}\,\varepsilon_K$ mit $\sigma_1 = \sigma_{11}, \sigma_2 = \sigma_{22}, \sigma_3 = \sigma_{33}, \sigma_4 = \sigma_{23}, \sigma_5 = \sigma_{13}, \sigma_6 = \sigma_{12}$,

also z.B., $\sigma_1 = C_{11}\cdot\varepsilon_1 + C_{12}\cdot\varepsilon_2 + C_{13}\cdot\varepsilon_3 + C_{14}\cdot\varepsilon_4 + C_{15}\cdot\varepsilon_5 + C_{16}\cdot\varepsilon_6$.

Wir werden von dieser Schreibweise aber keinen Gebrauch machen.

Der Hookesche Tensor C besitzt eine Reihe von Symmetrieeigenschaften, die die Maximalzahl seiner unabhängigen Komponenten reduzieren, vgl. hierzu z. B. A. Sommerfeld [67]. Es gilt immer,

$$C_{ikrs} = C_{kirs} = C_{iksr} = C_{rsik} \; . \tag{290}$$

Mit Hilfe von (290) kann man nachzählen, daß der Tensor C damit immer noch maximal 21 unabhängige Komponenten haben kann. Je höher die räumliche Symmetrie des betrachteten Kristalls ist, um so mehr verringert sich die Zahl der unabhängigen elastischen Konstanten des Hookeschen Tensors. Für den kubischen Kristall bleiben gerade noch drei unabhängige Konstanten übrig. Geht man noch einen Schritt weiter und nimmt an, daß wir es mit einem homogenen und isotropen Kontinuum zu tun haben, mit einem Kontinuum also, das an jedem Ort $\boldsymbol{x}$ und in jeder Richtung gleich aussieht, dann bleiben gerade noch zwei, voneinander unabhängige, elastische Konstanten übrig. Diese beiden Konstanten sorgen dafür, wie wir gleich sehen werden, daß es im Unterschied zum eindimensionalen Fall für die relative elastische Dehnung $\boldsymbol{\varepsilon}$ eines dreidimensionalen Kontinuums stets mindestens zwei, voneinander verschiedene Wellengleichungen gibt.

Wir setzen (288) in (277) ein und finden (anstelle von (57) bzw.(63) für den Stab),

$$\rho \frac{\partial}{\partial t} \boldsymbol{v}(\boldsymbol{x}, t) = \operatorname{div}(\boldsymbol{C} \cdot\cdot\, \boldsymbol{\varepsilon}(\boldsymbol{x}, t)) + \boldsymbol{f} \; . \tag{291}$$

Für die Bewertung der Gleichung (291) wollen wir nachdrücklich auf folgendes aufmerksam machen:

1) Auf der linken Seite dieser Gleichung steht gemäß unserer Herleitung die zeitliche Änderung einer Materiegeschwindigkeit $\boldsymbol{v}$, die, wie wir oben bemerkt haben, eine elementar meßbare Größe ist. Die Impulsdichte $\boldsymbol{p} = \rho \boldsymbol{v}$ ist in unserem Fall gemäß $\boldsymbol{p} = \rho \frac{\partial \boldsymbol{s}}{\partial t}$ auf ein elastisches Verschiebungsfeld $\boldsymbol{s} = \boldsymbol{s}(\boldsymbol{x}, t)$ zurückgeführt worden. Dies geht auf die besondere, für die Herleitung dieser Gleichung eingangs angenommene, spannungsfreie Ausgangskonfiguration zurück. Wenn ein elastisches Verschiebungsfeld $\boldsymbol{s} = \boldsymbol{s}(\boldsymbol{x}, t)$ existiert, wie wir das oben vorausgesetzt haben, dann gilt in der linearen Näherung $\boldsymbol{v} = \frac{\partial \boldsymbol{s}}{\partial t}$. Die Existenz eines solchen elastischen Verschiebungsfeldes kann aber *nicht* aus dieser Beziehung gefolgert werden. Wir werden sehen, daß es ein solches elastisches Verschiebungsfeld tatsächlich i.a. nicht gibt.

2) Ähnlich ist die Situation für den Tensor der elastischen Dehnung $\boldsymbol{\varepsilon}$, den wir in (286) unter der Voraussetzung berechnet haben, daß ein elastisches Verschiebungsfeld $\boldsymbol{s} = \boldsymbol{s}(\boldsymbol{x}, t)$ existiert. In diesem besonderen Fall war der symmetrische Tensor $\boldsymbol{\varepsilon}$, der ja i.a. sechs unabhängige Komponenten hat, bereits vollständig durch die drei Funktionen des elastischen Verschiebungsfeldes bestimmt. Unmittelbar meßbar sind die Komponenten des ebenfalls symmetrischen Spannungstensors $\boldsymbol{\sigma}$. Wir erhalten daher für den Spannungszustand eines Festkörpers im allgemeinen Fall sechs, voneinander unabhängige Komponenten. Über die Inversion der dritten Gleichung von (288) lassen sich daraus die sechs Komponenten des Dehnungstensors $\boldsymbol{\varepsilon}$ berechnen, welche nun ihrerseits i.a. nicht auf die drei Funktionen eines Verschiebungsfeldes zurückgeführt werden können.

Um diese beiden Aussagen besser verstehen zu können, müssen wir zwei verschiedene Ursachen für das Entstehen von elastischen Deformationen unterscheiden, nämlich innere und äußere Spannungsquellen.

Alle Volumenkräfte $\boldsymbol{f}$ (vgl. (276a)) und diejenigen Kräfte, die wir an der Begrenzung eines Körpers anbringen können, die Oberflächenkräfte also, sind typische äußere Spannungsursachen. Wir können sie von außen auf den Körper einwirken lassen oder auch wieder wegnehmen. Ein Körper, der *ausschließlich* unter der Wirkung solcher äußerer Spannungsquellen steht, geht bei deren Beseitigung insgesamt in einen vollständig spannungsfreien Zustand über. Einen solchen Zustand hatten wir oben als Ausgangszustand gewählt.

Das ist das Charakteristikum der äußeren Spannungsquellen: Wirken allein diese

Spannungsursachen, so geht die durch sie erzeugte Spannung σ aus einem Zustand hervor, bei welchem sich alle Massenelemente des Körpers simultan im spannungsfreien Gleichgewicht befinden. Die allein durch äußere Spannungsquellen hervorgerufene Änderung dieses Zustandes kann durch einen Verschiebungsvektor $s = s(x, t)$ beschrieben werden, so, wie wir das hier durchgeführt haben. Die Berechnung dieses Verschiebungsvektors s ist die Grundaufgabe der klassischen Elastizitätstheorie.

Drücken wir in (291) daher ε gemäß (282) durch den Verschiebungsvektor s aus und setzen auch für $v = \frac{\partial s}{\partial t}$ ein, so erhalten wir die Grundgleichungen der klassischen Elastizitätstheorie. Dies sind drei Gleichungen für den elastischen Verschiebungsvektor s bei vorgegebenen Kräften f und bei bekannten elastischen Konstanten des Hookeschen Tensors C. Wir schreiben diese Gleichungen einmal explizit auf, ohne daß wir tatsächlich in dieser allgemeinen Form damit rechnen wollen,

$$\rho \frac{\partial^2 s_i}{\partial t^2} = \frac{1}{2} \sum_{k=1}^{3} \frac{\partial}{\partial x_k} \sum_{r=1}^{3} \sum_{s=1}^{3} C_{ikrs} \left(\frac{\partial s_r}{\partial x_s} + \frac{\partial s_s}{\partial x_r}\right) + f_i \,. \tag{292}$$

(Da C konstant ist, übertragen sich die Ableitungen nach x_k nur auf die Komponenten von s).

Einfacher lassen sich diese Gleichungen bei Benutzung der oben eingeführten Summenkonvention hinschreiben. Wir führen gleich noch eine weitere, vereinfachende Schreibweise ein. Die partielle Ableitung nach der Koordinate x_k schreiben wir nur als einen Index k nach einem Komma, für eine Funktion $f = f(x_k)$ also $\frac{\partial f}{\partial x_k} = f_{,k}$.

Für die mathematisch i.a. tatsächlich höchst komplizierte Gleichung (292) können wir dann einfach schreiben

$$\rho \frac{\partial^2 s_i}{\partial t^2} = \frac{1}{2} C_{ikrs} (s_{r,sk} + s_{s,rk}) + f_i = C_{ikrs} \, \varepsilon_{rs,k} + f_i \,. \tag{292a}$$

Unter Verwendung von (290) erhalten wir schließlich

$$\rho \frac{\partial^2 s_i}{\partial t^2} = C_{ikrs} \, s_{r,sk} + f_i \,. \tag{292b}$$

Für den Fall, daß ein Verschiebungsvektor s nicht existiert, müssen wir auf die Gleichungen (291) zurückgreifen und erhalten,

$$\rho \frac{\partial}{\partial t} v_i = C_{ikrs}\, \varepsilon_{rs},_k + f_i \ . \tag{293}$$

Im Hinblick auf eine spätere Anwendung bilden wir daraus noch durch Differenzieren

$$\rho \frac{\partial^2}{\partial t^2} \frac{1}{2}(v_i,_j + v_j,_i) = \frac{1}{2}\,(C_{ikrs}\, \varepsilon_{rs},_{kj} + C_{jkrs}\, \varepsilon_{rs},_{ki}) + \frac{1}{2}\,(f_i,_j + f_j,_i)\ . \tag{293a}$$

Die Analyse der Gleichungen (292b) für alle möglichen Varianten des Hookeschen Tensors C ist Gegenstand der klassischen Elastizitätstheorie. Wir wollen uns hier auf den einfachsten Fall beschränken, der aber für die uns interessierenden Fragestellungen alles wesentliche enthält, nämlich auf den oben bereits erwähnten Fall einer vollständigen Isotropie. In dieser Näherung wird also angenommen, daß der Festkörper in allen Richtungen dieselben mechanischen Eigenschaften hat und zwar von jedem Punkt aus gesehen. Für eine einheitliche Beschreibung des Hookeschen Tensors benutzt man das sog. Kronecker - Symbol δ_{ik}, das für $i = k$ den Wert 1 hat und sonst Null ist, also $\delta_{11} = \delta_{22} = \delta_{33} = 1$ und $\delta_{12} = \delta_{21} = \delta_{13} = \delta_{31} = \delta_{23} = \delta_{32} = 0$.

Man kann zeigen, hierfür verweisen wir auf die einschlägigen Darstellungen, vgl. z.B. [67], daß die mechanische Isotropie damit durch einen Hookeschen Tensor folgender Art beschrieben werden muß,

$$C_{ikrs} = \mu\,(\delta_{ir}\,\delta_{ks} + \delta_{kr}\,\delta_{is}) + \lambda\,\delta_{ik}\,\delta_{rs} \ . \qquad \textit{Isotropie} \tag{294}$$

Der isotrope Festkörper ist also durch zwei elastische Konstanten charakterisiert, für die wir hier die sog. Lamé - Konstanten μ und λ gewählt haben. Für das Hookesche Gesetz (289a) erhalten wir damit im isotropen Fall nach leichter Rechnung

$$\sigma_{ik} = 2\mu\,\varepsilon_{ik} + \lambda\,\delta_{ik}\,\varepsilon \ . \tag{295}$$

Die in (295) eingeführte *skalare* Dilatation ε (kein Fettdruck) ist im Fall der Existenz eines Verschiebungsvektors $\boldsymbol{s}$ gleich dessen Divergenz gemäß

$$\varepsilon = \sum_{r=1}^{3} \varepsilon_{rr} = \sum_{k=1}^{3} \frac{\partial s_r}{\partial x_r} = s_{k,k} = \operatorname{div} \boldsymbol{s} . \tag{295a}$$

Mit (294) vereinfachen sich die Gleichungen (292b) für den isotropen Körper erheblich. Einsetzen liefert

$$\rho \frac{\partial^2}{\partial t^2} s_i = \mu \left(\delta_{ir} \delta_{ks} + \delta_{kr} \delta_{is}\right) s_{r,sk} + \lambda \delta_{ik} \delta_{rs} s_{r,sk} + f_i .$$

Rechnen wir die Summen aus, so erhalten wir schließlich

$$\rho \frac{\partial^2}{\partial t^2} s_i = (\mu + \lambda) s_{k,ki} + \mu s_{i,kk} + f_i . \tag{296}$$

Wir bemerken hierzu, daß $s_{i,kk} = \sum_{k=1}^{3} \frac{\partial^2}{\partial x_k^2} s_i = \Delta s_i$, wobei Δ der Laplaceoperator ist. Die Gleichungen (296) sind nun tatsächlich zwei d'Alembertschen Wellengleichungen äquivalent, die man daraus durch geeignete Differentiationen gewinnt. Differenzieren wir (296) zuerst nach x_i und summieren über den Index i, so folgt unter Beachtung von $s_{i,i} = \operatorname{div} \boldsymbol{s}$ nach leichter Rechnung eine Wellengleichung für $\operatorname{div} \boldsymbol{s}$, nämlich

$$\rho \frac{\partial^2}{\partial t^2} \operatorname{div} \boldsymbol{s} = (2 \mu + \lambda)\, \Delta \operatorname{div} \boldsymbol{s} + f_{i,i}$$

bzw.

$$\Delta (\operatorname{div} \boldsymbol{s}) - \frac{1}{q^2} \frac{\partial^2}{\partial t^2} (\operatorname{div} \boldsymbol{s}) = -f_{i,i} . \tag{297}$$

Danach breitet sich die elastische Dilatation $\varepsilon = \operatorname{div} \boldsymbol{s}$ mit der longitudinalen Schallgeschwindigkeit c_l aus gemäß,

$$c_l = \sqrt{\frac{2\mu + \lambda}{\rho}} \quad . \tag{297a}$$

Um die zweite der Wellengleichungen zu erhalten, gehen wir folgendermaßen vor. Wir schreiben die Gleichungen (296) noch einmal für einen Index j auf,

$$\rho \frac{\partial^2}{\partial t^2} s_j = (\mu + \lambda)\, s_{k,kj} + \mu\, s_{j,kk} + f_j \; . \tag{296$'$}$$

Wir differenzieren die Gleichungen (296) nach x_j, die Gleichungen (296)′ nach x_i und subtrahieren beides voneinander. Wegen der Vertauschbarkeit der zweiten Ableitungen fallen die ersten Terme auf den rechten Seiten dabei weg, und es bleibt, wieder unter Verwendung des Laplaceoperators Δ, folgende Gleichung übrig

$$\rho \frac{\partial^2}{\partial t^2}(s_{i,j} - s_{j,i}) = \mu\, \Delta(s_{i,j} - s_{j,i}) + f_{i,j} - f_{j,i} \; . \tag{298}$$

Führen wir einen Vektor $\operatorname{rot} \boldsymbol{s}$ ein mit den drei Komponenten,

$$(\operatorname{rot} \boldsymbol{s})_1 = \frac{\partial s_3}{\partial x_2} - \frac{\partial s_2}{\partial x_3} \; , \quad (\operatorname{rot} \boldsymbol{s})_2 = \frac{\partial s_1}{\partial x_3} - \frac{\partial s_3}{\partial x_1} \; , \quad (\operatorname{rot} \boldsymbol{s})_3 = \frac{\partial s_2}{\partial x_1} - \frac{\partial s_1}{\partial x_2} \; , \tag{299}$$

so sehen wir, daß jede seiner Komponenten gerade die Gleichung (298) erfüllt. Nach leichter Umstellung erhalten wir daher für $\operatorname{rot} \boldsymbol{s}$ die Wellengleichung

$$\Delta(\operatorname{rot} \boldsymbol{s}) - \frac{1}{c_T^2} \frac{\partial^2}{\partial t^2}(\operatorname{rot} \boldsymbol{s}) = -\operatorname{rot} \boldsymbol{f}. \tag{300}$$

(Dabei ist $\operatorname{rot} \boldsymbol{f}$ nach derselben Vorschrift (299) gebildet wie $\operatorname{rot} \boldsymbol{s}$). Dieses Mal breitet sich jede Komponente des Vektors $\operatorname{rot} \boldsymbol{s}$ mit der transversalen Schallgeschwindigkeit c_T aus, wobei

$$c_T = \sqrt{\frac{\mu}{\rho}} \quad . \tag{300a}$$

Wegen der oben angenommenen Konstanz der Massendichte ρ sind sowohl die longitudinale Schallgeschwindigkeit c_l als auch die transversale Schallgeschwindigkeit c_T als konstant anzusehen.

In der Elastizitätstheorie zeigt man, daß die beiden Schallgeschwindigkeiten c_l und c_T nur dann übereinstimmen , wenn der Elastizitätsmodul Null ist, wenn also das Verhältnis von Spannung zur Dehnung beim gezogenen Stab verschwindet, s. hierzu z. B. A. Sommerfeld [67]. Das würde aber heißen, daß man den Stab, ohne die geringste Spannung zu erzeugen, unbegrenzt dehnen könnte. Solche Atomgitter kann es offenbar nicht geben. (Ferner schließen wir natürlich aus, daß die Schallgeschwindigkeiten unendlich groß sind). Es gilt daher für einen beliebigen, isotropen Körper

$$c_T \neq c_l \, . \tag{301}$$

Wir finden den wichtigen Satz bestätigt:

In jedem Festkörper gibt es mindestens zwei, voneinander verschiedene Schallgeschwindigkeiten.

22. Eigenspannungen und Versetzungen

Man braucht einen Körper nur hinreichend ungleichmäßig zu erwärmen, um einen Spannungszustand zu erzeugen, der durch Volumen- und Oberflächenkräfte prinzipiell nicht hergestellt und daher durch solche Kräfte auch nicht abgebaut werden kann. Wir haben es mit Eigenspannungen zu tun. Solche enstehen nach Sommerfeld [67] "im wesentlichen auf dreierlei Weise: durch ungleichförmige Erwärmung, auf magneto- oder elektrostriktive Beeinflussung hin oder als sogenannte Werdegangsspannungen, ···". Die Werdegangsspannungen sind später durch die Versetzungen erklärt worden. Im Grunde genommen kann jede Abweichung von der Homogenität der Grundstruktur eines Kontinuums als Quelle von Eigenspannungen wirksam werden.

Wir werden uns hier ausschließlich für folgenden Fall interessieren: Ein ideales Kristallgitter (konstanter Temperatur und mit einer einheitlichen Gitterkonstante) möge den idealen, spannungsfreien Vergleichszustand eines mechanischen Kontinuums bilden, die sog. spannungsfreie "Ausgangskonfiguration". Das reale, also tatsächlich vorliegende, Gitter weiche nun auf Grund von Versetzungen, welche überall im Kristall präsent sind, von seiner idealen Grundstruktur ab. Der Kristall, bzw. das ihn approximierende Kontinuum, liegt dann in einem Zustand mit Eigenspannungen vor, welche durch äußere Kräfte prinzipiell nicht abgebaut werden können. Es gibt daher auch prinzipiell keinen Verschiebungsvektor $\boldsymbol{s} = \boldsymbol{s}(\boldsymbol{x}, t)$, durch den jener Spannungszustand gemäß einer Verschiebung seiner Massenelemente aus einem einheitlichen spannungsfreien Ausgangszustand hergestellt werden könnte. Für die hinreichend kleine Umgebung eines jeden Punktes, aber eben nicht für den ganzen Körper gleichzeitig, kann man einen spannungsfreien, also im Vergleich zur idealen Ausgangskonfiguration dehnungsfreien, Zustand durchaus herstellen. Für das mit Versetzungen durchzogene Kontinuum existiert also durchaus eine wohldefinierte Dehnung $\boldsymbol{\varepsilon}$, die wieder gemäß dem Hookeschen Gesetz (289a) mit der Spannung σ zusammenhängt,

$$\sigma_{ik} = C_{ikrs}\, \varepsilon_{rs} \,. \qquad (277a)$$

Der Unterschied zu dem im vorangegangenen Kap. beschriebenen Spannungszustand besteht darin, daß der nach wie vor symmetrische Dehnungstensor $\boldsymbol{\varepsilon}$ nun nicht mehr aus einem Verschiebungsvektor $\boldsymbol{s}$ gebildet werden kann. Die Gleichung (286) (d.h. $\varepsilon_{ij} = \frac{1}{2}(s_{i,j} + s_{j,i})$ ist nicht mehr erfüllt. Man sagt, der Dehnungstensor $\boldsymbol{\varepsilon}$ ist mit einem Verschiebungsfeld $\boldsymbol{s}$ nicht mehr verträglich, nicht mehr kompatibel. Es gibt eine Formel, mit der man ausrechnen kann, ob ein Dehnungstensor $\boldsymbol{\varepsilon}$ mit einem Verschiebungsfeld kompatibel ist oder nicht. Das sind die sog. Kompatibilitätsbedingungen von de St. Venant, die wir zunächst in folgender Form aufschreiben,

$$R_{likj} \underset{\text{def}}{=} \varepsilon_{ik,lj} - \varepsilon_{ij,lk} - \varepsilon_{lk,ij} + \varepsilon_{lj,ik} = 0 \quad \leftrightarrow \quad \varepsilon_{ik} = \frac{1}{2}(s_{i,k} + s_{k,i}) \,. \tag{302}$$

Eine dazu äquivalente, kompakte Formulierung lautet,

$$\text{ink}\,\boldsymbol{\varepsilon} = 0 \quad \leftrightarrow \quad \boldsymbol{\varepsilon} = \text{def}\,\boldsymbol{s} \,. \tag{302a}$$

Sagen wir es noch einmal mit Worten: Genau dann, wenn ink $\boldsymbol{\varepsilon} = 0$ ist, gibt es einen *elastischen* Verschiebungsvektor $\boldsymbol{s}$, aus dem die elastische Deformation $\boldsymbol{\varepsilon} = \text{def}\,\boldsymbol{s}$ gebildet wird.

Der Operator (d.h. die Bildungsvorschrift) ink wird als "Inkompatibilität" gelesen und def als "Deformation". Dabei handelt es sich um bestimmte Differentiationsvorschriften, die wir jetzt genau erklären wollen. Aus jedem Vektor $\boldsymbol{v}$ wird mit def $\boldsymbol{v}$ ein Tensor, also eine Größe mit zwei Indizes, gebildet gemäß

$$(\text{def}\,\boldsymbol{v})_{ik} \underset{def}{=} \frac{1}{2}(v_{i,k} + v_{k,i}) \,. \tag{303}$$

Der Operator ink wirkt auf einen Tensor, also auf eine Größe mit zwei Indizes. Zur Definition von ink führen wir das sog. Levi - Civita - Symbol $\boldsymbol{e}$ ein. Dies ist eine dreifach indizierte Größe, die nur die Werte $+1$, -1 oder 0 annimmt und zwar nach folgender Vorschrift,

$$\left.\begin{array}{l} e_{123} = e_{231} = e_{312} = +1 \,, \\ e_{213} = e_{132} = e_{321} = -1 \,, \\ e_{ijk} = 0 \quad \text{sonst} \,. \end{array}\right\} \tag{304}$$

Damit können wir zunächst die Rotation eines Vektors $\boldsymbol{a}$, also die Komponenten des Vektors rot $\boldsymbol{a}$, wofür man auch $\nabla \times \boldsymbol{a}$ schreibt, folgendermaßen ausdrücken,

$$(\mathrm{rot}\, \boldsymbol{a})_i \equiv (\nabla \times \boldsymbol{a})_i = e_{irs}\, a_{s},_{r} \quad \left(= \sum_{r=1}^{3}\sum_{s=1}^{3} e_{irs}\, a_{s},_{r} \right) . \tag{305}$$

Den Operator rot kann man auch auf einen Tensor anwenden. Man muß dann nur sagen, auf welchen Index die Differentiation wirken soll. Für den Tensor β_{ik} schreibt man beispielsweise

$$(\mathrm{rot}\, \boldsymbol{\beta})_{ik} \equiv (\nabla \times \boldsymbol{\beta})_{ik} = e_{irs}\, \beta_{sk},_{r} . \tag{305a}$$

Davon zu unterscheiden ist

$$(\boldsymbol{\beta} \times \nabla)_{ik} = e_{kpq}\, \beta_{ip},_{q} . \tag{305b}$$

Wenn man hier nicht sorgfältig auf die Reihenfolge der Indizes achtet, entstehen Vorzeichenfehler.
Der Operator ink ist nun als die zweifache Anwendung des Operators rot gemäß (305a) und (305b) definiert und zwar $\mathrm{ink}\, \boldsymbol{\varepsilon} = \nabla \times \boldsymbol{\varepsilon} \times \nabla$. Die dabei entstehende Größe $\mathrm{ink}\, \boldsymbol{\varepsilon}$ ist also wieder ein Tensor mit zwei Indizes gemäß

$$(\mathrm{ink}\, \boldsymbol{\varepsilon})_{ik} \underset{\mathrm{def}}{=} e_{irs}\, e_{kpq}\, \varepsilon_{sp},_{rq} . \tag{306}$$

Man beachte, daß es sich hier um eine vierfache Summe handelt, wobei allerdings wegen (304) die meisten Summanden verschwinden und andere bis auf das Vorzeichen übereinstimmen. Der Zusammenhang von $\mathrm{ink}\, \boldsymbol{\varepsilon}$ mit der Größe R_{likj} in (302) wird folgendermaßen hergestellt. Durch Summation bilden wir die Ausdrücke

$$R_{ik} \underset{\mathrm{def}}{=} R_{rikr} = \varepsilon_{ik},_{rr} - \varepsilon_{rr},_{ik} - \varepsilon_{ri},_{rk} + \varepsilon_{rk},_{ri}$$

und

$$R \underset{\mathrm{def}}{=} R_{ss} = 2\,\varepsilon_{ss},_{rr} - 2\,\varepsilon_{rs},_{rs} .$$

Unter Beachtung von (304) rechnet man dann nach, daß

$$(\mathrm{ink}\, \boldsymbol{\varepsilon})_{ik} = R_{ik} - \tfrac{1}{2}\delta_{ik}\, R . \tag{307}$$

Nun folgt wegen $\delta_{rr} = 3$ durch Summation über i und k aus $R_{ik} - \frac{1}{2}\delta_{ik}\, R = 0$ auch $R_{ik} = 0$. Es gilt also $R_{ik} = 0 \leftrightarrow R_{ik} - \frac{1}{2}\delta_{ik}\, R = 0$. Durch einfaches

Einsetzen aller möglichen Indexkombinationen $(i, j, k, l = 1, 2, 3)$ kann man direkt nachrechnen, daß auch $R_{likj} = 0 \leftrightarrow R_{ik} = 0$ und damit

$$R_{likj} = 0 \leftrightarrow (\text{ink}\,\varepsilon)_{ik} = 0 . \tag{308}$$

Man kann leicht nachprüfen, daß für die spezielle Struktur $\varepsilon = \text{def}\, s$ die Bildung $\text{ink}\,\varepsilon$ stets verschwindet. Der umgekehrte Schluß: Aus der Gültigkeit der Gleichung $\text{ink}\,\varepsilon = 0$ folgt zwangsläufig $\varepsilon = \text{def}\, s$, ist etwas schwieriger, und wir wollen ihn hier nicht führen. Er hängt im Grunde mit euklidischer und nichteuklidischer Geometrie zusammen, und wir verweisen z. B. auf die Darstellung bei E. Kröner [34], vgl. auch H. Günther [25]. Für das Kontinuum, das unseren Kristall approximiert, halten wir fest:

Versetzungen befinden sich in unserem Kontinuum genau an den Stellen, für welche $\text{ink}\,\varepsilon \neq 0$ *gilt.*

Diese Aussage müssen wir nun quantitativ fassen. Wie kann man die Abweichung von $\text{ink}\,\varepsilon = 0$ aus einer gegebenen Verteilung von Versetzungen quantitativ ausdrücken und berechnen? Diese Frage ist zuerst von E. Kröner beantwortet worden. Wir werden hier eine möglichst knappe Darstellung dieser Antwort versuchen und verweisen hinsichtlich einer ausführlichen und sehr plastischen Behandlung dieser Problematik auf das Buch von Kröner [17].

Bei den Verschiebungen der Atome eines Kristallgitters müssen wir prinzipiell zwischen elastischen Verschiebungen δs und plastischen Verschiebungen δs^p unterscheiden. Beide Verschiebungen ändern sich i. a. mit dem Ort x und geben dadurch Anlaß zu einer sog. elastischen bzw. plastischen Distorsion β bzw. β^p des Gitters gemäß

$$\beta_{ik} = \frac{\delta s_k}{\delta x_i} , \quad \beta_{ik}^p = \frac{\delta s_k^p}{\delta x_i} . \tag{309}$$

Die Gesamtverschiebung s^g der Gitteratome, die Summe aus der elastischen und der plastischen Verschiebung, ist Gegenstand der Newtonschen Gleichungen und daher stets eine eindeutig bestimmte, wenn auch mitunter ziemlich komplizierte Funktion von Ort und Zeit, $s^g = s^g(x, t)$, worauf wir bereits am Schluß von Kap. 8 aufmerksam gemacht haben. Ein einzelner Gitterbaustein kann stets nur eine einzige Gesamtverschiebung ds^g ausführen. Diese Verschiebung ist nichts anderes als die Änderung seiner Position im Raum während der Zeit dt, welche durch die Newtonschen Gleichungen (49) wohl definiert ist. Nur auf Grund seiner Einbettung in den Kristallverband unterscheiden wir für einen Gitterbaustein zwischen einer elastischen und einer plastischen Verschiebung. Diese Zerlegung ist als ein Kollektivphänomen definiert und verliert daher für einen isolierten Massenpunkt jeden Sinn. Die Gesamtverschiebung $d\boldsymbol{s}^g$ kann sich nun auf unendlich vielfache Weisen aus einer plastischen Verschiebungen $\delta \boldsymbol{s}^p$ und einer elastischen Verschiebung $\delta \boldsymbol{s}$ zusammensetzen. Wir müssen schreiben,

$$d\boldsymbol{s}^g = \delta\boldsymbol{s} + \delta\boldsymbol{s}^p \ , \tag{310}$$

wobei also nur für die Gesamtverschiebung das vollständige, d.h. das zu einer endlichen Funktion $\boldsymbol{s}^g = \boldsymbol{s}^g(\boldsymbol{x}, t)$ integrierbare Differential $d\boldsymbol{s}^g$ stehen darf. Nur in dem Spezialfall des vorangegangenen Kap. , wo wir von einem idealen Anfangszustand ausgegangen waren und nur eine elastische, aber keine plastische Verschiebung der Massenelemente betrachtet haben, wird die elastische Verschiebung mit der Gesamtverschiebung identisch. Es existiert dann eine eindeutige Funktion für die elastische Verschiebung $\boldsymbol{s} = \boldsymbol{s}(\boldsymbol{x}, t)$ der Gitterbausteine, aus der wir gemäß (268), (268a) den Tensor der elastischen Distorsion $\boldsymbol{\beta}$ (bzw. dort $\boldsymbol{\beta}^T$) gebildet haben. Wenn plastische Deformationen im Spiel sind, gibt es i. a. weder eine Funktion $\boldsymbol{s}^p = \boldsymbol{s}^p(\boldsymbol{x}, t)$ noch eine Funktion $\boldsymbol{s} = \boldsymbol{s}(\boldsymbol{x}, t)$. Es gibt nur die, in der Umgebung jedes Punktes $\boldsymbol{x}$ definierten, infinitesimalen Größen $\delta\boldsymbol{s}^p$ und $\delta\boldsymbol{s}$. Bilden wir eine Gesamtdistorsion gemäß $\boldsymbol{\beta}^g = \frac{\partial \boldsymbol{s}^g}{\partial \boldsymbol{x}}$, so folgt sofort

$$\beta_{ik}^g \equiv \frac{\partial s_k^g}{\partial x_i} = \frac{\delta s_k}{\delta x_i} + \frac{\delta s_k^p}{\delta x_i} = \beta_{ik} + \beta_{ik}^p \ . \tag{311}$$

Dies sind nun alles eindeutige Funktionen des Ortes und der Zeit. Hieraus darf man aber keineswegs den Schluß ziehen, daß wir es dadurch auch schon mit Zustandsfunktionen des Kristallgitters zu tun hätten, die wir aus einem vorliegenden Kristall durch Messungen ablesen könnten. Das ist ein weit verbreitetes Mißverständnis! Messen können wir diese Funktionen i.a. nicht. Wir illustrieren diese Fragestellung noch einmal an einem einleuchtenden Beispiel: Jedes Atom eines idealen Gases beschreibt mit Sicherheit einen eindeutigen Weg durch den Raum. Dennoch können wir den Ort dieses Atoms durch Messung der Zustandsvariablen, nämlich des Druckes und des Volumens, keineswegs bestimmen. Ähnlich verhält es sich mit einem Kristallgitter, welches plastischen Deformationen unterworfen wird. E. Kröner ist es gelungen, aus der Gleichung (311) eine Aussage über Zustandsgrößen, d. h. über tatsächlich meßbare Größen herauszufinden. Wir bilden von links die Rotation an (311). Wegen (305a) gilt dann mit (304)

$$(\text{rot}\ \boldsymbol{\beta}^g)_{ik} \equiv (\nabla \times \boldsymbol{\beta}^g)_{ik} = e_{irs}\,\beta^g_{sk}\,{}_{,r} = e_{irs}\,s^g_k\,{}_{,sr} = 0$$

und damit

$$\text{rot}\ \beta_{ik} = -\ \text{rot}\ \beta^p_{ik} = -\ \text{rot}\ \frac{\delta s^p_k}{\delta x_i}\ .$$

Wir integrieren diese Gleichung über ein kleines Flächenelement ΔA und finden unter Anwendung des Stokesschen Integralsatzes

$$\iint\limits_{\Delta A} \text{rot}\ \beta_{ik}\, dA_i = \text{rot}\ \beta_{ik}\ \Delta A_i = -\iint\limits_{\Delta A} \text{rot}\ \frac{\delta s^p_k}{\delta x_i}\, dA_i = -\oint_{(\Delta A)} \frac{\delta s^p_k}{\delta x_i}\, dx_i\ ,$$

also

$$\text{rot}\ \beta_{ik}\ \Delta A_i = -\oint_{(\Delta A)} \delta s^p_k\ . \tag{312}$$

Hier setzt nun die physikalische Analyse von Kröner ein: Umschließt der Umlauf im Linienintegral (312) eine Versetzung, so ist dadurch deren Gesamtburgersvektor $\Delta \boldsymbol{b}$ bestimmt gemäß

$$-\oint_{(\Delta A)} \delta s^p_k = \Delta b_k\ . \tag{312a}$$

Sagen wir es noch einmal ausführlicher: Während eine lokale, plastische Verschiebung δs^p, die an irgendeinem Gitterpunkt stattgefunden hat, hinterher nicht mehr nachgewiesen werden kann (weil der Kristall an dieser Stelle danach genauso aussieht wie vorher), so ist doch die Summe über alle derartigen plastischen Verschiebungen entlang eines geschlossenen Weges im Kristall experimentell nachweisbar, nämlich durch die Messung des Burgersvektors. Es ist dies ein eindrucksvolles Beispiel für den Unterschied zwischen lokalen und globalen Fragestellungen. Der

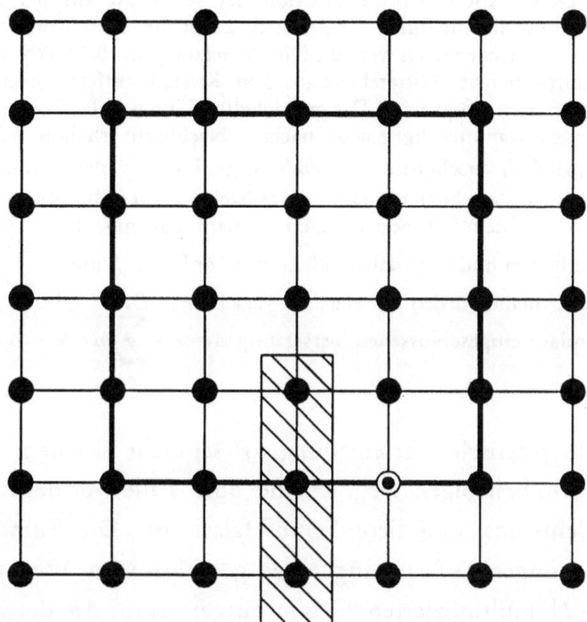

Bild 62a.

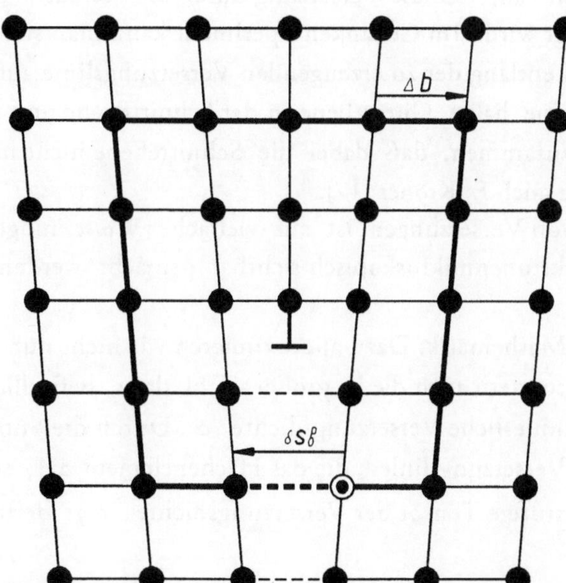

Bild 62b.

Bild 62. Versetzung und plastische Deformation. Nur die Position der senkrecht aus der Zeichenebene herausweisenden Versetzungslinie, die durch das Zeichen ⊥ für die Stufenversetzung gekennzeichnet ist, kann experimentell nachgewiesen werden. Die Versetzung in Bild 62b wird erzeugt, indem die in Bild 62a schraffierte halbe Gitterebene aus dem Kristall entfernt und der Kristall danach wieder lückenlos zusammengefügt wird. Die gestrichelten Linien in Bild 62b zeigen, welche Gitteratome durch dieses Zusammenfügen neue nächste Nachbarn erhalten haben. Dort wurden die Atome um δs_0^p plastisch verschoben. Die endgültige Position der Atome ergibt sich durch eine zusätzliche elastische Verschiebung. Das nur teilweise ausgefüllte Atom ist zur Orientierung im Gitter markiert. Auf dem fett gezeichneten Umlauf hat nur dieses Atom auch eine plastische Verschiebung erfahren und trägt daher allein mit δs_0^p zur Summe $\sum \delta s^p$ bei. Alle anderen Atome auf diesem Umlauf wurden nur elastisch verschoben. Dies ergibt für den Burgersvektor $\Delta \boldsymbol{b}$ der von dem Umlauf eingeschlossenen Versetzung $\Delta \boldsymbol{b} = -\sum \delta s^p = -\delta s_0^p$.

leichtfertige Schluß, die lokale plastische Verschiebung δs^p sei nicht zu sehen, also auch nicht ihre Summe auf einem beliebigen Weg, ist eine böse Falle, vor der man sich hüten sollte. Der Kristall lehrt uns, daß dieser Schluß falsch ist: Die Summe über alle plastischen Verschiebungen δs^p entlang eines geschlossenen Weges im Kristall ist gleich dem mit (-1) multiplizierten Gesamtburgersvektor $\Delta \boldsymbol{b}$ der von diesem Weg eingeschlossenen Versetzungen. Das ist das Ergebnis der Krönerschen Analyse. Zur Illustration dieses Sachverhaltes gehen wir von Bild 21 und Bild 22 in Kap. 7 aus. Wir betrachten den Fall, daß die Versetzung durch die Herausnahme einer halben Gitterebene erzeugt wird. Im Gedankenexperiment kann man sich das so vorstellen, daß der Kristall entlang der zu erzeugenden Versetzungslinie aufgeschnitten wird. Man entfernt eine halbe Gitterebene in der Schnittfläche und fügt den Kristall danach wieder so zusammen, daß dabei die Schnittebene nicht mehr sichtbar ist, s. Bild 62, vgl. dazu auch E. Kröner [17].

Der experimentelle Nachweis von Versetzungen ist auf vielfache Weise möglich. Versetzungen können heute elektronenmikroskopisch sichtbar gemacht werden, s. z.B. C. Kittel, [68], S. 694 ff.

Alles weitere ist nun nur noch Mathematik. Dazu approximieren wir nicht nur den Kristall durch ein Kontinuum, sondern auch die in großer Zahl darin befindlichen Versetzungen durch eine kontinuierliche Versetzungsdichte α . Durch die Summe Δb_k der Burgersvektoren aller Versetzungslinien, die das Flächenelement ΔA_i senkrecht durchstoßen, ist der zweistufige Tensor der Versetzungsdichte α_{ik} definiert gemäß

$$\Delta A_i \alpha_{ik} = \Delta b_k \qquad \text{bzw.} \qquad \Delta \boldsymbol{A} \cdot \alpha = \Delta \boldsymbol{b} \; . \tag{313}$$

Die Formeln (312) und (313) ergeben nun zusammen sofort die berühmte Krönersche Gleichung, die den komplizierten Zusammenhang zwischen Versetzungen und elastischen Verzerrungen des Gitters in bestechender Einfachheit beschreibt:

$$e_{irs}\beta_{sk},_{r} = \alpha_{ik} \qquad \text{bzw.} \qquad \operatorname{rot} \boldsymbol{\beta} = \boldsymbol{\alpha} \ . \tag{314}$$

Aus (314) ziehen wir sofort eine wichtige Schlußfolgerung. Mit Hilfe von (304) rechnet man leicht nach, daß stets $\frac{\partial}{\partial x_i} e_{irs}\, \beta_{sk},_{s} = e_{irs}\, \beta_{sk},_{si} = 0$ ist. Für eine beliebige Verteilung von Versetzungen gilt also stets

$$\frac{\partial}{\partial x_i}\alpha_{ik} \equiv \alpha_{ik},_{i} = 0 \qquad \text{bzw.} \qquad \operatorname{div} \boldsymbol{\alpha} \equiv \nabla \cdot \boldsymbol{\alpha} = 0 \ . \tag{315}$$

Die Gleichungen (315) haben eine anschauliche physikalische Bedeutung. Dazu integrieren wir (315) über ein beliebiges Volumen V und finden unter Anwendung des Gaußschen Satzes sowie unserer Gleichung (313)

$$0 = \iiint\limits_{V} \frac{\partial}{\partial x_i}\alpha_{ik}\, dV = \iint\limits_{(V)} \alpha_{ik}\, dA_i = \iint\limits_{(V)} db_k \ .$$

Hier berechnet das Oberflächenintegral die Summe der Burgersvektoren aller aus dem Volumen V heraustretenden Versetzungen. Diese Summe ist also stets Null: In jedes beliebige Volumen treten immer ebensoviel Versetzungen ein wie auch wieder aus ihm herauskommen. Wir finden :

Eine Versetzung kann im Innern eines Volumens nicht enden.

Ganz sind wir mit der Gleichung (314) aber noch nicht am Ziel. Zwar haben wir mit der Versetzungsdichte $\boldsymbol{\alpha}$ aus den plastischen Deformationen des Gitters diejenige Größe herausgefunden, die man auch messen kann. Die Versetzung ist eine Zustandsgröße der plastischen Deformation. Die elastische Distorsion $\boldsymbol{\beta}$ ist es aber nicht, wie wir dies bereits im vorangegangenen Kap. erläutert haben. Wir brauchen eine Beziehung zwischen der Versetzungsdichte $\boldsymbol{\alpha}$ und der elastischen Dehnung $\boldsymbol{\varepsilon}$, welche wir aus Spannungsmessungen gemäß dem Hookeschen Gesetz (289a) bestimmen können. Durch eine mathematische Operation, die ebenfalls von Kröner [17] angegeben worden ist, gelingt dies auf folgende Weise: Wir bilden an der Gleichung (314) die Rotation von rechts, also

$$\nabla \times \beta \times \nabla = \alpha \times \nabla \ .$$

Ausgeschrieben heißt das

$$e_{irs}\, e_{kpq}\, \beta_{sp},_{rq} = e_{kpq}\, \alpha_{ip},_{q} \ .$$

Wir beachten nun, daß die elastische Dehnung ε der symmetrische Teil der elastischen Distorsion β ist,

$$\varepsilon_{ik} = \frac{1}{2}(\beta_{ik} + \beta_{ki}) \ , \tag{316}$$

und berücksichtigen ferner die besonderen Eigenschaften (304) des Levi - Civita - Symbols e_{ijk} . Man rechnet dann einfach nach, daß

$$\frac{1}{2}(e_{irs}\, e_{kpq}\, \beta_{sp},_{rq} + e_{krs}\, e_{ipq}\, \beta_{sp},_{rq}) = e_{irs}\, e_{kpq}\, \varepsilon_{sp},_{rq} \ .$$

Also gilt

$$e_{irs}\, e_{kpq}\, \varepsilon_{sp},_{rq} = \frac{1}{2}(e_{ipq}\, \alpha_{kp},_{q} + e_{kpq}\, \alpha_{ip},_{q}) \ . \tag{317}$$

Hier ist die rechte Seite aber nichts anderes als ink ε, und für die linke Seite hat Kröner die Bezeichnung η eingeführt, womit die Gleichungen (317) die folgende bekannte und einprägsame Form annehmen,

$$\operatorname{ink} \varepsilon = \eta \tag{317a}$$

mit

$$\eta_{ik} \underset{\text{def}}{=} \frac{1}{2}(e_{ipq}\, \alpha_{kp},_{q} + e_{kpq}\, \alpha_{ip},_{q}) \ . \tag{318}$$

Damit haben wir ein erstes Ziel erreicht. Mit den Gleichungen (317) gelingt es, die Eigenspannungen zu berechnen, die durch eine gegebene Verteilung von Versetzungen erzeugt werden. Solange diese Versetzungen als eine statische Verteilung vorliegen, sich also nicht im Kristall bewegen, sind (317) und (315) die einzigen Gleichungen, die wir zusätzlich zu den Bewegungsgleichungen (293) und den Materialgleichungen, also dem Hookeschen Gesetz (289a), benötigen, um die Spannungen einschließlich der Eigenspannungen berechnen zu können. Es ist bemerkenswert, und dieser Sachverhalt wird uns noch beschäftigen, daß die Formulierung der Gleichungen (317), die allein die Eigendehnungen zum Inhalt haben, vollständig frei von irgendwelchen Materialkonstanten ist. Für die durch äußere Kräfte verursachten, elastischen Dehnungen läßt sich eine vergleichbare Formulierung prinzipiell nicht erreichen.

Bevor wir auch die Bewegung der Versetzungen in unsere Überlegungen einbeziehen, wollen wir noch auf eine Vernachlässigung hinweisen, von der wir hier Gebrauch machen. Es sind dies die sog. Momentenspannungen. Es ist nämlich nicht ganz richtig, daß der reale Kristall, den wir durch ein Kontinuum approximieren, auf eine Drehung seiner Volumenelemente überhaupt nicht mechanisch reagiert, dabei also keine Energie aufstaut. Zutreffend ist dies nur für die absolute Drehung seiner Volumenelemente ΔV, wie wir das in Kap. 21 angenommen haben. Gerade durch die Anwesenheit von Versetzungen entsteht aber eine relative Drehung der Volumenelemente, die auch energetisch wirksam wird. Wir werden diese Effekte hier nicht berücksichtigen und verweisen dazu auf die Arbeit von E. Kröner [69].

Wir betrachten nun eine einzelne Versetzung mit dem Burgersvektor $\boldsymbol{b}$, deren Linienrichtung wir durch den Einheitsvektor $\boldsymbol{t}$ beschreiben. Wenn nun $\Delta\boldsymbol{A}$ ein Flächenelement vom Betrage ΔA ist, welches senkrecht zur Linienrichtung $\boldsymbol{t}$ gewählt wurde, dann gilt nach Gleichung (313) $\Delta A_i \cdot \alpha_{ik} = \Delta A \;\; \alpha_{ik} = t_i b_k$. Für eine Versetzung auf der Fläche ΔA in $\boldsymbol{t}$ - Richtung und vom Burgersvektor $\boldsymbol{b}$ können wir also schreiben

$$\alpha_{ik} = \frac{t_i b_k}{\Delta A} \,. \tag{319}$$

Diese Versetzung möge sich nun mit der Geschwindigkeit $\boldsymbol{V}$ bewegen. Ersichtlich ergibt eine Bewegung der Versetzung in ihrer eigenen Linienrichtung keinen physikalischen Sinn. Vielmehr muß die Versetzungslinie bei einer tatsächlichen Bewegung eine Fläche $\Delta\boldsymbol{F}$ überstreichen. Senkrecht auf dieser Fläche steht dann der Vektor $\boldsymbol{n} = \boldsymbol{V} \times \boldsymbol{t}$, also ein Vektor $\boldsymbol{n}$ mit den Komponenten $n_i = e_{irs} V_r t_s$. Der daraus gebildete Einheitsvektor $\boldsymbol{n}_o$ lautet

$$n_{oi} = \frac{e_{irs} V_r t_s}{| V |} \,. \tag{320}$$

Die am Ort $\boldsymbol{x}$ vorbeigewanderte, einzelne Versetzung erzeugt in dieser Fläche $\Delta \boldsymbol{F}$ eine plastische Verschiebung um den Vektor $\boldsymbol{b}$. Je Flächenelement $\Delta \boldsymbol{A}$ möge sich, gleichmäßig verteilt, eine Versetzung befinden. Wandern äquidistante Versetzungen mit der Geschwindigkeit $\boldsymbol{V}$, dann gehen $|\boldsymbol{V}| \cdot dt$ Versetzungen in der Zeit dt am Ort $\boldsymbol{x}$ vorbei, so daß sich die dabei erzeugte, plastische Verschiebung aus $\delta \boldsymbol{g} = -\boldsymbol{b} \cdot |\boldsymbol{V}| \, dt$ berechnet, d. h.

$$\delta g_k = -b_k \cdot |V| \, dt \,. \tag{321}$$

Die plastische Verschiebung $\delta \boldsymbol{g}$ ist der Versetzungsbewegung entgegengerichtet, daher das Minuszeichen, s. Bild 64.
Multiplizieren wir diese Verschiebung mit dem Einheitsvektor $\boldsymbol{n}_o$, dann wird durch $\boldsymbol{n}_o \, \delta \boldsymbol{g} = \Delta A \; d\boldsymbol{\beta}^p$ die plastische Deformation $d\boldsymbol{\beta}^p$ beschrieben, die zu der auf dem Flächenelement $\Delta \boldsymbol{A}$ befindlichen, einzelnen Versetzung gehört, welche die Geschwindigkeit $\boldsymbol{V}$ hat. Es folgt also mit (320) und (321)

$$\Delta A \; d\beta^p_{ik} = n_{oi} \, \delta g_k = \frac{e_{irs} V_r t_s}{|V|} \cdot (-b_k \cdot |V| \, dt) \;,$$

$$d\beta^p_{ik} = -\frac{e_{irs} V_r t_s b_k \, dt}{\Delta A}$$

und daher mit (319)

$$\frac{d}{dt} \beta^p_{ik} = -e_{irs} V_r \alpha_{sk} \,. \tag{322}$$

Da sowohl die Versetzungsdichte α als auch die Versetzungsgeschwindigkeit $\boldsymbol{V}$ jeweils meßbare Größen sind, ist auch die zeitliche Änderung der plastischen Distorsion eine meßbare Größe des Festkörpers. Im Unterschied zur plastischen Deformation $\boldsymbol{\beta}^p$ selbst ist also deren Zeitableitung wieder eine Zustandsvariable unseres mechanischen Kontinuums.

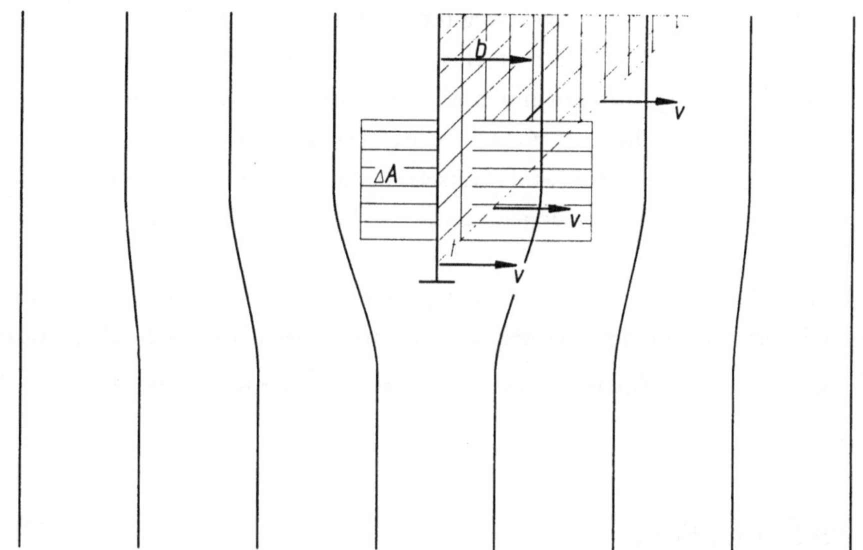

Bild 63. Versetzungswanderung und plastische Deformation. Dargestellt ist eine Stufenversetzung. Die Linienrichtung $\boldsymbol{t}$ der Versetzung, die das Flächenelement $\Delta \boldsymbol{A}$ senkrecht durchstößt, verläuft senkrecht zum Burgersvektor $\boldsymbol{b}$. Bei ihrer Wanderung mit einer Geschwindigkeit $\boldsymbol{V}$ senkrecht zur Linienrichtung $\boldsymbol{t}$ erzeugt die Versetzung in der Zeit dt eine plastische Verschiebung $\delta g = - b | \ V | dt$.

Die Gleichung (322) beschreibt den physikalischen Zusammenhang zwischen der Versetzungsbewegung und der plastischen Verformung. Diese Gleichung enthält die gesamte lineare Versetzungskinematik und wurde bereits 1956 von E. Kröner und G. Rieder [24] gefunden.

Ebenso wie die nichtlineare Theorie der statischen Versetzungen aus der Geometrie des Gitters gewonnen werden kann, vgl. z.B. E. Kröner [34] und H. Günther [25], folgt auch die nichtlineare Theorie der bewegten Versetzungen aus den geometrischen Eigenschaften des Kristallgitters, vgl. dazu [25]. Wir können darauf hier aber nicht eingehen.

Liegt der Burgersvektor $\boldsymbol{b}$ in der durch $\boldsymbol{V}$ und $\boldsymbol{t}$ definierten Ebene, so spricht man von einem *Gleiten* der Versetzung. Das Kreuzprodukt $\boldsymbol{V} \times \boldsymbol{t}$ definiert die sog. Gleitebene. Man nennt dies auch eine konservative Versetzungsbewegung. Hierbei bleibt in einem die Versetzungslinie umgebenden, materiellen Volumen die darin enthaltene Gesamtmasse (die Teilchenzahl) erhalten. Außerdem gibt es auch nicht - konservative Versetzungsbewegungen: In einem, die Versetzungslinie umgebenden, materiellen Volumen tritt Masse aus (es ändert sich die darin befindliche Teilchenzahl). Man spricht von einem *Klettern* der Versetzung. Der Burgersvektor $\boldsymbol{b}$ liegt dabei senkrecht zur $\boldsymbol{V}\times\boldsymbol{t}$ - Ebene. Da für Schraubenversetzungen $\boldsymbol{b}$ parallel zu $\boldsymbol{t}$ liegt, können nur Stufenversetzungen klettern. Wir werden ausschließlich das Gleiten von Versetzungen, also nur konservative Versetzungsbewegungen betrachten.

Für eine explizite Formulierung der Versetzungskinematik, mit der man auch rechnen kann, definiert man die negative zeitliche Ableitung der plastischen Distorsion $-\frac{d}{dt}\beta_{ik}^{p}$ als den zweistufigen Tensor der Versetzungsstromdichte $\boldsymbol{J}$. Gemäß (322) setzen wir also

$$J_{ik} \underset{\text{def}}{=} -\frac{d}{dt}\beta_{ik}^{p} = e_{irs} V_r \alpha_{sk} . \tag{323}$$

Damit haben wir auch die zweite Zustandsvariable der plastischen Verformung unseres Kontinuums gefunden. Wir halten fest:

Die Versetzungsdichte α und die Versetzungsstromdichte J sind die beiden Zustandsvariablen einer plastischen Verformung.

Von (311) bilden wir die zeitliche Ableitung und dann die Rotation von links, also

$$e_{ipq}\frac{d}{dt}\beta_{qk,p}^{p} + e_{ipq}\frac{d}{dt}\beta_{qk,p} = \frac{d}{dt}e_{ipq}\beta_{qk,p} + e_{ipq}\frac{d}{dt}\beta_{qk,p}^{p} = 0 .$$

Setzen wir hier (314a) und (323) ein, so folgt sofort

$$\frac{d}{dt}\alpha_{ik} - e_{ipq}J_{qk,p} = 0 . \tag{324}$$

Wir beachten nun, daß die zeitliche Ableitung des Gesamtverschiebungsvektors $\boldsymbol{s}^g$ uns gerade die Geschwindigkeit $\boldsymbol{v}$ der Massenelemente unseres Kontinuums liefert, also

$$\boldsymbol{v} = \frac{d}{dt}\boldsymbol{s}^g \quad , \quad \text{bzw.} \quad v_i = \frac{d}{dt}s_i . \tag{325}$$

Wir machen hier darauf aufmerksam, daß es diese Geschwindigkeit $\boldsymbol{v}$ ist, welche in den Gleichungen (288), (291) bzw. (293) steht, und die hier also nicht aus einer elastischen Verschiebung $\boldsymbol{s}$ gebildet werden kann.
Von (311) bilden wir jetzt die Summe bei Vertauschung der Indizes, d.h.

$$\frac{1}{2}(s_{k}^{g},_{i}+s_{i}^{g},_{k}) = \frac{1}{2}(\beta_{ik}+\beta_{ki}) + \frac{1}{2}(\beta_{ik}^{P}+\beta_{ki}^{P}) \; .$$

Wegen (323), (325) und (316) liefert uns die Zeitableitung dieser Gleichung,

$$\frac{d}{dt}\varepsilon_{ik} - \frac{1}{2}(v_{i},_{k}+v_{k},_{i}) = \frac{1}{2}(J_{ik}+J_{ki}) \; . \tag{326}$$

Damit haben wir alle Gleichungen zusammen, um aus einer beliebig vorgegebenen Verteilung von Versetzungen α und deren beliebig vorgeschriebener Bewegung durch die Versetzungsströme J in einem beliebigen Kontinuum mit dem Hookeschen Tensor C sowie ferner beliebigen Volumenkräften f und unter Beachtung bestimmter Randbedingungen im Fall eines endlichen Kontinuums die elastische Deformation ε und die Geschwindigkeit $\boldsymbol{v}$ der Massen unseres Kontinuums vollständig bestimmen zu können. Insgesamt sind dies die Gleichungen (293), (318), (326), (315), (324) sowie (289a). Wir schreiben diese Gleichungen hier noch einmal in dieser Reihenfolge auf, wobei wir konsequenterweise auch in (326) und (324) die totalen Zeitableitungen durch die partiellen Ableitungen nach der Zeit ersetzen, wie dies unserer Näherungsannahme einer linearisierten Elastizitätstheorie entspricht:

$$\left.\begin{aligned}
\rho\frac{\partial}{\partial t}v_{i} - C_{ikrs}\,\varepsilon_{rs},_{k} &= f_{i} \; , && \text{a)}\\
e_{irs}\,e_{kpq}\,\varepsilon_{sp},_{rq} &= \frac{1}{2}(e_{ipq}\,\alpha_{kp},_{q} + e_{kpq}\,\alpha_{ip},_{q}) \; , && \text{b)}\\
\frac{\partial}{\partial t}\varepsilon_{ik} - \frac{1}{2}(v_{i},_{k}+v_{k},_{i}) &= \frac{1}{2}(J_{ik}+J_{ki}) \; , && \text{c)}\\
0 &= \alpha_{ik},_{i} \; , && \text{d)}\\
0 &= \frac{\partial}{\partial t}\alpha_{ik} - e_{ipq}\,J_{qk},_{p} \; , && \text{e)}\\
\sigma_{ik} - C_{ikrs}\,\varepsilon_{rs} &= 0 \; . && \text{f)}
\end{aligned}\right\} \tag{327}$$

Aus den hier vorzugebenden, rechten Seiten von (327) sind die Felder, die auf den linken Seiten dieser Gleichungen stehen, zu berechnen. Insbesondere können wir mit den Gleichungen (327) auch die elastischen Deformationen berechnen, die von solchen Versetzungskonfigurationenen ausgehen, welche Lösungen der sine - Gordon - Gleichung sind. Die Versetzungsdichte α und die Versetzungsstromdichte J muß dann auch die Kinken, breather usw. sowie deren Bewegung enthalten.
Um einen besseren Einblick in die mathematische Struktur dieser Gleichungen zu bekommen, betrachten wir zunächst ein *isotropes* Kontinuum. Der Hookesche Tensor C ist dann durch die beiden Lamé - Konstanten μ und λ gemäß (294) gegeben, und für den Zusammenhang zwischen Spannung und Dehnung gilt (295),

$$\sigma_{ik} = 2\,\mu\,\varepsilon_{ik} + \lambda\,\delta_{ik}\,\varepsilon \ . \tag{295}$$

Von äußeren Kräften wollen wir ganz absehen,

$$f_i = 0 \ .$$

Für (306) a) erhalten wir damit

$$\rho\frac{\partial}{\partial t}v_i - 2\,\mu\,\varepsilon_{ri},_r - \lambda\,\varepsilon_{rr},_i = 0 \ . \tag{328}$$

Durch Differenzieren erhalten wir daraus anstelle der Gleichungen (293a)

$$\frac{\partial}{\partial t}\frac{1}{2}(v_i,_k + v_k,_i) - \mu(\varepsilon_{ir},_{rk} + \varepsilon_{kr},_{ri}) - \lambda\,\varepsilon_{rr},_{ik} = 0 \ . \tag{329}$$

Die Gleichung (306) b) bringen auf die folgende Form,

$$\begin{aligned}\varepsilon_{ik},_{rr} + \varepsilon_{rr},_{ik} - (\varepsilon_{ri},_{kr} + \varepsilon_{rk},_{ir}) = {} & \frac{1}{2}(e_{mni}\,\alpha_{nk},_m + e_{mnk}\,\alpha_{ni},_m) + \\ & + \frac{1}{2}(e_{mni}\,\alpha_{mn},_k + e_{mnk}\,\alpha_{mn},_i) \ .\end{aligned} \tag{330}$$

Die tatsächliche Äquivalenz von (330) mit (306) b) verifiziert man durch Einsetzen aller Werte für $i, k = 1, 2, 3$, wobei noch $\alpha_{ri},_r = 0$ zu beachten ist. Gleichung (306) c) differenzieren wir nach der Zeit, so daß

$$\frac{\partial^2}{\partial t^2}\varepsilon_{ik} - \frac{\partial}{\partial t}\frac{1}{2}(v_i,_k + v_k,_i) = \frac{\partial}{\partial t}\frac{1}{2}(J_{ik} + J_{ki}) \ . \tag{331}$$

Die Gleichungen (330) und (331) setzen wir in (310) ein und finden nach kurzer Rechnung

$$\Delta \varepsilon_{ik} + \frac{\mu+\lambda}{\mu}\varepsilon_{rr},_{ik} - \frac{\rho}{\mu}\frac{\partial^2}{\partial t^2}\varepsilon_{ik} = -\frac{1}{2}(e_{mni}\,\alpha_{nk},_m + e_{mnk}\,\alpha_{ni},_m) - -\frac{1}{2}(e_{mni}\,\alpha_{mn},_k + e_{mnk}\,\alpha_{mn},_i) - -\frac{\rho}{\mu}\frac{\partial}{\partial t}\frac{1}{2}(J_{ik} + J_{ki})\,. \tag{332}$$

Ebenso finden wir durch Differentiation von (309) nach der Zeit unter Verwendung von (306) c) die Feldgleichungen für die Materiegeschwindigkeiten

$$\Delta v_i + \frac{\mu+\lambda}{\mu}v_r,_{ri} - \frac{\rho}{\mu}\frac{\partial^2}{\partial t^2}v_i = -J_{ir},_r - J_{ri},_r - \frac{\lambda}{\mu}J_{rr},_i\,. \tag{333}$$

Die Gleichungen (332), (333) zeigen eine wesentliche Eigenschaft der durch die Versetzungen erzeugten Eigenspannungen. Obwohl wir hier das denkbar einfachste, das isotrope Kontinuum betrachten, reduzieren sich die Feldgleichungen nicht auf einfache Wellengleichungen mit einer einheitlichen Signalgeschwindigkeit. Neben der transversalen Schallgeschwindigkeit $c_T = \sqrt{\frac{\mu}{\rho}}$ tritt eine zweite Signalgeschwindigkeit auf, die longitudinale Schallgeschwindigkeit $c_l = \sqrt{\frac{2\mu+\lambda}{\rho}}$, welche insbesondere für die Dilatation $\varepsilon = \varepsilon_{rr}$ sowie für die Divergenz des Geschwindigkeitsvektors div $\boldsymbol{v} = v_r,_r$ wirksam wird. Summieren wir nämlich die Gleichungen (332) über $i = k$, so folgt nach kurzer Rechnung

$$\Delta \varepsilon_{rr} - \frac{\rho}{2\mu+\lambda}\frac{\partial^2}{\partial t^2}\varepsilon_{rr} = -\frac{2\mu+\lambda}{\mu}(e_{mnr}\,\alpha_{nr},_m + e_{mnr}\,\alpha_{mn},_r) - \frac{\rho}{2\mu+\lambda}\frac{\partial}{\partial t}J_{rr}\,. \tag{334}$$

Entsprechend finden wir durch Divergenzbildung an (333)

$$\Delta v_r,_r - \frac{\rho}{2\mu+\lambda}\frac{\partial^2}{\partial t^2}v_r,_r = -\frac{2\mu+\lambda}{\mu}(2J_{rs},_{rs} + \frac{\lambda}{\mu}J_{rr},_{ss})\,. \tag{334a}$$

Bei den Eigenspannungen überlagern sich also zwei Signalgeschwindigkeiten. Es gibt aber eine besondere Situation, bei welcher nur eine einzige Signalgeschwindigkeit, die transversale Schallgeschwindigkeit c_T, wirksam wird. Für diesen Fall wollen wir uns jetzt eine Lösung beschaffen, d.h., wir berechnen die elastische Deformation, die durch eine bestimmte Versetzungsbewegung, welche ihrerseits eine plastische Deformation hervorruft, erzeugt wird.

Wir wollen annehmen, daß sich eine einzelne, parallel zur z - Achse liegende, gerade Schraubenversetzung mit einem Burgersvektor vom Betrage b und einer konstanten Geschwindigkeit vom Betrage V in x - Richtung bewegt. Wir wollen ferner mit einem in jeder Richtung unendlichen Kontinuum rechnen. Die Versetzungsdichte α ist dann durch folgenden Tensor gegeben,

$$\alpha_{ik} = b\ \delta_{i3}\,\delta_{k3}\ \delta(x - V\,t) \cdot \delta(y) \quad . \tag{335}$$

Hier ist $\delta(x)$ die sog. Diracsche Funktion, eine "uneigentliche" Funktion, welche die folgenden charakteristischen Eigenschaften besitzt,

$$\int_{-a}^{+a} \delta(x)\,dx = 1 \ \text{für jedes}\ a > 0 \quad , \qquad \int_{b}^{a} \delta(x)\,dx = 0 \ \text{, wenn}\ a > 0 \ \text{und}\ b > 0 \ .$$

Im übrigen können wir die δ - Funktion auch differenzieren und mit ihr rechnen, als ob sie eine ganz "normale" Funktion wäre. Ihre strenge mathematische Begründung erfährt die δ - Funktion in der Theorie der Distributionen. Eine, für die praktischen Rechnungen des Physikers ausreichende, mathematische Darstellung der δ - Funktion wird in dem Lehrbuch von D. Ivanenko und A. Sokolow [64] gegeben.

Die δ - Funktion wird zur Beschreibung lokalisierter Dichten benutzt, z. B. für Punktladungen. In (335) haben wir damit eine Versetzungsdichte beschrieben, die durch eine einzelne, parallel zur z - Achse liegende, Versetzungslinie gebildet wird, welche die x - y - Ebene im Punkt $x = V \cdot t$, $y = 0$ durchstößt. Da sich die Versetzung mit einer Geschwindigkeit $V_r = V\ \delta_{r1}$ in x - Richtung bewegt, gehört nach (323) zur Versetzung (335) ein Tensor der Versetzungsstromdichte J gemäß $J_{ik} = e_{irs}\ V\delta_{r1}\ b\ \delta_{s3}\ \delta_{k3}\ \delta(x - Vt)\ \delta(y)$, also unter Beachtung von (304)

$$J_{ik} = - V\, b\, \delta_{i2}\, \delta_{k3}\, \delta(x - Vt)\, \delta(y) \ . \tag{336}$$

Wir weisen noch einmal darauf hin, daß die Versetzungsgeschwindigkeit V auf keinen Fall mit der in unserem Kontinuum überall definierten Materiegeschwindigkeit $\boldsymbol{v} = \boldsymbol{v}(\boldsymbol{x}, t)$ verwechselt werden darf.

Die Ausdrücke (335) und (336) für die Versetzungsdichte und ihre Ströme setzen wir in die Gleichungen (334), (334a) ein und finden nach einfacher Rechnung, daß die rechten Seiten exakt verschwinden. Die gerade Schraubenversetzung erfüllt also die Gleichung,

$$\left.\begin{aligned} \Delta\varepsilon_{rr} - \frac{1}{c_l^2}\frac{\partial^2}{\partial t^2}\varepsilon_{rr} &= 0 \ , \\ \Delta v_{r,r} - \frac{1}{c_l^2}\frac{\partial^2}{\partial t^2} v_{r,r} &= 0 \ . \end{aligned}\right\} \tag{337}$$

Für unser unendliches Medium fordern wir sog. natürliche Randbedingungen, daß nämlich alle Felder im Unendlichen verschwinden sollen. (Hierdurch werden verborgene Quellen im Unendlichen ausgeschlossen und ebenso alle Felder, die nicht an die Quellen gebunden sind). Die Gleichungen (337) haben dann einzig und allein die triviale Lösung

$$\left.\begin{aligned} \varepsilon_{rr} &= 0 \ , \\ v_{r,r} &= 0 \ . \end{aligned}\right\} \tag{338}$$

Unsere Schraubenversetzung erzeugt also kein Dilatationsfeld. Und das gilt offenbar für alle geraden Schraubenversetzungen, da die Richtung der z - Achse natürlich beliebig ist. Wir halten fest:

Gerade Schraubenversetzungen erzeugen im isotropen, unendlichen Medium kein Dilatationsfeld.

Das wiederum führt zu einer wesentlichen Vereinfachung der Feldgleichungen (332), (333). Für beliebig vorgegebene, gerade Schraubenversetzungen $\boldsymbol{\alpha}^S$ und entsprechende Ströme $\boldsymbol{J}^S$ erhalten wir die Feldgleichungen

$$\Delta\varepsilon_{ik} - \frac{1}{c_T^2}\frac{\partial^2}{\partial t^2}\varepsilon_{ik} = -\frac{1}{2}(e_{mni}\,\overset{S}{\alpha}_{nk},_m + e_{mnk}\,\overset{S}{\alpha}_{ni},_m) -$$
$$-\frac{1}{2}(e_{mni}\,\overset{S}{\alpha}_{mn},_k + e_{mnk}\,\overset{S}{\alpha}_{mn},_i) -$$
$$-\frac{1}{c_T^2}\frac{\partial}{\partial t}\frac{1}{2}(\overset{S}{J}_{ik} + \overset{S}{J}_{ki}) \,, \tag{339}$$

$$\Delta v_i - \frac{1}{c_T^2}\frac{\partial^2}{\partial t^2}v_i = -\overset{S}{J}_{ir},_r - \overset{S}{J}_{ri},_r \,. \tag{340}$$

Damit haben wir Gleichungen erhalten, wie wir sie von den relativistischen Feldtheorien her kennen, mit einer einzigen Signalgeschwindigkeit, hier mit der transversalen Schallgeschwindigkeit c_T. Das hat weitreichende Konsequenzen, die wir jetzt anhand unserer oben angegebenen, gleichförmig bewegten Schraubenversetzung darstellen, indem wir das Feld dieser Versetzung explizit berechnen. Dazu setzen wir (335) und (336) in (339) und (340) ein. Nach elementaren Umformungen finden wir folgende Feldgleichungen (der Strich ′ soll immer die Ableitung nach der in Klammern stehenden Variablen bedeuten),

$$\left(\frac{\partial^2}{\partial x^2} + \frac{\partial^2}{\partial y^2} - \frac{1}{c_T^2}\frac{\partial^2}{\partial t^2}\right)\varepsilon_{ik} =$$
$$= -\frac{b}{2}\begin{pmatrix} 0 & 0 & \delta(x-Vt)\,\delta'(y) \\ 0 & 0 & -(1-\frac{V^2}{c_T^2})\delta'(x-Vt)\,\delta(y) \\ \delta(x-Vt)\,\delta'(y) & -(1-\frac{V^2}{c_T^2})\delta'(x-Vt)\,\delta(y) & 0 \end{pmatrix} , \tag{341}$$

$$\left(\frac{\partial^2}{\partial x^2} + \frac{\partial^2}{\partial y^2} - \frac{1}{c_T^2}\frac{\partial^2}{\partial t^2}\right) v_i = V b \begin{pmatrix} 0 \\ 0 \\ \delta(x-Vt)\,\delta'(y) \end{pmatrix} . \tag{342}$$

Da alle Ableitungen nach z verschwinden, ist dies, mathematisch betrachtet, ein ebenes Problem. Für die mathematische Diskussion dieser streng relativistischen Feldgleichungen müssen wir hier auf [40] verweisen.

Die bei natürlichen Randbedingungen eindeutige Lösung der Gleichungen (341), (342) lautet:

$$\left.\begin{aligned}
\varepsilon_{13} = \varepsilon_{31} &= -\frac{b}{4\pi}\frac{1}{\sqrt{1-\dfrac{V^2}{c_T^2}}}\frac{\partial}{\partial y}\ln\sqrt{(x-Vt)^2+\left(1-\frac{V^2}{c_T^2}\right)y^2}\,,\\
\varepsilon_{23} = \varepsilon_{32} &= \frac{b}{4\pi}\sqrt{1-\frac{V^2}{c_T^2}}\,\frac{\partial}{\partial x}\ln\sqrt{(x-Vt)^2+\left(1-\frac{V^2}{c_T^2}\right)y^2}\,,\\
v_3 &= \frac{Vb}{2\pi}\frac{1}{1-\dfrac{V^2}{c_T^2}}\frac{\partial}{\partial y}\ln\sqrt{(x-Vt)^2+\left(1-\frac{V^2}{c_T^2}\right)y^2}\,.
\end{aligned}\right\} \qquad (343)$$

Alle anderen Komponenten von $\boldsymbol{\varepsilon}$ und $\boldsymbol{v}$ sind Null. (343) ist also das elastische Deformationsfeld, welches die plastische Deformation begleitet, die eine mit konstanter Geschwindigkeit durch den Kristall laufende, gerade Schraubenversetzung erzeugt.

Man kann die elastische Energie E berechnen, die eine solche, mit konstanter Geschwindigkeit V laufende Versetzung im Medium aufstaut. (Auf die Frage der Abschneideradien wollen wir hier nicht eingehen). Ist dann E_0 die Energie der ruhenden Versetzung, so findet man die Beziehung $E = \dfrac{E_0}{\sqrt{1-\dfrac{V^2}{c_T^2}}}$. Ein solches Feld besitzt ferner gegenüber dem Gitter eine träge Masse m, die mit der Energie E über die Einsteinsche Beziehung $E = m \cdot c_T^2$ zusammenhängt. Auch für die träge Masse m des Feldes einer Schraubenversetzung gilt daher die streng relativistische

Formel $m = \frac{m_0}{\sqrt{1 - \frac{V^2}{c_T^2}}}$, wenn wir die träge Masse des Feldes der ruhenden Versetzung mit m_0 bezeichnen. Diese Verhältnisse sind denen des Elektrons mit seinem elektromagnetischen Feld vollkommen analog. So kann man z. B. relativ leicht nachrechnen, daß das Dehnungs - Geschwindigkeitsfeld (343) einer Versetzung ebenso zu einem Lorentz - Tensor zusammengefaßt werden kann wie das elektromagnetische Feld eines Elektrons, s. dazu [40]. Zu der in Kap. 7 eingeführten und später gemäß (257) auch numerisch abgeschätzten, nackten Masse einer Versetzung müssen wir nun ihre Feldmasse hinzufügen. Gehen wir hier wiederum von einer Übereinstimmung zwischen der charakteristischen Geschwindigkeit c_0 der sine - Gordon - Gleichung und der transversalen Schallgeschwindigkeit c_T aus, $c_0 = c_T$, so können beide Massenanteile wegen ihrer gleichlautenden Geschwindigkeitsabhängigkeit nicht voneinender unterschieden werden, ein Sachverhalt, den wir genau in derselben Weise vom Elektron her kennen. Die Feldgleichungen (339), (340) beschreiben also eine physikalische Situation, die den Verhältnissen der Elektronen gemäß der Maxwell - Lorentzschen Theorie vollkommen analog ist - mit allen ihren mathematisch zwingenden Konsequenzen. Dabei denken wir insbesondere auch an die Konsequenzen, die sich aus einer Quantisierung ergeben, also an die sekundärrelativistischen Effekte wie Paarerzeugung und Vakuumpolarisation. Der Erzeugung eines Elektron - Positron - Paares in der Elektrodynamik entspricht in der Versetzungstheorie die Erzeugung eines elementaren Versetzungsringes, vgl. dazu Günther [54].

In den Kap. 9-18 haben wir auf der Basis der sine - Gordon - Gleichung eine lückenlose Spezielle Relativitätstheorie der inneren Beobachter unseres Kristalls entwickelt, indem wir die Klasse der zur Konkurrenz zugelassenen, mechanischen Phänomene stark eingeschränkt haben. Wir haben uns auf die Lösungen der sine - Gordon - Gleichung beschränkt und dabei die Erzeugung elastischer Deformationen durch die Versetzung außerachtgelassen. Wir haben nun gesehen, daß diese Deformationen gemäß (339), (340) gerade durch Gleichungen bestimmt werden, die allen Anforderungen einer relativistischen Theorie genügen. Können wir daher auch die elastischen Deformationen, die von den Versetzungen ausgehen, mit in unsere relativistischen Betrachtungen im Innern eines Kristalls einbeziehen? Können sich die inneren Beobachter unseres Kristalls bei ihren Messungen und Überlegungen sowohl auf plastische als auch auf elastische Deformationen stützen? Ein solcher Schluß wäre an dieser Stelle weit überzogen. Denn die Gleichungen (339), (340) gelten ja nur für eine ganz stark eingeschränkte Klasse von Versetzungen, die geraden Schraubenversetzungen im isotropen, unendlichen Kontinuum. Nicht einmal die gerade Schraubenversetzung mit einer Kinke gehört dazu!

Und doch können wir zeigen, daß der Teil der elastischen Deformationen, der strukturell an die Versetzungen, und zwar an beliebige Versetzungen, gebunden ist, tatsächlich wieder einzig und allein durch relativistische Wellengleichungen mit einer einzigen Signalgeschwindigkeit bestimmt wird. Diesen Sachverhalt wollen wir im nächsten Kap. darstellen. Hinsichtlich weitergehender Ausführungen zu dieser Problematik müssen wir allerdings auf die Arbeit [54] verweisen.

Es ist seit langem bekannt, hier verweisen wir z. B. auf eine Arbeit von Eshelby [70] aus dem Jahre 1949, daß die Eigenspannungsfelder von Versetzungen bestimmte Relikte eines relativistischen Verhaltens zeigen. Diese Relikte werden mit zunehmender Kompliziertheit des Hookeschen Tensors immer schwächer. Nur bei den geraden Schraubenversetzungen im isotropen, unendlichen Medium finden wir, wie oben gezeigt, das uneingeschränkte relativistische Verhalten. Bereits bei der Stufenversetzung nützt es schon nichts mehr, wenn man diese in einem isotropen, unendlichen Medium betrachtet. In den Feldern für die elastische Deformation ε einer mit konstanter Geschwindigkeit V bewegten, geraden Stufenversetzung mischen sich verschiedene Lorentz - Faktoren, solche, die mit der transversalen und solche, die mit der longitudinalen Schallgeschwindigkeit gebildet sind, in komplizierter Weise, was sich auf die Geschwindigkeitsabhängigkeit der elastischen Energie überträgt, so daß von einem Verhalten im Sinne der Speziellen Relativitätstheorie keine Rede sein kann. Es gibt aber einen einfachen Grund für ein solches, i. a. so kompliziertes Erscheinungsbild der Versetzungen:

In den Gleichungen (327) werden zwei elastische Felder, welche ganz unterschiedliche Symmetrieeigenschaften haben, nämlich ein strukturell an die Versetzungen gekoppeltes Feld ε^I und ein elastisches Verschiebungsfeld s, gemäß $\varepsilon_{ik} = \overset{I}{\varepsilon}_{ik} + \frac{1}{2}(s_{i,k} + s_{k,i})$ einfach zu dem elastischen Feld ε zusammengefaßt, für welches dann die Gleichungen (327) gelten. Wir wollen jetzt skizzieren, daß die Gleichungen (327) tatsächlich aus einer Überlagerung zweier, voneinander unabhängiger und ganz verschiedener Gleichungssysteme entstehen, aus einem Gleichungssystem für ε^I und einem ganz anderen für s.

23. Die Separation der Eigenspannungen

Die Umformungen, mit denen wir im vorangegangenen Kap. für das isotrope Kontinuum die Gleichungen (327) durch die Gleichungen (332), (333) ersetzt haben, waren vor allem dadurch möglich, daß wir auf Grund der angenommenen Isotropie die Gleichungen (330) einfach in (329) einsetzen konnten. Das geht mit einem allgemeinen Hookeschen Tensor, den wir nun annehmen wollen, nicht mehr. Von (327) a) bilden wir jetzt durch Differentiation die Gleichungen

$$\rho \frac{\partial}{\partial t} \frac{1}{2}(v_{i,k} + v_{k,i}) - \frac{1}{2}(\sigma_{ri,rk} + \sigma_{rk,ri}) = \frac{1}{2}(f_{i,k} + f_{k,i}) \tag{344}$$

sowie

$$\rho \frac{\partial^2}{\partial t^2} v_i - \frac{\partial}{\partial t} \sigma_{ri,r} = \frac{\partial}{\partial t} f_i \,. \tag{345}$$

Ferner benötigen wir wieder die Gleichungen (327c) und deren zeitliche Ableitung (331),

$$\frac{\partial}{\partial t} \varepsilon_{ik} - \frac{1}{2}(v_{i,k} + v_{k,i}) = \frac{1}{2}(J_{ik} + J_{ki}) \,, \tag{327c}$$

$$\frac{\partial^2}{\partial t^2} \varepsilon_{ik} - \frac{\partial}{\partial t} \frac{1}{2}(v_{i,k} + v_{k,i}) = \frac{\partial}{\partial t} \frac{1}{2}(J_{ik} + J_{ki}) \,. \tag{331}$$

Wir brauchen nun das allgemeine Hookesche Gesetz sowie zusätzlich auch noch dessen inverse Formulierung, d.h.

$$\left.\begin{aligned} \sigma_{ik} &= C_{ikrs}\, \varepsilon_{rs} \,, \\ \varepsilon_{ik} &= S_{ikrs}\, \sigma_{ik} \end{aligned}\right\} \tag{346}$$

mit dem zu C reziproken Tensor S, also $S \cdot\cdot\, C = 1$, d.h. $S_{ikrs} C_{rspq} = \delta_{ip} \delta_{kq}$. Für den Hookeschen Tensor führen wir dann folgende Zerlegung ein,

$$C_{ikrs} = C^o_{ikrs} + \tilde{C}_{ikrs} \quad \text{mit} \quad C^o_{ikrs} \underset{\text{def}}{=} p(\delta_{ir}\,\delta_{ks} + \delta_{is}\,\delta_{kr} - \delta_{ik}\,\delta_{rs}) \ , \tag{347}$$

$$S_{ikrs} = S^o_{iksr} + \tilde{S}_{ikrs} \quad \text{mit} \quad S^o_{ikrs} = \frac{1}{4p}(\delta_{ir}\,\delta_{ks} + \delta_{is}\,\delta_{kr} - 2\,\delta_{ik}\,\delta_{rs}) \ , \tag{347a}$$

wobei die Zerlegung für S durch diejenige von C bedingt ist. Die Größe p ist hierbei ein formal eingeführter, frei wählbarer Zerlegungsparameter, über dessen Wert wir später in geeigneter Weise verfügen werden.

Mit (346), (347) und (347a) benutzen wir folgende, verschachtelte Form des Hookeschen Gesetzes,

$$\varepsilon_{ik} = \frac{1}{2p}(\sigma_{ik} - \delta_{ik}\,\sigma_{rr}) + \tilde{S}_{ikpq}\,C_{pqrs}\,\varepsilon_{rs} \ . \tag{348}$$

Wir gehen mit (348) in die drei Terme $\varepsilon_{rr,ik} - (\varepsilon_{ri,rk} + \varepsilon_{rk,ri})$ von Gleichung (318) ein (welche (327) b), nämlich ink $\boldsymbol{\varepsilon} = \boldsymbol{\eta}$, äquivalent ist) und setzen die so umgeformte Gleichung (330) sowie (331) in (344) ein. Das Ergebnis lautet

$$\begin{aligned}\Delta\varepsilon_{ik} - \frac{\rho}{p}\frac{\partial^2}{\partial t^2}\varepsilon_{ik} + \frac{1}{2p}[p\frac{\dot{\partial}}{\partial x_k}(-2\frac{\partial}{\partial x_r}\tilde{S}_{irpq} + \frac{\partial}{\partial x_i}\tilde{S}_{rrpq})\,C_{pqmn}\,\varepsilon_{mn} + \\ + p\frac{\partial}{\partial x_i}(-2\frac{\partial}{\partial x_r}\tilde{S}_{krpq} + \frac{\partial}{\partial x_k}\tilde{S}_{rrpq})\,C_{pqmn}\,\varepsilon_{mn}] = \\ = -\frac{1}{2}(e_{mni}\,\alpha_{nk,m} + e_{mnk}\,\alpha_{ni,m}) - \\ - \frac{1}{2}(e_{mni}\,\alpha_{mn,k} + e_{mnk}\,\alpha_{mn,i}) - \\ - \frac{\rho}{p}\frac{\partial}{\partial t}\frac{1}{2}(J_{ik} + J_{ki}) + \frac{1}{2p}(f_{i,k} + f_{k,i}) \ .\end{aligned} \tag{349}$$

Um auf die Gleichungen für v_i zu kommen, bilden wir aus (327c)

$$v_{i,rr} + v_{r,ri} = 2\frac{\partial}{\partial t}\varepsilon_{ir,r} - J_{ir,r} - J_{ri,r}$$

sowie

$$v_{r,r} = \frac{\partial}{\partial t}\varepsilon_{rr,i} - J_{rr,i} \ .$$

Das ergibt zusammen

$$v_{i,rr} = 2\frac{\partial}{\partial t}\varepsilon_{ir,r} - \frac{\partial}{\partial t}\varepsilon_{rr,i} - J_{ir,r} - J_{ri,r} + J_{rr,i} \ .$$

Hier setzen wir (348) ein und erhalten nach einfacher Rechnung

$$v_{i,rr} = \frac{\partial}{\partial t}\frac{1}{p}\sigma_{ir,r} + 2\frac{\partial}{\partial t}\frac{\partial}{\partial x_r}\tilde{S}_{irpq}\, C_{pqmn}\, \varepsilon_{mn} - \frac{\partial}{\partial t}\frac{\partial}{\partial x_i}\tilde{S}_{rrpq}\, C_{pqrs}\, \varepsilon_{mn} -$$
$$- J_{ir,r} - J_{ri,r} + J_{rr,i} \ .$$

Daraus finden wir schließlich mit (345)

$$\Delta v_i - \frac{\rho}{p}\frac{\partial^2}{\partial t^2}v_i + \frac{1}{p}\frac{\partial}{\partial t}p\left(-2\frac{\partial}{\partial x_r}\tilde{S}_{irpq}\, C_{pqmn}\, \varepsilon_{mn} + \frac{\partial}{\partial x_i}\tilde{S}_{rrpq}\, C_{pqrs}\, \varepsilon_{mn}\right) =$$
$$= - J_{ir,r} - J_{ri,r} + J_{rr,i} - \frac{1}{p}\frac{\partial}{\partial t}f_i \ . \qquad (350)$$

Anstelle der Gleichungen (332) und (333) für das isotrope Kontinuum gelten also im Falle eines allgemeinen Hookeschen Tensors $\boldsymbol{C}$ für die Bestimmung der Felder $\boldsymbol{\varepsilon}$ und $\boldsymbol{v}$ aus einer beliebig vorzugebenden Verteilung von Versetzungen $\boldsymbol{\alpha}$ und ihren Strömen $\boldsymbol{J}$ sowie bei beliebigen Volumenkräften $\boldsymbol{f}$ nun die Gleichungen (349) und (350). Die Struktur der linken Seiten dieser Gleichung ist bei einem allgemeinsten Hookeschen Tensor mit seinen 21 unabhängigen Konstanten überaus kompliziert. Es gelingt nun aber folgende Entkopplung dieser Gleichungen, vgl. dazu [54]. Wir führen einen elastischen Verschiebungsvektor $\boldsymbol{s}$ ein, so daß von der gesamten elastischen Deformation $\boldsymbol{\varepsilon}$ und der Materiegeschwindigkeit $\boldsymbol{v}$ entsprechende Anteile $\boldsymbol{\varepsilon}^I$ und $\boldsymbol{v}^I$ abgetrennt werden gemäß

$$\left.\begin{aligned} \varepsilon_{ik} &= \varepsilon_{ik}^I + \frac{1}{2}(s_{i,k} + s_{k,i}) \ , \\ v_i &= v_i^I + \frac{\partial}{\partial t}s_i \ . \end{aligned}\right\} \qquad (351)$$

Man kann nun folgendes zeigen, und wir verweisen dazu auf [54]: Die Größen ε_{ik}^I und v_i^I genügen schlicht und einfach genau dann den d'Alembertschen Wellengleichungen

$$\Delta \varepsilon_{ik}^{I} - \frac{\rho}{p}\frac{\partial^2}{\partial t^2}\varepsilon_{ik}^{I} = -\tfrac{1}{2}(e_{mni}\,\alpha_{nk},_m + e_{mnk}\,\alpha_{ni},_m) - \tfrac{1}{2}(e_{mni}\,\alpha_{mn},_k + e_{mnk}\,\alpha_{mn},_i) - \\ - \frac{\rho}{p}\frac{\partial}{\partial t}\tfrac{1}{2}(J_{ik} + J_{ki}) \quad , \tag{352}$$

$$\Delta v_i^{I} - \frac{\rho}{p}\frac{\partial^2}{\partial t^2} v_i^{I} = -J_{ir},_r - J_{ri},_r + J_{rr},_i \quad , \tag{353}$$

wenn der elastische Vektor s den Gleichungen der klassischen Elastizitätstheorie genügt, also Gleichungen vom Typ (292a) mit einer bestimmten, durch die Dehnungen ε_{mn}^{I} erzeugten Zusatzkraft, nämlich

$$\rho\frac{\partial^2}{\partial t^2}s_i = \tfrac{1}{2}C_{rimn}(s_m,_{nr} + s_n,_{mr}) + f_i + p(-2\frac{\partial}{\partial x_r}\tilde{S}_{irpq}\,C_{pqmn} + \frac{\partial}{\partial x_i}\tilde{S}_{rrpq}\,C_{pqrs})\varepsilon_{mn}^{I} \; . \tag{354}$$

Die Größen ε_{ik}^{I} und v_i^{I} werden wir in diesem Zusammenhang als strukturelle Eigendehnungen bezeichnen, elastische Dehnungen also, die vollständig unabhängig sind von irgendwelchen elastischen Konstanten oder Volumenkräften und die allein durch die Versetzungen und ihre Ströme bestimmt werden.

Damit haben wir unser Ziel erreicht, vgl. auch Günther [71]:

Für jeden Wert des Zerlegungsparameters p existiert ein elastisches Verschiebungsfeld s gemäß (351), so daß die strukturellen Eigendehnungen ε^{I}, v^{I} unabhängig von den elastischen Konstanten des Mediums aus (352) und (353) berechnet werden können.

Den Parameter p können wir nun so wählen, daß die Signalgeschwindigkeit in den Wellengleichungen (352) und (353) mit der Signalgeschwindigkeit c_0 der sine-Gordon-Gleichung (bzw. auch mit der transversalen Schallgeschwindigkeit c_T) übereinstimmt, also

$$\frac{p}{\rho} = c_0^2 \approx c_T^2 \; . \tag{355}$$

Die Gleichungen (352), (353) genügen damit derselben Lorentzsymmetrie wie die sine-Gordon-Gleichung. Es sind relativistische Feldgleichungen, die für alle gleichförmig zueinander bewegten, inneren Beobachter ein und dieselbe mathematische Form haben. Die gemäß den Gleichungen (352), (353) erzeugte träge Masse des

Feldes ε^I, v^I zeigt infolgedessen auch dieselbe Geschwindigkeitsabhängigkeit wie die in Kap. 7 eingeführte und später in (257) abgeschätzte, nackte Masse einer Versetzung. Wir können daher - und diese Situation ist von der Diskussion der Elektronenmasse her wohl bekannt - beide Massenanteile nicht mehr voneinander trennen. Messungen der trägen Masse einer Versetzung liefern uns folglich immer nur die Summe aus der nackten Masse und der durch die Gleichungen (352), (353) definierten Feldmasse.

Wir müssen davon ausgehen, daß die Konsequenzen einer quantisierten Theorie der Feldgleichungen (352), (353) durchaus denen der Quantenelektrodynamik entsprechen. D. h., wir haben auf Grund dieser Gleichungen prinzipiell mit Effekten zu rechnen, die der Erzeugung oder Vernichtung eines Elektron - Positron - Paares entsprechen. Bekanntlich können Elektronen im Bereich mittlerer Feldstärken immer nur beschleunigt werden, nämlich durch die Lorentzkraft. In einem extrem hochenergetischen, elektromagnetischen Feld dagegen gibt es zusätzliche, speziell-relativistische Effekte. Es entstehen spontan Elektron - Positron - Paare, wenn nur die Feldenergie gemäß der Energie - Masse - Äquivalenz ausreicht, die beiden Ruhmassen des Elektrons und des Positrons zu erzeugen. Ein einzelnes Elektron allein kann auf Grund der Ladungserhaltung auf diese Weise nicht entstehen. Quantitativ liegen die Verhältnisse bei den Versetzungen allerdings vollkommen anders. Da die Versetzungen eine endliche Ausdehnung haben, es handelt sich hier um linienartige, also eindimensionale Objekte im Unterschied zu den "nulldimensionalen", punktartigen Elektronen, ist die träge Masse einer einzelnen Versetzung ungeheuer groß. Das heißt hier, es bedarf eines hochenergetischen elastischen Feldes, um diese Versetzung zu beschleunigen. Dagegen ist die Energie, die zur Erzeugung eines elementaren, also kleinst möglichen Versetzungsringes erforderlich ist, vergleichsweise klein. Dem Erhaltungssatz der Ladung für Elektronen entspricht die in Kap. 22, Gleichung (315), hergeleitete Bedingung, daß eine Versetzung im Innern eines Volumens nicht enden kann. Anstelle der Elektron - Positron - Paare dort können daher hier immer nur geschlossene Versetzungsringe entstehen. Diese Ringe können fast beliebig klein sein, so klein, wie es die Gitterstruktur zuläßt. Die energetischen Verhältnisse sind damit im Vergleich zum elektromagnetischen Fall geradezu auf den Kopf gestellt. Der Erzeugungsprozeß elementarer Versetzungsringe ist auf Grund deren geringer Bildungsenergie bereits bei relativ niederenergetischen elastischen Feldern zu erwarten, während die Beschleunigung einer ganzen Versetzung hochenergetische Verhältnisse voraussetzt. Dieser Schluß wird durch das Experiment

vollauf gestützt. Plastische Deformationen werden praktisch von Anfang an durch intensive Erzeugungsprozesse von Versetzungen begleitet. Im niederenergetischen Bereich können wir nur mit Prozessen der Mikroplastizität rechnen, d.h. mit Versetzungsbewegungen, wie wir sie durch die sine - Gordon - Gleichung beschrieben haben, also z. B. die Ausbreitung einer Kinke entlang einer Versetzungslinie und eben mit der Erzeugung und Vernichtung elementarer Versetzungsringe, die auf der Versetzungslinie zur sog. Kinkpaarbildung führen, s. z. B. Günther [54].
Die Formulierung von Phänomenen im Festkörper im Begriffssystem der Speziellen Relativitätstheorie, wie wir das für die mikroplastischen Deformationen durch die sine-Gordon - Gleichung (82) und für die sog. strukturellen Eigendehnungen durch die Gleichungen (352) und (353) gefunden haben, bleibt also nicht von rein akademischem Interesse. Wir erwarten aus der Anwendung der quantenfeldtheoretischen Methoden auf diese Gleichungen einen theoretischen Zugang zur Plastizitätstheorie. Diese Theorie hängt also aus der hier entwickelten Sicht untrennbar mit den sekundärrelativistischen Effekten zusammen, d. h. mit den aus der Quantisierung entstehenden, relativistischen Konsequenzen. Die Benutzung der relativistischen Raum - Zeit - Struktur im Festkörper, wie wir sie aus der sine - Gordon - Gleichung heraus entwickelt haben, ist dafür nun nicht mehr freigestellt. Die relativistische Zeit des bewegten, inneren Beobachters im Kristall führt nun zu weitreichenden Konsequenzen, nämlich zu einem theoretischen Konzept der elasto - plastischen Wechselwirkung auf der Grundlage der Quantenfeldtheorie.
Die inneren Beobachter unseres Kristalls, das wir als Kontinuum approximieren, können also die strukturellen elastischen Deformationen $\boldsymbol{\varepsilon}^{I}$, $\boldsymbol{v}^{I}$, die durch die Gleichungen (352), (353) beschrieben werden, mit in ihre Beobachtungen einbeziehen, ohne auch nur die geringste Abweichung von ihrer Speziellen Relativitätstheorie festzustellen. Welche Rolle spielen aber nun die Gleichungen (354) ? Diese Gleichungen brechen natürlich jede Lorentzsymmetrie. Der Verschiebungsvektor $\boldsymbol{s}$ muß daher von solchen Betrachtungen ausgeschlossen werden. Es gibt aber auch hier einen Ausweg, der allerdings den Rahmen unserer Ausführungen überschreitet. Ein solcher Verschiebungsvektor definiert nämlich immer eine Koordinatentransformation - er läßt sich "wegtransformieren". Im Ergebnis entstehen speziell relativistische Gleichungen in beliebigen Koordinaten, das bedeutet aber, auch in beschleunigten Bezugssystemen. Mathematisch werden wir damit in die Begriffswelt der allgemeinen Relativitätstheorie geführt, eine Problemstellung, die wir für den Festkörper hier nicht weiter verfolgen wollen.

Tachyonen und Kausalität (Ergänzungen)

24. Teilchen und Tachyonen

In Kap. 17 haben wir die Lösung (223), $q^T(x, t)$, der sine-Gordon-Gleichung betrachtet,

$$q^T(x, t) = \frac{2a}{\pi} \arctan \exp\left[\frac{-\pi(x-ut)}{L_0 \kappa}\right] + \frac{a}{2} \tag{223}$$

mit

$$\kappa = \frac{u}{c_0}\sqrt{1-\frac{v^2}{c_0^2}} = \operatorname{sign} u \cdot \sqrt{\frac{u^2}{c_0^2}-1}\ , \quad u = \frac{c_0^2}{v}\ , \quad |u| > c_0\ . \tag{220}$$

Auch bei dieser Lösung läuft eine Energiedichte durch den Kristall, nun aber mit "Überschallgeschwindigkeit", genauer mit $|u| > c_0$. Lösungen dieser Art sind daher von Eilenberger (s. [59]) als Tachyonen bezeichnet worden, und wir haben in Kap. 17 so getan, als könnten wir sie als Teilchen (bzw. Quasiteilchen im Kristall) behandeln. Zunächst einmal ist $q^T(x, t)$ ein Feld, ebenso wie die Kinklösung (105), $q^I(x, t)$. Ein solches Feld erzeugt einen Energie - Impuls - Tensor (241). Und nur in bestimmten Fällen ist es möglich, diesem Tensor eindeutig die physikalischen Parameter eines Teilchens, nämlich eine Gesamtenergie E und einen Gesamtimpuls P zuzuordnen. In Kap. 20 haben wir gesehen, wie wir auf diese Weise tatsächlich die Kinke $q^I(x, t)$ am Ende als ein relativistisches Teilchen (Quasiteilchen im Kristall) behandeln konnten. Wie verhält es sich aber mit dem Tachyon? Ist auch das Feld des Tachyons (223) im mechanischen Sinne ein Teilchen, so daß beliebige Stöße zwischen Teilchen und Tachyonen den mechanischen Erhaltungssätzen von Energie und Impuls unterliegen? Mathematisch läuft dies auf die folgende Frage hinaus: Können wir dem Feld des Tachyons (223) in jedem Bezugssystem Σ eine Energie E^T und einen Impuls P^T zuordnen, derart daß diese Größen in verschiedenen Bezugssystemen über die Formeln (260), (260a) zusammenhängen?
Wie ändert sich aber die Masse m^T eines Tachyons und dessen Geschwindigkeit beim Übergang zu einem anderen Bezugssystem? Eine Ruhmasse gibt es hier nicht. Die Masse eines Tachyons ist dann überhaupt nur über die Gleichung $E^T = m^T c_0^2$ definierbar. Und auch der Begriff der Geschwindigkeit eines Tachyons hat, wie wir

unten sehen werden, eine recht abstrakte Bedeutung und ist überhaupt nur über den Impuls P^T des Tachyons einführbar. Die Verhältnisse für "normale" Teilchen lassen sich nicht einfach auf Tachyonen übertragen.

Wir betrachten zunächst noch einmal ganz allgemein das Additionstheorem der Geschwindigkeiten, das wir in Kap. 15, Gleichung (169), hergeleitet haben. Ein "Flugobjekt" habe im Bezugssystem $\Sigma'(x', t')$ die *beliebige* Geschwindigkeit $u' = \frac{dx'}{dt'}$. Das Bezugssystem Σ', das wir uns als einen "ganz normalen Körper", einen Reisezug z.B., vorzustellen haben, besitze, vom Bezugssystem Σ_0 aus beurteilt, die Geschwindigkeit V. Für die Geschwindigkeiten V eines Bezugssystems gilt stets $|V| < c_0$. Die Geschwindigkeit $u = \frac{dx}{dt}$, die ein Beobachter vom Bezugssystem Σ_0 aus für dasselbe Flugobjekt mißt, beträgt dann nach dem Additionstheorem

$$u = \frac{V + u'}{1 + \frac{V u'}{c_0^2}} \quad \text{mit der Umkehrung} \quad u' = \frac{-V + u}{1 - \frac{V u}{c_0^2}} . \tag{356}$$

Hieraus folgt durch einfache Rechnung:

a) Für jede Geschwindigkeit $|u'| < c_0$ gilt auch $|u| < c_0$ und umgekehrt.

b) Für jede Geschwindigkeit $|u'| > c_0$ gilt auch $|u| > c_0$ und umgekehrt.

c) Das Prinzip von der Konstanz der Signalgeschwindigkeit c_0 wird reproduziert, d.h., aus $|u'| = c_0$ folgt $|u| = c_0$ und umgekehrt.

Die Kinematik der Speziellen Relativitätstheorie läßt also prinzipiell drei Typen von Teilchen zu:

a) Teilchen mit $|u| < c_0$,

b) Teilchen mit $|u| > c_0$,

c) Teilchen mit $|u| = c_0$.

Jeder dieser Teilchentypen ist unabhängig vom Bezugssystem definiert und kann sich also beim Wechsel des Bezugssystems nicht ändern.

Mit den Teilchen vom Typ c) (Photonen in der Elektrodynamik) werden wir uns hier nicht weiter beschäftigen. Teilchen vom Typ b) haben den Namen Tachyonen erhalten. Teilchen vom Typ a) sind dadurch ausgezeichnet, daß sie auch die Geschwindigkeit Null besitzen können. Ob oder welche Teilchen tatsächlich existieren, darüber macht die SRT keine Aussage, über Tachyonen ebensowenig wie über unsere "normalen Teilchen" vom Typ a). Nur, daß Teilchen vom Typ a) existieren, das gehört zu unseren elementaren Erfahrungen.

Den allgemeinen mathematischen Rahmen, der alle charakteristischen Eigenschaften der drei Teilchentypen vollständig erfaßt, nämlich den Minkowskiraum, werden wir hier weitgehend zurückstellen. Die mathematische Durchführung der Speziellen Relativitätstheorie nach der von H. Minkowski entwickelten Methode, welche für die Handhabung und die weitere Entwicklung der relativistischen Physik eine hervorragende Bedeutung erlangt hat, findet sich praktisch in allen größeren Lehrbüchern über theoretische Physik, s. ferner die einschlägigen Darstellungen bei A. Papapetrou [72], A. P. French [73] sowie die in [44] abgedruckte Originalarbeit von H. Minkowski [74] aus dem Jahre 1908. In unserer eindimensionalen Speziellen Relativitätstheorie wollen wir das Problem ohne große mathematische Hilfsmittel folgendermaßen stellen:

Die Energie E eines Teilchens ist seiner Masse m äquivalent. Das haben wir in Kap. 20 am Beispiel für die Kinke, s. die Gleichungen (258), (259), explizit vorgerechnet. Die Masse eines Teilchens ist damit über seine Energie definiert. Auf die Gleichung

$$E = m\, c_0^2 \tag{357}$$

gründen wir unsere weiteren Überlegungen über Teilchen in der SRT. Ferner gehen wir davon aus, daß die Wechselwirkung zwischen den Teilchen bei ihrem Zusammenstoß durch die mechanischen Erhaltungssätze von Energie und Impuls bestimmt ist. Wir fragen zuerst nach der Abhängigkeit der Masse m eines Teilchens von seiner Geschwindigkeit u. D. h., wir suchen die Funktion $f(u)$ in der Gleichung

$$m = m_0 f(u) \quad \text{mit} \quad f(0) \underset{\text{def}}{=} 1 \,. \tag{358}$$

Für die Geschwindigkeit u machen wir dabei keine Einschränkung; m_0 ist ein Parameter, den wir *nicht* von vornherein als Ruhmasse ansehen.

Wir betrachten im Bezugssystem Σ' den vollständig unelastischen Stoß zweier Teilchen, die denselben Betrag des Parameters m_0 und den entgegengesetzt gleichen Impuls besitzen, so daß der Gesamtimpuls nach dem Impulssatz verschwindet. Für den Impulssatz in Σ', den wir normalerweise als $m_0 f(u') \cdot u' + m_0 f(-u') \cdot (-u') = 0$ mit einer geraden Funktion $f(-u) = f(u)$ schreiben würden, machen wir nun einen allgemeineren Ansatz, dessen Berechtigung sich erst im nachhinein zeigen wird,

$$m_0 f(u') \cdot u' + \delta\, m_0 f(-u') \cdot (-u') = 0 \ . \qquad \textit{Impulssatz in } \Sigma' \quad (359)$$

Hier haben wir für den Parameter des zweiten Teilchens einen Faktor δ eingeführt, der die Werte $+1$ oder -1 annehmen kann. Darüber werden wir später verfügen. Ferner verfügen wir nun nicht mehr von vornherein über die Funktion $f(u)$. Der Ansatz (359) wird sich als wesentlich erweisen, wenn wir auch Teilchen vom Typ b) bei dem Stoßprozeß erfassen wollen.
Gemäß unserer Voraussetzung eines total unelastischen Stoßes sollen die beiden Teilchen nach dem Stoß in Σ' als ein einziges Teilchen mit dem Massenparameter M_0 im Zustand der Ruhe liegen bleiben. Für die Gleichheit der Gesamtenergie vor und nach dem Stoß können wir in Σ' daher schreiben,

$$m_0\, f(u')\, c_0^2 + \delta \cdot m_0\, f(-u')\, c_0^2 = M_0 f(0)\, c_0^2 \ , \qquad \textit{Energiesatz in } \Sigma' \quad (360)$$

so daß,

$$m_0\, [f(u') + \delta \cdot f(-u')\,] = M_0 \ . \qquad (361)$$

Im Bezugssystem Σ_0 hat die Masse M_0 nach dem Stoß die Geschwindigkeit V. Die Geschwindigkeiten der beiden stoßenden Teilchen vor dem Stoß berechnen sich in Σ_0 nach dem Additionstheorem der Geschwindigkeiten (356), indem wir dort für das erste Teilchen u' und für das zweite mit dem Parameter $\delta \cdot m_0$ dessen Geschwindigkeit $-u'$ einsetzen. Für den Energieerhaltungssatz im Bezugssystem Σ_0 erhalten wir damit

$$m_0 f\Big(\frac{V + u'}{1 + \frac{V u'}{c_0^2}}\Big)\, c_0^2 + \delta \cdot m_0 f\Big(\frac{V - u'}{1 - \frac{V u'}{c_0^2}}\Big)\, c_0^2 = M_0\, f(V)\, c_0^2 \ .$$

Energiesatz in Σ_0 (362)

Aus (361) und (362) folgt eine Funktionalgleichung für die Funktion $f = f(u)$,

$$f\left(\frac{V+u'}{1+\frac{Vu'}{c_o^2}}\right) c_o^2 + \delta \cdot f\left(\frac{V-u'}{1-\frac{Vu'}{c_o^2}}\right) = [f(u') + \delta \cdot f(-u')] \cdot f(V) \ . \tag{363}$$

Für die allgemeine Lösung dieser Gleichung müssen wir zwei Fälle unterscheiden.
a) Wir haben es mit einem Teilchen vom Typ a) zu tun, also $|u'| < c_o \rightarrow |u| < c_o$ mit $u = \frac{V \pm u'}{1 \pm \frac{Vu'}{c_o^2}}$. In diesem Fall wählen wir $\delta = 1$, und die Lösung der Funktionalgleichung ist durch den Lorentzfaktor $\gamma = \sqrt{1 - \frac{u^2}{c_o^2}}$ in der uns wohl bekannten Form bestimmt gemäß

$$f(u) = \frac{1}{\sqrt{1-\frac{u^2}{c_o^2}}} \ , \quad |u| < c_o \ . \tag{364}$$

Einsetzen von (364) in (363) liefert nämlich ,

$$\frac{1}{\sqrt{1-\frac{1}{c_o^2}\left(\frac{V+u'}{1+\frac{Vu'}{c_o^2}}\right)^2}} + \frac{1}{\sqrt{1-\frac{1}{c_o^2}\left(\frac{V-u'}{1-\frac{Vu'}{c_o^2}}\right)^2}} =$$

$$= \frac{1+\frac{Vu'}{c_o^2}}{\sqrt{(1+\frac{Vu'}{c_o^2})^2 - \frac{1}{c_o^2}(V+u')^2}} + \frac{1-\frac{Vu'}{c_o^2}}{\sqrt{(1-\frac{Vu'}{c_o^2})^2 - \frac{1}{c_o^2}(V-u')^2}} =$$

$$= \frac{1+\frac{Vu'}{c_o^2}}{\sqrt{1-\frac{V^2}{c_o^2}}\sqrt{1-\frac{u'^2}{c_o^2}}} + \frac{1-\frac{Vu'}{c_o^2}}{\sqrt{1-\frac{V^2}{c_o^2}}\sqrt{1-\frac{u'^2}{c_o^2}}} =$$

$$= 2\,\frac{1}{\sqrt{1-\frac{V^2}{c_o^2}}}\,\frac{1}{\sqrt{1-\frac{u'^2}{c_o^2}}} = 2\,f(V)\,f(u')\,,\ \text{q.e.d.}$$

(Dabei ist für "normale" Teilchen $\delta = 1$ und $f(u) = f(-u)$ zu beachten).

b) Wir haben es mit einem Teilchen vom Typ b) zu tun, also $|u'| > c_o \rightarrow |u| > c_o$, wobei wieder $u = \frac{V \pm u'}{1 \pm \frac{Vu'}{c_o^2}}$ ist. Um nun eine Lösung der Funktionalgleichung (363) zu erhalten, müssen wir jetzt $\delta = -1$ annehmen und unseren Ansatz (364) folgendermaßen ergänzen,

$$f(u) = \left.\begin{matrix} \dfrac{1}{\sqrt{1-\frac{u^2}{c_o^2}}}\,, & |u| < c_o\,, \\ & \text{für} \\ \dfrac{\operatorname{sign} u}{\sqrt{\frac{u^2}{c_o^2}-1}}\,, & |u| > c_o\,. \end{matrix}\right\} \tag{364a}$$

Das im zweiten Teil der Lösung eingefügte Vorzeichen $\operatorname{sign} u = \frac{u}{|u|}$ mag hier noch willkürlich erscheinen. Wir kommen darauf gleich zurück und verifizieren zunächst, daß auch für diese Funktion die Funktionalgleichung (363) erfüllt ist und zwar sowohl für positives als auch für negatives u. Dabei ist $\delta = -1$ zu beachten. Für das erste Teilchen nehmen wir o.B.d.A. in Σ' eine Geschwindigkeit $u' > 0$ an. Dann ist $\operatorname{sign}(V+u') = +1$ und $\operatorname{sign}(V-u') = -1$. Wir finden

$$\frac{\operatorname{sign}\dfrac{V+u'}{1+\frac{Vu'}{c_o^2}}}{\sqrt{\frac{1}{c_o^2}\left(\dfrac{V+u'}{1+\frac{Vu'}{c_o^2}}\right)^2-1}} + \delta\,\frac{\operatorname{sign}\dfrac{V-u'}{1-\frac{Vu'}{c_o^2}}}{\sqrt{\frac{1}{c_o^2}\left(\dfrac{V-u'}{1-\frac{Vu'}{c_o^2}}\right)^2-1}} =$$

$$= \frac{\left[\operatorname{sign} \dfrac{V + u'}{1 + \dfrac{V u'}{c_o^2}}\right] \cdot \left(1 + \dfrac{V u'}{c_o^2}\right) \cdot \left[\operatorname{sign}\left(1 + \dfrac{V u'}{c_o^2}\right)\right]}{\sqrt{\dfrac{1}{c_o^2}(V + u')^2 - \left(1 + \dfrac{V u'}{c_o^2}\right)^2}} +$$

$$+ \delta \frac{\left[\operatorname{sign} \dfrac{V - u'}{1 - \dfrac{V u'}{c_o^2}}\right] \cdot \left(1 - \dfrac{V u'}{c_o^2}\right) \cdot \left[\operatorname{sign}\left(1 - \dfrac{V u'}{c_o^2}\right)\right]}{\sqrt{\dfrac{1}{c_o^2}(V - u')^2 - \left(1 - \dfrac{V u'}{c_o^2}\right)^2}} =$$

$$= \frac{[\operatorname{sign}(V + u')] \cdot \left(1 + \dfrac{V u'}{c_o^2}\right)}{\sqrt{1 - \dfrac{V^2}{c_o^2}} \sqrt{\dfrac{u'^2}{c_o^2} - 1}} + \delta \frac{[\operatorname{sign}(V - u')] \cdot \left(1 - \dfrac{V u'}{c_o^2}\right)}{\sqrt{1 - \dfrac{V^2}{c_o^2}} \sqrt{\dfrac{u'^2}{c_o^2} - 1}} =$$

$$= \frac{1}{\sqrt{1 - \dfrac{V^2}{c_o^2}}} \frac{1 - \delta}{\sqrt{\dfrac{u'^2}{c_o^2} - 1}} = f(V)\,[\,f(u') + \delta \cdot f(-u')] \quad , \text{ q.e.d.}$$

Für die beiden Typen a) und b) von Teilchen finden wir also folgende Abhängigkeit ihrer Impulse und Energien von ihrer Geschwindigkeit:

a) Für den Impuls und die Energie eines "normalen" Typ a) - Teilchens mit $|\, v \,| < c_o$ gilt

$$P = \frac{m_o}{\sqrt{1 - \dfrac{v^2}{c_o^2}}}\, v \quad , \quad E = \frac{m_o}{\sqrt{1 - \dfrac{v^2}{c_o^2}}}\, c_o^2 \, . \tag{365}$$

m_o heißt die Ruhmasse dieser Teilchen, und es ist

$$P_o = 0 \quad , \quad E_o = m_o c_o^2 \, . \tag{365a}$$

Dies sind die uns vertrauten Beziehungen, die wir in Kap. 20 auch für die Kinke nachgewiesen haben, s. die Gleichungen (258) und (259).

b) Die allgemeine Lösung (364a) läßt aber nun einen zweiten Typ von Teilchen zu, der ebenfalls die mechanischen Erhaltungssätze von Energie und Impuls erfüllt. Für die Energie E^T und den Impuls P^T dieser Teilchen vom Typ b) mit $|u| > c_0$, die sog. Tachyonen, gilt nun

$$P^T = \frac{m_*^T}{\operatorname{sign} u \cdot \sqrt{\frac{u^2}{c_0^2} - 1}}\, u \;, \quad E^T = \frac{m_*^T}{\operatorname{sign} u \cdot \sqrt{\frac{u^2}{c_0^2} - 1}}\, c_0^2 \;. \tag{367}$$

Der Parameter m_*^T kann natürlich nun keine Ruhmasse sein. Die physikalische Bedeutung für m_*^T entnimmt man dem Grenzfall $u \to \pm\infty$. Wie man leicht sieht, gilt gleichermaßen für $u \to +\infty$ und für $u \to -\infty$,

$$\lim_{u \to \pm\infty} P^T = P_\infty^T = m_*^T c_0 \;, \quad \lim_{u \to \pm\infty} E^T = E_\infty^T = 0 \;. \tag{367a}$$

Setzt man die für Tachyonen ausgeschlossenen Geschwindigkeiten $|u| < c_0$ verbotener Weise einmal dennoch in Gleichung (367) ein, so errechnen sich imaginäre Werte für die Masse eines Tachyons, also auch eine imaginäre "Ruhmasse", damit Impuls und Energie reell bleiben. Tachyonen werden daher mitunter auch als Teilchen mit imaginärer Ruhmasse klassifiziert. Eine solche Charakterisierung der Tachyonen ist jedoch irreführend, wie wir unten sehen werden.

Der physikalische Parameter eines Tachyons ist die Größe m_*^T. Dieser Parameter tritt an die Stelle der Ruhmasse m_0 eines Typ a) Teilchens. Es gibt einen grundlegenden Unterschied zwischen diesen beiden Parametern, auf den wir weiter unten eingehen werden.

Die Geschwindigkeit u eines Tachyons ist durch den Quotienten aus Impuls und Energie definiert gemäß

$$u \underset{\text{def}}{=} \frac{c_0^2 \cdot P^T}{E^T} \;. \tag{368}$$

Die über die Energie $E^T = m^T \cdot c_0^2$ definierte Masse des Tachyons kann mit dieser Energie sowohl positiv als auch negativ sein. Mit Hilfe des Ansatzes (364a) konnten wir den Impulssatz (359) und den Energiesatz (362) (und damit die Funktionalgleichung (363)) nur dadurch erfüllen, daß wir für das zweite Teilchen $\delta = -1$, also eine negative Masse angenommen haben. Das wäre ohne den Faktor sign u in (364a) zwar nicht erforderlich gewesen. Dieser Faktor sichert uns aber, daß der Impuls P_∞^T des Tachyons sowohl für $u \to +\infty$ als auch für $u \to -\infty$ gemäß (366a) ein und denselben Grenzwert $m_*^T c_0$ besitzt. Diese Bedingung müssen wir aus folgendem Grund sichern:
Aus dem Additionstheorem (356) lesen wir unmittelbar ab: Sowohl das Tachyon, das von Σ' aus beurteilt die Geschwindigkeit $u' = +\infty$ besitzt, als auch dasjenige, welches dort mit $u' = -\infty$ bewertet wird, hat von Σ_0 aus betrachtet ein und dieselbe Geschwindigkeit $u = \frac{c_0^2}{V}$, wobei V die Geschwindigkeit von Σ' in bezug auf Σ_0 ist. Von Σ_0 aus gesehen, hat also das Tachyon für beide Grenzwerte ein und denselben Impuls. Es kann in Σ' für den Impuls dann nicht zwei verschiedene Grenzwerte besitzen. Der Faktor δ ist also für die Eindeutigkeit des Tachyonenimpulses unbedingt erforderlich.
Aus den Gleichungen (366) für die Energie und den Impuls eines Tachyons folgt dessen physikalische Teilcheneigenschaft, nämlich: Werden für die Energie und den Impuls eines Tachyons im Bezugssystem Σ_0 die Werte E^T und P^T gemessen sowie im Bezugssystem Σ', das sich gegenüber Σ_0 wieder mit der Geschwindigkeit V bewegt, die Werte $E^{T'}$ und $P^{T'}$, dann gilt,

$$P^{T'} = \frac{P^T - \frac{V}{c_0}\frac{E^T}{c_0}}{\sqrt{1 - \frac{V^2}{c_0^2}}}, \quad E^{T'} = \frac{E^T - V P^T}{\sqrt{1 - \frac{V^2}{c_0^2}}}$$

mit der Umkehrung (368)

$$P^T = \frac{P^{T'} + \frac{V}{c_0}\frac{E^{T'}}{c_0}}{\sqrt{1 - \frac{V^2}{c_0^2}}}, \quad E^T = \frac{E^{T'} - V P^{T'}}{\sqrt{1 - \frac{V^2}{c_0^2}}}.$$

Diese Gleichungen sind nun identisch mit den Gleichungen (260), die wir in Kap. 20 für die Kinke der sine - Gordon - Gleichung nachgewiesen haben. Die Gleichungen (369) gelten gleichermaßen für Teilchen vom Typ a) und vom Typ b). Sie sind das physikalische Teilchencharakteristikum schlechthin. Der Beweis dieser Gleichungen beruht auch für Tachyonen ausschließlich auf dem Additionstheorem der Geschwindigkeiten (356) und läuft ebenso, wie wir das in Kap. 20 für das Typ a) - Teilchen gezeigt haben. Wir begnügen uns wieder damit, dies für die letzte der Gleichungen (369) vorzurechnen. Gemäß

$$u \cdot v = u' \cdot v' = c_0^2 \tag{370}$$

ordnen wir den Geschwindigkeiten u und u' des Tachyons in Σ_0 und Σ' Geschwindigkeiten v und v' zu, die vom Betrag her kleiner als c_0 sind. Mit dem Additionstheorem (356) für u und u' gilt dann auch das Additionstheorem für v und v' (V ist wieder die Geschwindigkeit von Σ' in Σ_0), wie man leicht nachrechnet,

$$v = \frac{V + v'}{1 + \frac{V v'}{c_0^2}} \quad \text{mit der Umkehrung} \quad v' = \frac{-V + v}{1 - \frac{V v}{c_0^2}} \,. \tag{371}$$

Daraus gewinnen wir wie in Kap. 20, was durch Quadrieren verifiziert werden kann,

$$\sqrt{1 - \frac{v^2}{c_0^2}} = \frac{\sqrt{1 - \frac{V^2}{c_0^2}}\sqrt{1 - \frac{v'^2}{c_0^2}}}{1 + \frac{V v'}{c_0^2}}$$

und finden aus (369), wenn wir $\operatorname{sign} x = \frac{x}{|x|}$ und (370) verwenden,

$$E^T = \frac{\dfrac{m_*^T c_0^2}{\frac{u'}{c_0}\sqrt{1 - \frac{v'^2}{c_0^2}}} + v\,\dfrac{m_*^T u'}{\frac{u'}{c_0}\sqrt{1 - \frac{v'^2}{c_0^2}}}}{\sqrt{1 - \frac{V^2}{c_0^2}}} = \frac{m_*^T c_0^2}{\frac{u'}{c_0}} \, \frac{1 + \frac{V u'}{c_0^2}}{\sqrt{1 - \frac{V^2}{c_0^2}}\sqrt{1 - \frac{v'^2}{c_0^2}}} \,,$$

$$E^T = m_*^T c_0^2 \frac{\frac{v'}{c_0} + \frac{V}{c_0}}{\sqrt{1 - \frac{V^2}{c_0^2}}\sqrt{1 - \frac{v'^2}{c_0^2}}} ,$$

also mit (371)

$$E^T = m_*^T c_0^2 \frac{v}{c_0} \frac{1 + \frac{V v'}{c_0^2}}{\sqrt{1 - \frac{V^2}{c_0^2}}\sqrt{1 - \frac{v'^2}{c_0^2}}} = \frac{m_*^T c_0^2}{\frac{u}{c_0}} \frac{1 + \frac{V v'}{c_0^2}}{\sqrt{1 - \frac{V^2}{c_0^2}}\sqrt{1 - \frac{v'^2}{c_0^2}}} ,$$

$$E^T = \frac{m_*^T c_0^2}{\frac{u}{c_0}\sqrt{1 - \frac{v^2}{c_0^2}}}$$

und schließlich

$$E^T = \frac{m_*^T}{\operatorname{sign} u \cdot \sqrt{\frac{u^2}{c_0^2} - 1}} c_0^2 .$$

Das ist aber E^T gemäß (367), was wir zeigen wollten. Ebenso läuft die Rechnung für P^T.

Die Tachyonen haben nun höchst wunderliche Eigenschaften. Der Impuls eines Tachyons hat in allen Bezugssystemen stets ein und dasselbe Vorzeichen. Das folgt einfach aus den Gleichungen (369), wenn man dort für Σ_0 dasjenige Bezugssystem wählt, in welchem das Tachyon die Grenzwerte (367a) besitzt: Die Energie ist Null. Der Lorentzfaktor $\sqrt{1 - \frac{V^2}{c_0^2}}$ ist aber immer positiv. Folglich behält $P^{T'}$ immer dasselbe Vorzeichen wie P^T. Aus dieser Eigenschaft folgt, wiederum mit dem Additionstheorem (356) oder auch (371), daß die Geschwindigkeit u eines Tachyons nicht dasselbe Vorzeichen haben muß wie sein Impuls P^7. Bei positivem v' (also auch positivem u') wird v und damit auch u negativ, wenn $-V > v'$ gewählt wird, was für das Bezugssystem immer möglich ist.

Illustrieren wir die Merkwürdigkeiten der Tachyonen noch an zwei Zahlenbeispielen. Ein Beobachter in Σ_0 möge für ein Tachyon die Geschwindigkeit $u = \frac{5}{4} c_0$ feststellen. Er schicke diesem Tachyon einen Beobachter mit der Geschwindigkeit $V = \frac{1}{2} c_0$ hinterher. Aus (356) berechnet man dann für die Geschwindigkeit u', die jener Beobachter für dieses Tachyon feststellt, $u' = \frac{-\frac{1}{2} c_0 + \frac{5}{4} c_0}{1 - \frac{c_0 5 c_0}{2 \cdot 4 c_0^2}} = 2c_0$. Für den Beobachter, der dem Tachyon hinterhereilt, läuft es ihm also nur noch schneller davon! Eine vorsichtige Erklärung für dieses Verhalten finden wir in Übereinstimmung mit der Gleichung (367): Der einem Teilchen hinterhereilende Beobachter übernimmt einen Teil von dessen Bewegungsenergie. Gemäß (367) wird der Betrag der Energie eines Tachyons aber kleiner, wenn der Betrag seiner Geschwindigkeit wächst. Das Tachyon gibt Energie ab, indem es schneller wird. Bei unbegrenzt wachsender Geschwindigkeit verliert am Ende das Tachyon seine gesamte Energie.

Noch merkwürdiger ist folgende Situation. In Σ_0 werde für ein Tachyon die Geschwindigkeit $u = 2c_0$ gemessen. Ein Beobachter fahre dem Tachyon nun mit $V = \frac{4}{5} c_0$ hinterher. Dieser Beobachter findet dann für das Tachyon die Geschwindigkeit $u' = \frac{-\frac{4}{5} c_0 + 2 c_0}{1 - \frac{4 c_0 2 c_0}{5 c_0^2}} = -2c_0$. Kommt das Tachyon, dem wir den Beobachter hinterhergeschickt haben, diesem nun entgegen? Das wäre im Bereich von Geschwindigkeiten mit $| u | < c_0$ nichts besonderes, ein ganz normaler Überholvorgang, bei dem z.B. ein Auto an einem anderen vorbeifährt. Ein Tachyon können wir aber nicht überholen! da der Betrag seiner Geschwindigkeit immer größer als c_0 ist, eine Geschwindigkeit, die wir nie erreichen. Dennoch wird die Geschwindigkeit $u' = \frac{\Delta x'}{\Delta t'}$ des Tachyons in Σ' negativ, während seine Geschwindigkeit in $u = \frac{\Delta x}{\Delta t}$ in Σ_0 positiv ist. Nun kann für ein Tachyon die Größe Δx das Vorzeichen beim Wechsel des Bezugssystems nicht wechseln, aus demselben Grund (und mit genau derselben Beweisführung), nach dem auch sein Impuls das Vorzeichen beibehält, wie wir oben gezeigt haben. Für positives u und positives Δx kann daher u' nur dadurch negativ werden, daß $\Delta t'$ negativ wird! Das Tachyon kommt dem Beobachter in Σ' also tatsächlich nicht räumlich entgegen. Seine Geschwindigkeit wird negativ, weil es in die Vergangenheit läuft! Wir werden sagen, ein Tachyon laufe in die Vergangenheit, wenn die Geschwindigkeit und der Impuls dieses Tachyons entgegengesetzte Vorzeichen haben. Halten wir also an dem Begriff der Geschwindigkeit für ein Tachyon fest, so müssen wir akzeptieren, daß ein Tachyon in Abhängigkeit von dem Bezugssystem, in welchem wir es beobachten, mit der ihm zuzuordnenden Geschwindigkeit auch in die Vergangenheit laufen kann. Hier ist das mit den Tachyonen verbundene Kausalitätsproblem verankert. Wir kommen darauf in den nächsten beiden Kap. noch einmal zurück.

Mit dem Vorzeichen in der Geschwindigkeit u eines Tachyons ändert sich gemäß (367) auch das Vorzeichen seiner Energie E^T und damit definitionsgemäß auch das seiner Masse $m^T = \frac{E^T}{c_o^2}$.

Eine Aufklärung erfahren alle diese Merkwürdigkeiten durch folgende Überlegung. Wir bleiben in ein und demselben Bezugssystem Σ_o und führen eine Spiegelung der räumlichen Koordinaten durch, vgl. dazu auch Kap. 12. D. h., wir beschreiben alle Positionen unter Beibehaltung der Zeitkoordinaten durch neue Ortskoordinaten $\bar{x}$ gemäß

$$\bar{x} = -x \; , \; \bar{t} = t \; . \qquad \textit{Raumspiegelung} \quad (372)$$

Definitionsgemäß gilt dann für die Geschwindigkeit $\bar{u}$ des Tachyons (wie auch für jedes andere Teilchen) in den neuen Koordinaten

$$\bar{u} = \frac{d\bar{x}}{d\bar{t}} = -u \; . \qquad (373)$$

Ferner ist der Impuls seiner physikalischen Bestimmung nach ein räumlicher Vektor. Die Komponenten von räumlichen Vektoren ändern bei einer Spiegelung ihr Vorzeichen, d.h.

$$\bar{p}^T = -p^T \; . \qquad (374)$$

Wegen $\frac{\bar{u}}{\operatorname{sign} \bar{u}} = \frac{u}{\operatorname{sign} u}$ folgt dann aber aus (367), daß der Tachyonenparameter

m_*^T bei einer Spiegelung ebenfalls sein Vorzeichen ändern muß, damit (374) erfüllt werden kann,

$$\overline{m}_*^T = -m_*^T . \tag{375}$$

Wir können daraus schlußfolgern:
Der Tachyonenparameter m_*^T *ist ein räumlicher Vektor.*
Das ist der Schlüssel für das Verständnis der Tachyoneneigenschaften. Die Größe m_*^T hat daher mit der Ruhmasse m_0 eines normalen Teilchens vom Typ a) nichts gemeinsam. Der Teilchenparameter m_0, die Ruhmasse, ist ein räumlicher Skalar, also unveränderlich gegenüber einer Änderung der Raumkoordinaten. Dagegen ist m_*^T, multipliziert mit der konstanten Größe c_0, ein charakteristischer Impulswert, den das Tachyon in dem Bezugssystem annimmt, wo seine Energie Null ist. Die gelegentlich gegebene Klassifizierung der Tachyonen als Teilchen mit imaginärer Ruhmasse ist daher irreführend.
Die Größe m_*^T *ist der Impulsparameter des Tachyons.*
Während die Ruhmasse m_0 eines "normalen" Typ a) Teilchens immer positiv ist, kann im Unterschied dazu der Impulsparameter m_*^T eines Tachyons sowohl positiv als auch negativ sein. In unserer (eindimensionalen) Relativitätstheorie haben wir also zwei verschiedene Typen von Tachyonen, solche mit einem positiven und andere mit einem negativen Impulsparameter. Wir werden dies an den Lösungen der sine - Gordon - Gleichung im nächsten Kap. direkt sehen können. Ändern wir die als positiv definierte Richtung der x - Achse, dann ändert auch der Impulsparameter des Tachyons sein Vorzeichen.
Für alle diese Eigenschaften der Tachyonen, die mit den "normalen" Teilchen zwar die Transformationsformeln (369) gemeinsam haben, in ihrer Kinematik aber so grundsätzlich von diesen abweichen, gibt es einen einfachen mathematischen Rahmen. Im Formalismus der Minkowski - Geometrie werden alle Teilchen durch Vektoren einer Raum - Zeit dargestellt. Unsere "normalen" Teilchen vom Typ a) werden durch sog. zeitartige Vektoren beschrieben mit der Konsequenz eines ausgezeichneten Bezugssystems, in welchem nur die sog. Zeitkomponente $P_0 = \frac{E_0}{c_0} = m_0 c_0$ dieses Vektors von Null verschieden ist. Auf diese Weise ist für alle "normalen" Teilchen vom Typ a) ihre vom Bezugssystem unabhängige Ruhmasse m_0 definiert.

Tachyonen werden im Unterschied dazu in dieser Geometrie durch sog. raumartige Vektoren beschrieben mit der Konsequenz eines ausgezeichneten Bezugssystems, in welchem nun die Zeitkomponente verschwindet. In unserer eindimensionalen Speziellen Relativitätstheorie bleibt dann von dem auf diese Weise ausgezeichneten räumlichen Impulsvektor P_∞^T nur eine einzige Komponente übrig, für die wir in (367a) $P_\infty^T = m_*^T c_0$ gefunden haben. Da c_0 eine Konstante ist, überträgt sich die räumliche Vektoreigenschaft vollständig auf m_*^T, von der freilich im eindimensionalen Fall wiederum nur der Vorzeichenwechsel gemäß (375) bei der Spiegelung (372) übrigbleibt. Für eine ausführliche Beschreibung der Mathematik des Minkowski - Raumes verweisen wir z. B. auf A. Papapetrou [72], A. P. French [73]. Die mathematische Behandlung von Tachyonen im Rahmen des Minkowskiraumes findet sich bei D.-E. Liebscher [75].

Bis hierher haben wir nur gezeigt, daß die Tachyonen mit den Prinzipien der Speziellen Relativitätstheorie durchaus verträglich sind und wie sie sich in diesen Rahmen einordnen. Ob es Tachyonen aber auch wirklich gibt, so daß ihre Existenz zu experimentell nachprüfbaren Konsequenzen führt, darüber ist damit noch nichts gesagt. Erst, wenn wir zu dieser Frage mehr sagen können, werden wir uns ausführlicher mit dem Kausalitätsproblem auseinandersetzen, welches durch die Tachyonen zwangsläufig aufgeworfen wird.

25. Tachyonen der plastischen Deformation

Wir greifen nun die Frage wieder auf, die wir zu Beginn des vorigen Kap. gestellt haben: Ist das Feld der Lösung (223) der sine - Gordon - Gleichung,

$$q^T(x, t) = \frac{2a}{\pi} \arctan \exp[\frac{-\pi(x - ut)}{L_o \kappa}] + \frac{a}{2} , \tag{223}$$

$$\kappa = \frac{u}{c_o} \sqrt{1 - \frac{v^2}{c_o^2}} = \operatorname{sign} u \cdot \sqrt{\frac{u^2}{c_o^2} - 1} \quad , \quad u = \frac{c_o^2}{v} \quad , \quad | u | > c_o ,$$

im mechanischen Sinne ein Teilchen? Können wir tatsächlich dem Feld (223) in jedem Bezugssystem Σ eine Energie E und einen Impuls P zuordnen, derart, daß diese Größen in verschiedenen Bezugssystemen über die Formeln (369) zusammenhängen? Erst dann wären wir berechtigt, die Lösung (223) als ein Tachyon zu bezeichnen, als ein Teilchen vom Typ b) im Sinne des vorigen Kap.
Für das Feld $q^T = q^T(x, t)$ bilden wir zunächst formal nach den Vorschriften (251) den Energie - Impuls - Tensor (238). Die Rechnungen verlaufen hier ebenso wie in Kap. 20 für die Lösung q^I. Ein Unterschied besteht im Exponenten der Exponential-Funktion, wo jetzt ein Minuszeichen beachtet werden muß und wo für γ nun die Größe $\kappa = \frac{u}{c_o} \cdot \gamma$ steht. Ferner ist zu beachten, daß anstelle der Geschwindigkeit v mit $| v | < c_o$ jetzt eine Geschwindigkeit u mit $| u | > c_o$ auftritt. Bei der Bildung der Ableitungen fällt die additive Konstante $\frac{a}{2}$ in q^T einfach heraus. Nur im cos - Term in der Lagrangefunktion L in (249) wird durch diese additive Konstante $\frac{a}{2}$ in q^T das Argument um π vermehrt, was das Vorzeichen dieses cos - Terms umkehrt. Damit finden wir unter Verwendung der Rechenergebnisse von Kap. 20:

$$\cos(\frac{2\pi}{a} q^T) - 1 = -\cos(4 \arctan \exp[\frac{-\pi(x - ut)}{L_o \kappa}]) - 1$$

$$= -[\cos(4 \arctan \exp[\frac{-\pi(x - ut)}{L_o \kappa}]) - 1] - 2 ,$$

$$\cos(\frac{2\pi}{a}q^T) - 1 = 8\frac{\exp[-2\frac{\pi(x-ut)}{L_o\kappa}]}{(1+\exp[-2\frac{\pi(x-ut)}{L_o\kappa}])^2} - 2\ ,$$

$$\frac{\partial q^T}{\partial x} = -\frac{2a}{L_o\kappa}\frac{\exp[\frac{-\pi(x-ut)}{L_o\kappa}]}{(1+\exp[-2\frac{\pi(x-ut)}{L_o\kappa}])^2}\ ,\quad \frac{\partial q^T}{\partial t} = -u\cdot\frac{\partial q^T}{\partial x}\ .$$

Daraus folgt

$$\frac{\sigma}{2}(\frac{\partial q^T}{\partial x}\frac{\partial q^T}{\partial x} + \frac{1}{c_o^2}\frac{\partial q^T}{\partial t}\frac{\partial q^T}{\partial t}) + \frac{\sigma a^2}{4L_o^2}(\cos(\frac{2\pi}{a}q^T) - 1) =$$

$$= \frac{\sigma}{2}\frac{4a^2}{L_o^2\kappa^2}(1+\frac{u^2}{c_o^2})\frac{\exp[-2\frac{\pi(x-ut)}{L_o\kappa}]}{(1+\exp[-2\frac{\pi(x-ut)}{L_o\kappa}])^2} + \frac{\sigma a^2}{4L_o^2}(8\frac{\exp[-2\frac{\pi(x-ut)}{L_o\kappa}]}{(1+\exp[-2\frac{\pi(x-ut)}{L_o\kappa}])^2} - 2)$$

$$= \frac{2\sigma a^2}{L_o^2\kappa^2}[2 + (\frac{u^2}{c_o^2} - 1)]\frac{\exp[-2\frac{\pi(x-ut)}{L_o\kappa}]}{(1+\exp[-2\frac{\pi(x-ut)}{L_o\kappa}])^2} - \frac{\sigma a^2}{2L_o^2}\frac{(1-\exp[-2\frac{\pi(x-ut)}{L_o\kappa}])^2}{(1+\exp[-2\frac{\pi(x-ut)}{L_o\kappa}])^2}$$

$$= \frac{2\sigma a^2}{L_o^2\kappa^2}[2+2(\frac{u^2}{c_o^2} - 1)]\frac{\exp[-2\frac{\pi(x-ut)}{L_o\kappa}]}{(1+\exp[-2\frac{\pi(x-ut)}{L_o\kappa}])^2} - \frac{\sigma a^2}{2L_o^2}\frac{4+(1-\exp[-2\frac{\pi(x-ut)}{L_o\kappa}])^2}{(1+\exp[-2\frac{\pi(x-ut)}{L_o\kappa}])^2}$$

$$= (\frac{1}{\kappa^2} + 1)\frac{4\sigma a^2}{L_o^2}\frac{\exp[-2\frac{\pi(x-ut)}{L_o\kappa}]}{(1+\exp[-2\frac{\pi(x-ut)}{L_o\kappa}])^2} - \frac{\sigma a^2}{2L_o^2}\frac{(1+\exp[-2\frac{\pi(x-ut)}{L_o\kappa}])^2}{(1+\exp[-2\frac{\pi(x-ut)}{L_o\kappa}])^2}$$

$$= u^2\frac{1}{c_o^2}\frac{1}{\kappa^2}\frac{4\sigma a^2}{L_o^2}\frac{\exp[-2\frac{\pi(x-ut)}{L_o\kappa}]}{(1+\exp[-2\frac{\pi(x-ut)}{L_o\kappa}])^2} - \frac{\sigma a^2}{2L_o^2}\,.$$

Führen wir nun eine Funktion $\rho^T = \rho^T(x - u\,t)$ ein,

$$\rho^T(x-u\,t) = \frac{1}{c_o^2}\frac{1}{\kappa^2}\frac{4\sigma a^2}{L_o^2}\frac{\exp[-2\frac{\pi(x-ut)}{L_o\kappa}]}{(1+\exp[-2\frac{\pi(x-ut)}{L_o\kappa}])^2}\,, \tag{376}$$

sowie eine Konstante θ_o gemäß

$$\theta_o = \frac{\sigma a^2}{2L_o^2}\,, \tag{377}$$

so erhalten wir für die erste Komponente $-t$ des Energie - Impuls - Tensors nun

$$-t = u^2\rho^T(x-u\,t) - \theta_o\,. \tag{378}$$

Ebenso finden wir

$$-\frac{\sigma}{c_o^2}\frac{\partial q^T}{\partial x}\frac{\partial q^T}{\partial t} = -\frac{1}{c_o^2}(-u)\frac{4\sigma a^2}{\kappa^2 L_o}\frac{\exp[-2\frac{\pi(x-ut)}{L_o\kappa}]}{(1+\exp[-2\frac{\pi(x-ut)}{L_o\kappa}])^2}$$

und damit

$$p = u \cdot \rho^T \tag{378a}$$

sowie gemäß (251)

$$-s = -u \cdot c_o \rho^T \ . \tag{378b}$$

Schließlich folgt

$$-\frac{\sigma}{2}\left(\frac{\partial q^T}{\partial x}\frac{\partial q^T}{\partial x} + \frac{1}{c_o^2}\frac{\partial q^T}{\partial t}\frac{\partial q^T}{\partial t}\right) + \frac{\sigma a^2}{4L_o^2}\left(\cos\left(\frac{2\pi}{a}q^T\right) - 1\right) =$$

$$= -\frac{\sigma}{2}\frac{4a^2}{L_o^2\kappa^2}\left(1 + \frac{u^2}{c_o^2}\right)\frac{\exp[-2\frac{\pi(x-ut)}{L_o\kappa}]}{(1 + \exp[-2\frac{\pi(x-ut)}{L_o\kappa}])^2} + \frac{\sigma a^2}{4L_o^2}\left(8\frac{\exp[-2\frac{\pi(x-ut)}{L_o\kappa}]}{(1 + \exp[-2\frac{\pi(x-ut)}{L_o\kappa}])^2} - 2\right)$$

$$= -\frac{2\sigma a^2}{L_o^2\kappa^2}\left[2 + \left(\frac{u^2}{c_o^2} - 1\right)\right]\frac{\exp[-2\frac{\pi(x-ut)}{L_o\kappa}]}{(1 + \exp[-2\frac{\pi(x-ut)}{L_o\kappa}])^2} - \frac{\sigma a^2}{2L_o^2}\frac{(1 - \exp[-2\frac{\pi(x-ut)}{L_o\kappa}])^2}{(1 + \exp[-2\frac{\pi(x-ut)}{L_o\kappa}])^2}$$

$$= -\frac{4\sigma a^2}{L_o^2\kappa^2}\frac{\exp[-2\frac{\pi(x-ut)}{L_o\kappa}]}{(1 + \exp[-2\frac{\pi(x-ut)}{L_o\kappa}])^2} - \frac{\sigma a^2}{2L_o^2}\frac{(1 + \exp[-2\frac{\pi(x-ut)}{L_o\kappa}])^2}{(1 + \exp[-2\frac{\pi(x-ut)}{L_o\kappa}])^2}$$

$$= -\frac{1}{\kappa^2}\frac{4\sigma a^2}{L_o^2}\frac{\exp[-2\frac{\pi(x-ut)}{L_o\kappa}]}{(1 + \exp[-2\frac{\pi(x-ut)}{L_o\kappa}])^2} - \frac{\sigma a^2}{2L_o^2}$$

und daher, wieder mit der Funktion $\rho^T(x - u\,t)$ gemäß (376) sowie θ_o gemäß (377),

$$-e = -c_o^2 \rho^T - \theta_o \ . \tag{378c}$$

Aus (378) - (378c) können wir für unser Feld q^T nach der Vorschrift (238) folgenden Energie - Impuls - Tensor $\tilde{T}^T$ bilden,

$$\tilde{T}^T = \begin{pmatrix} u^2 \rho^T & u \rho^T \\ -u c_o^2 \rho^T & -c_o^2 \rho^T \end{pmatrix} - \begin{pmatrix} \theta_o & 0 \\ 0 & \theta_o \end{pmatrix} . \tag{379}$$

Hier ist der zweite Term eine additive, sowohl von Raum und Zeit als auch von der Geschwindigkeit u unabhängige Konstante. Eine solche, allein durch die Parameter des idealen Gitters definierte Konstante bleibt für die hier interessierenden Energieumsetzungen als Folge von mechanischen Vorgängen auf diesem Gitter, welche allein von den inneren Beobachtern registriert werden können, unbeobachtbar. Wir dürfen diese Konstante daher einfach weglassen und für das Feld q^T einen meßbaren Energie - Impuls - Tensor T^T annehmen gemäß

$$T^T = \begin{pmatrix} u^2 \rho^T & u \rho^T \\ -u c_o^2 \rho^T & -c_o^2 \rho^T \end{pmatrix} \quad \text{mit} \quad |u| > c_o .$$

Energie - Impuls - Tensor des Feldes q^T (379a)

Hierbei ist gemäß (376) $\rho^T = \rho^T(x - u t)$, und es gilt daher $\operatorname{div} T^T = 0$.
In Kap. 19 hatten wir gesehen: Wenn der Energie - Impuls - Tensor für ein Feld $q(x, t)$ die Struktur (241) besitzt, dann können wir diesem Feld ein Teilchen zuordnen, genauer, ein Teilchen vom Typ a), wobei die physikalischen Teilchenparameter, seine Energie E und sein Impuls P für das Feld q nach den Formeln (243) und (244) zu berechnen sind. Dies ist ein in der Feldtheorie wohl bekannter Sachverhalt. Die Kinklösung (105) mit ihrem Energie - Impuls - Tensor (256) konnten wir auf diese Weise in Kap. 20 mit einem Teilchen identifizieren.
Weniger verbreitet in der Feldtheorie ist ein weiterer Zusammenhang: Der Energie-Impuls - Tensor T besitze wiederum die Struktur (241),

$$T = \begin{pmatrix} u^2 \cdot \rho & u \cdot \rho \\ -u \cdot e & -e \end{pmatrix} , \quad \operatorname{div} T = 0 . \tag{241}$$

Dieses Mal gelte aber für die Geschwindigkeit die Bedingung $|u| > c_o$. Die in (241) stehende Geschwindigkeit u kann also nicht die Geschwindigkeit eines Bezugssystems sein. Unser Tensor (379a) besitzt gerade diese Struktur. Einem solchen Tensor kann man dann ein Teilchen vom Typ b), also ein Tachyon mit der Geschwindigkeit u, nach folgender Rechenvorschrift zuordnen,

$$m^T = \operatorname{sign} u \cdot \int_{-\infty}^{+\infty} \rho \, dx \,, \tag{380}$$

$$\left. \begin{aligned} p^T &= m^T u \,, \\ E^T &= m^T c_o^2 \,. \end{aligned} \right\} \tag{381}$$

Wir berechnen nach diesen Formeln den Impuls und die Energie des Tachyons (223). Es ist

$$\int_{-\infty}^{+\infty} \rho^T dx = \frac{1}{c_o^2} \frac{1}{\kappa^2} \frac{4\sigma a^2}{L_o^2} \int_{-\infty}^{+\infty} \frac{\exp[-2\frac{\pi(x-ut)}{L_o \kappa}]}{(1+\exp[-2\frac{\pi(x-ut)}{L_o \kappa}])^2} dx$$

$$= \frac{1}{c_o^2} \frac{1}{\kappa^2} \frac{4\sigma a^2}{L_o^2} \frac{L_o \kappa}{2\pi} \operatorname{sign} u \cdot \int_{-\infty}^{+\infty} \frac{e^{-x}}{(1+e^{-x})^2} dx$$

$$= \frac{1}{\kappa} \frac{1}{c_o^2} \frac{2a^2\sigma}{\pi L_o} \left[\frac{1}{1+e^{-x}}\right]_{-\infty}^{+\infty} = \frac{\operatorname{sign} u}{\kappa} \frac{1}{c_o^2} \frac{2a^2 E}{\pi L_o} \,.$$

(Da wir in der zweiten Zeile die neue Integrationsvariable $2\,\frac{\pi(x-u\,t)}{L_o \kappa}$ eingeführt haben, ändert sich die Integrationsrichtung in Abhängigkeit vom Vorzeichen von u in κ. Wir haben die Integrationsrichtung von $-\infty$ bis $+\infty$ beibehalten und dafür den Faktor $\operatorname{sign} u$ eingefügt).

Damit finden wir, indem wir noch $(\operatorname{sign} u)^2 = 1$ beachten,

$$P^T = \frac{m_*^T}{\operatorname{sign} u \cdot \sqrt{\frac{u^2}{c_0^2} - 1}}\, u \quad , \quad E^T = \frac{m_*^T}{\operatorname{sign} u \cdot \sqrt{\frac{u^2}{c_0^2} - 1}}\, c_0^2 \, , \tag{382}$$

also genau ein Tachyon gemäß (367), aber nun mit einem durch die Konstanten des Gitters spezifizierten Impulsparameter m_*^T,

$$m_*^T = f \cdot m_a \quad , \quad f = \frac{2a}{\pi L_0} \, , \tag{383}$$

mit der Versetzungsmasse $m_a = \frac{a\sigma}{c_0^2}$ auf einem Gitterabstand a gemäß (257). Damit besteht eine bemerkenswerte Symmetrie zwischen dem zu (223) gehörenden Tachyon und dem der Kinke (105) zugeordneten Typ a) Teilchen. Diese Symmetrie hängt damit zusammen, daß die Tachyonlösung (223) durch die sog. π - Transformation aus der Kinklösung (105) hervorgeht, s. hierzu A. Seeger [39].

Für den Grenzfall einer unendlich großen Geschwindigkeit u erhalten wir wieder (367a),

$$\lim_{u \to \pm\infty} P^T = P_\infty^T = m_*^T c_0 = \frac{2a^2\sigma}{\pi L_0 c_0} \quad , \quad \lim_{u \to \pm\infty} E^T = E_\infty^T = 0 \, . \tag{384}$$

Dabei haben wir für die Lösung (223) gemäß (383) einen positiven Impulsparameter m_*^T erhalten. Für die Tachyonlösung (223) ergibt sich im Grenzfall $u \to \infty$ die spezielle Lösung (227),

$$q_\infty^T(t) = \lim_{u \to \infty} q^T(x, t) = \frac{2a}{\pi} \arctan \exp[-\frac{\pi c_0}{L_0} t] + \frac{a}{2} \, . \tag{227}$$

Dieses Tachyon hatten wir in Bild 61 dargestellt. Der Impuls P^T des Tachyons (223) ist in jedem Bezugssystem positiv. Er strebt mit wachsender Geschwindigkeit gegen einen kleinsten Wert, den das Tachyon, solange es überhaupt existiert, nicht abgeben kann.

Einen negativen Impulsparameter vom selben Betrag erhalten wir für die folgende Lösung $\tilde{q}^T(x, t)$ der sine - Gordon - Gleichung,

$$\tilde{q}^T(x,t) = \frac{2a}{\pi}\arctan\exp\left[\frac{-\pi(x+u\,t)}{L_o\kappa}\right] + \frac{a}{2}\ . \qquad (385)$$

Diese Tachyonlösung der sine - Gordon - Gleichung repräsentiert ein Typ b) Teilchen gemäß

$$\tilde{p}^T = \frac{\tilde{m}_*^T}{\operatorname{sign} u\cdot\sqrt{\frac{u^2}{c_o^2}-1}}\,u\ ,\quad \tilde{E}^T = \frac{\tilde{m}_*^T}{\operatorname{sign} u\cdot\sqrt{\frac{u^2}{c_o^2}-1}}\,c_o^2 \qquad (386)$$

mit

$$\tilde{m}_*^T = -f\cdot m_a\ ,\quad f = \frac{2a}{\pi L_o}\ . \qquad (387)$$

Für den Grenzfall $u \rightarrow \pm\infty$ erhalten wir nun

$$\lim_{u\to\pm\infty}\tilde{P}^T = \tilde{P}_\infty^T = \tilde{m}_*^T c_o = -\frac{2a^2\sigma}{\pi L_o c_o}\ ,\quad \lim_{u\to\pm\infty}\tilde{E}^T = \tilde{E}_\infty^T = 0\ . \qquad (388)$$

Für die Tachyonlösung (385) ergibt sich im Grenzfall $u \rightarrow \infty$ die spezielle Lösung

$$\tilde{q}_\infty^T(t) = \lim_{u\to\infty}\tilde{q}^T(x,t) = \frac{2a}{\pi}\arctan\exp\left[-\frac{\pi c_o}{L_o}t\right] + \frac{a}{2}\ . \qquad (389)$$

Das negative Vorzeichen des Impulsparameters für das zu (385) gehörende Tachyon $\tilde{q}^T(x,t)$ folgt nun einfach aus der Gültigkeit von

$$\frac{\partial\tilde{q}^T(x,t)}{\partial t} = +u\,\frac{\partial\tilde{q}^T(x,t)}{\partial x}\ . \qquad (390)$$

Dagegen gilt für die Tachyonlösung (223)

$$\frac{\partial q^T(x,t)}{\partial t} = -u\,\frac{\partial q^T(x,t)}{\partial x}\ . \qquad (390a)$$

Dies ergibt gemäß (251) und (252) für die Komponenten p und $-s$ des Energie-Impuls-Tensors einen Unterschied im Vorzeichen, und wir erhalten anstelle von (379a)

$$T^T = \begin{pmatrix} u^2 \rho^T & -u \rho^T \\ +u c_o^2 \rho^T & -c_o^2 \rho^T \end{pmatrix} \quad \text{mit} \quad |u| > c_o \tag{391}$$

sowie eine Funktion $\rho^T(x+ut)$ für die Lösung $\tilde{q}^T(x,t)$. Mit (241), (380) und (381) ergibt dies das Tachyon mit dem negativen Impulsparameter $\tilde{m}_*^T$.
Die Funktion $\tilde{q}^T(x,t)$ gemäß (385) unterscheidet sich von der Funktion $q^T(x,t)$ gemäß (223) nur in der Bewegungsrichtung. Wir erhalten also dieselbe Momentaufnahme wie in Bild 60, aber mit entgegengesetztem Bewegungsverlauf, s. Bild 64. Ebenso verhält es sich mit dem zu (389) gehörenden Tachyon $\tilde{q}_\infty^T(t)$, dessen graphische Darstellung bis auf die Bewegungsrichtung mit Bild 61 übereinstimmt, s. Bild 65.

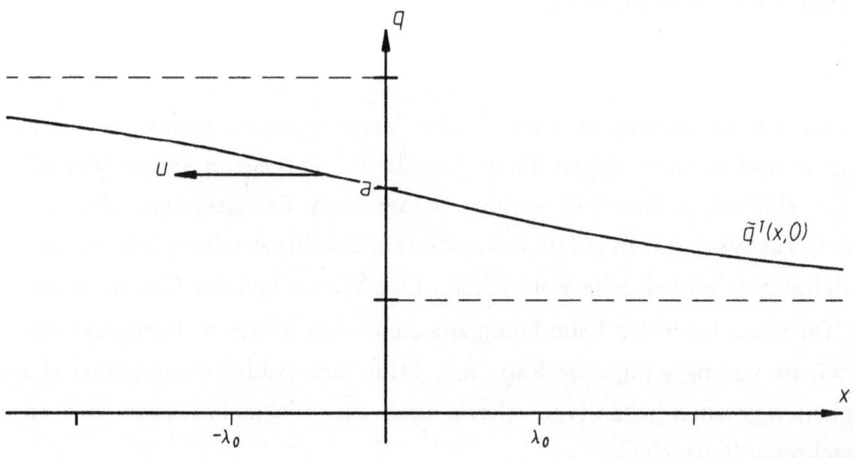

Bild 64. Das Tachyon (385) $\tilde{q}^T(x,t) = \frac{2a}{\pi} \arctan \exp[\frac{-\pi(x+ut)}{L_o \kappa}] + \frac{a}{2}$ mit negativem Impulsparameter $\tilde{m}_*^T$ für $t=0$ und $u = -2c_o$.

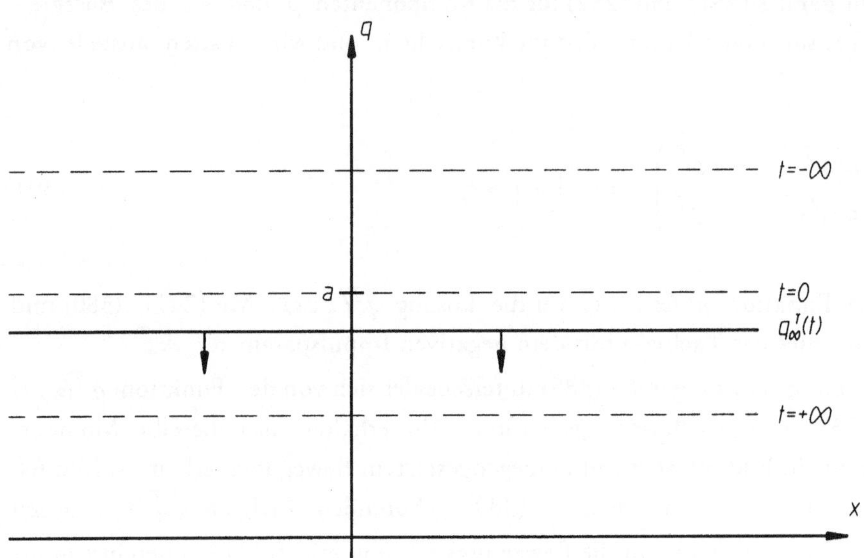

Bild 65. Die Tachyonlösung (389) $\tilde{q}_\infty^T(t) = \frac{2a}{\pi}\arctan\exp[-\frac{\pi c_o}{L_o}t] + \frac{a}{2}$. Die Grenzlagen für $t = -\infty$ und $t = +\infty$ sowie die Lage der Lösung bei $t = 0$ sind gestrichelt gezeichnet. Die beiden Pfeile deuten die Bewegungsrichtung an.

Von einem Tachyon sagen wir, es laufe in die Vergangenheit, wenn seine Geschwindigkeit u und der ihm zugeordnete Impuls P^T entgegengesetzte Vorzeichen haben. Ob eine solche Situation vorliegt, hängt vom Bezugssystem ab. Der Impuls P^T des Tachyons hat in jedem Bezugssystem das durch seinen Impulsparameter m_*^T definierte, einheitliche Vorzeichen. Das Vorzeichen der Geschwindigkeit u eines Tachyons kann sich beim Übergang zu einem anderen Bezugssystem ändern, wie wir im vorangegangenen Kap. mit Hilfe des Additionstheorems der Geschwindigkeiten gesehen haben (vgl. hierzu auch die Diskussion nach den in Kap. 24 betrachteten Beispielen).

Gegen die Teilcheneigenschaft der Lösung (223) der sine -Gordon - Gleichung, gegen die Teilcheneigenschaft der Tachyonen also, kann man ein Paradoxon einwenden, das wir jetzt besprechen wollen. Die Dichtefunktion (376) verschwindet für $u \to \infty$ wie $\frac{1}{u^2}$, und es gilt

$$\lim_{u \to \infty} \rho^T(x - u\,t) = 0\ , \tag{392}$$

$$\lim_{u \to \infty} [u \cdot \rho^T(x - u\,t)] = 0\ , \tag{392a}$$

$$\lim_{u \to \infty} [\,u^2 \cdot \rho^T(x - u\,t)\,] = \frac{4\alpha a^2}{c_o^2} \frac{\exp[\frac{2\pi}{L_o}\,t]}{(1 + \exp[\frac{2\pi}{L_o}\,t]\,)^2} \underset{\text{def}}{=} -t_\infty^T \tag{392b}$$

und damit in diesem Grenzfall für den Energie - Impuls - Tensor T_∞^T,

$$T_\infty^T = \begin{pmatrix} -t_\infty^T & 0 \\ 0 & 0 \end{pmatrix}. \tag{393}$$

Dies ist aber nun gar nicht mehr die besondere Struktur (379a), die wir oben gefunden haben. Integrieren wir über die Impulsdichte und die Energiedichte dieses Tensors, dann folgt sofort

$$P_\infty^T = 0\quad ,\quad E_\infty^T = 0 \tag{394}$$

im Widerspruch mit (384). Gemäß (394) würden für das Tachyon dann aber in jedem Bezugssystem sowohl seine Energie als auch sein Impuls verschwinden. Das Tachyon wäre überhaupt kein Teilchen, wie dies aus der Struktur des Energie - Impuls - Tensors (393) auch sofort abzulesen ist.

Wie ist dieser Widerspruch aufzulösen? Für eine gegen Unendlich wachsende Geschwindigkeit u werden Energie- und Impulsdichte gemäß (392) und (392a) zwar unendlich klein. Aus der Dichtefunktion (376) lesen wir aber außerdem ab, daß sich diese mit $u \to \infty$ auch immer mehr verbreitert, nämlich proportional zu $L_o|\,\kappa\,| = L_o\sqrt{\frac{u^2}{c_o^2} - 1}$. Wir müssen hier auf die Reihenfolge der Grenzwerte achten! Das widersprüchliche Ergebnis (394) haben wir dadurch erhalten, daß wir Energie und Impuls erst über den ganzen, unendlichen (eindimensionalen) Raum verteilen und danach die uneigentlichen Integrale bilden nach der Vorschrift

$$\int_{-\infty}^{+\infty} \lim_{u\to\infty} [\cdots \rho^T]\, dx = \lim_{r\to\infty} \int_{-r}^{+r} \lim_{u\to\infty} [\cdots \rho^T]\, dx \,. \tag{395}$$

Diese Integrale verschwinden aber für (392) und (392a) definitionsgemäß. Wir müssen *zuerst* bei einer endlichen Geschwindigkeit u die uneigentlichen Integrale berechnen und dann die Geschwindigkeit gegen Unendlich gehen lassen. Die Vorschrift (395) führt uns auf ein falsches Ergebnis, nämlich (394). Wir können nicht erst den Impuls ins Unendliche weglaufen lassen, um dann zu behaupten, der Gesamtimpuls wäre Null, weil seine Dichte Null ist. Die richtige Vorschrift lautet daher

$$\lim_{u\to\infty} [\lim_{r\to\infty} \int_{-r}^{+r} \cdots \rho^T\, dx] \,. \tag{396}$$

Auf diese Weise erhalten wir das Ergebnis (384) und damit richtige Tachyonen mit all ihren denkbar merkwürdigen Eigenschaften.

Ein letzter Einwand könnte noch gegen die physikalische Realität der Tachyonlösung (223) vorgebracht werden. Diese steht nämlich der Kinklösung (105) physikalisch durchaus nicht gleichberechtigt gegenüber. Während die Kinke eine Abweichung vom stabilen Gleichgewicht darstellt, ist die Tachyonlösung (223) eine instabile Lösung - eine Versetzung auf einem Potentialberg, wie wir das in Kap. 17 bei der Diskussion von Bild 60 auseinandergesetzt haben. Es wird daher schwer sein, solche Zustände auch nachzuweisen. An ihrer prinzipiellen Realisierbarkeit ändert das jedoch überhaupt nichts. Die instabile Lage eines mechanischen Pendels über seiner Aufhängung wird man auch höchst selten antreffen. Kein Mensch würde aber daraus den Schluß ziehen, folglich gibt es eine solche Lage nicht - die Artisten verdienen im Zirkus ihr Geld damit.

An der Existenz von Tachyonen kann es folglich keinen Zweifel geben. In diesem Zusammenhang ist es unerheblich, daß wir uns hier mit den Tachyonen der inneren Beobachter eines unendlich ausgedehnten Kristall beschäftigen. Wesentlich ist das Faktum, daß es in der Welt dieser inneren Beobachter, für welche die Spezielle Relativitätstheorie voll gültig ist, überhaupt Tachyonen gibt, und zwar sowohl solche mit einem positiven als auch solche mit einem negativen Impulsparameter. Sehen wir uns diese Tachyonen noch einmal etwas genauer an.

Als spezielle Lösung der sine - Gordon - Gleichung beschreibt das Tachyon $q_{\infty}^{T}(t)$ gemäß (227) das simultane Hinübergleiten einer, entlang der x - Achse ausgerichteten, geraden Versetzung von einem Potentialberg des Gitters auf den benachbarten. Bei diesem Vorgang einer plastischen Deformation erfolgt die Bewegung der beliebig weit auf der x - Achse voneinander entfernten Versetzungselemente exakt in derselben zeitlichen Abfolge. Durch ihre Einbettung in die Bedingungen des Kristallgitters, welche durch die sine - Gordon - Gleichung berücksichtigt werden, kann eine Bewegung der gesamten Versetzungslinie nur dann erfolgen, wenn ihr Spannungszustand unter Wahrung der durch das Gitter bedingten Korrelationen über beliebige Entfernungen aufrechterhalten wird. Mit dem Begriff des Tachyons können wir von diesem Vorgang sagen: Der Spannungszustand der geraden, sich fortbewegenden Versetzungslinie wird durch ein Tachyon realisiert, welches sich mit verschwindender Energie, aber mit einem endlichen Impuls bei einer unendlichen Geschwindigkeit in x - Richtung bewegt. Ebenso können wir das Tachyon, das zu $q^T(x, t)$ gemäß (223) gehört, interpretieren. Man macht sich leicht klar, daß sein Anfangszustand bei $t = -\infty$ und sein Endzustand bei $t = +\infty$ mit dem des Tachyons, das zu $q_\infty^T(t)$ gehört, übereinstimmt. Auch hier ist also im Endeffekt eine Versetzungslinie von einem Potentialberg auf den benachbarten hinübergewechselt. Auch diese Bewegung erfolgt streng korreliert, aber nicht mehr in ein und demselben zeitlichen Ablauf für alle Versetzungsabschnitte. Die Versetzungsstücke mit größerer x - Koordinate hinken bei positivem u zeitlich hinterher. Die dadurch zwangsläufig entstehenden Inhomogenitäten im Spannungszustand lassen sich durch den Impuls und die Energie eines Tachyons interpretieren, das sich mit der Geschwindigkeit $|u| > c_o$ entlang der x - Achse bewegt.

Zu jeder Lösung $q^T(x, t)$ gibt es immer ein ausgezeichnetes Bezugssystem der inneren Beobachter, in welchem dieses Tachyon die spezielle Form $q_\infty^T(t)$ besitzt. Für die inneren Beobachter in diesem Bezugssystem findet also das Hinübergleiten der Versetzungslinie gleichzeitig statt. Mathematisch folgt die Abhängigkeit von x und t für die Lösung $q^T(x, t)$ einfach aus einer geeigneten Lorentz - Transformation für die Zeitkoordinate, ergibt sich also aus einem Zustand der Gleichzeitigkeit in einem speziellen Bezugssystem. Physikalisch entsteht daher eine solche Versetzungsbewegung durch eine, in diesem speziellen Bezugssystem gleichzeitige Anregung auf der ganzen Versetzungslinie. Für das plastische Tachyon, welches wir als äußere Experimentatoren im Laborsystem z. B. als $q_\infty^T(t)$ beobachten, registriert ein innerer Beobachter von einem, gegenüber dem Laborsystem mit $+V$ bewegten Bezugssystem aus eine Geschwindigkeit $u = -\frac{c_o^2}{V}$. Da der Impuls P^T des Tachyons nach wie vor positiv bleibt (wenn wir von der Lösung (223) mit positivem Impulsparameter m_*^T ausgegangen sind), sagt dieser innere Beobachter von diesem Tachyon, "es laufe in die Vergangenheit". Ein innerer Beobachter, der sich stattdessen mit $-V$ bewegt, beobachtet dagegen für dasselbe Tachyon die Geschwindigkeit $u = + \frac{c_0^2}{V}$. Für beide laufen die Elemente der plastischen Deformation, welche am Ende die gesamte Versetzung von einem Potentialberg auf den benachbarten befördern, in umgekehrter zeitlicher Reihenfolge ab. Für den ersten sind die mit der größeren Ortskoordinate früher, für den zweiten die mit der kleineren. Wesentlich ist, daß beide Lösungen der inneren Beobachter gemäß einer entsprechenden Lorentz-Transformation aus $q_{\infty}^T(t)$ gewonnen werden und daß es sie deswegen auch als physikalische Lösungen in unserem Laborsystem gibt. Was bleibt nun von einem "Laufen in die Vergangenheit der Tachyonen", wie es die inneren Beobachter in bestimmten Bezugssystemen registrieren, für den äußeren Experimentator übrig? Dieser bemerkt, daß es neben dem für ihn gleichzeitigen Hinübergleiten der ganzen Versetzungslinie von einem Potentialberg auf den benachbarten auch solche Bewegungen gibt, bei denen die Versetzungselemente mit positiver x-Koordinate vorauseilen und andere, bei denen diejenigen mit negativer x-Koordinate schneller sind. Alle drei Bewegungen beruhen für uns von außen betrachtet gleichermaßen auf einer simultanen Anregung des Gitters im Unterschied zu einer lokalen Anregung, in deren Ergebnis wir eine Teilchenlösung vom Typ a) erwarten. Um die Entstehung der verschiedenen Anregungen mathematisch zu behandeln, müßten wir in unserer Ausgangsgleichung (73) zusätzliche äußere Kräfte F_A berücksichtigen, wie in der Newtonschen Gleichung (49). Es entsteht dann ein additiver Spannungsterm auf der rechten Seite der sine-Gordon-Gleichung. Die Ausbreitung einer lokalen Anregung, d. h. die Übertragung eines Signals, bleibt damit den Typ a) Teilchen vorbehalten. Wir halten fest:

Plastische Tachyonen können im Kristall keine Signale übertragen.

Diese Verhältnisse regen uns an, in unserem Exkurs über Tachyonen die Frage zu stellen, ob nach den Gesetzen der Mechanik denn überhaupt ein Stoß zwischen einem "richtigen" Teilchen und einem Tachyon stattfinden kann, derart, daß das Teilchen dem Tachyon einen Energiebetrag abgibt oder von diesem eine Energie erhält. Nur in einem solchen Fall wäre es prinzipiell möglich, mit einem Tachyon auch wirklich ein Signal, eine Nachricht, mit der ihm eigenen, großen Geschwindigkeit $|u| > c_0$ zu überbringen. An diese Fragestellung werden wir auch die Diskussion des Kausalitätsproblems anknüpfen.

26. Zum Kausalitätsproblem: Teilchen -Tachyon -Stöße

Die bloße Vertauschung in der zeitlichen Reihenfolge bei der Beobachtung zweier Ereignisse E_1 und E_2 von verschiedenen Bezugssystemen aus verstößt noch nicht gegen die Kausalität. Nur wenn das eine Ereignis E_2 durch das andere Ereignis E_1 ausgelöst, verursacht wurde, dann muß E_2 immer später sein als E_1, unabhängig von dem Bezugssystem, von welchem aus wir beide Ereignisse beobachten. Eine Umkehrung in der zeitlichen Reihenfolge solcher Ereignisse würde unserem kausalen Verständnis von der Welt empfindlich zuwiderlaufen. Man kann jedoch die Frage stellen, innerhalb welcher kleinster räumlicher Abstände eine Verletzung der Kausalität noch nicht mit unserer Erfahrung in Widerspruch gerät. Hierbei spielen quantentheoretische Überlegungen eine Rolle. Wir verweisen dazu auf die Diskussion von H. Treder [55].

Die bloße Existenz der Tachyonen als Teilchen ist es also noch nicht. Die alles entscheidende Frage lautet, können wir mit Tachyonen Signale übermitteln, und das heißt letzten Endes:

Können wir mit Tachyonen Energie übertragen?

Darum geht es. In voller Allgemeinheit wollen wir zunächst elastische Stoßprozesse zwischen einem Teilchen und einem Tachyon untersuchen. Dabei sagen wir "Teilchen", wenn wir im Sinne von Kap. 24 Teilchen vom Typ a) meinen und "Tachyon" für Typ b) - Teilchen.

Ein Teilchen der Ruhmasse m_0 möge mit einem Tachyon zusammenstoßen, das den Impulsparameter m_*^T besitzt. Die Geschwindigkeiten des Teilchens vor und nach dem Stoß seien w bzw. w', die entsprechenden Geschwindigkeiten des Tachyons bezeichnen wir mit u bzw. u'. Die Impulse und Energien von Teilchen und Tachyon sind uns durch die Formeln (259) und (382) gegeben. Wegen der vorausgesetzten "Elastizität" des Stoßvorganges bleiben bei der Energie- und Impulserhaltung die Lorentz - invarianten Parameter, der Massenparameter m_0 für das Teilchen und der Impulsparameter m_*^T für das Tachyon, unverändert - es entstehen keine "anderen" Teilchen bzw. Tachyonen. Für die Impulse und Energien vor und nach dem Stoß gilt daher

$$\left.\begin{aligned}
\frac{m_o w}{\sqrt{1-\frac{w^2}{c_o^2}}} + \frac{m_*^T u}{\operatorname{sign} u \cdot \sqrt{\frac{u^2}{c_o^2}-1}} &= \frac{m_o w'}{\sqrt{1-\frac{w'^2}{c_o^2}}} + \frac{m_*^T u'}{\operatorname{sign} u \cdot \sqrt{\frac{u'^2}{c_o^2}-1}}\,, \text{ Impuls} \\
\frac{m_o c_o^2}{\sqrt{1-\frac{w^2}{c_o^2}}} + \frac{m_*^T c_o^2}{\operatorname{sign} u \cdot \sqrt{\frac{u^2}{c_o^2}-1}} &= \frac{m_o c_o^2}{\sqrt{1-\frac{w'^2}{c_o^2}}} + \frac{m_*^T c_o^2}{\operatorname{sign} u \cdot \sqrt{\frac{u'^2}{c_o^2}-1}}\,. \text{ Energie}
\end{aligned}\right\} \tag{397}$$

Die Tachyongeschwindigkeiten u und u' ersetzen wir jetzt durch die ihnen gemäß $u = \frac{c_o^2}{v}$ bzw. $u' = \frac{c_o^2}{v'}$ zugeordneten Geschwindigkeiten v und v'. Ferner ersetzen wir die entsprechenden Wurzelfaktoren nach der Vorschrift $\kappa = \frac{u}{c_o}\gamma$. Die Erhaltungssätze (397) nehmen dann folgende Form an,

$$\left.\begin{aligned}
\frac{m_o w}{\sqrt{1-\frac{w^2}{c_o^2}}} + \frac{m_*^T c_o}{\sqrt{1-\frac{v^2}{c_o^2}}} &= \frac{m_o w'}{\sqrt{1-\frac{w'^2}{c_o^2}}} + \frac{m_*^T c_o}{\sqrt{1-\frac{v'^2}{c_o^2}}}\,, \text{ Impuls} \\
\frac{m_o c_o^2}{\sqrt{1-\frac{w^2}{c_o^2}}} + \frac{m_*^T c_o v}{\sqrt{1-\frac{v^2}{c_o^2}}} &= \frac{m_o c_o^2}{\sqrt{1-\frac{w'^2}{c_o^2}}} + \frac{m_*^T c_o v'}{\sqrt{1-\frac{v'^2}{c_o^2}}}\,. \text{ Energie}
\end{aligned}\right\} \tag{397a}$$

Zur Vereinfachung der Gleichungen (397a) nutzen wir aus, daß wir das Bezugssystem $\overline{\Sigma}$, in welchem wir den in Frage stehenden Stoßprozeß beschreiben wollen, frei wählen können. Ferner haben wir auch die als positiv gerechnete Richtung der x-Achse frei. Wir können daher o.B.d.A. annehmen, daß das Teilchen in dem Laboratorium, in welchem wir dessen Kollision mit dem Tachyon beschreiben, vor dem Stoß ruht und daß ferner der Impuls des stoßenden Tachyons in die Richtung der positiven x-Achse weist, der Impulsparameter m_*^T mithin positiv ist. Wir führen dann einen positiven Parameter μ ein gemäß (397b)

$$\mu = \frac{m_0}{m_*^T} > 0 \; . \tag{398}$$

(Wir weisen noch einmal auf die Kuriosität in der Kinematik von Tachyonen hin. Obwohl nun der Impuls unseres stoßenden Tachyons stets positiv bleiben muß, kann sich doch das Vorzeichen seiner Geschwindigkeit ändern). Aus den Gleichungen (397a) wird damit, indem wir noch durch m_*^T dividieren,

$$\bar{\Sigma}: \quad \left. \begin{aligned} \frac{c_0}{\sqrt{1-\frac{v^2}{c_0^2}}} &= \frac{\mu\, w'}{\sqrt{1-\frac{w'^2}{c_0^2}}} + \frac{c_0}{\sqrt{1-\frac{v'^2}{c_0^2}}} \; , \quad \text{Impuls} \\ \mu\, c_0^2 + \frac{c_0\, v}{\sqrt{1-\frac{v^2}{c_0^2}}} &= \frac{\mu\, c_0^2}{\sqrt{1-\frac{w'^2}{c_0^2}}} + \frac{c_0\, v'}{\sqrt{1-\frac{v'^2}{c_0^2}}} \; . \quad \text{Energie} \end{aligned} \right\} \tag{397b}$$

Um einen besseren Überblick über die möglichen Lösungen dieser Gleichungen zu erhalten, führen wir hyperbolische Funktionen ein gemäß

$$\left. \begin{aligned} &\frac{v'}{c_0} = \tanh \alpha' \; , \quad \frac{v}{c_0} = \tanh \alpha \; , \\ &\frac{w'}{c_0} = \tanh \beta' \; . \end{aligned} \right\} \tag{399}$$

Wegen $w = 0$ wird mit $\frac{w}{c_0} = \tanh \beta$ auch $\beta = 0$.

Unter Beachtung von $\frac{1}{\sqrt{1-\tanh^2 x}} = \cosh x$, $\frac{\tanh x}{\sqrt{1-\tanh^2 x}} = \sinh x$ folgen schließlich anstelle von (397b) nach leichten Umformungen die Gleichungen

$$\left. \begin{aligned} \mu \sinh \beta' &= \cosh \alpha - \cosh \alpha' \; , \\ \mu \cosh \beta' &= \sinh \alpha - \sinh \alpha' + \mu \; . \end{aligned} \right\} \tag{400}$$

Wegen $\mu > 0$ gemäß (398), $\cosh \beta' - 1 \geq 0$ und der Monotonie des hyperbolischen Sinus,

$$\sinh \alpha' < \sinh \alpha \quad \leftrightarrow \quad \alpha' < \alpha \ , \tag{401}$$

folgt aus der zweiten Gleichung (400) mit

$$\sinh \alpha \ - \ \sinh \alpha' = \mu \ [\cosh \beta' \ - \ 1 \ ] \geq 0 \tag{402}$$

die Bedingung

$$\alpha' \leq \alpha \ . \tag{403}$$

Mit $\cosh^2 \beta' - \sinh^2 \beta' = 1$ eliminieren wir aus (400) die Geschwindigkeit $w' = c_0 \tanh \beta'$ des Teilchens nach dem Stoß und finden unter Beachtung des Additionstheorems $\cosh(\alpha - \alpha') = \cosh \alpha \cosh \alpha' - \sinh \alpha \sinh \alpha'$ nach kurzer Rechnung

$$\sinh \alpha' \ - \ \sinh \alpha = \frac{1}{\mu} \ [\cosh(\alpha \ - \ \alpha') \ - \ 1 \ ] \geq 0 \ . \tag{404}$$

Nach demselben Schluß wie oben folgt nun aber

$$\alpha' \geq \alpha \ . \tag{405}$$

Die Gleichungen (403) und (405) erzwingen

$$\alpha' = \alpha \quad \leftrightarrow \quad u' = u \ . \qquad \textit{Keine Signalübertragung durch das Tachyon} \tag{406}$$

Das Tachyon muß ohne eine Änderung seiner Geschwindigkeit an dem Teilchen vorbeigehen. Es kann daher auch nicht die geringste Energie übertragen und somit auch kein Signal überbringen. Die Kausalität kann auf diese Weise nicht verletzt werden. Wir finden:
Im Rahmen elastischer Stoßprozesse kann es nicht zu einer Kausalitätsverletzung durch Tachyonen kommen.
Wenn das Tachyon aber keine Energie übertragen kann, wie können wir dann überhaupt von ihm Kenntnis erhalten? Nun, wir haben uns oben streng auf den elastischen Teilchen - Tachyon -Stoß beschränkt. Unelastische Stöße ändern die Situation

sofort grundlegend, vgl. hierzu D.-E. Liebscher [75].
Als Anfangszustand betrachten wir allein ein ruhendes Teilchen der Masse m_0. Gefragt ist nach einem Endzustand, bei dem dieses Teilchen unter Beibehaltung seiner Ruhmasse durch die Emission eines Tachyons der Geschwindigkeit u' eine von Null verschiedene Geschwindigkeit w' erhalten hat. Man macht sich leicht klar, daß ein ruhendes Teilchen ohne Änderung seiner Ruhmasse auf Grund des Energiesatzes niemals ein Teilchen aussenden kann, denn das ausgesandte Teilchen hätte eine positive Energie. Ein ruhendes Teilchen kann aber keine Energie abgeben, ohne seine Ruhmasse zu ändern. Bei Tachyonen ist das anders. Die können auch eine negative Energie besitzen.
Mit denselben Bezeichnungen wie oben folgen nun aus den Erhaltungssätzen für Energie und Impuls anstelle von (400) die Gleichungen

$$\left.\begin{aligned} \mu \sinh \beta' &= -\cosh \alpha' , \\ \mu \cosh \beta' &= -\sinh \alpha' + \mu . \end{aligned}\right\} \qquad \textit{Kein Tachyon vor dem Stoß} \quad (407)$$

Hier fehlt gegenüber den Gleichungen (400) einfach bloß das einlaufende Tachyon. Aus (407) gewinnen wir durch Eliminierung von β' nach kurzer Rechnung

$$\sinh \alpha' = -\frac{1}{2\mu} \quad \leftrightarrow \quad u' = -c_0 \frac{\sqrt{m_*^{T2} + 4m_0^2}}{m_*^T} \qquad (408)$$

und damit aus (407)

$$\sinh \beta' = \frac{\sqrt{1 + 4\mu^2}}{2\mu^2} \quad \leftrightarrow \quad v' = c_0 \frac{\sqrt{m_*^{T2} + 4m_0^2} \cdot m_*^T}{\sqrt{(m_*^{T2} + 4m_0^2) \cdot m_*^{T2} + 4m_0^2}} . \qquad (409)$$

Die Gleichungen (407) haben also bei gegebener Ruhmasse m_0 des Teilchens zu jedem beliebigen Impulsparameter m_*^T des zu emittierenden Tachyons auch eine nichttriviale Lösung. Danach könnte das Teilchen beliebig viele Tachyonen emittieren, wodurch dieses Teilchen fortlaufend, ohne äußere Einwirkung seine Geschwindigkeit ändern würde - und zwar ohne Änderung seiner Ruhmasse m_0 - ein verheerendes Ergebnis! Wer hat schon jemals gesehen, daß sich ein Teilchen ohne erkennbaren Grund in Bewegung setzt, weil es eben ein Tachyon emittiert hat. Außerdem

kann das Tachyon, das emittiert wird, auch absorbiert werden. - Also doch der tödliche Schuß mit dem Tachyon und Abschied von der Kausalität?
Tatsächlich ist auch die Emission eines Teilchens durch ein Tachyon mit den Erhaltungssätzen vereinbar. Lassen wir nämlich in den Gleichungen (400) nur das Teilchen vor dem Stoß weg, dann folgt

$$\left.\begin{aligned} \mu \sinh \beta' &= \cosh \alpha - \cosh \alpha' \,, \\ \mu \cosh \beta' &= \sinh \alpha - \sinh \alpha' \,. \end{aligned}\right\} \qquad \textit{Kein Teilchen vor dem Stoß} \quad (410)$$

Aus $0 \leq \mu \cosh \beta' = \sinh \alpha - \sinh \alpha'$ und der Monotonie des hyperbolischen Sinus folgt zunächst $\alpha' \leq \alpha$. Mit $\cosh^2 \beta' - \sinh^2 \beta' = 1$ eliminieren wir β' aus (410) und finden nach kurzer Rechnung

$$\alpha' = \alpha - \operatorname{arcosh}(1 + \frac{\mu^2}{2}) \,. \qquad (411)$$

Danach kann ein beliebig einlaufendes Tachyon, d.h. α und m_*^T sind beliebig vorgegeben, ein Teilchen mit einer beliebigen Ruhmasse $m_0 = \mu m_*^T$ emittieren. Die Tachyongeschwindigkeit u' nach der Emission berechnet sich aus (411) unter Beachtung von $\frac{c_0}{u'} = \frac{v'}{c_0} = \tanh \alpha'$, und die Geschwindigkeit w' des emittierten Teilchens berechnet sich dann aus (410) und (411) unter Beachtung von $\frac{w'}{c_0} = \tanh \beta'$

Alle diese Prozesse sind nach den Erhaltungssätzen von Energie und Impuls formal möglich. Gibt es sie aber wirklich? D.h. physikalisch gesprochen, gibt es diese Prozesse als Lösungen der uns bisher bekannten Grundgleichungen der Physik?- Dann könnten wir unser kausales Verständnis von der Welt nur dadurch retten, daß wir derartige Prozesse nach dem Vorschlag von H. Treder [55] auf submikroskopische Bereiche verbannen oder sie kurzerhand auf dem Wege einer Zusatzbedingung als Lösungen nicht zulassen - ein Notbehelf, der die Lücken der Theorie zudecken soll. Das ist die allgemeine Situation, über deren Probleme wir im einzelnen nicht entscheiden können, ohne uns darüber zu verständigen, welches heute die beste Elementarteilchentheorie in der Physik ist. Bleiben wir bei dem, was wir hier elementar nachvollziehen können, bei der sine - Gordon - Gleichung mit ihren Teilchen- und Tachyonenlösungen im Kristall.
Aus den vorangegangenen Überlegungen folgt nämlich *nicht*, daß das Teilchen

$q^I(x, t)$, d. h. die Lösung (105) der sine - Gordon - Gleichung, auch tatsächlich ein Tachyon $q^T(x, t)$, d.h. die Lösung (223), emittieren kann. Ganz und gar nicht! Auf Grund der Nichtlinearität der sine - Gordon - Gleichung ist die Summe dieser beiden Lösungen nämlich nicht wieder eine Lösung der sine -Gordon - Gleichung. Wir können nicht einmal behaupten, daß die Summe aus den Zuständen des Tachyons und des Teilchens für $t \rightarrow \infty$ in eine Lösung der sine - Gordon - Gleichung übergeht. Die sine -Gordon -Gleichung läßt also eine derartige Emission von Tachyonen nicht zu.

Im Grunde genommen kann die Frage nach der Kausalität in einer nichtlinearen Feldtheorie gar nicht mehr in ihrer ursprünglichen Form gestellt werden. Da wird nämlich nach der Wirkung des einen Teilchens auf ein von ihm verschiedenes, anderes gefragt. Eine solche Situation ist aber dort nicht mehr gegeben, zumindestens nicht in aller Strenge. Wir haben jetzt einen zusammengesetzten Zustand aus Teilchen- und Tachyonenanteilen und zwar von Anfang an. Man müßte daher in einer nichtlinearen Feldtheorie i. a. erst neu überlegen, welchen Anfangszustand können wir *näherungsweise* als den eines einlaufenden Tachyons betrachten, das auf ein Teilchen trifft. Die Frage nach der Übertragung eines Energiebetrages ΔE durch das Tachyon an das Teilchen stellt sich in einer nichtlinearen Feldtheorie als Lösung eines Anfangswertproblems der betreffenden partiellen Differentialgleichung. Für die weitergehende Frage nach der Kausalität geraten wir daher zwangsläufig in das Gebiet der Spekulation - solange wir nicht exakte Rechnungen vorlegen. Wie wir oben bei den plastischen Tachyonen der sine - Gordon - Gleichung gesehen haben, stellen diese Zustände dar, welche zu jeder Zeit auf der gesamten x - Achse, also auch an dem Ort eines etwaigen isolierten "normalen" Teilchens präsent sind. Die Voraussetzungen für den Stoß zweier Teilchen, unter denen wir unsere obigen Rechnungen durchgeführt haben, sind also hier von vornherein nicht erfüllt.

Es gibt aber durchaus Lösungen der sine -Gordon - Gleichung, die wir als eine Überlagerung von Teilchen- und Tachyonanteilen interpretieren können. Wir geben als Beispiel die sog. allgemeine, mit der Geschwindigkeit $0 < v < c_0$ fortschreitende breather - Lösung (111), $q^{III}(x, t)$ an, vgl. A. Seeger [39],

$$q^{III}(x, t) = \frac{2a}{\pi} \arctan \frac{\sin \dfrac{-\pi c_0 (x - u\, t)}{\sqrt{2}\, L_0 \kappa}}{\cosh \dfrac{\pi (x - v\, t)}{\sqrt{2}\, L_0 \gamma}} . \qquad (412)$$

Hier treten sowohl die "normale" Teilchengeschwindigkeit v als auch die Tachyongeschwindigkeit $u = \frac{c_0^2}{v} > c_0$ auf. Das ganze Objekt können wir verstehen als eine Mischung von Teilchen mit Tachyonen. Die Teilchengeschwindigkeit regelt das Fortschreiten der Lösung als Ganzes, während die Tachyonen nun die korrelierten Schwingungen über beliebig große Entfernungen realisieren. Von dem mit der Geschwindigkeit $|u| > c_0$ erfolgten Energietransport durch das isolierte Tachyon (223), $q^T(x, t)$, bleiben in dem zusammengesetzten Zustand (412) nur die mit der Geschwindigkeit $|u| > c_0$ regulierten Phasenbeziehungen von Schwingungen übrig. Bildet man den Energie - Impuls - Tensor des breathers $q^{III}(x, t)$, so ergibt sich wieder ein Typ a) Teilchen. Dies ist natürlich nur dadurch möglich, daß Tachyonen dieselben Transformationseigenschaften (353) für Energie und Impuls besitzen wie auch normale Teilchen.

Wir sehen, Tachyonen bereiten uns dort Kopfschmerzen, wo wir sie im Rahmen einer linearen Theorie mit normalen Teilchen superponieren können. Auf der Grundlage einer nichtlinearen Feldtheorie scheint es dagegen zu gelingen, die Probleme zu lösen, die uns Tachyonen bereiten:

Tachyonen realisieren keine Signale, sondern eine Korrelation.

Zur Illustration des mit den Tachyonen zusammenhängenden Kausalitätsproblems greifen wir abschließend noch einmal unsere kleine Kriminalgeschichte aus Kap. 17 auf. Der des Mordes an Rechtsanwalt Stus verdächtigte Dr. Fast war durch die Beobachtungen von Sherlock Holmes unwiderlegbar entlastet worden. Holmes hatte im Sonderabteil des Merkurexpreß einwandfrei gemessen, daß Herr Stus bereits tot war, als sich Dr. Fast noch im Gefängnis befand, wo er keinerlei Zugriff auf irgendwelche Geräte hatte. Die beiden Ereignisse, das Ereignis E_0 : Entlassung von Dr. Fast aus der Haftanstalt und das Ereignis E_1 : Tod von RA Stus, laufen vom Merkurexpreß aus beobachtet in umgekehrter zeitlicher Reihenfolge ab. Dr. Fast schied damit als möglicher Täter aus und mußte freigesprochen werden. Ein von Dr. Fast möglicherweise ausgesandtes erstes Tachyon konnte nicht die Ursache für den Tod von Stus gewesen sein, s. Bild 66.

Es gab aber nun einen zweiten Tatverdächtigen, den alten Labordiener von Dr. Fast, den Assistenten Wacker, der dieselbe Haftstrafe hatte verbüßen müssen. Aus Sicherheitsgründen war Herr Wacker in einer anderen Haftanstalt untergebracht worden, die sich, vom System Σ_0 aus beurteilt, am Ort $x_2 = 2L$ befand. Auch Herr Wacker

wurde zur Zeit $t_2 = 0$ entlassen und war wegen des danach plötzlich eingetretenen Todes von Herrn Stus zur Zeit $t_1 = \frac{L}{2\,c_o}$ wieder festgenommen worden. Auch bei ihm wird eine verdächtige Tachyonenmaschine sichergestellt, so daß man annehmen konnte, möglicherweise sei ein zweites Tachyon von Herrn Wacker auf den Weg geschickt worden. Wir haben also ein weiteres Ereignis, E_2, die Entlassung von Assistent Wacker aus der Haft, welches im Bezugssystem Σ_o beschrieben wird gemäß $E_2\ (x_2 = 2L\ ,\ t_2 = 0)$. Auch dieses Ereignis wird von Holmes in seinem Merkurexpreß registriert. Wir berechnen die Zeit t_2', die Holmes in seinem Bezugssystem Σ' für die Entlassung des Assistenten Wacker feststellt.
Mit Hilfe der Transformationsformeln (144) finden wir für $t_2 = 0$, $x_2 = 2L$ und wieder mit $v = \frac{4}{5}c_o$, $t_2' = \dfrac{t_2 - \dfrac{v x_2}{c_o^2}}{\sqrt{1 - \dfrac{v^2}{c_o^2}}} = \dfrac{0 - \dfrac{\frac{4}{5}c_o \cdot 2L}{c_o^2}}{\sqrt{1 - \dfrac{16}{25}\dfrac{c_o^2}{c_o^2}}} = -\frac{8}{5}\cdot\frac{5}{3}\frac{L}{c_o}$, also

$$t_2' = -\frac{8}{3}\frac{L}{c_o}\ . \tag{413}$$

Ebenso finden wir $x_2' = \dfrac{x_2 - v\,t_2}{\sqrt{1 - \dfrac{v^2}{c_o^2}}} = \frac{5}{3}\,2L$, also

$$x_2' = \frac{10}{3}L\ . \tag{413a}$$

Diese Messung (413) kann den Assistenten Wacker aber nun nicht entlasten. Denn wir hatten oben gesehen, s. (215), daß Holmes für den Tod von Rechtsanwalt Stus die Zeit $t_1' = -\frac{1}{2}\frac{L}{c_o}$ notiert, so daß Holmes $t_2' < t_1'$ beobachtet. Das heißt aber, Assistent Wacker war aus der Sicht des Bezugssystems Σ' bereits vor dem Tod von Herrn Stus auf freiem Fuß und käme demnach als Täter durchaus in Frage. Die Messungen von Holmes können nur Dr. Fast entlasten. Das rechts von E_1 stattfindende Ereignis E_2 liegt für den darauf zueilenden Merkurexpreß noch früher als E_o, vgl. Bild 67. Dieses Ergebnis vorausahnend, hatte Holmes seinen Freund Dr. Watson gebeten, im Hermeskurier Platz zu nehmen, dem gleichschnellen Gegenzug

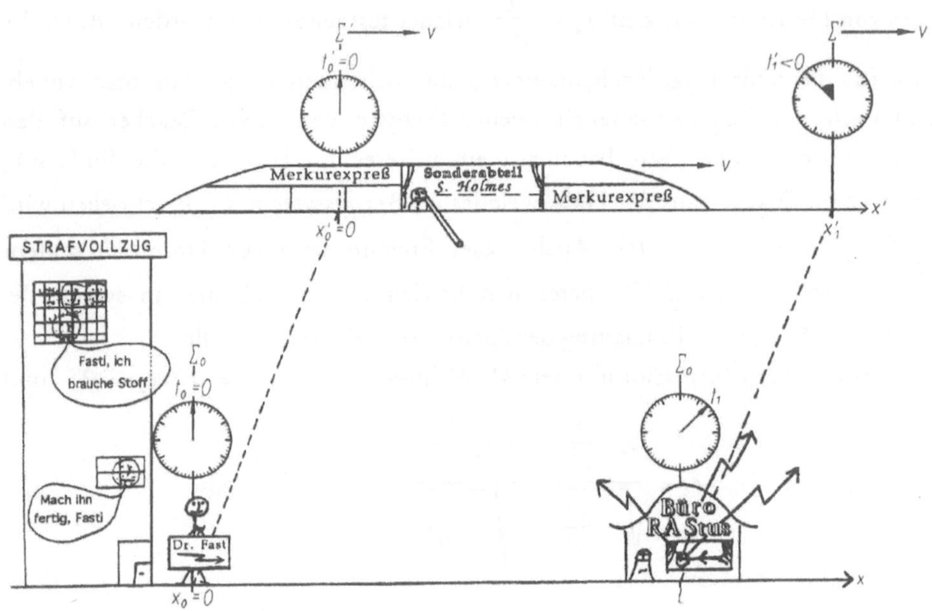

Bild 66. Sherlock Holmes beobachtet vom Sonderabteil des Merkurexpreß aus die Entlassung des Dr. Fast aus der Haftanstalt und den plötzlichen Tod von Rechtsanwalt Stus. Die Strafvollzugsanstalt befindet sich im Bezugssystem Σ_0 bei $x_0 = 0$. Zur Zeit $t_0 = 0$ verläßt Dr. Fast dieses Gebäude. Das ist das Ereignis E_0. Das Bezugssystem Σ' wird durch den Merkurexpreß realisiert. Dieser bewegt sich mit der positiven Geschwindigkeit von $v = 0{,}8\ c_0$ in bezug auf Σ_0. Die Anfangswerte für die Orts- und Zeitkoordinaten in Σ' sind so gewählt, daß auch S. Holmes im Merkurexpreß für das Ereignis E_0 die Werte $x_0' = 0$ und $t_0' = 0$ findet. Das Büro von Rechtsanwalt Stus ruht ebenfalls in Σ_0 und zwar bei $x_1 = L$. RA Stus erleidet dort zur Zeit $t_1 = \frac{L}{2c_0}$, also im Bezugssystem Σ_0 *nach* der Entlassung von Dr. Fast, einen plötzlichen Tod. Das ist das Ereignis E_1. Mit Hilfe unserer Formeln (144) können wir berechnen, welche Orts- und Zeitkoordinaten Holmes in seinem Merkurexpreß für das Ereignis E_1 feststellt. Wir finden, s. dazu (416) oder auch (215), $x_1' = L$ und $t_1' = -\frac{L}{2c_0}$ (derselbe Wert für die Ortskoordinate des Ereignisses E_1 in beiden Bezugssystemen liegt an der speziellen Wahl unseres Beispiels). Die Zeit t_1' ist negativ! Dr. Fast verläßt aber erst zur Teit $t_0' = 0$ das Gebäude. Holmes beobachtet also, daß RA Stus schon tot war, bevor Dr. Fast die Strafanstalt verließ und hat damit die Unschuld seines Klienten nachgewiesen. Wir merken uns: Bei der positiven Geschwindigkeit v des Merkurexpreß in bezug auf Σ_0 wird das Ereignis mit der größeren Ortskoordinate in Σ_0, welches nun von Σ' aus registriert wird, zeitlich früher beobachtet als in Σ_0. (Die gestrichelten Linien verbinden ein und dasselbe Ereignis).

des Merkurexpreß, wo Holmes ebenfalls ein Sonderabteil mit Instrumenten vorbereitet hatte, damit Dr. Watson für ihn einige Messungen durchführen konnte. Natürlich hatte Dr. Watson begeistert eingewilligt und war rechtzeitig in den benannten Schnellzug eingestiegen. Er befand sich damit in einem Bezugssystem Σ'', welches von Σ_0 aus beurteilt die Geschwindigkeit $v'' = -\frac{4}{5}c_0$ besaß [35]. Die Instrumente waren dort so eingestellt, daß auch Watson für das erste Ereignis E_0, die Entlassung von Dr. Fast, die Anfangskoordinaten $x_0'' = 0$, $t_0'' = 0$ notiert, also

$$E_0: \left.\begin{array}{lll} \Sigma_0: & x_0 = 0, & t_0 = 0, \\ \Sigma': & x_0' = 0, & t_0' = 0, \\ \Sigma'': & x_0'' = 0, & t_0'' = 0. \end{array}\right\} \tag{414}$$

Wir berechnen wieder mit (144) die Zeiten t_1'' und t_2'', die nun Dr. Watson für den Tod von Herrn Stus bzw. die Entlassung von Assistent Wacker registriert. Mit $t_1 = \frac{L}{2c_0}$, $x_1 = L$ und $v = v'' = -\frac{4}{5}c_0$ findet Watson für die Todeszeit t_1'' von Herrn Stus $t_1'' = \frac{t_1 - \frac{v'' x_1}{c_0^2}}{\sqrt{1-\frac{v''^2}{c_0^2}}} = \frac{5}{3}\left(\frac{L}{2c_0} + \frac{\frac{4}{5}c_0 \cdot L}{c_0^2}\right) = \frac{5}{3}\frac{L}{c_0}\left(\frac{1}{2}+\frac{4}{5}\right) = \frac{5}{3}\frac{L}{c_0}\frac{13}{10}$, also

$$t_1'' = \frac{13}{6}\frac{L}{c_0}. \tag{415}$$

Und ebenso finden wir $x_1'' = \frac{5}{3}(x_1 - v'' t_1) = \frac{5}{3}\left(L + \frac{4}{5}c_0\frac{L}{2c_0}\right) = \frac{5}{3}\cdot\frac{14}{10}L$,

$$x_1'' = \frac{14}{15}L. \tag{415a}$$

Für das Ereignis E_1 gelten damit insgesamt folgende Beobachtungen, vgl. auch Bild 67,

(35) Dieses Bezugssystem Σ'' hat mit dem in Kap. 15 bei der Erörterung des Zwillingsparadoxons eingeführten Bezugssystem Σ'' nichts zu tun.

$$E_1: \left.\begin{array}{llll} & \Sigma_o: & x_1 = L\,, & t_1 = \dfrac{1}{2}\dfrac{L}{c_o}\,, \\ & \Sigma': & x_1' = L\,, & t_1' = -\dfrac{1}{2}\dfrac{L}{c_o}\,, \\ & \Sigma'': & x_1'' = \dfrac{14}{15}L\,, & t_1'' = \dfrac{13}{6}\dfrac{L}{c_o}\,. \end{array}\right\} \qquad (416)$$

Mit den übereinstimmenden Koordinatenursprüngen gemäß (414) lassen sich aus (416), einfach durch die Quotienten aus den Orts- und Zeitkoordinaten, sofort die Geschwindigkeiten ablesen, die für das von Dr. Fast ausgesandte Tachyon in den drei Bezugssystemen festgestellt werden, nämlich

$$\left.\begin{array}{lll} \Sigma_o: & u_1 = \dfrac{x_1}{t_1} = 2c_o\,, \\ \Sigma': & u_1' = \dfrac{x_1'}{t_1'} = -\,2c_o\,, \\ \Sigma'': & u_1'' = \dfrac{x_1''}{t_1''} = \dfrac{28}{65}\,c_o\,. \end{array}\right\} \qquad \textit{Geschwindigkeiten des ersten Tachyons} \quad (417)$$

Wir wollen o.B.d.A. annehmen, daß das von Dr. Fast ausgesandte Tachyon einen positiven Impulsparameter m_*^T besitzt. Sowohl in Σ_o als auch in Σ'' besitzt die Geschwindigkeit dieses Tachyons dann dasselbe Vorzeichen wie sein Impuls. Das ist die Situation, welche in unsere Vorstellung paßt, die sich an "normalen" Teilchen orientieret. Ganz anders sieht das für den Beobachter in Σ' aus. Die Geschwindigkeit dieses Tachyons ist dort negativ und hat also die entgegengesetzte Richtung wie sein Impuls. (Wir erinnern daran, daß der Impuls eines Tachyons in jedem Bezugssystem ein und dasselbe Vorzeichen hat). Man sagt dazu, das Tachyon läuft in die Vergangenheit! Diese Merkwürdigkeit der Tachyonen, daß sie in die Vergangenheit laufen können, ist für uns jenseits jeder Anschauung. Wir sind aber nicht berechtigt, daraus den Schluß zu ziehen, also kann es Tachyonen nicht geben. Wir müssen wegen dieser Unanschaulichkeit nur besonders sorgfältig mit ihnen umgehen, wenn wir uns nicht in Widersprüche verstricken wollen (s. auch die Diskussion nach den in Kap. 24 betrachteten Beispielen). Verfolgen wir also weiter die Beobachtungen von Dr. Watson.

Mit $t_2 = 0$, $x_2 = 2L$ und wieder $v = v'' = -\frac{4}{5}c_0$ beobachtet Watson für die Entlassungszeit t_2'' von Assistent Wacker aus der Haft den Wert $t_2'' = \frac{t_2 - \frac{v'' x_2}{c_0^2}}{\sqrt{1 - \frac{\bar{v}^2}{c_0^2}}} =$

$\frac{5}{3}(0 - \frac{-\frac{4}{5}c_0 \cdot 2L}{c_0^2}) = \frac{5}{3}\frac{L}{c_0}\frac{8}{5}$, also

$$t_2'' = \frac{8}{3}\frac{L}{c_0} \,. \tag{418}$$

Ebenso für $x_2'' = \frac{x_2 - v'' t_2}{\sqrt{1 - \frac{\bar{v}^2}{c_0^2}}} = \frac{5}{3}\,2L$, also

$$x_2'' = \frac{10}{3}L \,. \tag{418a}$$

Für das Ereignis E_2 liegen also insgesamt folgende Beobachtungen vor, vgl. auch Bild 67,

$$E_2: \left.\begin{array}{llll} \Sigma_0: & x_2 = 2L \,, & t_2 = 0 \,, \\ \Sigma': & x_2' = \frac{10}{3}L \,, & t_2' = -\frac{8}{3}\frac{L}{c_0} \,, \\ \Sigma'': & x_2'' = \frac{10}{3}L \,, & t_2'' = \frac{8}{3}\frac{L}{c_0} \,. \end{array}\right\} \tag{419}$$

Aus (416) und (419) lesen wir $t_1'' < t_2''$ ab. Vom Bezugssystem Σ'' aus beobachtet, passiert also das Ereignis E_1 früher als E_2. Durch die entgegengesetzte Fahrtrichtung des Hermeskurier passieren aus dessen Sicht die räumlich weiter rechts liegenden Ereignisse später als in Σ_0. Dadurch kann die Umkehr in der zeitlichen Reihenfolge zustandekommen, welche derjenigen aus der Sicht des Merkurexpreß gerade entgegengerichtet ist. Wir weisen in diesem Zusammenhang auch noch einmal auf unseren Lehrsatz bei der Diskussion des Zwillingsparadoxons hin: "Die Zeitdilatation einer bewegten Uhr hängt nur vom Quadrat ihrer Geschwindigkeit ab. Die Synchronisationsvorschrift der Uhren ändert mit der Richtung der Geschwindigkeit ihr Vorzeichen."

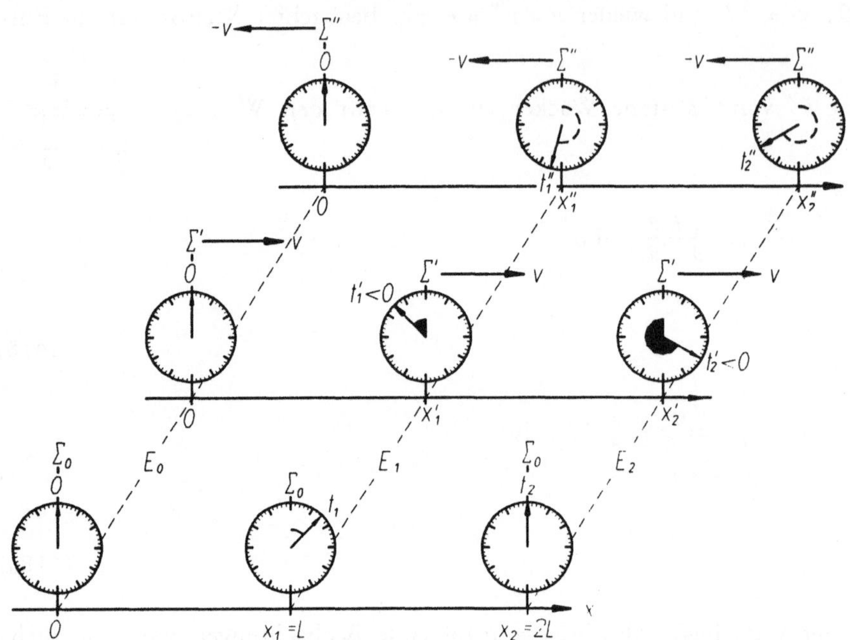

Bild 67. Die zeitliche Folge der Ereignisse E_0, E_1 und E_2 in Abhängigkeit vom Bezugssystem. Der Koordinatenursprung wird in allen drei Bezugssystemen durch das Ereignis E_0 festgesetzt, so daß $t_0 = t_0' = t_0'' = 0$ sowie $x_0 = x_0' = x_0'' = 0$ gewählt ist. Die beiden Ereignisse E_0 und E_2 sind in Σ_0 voraussetzungsgemäß gleichzeitig, während das Ereignis E_1 dort um die Zeit $t_1 = \frac{L}{2c_0}$ später ist. In der Abbildung sind alle Uhren so geeicht, daß ein Zeiger die Zeit $\frac{L}{c_0}$ auf der Stellung "Viertel" anzeigt, dabei also auf der Stellung $\frac{L}{c_0} = 15$ Skalenteile steht, wobei 60 Skalenteile einen vollen Umlauf des Zeigers bedeuten. Das ergibt $t_1 = \frac{L}{2c_0} = 7{,}5$ Skalenteile. Das durch unseren Merkurexpreß realisierte Bezugssystem Σ' besitzt in bezug auf Σ_0 die Geschwindigkeit $v = 0{,}8\ c_0$. Mit (144) berechnet man damit für $x_1 = L$ und $t_1 = \frac{L}{2c_0}$ die Zeit $t_1' = -\frac{L}{2c_0} = -7{,}5$ Skalenteile sowie für $x_2 = 2L$ und $t_2 = 0$ die Zeit $t_2' = -\frac{8}{3}\frac{L}{c_0} = -40$ Skalenteile. In Σ' ist also E_2 früher als E_1 und E_1 früher als E_0. Das durch den Hermeskurier realisierte Bezugssystem Σ'' besitzt in bezug auf Σ_0 die Geschwindigkeit $v = -0{,}8\ c_0$ Damit berechnet man $t_1'' = \frac{13}{6}\frac{L}{c_0} = 32{,}5$ Skalenteile sowie $t_2'' = \frac{8}{3}\frac{L}{c_0} = 40$ Skalenteile. In Σ'' geschieht also zuerst das Ereignis E_0, dann E_1 und zuletzt E_2. Durch die entgegengesetzte Bewegungsrichtung des Zuges wird hier die Reihenfolge der Ereignisse, verglichen mit Σ', gerade umgekehrt.

Nach den von Dr. Watson durchgeführten Messungen befand sich also der Assistent von Dr. Fast noch in seiner Haftanstalt, als Herr Stus bereits tot war. Auch Herr Wacker hat damit ein einwandfreies Alibi und mußte ebenso wie Dr. Fast wegen erwiesener Unschuld auf freien Fuß gesetzt werden. Zwar ergibt sich aus den Messungen von Dr. Watson, daß aus dessen Sicht Dr. Fast bereits vor dem Tod von Herrn Stus schon wieder ein freier Mann war, aber Dr. Fast konnte ja durch die Messungen von Holmes selbst als Täter bereits ausgeschlossen werden. Beide Verdächtigten müssen auf Grund ihrer einwandfreien Alibis freigesprochen werden. Nach unseren obigen Rechnungen über den Stoß zwischen Teilchen und Tachyonen können wir einer solchen Wertung aber nur dann zustimmen, wenn auch wirklich alle, durch den Energie - Impulssatz zugelassenen Energieübertragungen eines Tachyons durch die zuständigen physikalischen Gleichungen tatsächlich ausgeschlossen werden. Wir müssen also sicher sein, daß auch unelastische Stoßprozesse mit Tachyonen, wie wir sie z.B. gemäß Gleichung (407) mit dem Ergebnis (409) diskutiert haben, hier unmöglich sind. Anhand der sine -Gordon - Gleichung haben wir gesehen, wie so etwas auf Grund der Nichtlinearität der Gleichungen realisiert sein kann. Wir wollen hier daher einmal unterstellen, daß die Gesamtheit der physikalischen Gleichungen, denen alle tatsächlichen Wechselwirkungen genügen müssen, jede Möglichkeit einer akausalen Fernwirkung mit Hilfe von Tachyonen ausschließt. Der Freispruch für Dr. Fast und seinen Assisten Wacker steht damit auf gesicherten Füßen.

Unsere kleine Geschichte nimmt aber nun folgende, späte Wendung. Am Ende seines Lebens bittet Dr. Fast einen Geistlichen um die Abnahme der Beichte, s. Bild 68, und gesteht den vorsätzlichen Mord an Rechtsanwalt Stus.

Was war wirklich geschehen? Dr. Fast und sein Assistent Wacker waren seinerzeit auf Grund von Indizien wegen Mordes mit ihrer Tachyonenmaschine verurteilt worden und mußten lange Freiheitsstrafen verbüßen, obwohl sie tatsächlich nichts mit dem Mordfall zu tun gehabt hatten. Dr. Fast wußte, daß sein Assistent Wacker zur selben Zeit wie er die Haftanstalt verlassen und sogleich seine Tachyonenmaschine auf Herrn Stus richten würde. Dr. Fast wußte aber auch, daß jener allein damit rein gar nichts ausrichten konnte. Diese Tachyonen konnten niemandem etwas "anhaben". Sie würden, ohne eine Spur zu hinterlassen, durch den Rechtsanwalt "hindurchgehen", wie wir das bei unserem elastischen Stoßprozeß gemäß Gleichung (406) gesehen haben.

Bild 68. Die Beichte.

Aber auch Dr. Fast hatte auf Vergeltung gesonnen und folgendes Experiment durchgerechnet:

Das Gerät, über welches sein Assistent verfügte, konnte nur Tachyonen mit einem negativen Impulsparameter erzeugen, während er sein Instrument auf die Erzeugung von Tachyonen mit positivem Impulsparameter eingestellt hatte. Er selbst richtet nun gleichzeitig mit seinem Assistenten Wacker, jener bei $x_2 = 2L$ und er bei $x_0 = 0$, seine Tachyonenmaschine auf den Rechtsanwalt Stus, dessen Kanzlei sich gerade in der Mitte bei $x_1 = L$ befand. Was passiert, oder was kann pasieren, wenn dann die Tachyonen an dem Ort, wo sich Stus gerade befindet, unelastisch zusammenstoßen?

Das ist aber gerade die Situation, mit der wir in Kap. 24 unsere Überlegungen über Tachyonen begonnen haben. Wie dort betrachten wir hier den unelastischen Stoß zweier Tachyonen, nur daß wir nun das Ruhsystem Σ_0 von Dr. Fast als dasjenige nehmen, in welchem der Gesamtimpuls verschwindet und wo auch nach dem Stoß die ruhende Masse M_0 entsteht. Der Impulsparameter des von Dr. Fast erzeugten Tachyons mit der positiver Geschwindigkeit u sei m_*^T. Der Impulsparameter des Tachyons, das vom Assistenten Wacker mit der negativen Geschwindigkeit $-u$ ankommt, beträgt $\delta \cdot m_*^T = - m_*^T$, so daß der Gesamtimpuls verschwindet. Wie wir wissen, sind dann die Impulsgleichung (359) und die Energiegleichung (360) mit $f(u)$ gemäß (364a) und $|u| > c_0$ erfüllt, wobei M_0 durch die Gleichung (361) bestimmt ist, und das heißt nun

$$M_0 = \frac{2\, m_*^T}{\sqrt{\frac{u^2}{c_0^2} - 1}} \,. \tag{420}$$

Wenn es also nur gelingt, Tachyonen zu erzeugen, die hinreichend "langsam" sind, das heißt hier, deren Geschwindigkeit nicht viel größer ist als die Grenzgeschwindigkeit c_0, dann entstünde auf diese Weise eine beliebig große Masse M_0 des bei dem Stoß erzeugten Teilchens, welches nun unweigerlich jeden Körper am Ort seines Entstehens zerstören müßte.

Gegen die Möglichkeit, eine derartige unelastische Tachyonenreaktion tatsächlich herbeizuführen, die eine solche Ruhmasse M_0 erzeugt, können natürlich die oben vorgebrachten, allgemeinen Einwände einer nichtlinearen Feldtheorie geltend gemacht werden. Ein Teilchen der Masse M_0 kann nur dann entstehen, wenn es ein solches "Elementarteilchen" auch wirklich gibt. Wir haben ja z. B. gesehen, daß die Ruhmasse des "Elementarteilchens" Kinke, d.h. die Lösung (105) der sine-Gordon-Gleichung $q^I(x, t)$, nur einen ganz bestimmten Wert m_0 gemäß (258) annehmen kann. Eine Kinke mit irgendeiner Ruhmasse M_0 kann in unserem Kristall nicht erzeugt werden, weil es eine Kinke mit beliebiger Ruhmasse im Kristallgitter eben nicht gibt. In unserer obigen Darstellung haben wir also auf die Kenntnisse des Physikers Fast vertraut und sind davon ausgegangen, daß der beschriebene Prozeß der Entstehung eines Teilchens der Ruhmasse M_0 aus den beiden Tachyonen auch physikalisch möglich ist. Im Rahmen der sine - Gordon - Gleichung ist es eine mathematisch zu entscheidende Fragestellung, ob sich zwei Tachyonen mit entgegengesetztem Impulsparameter, also z. B. die zu den Lösungen (223) und (385) gehörenden Tachyonen, von $t \to -\infty$ kommend, für $t \to +\infty$ zu einer Teilchenlösung, also einer Kinke der Form (105), zusammensetzen lassen. Die Antwort darauf können wir hier nicht geben.

Wie stünde es nun in diesem Fall um die Kausalität? Hatten wir oben nicht nachgewiesen: Wenn Dr. Fast mit seiner Tachyonenmaschine den Tod von Rechtsanwalt Stus herbeigeführt hat, dann würde Sherlock Holmes in seinem Merkurexpreß beobachten, daß die Wirkung (der Tod von Stus) früher stattfindet als die Ursache (Abschuß des Tachyons). Wäre die Kausalität also doch verletzt?

In diesem Fall tatsächlich nicht. In die Tat von Dr. Fast geht eine weitere Information ein, nämlich die, daß sein von ihm in der Entfernung $2L$ befindlicher Assistent Wacker mit ihm *gleichzeitig*, d.h. gleichzeitig in Σ_0, ebenfalls ein Tachyon aussendet. Zu der Ursache, die den Tod von Stus herbeiführt, gehört daher auch, daß Assistent Wacker weiß, wann er sein Tachyon abschießen soll. Wir waren davon ausgegangen, daß dies zwischen Fast und Wacker irgendwie klar war. Für eine Untersuchung auf Kausalität reicht eine solche ungenaue Bemerkung natürlich nicht aus. Dr. Fast muß an seinen Assistenten Wacker zuerst die Information schicken, daß jener zu einer bestimmten Zeit, hier $t_0 = 0$ im Bezugssystem Σ_0, ein Tachyon aussenden soll. Diese Information kann er nicht schneller als mit der Geschwindigkeit c_0 übermitteln. Das entsprechende Signal an seinen Assistenten Wacker mußte Dr. Fast also spätestens zur Zeit $t^* = -\frac{2L}{c_0}$ aussenden, damit Assistent Wacker auch wirklich gleichzeitig mit Dr. Fast zur Zeit $t_0 = 0$ ein Tachyon in Richtung auf Herrn Stus abfeuern konnte. Die Ursache für den daraufhin erfolgten Tod des Rechtsanwaltes beginnt daher im Bezugssystem Σ_0 bereits zur Zeit $t^* = -\frac{2L}{c_0}$ und nicht erst zur Zeit $t_0 = 0$. Für diese Zeit findet Holmes in seinem Merkurexpreß (Bezugssystem Σ'), $t^{*\prime} = \dfrac{t^* - \frac{v x_0}{c_0^2}}{\sqrt{1 - \frac{v^2}{c_0^2}}} = \frac{5}{3}\left(-\frac{2L}{c_0} - 0\right)$, also

$$t^{*\prime} = -\frac{10}{3}\frac{L}{c_0}. \tag{421}$$

Das ist aber lange vor der Todeszeit $t_1' = -\frac{L}{2c_0}$ von Rechtsanwalt Stus (s. (416)). Die Wirkung geht hier auf das im Bezugssystem Σ_0 *gleichzeitige* Aussenden von beliebig weit entfernten Tachyonen zurück. Um diese Gleichzeitigkeit herstellen zu können, bedarf es eines Signals, welches erst einmal diese Entfernung überbrücken muß. Die Zeit für die Überbrückung dieser Entfernung sichert wieder die Kausalität. Ursache und Wirkung können dabei nicht in ihrer zeitlichen Reihenfolge vertauscht werden, selbst dann nicht, wenn sich die Tachyonen unendlich schnell bewegen.

Fassen wir noch einmal zusammen. Mit der Speziellen Relativitätstheorie ist die Existenz von Typ b) Teilchen vereinbar, sog. Tachyonen, deren Geschwindigkeiten u stets größer sind als die Grenzgeschwindigkeit c_0 der Theorie. In einer relativistischen Theorie ist daher grundsätzlich mit Lösungen zu rechnen, die derartige Tachyonen darstellen. In der Gesamtheit der möglichen Reaktionen zwischen Teilchen und Tachyonen, die allein den Erhaltungssätzen von Energie und Impuls unterworfen werden, befinden sich auch solche, die zu einer Verletzung der Kausalität führen würden. Das bedeutet, die zeitliche Reihenfolge zweier Ereignisse, von denen das eine als die Ursache des anderen betrachtet werden muß, würde für derartige, akausale Reaktionen durch den Übergang in ein anderes, geeignet gewähltes Bezugssystem vertauscht werden. Um die Kausalität dennoch zu sichern, kann man Auswahlprinzipien formulieren, die derartige Reaktionen verbieten, oder man postuliert in einer abgeschwächten Form, daß jene, die Kausalität verletzende Reaktionen, ausschließlich in einem submikroskopischen Bereich stattfinden, von dessen physikalischer Realität wir primär keine Erfahrung haben, vgl. Treder [55].
Es gibt eine dritte Möglichkeit, und das wäre - zumindest im Rahmen makroskopischer Theorien - die beste, daß wir nämlich eine "gute" relativistische Feldtheorie haben, in der wir keine zusätzlichen Ausschlußbedingungen postulieren müssen, um das Prinzip der Kausalität zu sichern. Z.B. könnte es die Nichtlinearität der Theorie sein, welche von selbst nur solche Lösungen zuläßt, die unserer Erfahrung von der Kausalität genügen, so daß wir auf diesem Wege vielleicht verstehen, warum unsere Welt kausal zusammenhängt. Es ist zu vermuten, daß die nichtlineare Feldtheorie, wie sie durch die sine - Gordon - Gleichung formuliert ist, eine solche "gute" relativistische Feldtheorie darstellt, ohne daß wir dies hier beweisen konnten. Unterstellen wir aber einmal, daß diese Vermutung zutrifft, dann kommen wir am Ende unserer Diskussionen zu der Aussage:
Die Gesamtheit der Lösungen der sine - Gordon - Gleichung definiert die Prinzipien einer Speziellen Relativitätstheorie unter Wahrung der Kausalität.

Literatur

[1] Günther, H., phys. stat. sol. (b) **185** (1994), 335.

[2] Tiele, J.: Wissenschaftliche Kommunikation. Die Korrespondenz Ernst Machs. (Otto Neurath an Ernst Mach). Kasttellaun: A. Henn - Verlag 1978.

[3] Bronstein, I. N.; K. A. Semendjajew: Taschenbuch der Mathematik. Stuttgart · Leipzig: Teubner - Verlag 1991.

[4] Popper, K. R.: Logik der Forschung. Tübingen: J. C. B. Mohr (Paul Siebeck) 1971.

[5] Liebscher, D.-E.: Relativitätstheorie mit Zirkel und Lineal. Berlin: Akademie-Verlag 1991.

[6] Einstein, A.: Ausgewählte Texte. Herausgegeben von H. C. Meiser München: Goldmann Verlag 1986.

[7] Einstein, A.: Zur Elektrodynamik bewegter Körper. Ann. Phys. (Lpz.) **17** (1905), 891.

[8] Ives, H.J. and G.J. Stillvell, Journ. Opt. Soc. **28** (1938), 215.

[9] Ives, H.J., Journ. Opt. Soc. **29** (1939), 183, 294.

[10] Otting, G.: Dissertation München. Phys. Z. **40** (1939), 681.

[11] Pais, A.: "Raffiniert ist der Herrgott..." Albert Einstein. Eine wissenschaftliche Biographie. Braunschweig: Vieweg - Verlag 1986.

[12] Einstein, A., Ann. Phys. (Lpz.) **18** (1905), 639 .

[13] Sommerfeld, A.: Vorlesungen über Theoretische Physik, Bd. **1**. Leipzig: Akademische Verlagsgesellschaft Geest & Portig 1962.

[14] Voigt, W., Nachr. Königl. Gesellsch. d. Wissenschaften Göttingen, (1887), 41.

[15] Voigt, W., Phys. Zeitschr. **9** (1908), 762.

[16] Frenkel, J., Z. Phys. **37** (1926), 572.

[17] Kröner, E.: Kontinuumstheorie der Versetzungen und Eigenspannungen. Berlin · Göttingen · Heidelberg: Springer-Verlag 1958.

[18] Orowan, E., Z. Phys. **89** (1934), 605.

[19] Polanyi, M., Z. Phys. **89** (1934), 660.

[20] Taylor, G. I., Proc. Roy. Soc. London, Ser. A, **145** (1934), 362.

[21] Burgers, I. M., I. Proc. Kon. Nederl. Akad. Wetensch. **42** (1939), 243.

[22] Burgers, I. M., II. Proc. Kon. Nederl. Akad. Wetensch. **42** (1939), 378.

[23] Frank, F.C., Phil. Mag., VII. Ser., **42** (1951), 809.

[24] Kröner, E. und G. Rieder, Z. Physik **145** (1956), 424.

[25] Günther, H.: Zur nichtlineren Kontinuumstheorie bewegter Versetzungen. Berlin: Akademie - Verlag 1967.

[26] Prandtl, L., Z. angew. Math. und Mech., **8** (1928), 85.

[27] Dehlinger, U., Ann. Phys. (Lpz.) **2** (1929), 749.

[28] Frenkel, J. and T. Kontorova, J. Phys. Acad. Sci. USSR **1** (1939), 362.

[29] Seeger, A.: Diplomarbeit Universität Stuttgart 1948/49.

[30] Frank, F. C. and J. H. van der Merwe, Proc. Roy. Soc. London, Ser. A, **201** (1950), 261.

[31] Skyrme, T. H. R., Proc. Roy. Soc. London, Ser. A, **261** (1961), 237.

[32] Rubinstein, J., Math. Phys., **11** (1970), 258.

[33] Rebbi, C. and G. Soliani: Solitons and Particles. World Sc. Pub. Co. Pte Ltd. 1984.
[34] Kröner, E.: Plastizität und Versetzungen. In: Sommerfeld, A.: Vorlesungen über Theoretische Physik, Bd. **2**.Leipzig: Akademische Verlagsgesellschaft Geest & Portig 1964, S. 363.
[35] Seeger, A. und P. Schiller. In: Physical Acoustics, Vol. III A, S. 361. Hrsg. W. P. Mason. New York · London: Academic Press 1966.
[36] Günther, H., Z. angew. Math. Mech. **74** (1994), 6, T603.
[37] Seeger, A.: Solitons and Statistical Thermodynamics. In: Lecture Notes in Physics, Vol. **249**. Berlin · Heidelberg · New York: Springer - Verlag 1986, S. 114.
[38] Enneper, A., Nachr. Königl. Gesellsch. d. Wissenschaften Göttingen, (1870), 493.
[39] Seeger, A.: Solitons in Crystals. In: Continuum Models of Discrete Systems. Waterloo: University of Waterloo Press 1980, S. 253.
[40] Günther, H., phys. stat. sol. (b) **149** (1988), 101.
[41] FitzGerald, G. F., Science **13** (1889), 390.
[42] Lorentz, H. A., Versl. K. Ak. Amsterdam **1** (1892), 74; Collected Papers, Bd. 4, S. 219.
[43] Lorentz, H. A., Proc. Acad. Sc. Amsterdam **6** (1904), 809.
[44] Lorentz, H. A., A. Einstein, H. Minkowski: Das Relativitätsprinzip. Stuttgart: Teubner - Verlag 1990
[45] Infeld, L.: Albert Einstein - Sein Werk und sein Einfluß auf unsere Zeit. Berlin: Akademie - Verlag 1957.
[46] Einstein, A.: Über spezielle und allgemeine Relativitätstheorie, WTB Band 59. Hsg. H.- J. Treder. Berlin: Akademie - Verlag 1969.
[47] Kröner, E., ZAMM **66** (1986), 5, T 284.
[48] Kröner, E.: Symposium on Materials Modelling: From Theory to Technology. Oxford 1991 Part I, S.13. (1992 IOP Publishing Ltd).
[49] Eshelby, J. D., Proc. Roy. Soc. **A 256** (1962), 222.
[50] Genz, H. und R. Decker: Symmetrie und Symmetriebrechung in der Physik Braunschweig: Vieweg-Verlag 1991.
[51] Poincaré, J. H., Rev. Métaphys. Morale **6** (1898), 1.
[52] Poincaré, J. H.: Der Wert der Wissenschaft. Leipzig: Teubner Verlag 1910.
[53] Becker, R.; F. Sauter: Theorie der Elektrizität, Bd. I. Stuttgart: Teubner - Verlag 1973, S. 220.
[54] Günther, H., Z. Phys. **B 76** (1989), 89.
[55] Treder, H.: Elementarlänge, Tachyonen und Kausalität. In: Philosophische Probleme des physikalischen Raumes. Berlin: Akademie - Verlag 1974, IV. 22.
[56] Treder, H.: Das Einstein - Bohrsche Kasten - Experiment. In: Philosophische Probleme des physikalischen Raumes. Berlin: Akademie-Verlag 1974, IV. 21.
[57] Leibbrandt, G., J. Math. Phys. **21(10)** (1980), 1613.
[58] Leibbrandt, G., Phys. Rev. (D) **23** (1981) 2484.
[59] Sommerfeld, A.: Vorlesungen über Theoretische Physik, Bd. **3**. Leipzig: Akademische Verlagsgesellschaft Geest & Protig 1961.
[60] Eilenberger, E.: Solitons. Mathematical Methods for Physicists. Berlin · Heidelberg · New York: Springer - Verlag 1981.
[61] Günther, H., phys. stat. sol. (b) **161** (1990), 179 .

[62] von Weizsäcker, C. F.: Materie, Energie, Information. In: Die Einheit der Natur. München: Deutscher Taschenbuchverlag 1986.
[63] Eshelby, J. D., Phil. Trans. Roy. Soc. London, Ser. A, **244** (1951), 87.
[64] Ivanenko, D.; A. Sokolow: Klassische Feldtheorie. Berlin: Akademie - Verlag 1953.
[65] Goldstein, H.: Klassische Mechanik. Frankfurt am Main: Akademische Verlagsgesellschaft 1963.
[66] Ackermann, F., H. Mugrabi and A. Seeger, Acta metall. **31** (1953), 1353.
[67] Sommerfeld, A.: Vorlesungen über Theoretische Physik, Bd. **2**. Leipzig: Akademische Verlagsgesellschaft Geest & Portig 1964.
[68] Kittel, C.: Einführung in die Festkörperphysik. München · Wien: R. Oldenbourg - Verlag 1969.
[69] Kröner, E., Proc. 2nd Int. Conf. Nonlin. Mechanics, Chien Weizang ed., Peking University, Beijing (1993), 59.
[70] Eshelby, J. D., Proc. Phys. Soc. **A 62** (1949), 307.
[71] Günther, H.; 8th Int. Symp. on Cont. Models and Discrete Systems Varna, Bulgaria 1996, World Scientific Co. 1996 (imDruck).
[72] Papapetrou, A.: Spezielle Relativitätstheorie. Berlin: Deutscher Verlag der Wissenschaften 1957.
[73] French, A. P.: Die Spezielle Relativitätstheorie. Braunschweig: Vieweg - Verlag 1971.
[74] Minkowski, H., Vortrag auf der 80. Versammlung Deutscher Naturforscher und Ärzte, Köln, 21. 09.1908.
[75] Liebscher, D.-E., Ann. Phys. (Lpz.) **32** (1975), 363.
[76] Reichenbach, H. F. H. G.: Gesammelte Werke, Bd. 2. Braunschweig: Vieweg - Verlag 1977.
[77] Reichenbach, H. F. H. G.: Gesammelte Werke, Bd. 3. Braunschweig: Vieweg - Verlag 1979.
[78] Schouten, J. A.: Ricci -Calculus. Berlin · Göttingen · Heidelberg: Springer -Verlag 1954.
[79] Goenner, H. F.: Einführung in die spezielle und allgemeine Relativitätstheorie. Heidelberg · Berlin · Oxford: Spektrum Akademischer Verlag 1996.
[80] Champeney, D. C., G. R. Isaak and A. M. Khan, Phys. letters **7** (1963), 241.
[81] Haugan, M. P. and C. M. Will, Physics today (1987), 69.
[82] Michelson, A. A. and E. W. Morley, Am. J. Sci. **34** (1887), 333.

Verzeichnis der häufigsten Symbole

Symbol	Bedeutung	Seite
a	Gitterkonstante	51, 83
A , α	Faktoren in der Lagrangefunktion des sine-Gordon-Feldes	288
$\boldsymbol{\alpha}$, α_{ik}	Tensor der Versetzungsdichte	330
a_0	Amplitude der Grundschwingung eines Systems aus zwei Massen	39
$\boldsymbol{b}$	Burgersvektor	86
β	Distorsionstensor	313
c	Schallgeschwindigkeit, Signalgeschwindigkeit der Wellengleichung	17
C , C_{ikrs}	Hookescher Tensor	316
c_L	Vakuumlichtgeschwindigkeit	21
c_l	longitudinale Schallgeschwindigkeit	321
c_T	transversale Schallgeschwindigkeit	322
c_0	Signalgeschwindigkeit der sine - Gordon - Gleichung	101
d	Abstand zweier Kristallebenen	82
D	Direktionskonstante, Richtgröße einer Feder	43
D	Direktionskonstante, Richtgröße einer Versetzung	99
D_m	Direktionskonstante einer Versetzung	97
D_N	Direktionskonstante, Richtgröße einer Feder	43
δ	nicht integrabler Zuwachs einer Größe	326
$\delta(x)$	Diracsche Funktion	340
δ_{ik}	Kronecker-Symbol	319
Δ	Laplaceoperator	321
Δ	Zuwachs einer physikalischen Größe	45, 62, 72, 236, 305, 330
∇	Nablaoperator	325, 409
e	Energiedichte eines Feldes	284
E	Energie einer Masse	28, 287
E	Elastizitätsmodul	17
E	Elastizitätsmodul einer Versetzung	73
E , E'	Energie einer Masse in den Bezugssystemen Σ_0 bzw. Σ'	299
E_{eff}	effektiver Elastizitätsmodul	45
E_{kin}	kinetische Energie	35
E^T	Energie eines Tachyons	352
E^T, $E^{T'}$	Tachyonenenergie in den Bezugssystemen Σ_0 bzw. Σ'	360
E_0	Energie einer ruhenden Masse	302
ε	relative elastische Dehnung	70, 311
ε , ε_{rr}	Dilatation	320
$\boldsymbol{\varepsilon}$, ε_{ik}	Dehnungstensor	75, 314

$\boldsymbol{F}, F$	Kraftvektor, Kaft, resultierende Gesamtkraft	33, 34
F	Spannung eines eindimensionalen Feldes	283
$\boldsymbol{F}_a, F_a$	Einzelkraftvektor, Einzelkraft	33, 37
$f_{ab}, \boldsymbol{F}_{AB}$	Wechselwirkungskräfte	58
f_{ik}	Wechselwirkungskräfte	304
ϕ	Phasenwinkel einer Schwingung	35
G	Schubmodul	83
k	Wellenzahl	19
L	Länge eines Stabes	17
L	Lagrangefunktion	288
L_0	natürliche Maßeinheit im Kristall für die Länge	111
L_0, L'	Länge eines ruhenden bzw. bewegten Stabes	25
λ	Wellenlänge	19
λ	Lamésche Konstante	319
λ_0	eine Länge aus Gitterkonstanten	101
m	(träge)Masse	28
m , m_0	bewegte Masse und Ruhmasse eines Teilchens	29
m , m_0	bewegte Masse und Ruhmasse einer Kinke	299
m_a	Versetzungsmasse auf einem Gitterabstand	297
m_a, M_A	Einzelmassen eines Systems	58
Δm_α	Versetzungsmasse, Versetzungsträgheit	92
m_*^T	Impulsparameter eines Tachyons	365
μ	Lamésche Konstante	319
μ	Parameter beim Teilchen - Tachyon - Stoß	382
ν	Frequenz	19
ω	Kreisfrequenz	19
Ω_0	Kreisfrequenz einer schwingenden Linie	113
P	Impuls einer Masse	287
P , P'	Impuls einer Masse in den Bezugssystemen Σ_0 bzw. Σ'	299
P^T	Impuls eines Tachyons	352
$P^T, P^{T\prime}$	Tachyonimpuls in den Bezugssystemen Σ_0 bzw. Σ'	360
P_∞^T	Impuls eines "unendlich" schnellen Tachyons.	359
$\boldsymbol{p}$	Impulsvektor eines Teilchens	34
p	Impulsdichte eines eindimensionalen Feldes	283
p	Zerlegungsparameter beim Eigenspannungsproblem	347
ΔP	Impuls eines eindimensionalenFeldes	283
$q, q(x,t)$	Verschiebung einer Versetzung quer zur Linienrichtung	98
q	dimensionsloses Maß für die Versetzungsverschiebung	101
q_a , q_i	Koordinaten von Massen bzw. Massenmittelpunkten	61, 67

q_α	Koordinaten von Versetzungsmassen 91
r_0	Amplitude einer Grundschwingung eines Systems aus zwei Massen . . . 39
ρ	Massendichte, Massenmittelpunktsdichte 18, 63
ρ_{eff}	effektive Massendichte einer linearen Kette 45
ρ_0	Massendichte eines sine-Gordon-Feldes 293
ρ_0	Massendichte einer Versetzung 98, 300
s, s_0	elastische Auslenkung bzw. maximale elastische Auslenkung 18, 35
s	Energiestromdichte eines eindimensionalen Feldes 286
σ	Linienspannung einer linearen Kette 73
σ	Linienspannung einer Versetzung 98
σ, σ_{ik}	Spannungstensor 313
Σ_0	mit Hilfe des Kristalls eingeführtes Bezugssystem 120
Σ', Σ''	Bezugssysteme 121, 197
t	"Zeit", Maßzahl für die Zeit, Zeitkoordinate 25, 121
t	dimensionslose Maßzahl für die Zeitmessung 102
t , t'	Zeigerstellung der ruhenden bzw. der bewegten Uhr 26
t	Spannung eines eindimensionalen Feldes 287
$\mathbf{t}$	Vektor der Linienrichtung einer Versetzung 86, 336
$\mathbf{T}$	Energie - Impuls - Tensor eines Feldes. 287
T	Dichte der kinetischen Energie eines Feldes 294
T	Zeit, physikalische Zeit 26, 114
T_0	natürliche Maßeinheit im Kristall für die Zeit 113
T_0 , T'	Schwingungsdauer einer ruhenden bzw. bewegten Uhr 26
τ	eindimensionale Spannung 68, 98
τ_0	eine Zeit aus Gitterkonstanten 101
u	Geschwindigkeit 200, 205
u	Geschwindigkeit eines Tachyons 263, 304
U	Gesamtenergie eines schwingenden Teilchens 36
U_A, U_B, U_V, U_I, ...	Bezeichnung für Uhren 128,149
v , v_0	Geschwindigkeiten 21, 25
w	Geschwindigkeit 211
x	"Ort", Maßzahl für eine Strecke, Ortskoordinate 18, 25
X	Länge, physikalische Länge 25, 112
x	dimensionslose Maßzahl für die Ortsmessung 102

Maßeinheiten

Å	Ångström	101
°C	Grad Celsius	28
K	Kelvin	110
Hz	Hertz	36
J	Joule	29
kcal	Kilokalorie	29
kg	Kilogramm	29
m	Meter	21, 25
cm	Zentimeter	101
gm	"Gittermeter"	101
s	Sekunde	21, 25
gs	"Gittersekunde"	101
N	Newton	29, 36

Notiz zur Schreibweise

Alle Rechnungen beziehen sich auf kartesische Koordinaten.
Die Indizes *1, 2, 3* stehen für x, y, z : $a_1 = a_x$, $a_2 = a_y$, $a_3 = a_z$.
Der Punkt $\cdot$ zwischen zwei Größen kennzeichnet das skalare Produkt.
Bei dem Produkt mit einer Zahl kann der Punkt auch weggelassen werden,

$$\lambda \cdot v = \lambda v\,, \quad m \cdot \boldsymbol{v} = m\,\boldsymbol{v}\,.$$

Mehrkomponentige Größen werden durch Fettdruck gekennzeichnet,

$$\boldsymbol{a} = (a_1\,, a_2\,, a_3)\,, \quad \boldsymbol{b} = (b_1\,, b_2\,, b_3)\,,$$

$$\boldsymbol{\varepsilon} = \begin{pmatrix} \varepsilon_{11} & \varepsilon_{12} & \varepsilon_{13} \\ \varepsilon_{21} & \varepsilon_{22} & \varepsilon_{23} \\ \varepsilon_{31} & \varepsilon_{32} & \varepsilon_{33} \end{pmatrix}, \quad \boldsymbol{\sigma} = \begin{pmatrix} \sigma_{11} & \sigma_{12} & \sigma_{13} \\ \sigma_{21} & \sigma_{22} & \sigma_{23} \\ \sigma_{31} & \sigma_{32} & \sigma_{33} \end{pmatrix}.$$

Auf den Fettdruck für Vektoren und Tensoren wird verzichtet, wenn es sich bei eindimensionalen Problemen dabei um einkomponentige Größen handelt, s. S.283.
Das skalare Produkt zweier Vektoren ist eine Zahl,

$$\boldsymbol{a} \cdot \boldsymbol{b} = \sum_{r=1}^{3} a_r b_r\,.$$

Die aus dem Vektor $\boldsymbol{v}$ und dem Vektor $\boldsymbol{dA}$ gebildete Größe $\boldsymbol{v}\,\boldsymbol{v} \cdot \boldsymbol{dA}$ ist also ein Vektor gemäß

$$\boldsymbol{v}\boldsymbol{v} \cdot \boldsymbol{dA} = \left(v_1 \sum_{r=1}^{3} v_r\, dA_r\,,\; v_2 \sum_{r=1}^{3} v_r\, dA_r\,,\; v_3 \sum_{r=1}^{3} v_r\, dA_r \right).$$

Das skalare Produkt aus einem Vektor und einem Tensor (Matrix) ist ein Vektor,

$$\boldsymbol{a} \cdot \varepsilon = \left(\sum_{r=1}^{3} a_r\, \varepsilon_{r1} ,\ \sum_{r=1}^{3} a_r\, \varepsilon_{r2} ,\ \sum_{r=1}^{3} a_r\, \varepsilon_{r3} \right) ,$$

$$\varepsilon \cdot \boldsymbol{b} = \left(\sum_{r=1}^{3} \varepsilon_{1r}\, b_r ,\ \sum_{r=1}^{3} \varepsilon_{1r}\, b_r ,\ \sum_{r=1}^{3} \varepsilon_{1r}\, b_r \right) .$$

Das skalare Produkt aus zwei Tensoren ist ein Tensor,

$$\varepsilon \cdot \sigma = \begin{pmatrix} \sum_{r=1}^{3} \varepsilon_{1r}\, \sigma_{r1} & \sum_{r=1}^{3} \varepsilon_{1r}\, \sigma_{r2} & \sum_{r=1}^{3} \varepsilon_{1r}\, \sigma_{r3} \\ \sum_{r=1}^{3} \varepsilon_{2r}\, \sigma_{r1} & \sum_{r=1}^{3} \varepsilon_{2r}\, \sigma_{r2} & \sum_{r=1}^{3} \varepsilon_{2r}\, \sigma_{r3} \\ \sum_{r=1}^{3} \varepsilon_{3r}\, \sigma_{r1} & \sum_{r=1}^{3} \varepsilon_{3r}\, \sigma_{r2} & \sum_{r=1}^{3} \varepsilon_{3r}\, \sigma_{r3} \end{pmatrix} .$$

Ist das skalare Produktzeichen zweimal gesetzt, so muß entsprechend zweimal summiert werden,

$$\varepsilon \cdot\cdot\, \sigma = \sum_{s=1}^{3} \sum_{r=1}^{3} \varepsilon_{sr}\, \sigma_{rs} .$$

Das Kroneckersymbol δ_{ik} ist definiert gemäß

$$\delta_{ik} = \begin{cases} 1 & i = k , \\ & \text{für} \\ 0 & i \neq k . \end{cases}$$

Das Levi-Civita-Symbol e_{ijk} ist definiert gemäß

$$\left. \begin{aligned} e_{123} &= e_{231} = e_{312} = +1 , \\ e_{213} &= e_{132} = e_{321} = -1 , \\ e_{ijk} &= 0 \quad \text{sonst.} \end{aligned} \right\}$$

Ein Kreuz $\times$ steht für die vektorielle Produktbildung,

$$(\boldsymbol{a} \times \boldsymbol{b})_i = \sum_{r,s=1}^{3} e_{irs}\, a_r\, b_s \quad ,$$

$$(\boldsymbol{a} \times \varepsilon)_{ik} = \sum_{r,s=1}^{3} e_{irs}\, a_r\, \varepsilon_{sk} \quad , \quad (\sigma \times \boldsymbol{b})_{ik} = \sum_{r,s=1}^{3} e_{krs}\, \sigma_{ir}\, b_s \quad .$$

Bei mehrkomponentigen Größen wird ab Kap. 21 gemäß der Einsteinschen Summenkonvention über gleiche Indizes summiert:

$$\boldsymbol{a} \cdot \boldsymbol{b} = a_r\, b_r\, , \quad (\boldsymbol{a} \cdot \varepsilon)_k = a_r\, \varepsilon_{rk}\, , \quad \varepsilon \cdot\cdot\, \sigma = \varepsilon_{sr}\, \sigma_{rs}, \quad (a \times b)_i = e_{irs}\, a_r\, b_s \quad .$$

Ab Kap. 20 wird als vereinfachende Schreibweise für die partielle Ableitung auch das Komma benutzt,

$$\frac{\partial f}{\partial x_k} = f_{,k} \quad .$$

Der vektorielle Nablaoperator $\nabla = (\nabla_1\, , \nabla_2\, , \nabla_3\,)$ wird auch als grad geschrieben und ist definiert durch

$$\nabla_k = \frac{\partial}{\partial x_k} \quad .$$

Damit schreibt man

$$\operatorname{div} \boldsymbol{a} = \nabla \cdot \boldsymbol{a} = a_{k,k}\, ,$$

$$(\operatorname{rot} \boldsymbol{a})_k = (\nabla \times \boldsymbol{a})_k = e_{krs} \nabla_r a_s = e_{krs}\, a_{s,r}\, ,$$

$$\operatorname{grad} f = \nabla f = (f_{,1}\, , f_{,2}\, , f_{,3}\,) \quad .$$

Der Laplaceoperator Δ ist definiert als

$$\Delta = \operatorname{div} \operatorname{grad} = \nabla \cdot \nabla = \frac{\partial^2}{\partial x^2} + \frac{\partial^2}{\partial y^2} + \frac{\partial^2}{\partial z^2} \quad .$$

Für die Funktion e^x verwenden wir bei komplizierteren Exponenten auch die Schreibweise $e^x = \exp[x]$.

Namenverzeichnis

Es werden auch die in Sachbegriffen und Maßeinheiten auftretenden Namen zitiert, wie z. B. in sine - Gordon - Gleichung, Grad Celsius. Eckige Klammern verweisen auf die Literaturangaben.

d'Alembert, J. Le R. 15, 18, 64, 74, 320, 348
Ångström, A. J. 101, 111, 406
Ackermann, F. [66], 302

Becker, R. [53], 163, 185, 188
Bronstein, I. N. [3], 8
Burgers, I. M. [21], [22], 86-89, 95-96, 328, 330, 333, 335-336, 340

Champeney, D. C. [80], 24
Celsius, A. 29, 406
Compton, A. H. 182

Decker, R. [50], 149
Dehlinger, U. [27], 90, 92
Dirac, P. A. M. 340
Doppler, C. 9, 233-235, 238-240, 243-245, 249, 251-256, 274

Eilenberger, E. [60], 264, 352
Einstein, A. [6], [7], [12], [44], [46], 5, 7, 11-14, 24, 26-30, 33, 117-120, 135-138, 140, 157, 164, 166, 169-172, 177, 182-186, 188, 207, 214, 231, 254, 257, 274, 280-282, 298-299, 303, 316, 409
Enneper, A. [38], 104
Eshelby, J. D. [49], [63], [70], 140, 277, 345

FitzGerald, G. F. [41], 135, 163
Foucault, J. B. L. 32
Frank, F. C. [23], [30], 87, 90
French, A. P. [73], 354, 366
Frenkel, J. [16], [28], 81, 90, 92-93

Galilei, G. 30, 32, 167, 183
Gauß, C. F. 305, 309, 331
Genz, H. [50], 149
Goenner, H. F. [79], 77, 166
Goldstein, H. [65], 288
Gordon, W. (nur in: sine-Gordon-Gleichung) 6, 9, 85, 90-94, 99-100, 103-105, 107-108, 112-113, 118-123, 126-127, 133-135, 137, 139-142, 161, 164-166, 168-172, 179-181, 186-187, 196, 230-231, 246, 259-260, 262-264, 267, 270, 273-274, 277-279, 281-183, 287-289, 291-293, 297, 299, 303, 338, 344, 349, 351-352, 361, 365, 367, 373-374, 376, 378-380, 386-387, 395, 397, 399
Günther, H. [1], [25], [36], [40], [54], [61], [71], 88, 94, 111-112, 122, 128, 150, 171, 185, 188, 246, 264, 326, 335

Haugan, M. P. [81], 24
Heisenberg, W. 182
Hertz, H. 406
Hooke, R. 70, 73, 81, 170-171, 315-316, 318-319, 323, 331-332, 337-338, 345-348
Hubble, E. P. 234

Infeld, L. [45], 138
Isaak, G. R. [80], 24
Ivanenko, D. [64], 286, 288, 340
Ives, H. J. [8], [9], 27, 254

Joule, J. P. 28, 406

Kamlah, H. 187
Kelvin, Lord W. (Sir W. Thomson) 108, 406
Khan, A. M. [80] 24
Kittel, C. [68], 79, 330
Klein, F. 93
Kontorova, T. [28], 90, 92-93
Kröner, E. [17], [24], [34], [47], [48], [69], 8, 85, 87-89, 91-92, 94, 138, 276, 326, 328, 330-333, 335
Kronecker, L. 319, 408

Lagrange, J. L. de 288-289, 291, 293, 367
Lamé, G. 319, 338
Laplace, P. S. Marquis de 277-278, 320-321, 409
v. Laue, M. 78-79
Leibbrandt, G. [57], [58], 187
Levi-Civita, T. 324, 332, 408
Liebscher, D.-E. [5], [75], 8, 12, 24, 184-185, 228, 280, 366, 385
Lorentz, H. A. [42], [43], [44], 9, 11, 13, 24, 64, 76-77, 123-125,131,134-135,143,157,163,165-166,168-178, 181, 183-186, 188, 198-199, 215-216, 222, 266-267, 269,294,299-300,344-345,349-351,356,362, 379-381

Mach, E. [2], 5, 11, 14, 24, 64, 233, 254
Maxwell, J. C. 13, 16, 55, 135, 183, 282, 288, 303, 344
van der Merwe, J. H. [30], 90
Michelson, A. A. [82], 16, 21, 23-24, 27, 135
Miller, D. C. 27
Minkowski, H. [44], [74], 77, 184, 188, 284, 354, 365-366
Morley, E. W. [82], 24, 135
Mössbauer, R. L. 24
Mugrabi, H. [66], 302

Newton, I. 6-7, 24, 30, 32-34, 42, 48, 55-61, 64, 67-70, 73-74, 91-92, 95-96, 98, 104, 117-118, 120, 156-157, 167, 172, 179-180, 183, 187, 277, 279, 285, 288, 294, 299, 303-305, 307, 310, 315, 326-327, 380, 406

Orowan, E. [18], 86
Otting, G. [10], 27, 254

Pais, A. [11], 16, 24, 27, 253
Papapetrou, A. [72], 354, 366
Planck, M. 182
Poincaré, J. H. [51], [52], 11, 24, 157-159, 171, 214
Polanyi, M. [19], 86
Popper, K. [4], 12
Prandtl, L. [26], 90

Rebbi, C. [33], 91
Reichenbach, H. F. H. G. [76], [77], 187-188
Reichenbach, M. 187
Rieder, G. [24], 88, 335
Röntgen, W. C. 15
Rubinstein, J. [32], 90, 93, 288, 291

Saint-Venant, A. J. C. B. de 324
Sauter, F. [53], 163, 185, 188
Schouten, J. A. [78], 77, 166
Schiller, P. [35], 94
Seeger, A. [29], [35], [37], [39], [66], 77, 90, 92-94, 104, 108, 112, 122, 128, 139, 171, 230, 275, 302, 373, 387
Semendjajew, K. A. [3], 8
Skyrme, T. H. R. [31], 90
Sokolow, A. [64], 286, 288, 340
Soliani, G. [33], 91
Sommerfeld, A. [13], [59], [67], 32, 253, 304, 316, 322-323
Stillvell, G. J. [8], 27, 254
Stokes, G. G.328

Taylor, B. 51, 62-63, 68, 279, 284, 289, 311
Taylor, G. J. [20], 86
Thomas, L. H. 7
Treder, H. [55], [56], 8, 182, 381, 386, 399

Voigt, W. [14], [15], 9, 64-65, 165-166, 168, 170-171, 183-184, 186, 253, 267, 299-300, 316

Washburn, J. 79
v. Weizsäcker, C. F. [62], 96, 181, 276-277
Will, C. M. [81], 24

Sachwortverzeichnis

Abscherung, s. Verschiebung
Additionstheorem (der Geschwindigkeiten), Einsteinsches 144, **207**, 209, 257, 299, 353, 355, 360-362, 376
Äther 6, 9, **11-17**, **22**-24, 26-27, 65, 75, 135, 163, 177, 179-182, 278
Atomschwingung 113
Auslenkung, s. Verschiebung
Ausgangskonfiguration, spannungsfreie 317, **323**

Bezugssystem 6, 24, **31-32**, 69, 120-121, 124-126, 130, 134-135, 139, 141, 143-165, 167, 169-179, 183, 185-186, 189-202, 205-210, 212-215, 218, 220-223, 226 -229, 246-252, 254-255, 257-259, 264-265, 267, 269, 271, 279-280, 299, 351-355, 360, 362-367, 371-373, 376-377, 379-382, 389-394, 398-399
breather **112-116**, 118, **127**, **129**, 132, 137-138, 168-169, 172-174, 179, 187-189, 196, 228, 232, 246-247, 249, 255, 280, 303, 338, 387-388
Burgersvektor **86-89**, 95-96, 328, 330-331, 333, 335-336, 340

Compton-Wellenlänge 182

def (Deformation) 324-325
Deformation (Dehnung), elastische 17, **69**, 75, 77, **80-82**, 88, 97, 141, 180, 274, 277, 311, **313-314**, **331-333**, 337-338, 340, 343-345, 348-349, 351
-, plastische 10, 80-85, 88, 93, 97, 180, 230, 275, 327-328, 330-331 , **334-335**, 340, 343-344, 351, 367, 379-380
- von (Versetzungs)linien 122, 127
Dehnung, s. Deformation
Dehnungstensor 75, **314**, 317, 323-**324**
δ - Funktion, Diracsche - 340-342
Dilatation, elastische **320**-321, 339, 341
Direktionskonstante **35**-37, 40, 42-43, 54, 62-63, 97
Dislokation (s. auch Versetzung) 85
Dispersion 19-20, **50**-52, 54, 278-279
Distorsion, elastische **326-327**, 332
-, plastische **326**, 334, 336
Distribution 340
div (Divergenz) 285, 293 , **309**-311, 316, **320**, 331, 339, 371, 409
Dopplereffekt 7-9, 27, 65, **233-235**, 238-240, 243-245, 249, 251-256, 274
-, transversaler 7, 27, **243-245**, 253-254

Eigenschwingung **52**, 235, 244, 246, 252
Eigenspannung 10, 273, **323**, 332, 339-340, 345-346
Elastizitätsmodul 17, 45, 52, **63**, 73, 98-100, 289, 297, 322
Elastizitätstheorie 45, 50, 52, **69- 70**, 73-74, 76-77, 87,98-99, 118, 231, 274, 279, 304, 307, 311, **315-316**, 318-319, 322, 337, 349
Elektrodynamik 5, **15-16**, 24, 135, 163-164, 180, 183, 185, 288, **303**, 344, 350
Elementarteilchen 75, 90, **181-182**, 257, 276, 386, 397
Energie 9, 16-17, **28 -29** , 35-36, 40-42, 56, 63, 79, 94, 101, 179-181, 230, 232, 264, 270, 273, 275-290, **292-294**, **296-299**, 302, 333, 343, 345, 350, 352, 354-355, 358-360, 362-363, 367, 369, 371-372, 375, 377, 379-388, 395, 399
Energie-Impuls-Erhaltung **56**, 270, **354**-355, 359-360, 381, 385-386, 395, 399
Energie-Impuls-Tensor **284**-288, 292-293, 296-297, 352, 367, 369, 371, 375, 377, 388
Energie-Masse-Äquivalenz **28-29**, 101, 230, 299, 350
Energiesatz, s. Energie-Impuls-Erhaltung
Energietransport 16, 40, **42**, 180, 264
Expansion des Universums 234

Federkonstante, s. Direktionskonstante

Feld 9, 13, 55, 69, 74, 90, 181, 264, 277, ***282-289***, 291, 293, 297, 303, 305, 307, 311, 324, 338-339, 341-345, 348-352, 367, 371, 387-388, 397, 399

-, elektromagnetisches 13, 55, 74, ***282***, 288, 303, 344, 350

Feldmasse ***343***, 349-350

Feldtheorie 69, 90, 181, 285, ***287-288***, 305, 342, 351, 371, 387-388, 397, 399

FitzGerald-Lorentz- Kontraktion (s. auch Lorentz-Kontraktion) 163

Foucaultsches Pendel 32

Fundamentalkonstante, s. Naturkonstante

Galilei - Transformation 33, ***167***

Gesamtdistorsion 327

Gesamtverschiebung 326-327

Geschwindigkeit, unendliche 264, ***373***, 377-378

Geschwindigkeitsabhängigkeit der Masse ***29***, 118, 183, 299, 354

Gitterkonstante (Gitterabstand) 51, 81, 85, 90, ***93***, 97, 100-101, 103, 105-106, 111, 180-181, 279-280, 302, 323.

Gleichgewichtsspannung (Grundspannung) 73, 85, ***93***-94, 100

gleichzeitig, Gleichzeitigkeit (s. auch Synchronisation) 116-117, 151, ***155-158***, 161, 170-171, 175, 178, 183, 185, 187-188, 199, 214, 216, 218-220, 227, 229, 255, 257, 264, 268, 270-271, 273, 280, 379-380, 394, 396, 398

-, absolute ***157-158***, 257

Gleiten (einer Versetzung) 93, 335-336

grad, Gradient 285, 409

Gravitation ***12***, 32, 156-157, 182, 303

Grenzgeschwindigkeit 164, 166, ***207***, 209, 257, 259, 280, 397, 399

Grundschwingung 38

Heisenberglänge 182

Hookesches Gesetz ***70***, 73, 81, 170, ***315***, 323, 331-332, 346-347

Hookescher Tensor 171, ***315-316***, 318-319, 337-338, 345-346, 348

Impuls ***33***, 35, 69-70, 94, 264, 281-284, 286-288, 292-293, 296-299, ***306*** 315, 317, 352-354, 358-360, 362-365, 367, 369, 371-383, 385-386, 388, 392, 395- 397, 399

Impulsparameter eines Tachyons ***365***, 373-376, 378, 380-382, 385, 392, 396-397

Impulssatz, s. Energie-Impuls-Erhaltung

Inertialsystem 24, 30 , ***32***-33, 95, 118, 120, 134, 136-137, 141, 167, 183-186

ink, Inkompatibilität 324-326, 332, 347

isomorph, Isomorphie 77

isotrop, Isotropie 140-***141***-142, 148, ***161***, 319-320, 322, 338-339, 341, 345-346, 348

kausal, Kausalität 9-10, 209, 257, ***259***, 264, 267, 269-270, 364, 366, 380-381, ***384***, 386-388 , 398-399

Kette, lineare ***42- 46***, 49-54, 64, 67, 71-74, 79, 93-95, 97-100, 117-118, 170, 236, 278, 305

Kinke 70, ***108***, 110-112, 116, 118, 123, 163, 168-169, 172, 174, 179, 181, 187, 230, 254, 263-264, 266, 274-278, 280, 294, 302-303, 338, 345, 351-352, 354, 359, 361, 371, 373, 378, 397-398

Klettern (einer Versetzung) 93, 336

Kompatibilitätsbedingung 324

Konfigurationskraft ***96***, 100, 277

Konstante, elastische ***318-319***, 349

Kontaktwechselwirkung 67

Kontinuitätsgleichung 306

kontinuierlich, Kontinuum 6, 9-10, 53-55, 58, ***61-63***, ***67-69***, 71, 73-76, 79-80, 93-94, 97-99, 104, 107, 110-112, 116, 122, 127, 138, 140-142, 179, 181, 184, 187, 235-236, 274, 279-280, 288, 304-305, 307-310, 316, 323, 326, 330, 333-334, 336-341, 345-346, 348, 351

Kontinuum, isotropes, s. Isotropie

Kontraktionshypothese, FitzGerald-Lorentzsche 135, 163, 188

Koordinaten 61, 74, 91-92, 108, 111, 116, 120-*121*, 124-125, 130, 142, 146, 148-149, 151-155, 157-159, *163*, 165, 167, 169, 175, 179, 184, 189-190, 197, 199, 201-202, 205-206, 209, 212, 215-218, 220, 222-226, 247, 249, 251-252, 255, 258-259, 266-269, 275, 284, 299, 310, 318, 351, 364-365, 379-380, 390-392, 394, 407
Koordinatentransformation 351
Koordinatensystem *120*, 169
Kopplung, elastische *42*-43, 51, 54, 93-95
Korrelation *270*, 379, 388
Kraftstoß 284
Kristall 6-7, 9, 40, *75-80*, 83-91, 94-97, 104-107, 110, 112, 114, 116, 118-120, 122, 126-127, 134-135, 137-141, 143, 147, 159, 161, 163-164, 168-175, 177, 179-181, 187, 189, 196, 228-232, 245-247, 249-257, 259, 263-264, 270-281, 289, 291, 302-303, 316, 323, 326-328, 330, 332-333, 335, 343-344, 351-352, 378-380, 386, 397

Lagrangefunktion *288*-289, 291, 293, 367
Längenkontraktion, s. Lorentzkontraktion
Lamé - Konstante *319*, 338
Laplaceoperator 321, *409*
Leerstelle 84-85
Lichtgeschwindigkeit *5*, *21*, *26*, 28-30, 76-77, 101, 118-119, 135-140, 157, 161, 166, 181-186, 229-232, 239, 253, 255, 257-258, 274, 279-280, 302-303
Linienenergie 302
Linienspannung 63, 71, *73*, *94*, 98, 100, 289, 302
Linienspannungsmodell, s. Saitenmodell
Lorentzfaktor 77, 166, 172, 174, *181*, 198, 345, 356, 362
Lorentz - Hypothese 163, 188
Lorentz - Invarianz *169*-171, 381
Lorentz - Kontraktion (Längenkontraktion) *25*-27, 76, *123*-125, 131, 134-135, 143, 157, 163-165, 170, 173, 175-178, 181, 183, 185-186, 188, 199, 215-216, 222, 266, 269, 294
Lorentzkraft 350
Lorentz - Symmetrie 13, 77, *171*, 349, 351
Lorentz - Tensor 344
Lorentz - Theorie, s. Maxwell-Lorentzsche Theorie
Lorentz - Transformation (Voigt - Lorentz - Transformation) 9, 33, 64-65, 76-77, *165*-*166*, *168*, 183-184, 186, 267, 299-300, 379-380

Masse, nackte *344*, 350
-, schwere (-, gravitierende) 12, *303*
-, träge *28-29*, 92-95, 105-106, 182, 184, 276, 280-281, 297-299, 302-303, 343-344, 350
- -, eines Tachyons *352*, 359-360
- -, einer Versetzung 92-*95*, 100, 105-106, *276*, 280, 297, *302*, 305, 343, 350, 373
Masse - Energie - Äquivalenz, s. Energie - Masse-Äquivalenz
Masse und Energie 8. 11, *28-29*
Maßeinheit 25-26, 102, *107*-108, 110-114, 116, 120-121, 124, 130-131, 163, 166, 184, 255
Massenmittelpunkt 34, 56-57, *59-61*, 91, 97-98, 309
Maßzahl 25-26, 102, *108*, 112, 114, 124-125, 131, 143, 145-146, 151-152, 155-157, 162-163, 175-176, 178, 190, 193, 199, 203, 212, 215, 217, 219, 222, 250-251
Materialkonstante *42*, 171, 333
Michelson Versuch (Michelson-Morley-Experiment) 16, 21, 23-24, *27*, 135
Michelson-Morley-Experiment (s. auch Michelson-Versuch) 24, 135
Mikroplastizität, s. Plastizität
Minkowskigeometrie, Minkowskiraum *184*, 284, 354, 365-366
Momentenspannung 333
Mössbauereffekt 24

Nablaoperator 409
Naturkonstante, Fundamentalkonstante 136, *161*, *182-184*
Newtonsche Axiome *32-34*, 48, 58, 61-62, 66, 95, 180, 277, 281, 285, 299

-Bewegung, -Bewegungsgesetze, - Dynamik, - Gleichungen, - Mechanik, - Physik 6-7, 24, 33, 35, ***42***, 55-61, 64, 66-70, 73-74, 91-92, 95- 96, 98, 104, 117-118, 120, 167, 172, 179-180, 183, 279, 281, 285, 288, 294, 303- 305, 310, 326-327
- Gravitationstheorie 156-157
-Trägheitsterme ***69-70***, 167, 277, 304-305, 307, 315

Oberschwingung ***47***, 51

Paarerzeugung, Paarvernichtung 64, 101, ***344***, 350
Paradoxon, Paradoxie 6, 8-9, 12, 135-137, 139, 174, 188-***189***- 190, 192, 194-196, 207, 209, 218-220, 223, 226, 228, 247, 256, 376, 393
Plancksche Konstante, - Elementarlänge 182
Plastizität (s. auch Deformation, plastische, Distorsion, plastische) 76-77, ***89***, 97, 103, 351
Polarisation 80
Punktdefekt 84

Quantentheorie (Quantenmechanik, Quantenphänomene, Quantenstruktur) 14, 54, ***182***, 276, 344, ***350-351***, 381
Quasiteilchen 275, ***281***

Raumspiegelung 142, ***364***
Relativgeschwindigkeit ***205***-208, 240-243, 249, 251
Relativitätstheorie, allgemeine 12, 14, 54, 138, ***157***, 303, 351
-, Spezielle (-, Einsteinsche) 5-9, 11-14, 16, ***24***, 26-30, 64, 76, 118-119, 134, 136-138, 140, 155 , 161, 163-166, 170, 172, 181-189, 209, 214, 228, 230-232, 254, 257, 259, 264, 267, 274, 279-280, 298, 303, 344-345, 351, 353-354, 366, 378, 399
Relativitätsprinzip, Einsteinsches (Spezielles) 5, 9, 13, 24, 30, 168-***169***, 171-172, 177, 182-186, 188, 279.
-, elementares 6, ***150***-151, 157, 159, 164-165 170, 173, 177, 185-186, 188, 196, 214, 216
-, Galileisches 30, 32
Richtgröße, s. Direktionskonstante
rot (Rotation) ***321***, 324-325, 328, 331, 336,
Rückstellkraft, s. Direktionskonstante
Ruhmasse 276, ***302***, 350, 352, 354, 358-359, 365, 381, 385-386, 397

Saitenmodell (schwingende Saite) 71, ***94***, 100
Schallgeschwindigkeit ***17***, 21, 54, ***64***, 71, 76- 77, 80, 102, 118-119, 137, 140-141, 161, 165, 171-172, 186, 197, 230-232, 235, 237-240, 246, 253, 274, 280, 302, ***321-322***, 339-340, 344-345, 349
-, longitudinale 71, 76, 140, ***321-322***, 339, 345
-, tranversale 140-141, 171-172, 235, 246, 253, ***321-322***, 339-340, 344-345, 349
Scherspannung 82
Schraubenversetzung ***86-88***, 141, 336, 340-343, 345
Schubmodul 82-83, 97
Schubspannung, kritische ***83***, 88, 90, 105
Schwingung, elastische 101
-, harmonische ***35***-36, 39, 46, 71, 179
-, korrelierte 388
-, longitudinale 52, ***67***, 71-72
-, mechanische 7, ***40***, 170, 235
-, transversale 63, ***71***-73
Schwingungen, - der linearen Kette ***50***, 52, 54
- des Gitters 101
- einer Stimmgabel 235
- eines (elastischen) Stabes 17-***18***, 48, 52-55, 61, 67
Schwingungsdauer 6, ***19***, 26, 35, 107, 113-115, 117, 119-120, 127-131, 138, 142, 169, 172, 235-236, 247-248, 250-252
Schwingungsfrequenz ***19***, 237, 246, 256
Schwingungsgleichung ***35***, 37, 39, 64
Schwingungssystem (Schwingungsvorrichtung) ***40***-41, 246-247
Schwingungszustand 18, 52-53
Signalgeschwindigkeit 6, 8-9 , 18, 22, ***42***, 52, 54, 76-77, 101, 119, ***140*** -143, 145, 148 , 155-157, 159, 161, 163, 170-172, 186, 199, 207, 209, 229-232, 235, 246, 255, 259, 263, 274, 279, 299, 301, 303, 339-340, 342, 345, 349, 353

sine - Gordon - Gleichung; 6, 9, 85, 90-94, ***99-100***, ***103***-105, 107-108, 112-113, 118-123, 126-127, 133-135, 137, 139-142, 161, 164-166, 168-172, 179-181, 186-187, 196, 230-231, 246, 259-260, 262-264, 267, 270, 273-274, 277-279, 281-283, 287-289, 291-293, 297, 299, 303, 338, 344, 349, 351-352, 361, 365, 367, 373-374, 376, 378-380, 386-387, 395, 397, 399

Singularität, topologische 96

Skalar (und Zusammensetzungen) 86, 320, ***365***, 407-408

Solitonen 171, 186

Spannung 10, 63, ***68***, 70-71, 73, 75, 82-83, 85, 88, 90, 93-94, 98, 100, 105, 264-265, 271, 273, 277, 283-286, 289-290, 302, 304, 308-***309***, 315-318, 322-323, 331-333, 338-340, 345-346, 379

-, elastische 75

-, transversale 73

Spannungs- Dehnungs - Relation 316

Spannungsfeld 277, 283

Spannungstensor ***308***-309, 315, 317

Spannungsquellen, äußere 317-318

Spannungszustand 264, 271, ***289***, 304, 317, 323, 379

SRT, s. Relativitätstheorie, Spezielle

Stoß 41, ***56***-58, 270, 275-276, 282, 284, 354-355, 380-383-384, 385-387, 395-397

-, elastischer 41, ***56***, 58, 270, 381, 384,395

-, unelastischer ***354***-355, 384, 395-396

- zweier Kinken 275

Stufenversetzung ***86-89***, 330, 335, 345

Symmetrie (und Zusammensetzungen) ***13***, ***77***, 84, 90, ***149***, ***158***-159, 170-171, ***173 -174***, 195, ***256***, 273, 316, ***345***, 349, 351, 373

Symmetriebrechung 13, 77

Synchronisation (von Uhren), synchronisieren ***25***, 116-119, 126, 130, 136, 148-149, ***152***, 154, 156-157, 159, 161-165, 167, 178, 185-186, 193-197, 214, 218-219, 222, 224, 227-228, 265-267, 271, 393

Tensor (und Zusammensetzungen) 75, 171, 282-288, 292-294, 296-297, ***308-309***, 314-319,323-325, 327, 330, 336-338, 340, 344-346, 348, 352, 367, 369, 371-372, 375, 377, 388, 407- 408

Trägheit der Energie ***28-29***, 230, 273, ***294***

Überlichtgeschwindigkeit 257

Überschallgeschwindigkeit 352

Uhrenparadoxon 4, ***136***

Uralternativen 96, ***276***

vacancies 84

Vakuum ***14***, 20, 76, ***104***-105, 171, 177, ***179-181***, 187, 254, 278-279, 282, 344

Vakuumlichtgeschwindigkeit, s. Lichtgeschwindigkeit

Vakuumlösungen 104

Vakuumpolarisation 344

Vakuumzustand ***171***, 177

Vektor (und Zusammensetzungen) ***33-34***, 68, 72, 80, 86-89, 95-96, 140, 282-283, 305, 310, 312, 314, 318-321, 323-324, 333-336, 339-340, 348-349, 351, ***364-366***, 407, 409

Verformung, s. auch Deformation

-, elastische 75, ***80***, 312

-, plastische 75, 84, ***88***, 90, 96, 103, 335-336

Verschiebung (Abscherung, Auslenkung, Verformung) 10, ***62***, 67-71, 74, 80, 82-84, 87, 90, 92-93 101, 103, 105, 108, 112, 289-290, 304, 310-312, 317-320, 323-324, 326-328, 330, 334-335, 337, 349, 351

-, elastische 10, 80, ***82***-84, 87, 105, ***304***, 311-312, 317, 324, 326-327, 330, 337

-, longitudinale 71

-, plastische ***83***, 92, 105, 326-328, 330, 334-335

Verschiebungsfeld ***307***, 311, 317, 324, 345

Verschiebungsvektor 312, 318, 323-324, 348, 351

Versetzung 6, 9-10, 63, 69, 76-78, ***85-101***, 103-106, 108, 110, 112-114, 118, 139-141, 171, 230-232, 246, 255-256, 263, 274-277, 280-281, 283, 289-291, 297, 302, 305, 313, 323, 326, 328, 330-345, 348-351, 373, 378-380

Versetzungsbewegung 88, 93-94, *333-336*, 340, 351, 379
-, konservative 335-336
-, nicht-konservative 336
Versetzungsdichte *330*-331, 334, 336, 338, 340-341
Versetzungsgeschwindigkeit *334*, 341
Versetzungskinematik *335*-336
Versetzungskoordinaten 91-*92*, 94
Versetzungslinie 70, *85-86*, 88-93, 97-98, 110, 113-114, 140-141, 277, 281, 330, 333, 335-336, 340, 351, 379-380
Versetzungsmasse (Versetzungsträgheit) 92-*95*-98, 101, *105-106*, 231, 276, 283, 297, 302, 305, 350, 373
Versetzungsring *344*, 350-351
Versetzungsstromdichte *336*, 338, 340
Versetzungswanderung 334-*335*
Voigt - Lorentz - Transformation (s. auch Lorentz - Transformation) *165-166*, 168, 183-184,
186, 299-300
Voigt - Lorentz - Symmetrie (s. auch Lorentz - Symmetrie) 171
Wechselwirkung 34, 58, *67*, 72, 92, 95, 156, 170, 270,281-282, 307, 351, 354, 395
-, akausale 270
-, elastische 95, 351
Wechselwirkungskräfte *34*, 58, 67, 72, 92, 307
Wellen 7, 9-10, *15-23*, 30-31, 40, 42, 47, 49- 55, 58, 64-65 , 67, 70, 73-75, 79, 91, 101, 107, 112, 118, 170-171, 129, 140, 180, 231, 233-241, 243-248, 250-253, 264, 278-280, 304, 316, 320-321, 339, 345, 348-349
-, elektromagnetische (Lichtwellen, Radiowellen, Röntgenwellen) *15*, *20*, 30, 65, 101, 233-234, 253
-, harmonische 19-20, 234, 236, 239, 253
-, mechanische (-, akustische, -, elastische, Schallwellen) 15, 17, 21, *64-65*, 75, 79, 140, 233-234, *304*
Wellenfront 42
Wellengleichung 9, 15, 17-*19*-21, 30-31, 42, 49, 52, 55, 58, 64, 67, 70, 73-74, 91, 118, 170-171, 231, 264 304, 316, 320-321, 339, 345, 348-349
Wellenlänge *19*, 21, 47, 50-51, 53-54, 79, 107, 112, 233, 239, 241, 248, 250-251, 278, 280
Wellenträger (Trägermedium für Wellen) 240, *243*, *252*
Wellenvektor 19
Wellenzahl *19*, 47, 49, 54, 279
Zeitdilatation 7, *26*-27, 76, *130*-132, 134, 136-138, 146, 153, 157, 159, 164, 170, 174, 179, 183, 185-186, 194-196, 198, 200, 212-213, 219-221, 225, 227, 229, 250-251, 254-255, 279, 393
Zwillingsparadoxon (s. auch unter Paradoxon) 8-9, 11-12, 174, *189*-190, 195, 207, 209, 228, 391, 393
Zwischengitteratom 84

Stolz

Starthilfe Physik

Ein Leitfaden für Studienanfänger der Naturwissenschaften, des Ingenieurwesens und der Medizin

Das Buch wendet sich vor allem an Schüler, die ein Studium aufnehmen wollen, und an Studienanfänger der Naturwissenschaften, des Ingenieurwesens und der Medizin, die Physik als Nebenfach absolvieren. Es vermittelt in kompakter Form einen prägnanten und anschaulichen Überblick über die wichtigsten Gesetzmäßigkeiten der elementaren Physik.

Die von der Schule her bekannten Grundlagen werden in Erinnerung gebracht und vertieft. Der Student lernt die mathematischen Anforderungen ebenso kennen wie den konsequenten Gebrauch der SI-Einheiten und der genormten Formelzeichen für physikalische Größen.

Von Prof. Dr.
Werner Stolz
Technische Universität – Bergakademie Freiberg

1995. 103 Seiten
16,2 x 22,9 cm.
Kart. DM 18,80
ÖS 147,– / SFr 18,80
ISBN 3-8154-3020-8

B. G. Teubner Stuttgart · Leipzig